南京林业大学研究生课程系列教材

现代林业机械设计方法学

主　编　郑加强
　　　　周宏平
　　　　刘　英

中国林业出版社

内容简介

现代机械设计方法是一门综合性课程,融汇了当今科技精华。本书共 11 章,概述了林业机械及其设计,介绍了一般设计过程、设计方法发展和各种现代设计方法,阐述了机械系统特点及人机工程,循序渐进地重点介绍了机械系统化设计法与创新设计、相似与模拟仿真设计、协同设计、动态分析设计、摩擦学设计、优化设计、可靠性设计、反求工程设计、林业机械自动化与智能化技术和林业机器人设计,并将设计方法与林业机械设计实例结合起来,可使读者从整体上认识和把握现代设计方法在机械工程设计中的应用,掌握机械工程现代设计的基本理论与技能,促进高性能机械系统的研发。

本书每章相对独立,层次清楚,能满足高等院校机械工程、林业工程、农业机械化工程、检测技术与自动化装置等学科专业的研究生、本专科生的教学需要,也可作为其他机电工程类专业的教材或教学参考书,还可供从事机电设计的工程技术人员参考。

图书在版编目(CIP)数据

现代林业机械设计方法学/郑加强,周宏平,刘英主编. —北京:中国林业出版社,2015.8
南京林业大学研究生课程系列教材
ISBN 978-7-5038-8008-7

Ⅰ.①现… Ⅱ.①郑…②周…③刘… Ⅲ.①林业机械-机械设计-高等学校-教材
Ⅳ.①S776.02

中国版本图书馆 CIP 数据核字(2015)第 116258 号

中国林业出版社·教育出版分社

策划编辑:康红梅　张东晓
责任编辑:张东晓
电　　话:(010)83143560　　传　　真:(010)83143516

出版发行	中国林业出版社(100009　北京市西城区德内大街刘海胡同 7 号) E-mail:jiaocaipublic@163.com　电话:(010)83143500 http://lycb.forestry.gov.cn
经　销	新华书店
印　刷	北京市昌平百善印刷厂
版　次	2015 年 8 月第 1 版
印　次	2015 年 8 月第 1 次印刷
开　本	850mm×1168mm　1/16
印　张	33
字　数	803 千字
定　价	66.00 元

未经许可,不得以任何方式复制或抄袭本书之部分或全部内容。

版权所有　侵权必究

南京林业大学研究生课程系列教材编委会

顾　　　问：王明麻　张齐生
主 任 委 员：曹福亮
副主任委员：张金池　杨　平
委　　　员（按姓氏笔画为序）：
　　　　　　王　飞　王　浩　王良桂　王国聘
　　　　　　王元纲　方升佐　方炎明　叶建仁
　　　　　　朱丽珺　关惠元　杨　平　张金池
　　　　　　周定国　郑加强　赵茂程　俞元春
　　　　　　曹福亮　康红梅　彭方仁
秘　　　书：曾丽萍

《现代林业机械设计方法学》编写人员

主　编：郑加强　周宏平　刘　英

参　编：郑加强　蒋雪松　周宏平　刘　英

　　　　倪晓宇　徐幼林　孙见君　马晨波

　　　　茹　煜　许林云　张慧春　陈　勇

主　审：陈云飞

序

2014年12月初，南京林业大学机械电子工程学院《现代林业机械设计方法学》教材的主编们与我联系，约我为他们即将出版的教材担任主审并写序，我欣然接受了这一任务。收到发来的电子稿，审读过程，一股新意跃然屏幕。

多年来，"现代设计方法"已被认为是一门综合性课程，与各相关学科相关密切，融汇了当今科技的精华。随着大数据、智能化、移动互联网、云计算等技术的发展，正在引发机械工程学科的一场革命，德国工业4.0计划、中国制造2025等将会使机械行业发生巨大变化，新的设计工具和设计理念还将不断涌现。机械工程学专业（当然包括林业机械设计制造）及其他有关专业要适应科技的发展，需要编写与当今科技发展相适应的教材来系统介绍现代设计方法。《现代林业机械设计方法学》就是在这样的新形势下，并根据南京林业大学研究生课程系列教材建设立项而组织10余位教授编写的。

怎样设计机械产品才能走向世界？机械设计工程师需要什么样的素质？现代林业机械牵涉什么样的关键核心技术？如何以发展的眼光开展林业机器人的设计？这正是本教材在编写中始终关注的问题。

开卷有益，人总是追逐科技的进步，本教材是集成编者科研实践和目前国内外现代设计方法之作，能让读者快速了解现代设计方法。该教材内容先进，实用性强，内容编排亮点纷呈。教材系统阐述了林业机械发展、产品设计内容与设计过程以及现代机械设计理论与方法体系，较为详尽地介绍了系统分析设计法和创新设计、相似与模拟仿真设计、协同设计、动态分析设计、摩擦学设计、优化设计、可靠性设计、反求工程设计、林业机械自动化与智能化技术、林业机器人设计等，并选取具有典型意义的林业相关机械现代设计实例进行剖析，使现代设计方法与林业机械设计实例结合而相映成章，以加深对现代设计方法在机械设计中应用的理解。教材概要介绍了并行设计、智能设计、模块化设计、仿生设计、三次设计与健壮设计、再设计、基于给养设计等的基本思想，并介绍了面向产品全生命周期设计各环节的Design for X等创新设计理念。教材还概述了CAD/CAE、虚拟样机、制造业互联网化与产品定制设计、集散制造与众包设计等内容。通过这些内容的组织，使读者能从整体上认识和把握现代设计方法在机械工程设计中的应用，掌握机械工程现代设计的基本理论与技能，促进高性能机械系统的开发与设计。

当今世界，培养学生最重要的是能力和方法，编者提到"好的教材还需要创新的教学方法，要培养学生的创新设计理念和紧跟现代设计方法的发展趋势的能力"，因此教材介绍了自组织学习法、大型开放式网络课程（MOOC）、微课（Microlecture）以及案例教学等教学建议，我非常认同这些观点。

一本书可以传递一种技术、培养一种能力、教会一种方法，该教材以林业为特色，同时兼具较为完整的机械工程现代设计方法，层次清楚，结构合理。因此机械工程及相关学科专业的研究生、本科生以及教师和工程技术人员，通读这部教材，一定会受到启迪，对教学与科研工作会有所帮助。我相信该教材的出版，将拓宽机械工程专业读者与相关工程技术人员的知识面，更好地掌握现代设计方法，并期待它成为中国机械设计走向世界的助推器。

东南大学机械工程学院教授、博士生导师
国家杰出青年基金获得者、长江学者特聘教授

陈云飞

2014 年 12 月 18 日 于南京

前 言

设计是将技术成果转化为工业产品的工程活动,也是产品国际市场竞争力的具体表现形式,因此需要在各行各业培养具备先进设计理论、设计方法的设计工程师。1998年中国林业出版社出版了《林业机械现代设计学》,经过近20年的教学实践证明发挥了较好的作用。但随着科技的发展,出现了不少新的设计方法和设计工具,需要对相关内容进行更新,因此,我们组织了《现代林业机械设计方法学》的编写。本书继承了《林业机械现代设计学》中好的、仍然适用的部分内容,但我们需要想象:现在出版的《现代林业机械设计方法学》20年后又有多少内容还能保持先进性?当今大数据、智能制造、移动互联网、云计算、3D打印及其相关技术的发展,逐渐引发了机械设计和制造学科的革命,各种新的设计方法不断涌现,而且德国工业4.0计划、中国制造2025等将进一步促使机械行业持续发酵,新技术、新工艺、新的设计工具和设计理念不断涌现。现代设计理论与方法迅速进入机械设计领域。为了使机械工程等学科的学生能了解掌握现代机械设计方法,并结合在新的形势下机械工程等学科的创新和实践,需要编写合适的系统介绍现代机械设计方法的教材,其中林业机械是变化种类繁多的产业机械,工作原理及结构独具特色,因此,《现代林业机械设计方法学》就是为适应科技发展、培养特色人才的需要而立项并组织编写的。

"现代设计方法"是一门综合性课程,融汇当今科技的精华和各相关学科的关键技术。本书尽力着眼于内容的先进性、实用性和系统性,然而因篇幅限制,仅介绍在现代设计实践和林业机械开发设计中应用比较广泛、比较成熟的现代设计方法,即在概述林业机械及其设计基础上,介绍了设计过程、设计方法发展和各种现代设计方法,阐述了机械系统特点及人机工程,循序渐进地介绍机械系统化设计法与创新设计、相似与模拟仿真设计、协同设计、动态分析设计、摩擦学设计、优化设计、可靠性设计、反求工程设计、林业机械自动化与智能化技术和林业机器人设计等,并选取具有典型意义的相关林业机械现代设计实例进行剖析,将设计方法与机械设计实例结合,以加深对现代设计方法在机械设计中应用的理解,使学生从整体上认识和把握现代设计方法在机械工程设计中的应用,掌握机械工程现代设计的基本理论与技能,促进高性能机械系统的开发与设计。强化现代设计方法有提高工程技术人员综合能力和创新能力的作用，使他们触类旁通，掌握林业机械及其他各类机械产品设计的基本特点规律、手段，提高对现代科技成果的敏感性，以便今后进行开拓性和创新性设计。

好的教材还需要创新的教学方法，要注重培养学生的创新设计理念和紧跟现代设计方法的发展趋势的能力。据说，美国的一位妈妈因女儿无意间认出字母"O"而状告教她女儿的幼儿园，理由是孩子在没有认识这个字母之前，可以任意地将"O"说成是苹果、太阳、足球、西瓜、脑袋、鸟蛋……之类的圆形东西，而幼儿园教了 26 个字母后，孩子想象的翅膀过早被折断，按照教的说"O"只代表一个字母。这位母亲要求幼儿园赔偿孩子的精神损失，对这种扼杀孩子想象力的后果负责。她在辩护时讲的故事感动了陪审团：在一个公园里有两只天鹅，一只被剪去了左边的翅膀，一只完好无损。剪去翅膀的被放养在一片较大的水塘里，完好的一只被放养在一片较小的水塘里。剪去一边翅膀的无法保持身体平衡，飞起后就会掉下来；而在小水塘里的，虽然没被剪去翅膀，但起飞时因没有必要的滑翔路程，只好老实地呆在水里。她打这场官司，是因为她感到女儿变成了幼儿园的一只天鹅，他们剪掉了她一只想象的翅膀，早早地把她投进了那片只有 ABC 的小水塘。美国在科技方面能走在世界前列，也出现比其他国家多得多的年轻百万富翁，这应该与美国重视教育过程中的想象力保护有关，与他们的创新创业精神特质有关。中国需要大量具备创新精神，甚至颠覆式创新能力的设计人才，因此我们的教学体系要着眼于保护学生的想象力，不剪"翅膀"或不设置"小水塘"，而要激发他们的创新特质能力，促进设计高附加值的创新机电产品。作为一本完整的教材，本书在分析机械设计工程师素质、现代林业机械设计方法学教学内容和方法的基础上，各章按照相对独立的体系编写，每章还包括参考文献、思考题等内容，同时列出一些推荐阅读书目，部分章节提供了相关链接，以便学生能扩大视野、博采众长，保持与先进设计理念和方法同步。个别章节为便于读者理解，增加了必要的补充阅读资料。

本书可作为高等院校的机械工程（机械设计及理论、机械制造及其自动化、机械电子工程、车辆工程）、林业工程（林业与木工机械、木材加工与人造板工艺、森林工程、制浆造纸设备）、农业工程（农业机械化工程、农业电气化与自动化）、检测技术与自动化装置等相关学科专业的研究生与本专科生的教材，也可作为其他机械类专业的教学参考书，并可供从事相关机械设计的工程技术人员参考。本书既可作为现代机械设计方法的教材，也可作为某单项现代设计方法的教学参考书。

本教材由郑加强、周宏平、刘英任主编，具体编写分工如下：郑加强编写第 1 章，蒋雪松与周宏平编写第 2 章，刘英编写第 3 章，倪晓宇编写第 4 章，徐幼林编写第 5 章，孙见君编写第 6 章，马晨波编写第 7 章，茹煜编写第 8 章，许林云编写

第 9 章，张慧春编写第 10 章，陈勇编写第 11 章。东南大学机械工程学院陈云飞教授担任主审，审阅了全书，提出了宝贵的意见建议并撰写了序言，在此表示衷心的感谢！

  本书是根据机械工程学科研究生培养需要和南京林业大学研究生课程教材立项而组织编写的。感谢"南京林业大学研究生课程系列教材建设"项目对本教材出版的立项资助。本教材中有许多内容和案例是在国家自然科学基金项目、国家 863 项目、国家科技支撑计划项目、国家 948 项目等的资助下完成的项目成果，为此感谢相关理论、方法、图片等的著作者们。教材中所提到的企业和机构名称或产品专利等，只是便于读者阅读，并不意味着编者的任何承诺或优惠待遇。在编写过程中，有关单位与专家学者提供了部分资料，许多研究生在资料查询、插图绘制等方面做了不少工作，在此一并表示衷心的感谢！

  尽管我们已经尽力收集最新的现代设计方法研究成果并编入书中，但由于编写时间紧，加之现代设计方法及相关学科的迅速发展，特别是互联网技术和智能技术的日新月异，书中内容、观点难免存在不妥或不足之处，诚盼使用此书的各方人士不吝指教！

编 者
2015 年 1 月

目 录

序
前 言

第1章 绪 论 ··· (1)
  1.1 林业机械及其设计 ··· (2)
    1.1.1 林业生产与生态文明 ··· (2)
    1.1.2 林业机械概述 ··· (3)
    1.1.3 中国林业机械发展任重道远 ····································· (7)
  1.2 产品设计内容与设计过程 ·· (10)
    1.2.1 设计概述 ··· (10)
    1.2.2 机械产品设计要求和设计过程 ································· (13)
  1.3 设计方法发展历史 ·· (15)
    1.3.1 直觉设计阶段 ··· (15)
    1.3.2 经验设计阶段 ··· (16)
    1.3.3 中间试验辅助设计阶段 ·· (16)
    1.3.4 现代设计法设计阶段 ··· (16)
    1.3.5 现代设计与传统设计 ··· (17)
  1.4 现代设计方法综述 ·· (19)
    1.4.1 设计理论与方法概述 ··· (20)
    1.4.2 现代设计方法纵览 ··· (22)
    1.4.3 设计工具概述 ··· (26)
    1.4.4 设计方法发展趋势 ··· (31)
    1.4.5 设计思想创新 ··· (38)
  1.5 现代林业机械设计方法学概览 ······································ (46)
    1.5.1 林业机械设计工程师的素质 ····································· (46)
    1.5.2 现代林业机械设计方法学教学内容 ··························· (47)
    1.5.3 林业机械设计方法学教学方法 ································· (48)

第2章 机械系统化设计法与创新设计 ································· (55)
  2.1 系统及系统工程方法 ··· (56)
    2.1.1 系统的概念 ·· (56)

2.1.2　系统的分类 …………………………………………………… (57)
　　2.1.3　系统的基本特征 ……………………………………………… (58)
　　2.1.4　系统设计的过程 ……………………………………………… (60)
　　2.1.5　系统工程方法 ………………………………………………… (60)
2.2　机械系统与人机系统 ………………………………………………… (66)
　　2.2.1　机械系统的概念 ……………………………………………… (67)
　　2.2.2　机械系统总体分析 …………………………………………… (67)
　　2.2.3　机械系统价值分析 …………………………………………… (71)
　　2.2.4　人机系统 ……………………………………………………… (72)
2.3　机械系统化设计方法 ………………………………………………… (76)
　　2.3.1　机械系统化设计原则和关键内容 …………………………… (76)
　　2.3.2　产品规划 ……………………………………………………… (77)
　　2.3.3　机械系统化设计过程 ………………………………………… (80)
　　2.3.4　系统功能原理方案探讨 ……………………………………… (83)
　　2.3.5　结构方案的探求 ……………………………………………… (87)
2.4　创新设计理论与方法 ………………………………………………… (90)
　　2.4.1　创新设计概述 ………………………………………………… (90)
　　2.4.2　TRIZ 理论与创新 ……………………………………………… (91)

第3章　相似与模拟仿真设计 …………………………………………… (108)
3.1　相似理论及相似准则 ………………………………………………… (109)
　　3.1.1　相似理论 ……………………………………………………… (109)
　　3.1.2　相似准则 ……………………………………………………… (111)
3.2　相似设计方法 ………………………………………………………… (115)
　　3.2.1　风机的相似设计 ……………………………………………… (115)
　　3.2.2　转笼式静电喷头参数分析 …………………………………… (117)
3.3　模拟仿真设计 ………………………………………………………… (119)
　　3.3.1　仿真系统的组成和分类 ……………………………………… (119)
　　3.3.2　模型 …………………………………………………………… (120)
　　3.3.3　模拟仿真技术的发展 ………………………………………… (121)
　　3.3.4　模拟仿真 ……………………………………………………… (127)
　　3.3.5　数值模拟仿真实例 …………………………………………… (129)
　　3.3.6　数字仿真 ……………………………………………………… (132)
　　3.3.7　森林防火数字仿真实例 ……………………………………… (134)
　　3.3.8　多媒体仿真技术简介 ………………………………………… (136)
　　3.3.9　混合仿真法简介 ……………………………………………… (136)
3.4　3D 打印与定制设计方法 …………………………………………… (136)
　　3.4.1　3D 打印 ……………………………………………………… (137)
　　3.4.2　定制设计方法 ………………………………………………… (141)

3.4.3　应用实例 …………………………………………………………… (143)

第4章　协同设计方法 ………………………………………………………… (151)
4.1　机电系统协同设计概述 ……………………………………………………… (152)
　　4.1.1　协同设计产生的背景 ………………………………………………… (152)
　　4.1.2　协同设计的基本概念 ………………………………………………… (153)
　　4.1.3　协同设计的应用及发展 ……………………………………………… (157)
4.2　协同设计方法及关键技术 …………………………………………………… (159)
　　4.2.1　协同设计关键技术 …………………………………………………… (159)
　　4.2.2　协同设计支撑技术 …………………………………………………… (166)
4.3　协同设计特征建模技术 ……………………………………………………… (167)
　　4.3.1　特征概述 ……………………………………………………………… (167)
　　4.3.2　特征建模 ……………………………………………………………… (170)
4.4　协同设计过程动态建模与控制 ……………………………………………… (176)
　　4.4.1　协同设计模型的基本概念 …………………………………………… (176)
　　4.4.2　基于OOPN元模型调用的协同设计过程动态建模 ………………… (179)
4.5　协同设计过程管理技术 ……………………………………………………… (184)
　　4.5.1　任务规划 ……………………………………………………………… (184)
　　4.5.2　冲突与约束管理 ……………………………………………………… (186)
　　4.5.3　数据库管理技术 ……………………………………………………… (192)
4.6　CAD/CAM/CAE/CAPP协同 ………………………………………………… (194)
　　4.6.1　协同设计CAD/CAM/CAE/CAPP集成系统概述 …………………… (194)
　　4.6.2　CAD/CAM/CAE集成总体结构 ……………………………………… (195)
　　4.6.3　面向协同设计的CAD/CAM/CAE/CAPP集成系统体系结构 ……… (198)
4.7　机电产品的协同设计实例 …………………………………………………… (202)
　　4.7.1　原型系统体系框架 …………………………………………………… (202)
　　4.7.2　面向机床产品协同设计系统实例 …………………………………… (203)
　　4.7.3　应用效果分析 ………………………………………………………… (210)

第5章　机械动态分析设计法 ………………………………………………… (213)
5.1　动态分析及其软件概述 ……………………………………………………… (214)
　　5.1.1　动态分析概述 ………………………………………………………… (214)
　　5.1.2　动态分析的目标 ……………………………………………………… (214)
　　5.1.3　动态分析设计指标 …………………………………………………… (215)
　　5.1.4　动态分析软件概述 …………………………………………………… (216)
5.2　机械动态设计法 ……………………………………………………………… (218)
　　5.2.1　机械动态设计步骤 …………………………………………………… (218)
　　5.2.2　机械动态设计理论建模方法 ………………………………………… (219)
5.3　模态分析设计方法 …………………………………………………………… (227)

5.3.1　模态分析概述 …………………………………………………………… (227)
　　5.3.2　试验模态分析法 ………………………………………………………… (228)
　　5.3.3　模态综合方法 …………………………………………………………… (240)
　　5.3.4　机械结构动力修改 ……………………………………………………… (247)
　5.4　典型林业机械模态设计 ………………………………………………………… (249)
　　5.4.1　树木移栽机铲刀的模态分析 …………………………………………… (249)
　　5.4.2　木工圆锯片模态分析 …………………………………………………… (251)
　　5.4.3　玉米根茬收集装置动态分析 …………………………………………… (257)
　　5.4.4　植物保护喷雾机喷杆有限元模态分析 ………………………………… (261)

第6章　摩擦学设计 …………………………………………………………………… (272)
　6.1　机械系统功能与摩擦学系统过程 ……………………………………………… (273)
　　6.1.1　摩擦学系统过程 ………………………………………………………… (273)
　　6.1.2　摩擦学过程对机械系统功能的影响 …………………………………… (274)
　6.2　表面工程及摩擦学设计方法 …………………………………………………… (284)
　　6.2.1　表面工程 ………………………………………………………………… (284)
　　6.2.2　摩擦学设计 ……………………………………………………………… (288)
　6.3　林业集材拖拉机摩擦学设计 …………………………………………………… (299)
　　6.3.1　材料选择 ………………………………………………………………… (300)
　　6.3.2　表面设计 ………………………………………………………………… (302)
　　6.3.3　结构设计 ………………………………………………………………… (304)
　　6.3.4　综合分析设计实例 ……………………………………………………… (306)

第7章　林业机械优化设计 …………………………………………………………… (312)
　7.1　优化设计及其软件概述 ………………………………………………………… (313)
　　7.1.1　优化问题的数学描述 …………………………………………………… (313)
　　7.1.2　优化设计问题的基本解法 ……………………………………………… (315)
　　7.1.3　现代机械优化设计的发展趋势 ………………………………………… (317)
　　7.1.4　优化设计的常用软件概述 ……………………………………………… (319)
　7.2　机械优化设计方法 ……………………………………………………………… (321)
　　7.2.1　一维搜索 ………………………………………………………………… (321)
　　7.2.2　无约束优化方法 ………………………………………………………… (324)
　　7.2.3　约束优化方法 …………………………………………………………… (328)
　7.3　机械设计的模糊优化方法 ……………………………………………………… (335)
　　7.3.1　模糊集合的隶属函数及 λ 水平截集 ………………………………… (336)
　　7.3.2　模糊综合评判 …………………………………………………………… (337)
　　7.3.3　模糊优化设计方法 ……………………………………………………… (338)
　7.4　典型林业机械优化设计 ………………………………………………………… (339)

7.4.1　圆柱齿轮传动减速器的优化设计 …………………………………………(339)
　　　7.4.2　伸缩臂叉车的液压缸三铰点变幅机构的优化设计 ………………………(342)

第8章　林业机械可靠性设计 …………………………………………………………(349)
8.1　可靠性设计概述 …………………………………………………………………(350)
　　　8.1.1　可靠性研究 …………………………………………………………………(350)
　　　8.1.2　可靠性的概念 ………………………………………………………………(350)
　　　8.1.3　可靠性设计的基本内容和特点 ……………………………………………(351)
　　　8.1.4　可靠性的度量指标 …………………………………………………………(352)
8.2　机械零件可靠性设计 ……………………………………………………………(357)
　　　8.2.1　可靠性设计中常用分布函数 ………………………………………………(357)
　　　8.2.2　机械零件可靠性概率设计法 ………………………………………………(362)
　　　8.2.3　零件强度及应力可靠性的计算 ……………………………………………(365)
　　　8.2.4　零件疲劳强度可靠性分析 …………………………………………………(368)
8.3　林业机械系统可靠性设计 ………………………………………………………(374)
　　　8.3.1　机械系统可靠性设计 ………………………………………………………(374)
　　　8.3.2　故障树分析法 ………………………………………………………………(381)
　　　8.3.3　林业机械结构的时变可靠性设计 …………………………………………(390)
8.4　其他可靠性设计方法 ……………………………………………………………(394)
　　　8.4.1　可靠性优化设计 ……………………………………………………………(394)
　　　8.4.2　可靠性灵敏度设计 …………………………………………………………(394)
　　　8.4.3　TTCP法 ……………………………………………………………………(395)
　　　8.4.4　平均累计故障率方法 ………………………………………………………(395)
　　　8.4.5　稳健型设计 …………………………………………………………………(396)
　　　8.4.6　故障模式影响及危害性分析 ………………………………………………(396)

第9章　反求工程设计 …………………………………………………………………(401)
9.1　反求工程技术概述 ………………………………………………………………(402)
　　　9.1.1　技术引进与反求工程 ………………………………………………………(402)
　　　9.1.2　反求工程分析技术 …………………………………………………………(406)
9.2　反求工程设计方法 ………………………………………………………………(413)
　　　9.2.1　实物反求 ……………………………………………………………………(413)
　　　9.2.2　软件反求 ……………………………………………………………………(418)
　　　9.2.3　影像反求 ……………………………………………………………………(424)
9.3　反求工程与知识产权 ……………………………………………………………(429)
　　　9.3.1　反求工程的合法性争议 ……………………………………………………(430)
　　　9.3.2　反求工程中的模仿与仿制 …………………………………………………(431)
　　　9.3.3　计算机软件反求工程合法性分析 …………………………………………(432)
　　　9.3.4　反求工程与知识产权保护的协调平衡 ……………………………………(433)

9.3.5 知识产权国际公约 ……………………………………………… (434)
9.4 林业机械反求设计 …………………………………………………… (435)
　　9.4.1 ZLM30B 装载机方案反求设计 …………………………… (435)
　　9.4.2 车载式稳态燃烧烟雾机的反求设计 ……………………… (437)

第 10 章　林业机械自动化与智能化技术 …………………………… (444)

10.1 传感器与机器视觉技术 ……………………………………………… (445)
　　10.1.1 传感器的工作原理和分类 ………………………………… (445)
　　10.1.2 传感器在林业上的应用 …………………………………… (446)
　　10.1.3 多传感器信息融合 ………………………………………… (446)
　　10.1.4 机器视觉技术的概念和发展 ……………………………… (448)
　　10.1.5 机器视觉的特点及组成 …………………………………… (448)
　　10.1.6 机器视觉在林业机械上的应用 …………………………… (450)
10.2 3S 技术概述 ………………………………………………………… (455)
　　10.2.1 全球定位系统 ……………………………………………… (455)
　　10.2.2 地理信息系统 ……………………………………………… (458)
　　10.2.3 遥感技术 …………………………………………………… (461)
　　10.2.4 林业生产 3S 信息流集成 ………………………………… (462)
10.3 林业智能决策支持系统 ……………………………………………… (464)
　　10.3.1 决策支持系统 ……………………………………………… (464)
　　10.3.2 智能决策支持系统 ………………………………………… (464)
　　10.3.3 林业智能决策支持系统 …………………………………… (465)
10.4 林业系统大数据与数据挖掘技术 …………………………………… (468)
　　10.4.1 大数据的概念和特点 ……………………………………… (468)
　　10.4.2 大数据在机电产品上的应用 ……………………………… (469)
　　10.4.3 大数据在农林业领域的跨界应用 ………………………… (470)
　　10.4.4 数据挖掘及其分类与过程 ………………………………… (472)
　　10.4.5 数据挖掘在林业上的应用 ………………………………… (473)
10.5 林业物联网技术 ……………………………………………………… (474)
　　10.5.1 物联网的概念与发展 ……………………………………… (474)
　　10.5.2 物联网的技术体系 ………………………………………… (475)
　　10.5.3 智能林业物联网 …………………………………………… (479)

第 11 章　林业机器人设计 ……………………………………………… (487)

11.1 机器人系统分析 ……………………………………………………… (488)
　　11.1.1 机器人及其分类 …………………………………………… (488)
　　11.1.2 机器人技术的发展与应用 ………………………………… (488)
　　11.1.3 机器人系统构成 …………………………………………… (490)
11.2 林业机器人行走机构 ………………………………………………… (491)

11.2.1　轮式行走机构 …………………………………………………………（491）
　　11.2.2　腿式行走机构 …………………………………………………………（492）
　　11.2.3　轮腿复合式行走机构 …………………………………………………（493）
　　11.2.4　履带式行走机构 …………………………………………………………（493）
11.3　机器人关键技术及控制系统 …………………………………………………（494）
　　11.3.1　机器人导航 ……………………………………………………………（495）
　　11.3.2　同步定位与地图构建 …………………………………………………（496）
　　11.3.3　多机器人系统简介 ……………………………………………………（497）
11.4　典型林业机器人设计实例 ……………………………………………………（497）
　　11.4.1　杂草控制机器人 ………………………………………………………（498）
　　11.4.2　爬树机器人 ……………………………………………………………（500）
　　11.4.3　伐根清理机器人 ………………………………………………………（504）
　　11.4.4　植树机器人 ……………………………………………………………（504）
　　11.4.5　果园机器人 ……………………………………………………………（505）
　　11.4.6　消防机器人 ……………………………………………………………（505）
　　11.4.7　森林巡防机器人 ………………………………………………………（505）
　　11.4.8　智能化采茶机器人 ……………………………………………………（506）

第1章 绪 论

[**本章提要**] 林业生产过程由多种生产作业分享时间和资源,可以促进生态文明建设,实现以最少资源投入、最小环境危害获得最大林业收益的精确林业目标。林业机械随着人类历史而不断发展,品种多、种类不一,但目前林业机械产品设计面临巨大的挑战,需要结合设计、理论、方法的创新性思考。现代机械设计方法经历了直觉设计、经验设计、中间试验辅助设计和现代设计法设计4个阶段,形成较常用的现代设计方法,包括系统分析设计与创新设计、动态分析设计、相似与模拟仿真设计、协同设计、摩擦学设计、优化设计法、可靠性设计、反求工程设计、并行设计、智能设计、宜人性设计、生态设计、模块化设计、仿生设计、三次设计与健壮设计、再设计、基于给养的设计、DFX(Design for X)等。现代林业机械的设计方法和设计工程师所要求具备的多种能力,包括融合新技术的设计能力,需要探讨通过适宜的教学方法和案例教学来得以实现。

1.1 林业机械及其设计
1.2 产品设计内容与设计过程
1.3 设计方法发展历史
1.4 现代设计方法综述
1.5 现代林业机械设计方法学概览

根据 2014 年 2 月 25 日公布的中国第八次全国森林资源清查结果(2009—2013 年)，中国森林面积 20769×10^{4}hm^2，森林覆盖率 21.63%。与第七次全国森林资源清查结果(2004—2008 年)比较，森林面积净增 1223×10^{4}hm^2，增幅 6%，森林覆盖率提高 1.27 个百分点，但还远低于全球 31% 的平均水平。根据《2010 全球森林资源评估报告》分析，中国森林面积占世界森林面积的 5.15%，居俄罗斯、巴西、加拿大、美国之后，列第 5 位；中国人工林面积继续位居世界之首，但人均森林面积仅 0.15hm^2，相当于世界人均占有量的 25%。中国森林资源总量相对不足、质量不高、分布不均的状况仍未得到根本改变，人民期盼"山更绿、水更清、环境更宜居"更为迫切，造林绿化改善生态任重而道远：一是实现 2020 年森林增长目标任务艰巨；二是严守林业生态红线面临的压力巨大；三是加强森林经营的要求非常迫切；四是森林有效供给与日益增长的社会需求的矛盾依然突出。中国人多地少，土地面积约占世界土地面积的 7.2%，人口却占世界总人口的 22%，这就决定了依靠单纯的扩大再生产的潜力已很有限，靠大量投入林业资源获得增产的粗放式经营已不能满足社会需求，因此现代林业发展将注重可持续发展理念与现代技术应用的有机结合，以及经济效益与生态效益的兼顾，为此将更依赖于科技进步，解决社会—经济—资源—环境之间的矛盾。

林业机械(forestry machinery)在造林绿化改善生态及林业生产精确化过程中至关重要，既要有效保障林业生产，又要保护生态环境和自然资源，实现树木生长、环境保护和资源管理的协调发展。然而当前机械产品设计面临着巨大挑战，因此必须要创新设计理念和方法。

1.1 林业机械及其设计

林业生产是生态文明与美丽中国的重要保障，林业生产必须发展林业机械。

1.1.1 林业生产与生态文明

人类在步入工业文明后，对于森林与人类的关系没有给予应有的重视，发展林业依靠资金与劳动的投入以及消耗大量的资源，甚至防治林木病虫害也常会以自然资源的衰竭和枯竭、环境质量的退化和污染为代价，导致了经济发展与资源环境的冲突。时任联合国秘书长安南(Kofi Annan)在 2002 年"可持续发展世界首脑会议"上强调，目前人类的发展正在走向"死胡同"，如果不尽快扭转目前的局面，最终人类将会付出惨重的代价。会议经过艰难谈判，最终通过了"执行计划草案"，要求全球改变无法维持可持续发展的消费和生产模式，包括增加可再生能源的使用，通过采用新技术改善目前矿物能源的有害物排放；要求在世界范围内保护自然资源，减少温室气体的排放，维持地球的气候；同时增加全球农业产量，减缓沙漠化进程，保护森林资源，维持全球生物多样性[1]。

上海世博会《上海宣言》中提到："今天，50% 以上的人已经居住在城市，我们的星球进入了城市时代。城市化和工业化在带给人类丰富现代文明成果的同时，也伴随着前所未有的挑战。人口膨胀、交通拥挤、环境污染、资源短缺、城市贫困、文化冲突，正在成为全球性问题。和谐城市应该是建立在可持续发展基础之上的合理有序、自我更新、充满活力的城市生命体;和谐城市,应该是生态环境友好、经济集约高效、社会公平和睦的城市综合体。"如何解决这些城市化带来的问题,需要统筹兼顾,但往往由于主观因素和限于财力,难度很大[2]。其中在有限的城市和城市外围的林地空间(城市绿地、防护林、风景园林、天然林等)如何实现林业可持续经营,应该作为解决这些问题非常关键的内容。

传统的高耗、低效型林业生产结构方式将被低耗、高效、集约、持续发展的现代林业生产结构方式所代替,从而促进林业生产过程的自动化、信息化,同时对劳动力就业结构、林区工人生活方式以及新兴林业产业的兴起产生影响。随着高技术迅猛发展,林业正进入以知识高度密集为主要特征的现代林业阶段,因此林业生产过程精确化是林业生产技术发展和人类可持续发展的必然选择,是改善全球环境、缓解贫困、保护生物多样性以及确保建设生态文明和美丽中国的技术支撑。精确林业(precision forestry)就是实现以最少资源投入、最小环境危害来获得最大林业收益的目标[3]。而林业机械是扩大森林资源和促进生态系统良性循环的重要技术装备保障,林业生产及其精确化需要现代林业机械的创新与发展。

1.1.2 林业机械概述

从广义角度来讲,任何简单工具都是机械(machine/machinery)。大约170万年前,中国云南元谋人已使用石器。石器时代的各种石斧、石锤和简单粗糙的木质、皮质工具是现代机械的先驱。到宋、元时,中国创造发明的古代机械种类多、水平高、价值大,处于世界领先地位,其中如一些农机、冶金、造纸技术等被传到国外[4]。从制造简单的石质工具演进到制造由多个零件、部件和控制系统组成的现代机械,经历了漫长的过程。

《庄子·外篇·天地》中提到,孔子的学生子贡(大约生活于公元前5世纪)游历楚国返回晋国途中,向一浇水老人介绍了一种一天可以浇灌一百亩地、不费多大力气、收效却很大的叫做桔槔(音 jie gao,约公元前16世纪前后发明的提水装置)的机械,其"用力甚寡而见功多",这也许是"机械"的最早定义,即用木头打造成后重前轻的机械,提水就像抽水一样简单,水会哗哗地流出来。

> 补充阅读资料:
>
> **机械"用力甚寡而见功多"**
>
> 子贡南游于楚,反于晋,过汉阴,见一丈人方将为圃畦,凿隧而入汉阴抱瓮井,抱瓮而出灌,搰搰然用力甚多而见功寡。子贡曰:"有械于此,一日浸百畦,用力甚寡而见功多,父子不欲乎?"为圃者仰而视之曰:"奈何?"曰:"凿木为机,后重前轻,挈水若抽,数如泆汤,其名为槔。"为圃者忿然作色而笑曰:"吾闻之吾师,有机械者必有机事,有机事者必有机心,机心存于胸中,则纯白不备,则神生不定;神生不定,道之所不载也。吾非不知,羞而不为也。"

1.1.2.1 林业机械及其发展历史

在人类发展过程中,不断出现机械,包括林业机械的制造与使用。林业机械从原始林业工具(石器时代就出现包括用来砍砸、刮削树木的砍砸器和刮削器等石质工具)经过漫长的发展历程,逐步出现机械化、自动化和智能化的林业生产工具和装备。

狭义的林业机械是指用于营林(包括造林、育林和护林)、木材切削和林业起重输送的机械以及园林机械。狭义的林业机械大多是在移动情况下进行露天作业,因受自然条件的影响而具有一定的区域性,而且由于林木生产周期长、作业条件复杂和投资大、收益慢等诸多因素的制约而发展缓慢。广义的林业机械还包括木材加工机械、人造板机械和林产化工设备等林产品深加工综合利用装备。

(1) 世界林业机械发展简史

林业机械发展的几个重要事件如下:

1888年,美国出现第一台植树机[5],但因结构不够完善,未能普遍使用;

1892年,第一台拖拉机在美国问世后,很快就在林区应用,这也是机械首次用于木材搬运,但由于不适应林区复杂的自然条件,效率较低;

19世纪后期,仿效采矿工业,在林区开始使用铁轨道、木轨道和简易车辆搬运木材;

20世纪初,森林铁道开始用于木材运输;

1913年,美国制成蒸汽机集材绞盘机;

1914年,德国制成第一台双人动力链锯,林区开始用动力锯锯木和用绞盘机拖集木材;

20世纪20年代前后,德国生产的林业整地机械开始由畜力牵引过渡到拖拉机牵引;

20世纪40年代末期,前苏联制造出履带式集材拖拉机;

1957年,第一批四轮驱动、折腰转向的轮式集材拖拉机问世,因速度快、质量轻、耗油少、效率高而获得迅速发展;

20世纪50年代末期,各主要林业大国实现木材生产机械化;

20世纪60年代以来,随着汽车工业和林区道路网的发展,汽车运材逐渐取代费用昂贵的森林铁道运材,运材汽车发展成为具有随车液压起重臂的自装集运材汽车,并与拖车组成汽车列车;

20世纪60年代后期,出现伐区作业联合机,这是木材生产机械化的又一重大发展;

20世纪70年代以来,由于人工造林日益受到重视,营林集约化程度提高,营林机械的发展逐步加快。

世界林业发达国家的林业生产已经全面实现机械化,营林机械完成了由单工序机械化向多工序联合机械化作业方向的转变,木材采运设备完成了高度安全化和操作舒适化;林业灾害防御技术已实现了遥感、卫星监测、计算机智能控制等高技术和现代化[6]。在国外林业装备研发中,非常注重机械设计与制造、电子、信息等众多先进科技成果的集成组装,可概括为如下5种发展趋势:

①提高生产作业机械的技术性能,实现全过程的监视、控制、诊断和通信,使装备的技术性能得到进一步拓展和提升;

②实现节本增效和环境友好作业,节约化肥、农药、水资源和燃料消耗,降低作业成本,保护生态环境,减小对土壤、水体、动植物资源的污染;

③提升生产环节中操作的精确度，及时获取过程信息，使林业装备的操作能精确执行生产过程的各项控制指令，如精量播种、精确施肥、精确施药等；

④改善劳动者的工作条件，良好的人机接口使操作更加方便、安全及舒适，大大减轻了劳动强度；

⑤发展高效智能监控装备，基于卫星定位系统的导航、智能检测、控制装备，能够及时有效地实现林场管理信息系统与移动作业装备之间的无线通信和机群调度，能大力支持林业的科学管理和决策。

（2）中国林业机械发展简史

中国林业机械与发达国家相比，还处于比较弱势的地位。刘小虎等将我国林业机械分为4个发展阶段，即1952—1957年的林业机械初创时期、1958—1965年的林业机械发展和巩固时期、1966—1976年的林业机械停滞发展时期和1977年后的林业机械恢复振兴时期[7]。

20世纪70年代初，中国设计成功第一台国产矮把油锯；20世纪70年代中期，中国投入研制背负式森林灭火机；20世纪70年代末中国制定了第一批架空索道及其附件的产品标准。进入20世纪80年代，中国针对城市绿化中大径级树木特别是常绿树的移植难点，研制了4YS-80树木移植机，可以带土球移植径级10cm的树木，成活率高，效率较人工操作提高50倍以上。

20世纪80年代中期，在研制树木移植机时，为了保证设计的合理性和先进性，一方面对其关键部件——铲刀机械的入土过程和入土阻力进行深入的理论分析；另一方面依据相似理论，利用模型铲进行了大量的模拟试验，获得了计算树木移植机下铲阻力的数学模型，经原型铲验证，其计算精度完全达到了国际上土壤—机器系统力学的通用允差值。

20世纪90年代前期，中国开展了林木种子介电分选机理、木材削片机连续切削理论等的研究探讨，为林业机械基础理论研究开辟新的途径。

进入21世纪，中国开展了多种林业机械的自动化和智能化研究，如林业机器人、精确林业、农药智能对靶喷雾技术等的研究。

1.1.2.2 林业机械分类

林业生产过程由多种生产作业分享时间和资源，必须协调资源限制和经济产品周期等因素的冲突，是一项比农业生产更复杂的系统工程。正因为林业生产的特殊性，不可控因素众多，相比任何一个行业，林业技术装备品种较多、种类不一，根据其应用范围[6]可划分为：种苗培育和营造林机械、园林绿化机械、森林防火和病虫害防治机械、木材采运和贮木场机械、木竹加工机械、人造板及其二次加工机械设备、附件及维修检测设备、林业多种经营机械和设备、相关行业机械设备共九大类。也有将林业机械分为营林机械、森林防火机械、木材采伐运输机械、木材加工机械、家具机械、人造板机械及设备和林产化工机械、生物质能源加工利用机械等[7]。

而按照中华人民共和国国家标准GB/T 6926—2008《林业机械 分类词汇》，林业机械包括营林机械、森林保护机械、木材生产机械和园林机械。表1-1归纳整理了林业机械的四级分类，其中每一级还有系列和型号规格（括号中为第四级分类）。实际上林业生产中仍然和必将大量采用农业机械，农业机械包括耕整地机械、种植施肥机械、田间管理机械、收获机械、收获后处理机械、农产品初加工机械、农用搬运机械、排灌机械、畜牧水产养殖机械、动力机械、农村可再生能源利用设备、农田基本建设机械、设施农业设备、其他机械等14个大类、57个小类和276个品目[8]。因此，品种多、作业环境复杂等特点对林业机械的设计制造提出了极大的挑战。

表1-1　林业机械分类

一级分类	二级分类	三(四)级分类
营林机械	种子机械	采种机、拾种机、球果干燥机、球果脱粒机、种子去翅机、种子清选机、种子裹衣机、种子贮藏设备、种子检验设备
	林地清理机械	割灌机、除灌机、除根机、伐根集堆机、灌木粉碎机
	整地机械	林用圆盘犁、林用旋耕机、深松犁、筑梯田机
	育苗机械	筑床机、林用播种机、喷灌机、起苗机、苗木换床机、作垄机、切条机、插条机、间苗机、行间中耕机、切根机、工厂化育苗装备(育苗容器制作机、容器育苗装播机、容器苗运输设备、工厂化育苗栽植设备)
	造林机械	挖坑机、深栽钻孔机、植树机、容器苗栽植器、树木移植机、飞机造林装置
	施肥机械	撒肥机、撒肥车、液肥喷洒机
森林保护机械	喷雾机、喷粉机、烟雾机、生物防治机械、森林消防车、点火器、风力灭火机、喷雾灭火机、飞机灭火装置、森林消防预警装备	
木材生产机械	伐木打枝造材机械	链锯(油锯、高把油锯、电链锯)、打枝机、造材机
	集运机械	集材机、索道集材机械、运材车辆、汽车运材挂车
	木材装载搬运机械设备	液压起重臂、木材装载机、木材叉车、集运机、木材水运机械(编排机、装排机、出河机)、林用龙门起重机、林用装卸桥、木材输送机械(链式输送机、索式输送机、刮板输送机、带式输送机)、绞盘机
	伐区剩余物收集加工运输机械	木材剥皮机(滚筒式剥皮机、转子式剥皮机、铣刀式剥皮机、撞击式剥皮机、水力剥皮机)、木材削片机(鼓式木材削片机、盘式木材削片机、木材削片机)、木片输送设备(木片运输车、木片风送机)、采伐剩余物收集机、木片压捆机、采伐剩余物压捆机
	联合伐木机	伐木归堆机、伐木锯集材机、伐木打枝归堆机、装卸归楞机械
园林机械	参照GB/T 19534—2004《园林机械 分类词汇》	

1.1.3 中国林业机械发展任重道远

1998年中国实施天然林资源保护工程，缩减了采伐量，林业机械的发展重点也相应进行了调整。改革开放以来，我国林业机械制造业的行业规模、产业结构、产品水平和国际竞争力有了大幅提升，产业规模快速增长，保障能力明显增强，结构调整取得进展，对外开放不断扩大，林业机械发展取得显著成效。但从总体上看，全国林业机械化水平仍然很低，企业规模较小、管理制度不够完善、技术创新不够等问题仍然存在，特别是营林生产、园林绿化和林果生产机械技术与国际先进水平相比差距十分明显[9]，高精尖林业机械产品基本是空白。

截至2009年，中国有林业技术装备机械制造企业2000余家，其中营林及采伐运输设备500余种近千个规格，但中国林业技术装备整体水平还很低，一些生产领域急用的林业装备有待开发，现有的林业机械装备达到国际先进水平的产品不多，约70%的装备仍相当于发达国家20世纪80年代的水平[6]。分析起来，中国的林业技术装备还存在如下问题：

(1) 技术创新不够

①林业机械原始创新缺乏　中国林业机械原始创新积累不足，长期跟踪模仿造成基础性理论研究薄弱，几乎没有自主原始创新的林业机械。

②产品综合性能较差　中国制造单位产品的能耗普遍高出国际水平20%~30%，而生产的林业机械的能耗也较高，综合性能较差，对资源节约和环境保护重视还不够。

③林业机械系列化不够　各类林业生产装备发展不平衡，品种还较单一，标准化、通用化程度低，一些林业装备空白亟待填补。中国已是世界上名副其实的营林大国，人工林面积居世界首位，但还较为缺乏自主创新的林业通用动力底盘、林业专用拖拉机、多功能病虫害防治机械和采伐联合作业机等。

(2) 设备管理不善

有的林业机械虽然投入使用，但使用情况不容乐观，或者操作者水平有限，没有合理利用好机械或损坏了机械，或者机械使用效率太低，大量消耗资源，提高了维护费用、增加管理成本，严重阻碍部分企业和林区对林业机械的投入。

(3) 政策扶持不足

由于林业机械用户购买力以及生产规模的限制，没有特别政策鼓励，林业机械的普及率低，在不少地方只是作为一种配套设备，很多工作还是通过手工劳动完成，其效果与效率都受到一定的影响。

(4) 国际竞争加剧

中国林业机械生产企业科研水平受到资金和技术的限制，设计生产出的林业机械与国外进口机械相比竞争力较弱。大批林业机械制造企业大幅度削减甚至放弃对林业机械的开发和生产，转投其他设备生产。目前中国专门生产林业机械、超过100人规模的企业屈指可数。长此以往，中国林业机械更加不能与国外林业机械相抗衡，林业机械技术的发展将陷入恶性循环[7]。如果不采取有效措施，中国林业机械仍难以抵抗国外大量林业机械的冲击"入侵"。

(5) 林业机械体系有待完善

中国在林业机械产品结构、技术水平、研发能力等方面与发达国家差距还较大，尽管已引进了不少国外先进林业机械，但是引进后的消化吸收再创新的反求工作深度还不够，还没有真正从科研、生产、推广等全寿命周期组织和完善中国自己的林业机械全寿命周期体系。

目前，中国国民经济和现代林业发展急需先进技术装备的支撑和保障，林业机械发展面临新的重大机遇，因为发展生态林业和民生林业迫切需要发展林业机械以及用先进制造技术支撑林业机械及其制造行业的快速发展。要科学谋划，创新机制，加快林业重大技术装备自主研发，支撑国家林业重点生态工程建设和林业产业发展；要促进发展方式转变，优化调整产品结构；要增强自主创新能力，加强品牌建设；要提高国际合作水平，大力引进先进技术和设备，积极拓展国际市场；要加大林业机械推广力度，推动林业机械的广泛应用[9]。

随着生产力快速发展、劳动力日益紧缺以及生态文明建设对林业生产提出的更高要求，未来林业生产必须要从"砍伐森林树木"向"利用森林环境"转变，下面归纳提出中国未来林业机械的设计发展方向：

(1) 注重全寿命周期

使用寿命直接与维修成本、更新频率相关，因为任何客户都希望购买的林机产品使用时间越长越好，不能忍受经常性的维修和频繁的更新零件，这就要求林业机械的发动机等核心部件质量过硬，同时售后服务的优劣也直接影响着林业机械的使用寿命。因此现代林业机械的设计要着眼于可升级、可重用、可拆卸、可降解，注重其全寿命周期的各个环节，如要从生态环境保护、节约资源、延长植保机械寿命和可回收性出发，将可持续发展理念有机地融入植保机械的全寿命生态设计中[10]。

(2) 注重宜人生态型

林业机械设计要以人为本和环境优先，应实现高效、节能、寿命长、轻量便捷、环保安全，达到较小的存放空间、轻松的启动装置、卓越的操作手感、低噪声的工作环境、高效率的节能技术、清洁的废气排放、无烟和无刺激气味等。高效与节能是紧密联系在一起的，目标是要实现单位时间内完成相同工作量耗用的能源最少；产品的安全与环保已被社会广泛关注，我国也采取相关措施限制非环保产品的生产，而安全始终是排在第一位的，没有安全就没有一切。因此要注重设计基于环境友好且绿色投入、绿色生产过程、高效产出和环境危害最小的林业机械产品。如农药喷雾机采用药水在线混合，能达到药、水分离，避免操作人员与农药直接接触，能安全、可靠、高效地使用农药和减少残留农药对环境的污染[11]。

(3) 注重健壮多功能

功能全就是要针对不同的林业生产特点和生产过程，设计功能强大和可靠性高的多功能林业机械，实现应用于多种工作项目的作用。功能越强大、用途越广，市场需求就越大，发展前景越好。另外机械产品的质量和外形直接关系到使用效率与方便程度，特别是林业机械应该要操作灵便、易于携带，并可以在复杂环境下作业，因此各种轻便快捷的小型林业机械也会越来越受青睐。如多功能型割灌机，可以随时转换成高枝绿篱机、高枝油锯或微耕机等。

(4)注重智能柔性化

智能化和柔性化将会是今后产品性能的重要表现,特别是随着互联网技术的发展,会出现越来越多的移动互联网化智能产品。未来会将互联网技术、人工智能、数字化技术嵌入传统的产品设计,使产品逐步成为互联网化的智能终端,如特斯拉被誉为"汽车界的苹果",不仅仅是电池技术的突破,更是将互联网思维融入汽车制造,其核心理念不是定位电动车,而是一个大型可移动的智能终端,具有全新的人机交互方式,通过互联网终端把汽车做成了一个包含硬件、软件、内容和服务的体验工具;又如农林机械底盘是指车辆上由传动系、行驶系、转向系和制动系组成的组合,支承、安装车辆发动机及其各部件、总成,形成车辆的整体造型,承受发动机动力,保证正常行驶,但目前的农林车辆底盘难以适应复杂地形地貌的需求,难以满足越野通过性能、操纵性、乘坐舒适性和行驶平顺性的要求,也不适应不同植物不同生长阶段的农林生产作业要求,因此提出对底盘高度调节、轮距调整和特定作业需求的控制要求等,也就是需要农林底盘具有柔性并能构建复杂农林环境下底盘行走的导航控制系统,实现底盘的智能移动[12];而为了实现定时、定量、定点的农药精确对靶喷雾,需要采用智能化植保机械的思路,即构建智能化的农药精确对靶喷雾系统,包括实时目标图像采集、目标特征识别处理、农药对靶喷雾控制等子系统,每个子系统又包括若干实现特定功能或任务的模块,最后再将这些模块通过特定的硬件和软件接口连接起来,组成一个完整协调的智能化植保机械系统[13]。

表1-2从林业生态建设、林业产业发展、森林文化游憩等方面,提出了林业装备战略重点技术领域优先研发的技术产品目录及其功能特点[6,14],这些目录对于未来林业机械开发设计具有较好的指导借鉴作用。特别是林业机械设计工程师要根据所设计的林业机械使用环境和操作者,分析特有的功能和特点以实现用户需求。

表1-2 林业装备战略重点领域优先研发的技术产品目录

体系	技术领域	产品名称或研发方向	功能和特点
生态建设	林用动力机械	营林通用动力底盘	满足林内穿行和越野性要求
		集材拖拉机	满足林区集材要求
	苗木培育机械	环保型容器育苗装播成套设备	全自动机械化生产
		林木种子处理成套设备	实现节能、烘干、自动处理
	营造林机械	困难立地助力挖坑机	适宜地形复杂的坡地造林挖坑作业
		流沙地开沟造林设备	具有开沟、植苗和浇水一次作业的一体化功能
		自行式容器苗栽植机	自动开沟栽树,单行或双行作业
	森林防火装备	雷电火灾监测预防系统	具备雷电火预测与消除功能
		防火带翻土设备	伐后林地或灌木草塘开设生土防火带
	病虫害防治机械	智能化自动对靶喷药机	实现精准智能喷药,减少浪费,降低污染
		航空喷药播撒器	适宜于航空器搭载使用
	工程绿化机械	植物毯生产成套设备	用于困难立地植被恢复或工程绿化的植被毯
		客土喷播绿化成套设备	实现困难立地植被绿化

(续)

体系	技术领域	产品名称或研发方向	功能和特点
产业发展	林副产品加工机械		
	油茶生产设备		
	竹藤加工设备		
	人造板设备		
	木工机械		
	采运机械	速丰林联合采伐机	实现伐木、打枝、造材等联合作业
		抚育采伐机	满足林内穿行适于抚育间伐和择伐
		林木枝桠收集打捆机	对采伐剩余物实现机械收集、自动打捆
		小径级材新型环式削皮设备	高效削皮，使用方便
文化游憩	生态旅游设施		
	林区环境保护设施		

1.2 产品设计内容与设计过程

创新是一个国家和民族进步的灵魂，是提升科技与产业竞争力的源泉。设计创新的基础包括知识、经验、灵感、实践、方法和心理[15]。知识与设计创新密切相关，没有知识的积累很难获取创新设计成果；而经验对于设计创新来说是双刃剑，过于依赖经验会阻碍设计创新，但没有经验可能会事倍功半；灵感又与直觉相伴，很多优秀设计来源于直觉或者灵感；实践尤为重要，甚至失败的实践是成功设计的前提，这样的案例很多；工欲善其事，必先利其器，理论与方法对于设计创新的价值不言而喻，本书即重点关注现代机械设计方法；创新心理素质通常包括好奇、自信与怀疑，这是设计创新能力不可或缺的心理因素。

1.2.1 设计概述

设计是人类满足生存需要、创造物质文明和社会财富的实践活动，设计的历史与人类五千年文明史同步。广义的设计指安排事件发展过程的方向、程序、细节及达到的目标；狭义的设计指将客观需求转化为满足该需求的技术系统（或技术过程）的工程活动。设计离不开创新，产品设计过程本质上是一个创新过程，是将创新构思转化为有竞争力产品的过程。

传统的设计以经验公式、图表、手册为依据，常常忽略应当考虑但限于当时科技水平难以考虑的重要的甚至必要的因素，用收敛性思维方式考虑有限的变量，过早地进入具体方案，结果只能是粗略地满足某些特定条件，感性地达到系统功能输出的要求。

现代设计是过去长期的传统设计活动的延伸和发展，集近代与现代各种科学方法论之精髓运用于设计领域，特别是计算机和移动互联网的发展，使设计活动产生了质的飞跃，从随意的、经验的、感性的、静态的与手工的传统设计跃变为必然的、科学的、理性的、动态的和计算机化与移动智能化的现代设计。

1.2.1.1 产品设计面临的挑战

随着经济全球化和国际市场竞争的加剧，机电产品设计占据越来越重要的地位，同时机械设计与网络及虚拟现实技术更为密切，产品开发面临极大的挑战。

①**产品适销期明显缩短**　随着技术进步和人们对产品需求的多样化，产品适销期急剧缩短，使得产品开发周期明显缩短。

②**产品品种数量急剧增加**　随着对产品个性化、多样化的需要，订单式产品越来越普及，因此各类产品的品种数量急剧增加。

③**设计对象要求越来越高**　现代产品往往要求高性能、多功能并且使用"傻瓜化"，这可能就伴随着所设计产品结构的复杂化和系统化。

④**设计过程越来越复杂**　正是由于产品适销期缩短、个性化品种数量增加、产品结构复杂化和系统化，使得设计过程的组织越来越复杂，往往要求组织多团队的网络化协同设计和并行设计。

⑤**设计产品要求越来越多**　功能化与个性造型的融合设计、环境友好的人性化可拆卸全寿命设计理念、产品交货期短与价廉物美的矛盾、完美的售后服务与配件设计的衔接等，都对产品设计提出了越来越多的要求。

⑥**产品设计风险越来越大**　产品设计人员要在有许多不确定性因素的情况下，迅速作出设计决策，在考虑市场风险和技术风险的同时，还要基于保护知识产权来分析知识产权风险。

1.2.1.2 设计、理论、方法

设计(design)的广义和狭义，其实践因人而异。中国人对设计并不陌生，《三国志·魏志·高贵乡公髦传》中有："赂遗吾左右人，令因吾服药，密因酖毒，重相设计。"元代尚仲贤《气英布》第一折中有："运筹设计，让之张良；点将出师，属之韩信。"但是这里的设计更多的是属于广义的谋略设计。

人们所熟悉的更具体的设计，应该包括为了满足审美需求的艺术设计和为了满足功能需求的工程设计，但两者经常相互渗透甚至融为一体，即对某一产品既追求功能完备又满足审美需求，如机械产品设计。

理论(theory)是指人们对自然、社会现象，按照已知的知识或者认知，经由一般化与演绎推理等方法，进行合乎逻辑的推论性总结。《现代汉语词典》中，理论是指人们由实践概括出来的关于自然界和社会的知识的有系统的结论。理论是指人们关于事物知识的理解和论述，是一种客观上的规划，是长期形成的具有一定专业知识的智力成果，其在全世界范围内或至少在一个国家(或地区)范围内具有普遍适用性，即对人们的行为(生产、生活、思想等)具有指导作用，例如科学理论、哲学理论、经济理论、教育理论、军事理论等。科学理论是系统化的科学知识，是关于客观事物的本质及其规律性的相对正确的认识，是经过逻辑论证和实践检验并由一系列概念、判断和推理表达出来的知识体系。显然机械设计理论就是对机械、机构及其零部件进行功能分析、综合描述与产品性能控制的基础技术和知识体系。

鲁迅《坟·春末闲谈》中写到："可惜理论虽已卓然，而终于没有发明十全的好方法。"这里的理论是某种观点。显然，理论还需要方法来支撑。

方法(method/methodology)是人类认识客观世界和改造客观世界应遵循的某种方式、途径和程序的总和。

2400多年前，《墨子·天志》中写到："今夫轮人(做车的工匠)操其规，将以量度天下之圆与不圆也，曰中吾规者谓之圆，不中吾规者谓之不圆，是故圆与不圆皆可得而知也。此其故何？则圆法明也。匠人亦操其矩，将以量度天下之方与不方也。曰中吾矩者谓之方，不中吾矩者谓之不方，是故方与不方皆可得而知也。此其故何？则方法明也。"可见，最初叫方法或圆法并没有一定之规，但它们都是从木工的劳动中产生出来的，由于人们所办之事比较简单，只要按着规与矩的量具去操作，便可达到办事的效果。

机械产品设计要在合理的条件下，通过模仿、总结、借鉴和创造等技术工作，采用合理的设计哲学、设计准则和设计方法才可设计和创造出优秀的机械产品设计，也就是需要科学的机械设计方法。

1.2.1.3 设计的创新性思考

工程上的设计创新具体如何理解？机械产品设计有什么创新特点？这里将设计创新性思考从创造性、融合性和持续性等方面来描述，可称为创新设计三性论。

(1) 创造性

创造性(creative)即是趋异性的创新，所有的设计都是从批判性的创新思维开始，通过定性和定量的研究方法，探索突破现有相关设计限制状态的可能性，以获得新的更好的设计问题解决思路。美国国家自然科学基金会(NSF)在《提升人类技能的会聚技术》报告中指出：21世纪是创新时代(innovation age)，着重点将从"重复"(repetitive)转向"创造和创新"(creative，innovation-based activities)[16]。中国自古以来敢于创新、善于创新，设计了大量的人类文明产物，如火药、指南针、造纸、印刷术等以及水车、犁等农林业工具。但近代以来，中国跟踪模仿居多，自主创新较少，如据美国加州大学和雪城大学教授研究发表的《捕捉苹果全球供应网路利润》所得出的："作为主要组装地的中国大陆相关业者从(利润)中仅能获得可怜的1.8%。"实际上跟踪模仿也是需要创新的，如反求工程，也要在反求别人产品的基础上，根据国情和实际需求，从功能、形式等方面进行趋异性创新设计。

(2) 融合性

由于现代产品越来越复杂和多功能化，设计方案往往具有多解性，而且同类功能的产品也要适应不同的应用要求。其设计过程是一个多学科的综合技术系统实现过程，传统设计方法往往把设计对象分解为许多独立的部分来分别进行设计，但这种孤立的、相对静止的设计方法，得到的设计产品往往存在冲突和局限性。因此仅有创新思维是不够的，而是要谋求设计最优解，谋而后动，也就是需要对创新思路和实践经验通过多学科思考，再定义设计思路，来引导传统设计与当代设计转换为具体的创新设计方案和设计实践，包括设计总体架构、设计图表、工业造型、设计信息化、设计合作互动等。

融合性(convergence)就是指在设计过程中,要融合最新技术、民族元素(色彩、历史渊源)和地方标准与特色,考虑人—机—环境的相互协调,逐步改善和形成人机和谐、实用美观的功能与外形的样机设计解决方案。对于技术融合,如所谓的会聚技术(converging technologies),就是将迅速发展的科学技术领域进行协同和融合,如纳米技术、生物技术、信息技术、认知科学,四者之间两两融合、三种会聚或四种集成都将产生难以估量的效能,甚至可能推翻学科之间的研究和发展壁垒,缔造出全新的研究设计思路和经济模式[17]。

(3) 持续性

持续性(sustainability)指的是要通过探索、再定义和样机设计过程,使设计与外部环境变化保持最优适应状态。如通过基于生态的可持续性设计、基于以人为本的安全性设计、基于产品生命周期的耐用性和可回收设计等设计理念与方法,使所设计的产品达到环境友好、操作舒适,并满足经济性要求和具有强劲生命力。

同时设计过程需要注重衔接性(articulation),这是指设计作为系统创新实践过程,要用系统理念进行分析和综合,在设计整体和局部之间要保持良好的衔接性,需要团队来衔接合作完成整体设计任务,同时为保证设计的衔接性,需要易于理解和交流的设计语言、设计标准和设计工具,提高设计数据的准确性、稳定性和数据使用效率,发挥设计团队的最大潜力或最大可能地提高设计产品系统的有效性。

1.2.2 机械产品设计要求和设计过程

1.2.2.1 机械产品设计要求

根据产品开发所面临的极大挑战以及创新设计的创造性、融合性和持续性思考,促进机械产品设计的要求和关注的重点在不断变化,关注的领域众多,正如ASME的Journal of Mechanical Design所列的刊载范围就相当宽泛:设计自动化(设计表达、虚拟现实、几何设计、设计评价、设计优化、基于风险和可靠性的优化、设计灵敏度分析、系统设计集成、人体工程学和美学考虑、面向市场体系的设计);直接接触的系统设计(凸轮、齿轮、传动系统);设计教育;能量、流体设计和动力处理系统;设计创新和设备(智能产品设计和材料);面向制造和生命周期的设计(面向环境的设计、Design for X、可持续性设计);机械装置和机器人系统设计(宏观、微观和纳米尺度机械系统设计、机械零件和机器系统设计);设计理论和方法(设计的创造性、决策分析、设计认知和设计综合)。

而从技术上看,现代机械设计应该具有4项要求:

① **人机协调** 通过智能化设计和环境友好设计,把人的因素考虑到设计中去,为用户着想。

② **三性统一** 将可靠性(包括安全性)、适用性(包括功能性)与经济性(包括持续性)加以统一辩证的考虑,以可靠满足工作性能为基础。

③ **多位一体** 要将机械、电气、热力、液压、气动等不同传动方式有机地协调配合,各得其所。

④ **全面兼顾** 即设计、制造、管理、使用、维修、保养要全面地综合分析,贯穿到产品全寿命周期。

1.2.2.2 机械产品设计任务类型与设计过程

一台完整的机械产品通常包括驱动部分、传动部分和执行部分；而这三部分必须安装在支撑部分上，同时要使这三部分协调工作，并准确可靠实现产品功能，必须要有传感元件及其控制部分；当然考虑美学和人体工学等，可能还需要必要的辅助部分。也就是说机械产品通常包括驱动机构、传动机构、执行机构、支撑装置、控制系统和辅助装置等。

设计过程是由分析到综合的反复迭代过程，机械产品设计就是要建立满足产品功能需求的知识与技术体系的创造过程。要完整地实现产品全寿命周期所需的条件，机械产品的设计包括设计规划、方案设计、功能设计、结构设计、物理设计、工艺设计、工业设计、商品设计和市场设计等阶段。而随着大数据、云计算和3D打印等新技术的逐步推广以及新的设计方法的不断出现，特别如需求定制设计的扩大应用，设计过程的阶段性越来越不明显。

对于机械产品设计，其任务各有不同，但一般可分为4种类型：

①**开发性设计** 应用可行的新技术，按需求进行创新构思，设计出工作原理和功能结构创新的产品。这种设计或赶超世界先进水平，或适应政策要求，或避开市场热点而开发有特色的冷门产品（如专利产品等），所以效益高，风险大。

②**适应性设计** 工作原理和方案不变，变更局部结构或增设部件，增加辅助功能以适应某些附加要求。

③**变参数设计** 工作原理和功能结构不变，变更现有产品结构配置和尺寸而形成系列产品。

④**拟仿性设计** 按照已有产品实物或影像资料等，通过测绘和影像分析，获取特征参数，重构反求并适度改进主要结构和工艺性能，形成设计文件，实现所需要的创新性的产品性能。

其中开发性设计一般要经过全部工作阶段和步骤，其设计可分为以下既互相重叠又密切结合的3个主要阶段。

(1) 功能原理设计阶段

这个阶段是针对某一产品特定的工作原理功能要求，寻求一些物理效应，并借助于某些作用原理来求得实现该功能目标的解法原理。包括以下工作：

①**确认设计要求** 要求是设计的前提，也是对设计进行评价的依据。所以要根据机械特点来确认要求，也可从用户数据中挖掘获取设计要求。

②**明确所要设计的功能目标** 为了明确所要解决的问题实现功能目标，设计者应该编制设计任务书，并不断地进行问题分析。

③**收集信息资料** 调查分析已有的解法原理，从市场、技术、社会三方面得到与设计要求相关的、特殊的、更新的资料。

④**寻求合理解决方案** 创新构思，初步预想实用化可能性，并认真进行原理性试验，提出可行性报告、合理的设计要求和设计参数项目表。

(2) 实用化设计阶段

为了使原理构思转化为具有实用水平的机器，用系统化设计法将确定了的新产品总功能按层次分解为分功能直至功能元，完成从总体方案设计、部件设计、零件设计到制造施工的全部技术资料。包括以下工作：

①**总体方案设计** 按照人—机—环境—社会的合理要求，制定工艺方案、基本参数和传动机构简图等，对各部分的位置、运动、控制进行总体布局，绘制工作循环图。

②**技术设计/结构设计** 技术设计/结构设计（包括结构设计、物理设计）的方案应当可靠、明确、简单，满足结构设计原理，如等强度原理、合理力流原理、变形协调原理、力平衡原理、任务分配原理、自补偿自增强自平衡自保护原理、稳定性原理等。

（3）商品化设计阶段

这是保证产品在市场竞争中获胜的设计阶段，包括工艺设计、工业设计、商品设计和市场设计等。这一阶段与实用化阶段要经常交流合作，穿插进行。实用化和商品化设计满足后，要把技术设计的结果变成施工的技术文件，即完成各类图纸、说明书和工艺文件等。包括以下工作：

①**性能改变** 改变产品性能以适应不同条件（如国家或气候等）、开发新功能或增添附加功能。

②**产品"四化"** 性能尺寸系列化、零部件标准化、非标零件通用化及零部件设计模块化，从而减少设计工作量，减少重复出现的技术过失，增大互换性。

③**工业设计** 以先进科技功能为基础，通过产品艺术造型，设计美观适用的外形和布局，满足精神功能要求。据说著名画家吴冠中、诺贝尔物理学奖获得者杨振宁曾坐在世界著名工业设计大师克拉尼两边，杨振宁感叹三人：一人代表艺术，一人代表技术，而克拉尼代表两者的结合。

④**设计评价** 对设计进行全面分析，包括数学计算检查和工程观点检查，发现并改正错误，其中也包括模型试验或样机的工作模拟试验。同时对产品进行价值分析，使产品物美价廉，提高产品的价值和产品的市场竞争力。

1.3 设计方法发展历史

国内外普遍把设计方法的发展分为直觉设计、经验设计、中间试验辅助设计和现代设计法设计4个阶段。随着技术的进步和社会的发展，必将会有更多的设计方法出现，特别是随着现代设计方法的内涵与外延的不断充实、拓展和创新，设计方法发展阶段也将要相应地调整。本书暂且按照4个阶段予以简述。

1.3.1 直觉设计阶段

灵感往往与直觉相伴，而直觉设计就或许是当人们遇到设计对象时，从自然现象中因时制宜地根据直觉需要进行的自发设计。古代的设计基本属于直觉设计，这种设计方法设计质量没有把握，完全取决于人的智力、灵感与不断的试验摸索和经验积累，设计周期很长，且具有很大偶然性，无法记录表达，更无经验可供借鉴。

早在石器时代，根据经验制造的工具已经蕴涵着现代设计方法的一些基本原则。如河南新郑出土的距今7000多年前用于加工谷物的石磨盘和石磨棒，在实现碾磨谷物功能要求的同时又遵循着简省结构、方便操作等原理。

旧石器时代的劳动用石器(砍砸器、刮削器等)、新石器时代的翻地工具(耒耜、铲、原始犁等)和木工工具(石斧、石锛、石凿、石钻等)大都是通过直觉设计加工而成。

据说因锯齿状草割破手而发明了锯子。自动锯木机就是通过直觉设计诞生的：首先靠两人手工拉锯，后来利用杠杆原理两人配合采用手摇圆锯，接着利用水力使主体运动机械化，则只要一人即可操作，然后增加了弹簧测力器及水流闸(速度控制器)等调控部件，工人只要观察锯力表，用一只手扳动杠杆调节水流大小，即可工作，最后用一条绳来根据锯木力大小自动调节速度，这样工人只要装卸木料即可工作。前后经过了几个世纪，才设计成半自动锯木机。

但直觉是长期实践与思考以后的灵感性澄清与表现，不是任何人凭空就有设计的直觉能力。实际上，过去、现在甚至将来，直觉设计仍然要贯穿于所有的设计过程。

1.3.2 经验设计阶段

经验设计是指当人们有了丰富的设计实践以后，通过力学与数学的密切联系以及手工艺人和设计者间的联合协作，使用经验数学公式(如制成图、表或手册供参考)来作为设计计算和类比的主要依据，并可以相互借鉴。针对设计对象修改这些经验数学公式，使设计水平推进一步，而图纸的形式还可以满足多人同时参与同一产品的生产活动。第二次世界大战之前，技术发达国家的产品设计大都是参考现成产品图纸或手册中的经验数据，经过二、三次设计与试制的反复循环，才能投入生产。因此设计周期仍然较长，质量较低，即使局部有革新，步伐也不可能大，而且可能会因某些零件或小系统设计不当，引起样机报废。这种方法的样机试制图纸可用率平均为50%左右。如唐代的江东犁、南宋的活塞风箱、宋代的水转大纺车等，依靠直觉设计和经验设计通过不断完善而使工具更加精细。

1.3.3 中间试验辅助设计阶段

中间试验辅助设计阶段也称半经验半理论设计阶段，指随着科技发展，强化了设计的基础理论和试验的深入研究，逐步形成了一套半经验半理论的设计方法，采用局部试验、模拟试验作为设计过程辅助手段。测试取得系统或机器工作过程内在规律的数据，来指导结构与参数的选择。

如20世纪50年代后期，人们逐渐吸取飞机模型风洞试验等经验，对机器的关键部件，通过模型试验确定较好的结构与参数。样机试制后基本达到设计要求，设计图纸可用率达到了70%~80%。试制周期缩短，人力物力大大节省，并得到逐步推广。

1.3.4 现代设计法设计阶段

现代设计方法研究设计程序、设计规律、设计思维与工作方法，是以设计产品为目标的知识群体，在设计各阶段采用某些合宜的、有效的方法和技术。这种方法设计质量高、周期短。现代设计方法是随着数学方法、控制理论及计算机的发展，并在前三阶段的发展进程中逐渐形成了自身的科学体系，属于系统工具集成设计阶段。现代设计法设计阶段又可分为萌芽期、发展期和普及期3个时期。

（1）萌芽期

17世纪中叶，牛顿和莱布尼兹发明了微积分，莱布尼兹还发明了能进行四则运算的手摇计算机，数学建模、数值运算、寻优方法等引入了工程设计。德国学者 Redtenbacher 1852 年在论著《力学和机械制造原理》中系统论述了机械设计的力学原理和方法学观点，1875 年德国人 F. Reuleaux 在《理论运动学》中提出了"过程规划"的模型，即对很多机械技术现象中的本质上统一的东西进行抽象而形成一套综合的步骤，因而有人称他为设计方法学的奠基人。到 20 世纪 40 年代，R. Franke、F. Kesselring 等人相继在程式化设计及其应用、设计方案的技术经济评价及设计中的功能原理综合等方面做了许多工作。Kesselring 明确提出了五项结构设计原理：最低成本原理、最小尺寸原理、最小质量原理、最低损耗原理和最方便操作原理。

（2）发展期

第二次世界大战后，特别是20世纪60年代初，由于市场竞争的需要，人们深感改进产品设计、提高竞争能力的重要性，提出了"关键在于设计"的口号。人们将设计进程明确划分为方案设计、技术设计、工艺设计3个阶段。机械设计已不仅仅是依赖经验和灵感的创造艺术，而逐步演进为一门科学，是以知识为依托、以科学方法为手段的工程创新活动。如慕尼黑大学的 W. G. Rodenacker 是第一个被任命为从事设计方法学研究的教授，他提出了设计过程、设计中的转换等的研究方向，被人称为"设计方法学之父"。

（3）普及期

20世纪60年代后，欧洲各国广泛开展设计方法的国际学术交流活动，欧洲设计研究组织 WDK（Workshop Design-Konstruktion）组织了一系列国际工程设计会议 ICED（International Conference on Engineering Design）。美国国家科学基金委员会（NSF）制订研究计划和组织国际设计理论与方法学会议（International Conference on Design Theory and Methodology，DTM）。中国参加了 ICED'81 会议后，也大力开展设计方法学的研究。这一时期，机械工程设计又引入了系统科学、信息科学理论与方法，更广泛地借助于现代数学方法和计算技术。设计的对象为各类机械与控制学的综合以及电子装置与微机的综合，设计目标被综合为功能—质量—成本的系统优化，并通过物理效应的方案选择、结构设计和材料选择与优化分析、工艺设计规划、可靠性设计、成本估计等系统评价来实现。

1.3.5 现代设计与传统设计

机械产品必须通过设计过程，以其创造性劳动来实现预期的目的。现代机械是在传统机械的基础上，不断吸收各种新技术而发展的。现代机械通常是由计算机信息网络协调与控制的，是用于完成动力学任务（包括机械力、运动、物质流、能量流和信息流）的机械和电子部件相互联系的系统。随着科技的发展，产品更新换代加快，市场寿命缩短，人们对产品的功能、可靠性、效率等提出了更为严格的要求，而这些特点中，有 60%~70% 取决于设计。因此研究和采用新的设计方法和技术改变机械产品和机械工业的面貌，就显得非常重要。

1.3.5.1 现代设计与传统设计的关系

现代设计方法按照科学方法论在研究内在规律基础上运用数学语言及现代分析技术获取接近动态的多变量参数，相对传统设计方法有许多优越性，但各种设计方法的发展都有其时序性、继承性及一定时期的共存关系。

现代设计方法是在传统设计方法的基础上，继承了传统设计方法的精华，如设计的一般原则和步骤、价值分析、造型设计、类比原理和方法、相似理论与分析、市场需求调查、冗余原则和自助原则（能自动地完成功能，如超载保护和自动补偿等）、积木式组合设计法等，即前后具有继承性的关系。因此不应片面夸大某些现代设计方法，而应认识到它们的许多内容是传统设计方法的继承、延伸和发展。

从直觉设计、经验设计到现代设计，都有着时序性和共存性的关系。许多方法自身理论的建立及其可行性、适用性还需深入探索；一些成熟的设计方法和内容也有待掌握与推广。所以传统设计方法在不断改善，而新的设计方法也不断创建，体现了共存、量变与质变的辩证关系。新的机械产品随现代设计方法、技术和设计科学体系的完善必将有新的不断突破。

1.3.5.2 传统设计与现代设计的特点

传统设计和现代设计因其设计理念和方法的不同，其特点也明显不同。

(1) 系统性

传统设计方法是当前用得较普遍的经验、类比的设计方法，用收敛性思维方法，以生产经验为基础，以运用力学和数学而形成的经验公式、图表、手册等作为设计依据，过早地进入具体方案，但往往很难得到最优方案。

现代设计方法是逻辑的系统的设计方法，有两种体系：一是德国倡导的，用从抽象到具体的发散的思维方式，以"功能—原理—结构"框架为模型的横向变异和纵向综合，用计算机构造多种方案，评选出最优方案；二是美国倡导的创造性设计学，在知识、手段和方法不充分的条件下，运用创造技法，充分发挥想象进行辩证思维，形成新的构思和设计。

(2) 社会性

传统设计由专业技术主管指导设计，注意技术性，设计试制后进行经济分析、成本核算，很少考虑社会性问题。

现代设计对开发新产品的整个过程，从产品的概念形成到报废处理的全寿命周期中的所有问题，都要面向用户、社会和市场全面考虑。设计过程中的功能分析、原理方案、结构方案、选型方案等的确定，都要按市场规律尽可能进行定量的市场、经济与价值分析，以并行工程方法指导整个工作。

(3) 创造性

传统设计一般是封闭收敛的设计思维，过早进入定型实体结构，强调经验类比、直接主观的决策。

现代设计强调激励创造性冲动，力主抽象的设计构思、扩展发散设计思维、多种可行的创新方案、广泛深入的评价决策，集体运用创造技法探索创新工艺试验，不断寻求最优方案。

(4) 最优化

传统设计属于自然优化，在"设计—评价—设计"的循环中，凭借有限的设计人员的知识、经验和判断力选取较好方案。受人和效率的限制，难以对多变量系统在广泛影响因素下进行定量优化。

现代设计重视协同与综合集成，在性能、技术、经济、工艺、使用、环境等各种约束条件下，通过计算机以高效率综合集成各学科的最新科技成果，寻求最优方案和参数。

(5) 动态化

传统设计以静态分析和少变量为主，将荷载、应力等因素作集中处理，由此考虑安全系数，与实际工况往往相差较远。

现代设计在静态分析基础上，考虑荷载谱、负载率等随机变量，进行动态多变量优化。针对荷载、应力等因素的离散性，用各种设计方法进行可靠性设计。

(6) 宜人性

传统设计往往强调产品的物质功能，忽视或不能全面考虑精神功能，凭经验或自发性考虑人—机—环境等之间的关系，强调训练用户来适应机器的要求。

现代设计强调产品内在质量的实用性，外观质量的美观性、艺术性、时代性，在保证产品物质功能的前提下，要求对用户产生新颖舒畅等精神功能。从人的生理和心理特征出发，通过功能分析、界面安排和系统综合，考虑满足人—机—环境等之间的协调关系，发挥系统潜力，提高效率。

(7) 智能化

传统设计在局部上自发运用某些仿生规律，很难达到高度智能化要求。

现代设计过程的智能化是利用人的智能，通过知识和信息的获取、推理和运用，以计算机为主来模仿人的智能活动，可设计出高度智能化产品。

(8) 设计制造集成化

传统设计过程按人工计算绘图的顺序方式进行，一旦数据标准不统一，制造和设计就容易脱节，设计的精度、稳定性和效率都受到限制，各种修改工作量很大，工作进程慢。

现代设计强调产品设计制造的统一数据模型和计算机集成制造，使用计算机使设计、计算、绘图、制造、改进一体化，软件功能日益强大，并且将三维造型、虚拟设计和虚拟制造技术并行集成应用，能包容的设计因素日益增多，大大提高了设计精度、稳定性和效率，修改设计极为方便。而随着下一代互联网、云计算和大数据技术的发展，设计定制以及网络化将进一步得到发展。

1.4 现代设计方法综述

由于国际市场的激烈竞争、用户需求的多样化和个性化、环境生态和技术标准与法律的严格限制、工艺技术和生产经营组织观念的不断发展，现代设计的核心因素表现在产品开发应市的质量、时间和成本上。

①**质量**　不仅要满足用户的技术功能要求，还应以自身特点满足用户的非物质功能方面的需求，符合有关法律、标准和生态环境、安全性、可靠性、合理寿命、方便使用和维护保养等要求，并提供必要的用户培训、质量保证和维修服务。

②**时间**　需要考虑设计开发的周期、供货时间与方式以及供货的数量、品种和方式等方面的适应能力，特别是随着移动互联网的发展，对产品定制与快速供货的要求越来越高。

③**成本/价格**　统筹兼顾产品成本、合理利润、一次性安装费用和经常性维护费用等。

产品设计进程中每一阶段都要进行质量、时间和成本的优化和反馈，达到系统优化目标。在实现机械产品设计任务的具体过程中，需要应用不同的设计理论和方法，同时各种设计工具也不断涌现。作为设计工程师，需要随时关注新的设计方法及其发展趋势。

1.4.1　设计理论与方法概述

设计理论是研究产品设计过程的系统行为和基本规律，研究设计的过程、规律及设计中的思维和工作方法；而设计方法是产品设计的具体手段[17]。

现代机械设计理论与方法是在一系列学科的发展基础上发展和完善起来的交叉学科。如涉及哲学，思维科学，心理学，智能科学，解剖学、生理学和人体科学，社会学，环境科学和生态学，现代应用数学、物理学和应用化学，应用力学，摩擦学，技术美学和材料科学，机械电子学，控制理论与技术，检测技术和自动化，电子计算机和现代信息科学等[18]。

现代机械设计理论与方法的内容众多而丰富，既相互独立又有一定联系，是由功能论、优化论、离散论、对应论、寿命论、艺术论、系统论、信息论、控制论、突变论、智能论和模糊论等方法论应用而产生的。如突变论方法学中的各种创造性设计方法，信息论方法学中的预测技术法，对应论方法学中的相似设计法、模拟设计法，艺术论方法学中的工业造型设计和人机工程学，寿命论方法学中的价值工程等[18]。

对于众多的设计理论与方法，有许多不同的归类，其中闻邦椿列表归集了国内外 78 种设计理论与方法，并从广义的设计理论与方法角度，用框图并按照设计思想、设计环境、设计目标、设计步骤、设计内容、设计方法、组合型设计等方法对相应的设计方法进行分类。按设计思想，分为创新设计、概念设计和基于系统工程的设计等；按设计环境，分为绿色设计、和谐设计；按设计目标，分为功能设计、普适设计、全性能优化设计、全功能全性能设计、基于价值工程的设计、为缩短设计周期的设计；按设计步骤，分为常规设计过程、公理设计过程、质量功能配置 QFD(quality function deployment)设计过程、系统工程设计过程；按设计内容，分为方案设计、机构设计、结构设计、参数设计、驱动系统设计、传动系统设计、强度设计、运动学设计、动力学设计、可靠性设计、摩擦学设计、造型设计、基础设计、监测系统设计、控制系统设计、诊断系统设计、工艺设计、容差设计、试验设计等；按设计方法(狭义角度)，分为稳健设计、优化设计、智能设计、虚拟设计、可视化设计、网络设计、并行设计、协同设计、相似性设计、数字化设计、反求设计、改型设计、集成设计、柔性化设计、融合设计、模块化设计、模糊设计、优势设计、CAD、快速反应设计等。而组合型设计法是将两种以上单一目标设计法综合起来对产品进行设计，如将设计目标、设计内容与设计方法综合在一起，其中包括三次设计、全生命周期优化设计、面向产品结构性能的动态设计、面向产品工作性能的智能设计、面向产品制造性能的可视化设计、QFD设计、1+3+X综合设计、面向产品广义质量的综合设计等[19]。

为了能让读者从如此众多的设计理论与方法中把握最主要的设计方法，表1-3在分析参考国内外有关资料[20]的基础上，对于设计规划、方案设计、技术设计、商品设计等不同阶段及其对应的设计方法、设计理论和设计工具等作了总结和分类，形成现代机械设计理论与方法体系。在设计规划阶段，采取基于技术预测理论、市场学和信息学等的预测方法做好设计任务规划工作，需要利用数据库技术等工具；在方案设计阶段，需要基于系统工程学、图论、形态学的系统分析设计法，基于创造学、思维心理学的创新设计法，基于决策论、线性代数、模糊数学的评价与决策法；在技术设计阶段，有分别基于美学、仿生学、工业设计、系统工程学、价值工程学、力学、摩擦学、制造工程学、机构动力学、相似理论、模拟理论、数学模型、Petri网、摩擦学、磨损、润滑理论、优化理论、多元函数极值理论、可靠性理论、数理统计、图像图形学、计算几何、测绘学、人机工程学、色彩学、生物进化理论、生物学等的构形设计法、价值设计、动态设计、虚拟设计、协同设计、摩擦学设计、优化设计、可靠性设计、反求工程设计、宜人性设计、模块化设计、仿生设计等；在商品设计阶段，需要基于工程图学、工艺学的工艺设计方法并利用CAPP等工具，基于工业美学设计的产品造型设计和基于变参数设计技术的产品系列化设计等。不同的设计方法和设计理论需要不断发展的设计工具来实现。

为了更系统地理解林业机械设计体系，图1-1根据林业生产特点、林业机械产品要求以及相关学科内容，分析归纳了现代林业机械设计所包含的技术体系。

图1-1 现代林业机械设计技术体系

表1-3 现代机械设计理论与方法体系

设计阶段	设计方法	设计理论	设计工具
设计规划	预测方法	技术预测理论、市场学、信息学	数据库、大数据
方案设计	系统分析法	系统工程学、图论、形态学	逻辑设计
	创新设计法	创造学、思维心理学	TRIZ
	评价与决策法	决策论、线性代数、模糊数学	运筹学

(续)

设计阶段	设计方法	设计理论	设计工具
技术设计	构形设计法	美学、仿生学、工业设计	3D 设计软件
	价值设计	价值工程学、制造工程学	价值工程
	动态设计	机构动力学	有限元、模态分析
	虚拟设计	相似理论、模拟理论	虚拟现实、仿真
	协同设计	数学模型、Petri 网	CAD/CAM/CAE/CAPP 协同
	摩擦学设计	摩擦学、磨损、润滑理论	表面工程、失效分析
	优化设计	优化理论、多元函数极值理论	非线性规划、小波分析
	可靠性设计	可靠性理论、数理统计	可靠度分析
	反求工程设计	图像图形学、计算几何、测绘学	实物、软件和影像反求
	宜人性设计	人机工程学、色彩学	3D 设计软件
	模块化设计	相似理论、生物进化理论	产品信息基因模型
	仿生设计	生物学、仿生学	模型分析
商品设计	工艺设计方法	工程图学、工艺学	CAPP
	产品造型设计	工业美学设计	3D 设计软件
	产品系列设计	变参数设计技术	CAD、相似设计准则

设计思想主要包括系统科学思想、自然科学思想、中国天人合一的自然哲学思想、创新思想以及 Design for X 等；设计理论包括普适设计理论（comprehensive design methodology，德国）、发明问题解决理论（TRIZ，前苏联）、公理设计理论（axiomatic design，美国）、质量功能配置（QFD，日本）、六西格玛理论（DFSS，美国）等；设计方法包括机械设计学以及各种设计方法；支撑技术包括信息技术、计算机技术、大数据、机械试验技术、材料科学、先进制造工艺、自动化技术等产品所需要的各种先进技术；设计主导技术包括设计工具、互联网、云计算、3D 打印等设计所需要的现代技术；管理科学包括机械技术史、政治经济学、人文社会科学、市场营销学、国际关系学、系统管理技术等；政策环境包括国际形势、产品补贴政策环境、产品使用环境等；林业科学包括树木学、生态学、森林经理学、森林保护学、水土保持、森林工程等，这部分内容随着产品所属学科领域不同而变化。

1.4.2 现代设计方法纵览

现代设计方法是以设计产品为目标的一个总的知识群体的总称，种类繁多，内容广泛，到底包括哪些内容，认识并不完全一致。下面将综述机械产品设计实践中较常用的系统分析设计与创新设计、动态分析设计、相似与模拟仿真设计、协同设计、摩擦学设计、优化设计、可靠性设计、反求工程设计等方法，然后分章节进行阐述，并介绍这些方法在林业机械设计中的应用。对其他一些现代设计方法，如并行设计、智能设计、宜人性设计、生态设计、模块化设计、仿生设计、三次设计与健壮设计、再设计、基于给养的设计、DFX（Design for X）等，将在本章下一节中予以简述，便于读者进一步学习和应用。

1.4.2.1 系统分析设计法

系统分析设计法(system analysis design method)中把任何系统看做是特定功能的、相互有联系的一个有序性整体。机器中一切零部件与传动系都可理解为系统,通过边界和周围系统分离,通过输入/输出信号与周围联系。系统分析设计法的关键是"分析"与"分解"(或称离散),分解得太细不易综合,分解边界上的干涉要尽可能少,以便独立成为一个子系统,然后建立模型。

逻辑设计法是用逻辑数学模型与逻辑符号模型进行系统设计的方法。逻辑设计采用布尔代数中的双值(0,1)概念,通过逻辑分析与运算确定方案与系统及各子系统之间的相互依存与制约的关系,建立逻辑数学模型,使逻辑思想与设计方法进行有机的结合。

1.4.2.2 机械创新设计法

机械创新设计(mechanical creative design)[18]是指充分发挥设计者的创新能力,利用相关技术进行创新构思,设计出具有科学性、创造性、新颖性及实用性的机构或机械产品的实践活动。

如基于发明问题解决理论 TRIZ(俄文 теории решения изобретательских задач 的英文音译 Teoriya Resheniya Izobreatatelskikh Zadatch 的缩写,在欧美国家也缩写为 TIPS——theory of inventive problem solving,由前苏联发明家 G. S. Altshuller 在 1946 年创立)的创新设计,是指在创新设计过程中以 TRIZ 为设计指导思想,作为困难技术问题的解决工具,并作为激励连续创新过程的动力来源。基于 TRIZ 的创新设计,首先将要解决的特殊问题加以定义、明确,然后根据 TRIZ 理论提供的方法,将需要解决的特殊问题转化为类似的标准问题,针对类似的标准问题总结、归纳出类似的标准解决方案,最后依据类似的标准解决方法就可以解决用户需要解决的特殊问题。

1.4.2.3 相似与模拟仿真设计

人们在长期探索自然规律的过程中,逐渐研究形成了自然界和工程中各种相似现象的相似方法、模块化设计方法和相应的相似理论、模拟理论。在大型复杂设备和结构设计过程中,可在相似理论指导下,通过模块化方法和模型试验,使方案取得合理参数,预测设备的性能。

模拟设计(simulative design)是在开发新产品时,在相似的模拟工作条件下设计相似的模型进行试验,通过测定模型性能,预测产品原型性能,分析设计的可行性并进行必要的修改,进一步取得最优参数和结构。

随着计算机仿真技术的发展,人们可研究复杂的动态系统,而仿真技术比模拟技术更推进一步,是由于它能借助计算机运用仿真语言进行数值分析。

模拟技术与 3D 打印结合能应用到工艺设计过程中,模拟分析 3D 打印加工过程,优化工艺参数,消除设计缺陷,提高制造质量。

相似方法可以把个别现象的研究结果推广到所有相似现象。产品系列设计就是在基型设计的基础上,通过相似原理求出系列中其他产品的参数和尺寸。即先设计基型产品,确定产品系列是几何相似还是半相似,选择计算级差,求得扩展型产品的参数尺寸,确定系列产品的结构尺寸。几何相似的产品还可按相似关系以生产成本进行估算。

符号设计法也是一种模拟方法,使系统设计概念与关系更为明确。符号学的应用很广,在设计中已涉及逻辑符号、信号流图、相关树、框图以至更高级的图论网络等,这些方法已用于系统、方案、进程的设计中。

虚拟设计可以方便逼真地将设计对象设计出来并赋予虚拟产品以血液、神经中枢等,让虚拟的东西运动起来。这就可以利用虚拟现实技术通过虚拟整机与虚拟环境的耦合,对产品多种设计方案进行测试、评估,并不断改进设计方案。运用虚拟设计技术可以快速建立包括控制系统、液压系统、启动系统在内的多体动力学虚拟设计,实现产品的并行设计[15]。

1.4.2.4 协同设计

全球性计算机网络使得实时交互协同设计成为可能。设计往往含有许多不同的设计子任务,属于知识密集的过程,而协同设计可使不同的设计人员之间、不同的设计组织之间、不同的部门工作人员之间均可实现资源共享,实时交互协同参与。

协同设计(collaborative design)使设计从传统的以管理驱动的组织运作模式转化为设计组织成员为了共同目标而分工协作的组织运作模式,这有助于发挥设计成员的创造精神和主动精神,形成以人为核心的企业内外计算机辅助工程协同系统。协同设计有助于跨学科人才之间的交互和合作,从而提高设计的质量,缩短设计开发的周期,降低设计开发成本。而计算机应用集成化技术的发展和并行环境的开发,使设计成员能改变传统的串行迭代式设计方法,避免各个环节相对独立而可能造成的设计缺陷、隐患,采用先进技术的合理集成,从而提高产品的竞争力。

1.4.2.5 动态分析设计

任何系统总是处于各种正常信号与干扰信号的作用中,动态是绝对的,稳态是动态的特例。所以从动态入手,既研究动态特性,又推理稳态特性,是重要的设计与分析方法。

机械产品结构动态设计(dynamic design)和动态分析的建模方法,包括理论建模和试验建模。理论建模是按照机械结构形状不同而采用不同的技巧,如传递矩阵法和有限元法;试验建模是针对机械实物或模型进行模态试验分析,以建立模型。试验模态方法就是对现有机械结构或模型上有限个试验点进行激励,测出各点的响应,得到全部试验点组成的试验结构的传递函数(频率响应函数),经测量数据的分析与处理识别出模态参数,建立结构动态特性的离散数学模型。由于计算机的发展,使快速傅立叶变换(fast fourier transform,FFT)得以实现,并出现了模态分析仪器设备,促进了模态分析技术的迅速发展。

1.4.2.6 摩擦学设计

机械零部件的失效,除了整体强度不够以外,很多情况是由于表面强度不足,工作一定时间后，零件表面摩擦磨损过度而失效。因此将摩擦学中关于摩擦、磨损和润滑理论应用到机械设计中来，对节省能源、提高设备可靠性、发展高速机械和生产过程自动化不仅具有学术意义，而且会产生巨大的经济效益。

摩擦学设计(tribology design)就是以摩擦、磨损及润滑理论为基础，以系统工程的观点，通过一系列的分析计算和经验类比合理设计机械零部件，采用先进材料和工艺，正确选用润滑方式和装置，预测并排除可能发生的故障，减少机械设备的摩擦损耗，达到经济的稳定磨损率，提高设备的工作效率和运行可靠性。

摩擦学研究主要内容包括摩擦和磨损机理、润滑理论、新型耐磨减摩材料与表面处理工艺、新型润滑材料和摩擦磨损测试技术等。

1.4.2.7 优化设计法

常规的设计是基于安全概念的"合格设计"，各种设计参数（材料的机械性能、几何尺寸等）能保证零件安全不坏。优化设计方法(optimization design)是在给定方案下，利用各种数学优选法进行参数计算的方法，即以优化理论为基础，以计算机为工具，在充分考虑多种设计约束条件的前提下，寻求满足预定目标的最优设计。优化设计不仅考虑零部件结构参数和性能的优化，更重要的是追求产品技术系统整体最优，而且在缩短设计周期的同时提高设计质量，确保所要求的技术经济指标。

由于现代工程对象的复杂性、模糊性、系统性和综合性导致设计寻优目标的系统化和综合化，因而优化目标从传统的局部走向了系统整体，从单目标走向了多目标综合。由于设计对象往往是多变量、多目标、多个约束条件的复杂系统，解决综合优化的出路在于：利用基于知识的人工智能建模和寻优方案；引入新的数学理论与方法，如模糊理论、小波分析、分形几何、混沌理论、非线性规划、神经网络、自学习和自组织理论等分析方法；依托多媒体虚拟现实技术，建立人—机—体化智能综合优化技术体系。

工程遗传算法是基于生物界的自然选择和遗传机理的一种搜索算法，综合了适者生存和遗传信息的结构性及随机性交换的生物进化特点，使最满足目标的决策获得最大的生存可能。它具有以下明显的优点：

①**应用的广泛性** 易于写出一个通用算法而求解不同类型的优化问题。

②**非线性性** 只需要评价目标值的优劣，具有高度的非线性，而现行优化算法大多基于线性、凸性、可微性等。

③**适应性** 仅需作一些很小的改动，即可适应新的问题。

④**并行性** 隐含地对问题空间的许多解平面进行并行搜索，收敛速度快、稳定性强。

因此这种算法特别适于寻找具有多参数、多设计变量或许多选择的复杂工程问题的最优解，如机器人的运动轨迹生成与运动学解、自动装配系统的优化设计、神经网络的设计与训练等。

1.4.2.8 可靠性设计

传统的设计是把设计变量（荷载、材料性能和零件尺寸等）作为常量，但实际上它们均为随机变量，不能简单地说某个零件是"安全的"或"不安全的"，而应该说"安全的概率有多大"，即"可靠度多少"，或者"寿命超过若干时限的概率有多大"。同理，对"失效"来说也应有"失效概率"的概念。可靠性是指产品在规定时间内和给定条件下，完成规定功能的能力。应用可靠性理论和数理统计原理，可以计算零部件在随机荷载作用下保证给定可靠度时的疲劳寿命或者给定寿命下的可靠度和失效概率等可靠性指标。

产品可靠性首先是设计出来的，可靠性设计(reliability design)决定产品的"优生"，要对系统或产品的可靠性进行预计、分配、技术设计、评定等，分析其失效可能，为此需要进行大量试验和数据采集与处理工作，因此随机荷载谱和材料性能谱的研究以及分布函数的拟合至关重要，直接影响可靠性设计本身的置信度。可靠性的度量指标一般有可靠度、无故障率、失效率等。将可靠性和优化设计结合起来，就形成了可靠性优化设计。

1.4.2.9 反求工程设计

技术引进是促进经济高速发展的战略措施之一，而要取得最佳技术和经济效益，必须对引进技术进行深入研究、消化和再创新，开发出先进产品，形成创新的技术体系。

反求工程(reverse engineering)是针对消化吸收先进技术的系列分析方法和应用技术的组合。反求工程包括设计反求、工艺反求、管理反求等各个方面。以先进产品的实物、软件或影像作为研究对象，应用现代设计的理论方法、生产工程学、材料学、计算机科学和网络技术等有关专业知识，进行系统地分析研究，探索掌握其关键技术，进而通过实物反求、软件反求或影像反求等方法，开发出同类产品。

反求工程(逆向工程)技术的合法性，一直是知识产权保护中争议较大的问题。从国际版权保护的基本原则来讲，只有产品思想、概念的表达形式受著作权法的保护，而不是思想、概念本身。从他人的产品中还原出思想、概念，再以该思想、概念为基础进行新的表达，原则上应当不构成对他人产品著作权的侵犯。问题在于这两种表达之间往往存在不同程度的相同或相似。事实上，逆向工程较难做到只利用原产品的思想和概念，而不利用思想和概念的表达形式，这就是导致争议的关键所在[21]。

《最高人民法院关于审理不正当竞争民事案件应用法律若干问题的解释》第十二条对"反向工程"合法性作了规定，但中国的立法还是单一式的，没有综合考虑，还处在美国对于"威兰诉接罗斯"的认识层面（"威兰诉接罗斯"判例否认了反向工程在软件领域的合法性）。而我国是成文法国家，现在还没有碰到这样的问题，也许只有等到相关案例出现后再进行修正[21]。

1.4.3 设计工具概述

机械时代的轮船火车便利了运输，电气时代实现了机电结合，到信息时代机器将可能代替人的智力，而且随着制造业生产方式的不断变化和全球化竞争加剧及产业链配置的全球化趋势，使得制造模式发生了巨大变化，如图1-2所示。各种新的制造模式和制造方法不断涌现，如从机械化生产到大规模生产再到定制分散生产方式的变化，从等材制造(已发展逾千年)、减材制造(也已发展百年)到增材制造(仅出现20余年)的变化,特别是在企业外部的以产品为中心到以市场为中心然后到以顾客为中心的变化,其产品多样性和个性化需求使得内部也必须发生相应的变化。显然面向个性化需求与产品全寿命周期的设计与制造呈现了数字化、并行化、集成化、定制化、敏捷化、柔性化、智能化和网络化等不同特征,传统的设计工具已难以胜任,因此随着计算机、云计算、大数据与网络技术的发展,新的设计工具不断涌现。

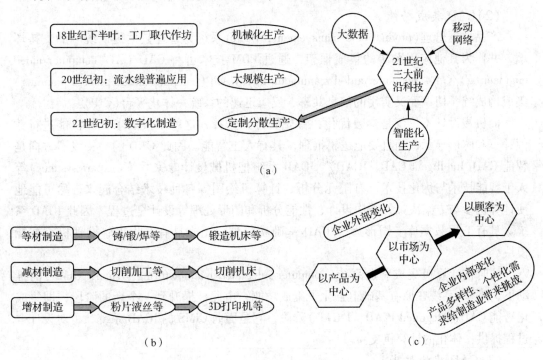

图 1-2 制造技术的发展
(a)生产方式 (b)制造方式 (c)需求模式

1.4.3.1 CAD 技术及应用

机械产品的更新换代首先是设计,而机械设计工作相当多的工作量是制图,还有大量查询表格、曲线和设计计算等工作,传统的设计方法工作量大、效率低。计算机辅助设计(computer aided design,CAD)是运用能高速计算和显示图形的计算机,利用专业领域知识对产品进行规划、分析计算、综合、模拟、评价、绘图和编写技术文件等基于特征、参数化和面向知识流活动的总称,设计者的创新能力、想象力、经验和计算机的高速运算能力、图形显示与处理能力相互有机结合,综合运用多学科的相关技术,进行产品描述及设计,提高了设计工作的效率,为无图纸化生产提供了前提。

(1) CAD 基础工作

机械产品 CAD,首先要确定机械结构的最佳参数和几何尺寸,这就要进行机构运动学分析、有限元计算和优化设计、可靠性设计等,然后由计算机自动绘制零件图和装配图,这是一个反复修改和完善的过程。

CAD 的基础工作是程序库、数据库和图形库的建立。CAD 过程不仅在于数据处理、结构强度分析、结构设计、动态仿真和系统优化，而且包括动态三维图形可视化和多媒体虚拟现实，不仅用于产品方案设计和技术设计及分析评价，还用于工艺过程仿真、全面质量管理、成本评估等，使研究开发和生产准备周期大幅度缩短，成本下降。各类软件平台和数据库日臻完备，网络技术普及推广，人机界面日益友好。数字化设计为实现以人为核心的计算机辅助智能设计创造了前提，也为全球性资源共享和快速响应的虚拟先进制造体系创造了条件。

(2) CAD 集成功能

产品数据管理(product data management, PDM)系统为管理数据提供统一的支持环境，并作为其他应用系统的集成框架，通过 PDM 技术可将 CAD/CAE(computer aided engineering)/CAM(computer aided manufacturing)/CAPP(computer aided process planning) 集成构成统一协调而又实用的信息共享、反应迅速的系统一体化平台(C^4P)。

而机械设计不仅仅是参数优化，首先要方案选择，这就不仅要求计算机能进行数值计算和图形显示，而且要能逻辑推理，具有人工智能。因此 CAD 的另一发展方向是智能 CAD(Intelligent CAD, ICAD)。ICAD 系统把机械设计专家系统(expert systems)等人工智能技术与优化技术、有限元分析、计算机绘图等各种技术结合起来，尽可能地使计算机参与方案决策、结构设计、性能分析和图形处理等设计全过程。因此 ICAD 系统除具有工程数据库、图形库等 CAD 基础功能外，还应具有知识库、推理机等智能模块。

同时在计算机集成制造系统(computer integrated manufacturing system, CIMS)的推动下，ICAD 系统在原有基础上强化了集成功能，由此被提升到一个新的阶段，即集成化智能 CAD(Integrated ICAD, I^2CAD)阶段，它是面向 CIMS 的 ICAD 系统，可对设计全过程提供一体化的计算机支持。

(3) CAD 建模技术

建模是为了理解事物而对事物作出的一种抽象，是对事物的一种无歧义的书面描述。CAD 建模技术经过 50 余年的演变而经历了巨大发展，其发展历程中出现的关键技术包括曲面造型技术、实体造型技术、特征建模技术、参数化建模技术、变量化建模技术、同步建模技术等[18]。

(4) 三维 CAD 技术

据统计，机械产品有 10%~25% 的零件为标准件，而用三维造型系统来表达日益复杂的零件远比用二维图形系统要难，因此建立标准件的三维模型库对于设计师从简单烦琐的重复建模中解放出来而集中精力于富有创造性的高层次设计活动意义重大，同时三维 CAD 系统能实现与 CAE/CAPP/CAM 的集成和仿真分析，因此具有可视化好、形象直观等优点的三维 CAD 技术能够明显提高设计效率，能为企业数字化各应用环节提供完整的设计、工艺、制造信息等，帮助企业解决大规模定制问题。

工程师需要在设计工作中快速调用所需的标准件模型库和常用零部件模型库以及供应商信息，因此围绕企业应用三维 CAD 所产生的一系列需求，出现了三维零件库的在线应用模式。如 TraceParts 能在线提供 DB 国标标准件、ISO 国际标准件、BS 英国标准件、JIS 日本标准件、DIN 德国标准件等按多国标准以及为满足机械工业需求而设计的 3D 零部件库、电子目录和产品配置器的软件解决方案；LinkAblePARTcommunity 为由德国卡迪纳斯公司与北京翎瑞鸿翔科技有限公司开发的在线版三维CAD零部件数据资源及解决方案,包含ISO/EN/DIN标准件模型数据资源和厂商的零部件产品模型,支持许多原始和中间交换格式,使模型数据适合各类CAD系统,如CATIA、Inventor、SolidWorks、Pro/ENGINEER、Creo、Solid Edge、TopSolid、Unigraphics、AutoCAD、STEP、IGES、SAT、DXF等;杭州新迪数字工程系统有限公司的3DSource云平台是开放的海量工程资源云服务平台,包括制造业云应用中心、创意设计云应用中心等,3DSource能提供符合中国国家标准、机械行业标准等主要工业标准的3D零件库产品模型。

1.4.3.2 虚拟样机与CAE技术

虚拟样机技术(virtual prototyping technology,VPT)是在计算机上建立样机模型,对模型进行各种动态性能分析,主要是进行机械系统的动力学和运动学分析,确定各构件在任意位置的位置、速度和加速度以及确定所需的作用力和反作用力等,然后改进样机设计方案,用数字化形式代替传统的实物样机实验。VPT在产品设计初期,设计、分析和评估产品的性能,确定和优化物理样机参数,从而降低新产品的开发风险,缩短开发周期,提高产品性能。目前较有影响的VPT软件有ADAMS、ANSYS、DADS、SIMPACK、Flow3D、IDEAS、Working Model、Phoenics、Pamcrash等[18]。

计算机辅助工程CAE是指用计算机对工程和产品的运行性能与安全可靠性进行分析,对其未来的状态和运行状态进行模拟,及早发现设计计算中的缺陷,并证实工程、产品功能和性能的可用性和可靠性。准确地说,CAE是指工程设计中的分析计算与分析仿真,具体包括工程数值分析、结构与过程优化设计、强度与寿命评估、运动与动力学仿真等,其核心是有限元技术与虚拟样机的运动和动力学仿真技术。随着计算机、CAD、CAM、CAPP、PDM、ERP(enterprise resource planning)等技术的发展,CAE技术逐渐与这些技术相互渗透,向多种信息技术的集成方向发展。CAE分析软件是迅速发展中的计算力学、计算数学、工程科学、管理学和信息技术相结合形成的一种综合性、知识密集型信息产品。市场上典型的CAE软件包括:ANSYS、ABAQUS、ADINA、AL-GOR、COSMOS、MSC、Nastran、Marc、SAP、Dytran等有限元分析软件;ADAMS、DADS、Visual Nastran等多体动力学分析软件;Fluent、StarCD、Phoenix等流体动力学分析软件;Dymola、AMESim等复杂功能样机分析软件;iSight、Altair、Hyper Works、Tosca等计算机辅助优化设计软件;Pro/E、UG、Solidworks、Solidedge、I-DEAS、CATIA、CV等集成软件[18]。

1.4.3.3 制造业互联网化与产品定制设计

随着互联网的发展,人类从"电气时代"进入了"网器时代",而互联网的发展也已经从PC互联网时代发展到了移动互联网时代。PC互联网属于单终端互联网,微软和Intel控制了终端的生产、升级,推动产业发展;移动互联网则是多终端互联网,如智能汽车、智能手机、智能电视、智能插座等终端,以人为中心,依托云计算与大数据技术、个体访问多终端所推送的个性化互联网应用与服务,相应地出现了各种重要平台,如Google、Amazon、Facebook、阿里巴巴、腾讯、小米等;而现在又处在人工智能互联网时代的萌芽期,即人工智能再造互联网,也就是所有设备都可能具有识别、语言、运算、控制以及意识、自我、心灵、精神等生物人特性,这样世界上将出现两种人,即生物人和智能人。物理学家霍金提到:"成功创造人工智能将是人类历史最大事件,若不懂如何避开风险,这也将是最后的大事!"海尔集团张瑞敏提出互联网对于所有企业战略思维的颠覆,"企业无边界、管理无领导、供应链无尺度",而战略改变之后企业组织应该进行颠覆性的演化。

制造业的互联网化将会使智能制造、网络制造、柔性制造成为生产方式变革的方向,由大规模批量生产向大规模定制生产转变、由集中生产向网络化异地协同生产转变、由传统制造企业向跨界融合企业转变,而这些变化对设计方法和设计模式提出了挑战。

大规模定制分为按订单销售(sale-to-order)、按订单装配(assemble-to-order)、按订单制造(make-to-order)和按订单设计(engineer-to-order)等类型。大规模定制生产组织模式是充分利用标准技术、现代设计方法(网络化协同研发设计)、信息网络技术(移动互联网、大数据、云计算)和先进制造技术(智能制造、敏捷生产、云制造),进行产品网络化定制,满足客户个性化需求(如产品的功能、大小、形状、颜色等),快速响应设计的大批量、低成本、高效率的生产方式[18]。

1.4.3.4 集散制造与众包设计

Jeff Howe 在《连线》2006 年 6 月刊首次推出众包(crowdsourcing)概念。众包通常是指通过网络进行产品开发需求调研,以用户使用感受为出发点,将一个公司或机构的工作任务,以自由自愿的形式外包给非特定的大众网络,与用户共创价值,因为跨专业的创新往往蕴含着巨大的潜力。

众包设计以分散化为基本特征,通过开放的网络平台,用户个体参与创新设计从而满足个性化需求。因为移动互联网与社交网络让信息传递倍速递增,而用户参与互动的成本不断下降,一个社交媒体的朋友圈或网络消息的链式传播,都有可能在短时间内将一些知名品牌成为牺牲品,体现了商业品牌民主化的趋势。

如海尔集团搭建了一个全球研发平台,纳入全球 10 万个知名高校和科研机构,涉及电子、生物、动力等多个领域,共同参与产品设计,这就是典型的众包设计案例。

依托数字化、信息化、网络化、云平台等,可以将分散的个体制造与设计资源和个体需求有机联系起来,通过"集成—分散"模式,实现个性化集散制造。集散制造可以与众创、众需和众包相融合:集散制造众创将分散的设计资源集成为云设计而使设计任务分散;集散制造众需把个性化定制小众需求集成为订单集合,再把订单集合分解成小任务匹配到分散的中小企业制造主体;集散制造众包将分散的制造资源集成为企业集群,满足大量的制造任务。

由于林业生产的特殊性,林业作业个性化比较明显,大批量生产林业机械的需求相对较小,个性化或小批量的林业机械需求更多,因此现代林业机械设计可探索采用众包设计模式,发动林业科研机构、林机企业、特定林场等专业和非专业人员共同参与林业机械的设计。

1.4.4 设计方法发展趋势

随着计算机和信息技术的进步，制造系统生产方式的革命、竞争和合作的全球化，人们对环境和生态危机的关切以及人们对参与创新活动的自主精神的增强，全球性法制化竞争合作的开放设计开发环境等使得未来的设计将更具有时代特征，必然会是以人为核心的人机一体的智能化集成设计体系。已经出现诸如信号分析法、创造性设计法、技术预测法、科学类比法、模糊设计法、价值分析法、并行设计、智能设计、三次设计与健壮设计、宜人性设计、基于给养的设计（产品生命周期设计）、再设计、绿色设计和人工神经元计算等现代设计方法。而随着技术的进步，必将有越来越多的新方法为工程师所用。这里介绍部分现代设计方法。

1.4.4.1 并行设计

并行设计（concurrent design）或并行工程是指集成地、平行地处理产品设计、制造及其相关过程的系统方法。并行设计要求产品设计开发者一开始就考虑产品整个生命周期（从概念设计、工艺规划、制造、装配、检验、销售、使用、维修到产品报废）的所有环节和因素，充分利用企业的一切资源，将下游设计环节的可靠性以及技术、生产条件作为设计的约束条件，建立产品寿命周期中各个阶段性能的继承和约束关系及产品各属性间的关系，保证相互之间的设计输出与传送是持续的，以追求产品在寿命周期全过程中的性能最优。

并行设计要求集中涉及产品寿命的所有部门的工程技术人员、行销服务人员组成并行功能设计组，彼此信息资源共享，即时交互和协同，共同设计制造产品，对产品的各种性能和制造过程进行计算机动态仿真，生成软样品或快速出样，进行分析评议，改进设计，取得最优结果而一次成功，从而更好地满足客户对产品综合性能的要求，减少开发过程的反复，缩短开发周期并降低产品成本。利用现代数据处理、信息集成、网络通信和管理技术，打破传统的部门分割、封闭的组织模式，发挥多功能并行设计组的协同力量，将新产品开发研究和生产准备等各种工程活动，尽可能重组和优化以并行交叉地进行，这对多品种小批量产品设计制造，能显著缩短周期，提高质量。

并行工程的内涵还包含了人的因素和企业文化。新产品若按"设计—试制样机—修改设计—工艺准备—正式投产"的串行工作方式，易造成各自为政、效率低下甚至出现失误的结果。而并行工程则能改变企业的组织结构（将从集中层次式转变为平面分布式），更强调员工的使命感和协同精神，促进相互理解，激励积极性，塑造良好的企业文化氛围。并行工程还重视与企业外部供应商、行销代理和最终用户之间的信息交互和集成，形成一个适应人类生活发展需要的社会—技术系统。

并行工程需要统一的信息管理系统，并采用公共的 CAD/CAM/CAPP 等平台。并行设计的关键技术包括建模与仿真、多功能团队协同机制、产品数据交换与管理、设计评价技术等。

1.4.4.2 智能设计

智能工程是属于工业决策自动化的技术，而设计是复杂的分析、综合与决策活动，因此可以认为智能设计是智能工程在设计领域中的应用。

智能设计方法(intelligent design method)的产生可以追溯到专家系统技术最初应用时期，其初始形态都采用了单一知识领域的符号推理技术，即设计型专家系统，但这一系统仅仅是为解决设计中某些困难的局部需要而产生的智能设计初级阶段。CIMS 的发展向智能设计提出了新的挑战，人们对设计自动化提出了更高的要求：在计算机提供知识处理自动化(这可由设计型专家系统完成)的基础上，帮助人类设计专家在设计活动中进行决策而实现决策自动化。智能设计的高级阶段，即开放式体系结构的人机智能化设计系统是针对大规模复杂产品设计的软件系统，其核心是创新设计。理想的智能设计系统是人机高度和谐与知识高度集成，具有自组织能力、开放式体系结构和大规模知识集成化处理的环境。

1.4.4.3 模块化设计

模块是具有一定功能和特定结合要素的零件、组件或部件。模块化产品是由一组特定模块在一定范围内组成不同功能或功能相同而性能不同的产品。模块系统的特点是便于发展变型产品，更新换代，缩短设计和供货周期，提高性能价格比，便于维修，但对于结合部位和形体设计有特殊要求。

模块化设计(modularization design)就是指对一定范围内的不同功能或相同功能不同性能、不同规格的产品进行功能分析，划分并设计出一系列功能模块，通过模块的选择和组合构成满足市场不同品种规格需求的设计模块和模块化产品。

模块化设计的关键包括：①模块结构的标准化(尤其是模块接口标准化)，即模块应具有可组合性和可互换性的特征，也就是必须提高接口的标准化、通用化、规格化的程度；②模块的划分，即力求以较少数模块组成尽可能多的产品，并使产品精度高、性能稳定、结构简单、成本低廉，且模块结构及其联系应简单、规范。

设计模块化产品，先要建立模块系列型谱，按型谱的横系列、纵系列、全系列、跨系列或组合系列进行设计，确定设计参数，按功能分析法建立功能模块、设计基本模块、辅助模块、特殊模块和调整模块及其结合部位要素，进行排列组合和编码，设计基型和扩展型产品。模块系统的计算机辅助设计和管理，更显示了模块化设计的优越性。如模块化机器人的研究开发，对于机器人的标准化、系列化和扩大使用领域具有重要的促进作用。

生物在漫长的进化过程中发展了一套极完善的基因遗传密码系统(由 A，T，C，G 等文字组成)，通过基因遗传将自己的基本特征复制给下一代，包括基因遗传信息的编码、存储、传递、转录和转译等许多机制。产品信息随时间和空间的变化而移植、扩展、再现、繁衍，就像生物体一样，有其基本单元，即产品基因。同样，所有新产品与以前产品之间有一定联系，即产品信息基因的转移继承；就像不同的生物之间存在着许多相似性一样，各种产品的部件、零件及零件上的结构特征也有很多相似性，这些对产品信息的简化、再用和重组具有重要意义，如通过对以往的产品信息的快速重构可得到一种全新的产品。利用基因模型对产品信息进行描述，可以深化产品信息组织者的认识，有助于建立完整的产品信息模型。

产品信息基因模型具有以下特点：

①**继承性** 在典型零件模型的基础上,通过相似件的检索,设计人员可快速高质量地得到具有一次成熟性的新的相似零件。

②**模块化** 模型具有清楚的边界,并具有统一的接口(参数模式)描述该模型与其他模型间的相互作用,使用时可不考虑模型的内部实现细节。

③**转换性** 功能特征所建的产品模型可由创成式 CAPP 进行工艺设计,典型零件的产品模型可由派生式 CAPP 进行工艺设计,并能自动将零件功能特征模块转到典型零件模型中去(即可完成不同层次间模型的转换)。

④**自组织性** 在先进制造系统(如敏捷制造)中,可以根据用户需要很容易地得到新的功能和性能。

⑤**代码化** 产品信息基因模型特征采用代码表示,便于计算机检索、分类和使用。

1.4.4.4 仿生设计

1960 年 9 月仿生学被定义为"模仿生物原理来建造技术系统,或者使人造技术系统具有或类似于生物特征的科学",也就是研究生物系统的结构、特质、功能、能量转换、信息控制等各种特征,并把它们应用到技术系统,改善已有的技术工程设备,并创造出新的工艺过程、建筑构型、自动化装置等技术系统的综合性科学[18]。

仿生设计方法(bionic design method),是仿生学与设计方法的互相交叉渗透,选择模仿自然界生物的形态、色彩、声音、功能、材料、结构等特征原理进行产品设计的过程。

1800 年左右,英国科学家、空气动力学的创始人之一凯利,模仿鳟鱼和山鹬的纺锤形,找到阻力小的流线型结构,并模仿鸟翅设计了一种机翼曲线,而飞机的设计发展始终离不开对鸟的飞行机理的仿生。随着仿生研究的不断深入,仿生设计随之快速发展,一大批仿生设计产品如智能机器人、雷达、声呐、电子诱鱼器、诱虫灯、人工脏器、自动导航器等应运而生。随着智能技术和仿生学的发展,未来将会出现智能人与生物人共处的时代。

基于对所模拟自然界生物系统在设计中的不同应用,仿生设计方法主要有[22]:

(1) 形态仿生设计方法

这是生物体(包括动物、植物、微生物、人类)和自然界物质存在(如日、月、风、云、山、川、雷、电等)的外部形态及其象征寓意,以及如何通过相应的艺术处理手法将之应用于产品设计之中。世界著名工业设计大师克拉尼说过,"我所做的无非是模仿自然界向我们揭示的种种真实,自然界就是一个完美的设计师,创造了世界上最美丽的形态",他设计能为所有手机充电的 Any Fix 手机万能充电器时参考了甲虫,有触角、有眼睛。

(2) 功能仿生设计方法

主要研究生物体和自然界物质存在的功能原理,并用这些原理去改进现有的或建造新的技术系统,以促进产品的更新换代或新产品的开发。

(3) 视觉仿生设计方法

研究生物体的视觉器官对图像的识别、对视觉信号的分析与处理,以及相应的视觉流程,广泛应用于产品设计、视觉传达设计和环境艺术设计之中。

(4) 结构仿生设计方法

主要研究生物体和自然界物质存在的内部结构原理在设计中的应用,以适用于产品设计和建筑设计,如植物的茎、叶以及动物形体、肌肉、骨骼的结构。

(5) 材料仿生设计方法

利用生物材料所具有的良好复合特性、功能自适应性、创伤自修复特性等,期待从生物复合材料的微细观结构、材料生长过程、复合工艺等方面找到突破,解决人工复合材料性能方面的缺陷问题。复合材料仿生方法包括宏观拟态仿生、微观晶体尺度仿生、分子尺度化学仿生和工艺仿生等[23]。

概括起来,仿生设计方法的主要特点包括:

①无限可逆性　仿生设计产品可在自然界中找到设计原型,该产品在设计、制造、使用过程中所遇到的各种问题又可以促进仿生设计方法的研究与发展。

②交叉综合性　要熟悉运用仿生设计学,需要具备生物学、电子学、物理学、控制论、信息论、机械学、材料学、动力学、人机工程、数学、心理学、经济学、色彩学、美学、传播学、伦理学等学科交叉点的综合知识。

仿生设计方法主要采用模型分析法,包括:①提出生物模型;②创建技术模型;③功能性分析;④外部形态分析;⑤色彩分析;⑥内部结构分析;⑦运动规律分析;⑧模仿生物体其他特征分析。

仿生机械设计过程受到许多主客观因素的影响,需要遵循生物伦理原则、生物体影响因素、整体优化准则、人机工程原则等[18]。

1.4.4.5　三次设计与健壮设计

三次设计是日本质量管理学家田口玄一在20世纪60年代提出的一种设计方法,把新产品、新工艺设计分为3个阶段,即三次设计法:

第一次设计称为系统设计,是主要依靠专业技术人员的专业知识,根据市场调查,规划产品功能,确定产品基本结构及组成该产品的各种零部件的参数,提出初始设计方案。

第二次设计称为参数设计,是在初始设计方案的基础上,对各零部件参数进行优化组合,完成最优设计方案,使产品的技术特性合理,稳定性好,抗干扰能力强,成本低廉。

第三次设计称为容差设计,是在最优设计方案的基础上,进一步分析导致产品技术特性波动的原因,找出关键零部件,确定合适的容差,并求得质量和成本的最佳平衡。

健壮设计(robust design)使设计的性能对于制造过程的波动以及对使用过程、工作环境(包括维护、运输和储存)的变化不敏感,使产品在内外各种干扰因素影响下具有健壮性,而且尽管零部件的性能会漂移或老化,系统仍能在其寿命周期内以可接受的状态继续工作[24]。

健壮设计方法体系包括质量配置功能、系统设计、产品和工艺稳定性优化设计三大组成部分,是在三次设计以及试验设计、质量功能配置QFD等方法基础上进一步发展完善的开放性的设计方法,其利用系统工程原理,将质量配置功能、系统设计、试验设计、方差分析、参数设计与容差设计、仿真技术、工艺稳定性优化设计、生产制造阶段的监控、反馈和调整、故障模式与影响分析和故障树分析、可靠性度量和评估等技术有机结合起来，促进了产品技术水平和质量水平的提高。

1.4.4.6 再设计

再设计(redesign)是通过对已有设计的重新思考和再次设计，是经过工程实践与未来应用的思考后进行具体精确的设计实践，在熟知设计产品中探索设计本质而提取共用价值，用更自然、更合适的方法来重新进行差异化设计。显然把熟知变得陌生也是创造，而且更具挑战性。

产品再设计技术往往基于所针对的产品而不同，这里介绍四方面的再设计技术[25]。

(1) 为解决产品冲突而再设计

再设计最常见的是改正已经制造的产品无法满足要求的设计错误或冲突，也可能是用户对所介绍的产品改变了要求而需要再设计，如个性化定制需求的产品设计过程。再设计通常从建立识别冲突或功能依存性的模型开始，然后识别出必须再设计以满足要求的组成单元。一个模型可以包括系统设计描述、新系统要求、设计与要求之间的冲突；再设计途径包括诊断已有系统设计、识别冲突、通过改变或更换组成单元属性以及改变原设计结构等来解决冲突。可以建立和求解设计依存性矩阵(design dependency matrix, DDM)来再设计满足要求，也可以采用包括性能要求、设计修改、成本、制造要求的基于案例模型来完成新的设计。解决过程还可以自动完成，如采用 Look-up table、模糊逻辑、线性控制算法等的适应性设计(design for adaptation, DFAD)方法来自我调节或自我再设计以满足要求。

(2) 为降低成本而再设计

产品的成功通常与产品感知价值、性价比有关，消费者必须愿意购买给定价格的产品，而企业的成功是考虑产品价格和生产成本的利润率。而成本的降低必须考虑包括环境影响在内的整个产品生命周期。基于再循环的再设计方法采用加权的与/或图形模型和启发式规则来计算产品的终端寿命价值，识别设计的缺陷点，自动产生改善终端价值的设计改善方案。可以将价值分析、质量功能配置 QFD、寿命成本估计等组合到再设计过程，通过用更好更低成本的单元更换已有产品单元来同时改善产品寿命周期性能和优化成本，当然还应该基于环境友好考虑再设计过程。

(3) 为形成产品族而再设计

将产品再设计形成具有通用单元的产品族[26]可以促进产品单元的再利用，以提高产品质量、降低产品成本、简化产品设计过程。这包括将产品分解为模块和单元，通过价值分析来确定每一单元和模块的价值来满足要求，选择所需要的新的单元，建立设计结构矩阵(design structure matrix, DSM)计算单元之间的相互影响，从 DSM 结果建立新的单元族群，选择通用或特别单元为共用或特别功能以提高通用性/多样性指数(commonality/diversity index)。对于一个高度定制小批量的生产线，可以采用目标市场分割网格和基于活动的成本控制模型来增加单元通用性和减小产品成本。再设计过程为：开发一组候选的单元平台，测试每一候选平台的可行性，为每一产品选择一个平台，为每一产品设计变量形成优化问题，解优化问题获得最优平台。

(4) 为新产品开发而再设计

选择已有参考设计,通过减少已有设计功能与新设计需求之间的冲突来开发新的产品。从已有产品设计中挖掘设计理念,从获取的信息中建立概念性建构模块,应用适应性规则将概念性建构模块组合到新的设计中。

再设计过程会产生新的设计冲突,而冲突可以激发创新,然后用结构化的再设计技术和原理解决这些冲突来改善产品质量和缩短产品设计制造周期。Shana Smith 等人介绍了如何将现存两个或多个参考设计产品组合到一个新的设计中[25],并介绍通过 10 个步骤让自行车迅速转变为锻炼用车的产品再设计创新过程案例,这 10 个步骤分别是选择目标产品、识别需求、选择参考产品、识别单元组成、建立单元因子表(component factor table)、确定单元影响权重、选取关键单元、识别冲突、应用设计原理、验证设计结果等。

1.4.4.7 基于给养的设计

给养(affordance)是生态心理学家 Gibson 用来描述环境对有机体行为的影响和反映有机体与环境之间互动(interaction)与互惠(reciprocal)关系的概念,描述一个包括用户、制品(artifacts)等多个子系统的潜在系统特性。

在 20 世纪 90 年代初,认知心理学家 Norman 将给养思想引入设计领域,并产生了较大的影响。他强调给养是指事物被感知的、实际的属性,主要是那些决定事物可能被如何使用的根本属性,为操纵事物提供了强有力的线索。给养一般分两种,即真实的给养(real affordance,相当于 Gibson 的给养)和被感知的给养(perceived affordance,需要认知参与)。尽管设计相对于工程和整个经济很重要,但设计科学仍是年轻而待发展的领域,因为目前仍无表述不同设计阶段的统一理论架构,给养正在成为设计中的关键因素[27]。

传统意义上将设计理解为基于功能设计(function-based design),但是这已难以满足现代制品设计需求,因为功能将输入转换为输出性能,是一种转换关系(transformative relationship),具有单向性(one-way)、无需用户干涉、无潜在理论支持、基于算法和主要面向封闭系统与机械系统等特征[28]。而给养则是多向的、明确用户干涉的、有强力理论支持的、非算法的、面向开放系统的、具有自适应性的交互关系特征。因此,基于功能设计的理论是从功能出发到形式,规定着应该具体体现的功能,因而很少分析那些还应体现的其他任何关系。相比之下,基于给养的设计(affordance-based design,ABD,中文简称给养设计)规定了设计者应分析需要具体体现的各种给养,并试图弥补在设计过程中的负面给养。

Norman 设计的产品可以提供真实的给养,也可以提供不真实(如虚拟的)但可被感知的给养。设计过程中要凸显与预期行为相关的产品属性,促使该给养易于察觉,不断提升产品易用性、互动性和感染力。

Auke J. K. Pols 研究了给养的描述模型并研究了如何将模型应用于基于给养设计的方法[29]。给养描述模型包括 4 个层次,即操作机会(manipulation opportunities)、功用机会(effect opportunities)、使用机会(use opportunities)和活动机会(activity opportunities)。

给养设计就是对具有某种正面积极给养而不具有某种负面消极给养的人工制品的明确规定。制品可分为硬制品(物化技术制品)和软制品(文化概念制品)。给养设计的核心思想认为设计是系统结构的详细规定(specification),具有以某种特定的给养来支持预期行为,但不具有某种非预期给养来避免某种非预期行为。给养设计的基本过程主要包括6个环节:

(1) 确定设计目标

给养设计始于动机与目标,其过程是一个目标导向和动机驱动的过程,也就是当要满足一项市场需求、实现一个新的想法、重新设计一个环境时需要明确给养设计的目标。

(2) 确定给养

设计者要确定正面给养(positive affordances)和负面给养(negative affordances),进行恰当分组后识别各类用户以决定所需要的和不需要的给养,当然还应该区分优先顺序,最后构造出一个或多个给养结构,并且用给养结构矩阵(affordance structure matrix)比较需求信息和物理结构。

(3) 构思系统架构

设计者可采用各种创新方法和相关参考信息[如头脑风暴、TRIZ、专题研讨、IDEO 的 Deep Dive(深潜水)以及 Internet、数字和传统图书馆、工业编目等],构思创造而生成制品的全部架构(architecture)和组件(components)的概念。总体上不应该批评正在构思过程中的概念,以便描述每个概念的正面给养,而负面给养一般只有在生成大量概念之后才会加以分析[30]。

(4) 分析与精制给养

设计者要分析和精制所生成概念的给养,包括修改概念的特征来改变给养,分析各个概念的负面给养并修改其特征以消除负面给养。对来自不同架构的概念加以结合、转换、精制,以改变整体制品的给养。而为了更好地理解每个概念的给养,需要构造概念架构或构件的原型。

(5) 选择偏好的架构

设计者要采用不同方法选择一种偏爱的架构,包括画廊法(gallery method)、普氏决策矩阵(Pugh matrix,也称 criteria based matrix)、可用性理论等。最终决策取决于每个概念如何满足预期的正面给养,同时又消除或减少非预期的负面给养,给偏好的概念高质量、正面的给养。

(6) 设计给养

为了规定详细的制品给养特征,让复杂制品真正具有在给养结构中所描述的全部所需正面给养而减少甚至不带有任何不需的负面给养,需要在偏好的概念架构和组件上执行正面给养和负面给养的设计方法。

林业机械的作业对象绝大部分为有机体,如何处理好林业机械与作业对象及其所处环境的互动与互惠关系,对林业机械设计是一个挑战。应该在设计之初就要明确林业机械产品要实现的目标,确定正面给养和可能的负面给养,尝试通过基于给养的设计方法实现林业机械与作业对象及其环境的和谐。

> **补充阅读资料:**
>
> **What is the DeepDive?**
>
> The DeepDive™ is a combination of brainstorming, prototyping and feedback loops merged into an approach that executives can use with teams to help develop solutions for specific business challenges. The DeepDive™ can be done in as little as half a day, or to help achieve results over a longer period.
>
> The DeepDive™ consists of a professionally produced team toolkit, including facilitators' guides, participants' guides, wall-charts, quick-reference cards, PowerPoint templates and DVDs — everything required to facilitate the DeepDive™ methodology.
>
> The DeepDive™ has been utilized to tackle such challenges as:
>
> Helping a fast-moving consumer goods company develop prototypes for the 11 growth opportunities identified by the senior management team;
>
> Aiding a leading airline in its design of a better passenger experience in the airport prior to boarding;
>
> Facilitating a leading packaging company in its efforts to have the top 36 managers articulate their corporate strategy on process orientation;
>
> Helping a food company develop two new concepts to substantially increase revenue from "product x" with children, ages five to seven and their grandparents.
>
> 摘自 http://www.deloitte.com/ Last updated 2010 年 12 月 17 日。

1.4.5 设计思想创新

科学家注重发现，设计师因创造性思维而作出发明。设计师必须考虑所设计的产品要满足什么样的需求，是以人为本、环境友好还是面向制造工艺过程等，这些都是设计师必须要回答的问题。而 Design for X(DFX)正是面向产品全生命周期设计各环节的设计思想的体现，其中 X 可以代表产品生命周期中某一关键环节，如装配(assembly)、可拆卸(disassembly)、加工制造(manufacturability)、物流(logistics)、延迟(postponement)、使用(usability)、维护(maintainability)、回收(recyclability)、测试(testability)、服务(serviceability)；也可以代表产品竞争或决定产品竞争力的因素，如环境(environment)、成本(cost)、安全(safety)、质量(quality)、可靠性(reliability)、工效学(ergonomics)、美学(aesthetics)等。典型的 DFX 方法包括面向装配的设计(design for assembly, DFA)、面向成本的设计(design for cost, DFC)、面向环境的设计(design for environment, DFE)、面向制造的设计(design for manufacturing, DFM)等。

1.4.5.1 面向装配的设计

在制造业中，装配工作量占整个产品制造工作量的 20%~70%，装配时间占整个制造时间的 40%~60%，提高装配效率所带来的经济效益十分显著。

面向装配的设计(DFA)是在产品设计阶段考虑并解决装配过程中可能存在的问题，以确保零部件快速、高效、低成本地进行装配。改善产品装配结构的装配性能，可从如下几个方面入手。

(1) 减少零部件数目

在满足产品功能的前提下,权衡产品零部件(包括紧固件)数目和零部件的结构复杂度对产品装配性能的影响,实际上紧固件的装配比其他类型的装配花费的时间和费用更多,也不利于自动化装配。若减少零部件(包括紧固件)数目并不显著地增加零部件的结构复杂度,则产品零部件(包括紧固件)数目越少,产品制造、装配过程越简单。

(2) 采用模块化设计

按照模块化设计的要求进行设计,有利于采用通用的装配工装夹具,简化装配过程,也有利于保证装配精度和装配质量;同时采用多功能、多用途零件可以使一个零件完成多个零件的功能,也可以减少装配工作量。

(3) 采用易于装配的设计

如果零件具有较好的手工装配特征,一般也易于自动装配,即零件须提供夹紧面和具有规则的几何形状,避免使用刚度差及脆性的材料,防止在装配过程中发生屈曲或断裂;机器装配或自动装配中常需要零件有精确的尺寸且易于定位,否则插入很难一步到位,因此插入件及其配合件的公差应较小,从而保证配合紧密。

(4) 优化装配过程

设计的产品能适当地划分成装配单元,装配单元能并行地进行装配,这样可以减少装配时间;尽量使装配集中在一个装配面上进行,并使得装配方向与重力方向保持一致,因为过多的装配方向将增加装配过程中零部件的定位、装夹次数,增加装配时间。

(5) 使用标准件

在产品设计过程中应尽量使用标准件,因为每增加一个新零件,可能需要新的加工设备和装配工艺的设计。

由于规则式的判定准则无法将几何细节对装配的影响都考虑进去,为了弥补这个不足,发展了在三维 CAD 平台上甚至在虚拟现实环境中的装配仿真方法,其主要功能包括:

① **采用三维实体数字化预装配**　基于三维实体的数字化装配技术,是在计算机上模拟装配过程,主要用于进行干涉检验及可装配性分析,有效地减少因设计错误而引起的设计返工和更改。

② **装配工艺规划**　包括装配序列规划、装配路径规划、工装夹具规划和公差分析与综合等。

1.4.5.2 面向制造的设计

在传统的制造体系中,设计人员对制造过程考虑较少,这必然带来不必要的过程反复、质量下降和周期延长。设计过程中不仅要对功能和结构进行优化,同时要对制造工艺、行销和服务实施优化,从而达到提高竞争力的目标。

面向制造的设计(DFM)就是为了减少制造加工的时间与成本、提高加工质量的零件设计评价。这里的制造主要指构成产品的单个零件的切削、铸造、锻造、焊接、冲压等冷热变形加工过程,使得设计过程和成果能以最快速度转入制造过程。DFM 具有一系列面向制造的设计指导准则。

(1) 针对具体制造工艺的设计准则

针对具体制造工艺的设计准则包括面向机械加工的设计、面向注塑模的设计、面向钣金加工的设计、面向压铸加工的设计、面向粉末金属工艺的设计等。

(2) 与具体工艺无关的普遍性设计准则

①设计中要尽量减少零件的种类和个数；

②尽量使用标准件；

③相似特征尽量设计为同一尺寸；

④改内表面加工为外表面加工；

⑤采用加工性能好的材料，例如采用可挤压成形的材料。

(3) 与生产环境关联的规则

随着先进制造技术的发展，面向制造的并行设计越来越倾向于将设计放在整个制造环境中进行考察，而不是孤立地考虑各个工艺过程，以实现产品设计和生产过程整体最优的结果。于是，又出现一些将面向制造的设计和生产环境关联起来的如下规则：

①**使设计与现有的制造过程相匹配**　因为当设计需要用到现有生产系统以外的加工过程时，则新设备的添置是必不可少的，这势必导致产品总成本的增加。

②**使设计和现有的生产系统相匹配**　如果生产系统有其特点，例如装备了某种特定的柔性制造单元、采用了某种特定的物料搬运系统或者采用了某种特定的质量控制程序等，则要使设计能充分发挥这些系统的优势。

③**使设计与预期的生产批量相匹配**　设计方案应与预期的生产批量相适应，因为生产批量对制造过程的选择有直接关系，进而影响生产成本。

(4) 快速原型制造技术

快速原型制造技术(rapid prototype manufacturing，RPM)在20世纪80年代源于美国，很快发展到全球各地，是制造技术最重大进展之一。其特点是能以最快的速度将设计思想物化为具有一定结构功能的产品原型或直接制造零件，从而使产品设计开发可能进行快速评价、测试、改进，以完成设计制造过程，适应市场需求。

RPM技术的产品源于激烈的市场竞争需求和现代设计工艺和材料科学的进步。CAD技术的进展，使人们可以迅速地将设计思想转化为三维动态可视化图像和数据模型；数控技术(numerical control，NC)和CAM技术的进展使人们可能实现激光光束的精确扫描和控制，从而实现物料的精细转换、涂覆堆积、加工和改性；材料科学的进步提供了可供快速精密成形的微粉材料或光敏成形材料。RPM技术正是利用CAD三维模型数据控制桌面快速成形系统(desktop)，借助立体光刻(stereolithgraphy apparatus，SLA)、分层实体制造(laminated object manufacturing，LOM)、选择性激光烧结(selected laser sintering，SLS)、熔溶沉积制造(fused deposition modeling，FDM)、3D打印(three dimensional printing，3DP)等数据分层成形技术快速制造精密零部件。CAD技术与RPM技术的结合形成了快速原型制造能力。

(5) 面向制造和装配过程的设计

面向制造和装配过程的设计(design for manufacturing and assembly，DFMA)的原则是利于实行快速低成本制造和装配，基于CAD/CAM/CMM(coordinate measuring machine)/CNC(computer numerical control)技术、快速成形工艺技术、快速连接技术、产

品的标准化和模块化、集成技术、成组技术(group technology，GT)、FMS(flexible manufacturing system)/CIMS、精益生产(lean production，LP)、敏捷制造(agile manufacturing，AM)和虚拟工厂(virtual factory)等，并与相应的分布式信息管理和过程管理协调。

1.4.5.3　面向成本的设计

通常产品设计费用只占产品总成本的5%，却决定了产品总成本的60%~70%。以最低成本、在最短时间内生产出高质量的产品已成为制造商竞争的焦点。设计不合理所引起的产品性能和经济性方面的先天不足是生产过程中质量和成本控制措施所无法挽回的，在产品设计定型后再进行价值分析为时已晚。因而，研究设计过程中产品成本的估算方法、预测理论以及降低产品成本的设计方法，实现产品设计方案的技术经济性综合优化，对于降低产品成本、提高市场竞争力具有十分重要的意义。

面向成本的设计(DFC)在产品设计阶段为设计者提供支持工具，使设计者能够综合考虑产品生命周期中的加工制造、装配、检测、维护等多种成本因素；通过对产品技术经济性评价，设计者根据成本原因及时进行设计修改，从而达到降低产品成本的目的。

实现面向成本设计的具体步骤如下：

①在产品概念设计阶段，根据产品功能要求，建立产品的概念装配模型。

②在装配模型基础上，应用价值工程、DFA和DFM的分析方法实现产品结构优化。

③在详细设计阶段，利用产品建模技术建立包含设计、制造、装配、检测等成本预算所需信息的数字化模型。

④提取数字化产品模型中的零件制造特征以及产品装配特征，进行零件制造工艺规划和产品装配工艺规划。

⑤根据设计特征、工艺特征的成本信息、产品成本历史数据、制造资源成本信息以及企业MIS(management information system)数据库中的单位工时费用等成本数据，完成产品成本估算。

⑥设计者根据产品成本原因，或者改进设计优化产品结构，或者检索产品零部件库，以低成本的零件替换费用较高的零件，从而实现产品成本的优化设计。

1.4.5.4　面向环境的设计

工业排放废弃物的大量增加、能源的巨大消耗，使人类生存的地球生态环境日趋恶化，各国有关环保和生态的法规日趋严格，消费者的环保意识也日趋强烈。环境的可持续性指在一个系统环境中，无论在整个地球的层面还是在局部地域的层面，人类干扰自然循环的活动不能超过地球的最大承受能力，同时不能耗尽那些需要与后代分享的自然资本；而在可持续性的框架中，每一个体对于环境空间拥有等量自然资源的权利。但是当代工业社会的生产消费系统与可持续性之间存在实际分歧，如不明智的利用可再生资源(过度开采资源：对海洋生物的过度捕捞；资源利用不充分：对太阳能的开发)，对不可再生资源的不合理利用(储量的快速消耗和相应产生的废物累积)，向自然界散布越来越多对自然界是陌生、不可降解而可能存在潜在危险的人工合成物[31]。

据估计,全球每年抛弃的废弃物数量达数百亿吨,其中含数十万种化学物质。有毒废物污染环境危害人类,累及后代。许多一次资源在使用中耗散变质,不能可逆转化,使得二氧化碳增加、大气臭氧层急剧变化、地球生态失衡。工业生态系统的调整就是通过绿色技术的推广,使得人类在提高生活质量的同时,让地球生态和资源平衡得以保持,系统地低成本实现资源生态环境的良性循环。

21世纪应该是绿色产品和技术的世纪,而现代设计的一个重要趋势是生态设计和可持续性设计(eco-design method, design for sustainability)等,要求设计者使产品的材料、能耗、运行排放和产品报废后的残骸及生产过程中对环境的污染减到最低程度,这就是面向环境的设计(DFE)的思想。DFE着重考虑产品开发过程中的环境因素,尽量减少在生产、运输、消耗、维护与修理、回收、报废等产品生命周期的各个阶段产品对环境产生的不良影响。在充分考虑环境因素后开发出来的产品,不仅对环境产生的不良影响小,而且消耗少、成本低,易为社会接受。

作为大量复杂设计行为的综合表现,生态设计趋向于采用逆流而上的方法处理环境生态学问题:从污染物处理[末端治理(end-of-pipe)政策,主要针对由工业产品生产所带来的负面环境效应集中的下游]到干预产生污染的生产过程(清洁生产主题),再到重新设计这些过程所导致的产品和/或服务(低环境影响产品主题),最后重新定位人们对产品和服务的最终需求,促进产品生命周期的延长(可持续性消费主题)[31]。

产品在生命周期中对环境的影响主要有以下几个方面:

①原材料在生产过程中对环境的影响。

②制造过程对环境的影响。生产过程不可避免地会产生三废(废气、废水、废渣)以及噪声等不利环境的因素。

③产品配送和销售过程对环境的影响,例如产品包装材料对环境的破坏。

④成品使用过程对环境的影响。既要考虑产品在使用过程中不可避免的环境因素,如汽车尾气等,也要考虑在意外事故中可能出现的环境因素,如冰箱、空调中冷却液的泄漏。另外,产品使用过程中的能耗效率也是要考虑的环保因素。

⑤产品废弃过程对环境的影响,包括在分解、分类、回收、重用等过程中对环境的可能冲击。

DFE涉及许多学科,包括环境风险管理、产品安全、职业健康与安全、污染防治、生态学、资源保护、事故防范和废物管理等。DFE有三大目标,即不用或少用无法更新的资源;有效管理可以更新的资源;减少有毒物质向环境的释放。从绿色制造和技术可能性与生态必要性结合的概念出发,机械工程设计实现DFE有两种办法。

(1) 从严控制废物的生命周期法(incremental waste control lifecycle)

改进消除已有的加工周期对环境存在的负面影响,可以通过改进废物控制技术(如用清洁技术)来减轻或消除这种影响,如节料(用量最少、减少包装、碎料废料最小化)、节能、节约人力资源,尽可能利用可再生资源(包括太阳能)、可再生生物资源(不破坏生态平衡为度)和信息资源等来实现资源消耗最小化;尽可能减少用材种类,选用可回收、可分解材料,以利报废分类回收,便于再利用、再制造,提高产品部件可更新率,提高材料可回收率、可重用率等。德国奔驰汽车公司已将材料可回收率列入开发目标,希望其汽车金属部件、塑料部件和液体介质的可回收率达到95%以上。

(2)无废物产生的产品生命周期法(zero wasted lifecycle)

假设产品在其生命周期中对环境的影响可以减小为零,即用几乎完全不危害环境与职业安全的方式来设计、生产、销售、使用和处理产品,并尽量少用资源。如在制造和使用过程中,注重对人体无危害、对生态环境无影响、人机环境舒适友善、选择可再生和与生物兼容的材料与能源,实现生态环境友善;面向可靠性设计延长产品使用寿命,设计可更新升级产品,便于维护维修设计,采用易损零部件可更换结构的产品生命周期设计。

在工业上常用的 DFE 方法包括材料置换、减少废物源、减少物质用量、减少能源用量、延长生命周期、面向降解灰化与拆分的设计、面向循环可用能力的设计、面向处置能力的设计、面向再制造能力的设计、面向节能的设计。

1.4.5.5 面向物流的设计

一般的产品设计通常注重产品本身的成本、价格、功能、造型,很少考虑其物流性能和物流成本,而包装设计如果在产品开发结束后进行,就易出现装载率低、产品关键部位的脆值不足等问题(脆值又称易损度,从量值上定义为产品不发生物理的或功能的损伤所能承受的最大加速度值)。面向物流的设计(design for logistics,DFL)是由斯坦福大学 Hau Lee 教授提出的涉及供应链管理的产品设计方法,通过改进产品的脆值、结构、形状、尺寸、材料、加工工艺、包装特性、运输特性等来优化产品物流性能,从而有助于控制物流成本,提高客户服务水平。

根据产品生命周期中的物流活动顺序,DFL 涵盖生产、包装、运输、流通加工、仓储、回收等物流环节。产品的整体方案设计、原材料采购、零部件形态体积设计、包装设计等都影响物流成本,DFL 进行产品设计时要有利于这些环节控制成本和满足用户需求,通常包括经济包装与运输、并行处理和标准化 3 个主要组成部分。

(1)经济包装与运输

产品及其包装设计必须易于运输和适于货架(例如某设计必须符合某超市的 14×14 货架),有时使产品设计比必要的正常功能更强大、更坚固会增加成本,但会降低物流网络风险、降低航运填充和保护的成本;产品的外形设计要易于包装或具有可塑性和可拆卸性,并要易于跟踪以促进物流功能,使供应链和商业模式高效运行(例如采用扁平封装等形式)。

(2)并行处理

采用并行工程修改制造工艺,使传统按顺序执行的制造步骤可同时并行完成,使产品具有可运输性而不是即产即销型,这将有助于减小制造提前期、降低库存成本并降低安全库存要求等。

(3)标准化

标准化设计有利于规模经济,可以通过以下方面实现:

①**部件** 标准化的相同部件可被用在许多不同的产品中。

②**过程** 产品设计使制造及生产过程标准化,使原材料选择具有可替代性,决定哪些具体产品可以延迟制造,即流通加工中的延迟集散制造。

③**产品** 标准化的产品可以实现向下替代,如汽车出租公司经常填写预订更高端

的汽车当低端汽车使用。

④**采购** 加工设备的标准化可用于多种产品的加工,如一台设备可分别用于高中低端产品的加工。

1.4.5.6 面向用户的设计

现代设计要"以人为本",也就是要以用户为中心进行设计(user-centered design method)。1933 年芝加哥世界博览会的口号是"科学发现、技术应用、人类适应",但对于 21 世纪以用户为中心的产品开发的口号应该是"人类建议、科学研究、技术适应"[32]。而面向用户的设计(Design for Users,DFU)正是实现以人为本的设计思想。如苹果笔记本电脑的 MagSafe 电源适配器巧妙地设计了具有磁性的直流电接口,用户可快速容易地插拔并安全地连接系统,一旦外力拉扯过大,则可不损坏电线及时使电源线与系统断开,另外直流电接口上设计了 LED 灯显示充电状态。在旅行中将笔记本电脑放腿上时,电源线很容易被碰掉,让人感觉不够可靠,因此又设计了能吸附在 MagSafe 接口上带有磁性的 Snuglet 小铁环,减小电源接口空隙并调整力度,在磁吸方便性与连接可靠性之间达到平衡。

现代设计不仅重视产品内在质量的实用性,更强调产品外在质量的美观性、时代性、艺术性等。宜人性设计就是"把人和机械、工程之间的关系作为一个系统来处理,它是关于设计机械器具、作业方式、作业环境时考虑适宜于人的能力和界限的科学",涉及工程学、建筑学、管理学、控制论、信息论、心理学、生理学、社会学、系统科学和环境科学等多种学科。

工业产品艺术造型设计采用艺术手段按美学法则对产品进行造型工作,使产品在保证使用功能前提下,具有美的、富于表现力的审美特性。造型设计要有机地运用统一与变化、比例与尺度、均衡与稳定、节奏与韵律等美学法则,以及色彩设计、视错觉设计、新材料、新结构、新工艺等,造型要寻求线型、平面、立体、色彩、肌理等因素构成规律和变化,以效果图、动画、模型等形式,设计出物质功能与精神功能高度统一的产品。

并不是产品的功能越全、越复杂越好,而是要正确设计人、机界面,使人、机相互协调,发挥最大潜力。Elke den Ouden 分析了顾客抱怨产品的技术和非技术原因,特别地非技术因素是在比产品开发和制造过程更大范围的决策阶段引起的,如从策略定义到服务的产品商业创意过程等[33],而通常有一半的召回产品是由于产品复杂性或顾客无法使用想要的功能[34]。因此人机工程从系统论观点研究"人—机—环境系统"中人、机与环境之间的交互作用,研究人的生理与心理特征,合理分配人与机器的功能。

1.4.5.7 面向安全的设计

GB/T 15706—2007《机械安全 基本概念和设计通则》按照 ISO 国际标准,将机械在工作过程中所产生的危险因素,分为机械危险有害因素和非机械危险有害因素。其中机械危险有害因素主要包括由机械自身或零部件的相对运动所造成设备损坏或人身伤害的危险因素,如锐边与利角使人割伤、机械运动部件卷入与绞碾伤害、机械部件高处坠落与跌倒损失或伤害、机械结构凸出与悬挂部分造成刮蹭或碰撞等;非机械危险有害因素包括电气、温度、噪声、振动、辐射等危险以及材料与物质产生的危险,未履行安全人机工程学原则产生的危险,综合性危险等,如高压带电体使人体触电,高温物体使人烫灼伤,长期噪声使听力下降与耳聋,长期接触振动部件使人生理失调,长期接触某些射线粒子与激光等使人体病变,有毒有害物质危害,不符合人的操作习惯导致操作失误等[35]。显然机械产品安全设计是关乎产品市场、企业道德和法律层面的重要内容,因此机电产品设计需要注重基于安全的设计(design for safety,DFS)。

首先需要将拟设计的产品分解为不同的子系统,在考虑冗余的基础上分析危险的特征,每个零部件及其在使用和维护过程中必须对机械危险有害因素和非机械危险有害因素分别予以评价,然后从警示标志、保护装置和避免措施等方面开展安全设计。当然基于安全的产品设计还必须考虑可制造/装配性以及成本效率等因素。

目前汽车安全应用标准为国际标准 IEC 61508,其中第 3 部分 IEC 61508-3 是关于软件开发的。软件故障被认为是在软件开发过程中系统性引入的结果,为此 IEC 61508-3 定义了软件开发和质量保障的要求和限制,表述为安全完整性水平(safety integrity level,SIL)。Ines Fey、Jürgen Müller and Mirko Conrad[36]探讨了采用 model-based design 开发汽车安全相关汽车嵌入式软件应用系统和特定要求的工作流程,特别分析了软件工作产品之间的可追溯性、产品代码生成、动态测试和鲁棒性与可靠性设计等。

1.4.5.8 面向延迟的设计

随着科技进步和经济发展、全球化信息网络和全球化市场形成加速,使得新产品市场竞争日趋激烈,产品寿命周期不断缩短,企业面临着缩短交货期、提高产品质量、降低成本和改进服务的压力,要求企业能设计开发满足用户需求的、定制的"个性化产品"。工业革命以前的定制生产(customization production,CP)按照客户订单中的具体要求组织产品生产,虽能满足用户的个性化需要,但生产周期长、产品价格高、质量不稳定,而大量定制(mass customization,MC)把大批量与定制有机地综合在一起,以快速、低成本、高质量的方式给顾客提供个性化的产品。

实现 MC 的方法多种多样,而由 Anderson 于 1950 年提出的延迟制造,认为产品可以在接近客户购买点时实现差异化,即实现差异化延迟。基于延迟制造的供应链流程尽量延长产品的标准化生产,最终的产品工艺和制造活动延迟到接受客户订单之后,通过加上新的产品特征或采用通用模块装配个性化产品来实现定制化。为"减少定制量",需要最大程度地采用通用的、标准的或相似的零部件、生产过程或服务等,从而实现大批量和定制的统一[37]。因此需要面向延迟的设计(design for postponement,DFP),即先进行产品的通用简版设计,再在接受客户订单时进行产品个性化设计。

Swaminathan 和 Lee 认为延迟可以通过制造过程或产品结构的变化来实现,包括 3 种关键的延迟方法,即过程标准化、过程再排序和零部件标准化[38]。

高飞等分析了大批量定制的延迟化特征,探讨基于延迟模块的大批量定制设计策略及其实现方法,并开发了相应的原型系统[39]。鲁玉军等针对复杂订单设计型(engineer to order,ETO)产品定制设计周期长的不足,提出一种支持 ETO 产品快速配置设计的方法,利用大批量定制设计(design for mass customization,DFMC)原理和延迟设计分离点(postponement design decoupling point,PDDP),将组成 ETO 产品的零部件划分为不同定制深度的4种设计类型，使针对ETO产品的整体设计转变为对零部件的配置变型设计，通过将ETO产品定制设计过程划分为非精确配置过程和精确配置过程这两个阶段，延迟了定制零部件在企业内部的设计过程，变反应式设计为预定式设计，降低客户订单对产品设计的影响，缩短定制设计周期和交货期[40]。

不少学者开发了解释和量化延迟差异化和快速响应程序的效果分析模型。这些模型假设当每一阶段的需求是随机时，其独立跨越时间及其分布是完全已知的，即销售预测不需要随时更新。但对于需求分布参数或相关连续需求不能准确估计时，对于更通用的设置，有必要根据观察到的需求数据对需求分布的参数估计进行修改。为此，Yossi Aviv和Awi Federgruen在贝叶斯框架下对这些系统进行分析，假设需求分布参数的原始信息通过先验分布获取特征，而对不同的订单成本函数类型，用接近最优排序规则(close-to-optimal ordering rules)的结构来描述这些系统[41]。

1.5 现代林业机械设计方法学概览

要成为合格的林业机械设计工程师必须具备一些基本素质，当然培养合格的林业机械设计工程师需要合适的教学内容和正确的教学方法。

1.5.1 林业机械设计工程师的素质

对于设计工程师，当今有两方面的挑战。一是工程系统的可持续性，必须更快地开发和利用复杂工程化系统以适应越来越重要的可持续性；二是设计过程的计算能力，随着进一步强调问题识别、规划构思和团队工作，获得计算能力将会使得设计过程更快和更容易。因此应关注战略设计工程师的教育问题，让他们能够构思和实现工程化复杂系统，并能实现技术与可持续性和社会责任的平衡[42]。复杂系统体现难以预测和推演的系统化特征，设计工程师需要知道如何考虑识别、管理和实现系统化特征的复杂性和不确定性。当代设计工程师不仅要面对新的挑战，无疑也得利用新的工具来承接这些挑战。面对技术的发展，设计工程师要考虑以下元胜任能力[元胜任能力可以理解为个人看待自己能力的能力(meta-competency)]：

①**预测产品发展方向的能力**　能够推测未来和将未来的虚幻世界与今天的现实世界联结起来。

②**掌握最新技术与自组织学习能力**　能够继续学习以及从大量信息中管理、组织和学习，能够了解人类如何学习、如何自我监控学习以及如何创建与实现职业生涯的学习目标。

③**解决复杂问题的能力**　能够识别、理解和管理复杂系统相关的科技发展可持续性以及社会责任问题。

对于机械设计工程师，除需要前面3种元胜任能力外，还需要具备：

①综合运用机械产品的功能设计、结构设计、物理设计、工艺设计、工业设计和市场设计的能力。

②融合最新技术于机械产品设计的能力。

对于林业机械设计工程师，除需要前面3种元胜任能力和两种机械设计工程师的能力外，还需要具备：

①熟悉了解林业生产过程和林业机械使用环境的能力。

②掌握林业机械产品设计特点和特殊设计方法的能力。

1.5.2 现代林业机械设计方法学教学内容

UNESCO 一份报告中说："人类不断要求教育把所有人类意识的一切创造潜能都释放出来。"现在的教育做到了吗？UNESCO 提出 21 世纪的高等教育应具有如下五大特点[43]：

①教育的指导性 打破注入式和用统一方式塑造学生的局面，强调发挥学生特长、自主学习，教师从传授知识的权威改变为指导学生的顾问。

②教育的综合性 不满足传授和掌握知识，强调综合运用知识解决问题能力的培养。

③教育的社会性 从封闭校园走向社会，由教室走向图书馆、工厂等社会活动领域，开展网络、远程教育，使人们在计算机终端前可以实现自己上大学或进修学习的愿望。

④教育的终身性 信息时代来临，使人类进入了知识经济时代，由于知识迅速交替，人们为了生存竞争必须不断学习，由一次性教育转变为全社会终身性教育。

⑤教育的创造性 为适应科技高速发展和社会竞争的需要，应建立重视能力培养的教育观，致力于培养学生的创新精神，提高其创造力。

每门学科都是在现代科技发展的动态系统中与其他学科相互作用而发展的，现代设计理论与方法正迅速进入机械设计领域，必然要逐渐反映到各类机械设计中来，林业机械也不例外。林业机械是使用对象复杂和变化种类繁多的产业机械，工作原理及结构独具特色，因此探讨现代设计理论与方法在林业机械设计研究中的应用，即如何运用现代设计方法研究林业机械产品的设计规律和方法，具有积极的、现实的作用。

要培养设计工程师，需要探索、开发、测试和采用以学习者为中心的不同学习风格的范式[42]。需要培养设计工程师发现问题、提出问题和解决问题的能力，并激发其强烈的创新意识与动机、创新热情与设计兴趣。例如创客（maker）就是以用户创新为核心理念，最早起源于麻省理工学院比特和原子研究中心（center for bits and atoms，CBA）发起的 Fab Lab（fabrication laboratory），融合从创意、设计、制造到调试、分析及文档管理各个环节，其最初灵感来源于 Neil A. Gershenfeld 教授开设的课程《如何能够创造任何东西》*How to Make (Almost) Anything*，没有技术经验的学生们在课堂上创造出了很多令人印象深刻的产品，这种可以实现随心所欲的个性化需求的目标逐渐成为 Fab Lab 萌芽的创新研究理念。Gershenfeld 教授认为与其让人们接受科学知识，不如提供装备、相关知识以及工具让他们自己来发现科学。

设计工程师是推动知识创新和设计技术发展的主体。图 1-3 所示为现代林业机械设计方法学的教学内容（第 2~9 章），分别通过现代机械设计方法及其林业机械设计案例、现代机械设计工具和林业机械支撑技术的教学组织，注重汲取其他学科的最新成果，帮助学生从整体上认识和把握相关新学科在林业机械设计中的应用，努力引导学生始终站在学科前沿。综合分析现代设计的特征、方法及掌握林业机械系统特点及机械现代设计,结合林业机械产品结构特点,将林业机械设计实例与现代设计方法结合起来,掌握林业机械现代设计方法的基本理论与技能,促进高性能林业机械产品的开发与设计。

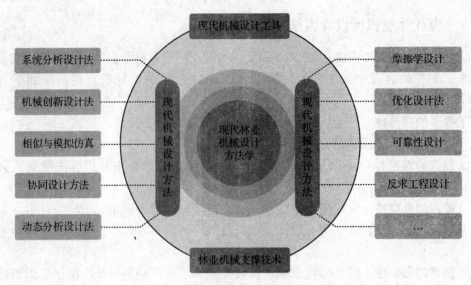

图 1-3　现代林业机械设计方法学教学内容

1.5.3　林业机械设计方法学教学方法

美国加州大学历史学教授 L. S. 斯塔夫里阿诺斯在《全球通史:从史前史到21世纪》[44]中阐述人类历史上众多灾难的渊源是由于"社会变革总是滞后于技术变革"的忧虑和警示,写道:"人类历史中的许多灾难都源于这样一个事实,即社会的变化总是远远落后于技术的变化。这是不难理解的,因为人们十分自然地欢迎和采纳那些能提高生产率和生活水平的新技术,却拒绝接受新技术所带来的社会变化——因为采纳新思想、新制度和新做法总是令人不快的。"那么众多现代设计理论和方法如何运用到设计实践中并为人们所接受,就需要教育工作者思考和实践。

本教材是为机械工程及其相关专业(如农业机械化工程、检测技术与自动化装置、木材加工装备与信息化、家具设计与工程、制浆造纸工程、交通信息工程及控制、控制理论与控制工程、精密仪器及机械、载运工具运用工程等)学生培养编写的一门综合性主干课程教材,着眼于面向21世纪林业机械等学科领域的课程体系,强化现代设计方法在提高学生综合能力和创新能力上的作用,要求学生在学习过程中了解和掌握各种现代设计方法,触类旁通,掌握林业机械及其他相关机械产品设计的基本特点、规律、手段,提高对现代科技成果的敏感性,对今后开发性和创新性设计产生积极的影响。

1.5.3.1　自组织学习法

印度教育科学家苏伽特·米特拉是一个里程碑式的人物。1999年,他去了印度的很多偏僻乡村,那里的人既不懂英语也没见过电脑。苏伽特·米特拉在孩子们经常聚集的街头的墙上装上连接互联网的电脑屏幕,配上鼠标,然后离开那里。几个月后,试验表明,孩子们无师自通,学会了使用电脑。在以后的十多年里,苏伽特·米特拉在印度、南非、柬埔寨、英国、意大利等地还进行了类似的以生物、数学、语言等为内容的教育实验。结果证明,在不需要老师或科学家输入逻辑和程序的情况下,学习者可以独立自主地完成学习,这就是"自组织学习"。由此,苏伽特·米特拉对教育作了建构主义的重新定义:教育是一种自组织行为。

最严重的问题不是教育资源缺乏,而是毫无天分的教师在错误方向上"勤奋地工作",苏伽特说:"对于教育者来说,这是一个大转变的时代。我亲眼目睹着教育界的各种力量在重新洗牌。或许我们说'教育革命'未免言过其实,但是各种变化的确在更迭着。教学模式的多元并存会是一个长期存在的现象。但是毫无疑问,新技术从外围给教师增加了新的竞争对手。新技术的应用又导致学生在心理预期、学习习惯等方面的变化,这就从核心和内部促进着教学过程的转变。学生变了,不如以前'好带'。这并不是坏事,在这当中,不知潜藏了多少机遇和可能性等待着有心之人去发现!"

美国的新媒体联盟(new media consortium,NMC)总结的学习行为包括社会学习、可视化学习、移动学习、游戏学习、讲授学习等。在信息和知识的载体方面,每一种学习方式基本上都有相应的技术基础。而技术既可能扩展人类的学习方式,也可能限制人们的学习方式。新技术的出现将改变信息和知识的传播模式,人类的学习方式也会相应地产生根本性的变化。

很显然,随着大数据、云计算、物联网技术的发展以及硬件和软件的智能化,教育信息化的浪潮已经不可抗拒,是围观?等待?还是抵制?唯有掌握良好的教育信息化冲浪技术,具备良好的预判能力,才能逐浪前行。大数据技术的应用将有利于未来教育个性化要求,标准化的学习内容由学生自组织进行,而学校和教师更多地关注学生的个性化培养,教师由教学者逐渐转变为助学者,代之以更主动的自组织学习、更开放的平台资源、更丰富的交流互动、更特色的个性服务和更灵活的学制安排。

试想,如果将一个大学的相关学院的众多相关实验室的实验系统通过物联网和云技术连接起来,结合拟设计的林业机械对各方面的数据要求,利用大数据技术实现相关实验室数据的整合、分析、可视化等,智能化的林业机械产品设计及其教学组织将更加得心应手,学生将可通过互联网将各相关实验室的实验设施和数据融入现代林业机械设计方法的自组织学习的各个环节中。

针对教学模式和学籍管理的相对封闭,《现代林业机械设计方法学》的教学可以尝试引入简称"慕课"的大型开放式网络课程(massive open online courses,MOOC)设计课程教学,要依托互联网的各种社交网络工具和数字化资源,通过大量回应和互动的教学设计,突破传统课程的时空限制和人数限制,形成多元化学习工具和丰富课程资源,具有较强自主学习能力的学习者不需到传统教室即可自主学习《现代林业机械设计方法学》课程内容。

《现代林业机械设计方法学》也可尝试采用微课(microlecture),对某些单一主题的课程内容录制教学时间相对较短(数分钟以内)的声音解说或视像演示用于在线学习或移动学习。如,PPT微课程可由文字、音乐、图片构成,设计PPT自动播放功能,并转换成5min左右的视频;讲课式微课程由教师按照模块化进行授课拍摄,经后期剪辑转换而形成$5 \sim 10$min的微课程;情景剧式微课程由微课研发团队,对课程内容策划情景剧并撰写脚本,拍摄视频经剪辑制作形成 5~10min 的微课程。

"慕课"和微课等借助移动互联网平台,可以充分利用学生的碎片化时间。

1.5.3.2 现代林业机械设计的关键支撑技术运用

随着自动化、智能化、机器人等技术的发展,将设计出智能化的林业机械终端,依托互联网、移动互联网、云计算、大数据呈现的融合叠加趋势,将从"多终端移动互联网"进入"人工智能再造互联网",逐步进入生物人和智能人共存时代,那么林业生产的智能人会在什么时候出现呢?目前,林业机械的设计需要关注的关键支撑技术包括传感器与机器视觉技术、3S 技术、林业智能决策支持系统、林业系统大数据与数据挖掘技术、林业物联网技术等(见第 10 章)。

原国家 863 计划机器人专家组副组长宗光华指出:"过去十几年中国机器人市场保持了年均 30%~40% 的高速增长,远高于同期全球 4%~5% 的增速,很快将超过日本成为全球最大机器人市场。同时,机器人制造成本大概每年保持 4% 的下降幅度,而人工成本一直在上升,为机器人产业拉扯出巨大的需求空间。"工业革命的蒸汽机、电动机和内燃机使机器动力远优于人力和畜力,而信息技术又可提高机器的自动化与智能化而使机器优于人的精确度、可靠性和稳定性。特别对于林业生产,林业机器人将能取代大量繁重、枯燥、重复的劳动,同时可创造林业机器人的设计、生产、运用和维护等工作。麻省理工学院(MIT)经济学家布林约尔松(Erik Brynjolfsson)和麦卡菲(Andrew McAfee)在《与机器赛跑》(*Race Against The Machine*)中提出:"只有与机器合作,人类才能够在与机器的赛跑中获胜,而不被机器所淘汰。"

毫无疑问,林业机器人肯定将代替人工进行林业生产作业,但从技术成熟度和成本收益核算考虑,"林业机器人"推广应用的临界点能否提前突破?随着未来林业机器人网络和林业互联网加速发展,并通过林业机器人设计及其关键技术的教学(见第 11 章),期待能够缩短到达这个临界点的时间。

1.5.3.3 现代林业机械设计的案例教学

曾有人谈到中国留学生在美国的"讨论课程恐惧症",好像是说中国留学生习惯于通过学习就能获得正确的或标准的答案,而美国教授会提前布置大量的阅读书目或文章,但不告诉任何答案,而是让学生进行课堂互相提问和交流讨论,讨论时似乎谁都是有道理的,却得不到直接想要从顶尖教授那里获得的答案,觉得花那么多时间进行没有答案的讨论太没意义。中国学生经常认为应找到了正确的答案后再讲出来,甚至听到别人的答案与自己不同时就怀疑自己的答案。实际上中国的教育真正缺乏的是批判性思维的鼓励和培养以及良好的表达和沟通能力的训练,往往不善于批评与分析以及不主动说出自己的观点。

如果现代机械设计方法采用以教师为主的满堂灌的方式,其效果肯定大打折扣。而案例教学不失为一种具有启发性和实践性的教学模式,但这对教师将提出更大的挑战性。教师首先需要明确教学目标,即重点让学生掌握什么样的设计能力;第二需要选择适宜的案例,教师必须要能够熟悉这些案例的国内外发展现状和趋势,同时要结合知识结构和学习兴趣组织案例教学;第三需要创造良好的教学手段,就是要充分运用诸如投影设备、3D打印、互联网、数据库技术、大数据、云计算等现代教学工具，并及时将最新的教学装备应用到教学中；第四需要精心组织教学环节，如根据案例设计内容将学生分组，让每个学生都能充分参与诸如头脑风暴(brain storm)和深潜水(deep dive)等研讨活动，形成动态双向的交流渠道以及激发学生深入思考的能力，最后组织一次集体演讲，让学生成为课堂的主体；第五教师需要善于借力，在课程案例教学过程中，适时邀请校外专家进行讲座，也可组织学生参观生产企业等。

无论如何，我们的教学必须要保护学生的想象力，通过合理的教学组织和案例启发，充分激发和提高未来机械设计工程师们的草根创新能力，开发出具有先进理念和创新思维的林业机械产品。

本教材因篇幅限制，介绍了在现代设计实践和机械开发设计中应用比较广泛、比较成熟的几种现代设计方法，即系统分析设计与创新设计、动态分析设计、相似与模拟仿真设计、摩擦学设计、优化设计、协同设计、可靠性设计、反求工程设计等。现代设计方法种类繁多，但并不是任何一个系统的设计均需采用现代设计的各种方法，也不是每一个零部件或子系统均能采用上述的每一种方法。这些现代设计方法在时空上的稳定性、实用中的准确性与快速性，为我们提供了新颖而广阔的思路和见解，也需要我们对所有方法进行运用、检验、修正、丰富和发展。本书还选取了具有典型意义的林业机械现代设计实例进行剖析，以加深理解现代设计方法在林业机械设计中的应用。这里列出了一些教学建议，当然任课教师可以根据不同学科专业、教学时间安排、学生知识结构与行为习惯、教师特长以及教育信息化技术的发展，组织不同的内容，合理安排教学计划和有针对性地给出不同的学习策略。

本章小结

本章分析了林业生产促进生态文明以及精确林业要实现以最少资源投入和最小环境危害获得最大林业收益的目标，概述了林业机械及其发展历史，归纳了林业机械分类以及分析了中国林业机械发展状况；分析了产品设计面临的挑战，诠释了设计、理论、方法的概念以及设计的创新性思考，概述了机械产品设计要求和设计过程；综述了直觉设计、经验设计、中间试验辅助设计和现代设计法设计等设计方法发展的4个阶段以及现代设计与传统设计的特点；在分析设计理论与方法的分类基础上，简述了机械产品设计实践中较常用的系统分析设计与创新设计、动态分析设计、相似与模拟仿真设计、协同设计、摩擦学设计、优化设计、可靠性设计、反求工程设计等方法，并概述了一些其他的设计方法，如并行设计、智能设计、宜人性设计、生态设计、模块化设计、仿生设计、三次设计与健壮设计、再设计、基于给养的设计、DFX(Design for X)等。最后分析了林业机械设计工程师必须具备的基本素质和现代林业机械设计方法学的教学内容和教学方法。

参考文献

[1] SHAO ZONG-WEI. Leaders meet to save the world[N]. China Daily, 2002-09-03(1).

[2] ZHENG JIAQIANG Top-level Design is Indispensible for Building up China Smarter City[J]. China Sourcing, 2011, 11(2): 25-29.

[3] 郑加强, 徐幼林. 可持续发展的精确林业思想研究[J]. 南京林业大学学报(人文社会科学版), 2004, 4(3): 26-30.

[4] 路敬严. 中国古代机械文明史[M]. 上海：同济大学出版社，2012.

[5] 刘晋浩，王丹. 谈国内外人工林抚育机械的现状及发展趋势[J]. 森林工程，2006，22(3).

[6] 陈幸良. 中国现代林业技术装备发展战略研究[M]. 北京：中国林业出版社，2011.

[7] 刘小虎，俞国胜. 中国林业机械发展的研究[J]. 黑龙江农业科学，2010(7)：141-143.

[8] 朱良，王心颖，韩雪，等. 农业机械分类 NY/T1640-2008[S]，北京：中国农业出版社，2011.

[9] 杨玉兰，蔺晢. 加快重大技术装备研发 推动生态民生林业发展[N]. 中国绿色时报，2013-10-31.

[10] 姚会春，徐幼林，郑加强，等. 植保机械全寿命生态设计方法研究进展[J]. 南京林业大学学报(自然科学版)，2004，28(5).

[11] 徐幼林，郭敬坤，郑加强. 农药在线混合均匀度高速摄影分析[J]. 农业机械学报，2011，42(8).

[12] 张华，郑加强. 农林机械底盘柔性化智能化的发展研究[J]. 林业实用技术，2013(6).

[13] 郑加强，周宏平，徐幼林. 农药精确使用技术[M]. 北京：科学出版社，2006.

[14] 陈幸良. 中国现代林业技术装备发展战略与创新对策[J]. 农业工程，2013，3(4).

[15] 邹慧君，蒋祖华. 趣谈无所不在的设计[M]. 北京：科学出版社，2010.

[16] MIHAIL C. Converging technologies for improving human performance[R]. NSF/DOC-sponsored Report，National Science Foundation，2002.

[17] 李彦. 产品创新设计理论与方法[M]. 北京：科学出版社，2012.

[18] 王明强. 现代机械设计理论与应用[M]. 北京：国防工业出版社，2011.

[19] 闻邦椿. 产品设计方法学兼论产品的顶层设计与系统化设计[M]. 北京：机械工业出版社，2012.

[20] 陶栋材. 现代设计方法学[M]. 北京：国防工业出版社，2012.

[21] 小泉. 《知识产权论》读后感—从逆向工程技术谈起[EB/OL]. [2008-06-22] http://blog.sina.com.cn/sundlaw.

[22] 四海龍. 仿生设计学[EB/OL]. 2007-04-08. http://blog.sina.com.cn/s/blog_57620fd2010008sb.html.

[23] 刘旺玉，曾志新，欧元贤，等. 复合材料多尺度仿生方法的研究[J]. 材料导报，2002，16(12).

[24] 邵家骏. 健壮设计指南[M]. 北京：国防工业出版社，2011.

[25] SHANA SMITH，GREGORY SMITH，YING-TING SHEN. Redesign for product innovation[J]. Design Studies，2012，33(2).

[26] DACID M. ANDERSON. Product Family Design[EB/OL]. 2014. http://www.design4manufacturability.com/Product_Family_Design.htm.

[27] JOOYEON LEE，HO-IK CHANG. The relevance of affordance in the design today and in the future[EB/OL]. 2012. http://www.sd.polyu.edu.hk/iasdr/proceeding/papers/the%20relevance%20of%20affordance%20in%20the%20design%20today%20and%20in%20the%20future.pdf.

[28] JONATHAN MAIER. Affordance Based Design：Theoretical Foundations and Practical Applications[M]. VDM Verlag Dr. Müller，2011.

[29] Auke J. K. Pols. Characterising affordances：The description-of-affordances-model[J]. Design Studies，2012，33(2).

[30] 蒂姆·布朗. IDEO 设计改变一切(Change by design)[M]. 侯婷，译. 沈阳：万卷出版公司，2011.

[31] CARLOVEZZOLI, EZIOMANZINI. 环境可持续设计[M]. 刘新, 杨洪君, 倪京燕, 等, 译. 北京: 国防工业出版社, 2010.

[32] NORMAN, D. A. The Invisible Computer[M]. London: The MIT Press, 1999.

[33] ELKE DEN OUDEN, E. Development of a design analysis model for customer complaints[D]. Eindhoven: Technical University of Eindhoven, 2006.

[34] TOMASZ MIASKIEWICZ, KENNETH A. KOZAR. Personas and user-centered design[J]. Design Studies, 2011, 32(5).

[35] 郝亚廷. 面向机械安全设计的产品安全性研究[D]. 北京: 首都经济贸易大学, 2012.

[36] INES FEY, JÜRGEN MÜLLER, MIRKO CONRAD. 2008. Model-Based Design for Safety-Related Applications[C]. Proc. Convergence 2008, Society of Automotive Engineers, Inc. 2008: 0033.

[37] 王海军, 马士华, 赵勇. 大量定制环境下基于延迟制造的多级供应控制模型研究[J]. 管理工程学报, 2005, 19(1).

[38] JAYASHANKAR M. SWAMINATHAN, HAU L. LEE. Design for Postponement[M]. OR/MS Handbook on Supply Chain Management edited by Steve Graves and Ton de Kok, 2003.

[39] 高飞, 肖刚, 张元鸣, 等. 基于延迟的大批量定制设计策略研究[J]. 机床与液压, 2006, (3).

[40] 鲁玉军, 纪杨建, 祁国宁, 等. 基于延迟设计分离点的订单设计型产品配置设计[J]. 浙江大学学报(工学版), 2009, 43(12).

[41] YISSU AVIV, AWI FEDERGRUEN. Design for Postponement: A Comprehensive Characterization of Its Benefits under Unknown Demand Distributions[J]. Operations Research, 2001, 49(4).

[42] FARROKH MISTREE. Strategic Design Engineering: A Contemporary Paradigm for Engineering Design Education for the 21st Century?[J]. Journal of Mechanical Design, 2013, 135(9).

[43] 王树才, 吴晓. 机械创新设计[M]. 武汉: 华中科技大学出版社, 2013.

[44] Leften Stavros Stavrianos. 全球通史: 从史前史到21世纪[M]. 董书慧, 王昶, 徐正源, 译. 北京: 北京大学出版社, 2005.

思考题

1. 简述精确林业的思想。
2. 根据任务不同,机械产品设计一般可分为哪些类型?
3. 根据你的理解和林业机械分类,结合你的研究方向,探讨林业机械产品的设计挑战及其对策。
4. 简述林业机械设计工程师需要具备的能力。
5. 请根据你的知识背景和林业机械实际需求,在Design for X(DFX)中提出你认为需要面向的具体因素X(注意应该是本书介绍之外的因素),并简述理由。

推荐阅读书目

1. 现代机械设计理论与应用. 王明强. 国防工业出版社.
2. Advanced Engineering Design. Efrén M. Benavides. Woodhead Publishing Limited.

相关链接

Journal of Mechanical Design, ASME. http://www.asmejmd.org/
Design For X. http://en.wikipedia.org/wiki/Design_for_X

第2章
机械系统化设计法与创新设计

[**本章提要**] 科学的设计方法对产品和系统的开发和应用起着十分重要的作用。本章介绍的机械系统化设计是以系统科学和系统工程的观点,把机器功能和功能分解作为设计的出发点,并考虑人机系统、产品全生命周期及其各个阶段的要求。而机械创新设计的目的是设计出符合科学原理、具有新颖结构、富有实用价值的机械产品。随着现代科技发展速度加快以及市场竞争日趋激烈,在现代机械设计系统分析中,大力倡导并推广创新设计显得十分重要。

2.1 系统及系统工程方法
2.2 机械系统与人机系统
2.3 机械系统化设计方法
2.4 创新设计理论与方法

现代设计不只是关心各组成部分的工作状态和性能，而要从系统的观点出发考虑整个系统的运行。现代设计系统分析法是把设计对象看作一个完整的技术系统，然后用系统工程方法对系统各要素进行分析与综合，使系统内部协调一致，并使系统与环境相互协调，以获得整体最优化设计。而创新设计是工程技术设计方法的重要组成部分，它贯穿于工程技术设计的全过程之中。

2.1 系统及系统工程方法

人类在认识和改造历史的长河中，逐渐意识到为了准确而科学地研究和把握某一事物，除了必须研究和分析该事物的特性及其发展规律外，还必须研究和分析与该事物相关联的周围其他事物的作用及相互联系。由此，逐渐形成了系统的思想。"系统"这一概念来自人们长期实践活动的结果。"系统"这个词被人们经常使用，而又常常不很严谨地用以描述种种不同的概念。例如可以说：现代机器（甚至工具）都是以系统的形式存在，以系统的形式被应用；所有人的设计活动都是在创造一个系统。但是，到底什么是系统？为了把握事物的内部规律，我们应力求对系统这一概念下一个比较确切的定义。

2.1.1 系统的概念

辩证唯物主义认为：物质世界是由无数相互联系、相互依赖、相互制约又相互促进的事物和过程所形成的统一整体。这就是系统概念的实质。

在韦氏（Webster）大词典中，系统一词的定义是"有组织的或被组织化的整体""形成集合整体的各种概念、原理的综合""以有规律的相互作用或相互依存形式结合起来的对象的集合"。

还有许多其他关于系统的定义，但是概括起来可以用钱学森先生的论断来给系统下定义，即系统是"由相互间具有有机联系的许多要素（构成部分）组成的，具有一定功能的整体"。现在有目的地设计的任一机器系统（或其他系统）都是具有一定功能的，而所要求的系统功能都是其整体功能。但是这一"整体"的规模却因人、因事而异。因此，可以这样来认识系统：首先，系统是一个抽象概念，可以是一个物，如一台机器、一个实验装置；也可以是一件事，如一个计划、一套指令；或者也可以表示物和事，如空中交通管理系统由人、机器、各种通信联系及规章、规程等组成。社会系统也是包括物和事的复杂系统。其次，系统是可以分解的，一个系统可以是一个更大的系统的组成部分，而它本身又可能包含若干分系统、子系统。系统的最小单元——要素及其结构的变化，都可能影响和改变系统的特性。

例如，悬挂式草坪割草机，如图2-1所示，在设计时可以将它作为一个系统来对待；但它只有和拖拉机通过三点悬挂机构配合才能实现割草功能，在设计和应用时应将它们作为一个更大的系统来考虑，常称之为机组；但割草机的每一个总成，如传动装置、机架、切割器，又可分为许多分系统。这个系统可以一直分割为零件（子系统）。而当进行零件设计时，它的许多结构要素还可组成一个设计系统。因此，任何一个系统除有层次结构和规模以外，还处于一定的环境之中，并有特定的功能。系统的层次、

图 2-1 悬挂式草坪割草机
1. 拖拉机　2. 悬挂机构　3. 传动装置　4. 机架　5. 切割装置

规模的划分及是否应将环境也看成系统是由要求来决定的。把系统按其组成部分表示为树状结构时，除需要明确要求、对系统的了解及专业知识以外，还需要技巧，甚至艺术的修养。

2.1.2 系统的分类

（1）自然系统和人造系统

自然系统是天然形成的系统，如天体、海洋、生态系统等。自然系统的动作只有"自在目的"，所以通常又称为无目的系统。人造系统是指为达到某种目的而人为地建立起来的系统，如机械系统、生产管理系统、教育系统等。人造系统总有一定的目的性，所以通常称为有目的系统。

在现实生活中，大多数系统是自然系统和人造系统有机结合的复合系统，如广播系统、气象预报系统。机器系统在运用中往往要受环境的影响，从设计和运用角度看，广义的机器系统应包括人—机—环境，所以也是一个复合系统。系统工程所研究的大多是复合系统。在广义的机器系统中，环境是最上一级，应先注意系统对环境的影响，然后再进行系统本身的研究。例如在设计草坪割草机时，应先注意机器对草坪的影响及其噪声对居民的影响；当拖拉机轮胎对草坪的碾压影响草的正常生长时，就不能采用悬挂式草坪割草机系统，而应采用具有宽基超低压轮胎及对地面比压小的驾乘式草坪割草机。系统的最下级是系统的各构成部分，在设计时只有妥善地解决了机器和环境的相关问题后，才能再进行部件和零件设计。

（2）实体系统和概念系统

实体系统是指以物理状态存在的构成要素，如机械、人、地面等组成的系统。工具、仪表等人造系统和人机系统都可视为实体系统。与此相对应的是概念系统，它是由概念、原理、假说、方法、计划、制度、程序等观念性的非物质实体构成的系统，如科学技术理论、工程设计方法、计算机程序，乃至管理系统、教育系统、法律系统等。

这两种系统在多数情况下相互结合在一起，以实现一定的功能。实体系统是概系统的基础,而概念系统又往往对实体系统提供指导和服务,如为了制造某一机器系统,往往需要提供计划、设计方案,并要对设计目标进行分解和分析,对复杂系统还要用数学模型进行工作过程模拟,以便找出影响系统工作特性的主要因素,接着还要拟定制造工艺方案。在机器使用中除了要有装配良好的机器实体外,还要有属于概念系统的检验标准、使用说明书、使用规程、维护指南等,这些都是保证机器系统实现目的和功能的必不可少的构成要素。

(3) 静态系统和动态系统

动态系统是指系统的状态随时间而变化,例如木材装载机的动臂在举升、运送木材时,在外部或内部各种输入信号作用下,作稳态弹性振动;当受到干扰信号时,它会经历一个响应过渡过程,随后才转入稳态振动。因此,木材装载机的动臂应视为一个动态系统,在设计时要充分考虑这一过渡过程特性,即由一个稳态转入另一稳态的规律。生产中的各种机械系统,按照现代设计观点均应视为动态系统。其他如生物系统,物理学、化学和经济学理论结构,也都属于动态系统。反之,从某种意义上讲,可以把房屋、原子或电子的模型,动物或植物细胞结构看成是静态系统,因为其系统的状态非常缓慢地随时间变化,具有相对稳定性。

系统的动和静都是相对的。静态系统只是动态系统的一种暂时的平衡状态。实质上,任何系统都是动态的,绝对稳定静止不动的系统是不存在的。例如装载机动臂当举升物体很轻或者对它作不精确的计算时,也可将它视为静态系统。其他如桥梁、公路、房屋等,都是先将它作为某种静态系统来进行计算(例如静强度、变形),当要进一步进行安全、经济、合理的结构设计时,再将它们作为动态系统来精确描述。

(4) 开放系统和封闭系统

开放系统是指不断向外界环境进行物质、能量和信息交换的系统。在开放系统中进行着物质、能量和信息的输入和输出过程。输入表示环境对系统的作用,而输出则是系统对环境的作用。开放系统的最重要的特性就是在同环境进行物质、能量和信息的交换中,能保持自身的有序性和自组织性,所以开放系统常是自调整或自适应系统。机械系统几乎都是开放系统。而封闭系统是一个与外界无明显联系的系统,环境仅仅为系统提供了一个边界,不管外部环境如何变化,它们都表现为内部稳定的均衡性。反应罐中的化学反应即是封闭系统的一个实例。

开放系统和封闭系统的划分也不是绝对的。如果把与开放系统有相互作用的环境也作为系统来研究,那就可能成为封闭系统。例如在研究草坪割草机与草坪的相互影响时,可以将机器与环境作为一个封闭系统来看待。所以,某个研究对象究竟是开放系统还是封闭系统,取决于将研究对象的哪一部分取为系统,哪一部分取为环境,这要根据研究的目的来确定。

此外,系统还可以依据其他一些特点划分为控制系统和行为系统、线性系统和非线性系统、确定系统和非确定系统、离散系统和连续系统、定常系统和时变系统等。

2.1.3 系统的基本特征

由系统定义和分类可知,系统有如下一系列特征[1]。

(1) 目的性

人造系统或复合系统都是根据系统的目的来设定其功能的,例如为了修剪草坪而设计的草坪割草机有割草功能;为了进行园林树枝的粉碎而设计的树枝粉碎机有粉碎树枝的功能等。需要说明的是,大多数系统可以完成一定的功能,但不一定所有系统都有目的,例如太阳系或某些自然生态系统。

(2) 整体性

系统都是由两个以上部分按照一定方式组成的有机整体,以实现特定的功能。系统首先是各个构成部分的集合,这些部分可以具有不同的功能。例如悬挂式草坪割草机的传动装置起传递动力的作用,悬挂机构起连接功能,切割装置起割草功能,只有它们各自正常工作,该机器系统才能真正发挥出割草功能。所以,一个系统整体功能的实现,并不是某个子系统单独作用的结果,一个系统的好坏,最终将体现在其整体功能上。

(3) 相关性

由各构成部分形成的集合并非简单组合,系统的各构成部分之间都是相互联系、相互制约的,其中任一构成部分的特性发生变化,都会影响其他构成部分甚至系统的整体的特性发生变化。例如,草坪割草机机架变形会影响传动装置旋转的均匀性,割草刀轴也会不垂直于地面;前者会引起机器振动,后者使草坪修整不整齐,都使工作质量变差。因此,相关性就是系统各要素之间的特定关系,其中包括系统的输入与输出的关系、各要素间的层次关系、各要素的性能与系统整体之间的特定关系等。

(4) 动态性

世界上所有事物都处于运动之中,其特性、功能、结构及变化规律都是通过运动表现出来的。人造系统是一种物质存在的形式,其动态性的一种表现是它们都具有寿命周期。由于外界环境处于不断变化中,系统的输出特性和内部结构也在不断变化。机器系统工作时随着工作阻力变化,能耗不断变化;随着使用期加长,零件不断磨损,工作特性变差,这些都是动态性的表征。一般来说,系统的变化是一个有方向的动态过程。在系统论指导下,各专业学科正是在致力于研究各种系统变化的方向、特性及规律。

(5) 有序性

系统变化的方向性使系统呈有序性特点。其表现形式是:第一,系统各构成部分必须按一定规律排列才能发挥总体功能;第二,生物的生命现象及非生命系统(如机械系统)的寿命周期都具有有序性。一般系统论的重要成果是把有序性和目的性同系统的结构稳定性联系起来。也就是说,有序能使系统趋于稳定,有目的才能使系统处于期望的稳定状态。例如,只有各个零件按严格的顺序连接,机械系统才能稳定地工作,并发挥其功能。

(6) 环境适应性

系统总是存在于一定环境之中,并与环境不断地进行物质、能量和信息的交换。处于不断变化中的外界环境势必对系统各构成部分的相互关系及它们的功能产生影响。为了保持和恢复系统原有特性,系统必须对环境有适应能力,如产生反馈、调节、自适应过程。例如,悬挂式草坪割草机工作时拖拉机液压控制阀处于浮动状态,机器依靠行走轮对地面仿形，采用高度调节来适应地形变化。当单纯的机器系统不能完全适应环境的变化时，则要以人机系统形式，靠人来进行适应性调节。系统只有充分适应环境才能发挥其功能。

2.1.4 系统设计的过程

系统科学是在研究控制论、信息论、运筹学和一般系统论的过程中发展起来的，已成为人们认识及改造事物的有效工具。例如，广义的设计是一种通过分析、综合与创造，获得满足某种特定功能系统的活动过程。系统科学的一个分支——系统工程正是从系统论的观点出发，立足于整体，将系统分析与综合结合起来，解决复杂的工程技术问题。因此，了解系统及系统工程对于机械工程设计有着重要的作用。系统设计的过程就是一个创造性过程，同时也是一个不断完善的反复过程。

以一个机械系统为例，其设计的一般过程如下：

(1) 功能分析与目标确定

根据市场需求，确定设计参数，选定约束条件，最后提出设计任务书和产品开发计划。

(2) 概念设计

任务确定后，运用设计者的专业知识、实际经验和创新能力构思出达到预期结果的原理方案，原理方案设计是产品创新和质量优劣的关键，也称为概念设计。

(3) 结构方案设计

对产品进行结构设计，即确定零部件的形状、尺寸、材料，进行强度、刚度、可靠性等计算，画出结构草图。

(4) 总体设计

在原理方案和结构方案设计的基础上全面考虑产品的总体布置、人机工程、工艺美术造型、包装运输等因素，画出总装配图。

(5) 施工设计

将总装图拆成部件图和零件图，根据加工和装配要求，标注公差、配合及技术要求，绘制出全部生产用图纸，编写出设计说明书、使用说明书，列出标准件、外购件明细表及有关文件等。

2.1.5 系统工程方法

1978年，钱学森指出："系统工程是组织管理系统的规划、研究、设计、制造、试验和使用的科学方法，是一种对所有系统都具有普遍意义的方法。"

2.1.5.1 系统工程方法的基本原则

在应用系统方法解决系统工程问题时，只有遵循一些基本原则才能取得应有的成果，所谓处理系统工程问题的科学性也寓意于此。

(1) 整体性原则

按照整体性原则，在解决系统工程问题时应将研究对象作为由各个组成部分构成的有机整体来研究整体的构成及其发展规律。客观世界（从宇宙天体到微观粒子，从无机到有机，从人类社会到人的思维）的任何事物都是由要素（物质客体、观念或过程）以一定方式构成的有机整体。由于客观事物的组成要素和相互作用的方式的多样性，整体性的形式也千差万别，但归纳起不外两种：非系统联系和系统联系。前者的各个组成部分间无有机联系，而是以堆积的方式构成整体，如一堆沙石、一堆苹果，组成部分的数量、质量及堆积形式对整体的功能影响甚小；后者表现在整体的各部分之间及其与外部环境之间有着有机联系，各组分的结合方式以及与外部环境的相互作用形式对事物的整体功能产生直接影响。当然，这也只是一种相对划分，例如桶内的沙粒之间毕竟形成某种张力，会对桶壁产生压力，当研究搅拌器对它们的作用及桶壁强度时，就应当视其为具有有机联系整体性的物体。因此，研究各种对象时，一定要根据研究的任务来划分系统的整体性和非整体性。

系统、要素和环境之间的有机联系是系统整体性的基本特点。所谓整体的有机性，首先表现在系统和要素的相互依赖和相互联系上。系统的组成部分乃是整体赖以存在的基础，并对系统的整体具有不同程度的决定作用。在具有严密结构的系统整体中，如动物身体、机器等，它的任何组成部分缺少或损害都会影响整体功能。另一方面，系统的组成部分又只有在整体中方能体现其存在的意义，例如离开了草坪割草机的刀片，虽然安装在了其他刀具上，但却不具有割草功能。其次，有机性还表现在各要素之间的相互联系和相互作用上。系统各要素处在某种具有一定秩序的耦合关系和结合方式之中，其中任何要素发生变化，都将对其他要素产生影响。例如，机器的故障分析就是研究各组成部分之间的相互影响及其表现。所以，正是系统诸要素之间的这种内在的有机联系，才使系统具有整体的性质和整体功能。系统诸要素的有机联系是系统整体性的内在依据。第三，整体性表现在系统和环境的有机联系上。这是由于系统工程所研究的对象都不是封闭的，系统与环境进行着物质、能量和信息的交换，只有这样，系统才能得以存在和发展。倘若系统整体在运动中与周围环境的物质、信息、能量的交换遭到部分和全部破坏，则它就会部分地或完全地失去其原来的整体性，例如道路遭到破坏，汽车就不能正常行驶或根本不能行驶，汽车就失去了功能意义上的整体性。系统与环境的有机联系是系统整体性的基本条件。总之，在系统整体中，系统、要素和环境是有机地联系在一起的。

系统整体性的显著特征是系统在整体水平上的性质和功能不等于各组成部分孤立状态时的性质和功能的叠加，这种效应称为系统的整体效应。悬挂式草坪割草机的传动系统具有传递动力的功能，机架有支撑定位功能，刀片本身只有一定的质量及刃口特性，只有将它们组成一台机械后才具有割草功能。这就是"整体大于部分之和"，其真实含义是指系统整体性质和功能是它的各个构成要素自身所没有的。当然，在有些系统中，也存在整体等于或小于部分之和的情况，如不恰当地增加结构部件的组成部分导致整体强度降低就是例证。

（2）优化原则

优化原则是系统方法的基本目的，也是系统发展的一种趋势。一切生物依靠它的本能活动与环境的作用，都有通过自然选择达到自身结构与功能优化的趋势。机器系统只有各部件、零件在结构、参数上优化组合，才能发挥动力、强度及功能方面的优化特性。机器在开始运转时并未显示其最佳特性，而是通过磨合，逐渐达到设计的优化性能。

自然系统和社会系统都具有优化的发展趋势。机械系统是通过人的设计和应用机械活动来实现结构和性能的最优化,特别是机械在长期的发展和完善过程中更体现人的作用。就机械系统本身而言,是在一定范围和程度上有着一般系统的特点,如自组织、自适应过程等;另外还有机器经过磨合而达到性能最优化,受干扰的弹性系统经过一段过渡而作简谐振动等。

人们在追求系统最佳功能的过程中积累了许多行之有效的方法。优化设计方法几乎都是系统优化方法。随着社会实践的发展,还会出现新的理论和方法。但是,无论采取哪种理论和方法对系统进行优化,都必须遵守一些基本原则。

① **局部效应服从整体效应的原则**　从系统学的观点看,无论何时何地,对任何系统,都是着眼于系统的整体优化。这种整体最优原则不仅表现在空间上系统组成部分与整体的关系,而且在时间上表现系统的长期效益和眼前效益的关系。因此,工程技术人员必须根据目标,正确处理好系统的局部和整体、眼前和长远的关系,确保整体和长远效益的优化。事实上整体效益不好,最后也必然要影响到局部,使局部的、暂时的优势丧失殆尽。

② **系统多级优化的原则**　这就是要把优化思想贯穿到系统分析的始终,即在过程的各阶段,从选择目标、确定评价标准、制定方案、建立模型直到综合分析、系统决策,都要进行优化选择。这是按时间序列进行的阶段优化,每一阶段的优化是有机联系的,如果没有计划阶段的优化,就不可能有实行阶段的优化。从空间关系上,按照这一原则,应注意各组成部分的优化。零件、部件的性能一定会极大地影响整体性能。产品质量正是从抓零件和部件的质量而得到保证的。

③ **优化的绝对性和相对性相结合的原则**　在设计、制造和使用系统的过程中,决策者总希望系统具有最佳功能。但是,在系统分析和决策中,由于需要考虑的功能很多,参与分系统、子系统制造的部门技术条件、制造水平的某些差异,很难找出一种十全十美的方案,往往只能采用一种妥协和折中的办法。这种办法有人称为"满意性"或"情意性"原则。这意味着要追求优化,但不一定追求绝对的优化,只要该系统在现有的制造、使用条件下大家认为满意就行了。这种寻求"满意性"的方法,虽然不如某些优化方案那么严格精确,但它却较灵活而节省。

(3) 模型化原则

人造系统变得越来越复杂,小自一台机器,大到一个空间探测器、一座大型工厂,都由成千上万个零部件组成,具有无数功能。设计、研究这类系统单凭经验是不行的,必须采用模型反复试验,以验证目标的可靠程度。设计者对模型进行分析、计算,也可以利用一切现代方法和技术对模型进行试验,这样既可节省经费,也可以最大限度地获得满意的结果,达到系统优化的目的。所以模型化是实现系统优化的途径,离开了模型化,系统方法也就不能成为一种现代化的科学方法。

2.1.5.2　一般系统工程方法

系统工程方法是处理系统的工程技术和组织管理技术的总称。现代工程设计方法也几乎都是系统工程方法,如优化方法、模型和模拟仿真、价值工程等。这里介绍几种在系统分析中使用较普遍的一般系统工程方法。

(1) 三维结构分析

1969 年美国的霍尔(A. D. Hill)提出系统分析的三维结构，如图 2-2 所示，概括地表示出系统工程的步骤、阶段、有关知识范围，它是各种具体的系统工程方法的基础。霍尔三维结构由时间、逻辑和知识三维所构成。

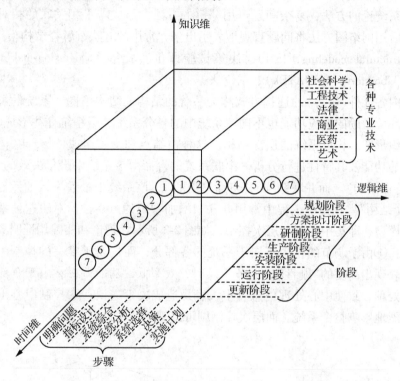

图 2-2 三维系统分析结构

图 2-2 中，时间维表示系统工程从规划到更新的大致顺序，可分为 7 个阶段：

①**规划阶段** 按设计要求提出系统目标，制定规划，进行系统工程活动的程序设计。

②**方案拟订阶段** 进行初步设计。

③**研制阶段** 进行系统开发设计和研制。

④**生产阶段** 制订生产计划，制造出系统的全体零部件，并进行装配。

⑤**安装阶段** 将系统在使用的地方安装。

⑥**运行阶段** 系统为预定目标服务，要考虑消耗、折旧。

⑦**更新阶段** 以新系统代替旧系统，或将系统改进，使之能更有效工作。

逻辑维表示了用系统工程方法解决问题的步骤，共分 7 步：

①**明确问题** 即了解问题所处环境，收集有关数据资料。

②**系统指标设计** 确定解决问题的目标，定出评价准则。

③**系统综合** 为实现预期目标，拟定所需采取的策略和方案。

④**系统分析** 深入了解所提出的政策、方案，建立模型，提出解决问题的方法，分析这些措施方法在实施中的预期效果。

⑤**系统方案的选择**　用数学规划等定量的优化方法判别各种方案优劣，进行方案选择，确定设计的参数和系数。

⑥**决策**　包括人的参与，根据决策者的喜好及经验选定某种方案。

⑦**实施计划**　进一步修改、完善设计，制订实施方案。

（2）结构模型法

按照系统论的方法，复杂问题可用分解的方法，形成若干相关联的相对简单的子问题，然后用网络图方法将问题直观地表示出来，常用的方法有解释结构模型法（interpretative structural modeling，ISM）、决策试验评价实验室法（decision-making trail and evaluation laboratory，DEMATEL）、图论法等。

系统内各元件（零件）的连接方式称为系统的结构。结构不同，系统的可靠性、稳定性及对环境激励的响应功能也不同。系统中的各分系统、子系统往往形成多级串联、并联的组织形式，构成系统的层次结构。这种由结点和支路组成的解释结构模型可用来对系统的功能及其特性进行分析。串联系统的寿命由该系统中最早失效的元件决定，是"最小寿命结构"。而并联系统的"寿命"则由构成该系统中最后失效的元件决定，是"最大寿命结构"。在系统工程中常用并联来增加系统的可靠性。对于这种系统有两种控制结构模型，即集中控制和层次控制，如图 2-3 所示。理论和实践均证明集中控制的缺点在于：①由于调节的权力不属于系统的各部分，而仅属于唯一的控制中心，致使整个系统表现出高度的"刚性"，调节不及时，效率低，功能差；②由于全部信息均由控制中心处理，致使中心处理信息过重，容易造成决策失误；③控制中心出现任何错误均会剧烈地影响整个系统。而层次控制则可以避免上述缺点。

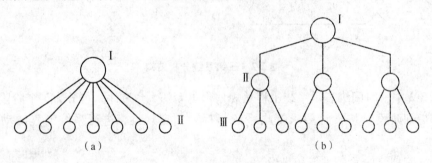

图 2-3　两种控制结构模型
(a)集中控制　(b)层次控制

（3）关联树法

用图论中的关联树（relevance trees）来分析目标体系和结构，可以很好地比较各种替代方案，在明确问题、方案选择和评价中具有很大作用。图 2-4 所示为以图论的观点来说明零件或部件构形的主要参数及其变化。一个图是由所谓的结和棱边组成的，在系统分析中可以将结视为抽象的信息或构形元素（表面、零件、部件）的符号。与结连接的棱边表示两个构形元素之间的关系或联系，即棱边是连接两个构形元素的抽象信息。两个结之间没有棱边就表示这两个构形元素间不存在联系。图 2-4(a)为有 5 个表面的棱柱构形结构，图 2-4(b)为双排轴承的构形结构。为了区别各构形元素（表面、零件或部件），应使用不同的结构符号（如圆、正方形等）或附加字母、数字或文字符号。

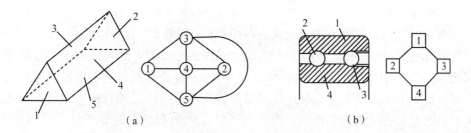

图 2-4　用图论来表示工业产品构形结构
(a)零件的构形结构或表面结构　(b)机械零件的构形结构或零件的组合结构

按照图论的观点，零件或部件的尺寸变换或形态变换，在其构形结构上不会产生图形的变化。换句话说，可以把尺寸和形状想象成结的内部信息变化或数据的变化，这种变化不会改变它的外部图形及构形结构。构形元素的数量变换，即在产品上添加或去掉一个构形元素(表面、零件)决定了该构形结构的变化，如图 2-5 所示。与此相仿，构形元素位置变换、排列变换也可改变产品的构形结构。此外，"棱边"的信息也可以改变，即从广义上表示通过改变两个构形元素之间的连接方式，可以改变产品的构形。通过"颜色变换"或改变图形的棱边符号来改变连接形式。两个零件连接形式的变换，是指内部棱边数据的变化。图的外形不会因连接形式的变化而变化。图 2-5 中的变换参数几乎包括了产品构形变换的所有可能性，按照这种观点，可以方便地分析选择产品结构方案。

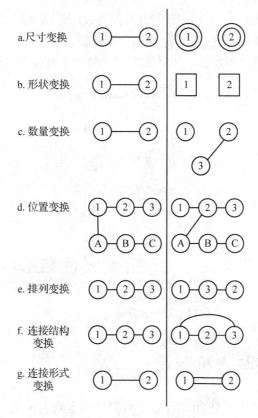

图 2-5　参数变化对构形结构或图形的影响

(4) 网络分析技术

网络分析技术是用网络图的形式将一个系统(任务)中的各单元有机地组成一体,通过科学的定性和定量分析进行合理组织,求得最佳效果。任何系统不但有其复杂的空间结构,还有复杂序列关系的时间结构。网络分析技术就是把一个系统按时间顺序看成是有若干阶段和步骤组成的过程,用网络技术逻辑连贯地合成一个有机整体,从时间上、成本上进行规划和控制,以达到整体最优效果。网络分析技术有多种方法,如计划评审技术(program evaluation and review technique, PERT)、成本计划评审法(PERT/cost)、关键路线法(critical path method, CPM)、统筹法、随机(或图解)评审技术(graphical evaluation and review technique, GERT)等。

图 2-6 所示为一种热交换器试验的 PERT 分析步骤:

①列项目　将工程分解为若干基本项目。

②找关系　项目中如果 a 完成后才能进行 b,则 a 称为 b 的先行项目,一个项目也可能无先行项目(如起点),也可能有许多个先行项目,把诸项目的先后顺序列成表。

③画出网络图　图中有两个元素,节点表示项目开始或终了,以编号圆圈表示,其中 a、b、c 等表示顺序;项目表示组成该工程的任务,用箭头表示。

④算时间　对图中每个节点计算出最早或最迟完成的节点时刻,并标在图上。

⑤抓短线　把图中最早和最迟节点时刻相等的节点,从起点至终点用粗线箭头连接,如 a—b—c—d—e—f—g,该项目中任一项目如果延迟,就会影响整个工程的完成。

⑥做决定　在可能的条件下,集中力量保短线,短线上的项目如能提前完成,整个工程也就可能提前,经综合平衡后,修正 PERT 图。

⑦勤检查　根据实施过程中出现的新因素,随时作出必要的调整。

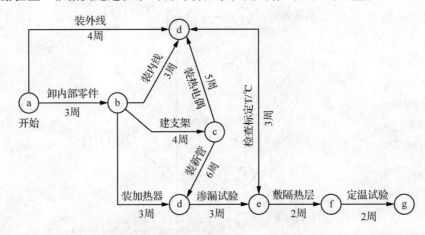

图 2-6　热交换器试验的 PERT 图

2.2　机械系统与人机系统

信息、控制与系统科学是 20 世纪上半叶形成和发展起来的学科,由于现代各种学科的相互交叉、渗透及促进,在系统科学的发展过程中又给予包括机械学科等其他有关学科的发展以有力的指导。

2.2.1 机械系统的概念

机器或机构统称为机械。从系统的概念来讲，任何机械都是由若干个零件、部件和装置组成并完成特定功能的一个系统。机械零件是组成机械系统的基本要素，部件和装置是组成机械系统的子系统，它们按一定的结构形式相互联系和作用，产生确定运动、传递和变换机械能，完成特定的工作。从系统所能完成的功能来分，机械系统主要由动力系统、执行系统、传动系统、操作和控制系统、支承系统及润滑、冷却与密封等子系统组成[2]。

①**动力系统** 动力系统为机械系统工作提供动力源，它包括动力机和与其相配套的一些装置，比如内燃机、电动机、汽轮机、水轮机等。在选择动力机时，应根据现场的条件和使用要求、使用环境、工况、执行系统的机械特性和机械系统对起动、过载、运行平稳性的要求以及经济型和可靠性要求来综合确定。

②**执行系统** 执行系统的功能是利用机械能改变作业对象的性质、状态、形状或位置，或对作业对象进行检测等，它包括机械的执行机构和执行构件。由于每个系统要完成的功能各不相同，因此执行系统也是多种多样的。执行系统的功能直接影响和决定机械系统的整体性能。

③**传动系统** 将动力系统提供的动力经过一定的变换后传递给执行系统或执行构件的中间装置称为传动系统。传动系统通常由若干基本传动机构通过一定的方式组合而成，它在动力机与执行构件之间形成一个传动联系。这种传动联系有时也出现在执行机构与执行机构之间。传动系统的功能可以有增速或减速、变速、改变运动规律或形式、传递动力等类型。

④**操作与控制系统** 操作与控制系统是为了使动力系统、传动系统、执行系统彼此协调运行，并准确可靠地完成整个系统功能的装置。其主要功能是通过人工或控制器操作控制各子系统的起动、制动、变速、转向或各部件间运动的先后次序、运动轨迹及行程等一系列动作。

⑤**支承系统** 支承系统是机械系统的基础部分，其功用是将各机械子系统有机地联系起来，并为构成总系统起支撑作用。

⑥**润滑、冷却与密封系统** 润滑系统的功用是向做相对运动的零件表面输送定量的清洁润滑油，以实现液体摩擦，减小摩擦阻力、减轻机件的磨损，并对零件表面进行清洗和冷却。润滑系统通常由润滑油道、机油泵、机油滤清器和一些阀门等组成。冷却系统的功用是降低温升。机械密封装置是由主密封、副密封和辅助系统组成的，主密封起工作介质密封作用，副密封起辅助密封作用，而辅助系统主要是为主、副密封提供良好的周围环境和保证主密封在最佳工作条件下工作。

2.2.2 机械系统总体分析

系统必须实现其整体功能，否则它存在就没有意义。系统所具有的整体功能是同系统的结构密切相关的。所谓系统的结构是系统内部诸要素构成、结合和相互关联的形式，即系统内各组成部分的组织形式。系统结构的优劣是通过功能显示出来的。同一种机器由于各组成部分的组织形式即系统安排不同，或虽组织形式相同，但由于制造技术和管理水平差异而产生关联（连接）形式的不同，从而导致功能（即产品质量）的差异。系统的结构对系统的功能具有决定的作用。分析系统结构既是系统设计必不可少的环节，也是系统应用的先决条件。

(1) 机械系统的基本结构

世界上虽然存在着千万种不同的系统，但和其他系统一样，机械系统的基本结构是由输入、输出、贮存、处理和控制五部分组成的。

如图 2-7 所示，机器工作时，外部条件通过机器的工作部件作用在机器上。这种输入的外部条件包括工作条件（又称外部激励）和控制作用，如驾驶员操作方向盘。这些都以一种物理量（力、力矩和位移）输入。如果将这些输入表示成工作条件矢量函数及控制矢量函数

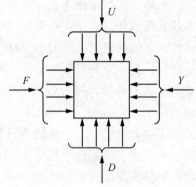

图 2-7 机械系统基本结构

$$F = f[f_1(t), f_2(t), f_3(t), \cdots, f_n(t)]$$
$$U = u[u_1(t), u_2(t), u_3(t), \cdots, u_m(t)]$$

则它们的作用一般也是时间 t 或其他自变量的函数。在连续加工物料的复杂机器（如播种机、有贮草箱的草坪割草机）中还必须考虑贮存作用，即各相关部件之间存在着内部联系的矢量函数

$$D = d[d_1(t), d_2(t), \cdots, d_e(t)]$$

这些物理量作用在机器上，经过机器处理以后则以工作质量、动力、技术经济指标和强度性能等输出。输出变量也是矢量函数的形式

$$Y = y[y_1(t), y_2(t), y_3(t), \cdots, y_p(t)]$$

当然，由于功能的差异，并非所有系统都有以上五种构成部分。例如，中密度纤维板厂的木片制备系统，木材进料机构为输入装置，飞刀和底刀为处理装置，控制按钮和调整装置为控制装置，料仓为贮存装置，而将木片由料仓输出的皮带机为输出装置；但如果研究对象为一台削片机，其出料口即为输出装置，这种机器系统本身无贮存装置。

(2) 机械系统的功能关系

系统结构是通过多种一般关系来表示的。机械系统的基本结构首先体现了功能关系。功能就是以满足一个任务为目标的一个系统的输入和输出之间的一般关系，如图 2-8 所示。它说明在系统的五个构成部分间，通常总有物质、能量和信息的流动，常将它们称为系统的工作介质或流通质。流通质流经系统的速度又称为流通率。机械系统中，物质、能量和信息在流动过程中都是相伴而生的，例如木材被削片机的飞刀和底刀切成削片是一种物质，与此同时也有电能量消耗，并会产生振动、噪声或扭矩的变化，后者即为信息。过去人们对物质、能量在系统中的作用是重视的，而对信息在系统中的作用却缺乏足够的重视。实际上为使系统高效运行，必须合理控制能量和物质的流动，这只有靠合理调节、监测信息来做到。一台运转的机器如果不密切注意系统传出来的信息，有时就会由于疏于调节或控制而导致重大事故。管理和控制的本质就

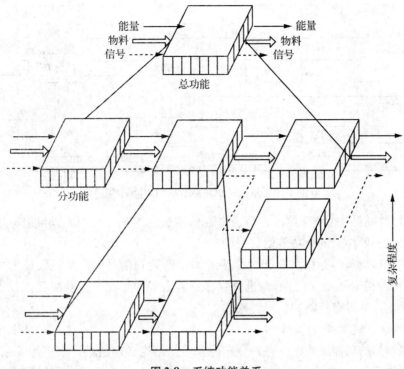

图 2-8 系统功能关系

是信息。因此应该十分重视信息的采集、处理、贮存和应用。

在系统分析设计中，除了描述一个产品或系统需要求解的总任务（即总功能）外，还需要得到简单而便于求解的分功能，这需要把一个总功能分解而获得多个分功能。设计中分解的程度取决于给定任务的新颖性及产品的功能。各分功能可连成功能结构，其连接方式取决于分功能之间逻辑上和（或）物理上的相容性。图 2-9 示意了木片制备机器系统的功能结构；图 2-10 示意了悬挂式草坪割草机的功能结构。由图可见它们的功能结构是不同的。

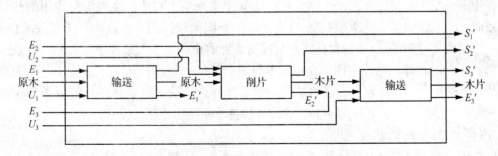

图 2-9 木片制备机器系统的功能结构

一个功能或功能结构由输入到输出的能量、物料量和信号量的加工和转换来表征。其中可能有一个或多个流动或转换占优势，即对产品起决定性作用，称为主流或主转换。在木片制备机器系统中带式运输机的物料传送及削片机的物料加工为主转换。每一个分系统都具有用作驱动的能量转换，信号的转换则实现控制功能。这些伴随着主转换发生的转换或流动仅用来支持性地和间接地实现产品的功能，因为它们并非由任

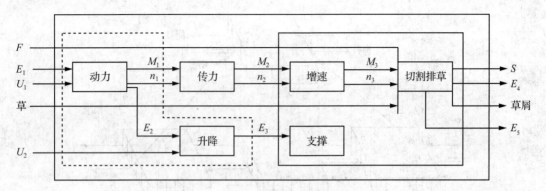

图 2-10 悬挂式草坪割草机的功能结构

务给定的目标功能（主功能）导出，而是由主功能选定的解导出，所以可以称之为副转换或副流，它们所涉及的分功能则称为副功能。

一般的机械设备不存在没有能量流伴随的物料流和信号流。机械设备的主要功能是物料的转换（传送和加工），所以也总存在物料流和信号流，只有在测试仪器中，一个信号转换才可能没有伴随的物料转换。

(3) 机械系统的作用关系

在机械产品的功能关系中，各种分功能和功能结构必须通过许多作用关系来实现。作用关系由作用原理和作用结构组成。前者实现各个分功能，后者用于实现整个功能结构。因此，作用结构由多个作用原理连接而成。一个作用原理是通过一个或多个物理效应（或化学效应）及具有几何和物料特征标志（作用结构特征标志）的这些效应的原理解来实现，并得以确定。

在机械系统中主要进行的是物理效应，如木片制备机器系统中运输机是按摩擦原理工作，削片机是按单面楔切削木料原理工作。而在发动机中产生的是将化学能变为机械能的化学效应。

一个效应或多个效应组合发生作用的位置就是作用地点。在指定地点，各效应通过作用面或作用空间的布置和作用运动的选择而实现某个功能。在确定所作用的几何关系时，必须已知加工介质（材料）的特性，才能明确作用关系。效应、几何关系（位置、作用面、运动方式）和物料特征合起来构成解的原理。多个原理组合构成一个系统解（设计方案）的作用结构。例如在木片制备机器系统中采用传送带或螺旋输送机输送木片，虽然都是用摩擦效应，但却是不同解。此外带式输送机表面形状、传送带传动方式等均可能因设计方案不同而异，这就表明其作用结构不同。

(4) 机械系统的组合关系

作用关系在结构上的具体化就变成了组合结构，即组合关系。机械系统通过组合结构，即通过零件、组件及其连接来实现作用关系。组合关系表现了系统中各分系统、子系统的连接方式，它们是根据参数选择、加工、装配和运输方面的要求来确定的。

(5) 广义的机械系统关系

广义的机械系统应包括人、其他技术系统和环境。图 2-9 和图 2-10 中表示了各分系统的界限。最外面的方框则表示机械与周围环境的界限。机械系统和环境之间进行着能量、物料及信号量的传递和交换。

在系统的扩展中，低一层次的系统结构构成了目的作用，完成规定功能，而其他系统组成单元则必定对其产生影响，例如人机之间的作用和反作用。环境对系统也产生干扰作用，包括对系统外部及内部的副作用。所有这些作用都必须在系统分析中加以考察，如图 2-11 所示。

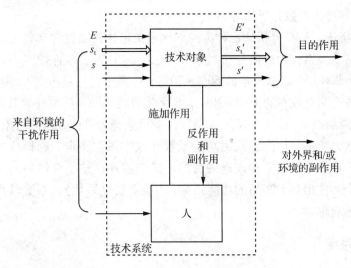

图 2-11 广义机械系统中的相互关系

2.2.3 机械系统价值分析

价值是产品功能和成本的综合反映。为了评定机械系统的价值，必须使功能能够与成本进行比较。

(1) 价值分析对象选择

在对机械系统进行设计制造、现代化改装以及维修时，要对整个系统作价值分析既无必要，也不经济。因此，必须采用一种方法找出价值分析的对象。价值分析的对象可以是：设计年代久且多年没有重大改进的系统；结构复杂和零部件较多的系统；制造成本高而影响市场竞争的系统；使用中功能不满足要求、性能差、可靠性差、用户不满意的系统。

(2) 功能成本分析

功能成本是指实现功能所需费用，它包括生产成本和使用成本。机械运动方案的功能是由各执行机构来实现的，因此功能成本的分析对象就是各个执行机构，通过分析成本的构成，从各方面探求降低成本途径。功能成本分析主要依靠生产厂和用户的资料进行预测和估算。为了提高产品的实用价值，可以采用增加产品的功能或降低产品的成本的方式。

(3) 功能评价值的确定

功能评价值是一个理论数值。在实际工作中，通常都是把功能目标成本作为功能评价值。这一数值的确定，既要考虑用户的需求，还要考虑技术实现的可行性和经济性。

(4) 提高产品价值途径

从用户需要出发，保证产品的必要功能，去除多余功能，调整过剩功能，必要时增加功能；探索一定功能下提高性能的措施；分析成本的构成，从各方面探求降低成本的途径。

(5) 价值优化方法

通常选择影响价值的主要功能元件作为价值分析优化的对象。价值优化方法通常有 ABC 分析法和价值系数分析法等。

① **ABC 分析法** ABC 分析法也称为成本比重价值法，是优先选择占成本比重大的零件、工序或其他要素作为价值分析对象的方法。其中 A 类零件数量占产品零件总数 10%~20%，而成本占产品总成本的 60%~70%；C 类零件数量占产品零件总数 60%~70%，而成本占产品总成本的 10%~20%；B 类零件为除 A、C 类外的其余零件，零件数与占产品成本的比例相适应。显然 A 类零件应该选择为价值分析的对象。

② **价值系数分析法** 价值系数由功能系数和成本系数决定。选择成本与功能不相适应的元件作为重点分析对象和改进的目标。按照零件在整个部件中的重要程度排队评分，求出每个元件相对于产品的功能系数（功能重要度系数），系数越高，说明零件对部件的功能影响越大。

2.2.4 人机系统

一切机械系统（机器、机具、设备、工具）都是以人机系统的形式在应用着，可以把人机系统看做是扩展的机器系统，是一定数量的人和一定数量的机器相互作用而完成其功能的一种组合。所以人和他所带的锄头、草坪割草机和驾驶者、中密度纤维板生产线和操作工人等都是人机系统。

(1) 人机关系

人类文明发展的早期阶段，人机关系的特点是"让人适应工作"，而现代的人机关系则是强调"让工作适应人"。如果说过去在设计中运用人的因素还是零星的、有限的，那么将来的机械设计一定要强调全面系统地运用人的因素。设计人员在设计每一台机器时，都应考虑人和机器的相互关系。

人参与机器工作带有明显的主动性特征。人机系统是由人和机器构成并依赖于人机之间相互作用而完成一定功能的系统。人和机器的相互作用是按"S－O－R"的过程进行的。人作为机器的操作者，根据各种信息进行判断（sensing），再操作和控制机器给系统一个输入（operating），系统于是给出一个需要的输出（reaction），如图 2-12 所示。

判断包括接收信息、贮存信息、信息加工和决策等过程。人机系统中的信息一般来自系统内部，例如机器的转速、油耗、油温、油压等。这种信息可能具有反馈特性

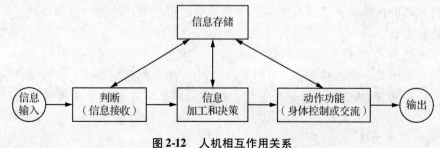

图 2-12 人机相互作用关系

(例如在速度计上读出加速度的变化值或触摸一个控制杆)，它也可能是一种贮存于系统中的信息。有些信息是由外部进入系统的，如飞机进入操作人员的控制范围、生产产品的指令、引起火灾自动报警的热能。人通过各种感觉(视、听和接触)进行信息的接收，并有各种形式的机械感觉设备(电子的、图形的或机械的)帮助人们接收信息。信息贮存即是获得的信息的记忆。现代复杂的机械系统中有各种帮助贮存信息的装置，如磁带、光盘、笔录仪、记忆棒、数字表、光子存储介质甚至DNA芯片等。在较简单的人机系统中，信息的加工和决策是靠人的思维来完成的，当使用自动化机器时，则由微机程序完成信息的接收、贮存、加工和决策等动作。预先设计的各种机械式自动化元件也可完成这些动作。

操作和控制是由人直接(在简单的人机系统中)或间接(在使用自动化机器系统时)作出的，前者称为人工控制或操作，如踩油门控制杆、扳动转向离合器等，后者称为智能控制，靠信号进行控制，如声音、信号或指令等。

人机系统的"反应"是在机器系统内完成的，是对人发生的外部激励(控制)，是通过机器自身不同结构而产生的响应，例如机器速度的变化、油耗的降低、自动线上加工零件的某些变化。

机器本身也给人一定的影响，机器构成人所处的环境的一部分，机器输出的一些物理量，例如振动、噪声，也直接作用于人体。机器在完成功能的过程中，工作部件还与介质发生相互作用，例如草坪割草机修剪草、挖掘机切削搬运土壤、水泵抽水、车轮与地面的相互作用等。介质特性对机器输出特性指标(如功率、温度、振动值和噪声值等)以极大的影响，有些因子又作用于人体。因此，广义的人机系统还应包括人机所处的"外部"环境：加工介质、地面状况及气压、温度、风速等。

人机系统以闭环的形式相互作用。人以设计、调整、维修、操作和控制等动作影响机器的性能，机器又通过自己的输出影响人体。在机械系统设计中考虑人的因素的要点是：①人机工作环境；②人机功能分配；③人机界面设计；④安全性。

(2) 人与环境的关系

研究和实践均表明，环境因素会影响人的工作效率，从而也影响人机系统的效率。

人所处的环境包括两类：第一类是操作空间和设备，它又分为直接环境(如驾驶室、操作台、座椅)、间接环境(如车间、场圃、公园)和一般环境(如一座城市、一条街道、公路)；第二类是由周围环境的各项因子组成，如照明、空气状况(包括污染)和噪声等。应该指出人所处的环境的某些部分是自然环境，但作为机械设计者却没有责任也不可能单独去改善它们。

人们都知道，不良环境会导致人的紧张、疲劳甚至忧虑等心理状态，从而降低工作效率，甚至出错酿成事故。据研究，对人的劳动安全和工作效率影响最大的物理环境是温度、湿度、噪声、振动与冲击、沙尘、照明和工作空间等。

①**温湿度和通风** 人工作的最佳温度范围是 18~20℃。如果温度超过32℃或者低于10℃都会降低人的工作效率。温度过高，人体消耗过大，温度过低会使人手指僵硬，失去工作的灵活性。一般在最佳温度下，湿度保持在30%~70%最为合适。温度和湿度过高给人以明显的不舒适感。良好的通风状况(如新风系统)可以提高工作效率。

②**照明和色彩** 操作机器必须要有足够的照明；良好的色彩环境同样可以达到提

高工作效率的目的，所以在设计机器操作环境时，除注意照明外，还要注意色彩的调节问题。

③ **噪声和振动** 两者都会影响人的工作效率。在长时间噪声的影响下，人将会丧失听力。噪声还会影响人们的心理状态。人处在噪声中易于疲劳，精力无法集中，心情烦躁。一般大于80dB就会降低人的工作效率，大于90dB就会对人产生危害。

振动对人体也是有害的。当振动源产生振动并使人体产生谐振动时，人就会感到难受。操作人员在一个产生振动的设备上工作时常会产生判断失误，并降低工作效率。

④ **工作空间** 狭窄的空间不利于操作，操作人员在这种条件下工作易于疲劳，易出事故。

(3) 人机功能分配

现代机械系统毫无例外地要包括人在内，机械系统要完成自己的功能，提高工作效益常常不得不考虑人的因素。在机械设计中注意人的因素，力求在操作人员和设备间具有恰当的交界面和合理的功能组合，是使人—机系统具有预期的高效能的重要途径。在机械和操作者之间进行功能分配就是按照系统所应完成的功能来决定机械应具备的特性和操作者所应起的作用。某项给定的功能究竟是由机去完成，还是由人去完成，或是由两者共同完成，要看在使用状态下哪种方式更能有效地完成该项功能。为了作出决策，应了解人和机械的特性。表2-1列出了两者的比较。

表 2-1 人机特性比较

序号	能力种类	人的特性	机械的特性
1	物理方面的功率	10s内输出1470W，连续工作可输出147W，能进行精细调整	输出最大和最小功率。不能进行精细调整
2	反应时间	较慢，最小值为200ms	反应为微秒级
3	监控	难以监控偶然发生的事情	监控能力强
4	手指能力	能进行复杂性工作	进行特定工作（机械手）
5	经验性	能够从经验中发现规律性的东西，能根据经验修正反应时间	不能利用经验数据发现规律
6	创造性	有随机应变能力	无
7	归纳性	具有归纳思维能力	只能理解特定的事物
8	感觉	感觉有限，视觉可感受400~800μm的光线，在此光线下能识别物体，人眼视网膜上有1亿个以上的传感器，但体积很小	能够在人类不能感觉的领域里工作，能在视觉范围以外使用红外线和电磁波工作，如果使其具有和人类感觉器官相同的功能，则体积要放大
9	环境适应性	必须舒适，但能很快适应特定环境	可忍受恶劣环境，能在各种恶劣条件下工作
10	抗疲劳性	容易疲劳	可长期工作
11	多样性	能判别各种变化的目标	只能发现指定目标

(4) 人机界面设计

系统各构成部分相互连接的方式极大地影响系统功能的发挥。人机的交互作用是通过显示和控制两个通道实现的，作为人机连接的界面设计主要从这两个方面去考虑，并充分考虑人的生理机能和特点，有时还须考虑习惯。

①**显示特性** 设计显示仪表、标志时，应注意显示项目的选择、显示个数的控制、显示习惯(如方向、顺序、颜色)的表示。应注意适当标注，使观察者易于识读，避免或尽量减少信息的译码、计算等工作量。

②**控制特性** 为了提高人机系统的功效，保证安全使用，在设计机器的操作装置，操作方法和顺序、配置位置及识别方法时应贯彻三化(标准化、通用化及系列化)原则。例如美国农业与生物工程师学会对拖拉机及自走式机器操作装置的规定位置和动作方向提出了建议，并为农业及工业设备的操纵装置建立了一套通用的识别符号。

要正确地应用控制手柄、按钮开关等，根据传动特点、尺寸及控制要求将它们安装在合适位置，并应留有适当间隔。

此外，控制面板上的控制器、显示器应按操纵方便、避免出错的原则进行安排。控制器应尽可能安排在相关的显示器附近。在面板上的不同区域，功能相同或相似的显示器和控制器应以同样的方式加以安排。控制台外形和结构、色彩设计应考虑人的特点，并贯彻标准化。

在一些机械系统中安装液力或电—液力控制装置，可以将操作机器的体力消耗减至最小，从而也减少了操作者的疲劳，避免了出错或产生事故的可能性。

③**维修特性** 正确维修机器是发挥人的主动性、保证机器发挥设计功能的主要措施。

在设计时，应尽量使系统的组成部分呈模块化形式；注意为维修中需拆卸的单元设置把手或其他方便搬移的附件，并将它们置于重心处。此外，还应使维修人员易于接近待维修单元。例如，只要有可能，应该使机器有利于进行直接地、原位维修；主要的单元或组件应封闭在可以打开的防护罩内，且开口应足够大，以便直接进行维修操作；内部组件的安装和包封也要有利于维修。需要拆卸的各组成部分应有序排列在一个平面上，尽量避免层叠。机器和设备设计应与人体测量标准适应。连接件与紧固件数目应尽可能少，它们的四周应有足够的操作空间。

(5) 产品安全设计

由于机械系统日趋复杂，以及社会对防止事故日益重视，产品安全设计已成人—机系统中应着重考虑的因素。产品的安全性也直接影响系统功能的发挥。应进行面向安全的设计(design for safety, DFS)，设计人员应做出最佳的安全设计，包括写好使用说明书，以便保护操作者和机器，并让操作者自觉地遵循安全使用规程。提高产品安全性的基本措施如下：

①**危险最小化** 应着眼于改变设计来减少危险源，如确保零部件在生命周期内使用并当零部件发生失效危险时能够可控、设计零部件的冗余备份系统等，即从设计上消除产品的危险因素，提高可靠性。应该认识到一台机器工作效率越高，故障越少，使用就越安全。

②**设置警告标志** 警示标志是提醒用户有关危险的视觉或声音信息，即在机器上

应用醒目的语句和图形符号或声音提醒使用者不正确使用机器的危险,并告诉他们怎样保护自己。用户对警示信息的准确理解对警示的合理设计是至关重要的。

③**防护装置设计** 为机器上可能造成人身伤害的部分(机器的动力传递部件、工作部件等)设计防护装置是最直接的安全设计。保护装置包括控制与调节系统、安全因子及其保护装备等。但应避免设计太多的护罩,这是由于如果护罩过多,维修者在进行操作时往往会拆掉防护装置并不再装上,这样反而增加了事故的隐患。

④**安装连锁装置** 安装必要的紧急安全操纵装置,防止误操作的连锁装置,包括指示灯及警告系统。

此外,以产品设计与试验工作为基础,对产品进行事故分析,注意产品标准的发展及变更,对用户进行安全使用教育等都是提高产品安全性的重要措施。

2.3 机械系统化设计方法

机械系统化设计是系统工程学在机械设计方面的分支。系统化设计法是利用系统学和系统工程的理论和方法,将设计对象看作一个系统进行系统分析和综合,按设计步骤有条理地进行设计,以求得价值优化最佳设计方案的一种方法。为了提高设计效率,国内外十分关注设计方法的研究,其基本内容有:①从系统观点出发对设计步骤、程式和策略进行研究;②具体设计中对某些技巧、战术作非哲理性讨论。设计方法学讨论的设计过程、程式,实际上就是设计的系统工程。本节将以机械产品设计为例,论述设计过程中所考虑的一般技术问题及它们之间的相互关系。

2.3.1 机械系统化设计原则和关键内容

(1) 机械系统化设计原则

①**需求原则** 机械设计作为一种生产活动,与市场是紧密联系在一起的。从确定设计课题、使用要求、技术指标、设计与制造工期到拿出总体方案,进行可行性论证、综合效用分析、盈亏分析直至具体设计、试制、鉴定、产品投放市场后的信息反馈等都是紧紧围绕市场需求来运作的。一切设计都是以满足客观需求为出发点。

②**整体优化原则** 设计要贯彻"系统化"和优化的思想。设计人员要将设计方案放在大系统中去考虑,寻求最优,要从经济、技术、社会效益等各方面去分析、计算、权衡利弊,尽量使设计效果达到最佳。优化包括原理优化、设计参数优化、总体方案优化、成本优化、价值优化、效率优化等。为了达到整体最优原则,采用综合评价方法来寻求综合最优的机械系统方案。

③**信息原则** 所有的设计都不能脱离实际。设计人员在进行产品设计前和过程中,必须进行各方面的调查和研究,获得大量的必要信息。特别要考虑当前的原材料供应情况、企业的生产条件、用户的使用条件和要求等。

④**人机工程原则** 机器是为人服务的,但也是需要人去操作使用的。如何使机器适应人的操作要求,人机合一后,投入产出比率高、整体效果最好,这是摆在设计人员面前的一个课题。好的设计一定要符合人机工程学原理。

(2) 机械系统化设计的关键内容

机械系统化设计过程中的原理方案设计是机械系统设计的关键内容。原理方案设计过程中应解决下列问题[3]。

① **确定系统的总功能**　对设计任务的抽象化是认识所要设计的机械功用的最好途径。在确定产品功能时，应保证基本功能并满足使用功能，剔除多余功能，增添新颖及外观功能，而各种功能的最终取舍应按价值工程原理进行技术可行性分析来确定。

② **进行总功能的分解**　在机械系统设计过程中，为使设计工作更为科学合理，常把一个机械系统的总功能分解为若干个分功能，可使每个分功能的输入量和输出量关系更明确，从而使设计和分析比较简便。

③ **选择分功能的功能载体**　分功能载体就是指实现分功能的执行机构。分功能载体的选择是原理方案设计的一个关键步骤。建立起完整的功能载体目录是机械系统化设计的重要手段。

④ **构思功能载体的组合**　将各功能载体按系统总功能要求加以组合，可以得到多个工作原理方案。

⑤ **方案的评价与决策**　针对不同的机械，用适合该类机械系统的技术经济指标来进行综合评价，选择出综合最优的方案。

2.3.2　产品规划

在图 2-2 的三维分析结构中，时间维上表明了产品开发过程。产品开发包括产品规划、方案设计、总体设计、技术设计和施工设计 5 个阶段，它们之间有密切的关系。产品开发的第一步就是产品规划，事实证明做好产品的规划对提高产品的竞争力具有决定性的意义。做好产品规划要明确系统目的、任务和要求，并用设计任务书或表格形式予以表达，以作为设计、评价、决策时的依据。

2.3.2.1　产品规划的基础

产品规划的基础是销售市场、企业所处环境和企业内部状况。对产品规划有影响的因素可分为外部的和内部的两类。

外部影响来自以下几个方面：世界经济（如证券行情的变化）、国民经济（如通货膨胀、劳动力市场状况）、立法和管理（如环境保护等）、采购市场（外购件市场和原料市场）、研究（如国家资助的研究重点）、工艺（如新工艺、新技术的应用及发展）。其中具有决定意义的是销售市场，即市场对产品的需求。分析产品的需求状况需要创新的产品政策。优秀的设计人员应该熟悉市场，有锐敏的感觉，能在竞争形势中分析出社会的需要，并抢在大量需要前完成产品的开发和试制工作。还要区分买方市场和卖方市场。前者意味着供大于求，在这种情况下必须规划和开发有竞争力的产品。其他还应考虑的市场特征有：市场范围（如国内市场、国际市场）、企业的创新程度（当前市场和新市场）、市场地位（市场份额、企业策略的灵活性及产品的技术含量）。

内部影响包括企业组织（例如面向产品的纵向组织或面向任务的横向组织、协同设计体系）、人员组成（如是否有高素质的开发和制造人员）、资金实力（如可投入的资金）、企业规模（如可达到的销售额）、工艺装备、产品目录（如可生产的部件及预开发能力）、窍门（如开发、加工和经营的经验）及管理。上述诸因素表明了企业在产品开发上的优势。

2.3.2.2 可行性分析

企业经营者和设计师们需要对以上诸因素进行详细的调查研究、分析对比，作出充分的技术论证，才能对产品的开发作出决策。可行性分析从20世纪30年代起开始于美国，目前已发展为一整套系统的科学方法。

(1) 技术分析

产品具有技术可行性是开发的首要条件，在进行技术分析时要对开发项目的主要技术问题（设计方面、材料方面、工艺方面）作全面分析，包括了解技术现况，认识自身在技术上的优势和不完善处，并估计各项技术的发展趋势；特别要按照产品的要求，落实解决问题的各项措施。例如，根据市场反馈某林区需要一种高射程背负式弥雾喷粉机，其垂直射程 $h \geqslant 15 \text{m}$。在进行技术可行性分析时，假定某厂已有生产同类产品的经验和能力，现在主要论证能否满足该机的射程、整机重量和体积等要求。根据调查，国产背负式弥雾机的性能指标为：

发动机功率 $N_e = 1.6 \text{HP}$ 时，射高 $h = 7 \text{m}$；$N_e = 4 \text{HP}$ 时，射高 $h = 10 \text{m}$。

由此可知，增加发动机功率可以提高射程。假定经过试验和计算，采用 K HP 的发动机可以保证射程需要。问题是随着发动机功率增加其质量也相应增加，并使弥雾喷粉机整机质量也加大。由于要求该机为背负式，根据人机工程学研究和调查，在中国南方山区，工人的作业负重量以不大于 G kg 为宜。接着要了解发动机的技术现状，假定从国内外产品目录中选得一种小型发动机，其功率为 K HP，质量为 M kg，且其外形尺寸、输出轴形式及方向、使用方法都满足要求，则可以初步选定此发动机。然后就要对整机质量进行分析、计算。如果从生产率考虑，仍用中国 4HP 弥雾喷粉机药箱容量，则包括药液在内的药箱总质量为 N kg。再考虑由于发动机功率增加，机架强度要相应提高而增加的机架质量，设机架总质量为 P kg。再设喷洒部件质量为 Q kg，附件质量为 R kg，则机器的总质量条件为：$M + N + P + Q + R \leqslant G$。

若此条件满足，此项目即可在技术上初步接受，然后要考虑材料、设备、加工技术是否满足产品在强度、精度等方面的要求。假如满足，此项目即可通过技术可行性评定。

若此条件不能满足，就要考虑采用特殊材料、特殊结构和工艺，分析本企业是否具备条件，其他企业是否具备，或者先进技术能否达到要求。假如可以达到，还要待经济可行性分析后才能做出决策。假如仍然不能满足，该项目即应被否决。由此可见，新材料、新结构是开发此项目的关键技术问题，应该认真对待，予以解决。

(2) 经济分析

开发新产品除了满足社会需要外，企业必须从产品的销售中得到利益，因此，经济目的应与技术手段相结合，力求以最少的人力、物力和财力消耗取得产品的满意功能。

如上例所述，假如开发高射程背负式弥雾喷粉机在技术上虽然可行，但要采用新材料、新工艺，并要增添设备；如果代价昂贵，企业无力付出，或短期内不能收回，影响企业正常运行，或者由此而使产品成本增高，价格提升，失去了竞争力等，都可认为该产品不具备经济可行性。应该指出：对于多数产品只要在技术上采取足够措施，都是可以制造出来的，这时影响产品开发的主要因素是其经济效果。加强经济分析，对选定产品或促进产品的改进是非常重要的。

(3) 社会分析

社会分析着重在认识开发项目对社会和环境的影响，随着生产的发展和生产项目的大型化、综合化，生产的产品与社会的关系日益迫切。因此，在决定产品开发项目时，除了要技术上及经济上可行外，还要考虑其社会效果及对环境的影响。首先，法律和行政管理明文规定不得生产的产品，应该自动地放弃开发。此外，一些技术指标落后的产品，如排放超标的机动车，尽管它有市场，技术可行性及经济效益都好，也应停止开发。

经过对开发产品的技术、经济和社会各方面的可行性分析及综合研究后，应该提出产品开发可行性报告，供决策者做出决定。

2.3.2.3 设计要求分析

对准备开发的产品首先要拟定合理的设计要求。这是由于企业的决策者往往只提出开发某种产品的建议和产品需要完成的功能，但未明确给定设计要求。因此设计者首先要搞清用户有哪些具体要求。一旦产品的功能要求及结构、制造方面的限制完全确定，则设计过程即迈出一大步。这些要求与限制条件组成了产品的设计要求。产品设计要求按程度不同可分为基本要求、必达要求和附加要求（希望达到的要求）。产品设计要求主要来自以下几个方面：用户、提出各项限制和规定的权力机关和团体、标准化组织及担负设计的企业。另外，所有在产品寿命周期（制造、销售、使用和报废）中的有关人员（如工艺师、工程师、质检人员、供销员、储运人员、代理商、维修人员、使用人员等）和受到产品影响的人都应列入征求意见之列。

由产品功能和性能提出的设计参数和由制造、使用等方面提出的质量及经济性等方面的要求与限制条件是产品设计、评价和决策的依据。通过调查分析和试验，应尽量使设计要求明确并使之数量化。这些要求要按重要程度进行区分，以便在评价时给各项以适当的加权值。

设计要求应恰当。要求过低，产品不能满足用户需要；而要求过高，则又会使成本增加，同样会影响市场竞争力。例如1990年前生产的脉冲式烟雾机其喷烟量参数定为35L/min，它需要配用较大功率的脉冲式发动机，这就使得机器外形尺寸较大、总质量增加，材料及加工用量增加，使用也不方便。实际上根据调查，工人在山高坡陡地区进行森林病虫害防治作业时，由于人体生理对负重的要求及对烟雾扩散速度限制的要求，机器药箱中只装2/3容量的药液，实际喷量只有25L/min。在设计新机型时，可将主设计参数改为25L/min，实践证明，这既降低了原材料消耗及成本，又减轻了操作者负担，提高了劳动生产率。

应该说明的是设计要求与可行性评价常需交叉进行。为使产品开发决策更加可靠，先要确定产品的基本功能和基本要求，特别要确定影响产品性能及市场销售量的主参数，作为可行性分析的依据。当然，有些（一般是大量的）设计要求要在通过可行性研究后再确定。

产品规划阶段最终目的是确定任务并给出详细的设计任务书。设计任务书的内容可参考表 2-2,由于机械产品种类繁多,表列内容很难概括所有设计书的内容,设计者应根据各自专业及各类机械特点,列出各项设计要求的主要内容。

表 2-2 设计任务书内容

项目	内容	项目	内容
功能	运动参数:运动形式、方向、速度、加速度等	制造	加工:公差、特殊加工条件等
	力参数:作用力大小、方向、荷载性质等		检验:测量和检验方法,应达到的精度等
	能量:功率、效率、压力、温度等		装配:装配要求、基础及安装现场要求
	物料:产品物料特性	使用	使用对象
	信号:控制要求、测量方式及要求等		人机工程学要求:操纵、调整、修理、配换、照明、安全措施等
	其他性能:可靠度要求、寿命等		环境要求:噪声、密封、特殊环境等
经济性	尺寸(长×宽×高)、体积、质量限制		工艺美学:外观、色彩、造型
	生产率		
	最高允许成本	期限	设计完成日期、研制完成日期、供货日期等

2.3.3 机械系统化设计过程

我们经常说"设计一个系统",谈到系统,如前所述它是完成某一功能所必需的硬件、软件(包括信息)和人的组合。至于设计步骤,过去习惯用三段设计法,即总体设计、部件设计和零件设计,或初步设计、技术设计与工艺设计。而随着试验辅助设计及 CAD 的发展,基本上采用平行逐次法,即既有阶段划分又平行作业,以便协调设计参数中的相互关系。

2.3.3.1 设计的一般程式

设计虽无统一方法,但设计过程基本模式如图 2-13 所示。

由图 2-13 可知设计是由许多设计操作组成的有序过程。这个过程的一般模式是:信息—设计活动—成果,每一项设计活动都要求足够多的信息。对设计者来说获取这些信息是至关重要的。

一旦掌握了必需的信息,设计者即可利用适合的技术知识,通过计算或实验开展设计工作。在这一阶段,也许要建立一个数学模型和在计算机上模拟一个部件的性能,也许要设计和制造样机并在给定的条件下进行试验。这些设计活动都是为了得到设计成果。在这个阶段,任何一项成果都要由专家去进行公正的评价,决定它是否符合要求,如果符合就进行下一步工作;如果评价时发现设计不能满足要求,就必须重复上述设计过程。

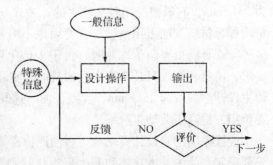

图 2-13 设计过程基本模式

2.3.3.2 设计步骤

设计过程通常由下列步骤构成的：①确认要求；②确定需要解决的问题；③收集信息、资料；④方案设计；⑤评价（方案选择）；⑥绘设计图及编写设计说明书。设计过程一般按上面顺序进行，但在实践上，这些步骤也可能并列或交叉进行，反复对照、前后呼应，以保证设计工作顺利进行。

(1) 确认要求

设计要求是设计的前提，也是对设计评价的依据，不同的机械和设备有不同的设计要求，它们以设计任务书的形式加以确定并下达。设计者应确认并深刻领会各要求的含义、重要程度，以便在设计中满足这些要求。

从工程技术看，现代机械设计除满足特定作业要求外，还应满足以下要求：

①**人机配合**　一定要在设计中考虑人—机二者之间的配合关系，为用户着想。

②**三性统一**　将可靠性、适用性（包括先进性）与经济性加以统一地辩证地考虑，以可靠地满足工作性能为基础，反对不求实际地强调先进，反对不讲求经济效益。

③**四位一体**　即四种传动（机械传动、电动、液压传动、气动）要有机配合，各得其所，发挥专长。

④**多方兼顾**　即设计、制造、管理、使用、维修、保养要全面地综合分析，并贯穿于产品设计中。

(2) 确定需要解决的问题

这是设计过程中最关键的一步，由于设计所要解决的真正问题并非总是如开始所认识的那样，并要求在这一阶段用很少的时间确定出最终的设计方案，难度很大，其重要性也常易被人忽视。

在开始，最好将需要解决的问题尽可能考虑得广一些。这将使设计者不致忽略特殊的、非常规的解决办法。当然，设计者考虑问题的广度是由该问题的重要性、时间和经费的有限性及个人所处的地位等因素决定的。

设计者如果把对问题的现有解决办法仅看成是问题的本身，就会使他淹没在茫茫的信息"林海"中，而不能辨别方向。由于事前未真正了解所需解决的问题，设计者可能发现费了很多周折找到的许多解决问题的办法往往是毫无用处的。

为了明确需要解决的问题，设计者应写出问题的说明。在说明书中，设计者应尽可能用专业术语表达设计内容，包括设计对象和目的，定义某些特别的技术术语，提出设计的一些限制和评价设计的准则。

进行该项工作的最好的方式是：当完成说明书后就去收集资料；然后在对资料进行分析的基础上再编写一个更详细的问题说明书，把这一不断反复深化的过程称为"问题分析"。

在确定对象和目的时常提出一些问题，例如：什么包括在内；什么排除在外。伊拉和玛桑·威尔森（Ira 和 Marthan Willson）建议提问时采用下述4个条目：

①必须：这些要求必须满足。

②必须注意：一组关于限制的说明，如系统必须不是什么样子或必须不做什么动作等。

③希望:这些要求值得说明,但不必强调。

④不希望。

(3) 收集信息资料

也许当设计者开始工作时遇到最大的难题是由于资料缺乏或过多造成的。开始设计时,设计者已不再停留在教科书中一些章节提供的资料上,设计者确认的一些难题也许是他以前未曾涉及的领域,他也无任何关于该设计对象的参考资料。另一极端情况是设计者有堆成山的与该项设计有关的资料,则设计者的任务是不要被这些论文、资料淹没。不管什么情况,设计者的紧要任务是辨别需要的资料,发现并扩展这类资料。

应该弄清一个重要的观点:设计中需要的信息资料与大学教科书中所提到的资料是不相同的。教科书或学校技术杂志刊登的文章对设计来说是不太重要的,设计要求更特殊的、更新的资料。国家研究机构的报告、公司报告、贸易杂志、专利、样本、由材料和设备供应单位出版的手册及文献是情报资料的重要来源。互联网搜索引擎是获取信息资料的重要途径。访问专家和有经验的设计者也是有帮助的。下面一些问题有助于获得有用的资料:何处能找到它?怎样得到它?该资料及信息的可信度及精确度如何?应该怎样将资料译成特殊需要的东西?什么时候可以掌握足够的资料?从信息、资料可得到什么决策启示?

(4) 方案设计

方案设计是指决定系统的工作原理、过程及零部件的结构。机器的零部件应按一定规律结合在一起,并满足一定要求,这是需要运用发明、创造能力的一个关键步骤。方案设计包括了分析建模或实验建模。方案设计的一个至关重要的方法就是综合。综合就是将设计构想的元件以适当方式组合,并定出轮廓尺寸。综合是一个创造性过程并出现在每个设计中。

设计是一项由每个人完成的工作,没有统一的条规指导进行成功的设计。戈登·克拉克(Gordon L. Glegg)提出了一些设计指导原则,可供参考:

①不要仿效传统设计程序,除非你考查过其他步骤并发现它们是所要求的才按照该程序去做。

②为了简化整个系统的设计,设计者必须先提出某些构件的几种设计方案。

③列出设计中欲采用的材料及备用材料。

④当面对一个十分复杂的设计任务时,把设计问题细分为一些小的设计问题。

⑤随时掌握科学技术发展动向,并将科学技术上的成就用于解决设计问题。

⑥创造力是设计者稍纵即逝的灵感,所以不要忽视由科学或分析培养的创造力。

(5) 评价

评价包括对设计进行全面分析。术语"评价"比较多的用在权衡和判断的场合,而比较少的用在分级之中。一般"评价"包括用一种分析模型对设计的性能进行详细计算。在另一些情况下,评价也许包括繁重的关于一种实验模型或样机的工作模拟试验。

在设计中每一步都要注意"检查",尤其当设计接近完成时更要注意。通常有两种检查:数学计算检查和工程观点的检查。数学检查着重于检查在数学模型中使用的运算和公式。此外,由于疏忽常产生计算错误,因此在设计时应将每一步设计计算记入笔记本中，这样当设计者因差错而被迫回头检查计算时就不会错过关键的计算步骤。只要在出错的部分划一条线就可以继续进行下一步设计工作，它对于保证每个方程式单位一致也是特别重要的。

工程观点的检查在于判断方案是否正确。尽管设计者感觉的可靠程度是随经历而提高的，但你现在就可以养成用很短时间审视自己对问题的解答，而不必忙于去做下一步计算。极限检查是一种工程观点检查的好形式。让设计中的一个关键参数趋近某一极限（零，无穷小等），观察方程式是否按正常方式变动。

在评价设计方案时，优化技术很难用于选择关键设计参数的最佳值，而考虑时间和经费时，又常常作出决定：停止优化过程和"冻结设计"。在评价方案时常要提出的一个问题是：设计结果是适用于一组设计，还是仅为一个特殊问题的解答。

(6) 绘设计图及编写设计说明书

必须经常记住设计的目的是满足用户或买主的要求，因此最终的设计必须进行正确的交流，否则就会失去其作用和意义。设计图样要交付工人实施，制造机器和设备；而有些为雇主设计的设备，它的图样、计算机程序及工作模型还要交给雇主。所有这些都是可以交流的部分。此外还要编写设计报告、说明书等文件，它们既供工程领导审阅，也可供顾客使用。还要强调的是设计交流并非仅为在设计结束时要做的事，在整个设计阶段，在设计课题管理者、设计者和顾客之间经常进行着口头的和文字的"对话"。

2.3.4 系统功能原理方案探讨

由设计过程可知，方案设计位于全过程的首要阶段，它是设计的初步成果，也是评价及进行细节设计的依据。形成正确的设计方案需要付出艰苦的创造性劳动，也需要技巧和方法。以系统科学为基础的设计方案主要是分析和综合。方案设计包括原理方案及结构方案。无论在系统设计（总体设计）还是在分系统、子系统设计（部件、零件设计）中都需要先确定设计方案。

原理方案对产品的性能及质量具有关键性的作用，在系统分析设计中一般从功能分析入手，利用创造性构思探讨多种方案，然后进行技术经济评价，通过选择和优化求得最佳原理方案，其步骤如图2-14所示。

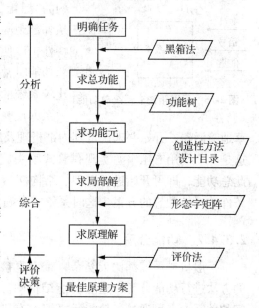

图2-14 原理方案设计步骤及方法

2.3.4.1 总功能分析

功能是指系统的用途或能够完成的任务。功能的描述要准确、简洁、合理，使设计目的明确、开阔。

要做到这一点，首先必须对功能进行合理抽象。正如列宁在哲学笔记中所说的：

"物质的抽象、自然规律的抽象、价值的抽象等等,一句话,一切科学的抽象都更深刻、更正确、更完全地反映自然。"由于设计人员的知识和经验都有一定的局限性,对功能的合理抽象能避免方案构思的局限性,增加探求最佳方案的机会,节省方案探索的时间。

从设计的观点看草坪割草机的功能是切断草,这种功能抽象可以引出更多的具体方案,见表 2-3 所列。

表 2-3 草坪割草机功能分析

趋势	专项要素				
抽象↓具体	功能:草切割				
	物理关系	刀片使草变形和切断			
	功能运动	刀片水平回转			刀片在垂直面内回转
	切割副	刀片	甩刀	滚刀、底刀	动刀和定刀或双动力
	切割速度	高			低
	集草方式	后集草或侧排草	无	前集草或无集草箱	无集草箱
	组合得到各种割草机结构				

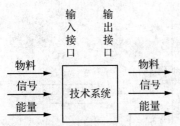

图 2-15 用黑箱法求系统总功能

对一些复杂的系统问题,由于人们难以立即认识、模拟和控制,常把它们视为一个不透明、不知其内部结构的"黑箱"进行研究。此种黑箱法是不打开"黑箱",只从外部观测,通过黑箱与周围环境的信息了解其功能、特性,以便寻求其内部机理及结构的方法。在分析系统总功能时常采用黑箱法,即把待求系统看作黑箱,分析比较系统的输入和输出的能量、物料和信号,其差别和关系即反映系统的总功能。例如要开发一个摆动孔管式草地喷洒器,开始并未确定其内部机理及结构,可以用黑箱法表示其总功能(图 2-15)。这是一个利用有压水源实现孔管式喷头旋转及喷洒的装置,即是一种换能装置。根据此总功能,即可开始进行原理、结构探索,得到许多方案,然后根据设计要求和限制条件选择较理想的方案。这时系统完全确定,"黑箱"即变为"透明箱"了。

2.3.4.2 功能分解

一般机械系统都比较复杂,难以直接求得总功能的系统解。我们可以按系统分解的方法进行功能分解,建立功能结构图。这样既可显示各功能元、分功能与总功能之间的关系,又可通过各功能元之解的有机组合求得系统解。功能关系可以用功能树和功能结构表示。

(1) 功能树

以树状的功能结构所表示的功能分解关系称为功能树。它起于总功能,分为子功能、二级子功能等,末端是功能元。前级功能是后级功能的目的,后级功能是前级功能的手段,割草机的功能树如图2-16所示。

(2)功能结构

功能树用框图表示即为功能结构,如图2-17所示。功能结构关系有3种基本形式:键式结构(串联),即各分功能按顺序相继作用;并列结构(并联),即各分功能并列作用;循环结构(回路),即分功能作环状循环回路,体现反馈作用。

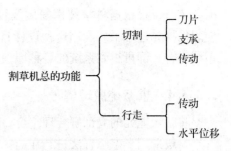

图2-16 割草机的功能树

2.3.4.3 求功能元的局部解

功能元求解是方案设计中重要的"发散""搜

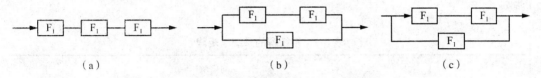

图2-17 功能结构形式
(a)串联 (b)并联 (c)回路

索"阶段。在这一步应确定完成总功能(目的功能)所需要的基本功能(功能元)。所谓功能的含义,首先就是指输入参量和输出参量之间的因果关系,对于物理功能而言就是通过什么活动把一种物理量转变为另外一种物理量。为求出具体的功能元,一般可采用列举法和设计目录,但无论用哪一种方法,都需要对系统的工作过程及活动有深刻的了解。

(1)列举法

为进行功能元求解,设计者应广开思路,在广泛收集资料的基础上,利用各种创造性方法寻求各种解。

(2)利用设计目录求解

设计目录是一种设计信息的储存器。设计过程是取得信息和处理信息的过程,据统计,在全部设计时间中约有8%~15%用来收集信息,而如何储存信息、更快地提供信息是提高设计效率的有效措施。建立设计目录可以有效地储存信息,并可把设计过程中所需的大量信息进行有规律分类、排列和储存,以便查找和调用,也便于计算机辅助设计。因此用系统分析法设计,可根据设计要求建立一系列设计目录,如对象目录、操作目录和解法目录等。它们的主要内容如下:

①**对象目录** 它是不针对具体任务的一般信息目录,如基本物理效应及其关系式、几何关系式、材料技术特性等。

②**操作目录** 它列出设计中的准则、步骤、方法,如构形和变形准则、设计任务书、评价方法等。

③**解法目录** 它们是针对具体任务、具体功能的解法信息,如力的放大、逻辑功能的实现、轴、连接类型等。

设计者可以根据各自的专业范围,针对常用的功能元件,收集各个技术领域中可实现这些功能的技术物理效应,经过分析和综合而列出设计目录并建立一个资料数据库。该目录要根据科学技术发展及设计者的知识和经验不断加以补充、更新和完善，使之保持先进水平。利用这种设计目录，将功能结构中的功能元件通过各种方式进行系统组合，即可得到系统的各种原理方案。

2.3.4.4 求系统原理解

将各功能元的局部解合理组合，可以得到多个系统原理解。

一般采用形态综合法进行组合。形态综合法是一种形态搜索法，它建立在形态学矩阵的基础上，通过系统的分解和组合寻找各种方案。形态学方法把复杂的系统按分系统进行分解，称为"目标标记"，然后找出各目标标记与相应的"目标特征"列出形态学矩阵。系统解中的"目标标记"即为"功能元"，"目标特征"即为局部解，见表2-4所列。

表2-4 系统解的系统学矩阵

功能元	局部解				
	1	2	3	…	n
F_1	L_{11}	L_{12}	L_{13}	…	L_{1n}
F_2	L_{21}	L_{22}	L_{23}	…	L_{2n}
⋮	⋮	⋮	⋮	⋮	⋮
F_m	L_{m1}	L_{m2}	L_{m3}	…	L_{mn}

从每个功能元取出一种局部解进行有机组合，即构成一个系统解，其解（方案）数为

$$N = n_1 \times n_2 \times \cdots \times n_j \times \cdots \times n_m$$

下面以草坪割草机为例，分析其原理方案：

① 功能分析。

② 列出各功能元及其局部解的形态学矩阵，见表2-5所列。

表2-5 草坪割草机的形态学矩阵

功能元	局部解					
	1	2	3	4	5	6
A. 动力源	拖拉机	汽油机	电机	人力		
B. 割草传动	皮带	链	直接	万向节		
C. 割草	旋刀	甩刀	滚刀	动、定割刀	双动割刀	
D. 移位传动	机械	液压	机械+液压	人力		
E. 移位	胶轮	履带				

③ 方案组合。可能组合的方案数 $N = 4 \times 4 \times 5 \times 4 \times 2 = 640$。如 A1 + B4 + C1 + D1 + E1→悬挂式草坪割草机（旋刀式）；A2 + B1 + C1 + D3 + E1→驾乘式草坪割草机（旋刀

式)。

2.3.4.5 评价与决策

机械系统方案的构思和拟定的最终目标是最优地确定某一机械系统方案,并进一步解决机械系统设计问题。如何通过科学的评价和决策方法来确定最佳机械系统方案是设计的一个重要阶段。为此,必须根据一定的评价准则和评价方法进行优化选择,从而使评价结果更为准确、客观、有效,并能为广大工程技术人员认可和接受。

评价是指根据明确的目标,确定机械系统的属性,并把这种属性转换为主观价值的过程。系统评价是对系统分析过程和结果的鉴定,其主要目的是判断所设计的系统是否达到了预定的各项技术经济指标。通过评价,一般应输出可供决策者选择的具有排序的可行方案集,作为待选方案。

系统的评价对于决策的有效性关系极大,正确的评价可以使决策获得成功,取得很大的效益;错误的评价可以导致决策失败,付出沉重的代价。决策的过程一般为:发现问题,确定目标,找出各种可供选择的方案,对各个方案进行评估,选择其中最佳的方案,执行。当然,决策程序也不是一成不变的。在决策过程中,应根据不同类型、不同情况运用不同方法,采取不同策略。

2.3.5 结构方案的探求

技术功能的原理解只是表示设计方案在原理上的可行性,为了将原理解变为技术上可制造产品(部件或零件),还必须进行结构方案的探求,这是整个方案设计的重要组成部分。结构方案设计是整个设计过程中花费时间最多的一项工作,也是设计师的主要工作。

在进行结构方案设计时要研究目的功能部件及与此相适应的辅助功能和次要功能部件,形成一个总体草图;然后再分析、检查关键功能,找出其不足之处,修改、完善第一个草图,直到最终完成一个适用的总体方案图,使产品达到在功能、可靠性、寿命、生产成本方面都符合要求的开发研制状态。结构方案设计基本上也由综合与分析两个过程组成。综合是形成解的过程,分析则是要根据一定准则去选择一个合适的"优化解"。在结构方案设计时,设计师先要阐明一个解的设计思想,然后根据特定准则(例如低成本、易制造、节能、少维修、低噪声、易运输等)来检验这个解,看其能否满足所考虑的条件,并决定是否将其绘成图。

结构方案设计属定性构形阶段。当形成了初步的方案草图后,接着要选择材料,并定量确定零件尺寸。最后完成的产品设计图将以图形规定的系统投入制造。

进行结构方案设计的步骤是:先逐一规定功能面,以便用该功能面组合成零件,再组合成部件、机器或更大的系统。由于零件的构形决定于它的用途及它与对应的零件之间的关系,因此设计师总是同时构形较多的相关零件或部件。

2.3.5.1 构形方案综合

零件中完成功能的主要表面为功能面,如齿轮的齿面、割草机刀片的刀刃面。功能面和其他表面连接成一个零件,几个零件再组成机械元件(球轴承、滑动轴承、链条等)。在进一步构形中,这些机械元件还可以连接成复杂的系统,如部件、机器、成套设备等。广义地分析,可以将表面、零件、元件、部件乃至机器都称为构形元素。表面是零件的构形元素,零件是元件的构形元素……以此类推。建立这一概念的原因在于零件、机械元件或者部件的构形可以通过它们的构形元素参数的变化来加以确定。影响构形的主要参数是形状、尺寸、数量、位置、顺序,从这5个方面进行交换,可以得到多种构形方案。

设计师的任务是设计满足概念要求的零件、元件、部件和机器。为完成一定功能,它们都必须要有确定的构形要素。要了解产生(综合)出零件、部件或一个复杂机械系统的构形的规律,并评价这些构形方案。

(1) 尺寸变换

所谓零件或部件的尺寸变换,是指改变零件功能面的尺寸和距离,以及改变零件和部件之间的距离或它们对参考点的距离,但并不因此改变该形体功能。这样做或许仅仅是为了制造、装配、改善受力状况等原因。在设计中应用对称的构形(如矩形、正方形、工字形等)便于进行各项结构布置。

(2) 形状变换

功能面的形状对零件的功能来说是十分重要的。实践证明,改变功能面的形状,但不改变其功能,可以得到多种方案。图2-18(a)所示为一种变换,显然通过采用面接触改善了磨损状况。

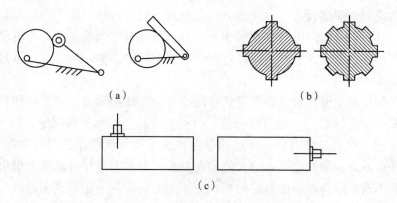

图 2-18　功能面形状、数量和位置变化
(a)形状变化　(b)数量变化　(c)位置变化

(3) 数量变换

图2-18(b)所示为通过改变构成零件、部件和机器的功能面的数量或零件、部件数量而产生的构形方案,它们的功能也不因此而改变。例如,将键数由4个变为8个,其功能未改,但后者的强度条件较第一种要好。

(4) 位置变换

这是通过改变两个构形元素的相对位置来研究几个彼此需要连接起来的构形元素(零件或部件)的构形方案。这种方式也不改变方案要实现的功能。图2-18(c)所示螺母的位置发生了改变,这属于改变功能面的相对位置。

(5) 顺序变换或排列变换

零件、部件或机器的构形方案也可以通过改变功能面、零件或部件的排列或顺序

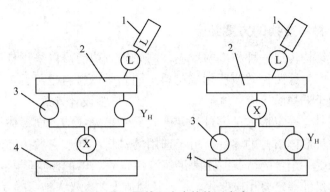

图 2-19 零件顺序变换构形方案
1. 靠背 2. 座椅 3. 调整系统 4. 底板

来求得。它们的功能也不因此而改变。图 2-19 所示为轿车座椅水平和垂直调整部分的不同排列方案。

2.3.5.2 连接结构变换和方案综合

如果有两个以上的功能面、零件或部件需要相互连接起来，选择不同的连接顺序或连接方式就可得出不同的连接结构方案。这时一般不改变它们的功能及它们所占的空间或位置。

广义的"连接"表示对功能体或零件间的相对位置和相对运动进行约束并在其间传力。一般机械设计习惯将相对静止构形要素之间的"连接"称为连接，相对运动物体间的"连接"称为支承，而两传递运动物体间的"连接"称为传动。

图 2-20(a)所示为挖掘机动臂改变连接顺序而产生的两种基本方案，其功能面分别以 1、2、3 标示。图 2-20(b)所示为轮毂连接方案，左图是利用摩擦力进行锁合连接，右图是利用平键所进行的材料锁合连接，这是一种改变连接方式的构形方案。

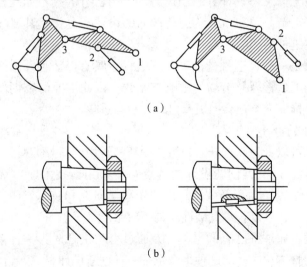

图 2-20 连接结构方案
(a)改变连接顺序 (b)改变连接方式

2.3.5.3 基于材料变换的方案综合

一定的功能结构传递一种相应的效应,例如传力功能可以采用杠杆效应或流体压力效应来完成,产生这两种效应所用的材料不同。所以材料也可称为效应载体。对同一功能结构,由于选择的效应载体不同,可以构成许多设计方案。

功能是通过具有一定形体的零件、元件或部件来完成的。而形体结构与材料密切相关。例如同一种形体结构的零件,由于选用的材料不同,它所传递的力的大小也不同。为了安全承受一定量的荷载,并满足经济性,假如轴的断面形状不变,随着选用材料不同,轴的尺寸一定要相应变化。材料及制造工艺也极大地影响零件的形状。

因此材料对机械系统的原理方案和构形方案有极大的影响。设计师在进行方案设计时,应用材料变换进行方案综合,然后根据材料特性及设计准则对这些方案进行分析、评价,从而选出优化方案。

应该指出的是这里仅概括地阐明了机械形体分析设计的一般步骤。形体化设计的基本方法是综合与分析,本节只是概要地举例说明这两种方法的应用。

2.4 创新设计理论与方法

机械系统设计的最终目的是为市场提供高效优质、物美价廉的机械产品。任何好的、先进的产品,需要通过创新设计并采用当代各种先进的制造技术来得到,因此,设计应体现时代性和创新性。

2.4.1 创新设计概述

(1) 创新设计概念

创新设计是指充分发挥设计者的创造力,利用已有的技术原理进行创新构思,并进一步应用新技术、新原理和新方法进行产品的设计和分析,其目的是为人类社会提供富有新颖性和先进性的产品。

创新设计不仅是一种创造性的活动,还是一个具有经济性、时效性的活动,同时还要受到意识、制度、管理及市场的影响与制约。因此需要研究创新设计的思想与方法,使设计能继续推动人类社会向更高目标发展与进化。

(2) 创新设计的分类

创新设计通常可以分为原理开拓、组合创新和转用创新等类型。

①**原理开拓类** 这一类创新设计的特点在于应用新技术原理解决老问题以及对"旧"技术原理进行更新。由于新技术原理源于科学研究和技术发明,因此应用新技术原理进行新产品开发,可以获得突破性的创新成果。

②**组合创新类** 如果将已有的零部件,通过合理组合成为一种新产品,这种产品便能实现一种新的整体功能,故这种组合也是一种创新设计。

③**转用创新类** 如果将某一技术领域的成熟技术和结构转用于其他技术领域,产生出一种新的产品,则这种转用也是一种创新设计。一般说来,两个技术领域相距越远,转用的难度越大,相应的创新水平越高。

(3) 创新设计的特点

创新设计具有目的性、继承性、约束性和模糊性等特点。

①创新设计的目的性 创新设计是一种有目的的创新活动，它以满足社会需要为出发点，为社会提供实现预期功能的产品。因此，创新设计的创造模式为：社会需要—设计—产品。创新设计要求设计者有目的地思考，以便有的放矢地发挥自己的创造才能。

②创新设计的继承性 设计的灵魂是创新，只有不断地创新，设计才有发展，产品才能更新换代。但是，创新离不开继承，任何一种创新设计，都是在前人设计的基础上经过改造、创新发展起来的，是人类长期智慧的结晶。

③创新设计的约束性 创新设计必须有所约束。这种约束限制主要表现为对产品设计提出的环境、资源、经济、时间和空间等方面的要求。在设计过程中，如果实现不了设计约束的种类与内容，就会偏离预定的设计目标，造成创新设计的失误。

④创新设计的模糊性 创新设计的目的是明确的，但是为达到设计目的所应采用的途径和手段，在完成设计之前可能是不得而知的。它不像一般的再现性设计，只要给出明确的设计课题，设计者凭着已有的知识和方法，就可以按照一定的解答方式去找到比较精确的答案。

2.4.2 TRIZ 理论与创新

相对于传统的创新方法，比如试错法、头脑风暴法等，由前苏联发明家 G.S. Altshuler 创立的基于发明问题解决理论（TRIZ）具有鲜明的特点和优势。实践证明，运用 TRIZ 可加快人们创造发明的进程，帮助人们系统地分析问题，突破思维障碍，快速发现问题本质或矛盾，确定问题探索方向。TRIZ 已为解决机械新产品开发的实际问题提供了理论和方法体系。

2.4.2.1 TRIZ 概述

TRIZ 理论被公认为是使人聪明的理论，Altshuler 被尊称为 TRIZ 理论之父。TRIZ 理论是在 Altshuler 的领导下，由前苏联研究机构、大学、企业组成的 TRIZ 研究团体分析了世界高水平发明专利，总结出各种技术发展进化遵循的规律模式，以及解决各种技术矛盾和物理矛盾的创新原理和法则，从而建立了一个由解决技术问题，实现创新开发的各种方法、算法组成，并综合多学科领域的原理和法则所形成的一个综合理论体系。在 Altshuler 看来，解决发明问题过程中所寻求的科学原理和法则是客观存在的，大量发明面临的基本问题和矛盾也是相同的，同样的技术创新原理和相应的解决问题方案，会在后来的一次次发明中被重复应用，只是被使用的技术领域不同而已。因此将那些已有的知识进行提炼和重组，形成一套系统化的理论，就可以用来指导后来者的发明创造、创新和开发。20 世纪 90 年代以前，由于冷战，该理论不为西方国家所知。直至前苏联解体后，随着研究人员移居到欧美等西方国家，TRIZ 才很快引起学术界和企业界的极大关注，特别是传入美国后，成立了 TRIZ 研究咨询机构，在密歇根州等地继续进行研究，使 TRIZ 法得到了广泛、深入的应用和发展。

2.4.2.2 TRIZ 发展历程

TRIZ 理论的发展历程可利用表示技术系统发展进化的"S 曲线"来表示，如图 2-21 所示。第一条 S 曲线所代表的是从 1946 年到 1999 年的半个多世纪中，经典 TRIZ 从产生、发展、完善到成熟的时期。TRIZ 的诞生期是从 1946 年 Altshuler 建立了系统性创新流程，以指导发明创新人员在创新方案的解决中更有效地获得解决方案，至 1956 年第一篇 TRIZ 论文发表；TRIZ 的发展期是从 1956 年到 1985 年发明问题解决算法新版本的发布，标志了 TRIZ 理论体系的完善，在这一阶段 TRIZ 从专家的研究应用走向教育普及；TRIZ 发展的成熟期是从 20 世纪 80 年代末到 90 年代末，在这一时期，前苏联开发出第一个 TRIZ 软件，TRIZ 专家开始研究 TRIZ 与其他理论方法（如价值工程）的结合。1989 年俄罗斯 TRIZ 协会（即后来的国际 TRIZ 协会）成立。1993 年 TRIZ 正式进入欧美，1999 年和 2000 年美国 Altshuler TRIZ 研究院和欧洲 TRIZ 协会相继成立，TRIZ 走向了世界。

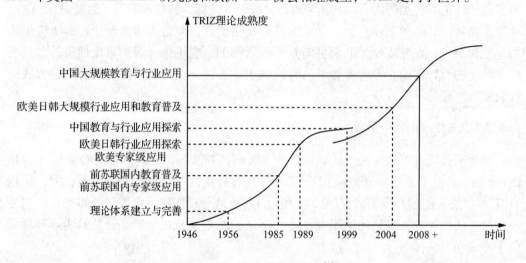

图 2-21　TRIZ 的发展历程[4]

伴随着 TRIZ 在欧美亚的大规模研究与应用的兴起，TRIZ 的发展进入了第二条 S 曲线。在这一新的进化阶段，世界各地的 TRIZ 研究者和应用者广泛吸收产品研发与技术创新的最新成果，试图建立基于 TRIZ 的技术创新理论体系。1999—2004 年，欧美、日、韩的 TRIZ 理论从专家级研究应用发展到大规模行业普及应用，TRIZ 逐渐走向教育普及。2004 年，TRIZ 国际认证进入中国，标志着中国人将为 TRIZ 理论的新发展做出贡献。

目前，根据 TR1Z 理论方法开发的计算机软件主要有美国 IWINT 集团公司的计算机辅助创新设计平台 Pro/Innovator TM 和创新能力拓展平台 CBT/NO – VATM 等，它们已成为许多公司在尖端技术领域解决技术难题的有效工具。

2.4.2.3 TRIZ 理论体系

TRIZ 理论包含着许多系统、科学而又富有可操作性的创造性思维方法和发明问题的分析方法，其核心是消除矛盾及技术系统进化原理，并建立基于知识消除矛盾的逻辑方法，用标准解的方法解决特殊问题或矛盾。经过半个多世纪的发展，TRIZ 理论已

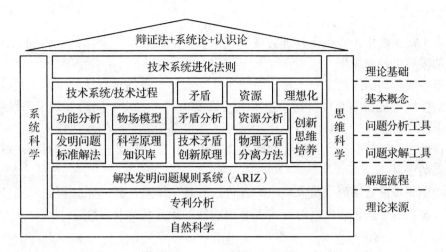

图 2-22　TRIZ 理论体系[5]

经成为一套解决新产品开发实际问题的成熟经典理论体系。图 2-22 列出了 TRIZ 的理论体系。

TRIZ 的理论前提和基本认识是：

①产品或技术系统的进化有规律可循；

②生产实践中遇到的工程矛盾往复出现；

③彻底解决工程矛盾的创新原理容易掌握；

④其他领域的科学原理可解决本领域的技术问题。

TRIZ 理论强调技术系统一直处于进化之中，解决矛盾是进化的唯一方法，解决阻碍技术系统进化的问题就是解决更深层次的矛盾。

(1) 技术系统进化法则

技术系统进化就是指实现系统功能的技术从低级向高级变化的过程。在这个变化过程中，TRIZ 理论提出以下八大进化法则：

①完备性法则　要实现某项功能，一个完整的技术系统必须包含动力、传输、执行和控制 4 个部件；例如自走式果园开沟施肥机这个完整的技术系统，包含了动力总成、传动总成、底盘总成和操作总成。

②能量传递法则　技术系统要实现其功能，必须保证能量从能量源流向技术系统的所有元件，技术系统的进化应该沿着使能量流动路径缩短的方向发展，以减少能量损失。

③动态性进化法则　技术系统要沿着结构柔性、可移动性、可控制性增加的方向发展，以适应环境或执行方式的变化。

④提高理想度法则　技术系统是沿着提高其理想度、向理想系统方向进化的途径发展的。

较好的技术系统应是在构造、使用和维护中，消耗较少资源而能完成同样功能的系统。TRIZ 所追求的理想系统则是不需要耗费材料、能量和空间，不需要维护，也不会有危害，即在物理上不存在却能完成需要的功能。理想性表示为：

$$理想性 = \frac{A}{B+C}$$

式中：A 为效益；B 为成本；C 为危害。

随着系统的进化，要提高其理想度，可以在不削弱系统主要功能的前提下，简化掉系统的某些组件或操作。

⑤**子系统不均衡进化法则** 技术系统进化动力源于事物子系统的不均衡性，它和哲学的对立统一规律相对应。每个技术系统都是由多个实现不同功能的子系统组成，任何子系统都不会同步、均衡地进化，每个子系统都沿着自己的 S 曲线向前发展，这种不均衡的进化经常会导致子系统之间冲突的出现。该法则要求人们及时发现并改进最不理想的子系统。

⑥**向超系统进化法则** 技术系统的进化是沿着从单系统到双系统再到多系统的方向发展。技术系统进化到极限时，实现某项功能的子系统会从系统中剥离，成为超系统的一部分。

⑦**微观进化法则** 技术系统的进化沿着减小其元件尺寸的方向发展。元件从最初的尺寸向原子、基本粒子的尺寸进化，同时能更好地实现相同的功能，例如电子元器件的进化是从真空管到晶体管再到集成电路，遵循从复合宏观向微观进化的法则。

⑧**协调性法则** 技术系统的各个子系统、各个部件在结构、性能参数、工作节奏和频率上保持协调的前提下，充分发挥各自的功能。

所有工程产品都要经历从幼年到老年的演化过程，任何一个已经发明的新技术系统都将进行自然系统的演化，并按图 2-23 中的 S 曲线发展，经历婴儿期—快速发展期—成熟期—老年期 4 个阶段。图 2-24 提供了所能预测的关于"老技术""现有技术"甚至"未来新技术"的演化方向。产品设计过程中技术的性能随时间的变化规律呈 S 形曲线，如图 2-25 所示。图中横坐标为时间，即依据一项核心技术所推出的一系列产品的时间；纵坐标为产品的性能参数值，该参数值不能超过由技术的自然属性所决定

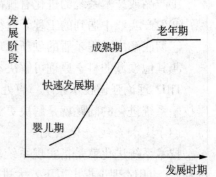

图 2-23 技术系统的演化阶段

的性能极限。沿横坐标上将技术计划分为 3 个阶段：新发明、技术改进及技术成熟。一旦了解了技术系统进化法则，掌握了相应规律，就可以在此基础上确定产品所处的发展阶段，发现产品中存在的缺陷和问题，并依据法则的提示预测其未来的发展趋势，制定产品开发战略和规划。

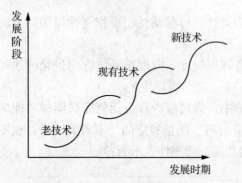

图 2-24 技术系统的演化方向

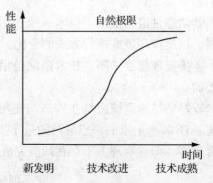

图 2-25 技术的性能随时间变化的 S 曲线

（2）问题分析工具

TRIZ 理论强调技术系统一直处于进化之中，解决矛盾是进化的唯一方法，解决阻碍技术系统进化的问题就是解决更深层次的矛盾。问题分析工具是 TRIZ 用来解决矛盾的具体方法或模式。TRIZ 的问题分析系统方法如图 2-26 所示。

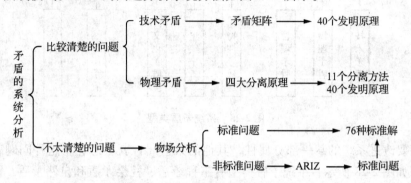

图 2-26 TRIZ 的问题分析系统方法

①**物—场分析** TRIZ 理论中对于复杂问题的分析，提供了科学的问题分析建模方法。物—场分析是 TRIZ 的问题分析工具之一。Altshuler 提出为解决发明问题必须建立完全的物—场模型。其原理为：所有产品的功能可以分解为 2 种物质和 1 种场，即 1 种产品的功能是由 2 种物质（S_1，S_2）及 1 种场（F）共 3 个元素组成。其中，S_2 是执行体，S_1 是被执行元件。图 2-27（a）~（d）分别表示 4 种不同的物—场模型。（a）为有效完整功能模型：功能的 3 个元素都存在，且都有效。（b）为不完整功能模型：组成功能的元素不全。（c）为效应不足的完整功能模型：3 个元素齐全，但效应实现不足。（d）为有害效应完整功能模型：3 个元素齐全，但产生了与所需要的效应相左的、有害的效应。在产品设计的阶段，就是依据功能分析确定有害功能或缺陷功能，构建其物—场模型。

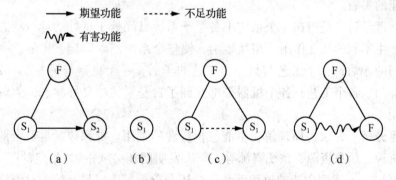

图 2-27 物—场分析 4 种功能模型

②**功能分析** 产品是功能的一种实现。物—场模型中的"物"在 TRIZ 中所表达的意思十分广泛，从简单的物体到高度复杂的技术系统。"场"主要指两个物体之间相互作用、控制所必需的能量，包括机械场、热场、电磁场及化学场等。如果在一个具体问题中出现了一个没有价值的物—场，就有必要在 S_1，S_2 之间引进 S_3，如果情况不许可这么做的话，引进的 S_3 可以是 S_1 或 S_2 的变体，以达到建立完全的物—场模型。

③**矛盾分析** 矛盾是 TRIZ 的一个核心概念，消除矛盾是 TRIZ 的问题分析工具之

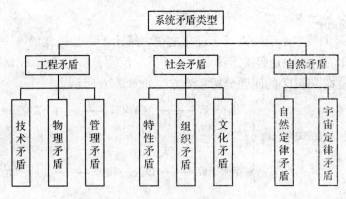

图 2-28 系统矛盾类型

一。如果要改进系统的某一部分属性，其他的某些属性就会恶化，这种问题就称为系统矛盾。如图 2-28 所示，系统矛盾类型有工程矛盾、社会矛盾和自然矛盾，而工程中出现的矛盾可以归结为 3 类：技术矛盾、物理矛盾和管理矛盾。

物理矛盾是 TRIZ 研究的主要问题之一。它是指为了实现某种功能，一个子系统或元件应具有一种特性，但同时出现了与该特性相反的特性。物理矛盾的核心是指对一个物体或系统中的一个子系统有相反的、矛盾的要求。例如：为了便于加速并降低加速时的油耗，汽车的底盘应有较小的质量，但为了保证高速行驶时汽车的安全，底盘又应有较大的质量，这种要求底盘同时具有大质量和小质量的情况，对于汽车底盘的设计来说就是物理矛盾，解决该矛盾是汽车底盘设计的关键。

所谓技术矛盾就是由系统中两个因素导致的，这两个参数相互促进、相互制约。TRIZ 将导致技术矛盾的因素总结成通用参数。Altshuler 通过对大量发明专利的研究，总结出工程领域内常用的表述系统性能的 39 个通用参数，通用参数一般是物理、几何和技术性能的参数。

所谓管理矛盾，是指在一个系统中各个子系统已经处于良好的运行状态，但是子系统之间产生不利的相互作用、相互影响，使整个系统产生问题。比如：一个部门与另一个部门的矛盾，一个工艺与另一个工艺的矛盾，一个机器与另一个机器的矛盾，虽然各个部门、各个工艺、各个机器等都达到了自身系统的良好状态，但对其他系统产生副作用。

④**资源分析**　为求得原理解，不能忽视资源的利用。资源包括自然资源、时间资源、空间资源、信息资源、系统资源等。解决发明问题必须指明"给定的条件"和要求的"应得的结果"。发明创造的过程就是从描述和分析发明情景开始，对资源分析得越详细、越深刻，就越能接近问题的最终理想解（ideal final result，IFR）。

(3) 问题求解工具

①**发明问题标准解法**　TRIZ 理论解决问题的思路是首先将特殊问题归结为 TRIZ 的一般问题，然后应用 TRIZ 理论寻求标准解法，在此基础上演绎形成初始问题的具体解法，依据类似的标准解决方法就可以解决用户需要解决的特殊问题，如图 2-29 所示。依据物—场分析模型，Altshuler 等提出了 76 种标准解，并分为 5 类：①改变和仅少量改变已有系统：13 种标准解；②改变已有系统：23 种标准解；③系统传递：6 种标准

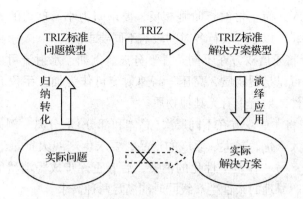

图 2-29　TRIZ 理论解决问题的思路[6]

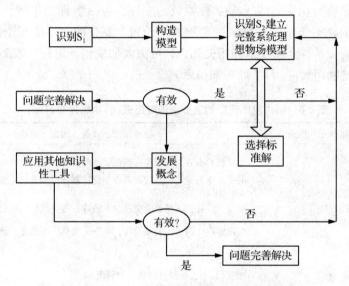

图 2-30　物—场模型解决发明问题的流程

解；④检查与测量：17 种标准解；⑤简化与改善策略：17 种标准解。

利用物—场模型分析方法解决发明问题的流程，如图 2-30 所示。具体程序为：①识别物质 S_1；②构造初步的物—场模型；③识别物质 S_2，建立完整系统，生成理想的物—场模型；④提出解决问题的标准解。这一流程有时要在③④间反复进行，最后由已有系统的特定问题，将标准解变为特定解。发展概念并应用其他知识性工具，以求得提出问题的完善解决。

②物理矛盾分离方法　TRIZ 认为，为降低解决问题的难度，往往首先采用分离原理来解决物理矛盾。将一个问题深入地分析、细化，直至物理矛盾的确定。分离原理包括以下 4 种：

a. 空间分离。将矛盾双方在不同的空间分离。例如，轮船测量海底时，将声呐探测器安装在船上某一部位，而轮船上的各种干扰影响测量精度，如将声呐探测器单独置于船后千米之外，用电缆连接，使声呐探测器和轮船内的各种干扰在空间上分离，即可提高测试效果。

b. 时间分离。将矛盾双方在不同时间段上分离。例如，飞机在起飞时要求升力大，因此机翼面积要加大；而正常航行时则相反，要求阻力小。理想的方案是设计能调节机翼面积的活动机翼，以适应飞行各时间段的不同要求。

c. 条件分离。将矛盾双方在不同条件下分离。例如，水射流可以是软物质，能用于洗澡时按摩；也可以是硬物质，高压、高速射流可作为加工手段和武器使用，这取决于射流的速度条件或射流中有无其他物质。

d. 层次分离。将矛盾双方在不同层次（总体和部分）上分离。例如，市场的需求有两种情况：一种是大众化、量大、面广的产品，要求生产线大批量地连续生产满足市场需求，这是主体；另一种是个性化的消费，后者正逐步成为消费的潮流。这时，采用零库存、准时生产原理的柔性生产线同时能满足两种需求。

③科学原理知识库 应用TRIZ能消除矛盾，是因为有赖于强大的科学原理知识库的支持。科学原理知识库涵盖了多学科领域的原理，包括物理、化学、几何等，应用"本体论"并对自然科学及工程领域中事物之间纷繁、复杂的关系实现全面的描述，借助于这些已有的关系、全新技术和相关知识，可大大加快创新进程。表2-6列出了解决发明问题的某些物理效应（科学原理知识库）。

表2-6　解决发明问题的某些物理效应表（科学原理知识库）

序号	要求作用、用途	物理现象、效应、因素、方法
1	测量温度	热膨胀及由其引起的固有振荡频率的变化，即热电现象；辐射光谱物质的光；电的变化；经过居里点变化；霍普金斯及巴克豪森效应
2	降低温度	相变；焦耳—汤姆逊效应；兰卡效应；磁热效应；热电现象
3	提高温度	电磁感应；涡流；表面效应；电介质加热；电加热；放热；物质吸收辐射；热电现象
4	稳定温度	相变（其中包括经过居里点的转变）
5	指定物体的位置和位移	引进可标记的物质，它能改造外界的场，如荧光粉；或能形成自己的场的铁磁体，因此易于发现；光的反射和发射；光效应变形；伦琴和无线电辐射；发光；电磁和磁场的变化；发电；多普勒效应
6	控制物体位移	磁场作用于物体和作用于物体相结合的铁磁体；以电场作用于带电的物体；通过液体和气体传递压力；机械振动；离心力；热膨胀；光压力
7	控制液体及气体的运动	毛细管现象；渗透压；汤姆斯效应；伯努利效应；波动；离心力；威辛别尔格效应
8	控制气性溶胶液（灰尘、烟、雾）	电离；电场及磁场；光压
9	搅拌混合物形成溶液	超声波；空隙现象；扩散；电场；与铁磁性物质相结合的磁场；电泳；溶解
10	分解混合物	电分离与磁分离；在电场和磁场作用下液体分选剂质量密度发生变化；离心力；吸收；扩散；渗透压
11	稳定物体位置	电场及磁场；液体在电场和磁场中的固化；回转效应；反冲运动

(续)

序号	要求作用、用途	物理现象、效应、因素、方法
12	力的作用、力的调节、形成很大压力	磁场通过铁磁物质起作用；热膨胀；离心力；改变磁性液体或导电液体在磁场中的状态；视在密度使流体静压力变化；应用爆炸物；电水效应；光水效应；渗透压
13	改变摩擦	约翰逊·拉别克效应；辐射作用；克拉格尔斯基现象；振动
14	破坏物体	放电；电水效应；共振；超声波；气蚀现象；感应辐射
15	积蓄机械能与热能	弹性变形；回转效应；相变
16	传递能量、机械能、热能辐射能、电能	形变；振动；亚历山大罗夫效应；波动；包括冲击波；辐射；热传导；对流；光反射现象；感应辐射；电磁感应；超导现象
17	确定活动（变化）物体与固定（不变化）物间的相互作用	利用电磁场（从"物质"的联系过渡到"场"的联系）
18	测量物体的尺寸	测量固有振动频率；标上磁或电的标记并能读校
19	改变物体尺寸	热膨胀；形变；磁致与电致伸缩；压电效应
20	检查表面状态和性质	放电；光反射；电子发射；穆亚洛维效应；辐射
21	改变表面	摩擦；吸收；扩散；包辛海尔效应；发电；机械振动和声振动；紫外辐射
22	检查物体内状态和性质	引进标记物质，它改变外界的场，如荧光粉；或形成取决于被研究物质状态及性质的场，如铁磁体；改变取决于物体结构及性质变化的比电阻，与光的相互作用，电光现象及磁光现象；偏振光；伦琴及无线电辐射；电子顺磁共振和核磁共振；磁弹性效应；经过居里点的转变；霍普斯金效应及巴豪森效应；测量物体的固有振动频率；超声波；缪斯鲍艾尔效应；霍尔效应
23	改变物体空间性质	电场及磁场作用下改变液体性质（视在密度、黏度）引进铁磁性物质及磁场作用、热作用；相变；在电场作用下电离；紫外线；伦琴射线；无线电波辐射；形变；扩散；电场及磁场；包辛海尔效应；热电效应；热磁及磁光效应；气蚀现象；光电效应；内光电效应
24	形成要求的结构、稳定物体结构	波的干涉；驻波；穆亚洛维效应；电磁场；相变；机械振动和声振荡；气蚀现象
25	指示出电场和磁场	渗透压；物体电离；放电；压电及塞格涅特电效应；驻极体；电子发射；光电现象；霍普金斯效应及巴克豪森效应；霍尔效应；核磁共振；回转磁现象及磁光现象
26	指示出辐射	光声效应；热膨胀；光电效应；发光；照片底片效应
27	产生电磁辐射	约瑟夫逊效应；感应辐射现象；隧道效应；发光；汉思效应；切林柯夫效应
28	控制电磁场	屏蔽；改变截止状态；如其导电性的增加或减少；改变与场相互作用的物体的表面形状

④**技术矛盾和创新原理** TRIZ 理论研究人员通过对世界上 250 万件专利文献的详细研究、分析，归纳出 40 条发明创新原理（表 2-7）和 39 个通用工程矛盾参数（表 2-8）来描述技术矛盾，并根据它们之间建立的对应关系设计了矛盾矩阵表（表 2-9）。该表的垂直向和水平向均表示出 39 个通用工程矛盾参数，在垂直向和水平向参数的交叉点就是推荐采用的创新原理序号，利用 40 条发明创新原理即可提供解决问题的关键、对策及探索方向。在实际工程设计中，如果改进了系统的一个参数，总会引起另一参数的变化，利用矛盾矩阵表就能找出组成双方内部性能的某两个矛盾，并能得到标准解。

表 2-7 TRIZ 40 条发明创新原理与示例

创新原理	实例说明
（1）分离、分割 ①把一个物体分成相互独立的部分 ②将物体分成容易组装或拆卸的部分 ③提高物体的可分性	①对垃圾的回收，设置不同的回收箱（如玻璃、纸、铁罐等） ②将物体分成容易组装和拆卸的部分（如组合家具） ③活动百叶窗替代整体窗帘提高物体可分性
（2）抽取 ①从物体中抽出产生负面影响的部分或属性 ②仅抽出物体中必要的部分或属性	①空气压缩机，将其产生噪声的部分移到室外 ②用光纤或光波导分离主光源，以增加照明点
（3）局部质量 ①将均匀的物体结构或外部环境改为不均匀的 ②使组成物体的不同部分执行不同功能 ③使物体的各部分都最大限度地发挥作用	①瑞士军刀带多种常用工具，如螺丝刀、起瓶器、小刀、刀等 ②餐盒中设置间隔，在不同的间隔内放置不同的食物，避免串味
（4）增加不对称性 ①引入一个几何特性来防止元件不正确地使用 ②对不对称物进一步提高其不对称性	①为增强防水保温性，建筑上采用多重坡屋顶 ②把 O 形密封圈断面由圆形变为椭圆乃至特殊形状，以改变密封性
（5）组合、合并 ①把相同或相近似的物体组合在一起并行运行 ②把临近的或并行的作业安排在同时进行	①集成电路板上的多个电子芯片，并行计算机的多个 CPU ②利用生物芯片可同时化验多项血液指标
（6）多用性 使一部件、物体具有多项功能同时取代其余部件	①沙发同时可当做床铺用 ②门铃和烟气报警器组合
（7）嵌套 ①一物套一物，再套一物……形成多层 ②一部分可收入另一部分的空腔中	①收缩式旅行杯 ②拉杆式钓鱼竿
（8）质量补偿 ①将某一物体与另一能提供升力的物体组合，以补偿其质量 ②通过介质（气动力、液动力、弹簧力等）平衡物体质量	①用氢气球悬挂广告牌 ②气垫船

（续）

创新原理	实例说明
(9) 预先反作用 ①事先施加反作用，来消除不利影响 ②在部件上建立预应力以抵消事后出现的不希望有的工作应力	①给树木刷渗透漆来防止腐烂 ②在浇注混凝土之前施加预应力钢筋
(10) 预先作用 ①预置必要的动作、机能 ②在方便的位置预先安置物体，使其在最适当的时机发挥作用而不浪费时间	①不干胶粘贴（只需揭出透明纸，即可用来粘贴） ②在停车场安置的预付费系统
(11) 事先防范 针对物体相对低可靠性部位（薄弱环节）设置应急措施加以补救	①飞机上的降落伞备用包 ②每本图书中放置射频智能卡，防止图书被盗
(12) 等势 改变操作条件，以减少将物体提升或下降的需要	①为汽车维修设置地下坑道 ②方便轮椅通行的斜坡
(13) 反向作用 ①用相反的动作替代要求指定的动作 ②让物体可动部分不动，不动部分可动	①健身器材中的跑步机 ②加工中心中变工具旋转为工件旋转
(14) 曲面化、曲率增加 ①将直线、平面变成曲线或曲面，将立方体变成球形结构 ②使用滚筒、球状、螺旋状的物体 ③改直线运动为回转运动，利用离心力	①两表面间引入圆倒角，减少应力集中 ②圆珠笔和钢笔的球形笔尖，使书写流畅 ③洗衣机桶高速旋转甩干水分代替手工拧干衣物
(15) 动态特性 ①使物体外部环境或过程具有动态性、能自行优化寻找到最佳的运行状况 ②把事物分割成可相对移动的几个部分 ③使固定的（或刚性的）物体或过程可以移动或具有柔性	①飞机中的自动导航系统 ②计算机分为驱动器、显示器、键盘、鼠标等 ③医用微型内窥摄影机，如柔性结肠镜
(16) 不足或过度的作用 假如某既定方法难以100%地达到目标，稍微超过或小于期望效果，会使问题大大简化	在孔中填充过多的石膏，然后再打磨平滑
(17) 空间维数变化 ①把物体带入二维或三维空间 ②用多位置存储代替单位置	①螺旋梯可以减少占地面积 ②智能身份证有多扇存储区，可分别存储个人的生理、健康、资信等信息
(18) 机械振动 ①使物体振动 ②提高振动频率 ③利用物体共振频率 ④利用压电振动代替机械振动 ⑤电磁场综合利用	①电动振动剃须刀 ②超声波清洗机 ③利用超声波共振击碎胆、肾结石 ④石英晶体振动驱动高精度钟表 ⑤在感应熔炉中搅拌粉碎枝晶，制造半固态合金

(续)

创新原理	实例说明
(19) 周期性作用 以周期性或脉冲动作代替连续动作	①警笛改为周期性鸣叫，避免产生刺耳的声音 ②使用 AM(调幅)、FM(调频)、PWM(脉冲调制)传输信息
(20) 有效作用的连续性 ①保持连续运转，使机器各部件同时满负荷工作 ②取消空闲或停止间歇动作	①路口停车时，飞轮(或液压蓄能器)储存能量，发动机在适当的功率下工作 ②打印头在回程也执行打印动作
(21) 减少有害作用的时间 将危险或有害的作业在高速下进行	发动机快速跃过共振转速；照相机用闪光灯；落锤锻造
(22) 变害为利 ①利用有害因素获取有益结果 ②将两项有害要素迭加以消除危害	①利用垃圾发热、发电 ②发电厂用炉灰的碱性中和废水的酸性
(23) 反馈 ①引入反馈、提高性能 ②若已引入反馈，改变其大小或作用	①音响的音量自动控制电路 ②将管理评价方式由考虑预算差异改为提高用户满意度
(24) 借助中介物 ①利用媒介携带物品或中间过程 ②把一物体临时附加到另一物体上	①蜜蜂传花粉 ②失蜡铸造；将射频智能芯片贴到汽车的某一部位，为侦破汽车被盗提供信息
(25) 自服务 使物体具有自补充、自恢复功能	自清洗烤箱；自补充饮水器
(26) 复制 ①利用简单价廉的复制品代替复杂稀有、昂贵的物体 ②用照片代替事物或实际过程	①听录音代替出席报告会，计算机模拟仿真 ②利用太空遥测摄影代替实地勘察绘制地图
(27) 廉价替代品 利用低值易耗物品代替昂贵的耐用物品	一次性用品，如纸杯、纸巾等
(28) 机械系统替代 ①用光学、声学、味觉或嗅觉传感系统代替机械 ②利用电场、磁场和电磁场作用于物体	①在天然气中掺入难闻的气味给用户以泄露警告，而不用机械或电的传感器 ②以交流变频技术替代减速箱变速
(29) 气压与液压结构 使用气动或液压部件代替固体部件(利用液体、气体缓冲)	气垫运动鞋减少运动对足底的冲击

(续)

创新原理	实例说明
(30) 柔性壳体或薄膜 ①利用膜片和薄膜取代三维结构 ②利用柔性膜片和薄膜隔绝物体和外部环境	①利用薄膜(帆布帐篷)结构在冬季遮盖网球场 ②真空铸造造型时在模型和砂型间加一层柔性薄膜以保持铸型有足够的强度
(31) 多孔材料 ①使用多孔材料制造物体或加入多孔元件 ②如果物体已是多孔的了,可事先在其多孔中添加有用物料	①在两层铝合金板之间加进薄壁空心铝球,并使其结合在一起,大大提高结构刚性和隔热、隔音能力 ②氢储存在多孔的纳米碳管中,储存量大且安全
(32) 改变颜色、拟态 ①改变物体或其周围环境的颜色 ②改变物体或其周围环境的透明度或可视度	①利用 pH 试纸的颜色测量液体酸碱度 ②在炼钢厂,使用彩色水帘保护工人免遭紫外线
(33) 同质化 相互作用的两物体用同种或相近材料制成	①以金刚石粉粒作为切割金刚石的工具 ②用气态氧解冻固态氧
(34) 废弃或再生 ①采用溶解、蒸发等手段废弃已完成其功能的零部件,或改造其机能 ②在工作过程中迅速补充消耗或减少的部分	①可溶性的药物胶囊 ②自磨锐刀片割草机;自动铅笔
(35) 物理或化学参数改变 ①使物体发生物理相变 ②改变物体浓度或黏度 ③改变柔性 ④改变温度	①将氧气、氮气或石油液化,以减小体积便于运输 ②洗手液比肥皂块使用方便,公用时更卫生 ③橡胶硫化可变其弹性和耐久性 ④升温至居里点以上使铁磁性物质变为顺磁性物质
(36) 相变 利用物质相变时所发生的某种现象(如体积变化、放热或吸热等)	热泵利用地层和温水的热,使工质蒸发和压缩冷凝发热,用于建筑物采暖;利用相变材料吸热特性做成的降温服
(37) 热膨胀 ①使用热膨胀(或收缩)材料 ②组合使用不同热膨胀系数的材料	①装配钢双环时,使内环冷却收缩,外环升温膨胀,再将两环装配,待恢复常温后,内外环就紧固在一起 ②双金属片,在升温和冷却时分别向不同方向弯曲变形,用其制造温度计或热敏开关

(续)

创新原理	实例说明
(38)加速氧化 ①以富氧空气替代普通空气 ②以纯氧代替富氧空气 ③利用电离的氧	①高炉富氧送风可以提高铁的产量 ②使用纯氧—乙炔法进行更高温度的切割 ③在空气清洁器中用电离的空气分离污染物
(39)惰性环境 ①以惰性气氛取代通常的环境 ②向物体加入中性或惰性添加剂	①霓虹灯用氩气等惰性气体填充灯泡 ②真空包装食品,延长储存期
(40)复合材料 以复合材料取代均质材料	①利用晶须复合材料制造刃具和模具,有更高的使用寿命 ②用玻璃纤维(玻璃钢)制造的冲浪板比木制的更轻、更容易操作(控制),而且更容易制成各种所需的形状

表 2-8 TRIZ 39 个通用工程参数名称表[7]

参数	参数	参数
①运动物体的质量	⑭强度	㉗可靠性
②静止物体的质量	⑮移动物体作用时间	㉘测量精度
③运动物体的长度	⑯静止物体作用时间	㉙制造精度
④静止物体的长度	⑰温度	㉚作用于物体的有害因素
⑤运动物体的面积	⑱照明强度	㉛物体产生的有害因素
⑥静止物体的面积	⑲移动物体的能量消耗	㉜制造方便性
⑦运动物体的体积	⑳静止物体的能量消耗	㉝操作方便性
⑧静止物体的体积	㉑功率	㉞维修方便性
⑨速度	㉒能量损失	㉟实用性、通用性
⑩力	㉓物质损失	㊱设备复杂性
⑪应力或压力	㉔信息损失	㊲检测复杂性
⑫形状	㉕时间损失	㊳自动化程度
⑬物体的稳定性	㉖物质的量	㊴生产率

(4)发明问题解决算法(ARIZ)

ARIZ(algorithm for inventive problem solving)是 TRIZ 理论的发明问题解决算法。TRIZ 法特别强调矛盾与理想解的程式化。TRIZ 认为,发明问题求解的过程是对问题不断描述、程式化的过程。一个问题解决的困难程度取决于对该问题的描述或程式化方法,描述得越清楚,问题就越容易解决。ARIZ 是由一整套逻辑过程组成的规则系统,用以促使初始问题逐渐程式化,以使技术系统向理想解的方向进化。

表 2-9 TRIZ 矛盾矩阵表[8]

改善的参数		恶化的参数					
		1	2	3	…	38	39
		运动物体质量	静止物体质量	运动物体尺寸	…	自动化程度	生产率
1	运动物体质量	+	–	15, 8, 29, 34	…	26, 35, 18, 19	35, 3, 24, 37
2	静止物体质量	–	+	–	…	2, 26, 35	1, 28, 15, 35
3	运动物体尺寸	8, 15, 29, 34	–	+	…	17, 24, 26, 16	14, 4, 28, 29
⋮	⋮	⋮	⋮	⋮		⋮	⋮
38	自动化程度	28, 26, 18, 35	28, 26, 35, 10		…	+	5, 12, 35, 26
39	生产率	35, 26, 24, 37	28, 27, 15, 3	18, 4, 28, 38	…	5, 12, 35, 26	+

ARIZ 解决发明问题的流程图如图 2-31 所示。首先,对问题的初始描述一般比较模糊,创造者通过对问题的深入理解,将矛盾集中到较小的层面,描述一个缩小的问题。然后,以此为着眼点分析隐藏在系统中的矛盾,找出矛盾发生的区域,明确区域中有哪些资源,建立一个对应的理想方案。TRIZ 认为,一般而言,为了找到理想的解决方案,可以在矛盾区域发现相互矛盾的物理属性,即物理矛盾。为此,应分析系统面临的物理矛盾,找出矛盾所在的部件,作为问题解决的关键。最后,在知识库(专家系统)的支持下开发具体的设计方案。若已有的知识不能解决该问题,则暂时无解决方案,可以重新对问题进行表述,描述系统矛盾,以此往复。

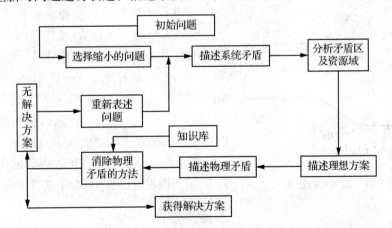

图 2-31 ARIZ 解决发明问题的流程[9]

2.4.2.4　TRIZ 理论方法应用实例

实际应用中，标准的六角形螺母常常会因为拧紧时用力过大或者使用时间过长，螺母的六角形外表面被腐蚀，使表面遭到破坏。螺母被破坏后，使用普通的传统型扳手往往不能再松动螺母，有时甚至使情况更加恶化，也就是说螺母外缘的六角形在扳手作用下破坏更加严重，扳手更加无法作用于螺母。传统型扳手之所以会损坏螺母，其主要原因是扳手作用在螺母上的力主要集中于六角形螺母的某两个角上，如图 2-32 所示。

为解决拧开生锈的螺母非常困难还经常损坏螺母这个难题，可以有以下 3 个答案：

①使扳手的各个表面与螺母的外表面完全吻合，从而使得拧螺母时扳手的表面与螺母表面完全接触，以避免螺母的角与扳手平面的接触。

②在扳手上增加一个"小附件"，使得扳手的表面可以自由移动以和不同的螺母表面相接触。

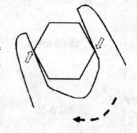

图 2-32　用传统扳手拧紧或松开螺母

③使用比螺母材料硬度小的材料制造扳手，这样可以在操作过程中损坏扳手而不是螺母。

根据上述 3 个答案的比较，第一个是最切合实际的。然而，改变扳手的形状不免要增加扳手制造的复杂程度。因此，"制造性"(manufaturability) 即为恶化的技术特性。经物理矛盾分析后，可以得出如下的结论：制造精度越高，工艺性越差，从而确定了它们之间相应的技术矛盾。从 TRIZ 矛盾矩阵表 2-9 查出：恶化的参数——No. 31"物体产生的有害因素"；改善的参数——No. 29"制造精度"。

为很好地找出对应于空间精度与工艺性参数之间的相关性，把它们映射到通用工程矩阵表上(表 2-9)，以恶化的参数 No. 31"物体产生的有害因素"为纵坐标，以改善的参数 No. 29"制造精度"为横坐标，将两个坐标相交即可得到 4 组数据，再将这些数据映射到 40 条发明创新原理与示例表(表 2-7)上，即可得知该 4 组数据具体表达的发明原理。它们分别是：No. 4 增加不对称性、No. 17 空间维数变化、No. 34 废弃或再生、No. 26 复制。通过对 No. 17 及 No. 4 两条创新原理进行深入分析表明，如果扳手工作面与螺母的侧面能多点接触，而不只是与棱角单点接触，问题就可以得到解决，如图 2-33 所示。该设计已在 1995 年获得了美国专利。

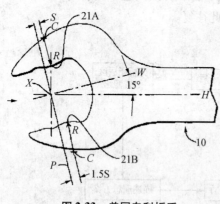

图 2-33　美国专利扳手

本章小结

本章介绍了系统工程与人机系统、机械系统与人机系统，以及机械系统化设计方法。系统是由相互间具有有机联系的许多要素组成的具有一定功能的整体。从系统的概念来讲，任何机械都是由若干个零件、部件和装置组成并完成特定功能的一个系统。机械零件是组成机械系统的基本要素，部件和装置是组成机械系统的子系统，它们按一定的结构形式相互联系和作用，产生确定运动，传递和变换机械能，完成特定的工作。而人机系统是扩展的机器系统，是一定数量的人和一定数量的机器相互作用而完成其功能的一种组合。机械系统化设计是系统工程学在机械设计方面的分支。系统化设计法是利用系统学和系统工程的理论和方法，将设计对象看作一个系统进行系统分析和综合，按设计步骤有条理地进行设计，以求得价值优化的最佳设计方案的一种方法。

本章还介绍了创新设计方法，这是指充分发挥设计者的创造力，利用已有的技术原理进行创新构思，并进一步应用新技术、新原理和新方法进行产品的设计和分析，其目的是为人类社会提供富有新颖性和先进性的产品。发明问题解决理论 TRIZ 以其良好的可操作性、系统性和实用性，在全世界的创新和创造学研究领域占据着独特的地位。

参考文献

[1] 孙月华. 机械系统设计[M]. 北京：北京大学出版社，2012.
[2] 朱立学，韦鸿钰. 机械系统设计[M]. 北京：高等教育出版社，2012.
[3] 邹慧君. 机械系统设计原理[M]. 北京：科学出版社，2002.
[4] 赵敏，史晓凌，段海波. TRIZ 入门及实践[M]. 北京：科学出版社，2009.
[5] 李彦，李文强，等. 创新设计方法[M]. 北京：科学出版社，2013.
[6] 王树才，吴晓. 机械创新设计[M]. 武汉：华中科技大学出版社，2013.
[7] 张美麟. 机械创新设计[M]. 北京：化学工业出版社，2005.
[8] 张有忱，张莉彦. 机械创新设计[M]. 北京：清华大学出版社，2011.
[9] 谭斌昭. 当代自然辩证法导论[M]. 广州：华南理工大学出版社，2006.

思考题

1. 什么是系统？系统有何特征？
2. 什么是机械系统？在设计机械系统时，为什么要强调从系统的观点出发？
3. 什么是人机系统？它包含哪些关系？
4. 简述系统设计中的系统功能原理方案及一般过程。
5. TRIZ 理论提出的八大进化法则内容是什么？

推荐阅读书目

1. 创新思维与方法——TRIZ 的理论与应用. 陈光. 科学出版社.
2. 技术创新理论(TRIZ)及应用. 赵新军. 化学工业出版社.

相关链接

百度百科. http://baike.baidu.com/view/194323.htm?fr=aladdin
TRIZ 理论与方法入门讲座. http://www.docin.com/p-268793700.html

第3章 相似与模拟仿真设计

[**本章提要**] 宇宙万物奇妙多变,但人们终究不断发现事物间种种普遍规律,对应论即为其中最常见的规律之一。对应论规律指在同一个集合内或在完全不同的集合之间往往存在着一一联系的变换形式。本章将相似理论和相似准则作为理论基础,以农林机械中具有典型意义的风机和喷头为例介绍了相似设计方法,并引申出模拟仿真设计的原理、分类等知识,着重介绍模拟仿真和数字仿真实例,最后介绍3D打印和定制设计方法及实例。

3.1 相似理论及相似准则
3.2 相似设计方法
3.3 模拟仿真设计
3.4 3D打印与定制设计方法

机械工程中的许多现象错综复杂,单靠数学工具难以解决。而常规的直接实验方法也有很大的局限性,如实验所得结论仅适于与实验条件完全相同的情况,而对于尚未制造出来的机械设备,谈不上用实验方法去探索其规律;即使制造出来的设备,限于设备过大、过小或过程难以控制等原因,也往往难以应用直接实验方法。因此根据对应论规律,以相似理论为依据的相似与模拟设计已成为探索机械工程规律的有效方法,并作为重要的科学技术手段,广泛地应用到流体力学、电磁学、热学、医学、生物学等自然科学领域以及农林、化工、航天、地下工程、水工等领域中。工业中约60%的机械产品设计活动是对原有机械设计方案的修改,用过去实际采用的机构实例和设计经验来解决新的设计问题,也就是说概念设计大多是相似设计或模拟仿真设计[1]。

3.1 相似理论及相似准则

相似理论的理论基础是相似三定理。利用相似三定理指导模型试验,首先应该立足相似第三定理正确、全面地确定现象的参量;然后通过相似第一定理提示的原则建立该现象的全部 π 项;最后将所得 π 项按相似第二定理的要求组成 π 关系式,以用于模型设计和模型试验结果的推广[2]。

3.1.1 相似理论

早在 1686 年,牛顿在著作《自然哲学的数学原理》中就提出相似理论[3]。目前的应用主要在两个方向上发展:一方面应用于物理过程上,以参数的形式来处理实验的结果;另一方面应用于工程设备的模型方法上。所以相似理论已成为处理物理以及工程试验数据的科学基础,成为一种实验的理论。

3.1.1.1 相似条件

相似是指在对应瞬时,各对应点上表征某物理现象的所有参量,其大小各有确定不变的比值,如果是向量,则其方向必须一致。

相似概念首先出现在几何学里。几何相似条件是指各对应角彼此相等以及对应的各边互成比例。凡是符合相似条件的图形都相似,并构成相似图形群。

这种相似概念可以推广到任何一种物理现象中。例如运动相似条件,指速度场及加速度场相似,在对应瞬时各对应点速度与加速度的方向一致,且比值相等,如在不同直径的圆管中作层流运动的流体就是一个例子;在机械产品模型试验中,不仅要求模型与原型做到几何相似,而且还要做到使试验中所包含的一切度量如与运动有关的时间、速度、加速度、力等都必须相似。可见物理现象的相似条件要比几何现象的相似条件复杂得多。满足物理现象的相似条件主要是:

相似条件①:描述现象的基本方程组完全相同是现象相似的第一个必要条件。

相似条件②:单值性条件相似是现象相似的第二个必要条件(单值性条件是在具有普遍共性的同一类型现象中得到某一特定的具体现象而附加的条件,包括几何条件、物理条件、边界条件和初始条件)。

相似条件③：由单值性条件的物理量所组成的相似准则在数值上相等是现象相似的第三个必要条件。

如一组物理过程的现象相似，则在相应时刻，相应的参数之间比例关系应保持为常数，此常数即为相似比，亦称相似系数 c_p。

$$c_p = \frac{q_1}{q_2} \tag{3-1}$$

式中：q_1 为原型的各种参量；q_2 为模型中与 q_1 相对应的参量。

解决相似问题的关键是找出相似系统各物理参数的相似系数。例如原型与模型的力相似，以 P 表示荷载，则荷载相似系数为

$$c_p = \frac{P_{11}}{P_{12}} = \frac{P_{21}}{P_{22}} = \cdots\cdots = \frac{P_{n1}}{P_{n2}}$$

式中：$p_{11}, p_{21}, \cdots, p_{n1}$ 为原型承受的荷载；$p_{12}, p_{22}, \cdots, p_{n2}$ 为模型中对应于原型各位置上所作用的荷载。

总之，要使模型与原型相似，则一切对应参量必须相似，而所有对应参量都有表征其特性的值（即特征值）存在。因此在取相似系数和条件时，应充分考虑到选取参量的特征值。

3.1.1.2 相似三定理

相似定理是相似模拟设计和模型试验的理论基础。对于复杂的物理现象，也可以应用相似理论建立经验公式。

(1) 相似第一定理

相似第一定理是 1848 年由法国 J. Bertrand 建立的，又称相似正定理，是指彼此相似的现象必定具有数值相同的相似准则。它是通过分析相似现象的以下相似性质得出的：

性质①：相似现象都可以用文字上与形式上完全相同的完整方程组来描述，包括描述现象的基本方程及描述单值性条件的方程。

性质②：表征相似现象的一切物理量的场都相似。

性质③：几何边界条件必定相似。

性质④：各物理量的比值不能是任意的，而是彼此既有联系又相互约束的。它们之间的约束关系表现为某些相似倍数组成的相似指标等于1。

相似第一定理是系统（现象）相似的必要条件，它揭示相似系统（现象）的基本性质。

现以牛顿第二定律为例说明。在力学相似系统中，力 F、质量 m、长度 L 和时间 T 之间的关系在原型实物系统中为

$$F_1 = m_1 \frac{d^2 L_1}{d T_1^2} \tag{3-2}$$

对于另一个与原型相似的模型的力学系统应为

$$F_2 = m_2 \frac{d^2 L_2}{d T_2^2} \tag{3-3}$$

因为两个系统相似，则其相应的物理量之比应保持常数，即相似系数

$$c_F = \frac{F_1}{F_2}, \quad c_m = \frac{m_1}{m_2}, \quad c_L = \frac{L_1}{L_2}, \quad c_T = \frac{T_1}{T_2} \tag{3-4}$$

式(3-2)与(3-3)相除,并将式(3-4)代入后得

$$c_F = \frac{m_1 \dfrac{\mathrm{d}^2 L_1}{\mathrm{d} T_1^2}}{m_2 \dfrac{\mathrm{d}^2 L_2}{\mathrm{d} T_2^2}} = \left(\frac{m_1}{m_2}\right)\left(\frac{\mathrm{d}^2 L_1}{\mathrm{d}^2 L_2}\right) \cdot \left(\frac{\mathrm{d} T_2^2}{\mathrm{d} T_1^2}\right) = \frac{c_m c_L}{c_T^2} \tag{3-5}$$

故有

$$\frac{c_F c_T^2}{c_m c_L} = 1 \tag{3-6}$$

如将式(3-4)代入式(3-6),可得各物理量间的关系为

$$\frac{m_1 L_1}{F_1 T_1^2} = \frac{m_2 L_2}{F_2 T_2^2} \tag{3-7}$$

式(3-6)称为力学系统的相似指标,它代表各物理量所采用的相似系数之间的关系,两相似系统,相似指标为1。显然相似系数是不能任意选择的,因为力 F、质量 m、长度 L 和时间 T 诸量是由式(3-4)相互联系的,它们的相似系数间的关系也必须符合式(3-6)的相似指标为1的要求。

式(3-7)所表示的无量纲组合称为相似准则,一些有典型意义的相似准则通常用首先提出者的名字命名,如式(3-7)写成一般形式为 $\pi = \dfrac{mL}{FT^2} = \mathrm{idem}$(注意这里的 π 不是圆周率、拉丁文 idem 表示同一数值),称为牛顿准则,表示为 $Ne = \dfrac{mL}{FT^2}$。相似准则一定是由关系方程式所包含的某几个或全部参量按照一定函数关系组成的无量纲量。

(2)相似第二定理

相似第二定理是1914年由美国学者 J. Buckingham 首先提出的,又称 π 定理,是指任何过程的各种量之间的关系,可用相似准则间的关系式表示为

$$f(\pi_1, \pi_2, \pi_3, \cdots, \pi_n) = 0 \tag{3-8}$$

式中的 n 个相似准则中,有些是由给定条件所确定的具有独立的、已确定的相似准则;另一些则包含着待定物理量的待定相似准则。如果给定的和待定的相似准则关系是同一方程式中自变量和因变量的关系,又因两个过程中相应的已定准则相等,则它们的待定相似准则也随之相等。

(3)相似第三定理

相似第三定理是由前苏联学者 M. B. 基尔比契夫(М. В. Кирпииев)1933年在《相似原理》中提出的,又称相似逆定理,它是指对于同一类型的物理现象,如果给定条件相似,且由给定量所组成的相似准则在数量上相等,则现象相似。亦即物理现象相似的充分必要条件是给定条件相似和同名的已定相似准则相等。

3.1.2 相似准则

相似准则[4]是表示系统中的某一量,这个量在不同系统单元中有不同的数值,但当一个现象转换到与它相似的另一个系统时,相似准则是不变的。

从物理意义上看,相似准则能综合地反映各参数对物理现象的影响,能更清楚地显示出物理过程的内在联系;从工程领域的实际看,相似准则是模型试验的依据,由它可以导出各参数的关系和需求解的参数量。相似准则推导多采用以下 3 种相似准则求解方法:定律分析法、方程分析法和量纲分析法。从理论上说,3 种方法可以得出同样的结果,只是用不同的数学方法来对物理现象做描述。

3.1.2.1 定律分析法

运用已知的物理定律来求解相似准则的方法,称为定律分析法。这种方法要求对所研究的对象和所包括的物理定律有明确的认知,各个定律的主次关系要明确,相互间的联系也要明确,什么可以忽略什么不可以忽略,必须慎重考虑。有些定律间的关系还得通过试验来研究,在确定关系上要花费大量的时间和精力,这给解决问题带来许多不便。

3.1.2.2 方程分析法

这是由已知物理现象的定律或关系方程式,而分析推导出相似准则的方法。用它来决定相似准则时有两种方法,即相似转换法和积分类比法。

(1) 相似转换法

相似转换法的基本步骤如下:

①写出现象的数理方程;

②写出全部单值条件;

③写出相似常数的表达式;

④将相似常数代入方程组进行相似变换,求出相似指标方程式,再转化为相似准则;

⑤将相似常数代入单值条件方程,经相似变换的相似指标方程,转化为相似准则;

⑥将所有求得的相似准则进行分解组合,向常用准则靠拢。

这里以梁(或轴)弯曲变形的模型试验为例,讨论用相似转换法导出相似准则的基本步骤。

①**写出关系方程式或全部单值条件** 圆断面梁的弯曲变形微分方程式为

$$\frac{d^2\delta}{dl^2} = -\frac{M}{EI}$$

式中:M 为弯矩,$N \cdot mm$;E 为材料弹性模量,N/mm^2;I 为梁(或轴)的断面惯性矩,mm^4;δ 为弯曲挠度,mm;l 为沿梁(或轴)长度方向的坐标值,mm。

两轴的弯曲变形微分方程式分别为

$$\frac{d^2\delta_1}{dl_1^2} = -\frac{M_1}{E_1 I_1}, \quad \frac{d^2\delta_2}{dl_2^2} = \frac{M_2}{E_2 I_2} \tag{3-9}$$

②**写出相应倍数的表达式** 若两轴相似,各相应的物理量应成比例,即

$$c_\delta = \frac{\delta_1}{\delta_2}, \quad c_l = \frac{l_1}{l_2}, \quad c_M = \frac{M_1}{M_2}, \quad c_F = \frac{E_1}{E_2}, \quad c_I = \frac{I_1}{I_2} \tag{3-10}$$

将相似倍数表达式代入关系方程式进行相似转换,得到相似指标式为

$$\frac{c_\delta}{c_l^2} = \frac{c_M}{c_E c_I} \tag{3-11}$$

或有相似指标

$$\frac{c_\delta c_E c_I}{c_l^2 c_M} = 1 \tag{3-12}$$

③**利用关系方程式求得相似准则** 由前面公式化简得到相似准则为

$$\pi = \frac{\delta E_I}{l^2 M} = \text{idem}$$

(2) 积分类比法

由于相似现象的关系方程式是完全相同的，故推导其相似准则时，关系方程式中各对应参量的比值应该相等，各对应参量的导数用该参量的比值（即相似倍数）来代替，并可推广到任意阶导数上去，这就是积分类比法。如 $\frac{\mathrm{d}\delta}{\mathrm{d}l}$ 和 $\frac{\mathrm{d}^2\delta}{\mathrm{d}l^2}$ 用其积分类比 $\frac{\delta}{l}$ 和 $\frac{\delta}{l^2}$ 代替，从而使求解相似准则过程简化。

3.1.2.3 量纲分析法

通过基本量度单位表示的导出量度单位的表达式称为量纲。量纲分析法(dimensional analysis)是在研究现象相似性问题的过程中，对各种物理量的量纲进行考察时产生的。它的理论基础是关于量纲齐次方程的数学理论。一般来说，用于说明物理现象的方程都是齐次的，这也是定律得以通过量纲分析导出的基础。

对于所研究的现象不能写出数学方程式而仅知道方程式中包含哪些参量，即对关系式未知的物理系统，可用量纲分析法先求出各物理量间的量纲方程式，再求出相似准则或相似指标，然后通过实验方法找到各物理量之间的数值关系，确定物理方程式以指导设计。

量纲是区分物理量种类的特征。量纲分为基本量纲和诱导量纲（或导出量纲）。基本量纲是互相独立的，如长度、时间、质量（或力）为基本量，其量纲表示为符号 $[L]$、$[T]$、$[M]$（或 $[F]$）。有时为了相似与模拟设计的方便，也采用其他基本实体作为量纲分析的单位，如温度 $[\theta]$。诱导量纲可由基本量纲推导出来。

用量纲齐次原理的普遍性假设（即凡是正确反映客观规律的物理方程，其各项量纲都必须一致）和量纲分析中更普遍的 Buckingham 的 π 定理的组合为基础进行量纲分析。现介绍量纲分析的步骤。

(1) 定性分析要确定的相似准则

即利用专业知识，根据所要研究的物理现象，确定所涉及的主要物理参量。这是较难也是关键的一步。

设某一现象由 s 个参量 $q_1, q_2, \cdots, q_s$ 来表征，这 s 个参量表示为

$$[q_j] = [L]^{\alpha_{ji}} [M]^{\beta_{ji}} [T]^{\gamma_{ji}} \tag{3-13}$$

式中：$i, j = 1, 2, \cdots, s$。

(2) 确定物理现象独立性相似准则数

这可用来检查求得的相似准则有无遗漏或是否多余。

因为式(3-13)中的 s 个参量为已知,即 α_{ji},β_{ji},γ_{ji} 已知,则所述现象的任一个相似准则可表示为

$$\begin{aligned}\pi_i &= q_1^{x_1} q_2^{x_2} \cdots q_s^{x_s} \\
&= ([L]^{\alpha_{1i}}[M]^{\beta_{1i}}[T]^{\gamma_{1i}})^{x_1}([L]^{\alpha_{2i}}[M]^{\beta_{2i}}[T]^{\gamma_{2i}})^{x_2}\cdots \\
&\quad ([L]^{\alpha_{si}}[M]^{\beta_{si}}[T]^{\gamma_{si}})^{x_s}\end{aligned} \tag{3-14}$$

式中:x_1,x_2,$\cdots$,x_s 为待定的参量指数。

根据量纲齐次原理

$$\left.\begin{aligned}\text{对于}[L]\text{有}\quad &\alpha_{1i}x_1+\alpha_{2i}x_2+\cdots+\alpha_{si}x_s=0\\ \text{对于}[M]\text{有}\quad &\beta_{1i}x_1+\beta_{2i}x_2+\cdots+\beta_{si}x_s=0\\ \text{对于}[T]\text{有}\quad &\gamma_{1i}x_1+\gamma_{2i}x_2+\cdots+\gamma_{si}x_s=0\end{aligned}\right\} \tag{3-15}$$

其系数矩阵为

$$\begin{bmatrix}\alpha_{1i} & \alpha_{2i} & \cdots & \alpha_{si}\\ \beta_{1i} & \beta_{2i} & \cdots & \beta_{si}\\ \gamma_{1i} & \gamma_{2i} & \cdots & \gamma_{si}\end{bmatrix} \tag{3-16}$$

方程式数目等于参数所含的基本量纲数目(即 3 个线性齐次方程),而需要确定的未知数的数目等于参量的数目(s 个未知数)。

式(3-15)有无穷多组解,但其基础解的数目 u 等于参量数目 s 减去系数矩阵的秩 r,即 $u=s-r$,也就是说,所述现象只能有 $s-r$ 个相互独立的相似准则。

(3) 求解相似现象的相似准则的完整集合

相互独立的相似准则数由系数矩阵的秩决定,则可求解出 u 个线性无关的解向量,组成如下的解矩阵,此即为式(3-15)的基础解系:

$$\begin{array}{c}\text{参\quad 量}\quad q_{r+1}\quad q_{r+2}\quad \cdots\quad q_s\quad q_1\quad q_2\quad \cdots\quad q_r\\ \text{参量指数}\quad x_{r+1}\quad x_{r+1}\quad \cdots\quad x_s\quad x_1\quad x_2\quad \cdots\quad x_r\\ \begin{array}{c}\pi_1\\ \pi_2\\ \vdots\\ \pi_{s-r}\end{array}\begin{bmatrix}c_{1,r+1} & c_{2,r+1} & \cdots & c_{r,r+1} & 1 & 0 & \cdots & 0\\ c_{1,r+2} & c_{2,r+2} & \cdots & c_{r,r+1} & 0 & 1 & \cdots & 0\\ \vdots & \vdots & & \vdots & \vdots & \vdots & & \vdots\\ c_{1,s} & c_{2,s} & \cdots & c_{r,s} & 0 & 0 & \cdots & 1\end{bmatrix}\end{array} \tag{3-17}$$

每一解向量(即解矩阵的每一行)组成了相似准则参量的一组指数,从而得到了相互独立的相似准则的完整集合 π_1,π_2,$\cdots$,π_{s-r}。

上述 3 种方法中,量纲分析法是解决工程技术问题的重要手段之一,与方程分析法比较,凡是能用量纲分析法的地方,未必能用方程分析法,而能用方程分析法的地方,必定能用量纲分析法(只要参量选择正确)。在相似分析中,并不排除将各种方法结合使用的可能性。

3.1.2.4 相似准则形式的转换

探求相似准则的目的是以此为依据设计和组织模型试验,最终导出描述原型现象的关系式,即相似准则形式的确定应有利于实现此目的。而由方程分析法和量纲分析法得到的相似准则形式有一定的随意性,因此相似准则形式有时需要进行相应的转换,

其转换基本原则[5]为：

①相似准则应具有明显的物理意义，并使其物理意义与所研究的现象密切相关。

②使准则关系式的形式尽可能简单。

③使相似准则的组成中不包含在进行模型试验时难以控制和测量的参量。

④使易于控制且是表征现象的主要参量只出现在相似准则完整集合中的某一个相似准则中，这样在模型试验时就能实现最方便的控制。

⑤相似准则形式转换不破坏相似准则等于无量纲的不变量这一属性，这里有如下转换规则：

a. 相似准则的任何次方$(\pi_i)^k$仍是相似准则（k为常数，$i=1,2,\cdots,s-r$）。

b. 相似准则的指数积$(\pi_1)^{k_1}(\pi_2)^{k_2}\cdots(\pi_{s-r})^{k_{s-r}}$仍是相似准则（$k_1,k_2,\cdots,k_{s-r}$为常数）。

c. 相似准则的和与差$(\pi_1)^{k_1}\pm(\pi_2)^{k_2}\pm\cdots\pm(\pi_{s-r})^{k_{s-r}}$仍是相似准则。

d. 相似准则与任一常数的和与差$\pi_i\pm a$仍是相似准则（a为常数）。

3.2 相似设计方法

相似设计法是利用同类事物间静态与动态的相似性，根据样机或模型求得新设计对象有关参数的一种科学类比方法。相似设计能省略严格的数学式的推导与求解，而直接运用量纲齐次原理（或其他方法）求得新的设计（设计参数、设计公式、数学模型和动态响应等），从而可以大幅度减少设计工作量。在机械零部件的设计过程中，相似性设计可以分为如下4步[6]：

①**系统分析** 系统是由两个以上要素组成，且具有整体功能和综合行为的统一整体。

②**简化模型** 在简化模型中，参数的选择是一个很复杂的过程，有时候选择的参数可能对系统没什么影响，而去掉的参数对系统的性能有一定的影响。

③**模型建立与试验** 通过参数相似作数值计算，在参数分析得出简化模型后就要进行模拟试验。

④**数据分析及结果处理** 从计算机模拟得出的数据和实体模型试验得出的数据与设计预先确定的目标进行对比，分析其可行性。

下面以农林机械中具有典型意义的风机和喷头的相似设计为例进行论述。

3.2.1 风机的相似设计

所谓风机相似设计[7]，是根据两个相似的风机其比转速n_s必然相等的原理进行设计的方法。若用户已给定设计参数，如流量Q、全压P、叶轮外径D_2、转速n、工作介质等，应计算出比转速n_s，在已有的经过试验长期运行考验的性能良好的风机中，选择一个比转速相同或接近的风机作为模型风机，再将模型风机的尺寸按比例放大或缩小，得到新风机的几何尺寸（下标M代表模型风机的相关参数）。

两个相似的风机，其压力、流量关系为

$$\frac{P}{P_M} = \frac{\rho}{\rho_m}\left(\frac{D_2}{D_{2M}}\right)^2 \left(\frac{n}{n_M}\right)^2 \tag{3-18}$$

$$\frac{Q}{Q_M} = \left(\frac{D_2}{D_{2M}}\right)^3 \frac{n}{n_M}$$

变换后得：

$$\frac{D_{2M}}{D_2} = \left(\frac{P_M}{P}\frac{\rho}{\rho_M}\right)^{\frac{1}{2}} \frac{n}{n_M} \tag{3-19}$$

$$\frac{n}{n_M} = \left(\frac{D_{2M}}{D_2}\right)^3 \frac{Q}{Q_M}$$

消去式(3-19)中的 $\frac{D_{2M}}{D_2}$，得到

$$\frac{n}{n_M} = \left(\frac{P_M}{P}\frac{\rho}{\rho_M}\right)^{\frac{3}{2}} \left(\frac{n}{n_M}\right)^3 \frac{Q}{Q_M}$$

$$n\frac{Q^{\frac{1}{2}}}{\left(\frac{P}{\rho}\right)^{\frac{3}{4}}} = n_M \frac{Q_M^{\frac{1}{2}}}{\left(\frac{P_M}{\rho_M}\right)^{\frac{3}{4}}} \tag{3-20}$$

当两个相似风机的进口状态是标准状态（$P_0 = 760\text{mmHg} = 101325\text{N/m}^2$，$T = 293\text{K}$，$\rho = 1.2\text{kg/m}^3$）时，$\rho = \rho_M$，则

$$n\frac{Q^{\frac{1}{2}}}{P^{\frac{3}{4}}} = n_M \frac{Q_M^{\frac{1}{2}}}{P_M^{\frac{3}{4}}}$$

令

$$n_s = n\frac{Q^{\frac{1}{2}}}{P^{\frac{3}{4}}} \tag{3-21}$$

式中：n 为设计风机的转速，r/min；Q 为设计风机的流量，m³/s；P 为设计风机的总压力，Pa。

由式(3-21)可知，比转数 n_s 是反映风机的流量 Q、压力 P 和转速 n 之间关系的综合参数，不依赖于风机的尺寸。

比转速 n_s 相等是风机相似设计的一个准则。

风机相似设计步骤为：

（1）根据用户给定的流量、气体状态（压力、温度、密度、黏度系数等），将其换算为标准状态下的流量及全压。

（2）确定设计参数。具体分为以下几种情况：

①选取设计风机转速，与标准状态下的流量 Q、全压 P 计算比转速 n_s，找出与比转速相等或接近的模型风机。

②选择模型风机，由模型风机的比转速 n_s 及标准状态下的流量 Q、全压 P 计算出设计风机所需转速。

③对于比转速过小而又不能用回转式风机，或者比转速过大又不能用轴流式风机的情况，可用单进气双级离心式风机或单级双进气离心式风机，其比转速分别按经验公式[8] $n'_s = 1.414 n_s$，$n''_s = 0.595 n_s$ 计算，其中 n'_s 为单级双进气风机比转速，n''_s 为两

级串联风机比转速。

（3）由 n_s 查模型风机的无因次性能曲线，得到最高效率点的压力系数 $\bar{P}$、流量系数 $\bar{Q}$、全压效率 η 值。

（4）由 P，$\bar{P}$ 及 ρ 值，得叶轮外缘圆周速度为

$$u_2 = \sqrt{\frac{P}{\rho \bar{P}}} \tag{3-22}$$

（5）确定几何比例常数 m_1。由 u_2 及转速 n 可求得叶轮外径 D_2 为

$$D_2 = \frac{60 u_2}{\pi n} \tag{3-23}$$

设计风机与模型风机的几何比例常数 m_1 为

$$m_1 = \frac{D_2}{D_{2M}} \tag{3-24}$$

将模型风机的其他几何尺寸乘以 m_1 可得到设计风机的几何尺寸。由 D_2 查该系列风机的空气动力学图，确定新风机尺寸。

（6）设计风机的结构并验算零部件的强度。

（7）修正 Re。当设计风机的雷诺数与模型风机的雷诺数相差两倍以上时，可按以下近似公式对设计风机的全压进行修正：

$$P' = P + \left(1 - \sqrt[4]{\frac{1}{m_1^2 m_n}}\right) K \left(\frac{\eta_m \eta_v}{\eta_\xi} - 1\right) P \tag{3-25}$$

式中：P 为不考虑 Re 影响时由相似换算得到的设计风机全压；P' 为考虑 Re 影响时的设计风机全压修正值；m_1 为设计风机与模型风机的直径比；m_n 为设计风机与模型风机的转速比；η_m 为模型风机的轮盘摩擦效率，反映轮组损失的大小；η_v 为模型风机的容积效率，反映泄漏损失；η_ξ 为模型风机的内效率；K 为系数，在 0.3～0.6 范围内，后弯型叶轮比前弯型 K 大，高比转数比低比转数 K 大。

用相似设计法设计风机简单可靠，在新风机的设计过程中，不需要重新进行性能试验，该风机能在满足设计要求的高效率区运行。因此，相似设计在风机设计中被广泛采用。

3.2.2 转笼式静电喷头参数分析

静电喷雾是在喷头处以接触、感应或电晕充电方式施加高压静电场，农药喷出后在形成雾滴的同时被充上相应极性的电荷，然后带电雾滴在电场力和其他外力的联合作用下定向飞向目标，从而减少雾滴飘移，改善生态环境。在静电喷头的设计过程中，可以采用相似设计法进行喷头结构与运行参数的确定[9]。转笼式静电喷头装在一离心风机的出口，如图 3-1 所示。风机主气流驱动转笼喷头叶片，使转笼与叶片同轴高速旋转，而药液经流量调节阀后通过中心轴空腔到达转笼体内，同时在空腔内接入银针电极，加上负高电压形成接触充电而使液体带上负电荷。然后液体在转笼体内壁形成液膜层，当液流经转笼体上的分布孔形成射流到达纱网（纱网与转笼体同步转动），这时液体随纱网一起转动，由于离心力作用而使液体雾化并充电形成带电雾滴。由于影响雾化和充电的因素较多，经过分析选取 8 个参量进行量纲分析，即静电电压 V、液体表

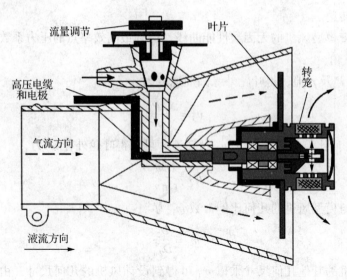

图 3-1 转笼式静电喷头图

面张力 σ 和电导率 C、转笼纱网尺寸 B、液体流量 Q、转笼直径 D、转笼转速 ω 和雾滴容积中径 d 等。

由于 V，C 的量纲在量纲分析中不易单独处理，经分析将其作为一个整体参量来考虑，则有 $[CV^2] = [MLT^{-3}]$，这样选定参量的量纲矩阵为

$$
\begin{array}{c|ccccccc}
 & a_1 & a_2 & a_3 & a_4 & a_5 & a_6 & a_7 \\
 & CV^2 & B & \sigma & Q & D & \omega & d \\
\hline
M & 1 & 0 & 1 & 0 & 0 & 0 & 0 \\
L & 1 & 1 & 0 & 3 & 1 & 0 & 1 \\
T & -3 & 0 & -2 & -1 & 0 & -1 & 0 \\
\end{array}
$$

分析此矩阵可知其秩为 3，说明由量纲矩阵得到的线性齐次代数方程只有 3 个是独立的，而相似准则总数为 4。

这里设定 a_4，a_5，a_6，a_7 后得到 π 矩阵为

$$
\begin{array}{c|ccccccc}
 & a_1 & a_2 & a_3 & a_4 & a_5 & a_6 & a_7 \\
 & CV^2 & B & \sigma & Q & D & \omega & d \\
\hline
\pi_1' & -1 & -2 & 1 & 1 & 0 & 0 & 0 \\
\pi_2' & 0 & -1 & 0 & 0 & 1 & 0 & 0 \\
\pi_3' & -1 & 1 & 1 & 0 & 0 & 1 & 0 \\
\pi_4' & 0 & -1 & 0 & 0 & 0 & 0 & 1 \\
\end{array}
$$

从而得到独立的相似准则为

$$\pi_1' = \frac{\sigma Q}{CV^2 B^2}, \quad \pi_2' = \frac{D}{B}, \quad \pi_3' = \frac{B\sigma\omega}{CV^2}, \quad \pi_4' = \frac{d}{B}$$

为了便于数据处理并保持相似准则的相互独立，对上述相似准则进行转换，得到

$$\pi_1 = \frac{Q}{B^3\omega}, \quad \pi_2 = \frac{D}{B}, \quad \pi_3 = \frac{CV^2}{B\sigma\omega}, \quad \pi_4 = \frac{d}{B}$$

然后建立模型试验系统，并根据量纲分析及以往的研究实践，选定 $D = 50\text{mm}$，$\omega =$

250 s^{-1}，其余参量选择为：$V(0, 5, 10, 15, 20\ \text{kV})$、$B(0.6, 0.5, 0.25, 0.177,$ $0.149\text{mm})$、$Q(230, 200, 170, 140, 110 \times \frac{1}{60} \times 10^3 \text{mm}^3/\text{s})$、试液 $\sigma(58.8, 52.8, 48.0,$ $45.8, 41.7 \times 10^{-2}\text{N/m})$、$C[0.027, 0.032, 0.039, 0.049, 0.054 (\Omega\cdot\text{m})^{-1}]$。然后按 $L_{25}(5^6)$ 进行正交试验，每次测取 100 个雾滴尺寸，统计计算其容积中径，并计算各 π 项后进行多元非线性回归处理，得到

$$\pi_4 = 5.63 \times 10^{-3} \cdot \pi_1^{0.098} \cdot \pi_2^{0.605} \cdot \pi_3^{-0.031}$$

代入有关数据并整理得到数学关系式为

$$d = 0.042 \frac{Q^{0.098} B^{0.132} \sigma^{0.031}}{C^{0.031} V^{0.062}} \quad (\text{mm}) \tag{3-26}$$

由于对不同生物个体起作用的农药雾滴尺寸存在最佳值，因此根据式(3-26)就能确定转笼式静电喷头的结构与运行参数。如 $d \propto V^{-0.062}$，可见随 V 的升高，d 减小，即施加静电有助于雾滴进一步雾化，但电压过高会使高电压发生器的体积和功耗增加；又如 $d \propto Q^{0.098}$，可知随 Q 增加，d 有增加趋势，所以在设计时要使液流量可调，以满足不同生物个体防治的需要。同理，其他类型喷头也可采用相似设计法进行设计开发。

3.3 模拟仿真设计

模拟设计法是利用异类事物间的相似性进行设计的科学类比方法。它是运用对应论研究和创制新事物，特别是模糊事物的重要科学方法，也是以现实知识为杠杆，提高联想力、想象力以解决现实问题的创造性思维。不过模拟具有不可逆性，例如可用简单的电路来模拟复杂的机械或液压系统等，可以求得系统最佳的各项静、动态参数，反之可能毫无意义。现在已从数学模拟、物理模拟发展到了功能模拟，甚至智能模拟。

仿真是 20 世纪 40 年代末伴随着计算机技术的发展而逐步形成的一类实验研究的方法，它是指通过建立系统模型并对所研究的实际或设想的系统进行实验研究的方法或过程。"模拟"和"仿真"经常可以通用，但一般认为仿真的概念含义更为广阔，涵盖了模拟，后者涉及了物理相似，更偏重于物理效应[10]。

仿真技术就是以相似原理、系统技术、信息技术及其应用领域有关的专业技术为基础建立起系统的模型，以计算机和专用物理效应设备为工具，利用系统模型对实际或设想的系统进行认识和改造的一门多学科综合性、交叉性技术。

3.3.1 仿真系统的组成和分类

仿真要有一个对象系统、一个或一组模型和在模型上进行试验以获得所需的数据结果，因此系统、模型、试验是仿真研究的基本要素。1984 年 Oren 提出了现代仿真的基本框架——"建模—试验—分析"。仿真系统是研究系统、解决问题的方法和手段。因此，一个仿真系统的建立是面向某个系统和问题的，仿真系统的组成规模取决于所研究的系统问题。面向问题的仿真系统一般由系统软件、系统硬件、系统的评估和校验验证与确认 4 个部分组成[11]。

仿真可分为模拟仿真(analog simulation)、数字仿真(digital simulation)和模拟数字

混合仿真。模拟仿真基于数学相似原理,其特点是直观、运算速度快,但是精度较差;数字仿真基于数值计算原理,其特点是自动化程度高,具有复杂逻辑判断能力,而且结果的精度相对较高。模拟数字混合仿真将模拟仿真和数字仿真相结合,兼备模拟仿真和数字仿真的优点,可以快速进行多次仿真研究,因此特别适合用于参数寻优、统计分析等方面的应用,尤其是在复杂系统的实时仿真方面体现出较大的优越性。

根据被仿真系统的性质,可以将仿真分为连续系统仿真(continuous system)、离散事件系统仿真(discrete event system)和连续与离散事件混合系统仿真。很多工程系统以连续系统为主要特征,其模型主要用描述物理、化学、生物等方面变化规律的数学关系来表达。反之,很多非工程系统以离散事件系统为主要特征,其模型主要用描述实体、事件、行为及其逻辑和时序关系的流程图及必要的数学公式和形式化描述规范来表达。大量的系统以连续与离散事件混合的形式存在,其仿真方法是上述两种方法的有机结合,并且可以建立统一的描述规范。

根据仿真所用模型的性质,可以将仿真分为物理仿真、数学仿真和数学物理混合仿真。物理仿真形象、直观、逼真,但仿真的代价较大;数学仿真的特点是经济、方便、灵活;数学物理混合仿真将数学模型与系统的部分实物混合使用,也称为半实物仿真或硬件在回路(hardware-in-the-loop)仿真。类似的,也可以将用于控制、制导、导航等用途的计算软件接入数学仿真回路,以测试这些软件在系统环境中的正确性,这就是软件在回路(software-in-the-loop)仿真。如果将驾驶员、飞行员、航天员或其他装置的操作人员接入仿真回路进行操纵试验或训练,就形成人在回路(Man-in-the-loop)仿真。

3.3.2 模型

由于仿真试验和仿真分析主要围绕模型[12]展开,因此模型是仿真的核心,是仿真试验工作开展的基础,是仿真应用成功的关键。美国国防部 DoD 5000.59 指令在建模与仿真管理部分中,将模型定义为:"一个模型是一个系统、现象或过程的物理、数学或逻辑的表示。"模型要具有现实性、简洁性和适应性。

系统仿真中所用的模型可分为实体模型(又称物理效应模型,physical model)和数学模型(mathematical model)。实体模型是根据系统之间的相似性而建立起来的物理模型。静态的实体模型中最常见的是比例模型。动态实体模型的种类更多,如在电力系统动态模拟实验中,有时利用由小容量的同步机、感应电动机与直流电机组成的系统,作为电力网的实体模型来研究电力系统的稳定性。数学模型包括原始系统数学模型和仿真系统数学模型。原始系统数学模型又包括概念模型和正规模型,概念模型是指用说明文字、框图、流程和资料等形式对原始系统的描述,正规模型是指用符号和数学方程式来表示系统的模型,其中系统的属性用变量表示,系统的活动则用相互有关的变量之间的数学函数关系式来表示。原始系统数学建模过程被称为一次建模。仿真系统数学模型是一种适合在计算机上进行运算和试验的模型,主要根据计算机运算特点、仿真方式、计算方法、精度要求,将原始系统数学模型转换为计算机的程序。仿真试验是对模型的运转试验,根据试验结果情况,进一步修正系统模型。仿真系统数学建模过程被称为二次建模。

因此，系统仿真可以作如下的定义，它是在计算机上和实体上建立系统的有效模型（数学的，或物理效应的，或数学—物理效应的模型），并在模型上进行系统试验。相对而言，物理效应模型的造价昂贵且耗时长，而数学模型的产生和应用则更为方便和经济。因此，系统仿真中更多的是使用数学模型。

数学模型的类型，主要指是随机性的还是确定性的，是集中参数型的还是分布参数型的，是线性的还是非线性的，是时变的还是时不变的，是动态的还是静态的，是时域的还是频域的，是连续的还是离散事件的，等。

连续系统模型是由表征系统变量之间关系的方程来描述的，主要特征是用常微分方程、偏微分方程和差分方程分别描述集中参数系统、分布参数系统和采样数据系统，其中常微分方程、偏微分方程也可以转换成差分方程形式。究竟采用哪一种，取决于对系统状态随时间变化的整个过程感兴趣，还是仅对某些时间点感兴趣，或者是所能得到的数据仅仅限于某些时间点。

离散事件系统模型是系统模型中的状态变量只在某些离散时刻由于某种事件而发生变化，系统模型只能用流程图、网络图或表格来表示，其仿真结果是产生处理这些事件的时间历程。例如电话系统模型主要是用到达模式（如电话呼叫概率）、服务过程（如通话过程）、排队规则（电话占线的处理规则）等概率模型来描述的。

3.3.3 模拟仿真技术的发展

3.3.3.1 仿真技术发展历程

仿真科学与技术是在系统科学、控制科学、计算机科学、管理科学等学科中孕育、交叉、综合和发展的，并在各学科、各行业的实际应用中成长，逐渐突破孕育其学科的原学科范畴，已具有相对独立的理论体系、知识基础和稳定的研究对象，从而形成信息门类的新学科，其发展经历了 4 个阶段[13]。

(1) 初级阶段

在第二次世界大战后期，火炮控制与飞行控制系统的研究孕育了仿真技术的发展。在 20 世纪 40~60 年代，人们相继研制成功了通用电子模拟计算机和混合模拟计算机，是以模拟机实现仿真的初级阶段。

(2) 发展阶段

20 世纪 70 年代，随着数字仿真机的诞生，仿真技术不但在军事领域得到迅速发展，而且扩展到许多工业领域，同时相继出现一些从事仿真设备和仿真系统生产的专业化公司，使仿真进入产业化阶段。

(3) 成熟阶段

20 世纪 90 年代，在需求牵引和计算机科学与技术的推动下，为了更好地实现信息与仿真资源共享，促进仿真系统的互操作和重用，以美国为代表的发达国家开展了基于网络的仿真，在聚合级仿真、分布式交互仿真、先进并行交互仿真的基础上，提出了分布仿真的高层体系结构并发展成为工业标准 IEEE 1516。

(4) 复杂系统仿真阶段

20 世纪末和 21 世纪初，对广泛领域的复杂性问题进行科学研究的需求进一步推动仿真技术的发展，仿真逐渐成为具有广泛应用领域的新兴的交叉学科，即仿真科学与技术学科。

3.3.3.2 仿真技术国内外发展现状

仿真科学与技术学科的研究包括仿真建模理论与方法、仿真系统与技术和仿真应用工程。由于仿真技术对于国防建设、工农业生产及科学研究均具有极大的应用价值，所以，仿真技术被美国国家关键技术委员会于1991年确定为影响美国国家安全及繁荣的22项关键技术之一。

（1）仿真建模理论与方法

建模是对实体、自然环境、人的行为的抽象描述，仿真建模理论与方法是仿真科学与技术学科的研究基础。近年来我国在复杂系统、复杂环境、离散事件系统、智能系统、生命系统等领域的仿真建模理论与方法取得了令人瞩目的进展。

从国内外研究总体情况来看，现代仿真建模技术的发展呈现既高度分化又高度综合的两种明显趋势。一方面由于仿真建模在各个领域的广泛应用，使得面向新的专业应用领域的建模仿真方法不断扩展；另一方面是面向复杂问题求解的复杂系统仿真建模方法迅速发展，并综合了多学科多领域的研究成果[14]。这两种趋势相辅相成，相互促进了基于智能体（agent）建模方法与复杂网络理论的结合，及人工生命的概念性研究向应用型研究的转化。

①复杂系统建模　复杂系统建模与仿真有两条主要思路：一是将复杂性科学的相关理论和研究方法应用到建模与仿真实践当中；另一是以钱学森为首的一批中国科学家多年研究的"从定性到定量的综合集成方法"和"从定性到定量的综合集成研讨体系"的开放复杂系统的研究方法。随着研究的深入，两种研究思路各自发挥独特优势又逐渐融合，对中国的复杂系统仿真研究产生重要影响。

美国阿尔贡（Argonne）国家实验室下辖的复杂适应系统仿真中心对基于Agent的建模方法进行了科学梳理，其军用工程和开发中心利用该方法对美国国防部的分布军用电力设施进行了脆弱性评估[15]。在面向未来联合作战中的信息优势评估问题中，美国西点军校研究了将复杂信息网络模型集成到军事仿真系统中的问题。

在虚拟样机元建模理论方面，清华大学国家CIMS中心提出一种面向仿真的产品元模型，开发"异地、协同、多学科虚拟样机开发平台"，并与大连交通大学、吉林大学、长春轨道客车股份有限公司合作研发了复杂产品联邦式协同设计、仿真与优化一体化平台，用于开发高速动车组[16]；互联网的仿真主要是依托互联网结构建立仿真模型，解决异地或者大规模仿真问题，包括利用客户层、应用服务层和数据层3层结构的解决方案，实现比大型分布式网上仿真平台更简单的网络仿真结构，并在某钢厂冷轧薄板连退机组控制系统张力的仿真系统项目中得到应用；在网格环境下建立车辆运行的仿真模型，适合大规模分布式微观仿真需求的通用的分布式微观仿真抽象框架，包括时间管理、实体行为、交互式消息机制等。

②复杂环境建模　复杂环境包括大气、地形、林区、海洋、电磁等，其中林区、海洋、大气和电磁环境在时间和空间上都是动态变化的，所以其数据是四维时空的。复杂环境对象种类繁多，在时间和空间上的变化规律复杂，各部分环境对象之间的耦合关系复杂。

北京航空航天大学、北京理工大学、国防科技大学、航天二院等多家单位，在地形建模、视景仿真、雷达和红外仿真及大气和海洋建模、空间电磁环境建模等方面，根据多分辨率静态地形建模的特点，研究了一种适合于动态地形表示和实时可视化的多分辨率动态地形建模技术，在基于外存的海量地形数据实时可视化框架下有效融合地形的几何连续层次多分辨率细节模型和纹理的多分辨表示等[17]；在半实物仿真方面，国防科大三院根据各种制导控制武器系统的异同，提出一个基于 PC 的面向制导控制武器系统的通用计算机半实物仿真系统模型的设计方法和实现步骤[18]。

③ **离散事件系统建模** 离散事件系统仿真在企业管理、交通运输等领域得到了快速发展，并取得了一系列重要成果。如在管理领域的基于虚拟现实仿真的序贯决策理论和方法，为具有物流、信息流和资金流等复杂流程结构的企业管理系统提供了新的管理决策模式和支持手段。在稀有事件领域，仿真以其独特的建模形式和强大的随机问题处理能力显示出不可替代的作用。

④ **智能系统建模** 智能系统的研究包括知识工程、智能优化算法、多 Agent、定性仿真、计算机生成兵力（computer generated forces，CGF）系统等方面，如知识获取与表示方法、蚁群优化算法和遗传算法、人工神经网络、定性仿真建模方法等。如上海交通大学与海尔集团合作开发了注塑模具的知识工程系统；中国科技大学将多 Agent 技术应用于足球机器人控制，参加机器人足球世界杯赛；北京航空航天大学开发了基于平台的航空兵 CGF 系统，引入多种智能技术和采用 Agent 技术实现航空兵对作战技能的学习；国防科技大学提出了一种基于控制论的行为建模方式；装甲兵工程学院提出一种层次化的智能决策方案，即根据环境反馈决定态势，根据态势决定战术，根据战术决定控制参数；西安电子科技大学对基于虚拟样机技术的球形机器人运动仿真进行研究，使用 UGNX 和 ADAMS 研究了一种具有稳定平台的、非完整的全向滚动球形机器人的虚拟样机建模和运动仿真[19]。

多 Agent 技术可用于建模方法论、电力市场模拟、供应链仿真、军事与作战仿真、交通仿真等方面，如对城市交通微观仿真系统的基于多 Agent 和元胞自动机（也称细胞自动机）的微观交通仿真模型等。

定性仿真也已用于市场营销管理、人力资源管理等领域的人群行为演化的仿真和模拟组织文化的演化过程。

⑤ **生命系统建模** 针对人工生命系统，重庆大学智能自动化研究所提出了基于情绪的人工生命行为选择机制；南京航空航天大学通过构建人工生命网格模型来构建人工生命生态环境的方法，将生命网格模型抽象为一个三维信息空间，并将人工生命节点结构划分为系统应用层、功能层、传感器层和连接层等 4 个层次[20]；国防大学等利用 Soar 智能引擎进行人类行为建模，并基于 UT 游戏引擎构造逼真的 3D 虚拟环境，采用基于 Agent 建模方法构建人的意识形成、人际关系等模型[21]；第三军医大学于 2002 年 10 月完成中国首例"数字化可视人体"研究，并向国内外公布了这套"中国可视人"数据集，可为中国乃至整个东方人提供一部系统、完整和细致的人体结构基本数据和图像资料以及人体切片数据集；中科院提出了一种基于半监督学习的行为建模与异常检测方法，通过基于动态时间归整的谱聚类方法来获取正常行为样本，并进行训练，然后以监督的方式，利用最大后验自适应方法估计异常行为的隐马尔可夫模型参数，最

终建立行为的隐马尔可夫拓扑结构模型,用于行为的异常检测[22]。

⑥**模型校核、验证、确认(VV&A)** 模型与仿真结果是否可信决定仿真结果有无价值,因此需根据仿真目的和要求对模型和仿真系统进行严格地校核、验证、确认(verification,validation 和 accreditation,VV&A),需要进一步研究仿真系统 VV&A 基本理论、过程模型、设计方法、指标体系、仿真支撑工具等。

(2)仿真系统与技术

仿真系统与技术主要研究构建仿真系统的理论和技术基础,包括仿真系统理论与体系结构、仿真系统的支撑环境和构建仿真系统的技术。

仿真系统理论包括仿真系统一般理论、仿真系统领域理论、构建仿真系统的支撑技术与工具 3 个层次的内容。Bernard P. Zeigler 对建模与仿真的一般性理论进行了较为系统的研究。他提出:建模与仿真实践遍及所有的学科领域,然而它自身具有关于模型描述、简化、有效性、仿真与测试等的一整套概念,这些概念对于任何一门学科并没有特殊性。他提出了连续与离散事件建模与仿真的综合框架,探索了仿真建模的数学基础[23]。Tuncer Oren 在建模仿真的知识体系的研究方面做了大量工作,提出了一套较为完善的知识体系框架。

随着现代计算机技术、网络技术、通信技术等在仿真中应用的不断深入,分布交互仿真成为仿真系统发展的又一个重要方向。高层体系结构(high level architecture,HLA)是进行分布式仿真的先进成熟技术之一。美国、英国、法国、加拿大、瑞典和日本等国家已相继研制了基于 HLA 的分布式仿真平台[24]。中国国防科技大学计算机学院、航天二院、国防科技大学机电工程与自动化学院、北京航空航天大学以及清华大学等分别研制成功各自的 HLA/RTI 产品,如 Starlink、SSS-RTI、KD-RTI、AsT-RTI、TH-RTI 等分布式仿真支撑环境。国防科技大学计算机学院研制成功并行仿真支撑环境银河速跑(YH～SUPE),三院海鹰仿真中心利用基于 HLA 的先进分布式计算技术、建模技术和集成技术,建立可信的模型,搭建开放、高效、灵活和人机交互的分布式交互仿真环境平台,构建了面向新型武器系统研制、性能评估、作战运用和突防效能评估等多层面的攻防对抗的综合仿真应用系统[25]。国内外对 HLA 的开发和应用主要集中在具有军方背景的机构和公司中,国内已经有独立的软件,但其基础框架和体系结构还无法自成体系。

仿真算法是仿真软件的基础,如多领域统一建模中的并行、分布式仿真算法。仿真算法依托的软件框架技术,如并行算法中的负载均衡和处理器的剖分技术,及仿真算法中的高效并行求解技术等。

中科院数学院、北京仿真中心、中科院软件所、中科院网络中心、北京工程物理院等在实时仿真算法及其有关的理论研究、分布式系统的实时仿真算法、定性仿真的算法研究和各类大系统并行算法的构造、理论及其并行效率研究等方面,开发了一批面向行业和应用部门的高性能并行计算软件。仿真网格是一种新兴的分布仿真系统,它以应用领域仿真的需求为背景,通过综合应用各类先进计算和网络技术,实现网格/联邦中各类资源安全动态共享与重用、协同互操作、动态优化调度运行,从而支持复杂系统/项目全生命周期内的各种活动。中国在多学科虚拟样机协同建模仿真方面研究了集成的、开放的、基于标准、支持多领域复杂产品的虚拟样机工程支撑平台,如北京仿真中心开发了协同仿真网格 CoSIM(collaborative simulation grid),实现北京仿真中心、清华大学、中科院计算机所和北京航空航天大学等单位仿真资源的集成与共享,促进相关机构的协作[26]。基于网格的分布式仿真在军事、工业、生物医学、自然环境等领域已经展开广泛的应用。在军事领域,美国国防部高级研究计划局资助加州理工学院负责完成 SF Express 项目,基于网格技术实现了大规模的分布式交互仿真;美军开发了全球信息网格(global information grid,GIG)以及基于 GIG 的 M&S(modeling & simulation)系统与指挥控制系统;黄柯棣等论述了基于网格的网络中心作战仿真。在工业领域,中国学者提出了基于仿真网格的 SBA(simulation based acquisition)支撑环境及其相关的关键技术[27]。在生物医学领域,有较著名的 Cross Grid 项目。在自然环境等领域,有用于地震减灾的美国地震网格和中国地震减灾仿真网格等。

仿真训练系统(简称仿真器)是一种人工构造的系统,它可以模拟被研究对象的功能、性能、人机接口和外部环境,由研究者和受训者操作,通过控制仿真器中与真实系统一致的界面,达到试验和训练的目的。在仿真器的运动系统上,多自由度运动模拟器技术被广泛采用,在力反馈上提供真实的体感、力感,如车辆驾驶模拟器、船舶模拟器、电站模拟器、空军与陆军训练模拟器等;中国国家体育科学研究所与中国科学院计算机研究所联合研制的"数字化三维人体运动仿真系统"成功应用于雅典奥运会的备战中,不仅确保了中国运动员在跳水项目上的绝对优势,而且帮助中国第一代蹦床运动员首次参加奥运会就取得了铜牌的佳绩[28]。

可视化与虚拟现实技术是仿真建模的关键技术,包括数据采集与三维重建、大规模场景绘制和虚实混合绘制、新型三维显示、多通道人机交互接口、群体行为建模等。如复杂场景 GB 级数据的实时绘制、360 度裸眼三维显示装置、大视场轻型透视式头盔显示系统(包括飞行模拟器视景系统、头盔视景显示系统、大视场宽屏幕视景显示系统等),可应用于型号研制、科学研究和军事训练。在虚拟现实环境中,多维人感系统除了视觉以外,还增加了听觉、触觉、加速度感觉,使人的感觉更加逼真,对于复杂自然环境(如地形地貌、林区、水体、海洋、空间、大气、电磁、红外)的模拟是虚拟现实技术的重要应用领域之一。清华大学开发的洞庭湖防洪预警三维虚拟仿真平台对整个洞庭湖大范围地形地物进行建模,实现了场景三维可视化及漫游,支撑洞庭湖区的规划设计以及防洪调度[29]。

(3)仿真应用工程

仿真融合了理论分析和科学试验的特点,主要用来解决那些不可能进行实验的问题和进行实验代价太大的问题,已经成功地应用于航空、航天、军事、医学、信息、生命科学、材料、能源、先进制造等高新技术领域,以及工业、农林、商业、教育、交通、经济、社会服务和娱乐等众多领域的系统论证、试验、分析、维护、辅助设计及人员训练等方面。

在防灾工程中,由于自然灾难的原型重复实验几乎是不可能的,因而仿真与虚拟现实技术在这一领域的应用就更有意义。如洪水泛滥沉没区的洪水发展过程演示系统,预先存储了泛滥区的地形地貌和地物,由高程数据可确定等高线,只要输入洪水标准(如百年一遇的洪水)及预定河堤决口位置,计算机就可根据水量、流速区域面积及高程数据算出不同时刻的沉没地区,并在显示器和大型屏幕上显示出来,可以看到水势从低处向高处逐渐浸没的过程，指导防洪规划以及遭遇洪水时的人员疏散。又如在火灾方面，开发了森林火灾蔓延、建筑物中火灾传播的模拟仿真系统。

在能源工业领域，在输电系统上，"智能电网"可自动平衡用电客户的需求，避免峰值期的冲突和处理电厂供电事故，并从整体上降低成本，而仿真是"智能电网"的设计、试验的基础[30]。

在矿藏工业领域，大多数处理都含有在不利因素下的流体流动、热传导物理现象，仿真技术为矿藏、冶金工程师提供了优化/改进设备及处理过程的可行性。如中国第一套海底油气管道的超声和漏磁在线检测装置和国际上首套用于油气管道的实时定位检测装置，即通过虚拟样机设计、验证以及仿真试验和工程化试验，完成了工程样机的设计、制造及调试，进而又完成模拟工况条件下的试验，形成了一套海底管道检测系统工程样机及其研制、试验及定标的开发系统[31]。

在建筑工程领域，对矩形建筑物风荷载的风洞实验研究，与之配套的采样仪器、数据处理软件等相当昂贵，在吹风的过程中能耗也相当大，而仿真却能够解决相当一部分建筑空气动力学问题，并降低成本。

在化学工业领域，所有化学产品的生产都包括物质流动、热交换和化学反应。当在设计和评估反应装置时，利用仿真技术对物质流动进行模拟和分析，可以减少设计环节，极大地节省时间。

总之，仿真技术在科学研究与工程应用中有着独特的优势，许多重大的科学技术问题无法求得理论解，也难以应用实验手段，但可以进行仿真研究。仿真大大增强了人们从事科学研究的能力，加速了把科技转化为生产力的进程，深刻地改变着人类认识世界和改造世界的方法与途径。

3.3.3.3 仿真技术发展趋势及展望

一种技术或科学的发展除去技术基础外，更重要的是社会需求。仿真技术向更高、更全面发展的因素有如下几方面[32]。

(1) 安全、可靠、保密、灵活及高效率的要求

在工程系统中，往往在项目实施以前先设计一个一定比例的模型（物理仿真），进行各方面的性能试验，以进行系统的预测及运筹控制等研究，从而达到安全、可靠、保密、灵活及高效率的要求。

(2) 节省经费

物理模型只能在模型所含的特定条件下进行试验并预测设计的正确程度，出现问题时得重做模型并再次试验，显然这样既耗费资金又延长了设计周期。而用计算机仿真技术先建立数学模型，输入有关参数，通过仿真找到优化值，并让物理仿真作校核作用，即可节省资金和人力，加快试验速度。

(3) 特殊需求

对于那些不允许或因代价太高而难以通过试验达到研究目的的问题，仿真可以说是唯一的手段或途径。人们可以通过少量子样试验在足够可靠的模型条件下，实现对那些投资高、风险大、动用人力物力多的系统的仿真研究。

由于人类对于客观事物的了解和开发资源的难度越来越大，对系统仿真的要求会

越来越多。正是由于这些需求和技术实现的可能,系统仿真将会在工程设计等领域有更大的发展,并在下述方面发生明显的变化:

①仿真规模由小到大、从局部向全面发展,结构复杂化并向分布式仿真发展。

②由以实物及外场试验为主,向以数学模型及实验室内仿真为主。

③随着建模技术、图形技术、人工智能技术、知识工程技术、程序自动设计技术等的综合应用,产生了各种形式的仿真支撑系统,由面向应用(application-oriented)以语言为中心(language-centered)的开发模式向以用户为中心的仿真模式(user-centered simulation, UCS)发展。

仿真技术的快速发展,既受到广泛应用需求的牵引,也得益于信息技术等相关领域的技术进步对仿真实现手段的有力支持。仿真技术已经发展形成了综合性的专业技术体系,成为一项通用性、战略性技术,并正向"数字化、虚拟化、网络化、智能化、服务化、普适化"为特征的现代化方向发展。

值得关注的还包括网络化仿真、综合自然/人为环境的仿真、智能系统建模及智能仿真、复杂系统/开放复杂巨系统的仿真、虚拟样机工程与基于仿真的SBA、高性能计算/仿真、普适仿真、嵌入式仿真等。系统仿真的应用正向服务于系统的全寿命活动的方向迅速发展。

3.3.4 模拟仿真

模拟仿真[33]是建立在数学模型的相似原理基础上的一种方法,很多工程动力学系统都具有相似性,如电力拖动系统中机械转速的变化规律、RL 或 RC 电路中电流或电容器上电压的变化规律等,它们属于不同的物理系统,但变量的运动规律是相似的,都可用一阶线性微分方程表达,因而可以进行模拟仿真,仿真的主要工具是模拟计算机。这种计算机是由一些基本的模拟运算器,如积分器、加法器、乘法器(比例放大器)及函数器等组成,用以模拟数学上的基本运算环节。虽然模拟计算机作为计算工具和通用仿真设备的作用已经被数字计算机取代,但作为专用仿真设备、教学与训练工具,模拟计算机还将继续发挥作用。在仿真某一系统时,可依照系统数学模型的结构和参数将这些运算器连接起来组成仿真系统,完成求解任务。对于单自由度振动系统,质量 m 在外力 $F(t)$ 作用下的运动方程式为

$$m\frac{d^2x}{dt^2} + c\frac{dx}{dt} + kx = F(t) \qquad (3-27)$$

式中:c 为黏性阻尼系数;k 为弹簧刚度;x 为振动位移。

如将式(3-27)变成运算降阶积分式

$$\frac{d^2x}{dt^2} = \frac{1}{m}F(t) - \frac{c}{m}\frac{dx}{dt} - \frac{k}{m}x \qquad (3-28)$$

这时以 $\frac{d^2x}{dt^2}$ 为信号,利用各种运算器可得到图3-2所示的模拟电路。

模拟仿真的主要特点是运算速度快,可以满足实时仿真要求,可用于系统实时仿真、系统参数寻优及随机过程的统计特性等方面的研究。模拟仿真主要用于伺服机构设计、工业过程控制及各类仿真器范围的仿真。

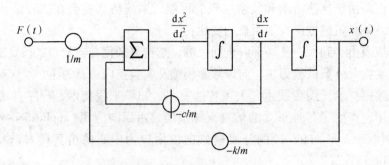

图3-2 模拟电路

模拟仿真中,系统变量随系统的物理性质而异,但模拟计算机的变量却是电压,所以在建立仿真模型时变量间的换算关系是一项相当重要的工作,它包括幅值比例尺和时间比例尺的换算,两者彼此独立。

3.3.4.1 幅值比例尺换算

幅值比例尺的换算应考虑到模拟计算机运算部件电压允许的极值(一般采用基准电压为±10V和±100V)。系统变量如果超出允许范围,放大器将过载,系统失真,精度下降;系统变量过小,则不易从运算器误差信号中分辨出来,精度也会下降。

幅值比例尺的确定方法通常有两种:比例系数法和标幺值法。这里介绍比例系数法。

比例系数法是在系统变量最大值Y_{max}和运算放大器输出电压极值±100V之间确定一个比例系数,即$K_Y = \dfrac{100}{Y_{max}}$,则有输出为

$$U(t) = \frac{100}{Y_{max}} Y(t) = K_Y Y(t)$$

式中:$Y(t)$为系统变量;Y_{max}为系统变量最大值;$U(t)$为模拟计算机运算放大器输出变量。

系统中各阶导数的比例尺系数可仿效上述原则得到:

$$K_{\dot{Y}} = \frac{100}{\dot{Y}_{max}} (\dot{Y} \text{ 表示 } \frac{dY}{dt}), \quad K_{\ddot{Y}} = \frac{100}{\ddot{Y}_{max}} (\ddot{Y} \text{ 表示 } \frac{d^2 Y}{dt^2})$$

将这些幅值比例尺系数与系统变量和各阶导数相乘,就可将系统变量$Y(t)$转换成机器工作电压变量。

例如对于式(3-27)所描述的单自由度振动系统,当外力$F(t)=0$,$m=1$,$c=2$,$k=4$,且初始条件为$x(0)=5\text{cm}$,$\left.\dfrac{dx}{dt}\right|_{t=0}=0$,系统的最大值为$x_{max}=5\text{cm}$,$\left(\dfrac{dx}{dt}\right)_{max}=10\text{cm/s}$,$\left(\dfrac{d^2 x}{dt^2}\right)_{max}=20\text{ cm/s}^2$,则系统变量幅值比例尺系数为

$$K_X = 20\text{V} \cdot \text{cm}^{-1}, \quad K_{\dot{X}} = 10 \text{ V} \cdot \text{cm}^{-1}, \quad K_{\ddot{X}} = 5 \text{ V} \cdot \text{cm}^{-2}$$

将系统方程的变量乘以相应变量的幅值比例尺后即转换$x(t)$为该系统方程。

3.3.4.2 时间比例尺换算

因为仿真物理系统不同,其运动速度也不一样,同时模拟计算机速度也受到运算部件和记录频率响应的限制,信息频率增大,仿真结果误差也变大,但求解时间不能过长,否则由于单向漂移引起的累积误差也会增大,所以,在仿真物理系统时间变化速度和仿真系统允许时间变化速度之间,应当选择合适的时间比例尺。令时间比例尺系数为

$$\alpha_t = \frac{\tau}{t} = \frac{模拟机时间变量}{真实系统时间变量}$$

如果仿真过程和真实系统运动相同,即 $\alpha_t = 1$,这样一个过程称为实时仿真。

如果仿真系统超过真实系统速度若干倍(此时得用高速模拟机)以满足仿真系统的参数优化计算,这个过程称为超实时仿真。

3.3.5 数值模拟仿真实例

以 WDLH-450 型多翼离心式风机为例,此种离心风机广泛用于工厂、冷却塔、车辆、船舶和建筑物的通风、排尘和冷却。这里应用 Fluent 软件对其内部流场进行数值模拟,分析容积流量对风机效率特性的影响和揭示离心风机内部的重要流动特征。

首先确定模型尺寸并运用 Pro/E 软件建模,确定离心式风机的构造。图 3-3 所示为离心风机的三维建模,建立了叶轮(a)、蜗壳(b)、集风圈(c)模型,通过布尔运算[34]在风机蜗壳中减去叶轮和集风圈体积即为流域。进行整机装配即形成风机三维装配体(d)。

将通过 PRO/E 建立的风机模型导入 CFD 前期处理软件 ICEM 中进行网格划分,如图 3-4 所示,由于叶轮流道(a)中,蜗舌流动比较复杂,故加密这些区域[35],其余区域正常划分,(b)为生成的叶轮流固分界面网格,如此可以提高网格质量和保证流场信

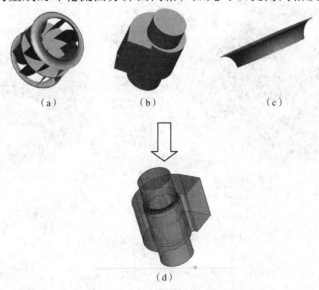

图 3-3 离心风机三维建模

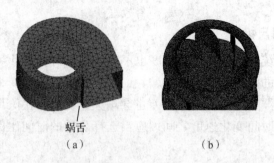

蜗舌
(a)   (b)

图 3-4   离心风机网格划分

息，网格均为非结构四面体网格，总数为 145 万。

在设定边界条件之后由数值模拟软件 Fluent 导出风机内部流场图。图 3-5(a)为离心式风机轴向位置 $y=50\text{mm}$ 处速度等值图，由图可知气体的速度 V_t 沿流动方向不断升高，以较高的流速流入蜗壳，随着蜗壳流道的扩大，气流的速度逐渐减小直至风机出口。图 3-5(b)(c)和(d)分别为风机内部回转面上静压、动压和全压云图。3 张图基本呈对称分布，可清晰地观察到风机内部气体流动的规律。

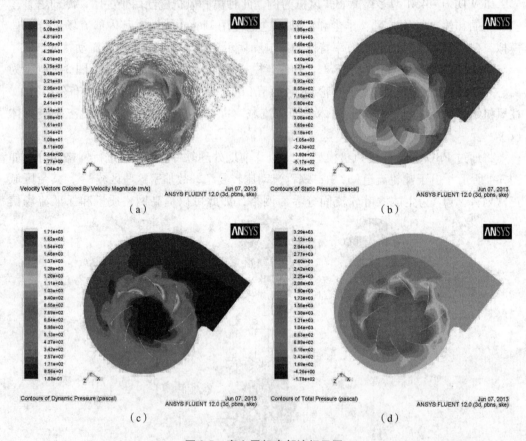

图 3-5   离心风机内部流场云图

对离心风机的性能测试采用 GB 1236—2000《通风机空气动力性能试验方法》中的进气试验装置[36,37]，该试验台由集流器、风筒、进气整流栅和网栅节流器等部分组成。表 3-1 是实际测试数据与模拟数据的比较，通过 Fluent 的后处理系统，导出在不同工况

表 3-1 数值模拟数据与测试数据比较

测试结果				模拟结果				
流量 /(m³/h)	全压 /Pa	叶轮功率 /kW	效率 /%	模拟流量 /(m³/h)	模拟全压 /Pa	叶轮功率 /kW	效率 /%	效率偏差 /%
3506	1329.7	3.285	39.5	3555	1386	3.057	44.7	13.00
5493	1264.5	3.600	53.2	5583	1360	3.727	56.2	5.60
6413	1170.0	3.990	52.9	6435	1244	3.994	55.7	5.30
7613	1065.0	4.230	54.4	7758	1119	4.107	57.8	6.25
9301	956.7	4.508	57.0	9374	1045	4.533	60.0	5.20
10778	858.3	4.772	57.1	10814	987	4.932	58.7	2.80

下的风机全压、叶轮功率，并且通过计算得出风机效率和模拟结果。

对 WDLH-450 型后倾多翼离心式风机内部流场进行整体数值模拟，并对不同的容积流量参数下的流场分别进行分析计算。由于离心式风机内部包含叶轮和蜗壳，所以设定蜗壳为非旋转部分，叶轮为旋转部分，这样就在 Fluent 产生了两个计算域，两部分采用冻结转子法进行耦合求解[38,39]。从数值模拟结果来看，离心式风机内部的基本流动现象被很好地模拟了出来，非常清晰地揭示了离心风机内部的重要流动特征。通过对子午面流动的分析，得出叶轮前盘区域的漩涡和蜗壳中的二次流现象，这是造成叶轮和蜗壳区域流动损失的重要因素。从叶轮回转面压力分布可知，各叶轮流道的流场由于蜗壳结构的不对称而存在着压力不对称的情况，因此只计算一个叶轮流道，并认为对其他流道流场相同的模拟方法是不准确的。

根据 Fluent 后处理软件得到图 3-6，从图中可以看出，全压效率风机参数模拟结果与实验结果对比吻合度较高，趋势接近，误差较小。风机内部的重要流动特征也被清晰地揭示。在数值模拟过程中，模型建立的误差直接影响到了数值模拟的精度。准确建立模型并划分高质量的网格，是精确计算流场所必不可少的。

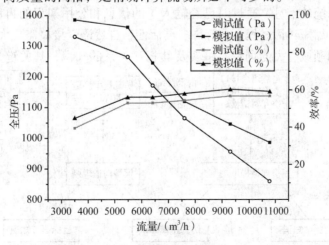

图 3-6 离心风机数值模拟结果与实验数据

3.3.6 数字仿真

数字计算机仿真是将系统数学模型用计算机程序加以实现,通过运行程序获得数学模型的解,从而达到系统仿真的目的。早期的数字计算机仿真是一种串行仿真,因为计算机只有一个中央处理器 CPU,计算机指令只能逐条执行。为了发挥模拟计算机并行计算功能和数字计算机强大的存储记忆及控制功能,以实现大型复杂系统的高速仿真,20 世纪 60~70 年代,在数字计算机技术还处于较低水平时就产生了数字模拟混合仿真,即将系统模型分为两部分,其中一部分放在模拟计算机上运行,另一部分放在数字计算机上运行,两个计算机之间利用模数和数模转换装置来交换信息[40]。

随着数字计算机技术的发展,其计算速度和并行处理能力不断提高,普通的模拟计算机仿真和数字模拟混合仿真已逐步被全数字仿真取代。因此,现在计算机仿真一般指的就是数字计算机仿真。

数字仿真以数值计算原理为基础,主要工具是数字计算机和仿真软件。数字计算机求解连续系统数学模型时,要将其转换成数字计算机能够运算的仿真模型,依照仿真模型编写仿真程序输入计算机以完成仿真任务,此即为数字仿真技术。由于数字计算机本身是一个离散系统,有信息存储能力,可用于离散系统的仿真,当它用于连续系统的仿真时,必须将连续系统的数学模型离散化(连续系统离散化可参见有关参考书)。

一个典型的仿真过程包括以下几个基本阶段:问题描述、系统模型建立、模型转换(仿真程序设计、调试)、模型验证、模型确认、实验方案规划、仿真实验、仿真实验结果分析。

图 3-7 所示为仿真模型生成系统。

(1) 模型定义与描述

模型定义与描述包括图形、自然语言和交互式对话 3 种智能化人机界面形式。图形方法需要一套用户熟悉或易于理解的图标来表示系统构成部件及其关系,以便用户利用所提供的图标完整地表达待仿真系统的各个方面,这种方法最适合于说明与描述系统内部的层次与结构的关系;交互式对话方法主要是通过用户响应问题和菜单选择来输入待建模系统的信息,通过对已经输入了的信息和公用知识的再利用,可以消除不必要的问答、缩短对话过程,具有许多灵活性;自然语言接口需要大量的语言知识,包括与具体应用领域有关的词汇、事实及其相互关系的知识,其关键是自然语言的理

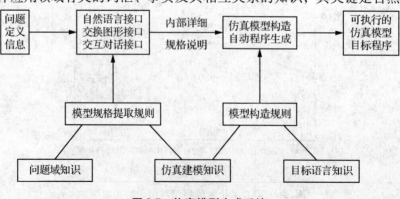

图 3-7 仿真模型生成系统

解和处理，高级规范说明语言方法需要用户熟悉该语言的语法和语义，用其编制相应的程序。

(2) 模型规格提取规则

模型规格提取规则由问题域知识和仿真建模知识结合形成以指导交互式的输入过程，保证输入信息的完整性和一致性。智能化人机界面使用户只需描述待建模系统的结构和组成元素，并提供模型参数值，而不需要对中间过程的了解，消除了中间环节（程序设计、编程）可能出现的错误。

(3) 模型构造规则

模型构造规则由建模知识和目标语言知识结合形成，以支持用户的待建模系统模型构造和目标语言生成过程。智能仿真模型生成器将模型构造过程和目标语言生成过程分离，明确区分模型库、知识库及数据库，以实现模型构造知识和具体目标语言的知识分离，而仿真模型到目标语言的转换由一个自动程序生成器（automatic program generator，APG）来完成，当目标语言改变时，仅需修改支持 APG 的规则和事实，系统的移植性较好。智能仿真模型生成系统的性能在很大程度上依赖于模型库、知识库和数据库的组织结构和模型知识的表达形式，分层的模型表示可提高系统的可维护性和可扩充性以及更宽的适用范围。模型库存放参量化的宏定义或程序模块（基本模型），对应于变量、输入输出集合、内部状态变量、参数集、状态转移函数和输出函数；模型的联结定义输入输出关系、单位及单位转换关系、时间范围等，构成了新的更高一级的模型（复合模型或耦合模型）而形成一种自底向上的分级结构；知识库存储构造新的模型和使用现有模型所必需的信息（起始值、参数等），对系统全局控制以实现仿真模型的逻辑结构、语义信息的描述与具体的参数值分离。

图 3-8 所示为面向目标（coal directed）的仿真过程。实现仿真过程与模型交换信息，即利用问题域的行为知识以迅速地达到目标或目标附近，然后借助于某些解析搜索技术得到改善的解；通过定性的推理，可简化烦琐而复杂的解析搜索过程，减少仿真实验运行次数，同时又能获得符合要求的解。当目标达到了，即可结束仿真过程；否则

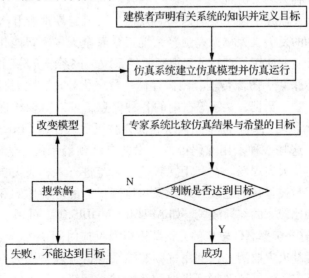

图 3-8　面向目标的仿真过程

分析原因并提出修补措施，以便适当地改变仿真模型结构或参数。

随着仿真技术发展，往往仿真全过程集成化，包含了数据预处理、模型开发和模型分析。

数据预处理环境的主要功能是分析、组织来源于系统外部的新数据，将新数据转换成与系统内部数据组织结构一致的形式，该环境包含一些数据分析软件包(如时间序列分析软件、统计分析软件、数据拟合软件等)和以数据表的形式组织的数据库。

模型开发环境由仿真语言编译器、菜单编辑器、文本编辑器、图形化模型编辑器、模型代码库等组成，形成一个交互式建模环境。

模型分析环境的主要功能是支持仿真实验的进行，提供实时的、可视化的、交互式的仿真功能，同时可根据用户的需求控制、优化仿真实验，对用户来说，整个仿真过程都是透明的。

3.3.7 森林防火数字仿真实例

森林火灾是威胁森林的大敌之一，森林火灾会使大面积森林毁于一旦，破坏生态系统，给国民经济造成巨大损失。当森林火灾发生后，如果能及时地预测火灾蔓延的状况和趋势，对于有效地组织扑救、减少火灾损失具有重要的意义。森林火灾具有时间、地点不确定以及在短时间内可造成巨大破坏等特点，根据这些特点可应用虚拟仿真技术(virtual simulation, VS)对森林火灾进行研究，为预测和扑救林火提供可行方案。

在森林火灾的预警方面，国内外做了许多的研究工作，建立了多种监测体系。早在20世纪60年代就研究了林火蔓延速度数学模型；20世纪70年代从物理基础出发，根据火焰前锋单位可燃物引燃的能量守恒原理，进一步得到林火蔓延速度的数学模型；20世纪70年代末和20世纪80年代随着计算机技术的发展，G. D. Richards在研究林火行为时用计算机进行了森林火灾的数字仿真工作；物理理论的发展大大促进了林火研究，如Staffer以渗流理论为基础，用计算机进行林火蔓延模拟，Von Nzessen和Blumen运用该理论讨论了林火动力仿真。

目前的森林火灾监控手段主要有瞭望台观测、飞机定期巡视和人造卫星遥感等形式。随着科学技术的发展，森林火灾预警系统正朝着全天候、智能化、自动化的方向发展。一些国家开发并应用了森林远程视频监控系统，该系统充分利用现代信息技术，通过森林数据图像采集、图像传输、图像存储、数字化处理、实时控制等功能，能够显示包括图像、声音、数据、文字等在内的各种信息，可以对森林现场进行全天候预警监控。2003年德国培兹林业局率先在所属的森林里投入使用FIRE—WATCH森林火灾自动预警系统，这是一种采用数码摄像技术的自动预警系统，能够实时监控林场，可以迅速识别与定位火灾现场。在利用视频监控系统进行森林火灾自动识别的硬件方面，包括计算机视觉技术特别是以红外影像为检测目标的环境监测和遥感控制等相关传感器，可以识别比较宽的红外波段，如ASTER、MODIS等，可用于红外信号的提取，其中MODIS因具有分辨率高、较广的光谱范围以及反应时间快等特点，广泛应用于以红外信号为主的森林火灾监测。在利用视频监控系统进行森林火灾自动识别的软件方面，开发了针对火灾的红外图像特征提取的粗糙神经网络、基于动态对角回归神经网络(diagonal recurrent neural network, DRNN)和自回归集成移动平均(auto regressive integrated moving average，ARIMA)组合模型的森林火灾面积时空综合预测方法等多种算法。其主要方法及要求包括如下几方面[41]。

(1) 森林空间数据三维建模

在森林火灾虚拟仿真(forest fire virtual simulation，FFVS)中涉及大量的地形空间数据，对于一个虚拟仿真系统，实时生成高质量的图形极为重要。所谓高质量是指 FFVS 虚拟场景中对象的复杂度与真实感要满足特定的需要(特别是用户交互过程中实时性的需要)。由于地形数据量相当大，三维几何建模的效率成为一个重要问题，为解决这一问题，可应用基于图像的建模与绘制技术，即应用计算机图形学研究如何从几何模型绘制出图像，而计算机视觉则是研究如何从场景图像中重建场景几何，二者互逆。

(2) 立体显示系统

通过物体中心坐标系、世界坐标系、视点坐标系、成像平面坐标系和屏幕坐标系等一系列变换，可获得最终的显示数据。基于人的左右眼视差原理，可从左右两个摄像机所得到的两幅图像中获取场景中物体的深度信息，并生成模型的三维图像。

(3) 三维动态仿真

三维动态仿真是指对林火虚拟仿真环境进行漫游，让用户对虚拟环境中的空间信息有更为直观的了解，实际上这属于相对独立的视景仿真领域。其特点是仅仅利用林火虚拟系统中的视觉沉浸性，仿真与地理信息有关的对象，即动态改变视点的位置和方向来观察浏览林火发生、发展和扑救过程，它不涉及空间数据分析。在此过程中，还要突出显示扑救路线、人员撤退路线等重要信息，为此常常采用基于图形的建模方法。

(4) 可视化时序仿真

可根据时间的推移对林火蔓延过程及扑救活动的发展变化进行仿真，调整时间尺度进行实时、时间压缩和时间延长的仿真。时序仿真的可视化有利于人们对林火行为做出正确的判断和预测。

(5) 分析结果的可视化展现

在森林火灾虚拟仿真中预测林火蔓延趋势、评估林火造成的损失时，数据分析是核心功能，而数据分析又是地理信息系统(geographic information system，GIS)的优势，因此森林火灾虚拟仿真必须与 GIS 紧密结合。对于 GIS 中空间数据的分析结果，以及由仿真分析获得的结果，最好是以图形图表的形式来表现，因为结果的可视化有利于决策人员判断，选择正确的林火监测和扑救方案。

集成性是森林火灾虚拟仿真的主要特点，包括模型集成、过程集成以及仿真与优化集成 3 个方面。在森林火灾虚拟仿真的仿真结构中，模型的集成是相当紧密的。在仿真引擎驱动的仿真模型中，林火蔓延模型、地形模型、树木几何模型、森林几何模型、扑火人员代理模型等均必须充分结合，才能构成一个完整的仿真模型，这是由森林火灾的自然构成特点决定的。过程集成表现在虚拟仿真系统中，同时还考虑了林火蔓延过程与扑救活动的仿真建模。在林火蔓延开始后，即可根据当前火势和扑救条件，应用智能体建立扑救活动的仿真模型。在森林火灾虚拟仿真体系结构中，可将虚拟仿真与仿真优化结合在一起，使虚拟仿真的输出成为仿真优化的输入。

3.3.8 多媒体仿真技术简介

多媒体(multimedia)是指将声音、图形、图像、文字、数字的各类信息媒体数字化,并以高性能的交互式计算机进行采集、输入、存储、编辑处理、网络传播和输出。多媒体仿真遵循"所见即所示"(What you see is what you represent)的建模哲学,是多媒体技术与仿真技术的结合,即利用系统分析原理和信息技术建立描述系统内在变化规律的模型,并在计算机上以多媒体的形式预示或再现系统的动态演示过程。

建模者可以根据实际系统中形形色色、多姿多彩的多媒体信息进行统一的空间和时间安排,用三维图像和合成音响等动态渲染效果自然地刻画模型,使各个实体对象模型包含了各自的多媒体属性,而不必为适应建模框架的要求而扭曲对实际系统的本来认识;可视化是多媒体表现环境的基本要求,多媒体技术在仿真中最重要、最典型的应用就是动画仿真。

3.3.9 混合仿真法简介

混合仿真是将模拟仿真与数字仿真相结合的方法,混合仿真的主要工具是混合计算机系统,它由模拟计算机、数字计算机及用于信息转换和传输的中间接口组成,如图 3-9 所示。

模拟计算机担负快速运算工作,在工作中受数字计算机的控制,自动高速运算,要求高度自动化、快速化和高可靠性;数字计算机起中央处理机作用,对整个仿真系统进行管理和控制,将模拟计算机和中间接口均看成子系统;中间接口是用来完成两机之间信息转换和传递的硬件,接受数字计算机的控制和管理。

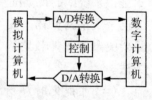

图 3-9 混合仿真

混合仿真主要用于当仿真系统模型的精度和响应速度用单一计算机难以达到时,或所研究的系统本身就是混合系统(既包含连续系统又包含离散系统)。

3.4 3D 打印与定制设计方法

2012 年,《连线》杂志前主编克里斯安德森在《创客:新工业革命》中提到,随着 3D 打印机的普及,传统的加工制造业会受到很大的冲击,每个人可以按照自己的想法来制造个性化的产品,人们会从目前虚拟的网络世界转移到现实的加工制造业,实现全民制造,掀起新一轮的工业革命[42]。同年,美国《时代》周刊将 3D 打印产业列为"美国十大增长最快的工业"。英国《经济学人》杂志则认为,3D 打印技术将与数字化生产模式一同成为引发第三次工业革命的关键因素。

大批量定制(mass customization,MC)生产是适合以上需求的新的生产模式[43]。大批量定制是在经历了一个世纪的大规模生产之后的又一种生产模式,它以大规模生产的效率和速度来设计和生产定制的产品。大批量定制模式所面临的巨大挑战是:既要展现无限的产品外部多样化,同时又不能因产品内部的多样化而导致额外的成本和时间上的延误。

虽然现代计算机模拟技术不断完善，可以完成各种动力、强度、刚度分析，但研究开发中仍需要做成实物以验证其外观形象、工装的可安装性和可拆卸性。对于形状、结构十分复杂的零件，可以用3D打印技术制作零件原型，以验证设计人员的设计思想，并利用零件原型做功能性和装配性检验。

3.4.1 3D打印

3.4.1.1 3D打印的产生

3D打印技术是通过计算机辅助设计生成零件或物体的三维模型数据，由成形设备以一种"自下而上"的材料逐层累加方式制造实体零件的技术[44]。与传统的切削加工技术不同，3D打印不再需要刀具、夹具和机床就可以呈现出任意形状的实体，实现"所想即所得"。从1984年美国的Charles Hull开发从数字数据打印出3D物体的技术到2014年Renishaw和Empire Cycles两家公司携手打造出了全球首款3D打印自行车钛车架，3D打印技术得到飞速发展。从紫外线照射到激光打印，从树脂、塑料材料到陶瓷、金属材料，3D打印技术发展不断革新、应用范围不断扩大。表3-2列出了3D打印技术发展大事记[45]。

表3-2 3D打印技术发展大事记

年份(年)	大事件
1984	Charles Hull开发出从数字数据打印出3D物体的技术
1986	Charles Hull创办3D systems并开发了第一台商业3D印刷机
1989	Scott Crump创办Stratasys公司
1992	Stratasys售出其第一个基于熔融沉积制造（Fused Deposition Manufacturing，FDM）机的3D模型
1995	1995年，美国ZCorp公司从麻省理工学院获得唯一授权并开始开发3D打印机
1996	3D systems公司推出Actua2100，3D打印的概念第一次出现在媒体上
2005	首个高清晰彩色3D打印机Spectrum Z510由ZCorp公司研制成功
2008	Object公司宣布它研制的革命性的Connex500快速打印系统将成为史上第一台可以同时使用几种不同材料制作部件的系统
2010	Urbee推出首款3D打印的样车，这也是世界上第一辆由巨大的3D打印机打印而成的汽车；再生医学公司Organovo发布世界上第一个"有机打印"血管的数据
2011	南安普敦大学的工程师们开发出世界上第一架3D打印的飞机
2013	世界上首支3D打印金属枪在美国问世，并成功试射50发子弹；全球首次成功拍卖一款名为"ONO之神"的3D打印艺术品
2014	2014年2月英国Renishaw和Empire Cycles两家公司携手打造出了全球首款3D打印自行车钛车架

3D打印技术也被称为"材料累加制造"（material increase manufacturing）、"快速原型"（rapid prototyping）、"分层制造"（layered manufacturing）、"实体自由制造"（solid free-form fabrication）、"增材制造"（additive manufacturing，AM）等[46]。这些名称都从各个不同角度显示了3D打印技术的特点。

周期短是3D打印技术最突出的优点，即无需机械加工或任何模具，就能直接从计算机图形数据中生成任何形状的零件。与传统技术相比，3D打印技术还具有以下优点[47]：①摒弃了生产线，大幅减少了材料浪费；②可以制造出传统生产技术无法制造出的外形；③可以简化生产制造过程，快速有效又廉价地生产出单个物品；④在保证力学性能的情况下，其产品重量更轻；⑤可以打印组装好的产品，降低装配成本。

由于受材料等因素限制，3D打印技术在实用性上还有待突破。比如强度问题，房子、车子固然能"打印"出来，但是否能抵挡得住风雨，是否能在路上顺利跑起来？再比如精度问题，由于分层制造存在"台阶效应"，每个层次虽然很薄，但在一定微观尺度下仍会形成具有一定厚度的一级级"台阶"，如果需要制造的对象表面是圆弧形，那么就会造成精度上的偏差；在材料上，3D打印技术更是有局限性，供3D打印机使用的材料还非常有限，无外乎石膏、无机粉料、光敏树脂、塑料、生物体等。目前能够应用于3D打印的材料非常单一，并且打印机对单一材料也非常挑剔。

3.4.1.2 国内外现状

3D打印技术在以美国为首的西方国家具有绝对的优势，日本、德国以及中国在这一方面也具有较深厚的研究。截止2012年，各国和地区的3D打印技术应用的市场份额[48]如图3-10所示，其中美国占41.18%。

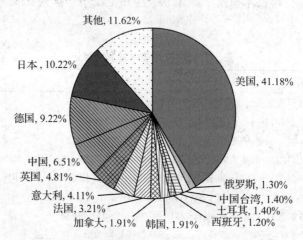

图3-10　2012年各国和地区3D打印技术应用市场份额

2014年4月美国科学家威廉斯领导的研究团队利用人体脂肪干细胞成功3D打印出心脏血管和心脏瓣膜，等一颗心脏的所有部件打印完毕后，再将其组装起来。实验证明，这些心脏血管在老鼠等小动物身上可以正常工作。同年，全球3D打印机行业巨头美国3D Systems推出了最新款的3D打印技术系列产品，扩大了3D打印技术适用材料的范围。日本政府在2014年由经济产业省组织实施以3D成形技术为核心的制造革命计划，将着力开发金属3D打印技术。2013年德国发布了一款高速的纳米级微型3D打印机，这台打印机应用激光印刷术，首先通过CCD传感器对通过曝光、扫描产生的原稿的光学模拟图像信号进行光电转换，然后将经过数字技术处理的图像数字信号输入到激光调制器，调制后的激光束对被充电的感光鼓进行扫描，在感光鼓上形成静电潜像，图像处理装置对诸如图像模式、放大、图像重叠等进行数字处理后，再经过显影、转印、定影等步骤，完成整个印刷过程。

中国增材制造（3D打印）技术自20世纪90年代初开始发展，清华大学、西安交通大学、华中科技大学、北京隆源公司等单位开始进行增材制造设备、工艺、材料、应用方面的研发，如典型成形设备、软件和材料及其产业化，设备用户遍布医疗、航空航天、汽车、军工、模具、电子电器和造船等行业，推动了制造技术进步和传统制造产业升级。

3.4.1.3 工作原理

3D打印技术包括光固化成形、叠层实体制造、选择性激光烧结、熔融沉积制造等工艺。

(1) 光固化成形工艺

光固化成形工艺(stereolithography，SL)[49]常称为立体光刻成形，有时称为SLA (stereolithography apparatus)，它是最早发展起来的快速成形技术，是机械工程、计算机辅助设计及制造技术(CAD/CAM)、计算机数字控制(CNC)、精密伺服驱动、检测技术、激光技术及新型材料科学技术的集成。它不同于传统的用材料去除方式制造零件的方法，而是用材料一层一层积累的方式构造零件模型。

SLA的工作原理：激光束在计算机的控制下根据分层数据连续扫描液态光敏树脂表面，利用液态光敏树脂经激光照射凝固的原理，层层固化光敏树脂，一层固化后，工作台下移一个精确距离，扫描下一层，并且保证相邻层可靠黏结，如此反复，直到成形出一个完整的零件。

激光光固化成形方法的特点是精密度较高，质量稳定，对原材料的利用率高，制造速度快，能制成形状特别复杂、特别精细的零件。

(2) 叠层实体制造

1984年Michael Feygin提出了叠层实体制造(laminated object manufacturing，LOM)方法，并于1985年组建Helisys公司，1992年推出第一台商业机型LOM-1015[49]。

LOM成形过程：根据CAD模型各层切片的平面几何信息驱动激光头，对涂覆有热敏胶的纤维纸(厚度0.1mm或0.2mm)进行分层实体切割。随后工作台下降一层高度，送进机构又将新一层的材料铺上并用热压辊碾压使其紧粘在已经成形的基体上，激光头再次进行切割运动切出第二层平面轮廓，如此重复直至整个三维零件制作完成。其原型件的强度相当于优质木材的强度。

叠层实体制造方法与其他快速原型制造技术相比具有制作效率高、速度快、成本低等优点。

(3) 选择性激光烧结

1986年，美国德克萨斯大学的研究生C. Deckard提出了选择性激光烧结(selected laser sintering，SLS)的思想，稍后组建了DTM公司，于1992年推出SLS成形机。

SLS成形过程：由CAD模型各层切片的平面几何信息生成$X-Y$激光扫描器在每层粉末上的数控运动指令，铺粉器将粉末一层一层地撒在工作台上，再用辊筒将粉末辊平、压实，每层粉末的厚度均对应于CAD模型的切片厚度。各层铺粉被CO_2激光器选择性烧结到基体上，而未被激光扫描、烧结的粉末仍留在原处起支撑作用，直至烧结出整个零件。

SLS技术使用的是粉状材料，从理论上讲，任何可熔的粉末都可以用于制造模型，而且制造出的模型可以用作真实的原型元件。与其他快速成形方法相比，SLS最突出的优点在于它所使用的成形材料十分广泛。从理论上说，任何加热后能够形成原子间黏结的粉末材料都可以作为 SLS 的成形材料，如石蜡、高分子、金属、陶瓷粉末及其复合粉末材料。由于 SLS 成形材料品种多、用料节省、成形件性能多样、适合多种用途以及 SLS 无须设计和制造复杂的支撑系统等因素，使得 SLS 的应用越来越广泛。

(4) 熔融沉积制造

熔融沉积制造(fused deposition manufacturing, FDM)，又称熔丝沉积。FDM 快速原型工艺是一种不依靠激光作为成形能源，而将各种丝材加热熔化或将材料加热熔化、挤压成丝，逐线、逐层沉积的成形方法。此工艺通过熔融丝料的逐层固化来构成三维产品。

FDM 所用的材料是线材，主要包括石蜡、塑料、低熔点金属和陶瓷等，可直接制备金属件和多种模型。FDM 工艺步骤如下：

① 丝状热塑性材料或其他热塑性材料由供丝机构送进喷头，在喷头中加热到熔融态，或在压力容器中加热，经喷嘴挤出。

② 熔融态的丝状材料被挤压出来，按照计算机给出的断面轮廓信息，随喷头的运动，选择性地涂覆在工作台的制件基座上，并快速冷却固化。

③ 一层完成后喷头上升一个层高，再进行下一层的喷涂，如此循环，最终形成 3D 产品。

FDM 成形工艺干净，易于操作，不产生垃圾，小型系统可用于办公环境，没有产生毒气和化学污染的危险，比较适合于家用电器、办公用品、模具行业新产品的开发，以及用于假肢、医学、医疗、大地测量、考古等基于数字成像技术的三维实体模型的制造。

总的来说，3D 打印的主要工作流程[50]如图 3-11 所示。其中 3D 建模是 3D 打印的前提，相当于平面印刷中的"原稿"。一般现有的 3D 建模软件都可以实现建模，比如 CAD、Pro/E 等矢量建模软件，都可以轻易地实现 3D 建模。3D 分割将建立的 3D 模型分成一个个的薄片，每个薄片的厚度由喷涂材料及打印机的结构决定，一般为几十微米到几百微米不等。分割工序也是由软件来实现，类似于打印机的驱动程序，将成形材料一层层喷涂在基材上。目前比较流行的做法是先喷一层胶水，然后再在上面撒一层粉末，如此反复，即可实现 3D 打印。

3.4.1.4 发展趋势

据预测，到 2020 年 3D 打印成品将占产品生产总量的 50%。在其不断发展的过程

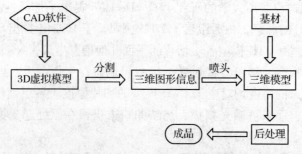

图 3-11　3D 打印的主要工作流程图

中主要有如下趋势[51]。

(1) 向日常消费品制造方向发展

2012年台式3D打印机的出现使3D打印的建模、创意和制造成本大大降低,标志着3D打印技术逐渐向日常消费品方向发展。普通人可以借助于简单的3D处理软件,就很轻易地实现个性化产品设计。3D照相馆已经出现,今后将会向日常消费品制造方向不断发展。

(2) 向功能零件制造发展

3D打印的飞机、金属枪的成功,使得3D打印技术在功能零件制造方面有了一定的基础。通过激光或电子束直接熔化金属粉,逐层堆积金属直接成形。3D打印技术可以直接制造复杂结构金属功能零件,并且具备锻件的力学性能。今后将进一步提高精度和性能,并往多种材料方向发展。

(3) 向智能化装备发展

就目前的3D打印设备来说,在其支撑软件和后台处理等方面智能化程度较低,在成形和制造过程中存在不足,直接影响设备的使用和推广。因此,智能化装备将是其发展的主要方向及重要保证。

(4) 向组织与结构一体化制造发展

实现从微观组织到宏观结构的可控制造。例如在制造复合材料时,将复合材料组织设计制造与外形结构设计制造同步完成,在微观到宏观尺度上实现同步制造,实现结构体的"设计—材料—制造"一体化。支撑生物组织制造、复合材料等复杂结构零件的制造,将给产品设计和制造技术带来革命性发展。

3D打印技术代表着生产模式和先进制造技术发展的趋势,产品生产将逐步从大规模制造向定制化设计制造发展,以满足社会多样化需求。3D打印技术优势在于制造周期短,适合单件个性化需求、大型薄壁件、钛合金等难加工易热成形零件、结构复杂零件的制造。

3.4.2 定制设计方法

用户需求的多样化、个性化和品味化,使得个性化定制成为制造业研究与应用的热门。客户通过定制设计的手段参与产品的开发,设计成为了联系企业和客户、消费者的核心,并帮助企业更好地掌握用户需求,为其量身定制个性化的产品和服务。

3.4.2.1 概述

随着客户需求个性化的加强和产品交货期的缩短,客户驱动型的大批量定制MC生产模式已成为21世纪主流的生产方式。大批量定制对企业的资源重用提出了更高的要求,即不轻易重新设计新的零部件,尽可能重用已有的零件或在已有零件基础上进行变形,这样既可以减少零部件数量,减少客户定制过程中产品的内部多样性,提高其可靠性和可维护性,又可缩短上市时间,优化产品开发设计人员的设计流程,最大程度地满足客户的需求[52]。

Tseng等在1996年首先提出了大批量定制设计(design for mass customization, DFMC)的概念,并将产品族结构(product family architecture, PFA)作为DFMC的核心。

2000年，华盛顿大学的一个专家组将MC视为21世纪的10种最具有突破性的技术之一，此后大批量定制生产的研究一直是国外学术界研究的热点。目前国外学者关于大批量定制的研究工作主要是敏捷产品开发、业务过程重组、质量功能配置、模块化产品和过程、供应链管理等方面，并围绕解决生产的大规模与定制的个性化之间的矛盾展开。

浙江大学祁国宁研究员、顾新建教授和中科院软件研究所韩永生、蒋平研究员首先将大批量定制的概念引入中国，并提出了符合国情的DFMC理论和方法，实践了对DFMC的各个实施环节提供信息工具支持的DFMC软件支持系统，并对产品分析与规划、产品模型构造、产品编码技术、大批量定制的成本分析、DFMC集成框架和基于互联网的DFMC、PDM与ERP信息集成等方面的内容进行了研究。大连理工大学刘晓冰教授研究了产品族模型的组成和表达方法，并建立了一个适合于产品族建模的信息环境；上海交通大学的邵晓峰博士具体分析了面向大批量定制的供应链的基本特点，并从供应链的结构角度构建了基于网络的大批量定制的供应链模型；上海交通大学蒋祖华博士针对产品族的设计流程、产品族中约束的层次和创建原则，研究了DFMC的装配仿真；华中科技大学的李仁旺博士研究了可拓学优度评价方法在变形设计中的应用情况，并给出了评价的步骤。

现有的大规模定制设计方法仍然存在局限性，主要表现在如下方面[53]：①较关注设计过程中局部重构和创新，缺少对MC产品整个设计过程的重新规划和模型建立；②由于受产品描述模型的局限，对于增加产品变形设计能力缺少有效的方法；③对于得到的产品设计结果，并没有进行有效的优度评价。

3.4.2.2 定制设计与3D打印

制造业发展的三大趋势(定制设计、制造服务、电子商务)都在呼唤3D打印技术。

①定制设计必定是客户参与的设计，但客户参与设计，并不是要客户来做专业人员，而是要把科技的模糊技术需求转变为产业模型；定制设计就是要提供"傻瓜相机"似的设计平台(傻瓜相机把光圈、焦距、速度等技术参数协调起来，使得能够快速适应环境的变化)。

②快速响应客户需求的挑战，将现有产品知识库中的模型，通过变形、进化转变为客户需求的产品模型，定制设计对于制造企业来说是一个极大的挑战。

③为企业提供一个快速响应市场的定制设计平台。

人们已经用3D打印技术打印出灯罩、身体器官、珠宝、赛车零件、固态电池、根据球员脚型定制的足球靴以及为个人定制的手机、小提琴等。3D打印技术能在非常细微的内部细节层面上运作，使得人们可以按需定制物体的硬度和灵活度。数字化成形公司使用3D设计软件帮助客户定制需要大量生产的产品。只要想法可行，该软件就能让顾客的心愿得到满足，因为3D打印由软件驱使，可以制造出不同的物品而无需额外耗钱耗力重组装备。在经济规模不再那么重要的时代，大批量生产同一产品不仅很不必要而且也很不恰当，很多物品都可以使用3D打印技术量身定制，人们可以根据自身偏好设计出各种产品。

简而言之，在生产各种产品(从鞋子、眼镜到厨房用具，当然包括部分农林机械零部件)时,批量生产模式将让位于批量定制模式,而这需要3D打印来实现,因为它能改变设计方式、缩短设计时间、节约设计成本、降低设计人力,增加复杂产品的设计可能性。

3.4.3 应用实例

中国是发展中的农林大国,加强植物保护工作是提高单位面积产量、保证农林丰产丰收、发展经济的关键之一。在防治农林植物病虫草害的各种方法中,使用农药(各种杀虫剂、杀菌剂、除草剂等)进行化学防治在世界各国一直占主导地位,特别是当大面积暴发性病虫草害发生时,只有化学防治才能取得较好的防治效果。而化学防治植保机械中,喷头是使液体雾化和均匀喷射的关键部件。喷雾装置通过喷头控制液体的流量,使液体雾化成雾滴并将其均匀地喷洒在目标表面上。

以某喷头的设计研究为例,要求在压力较低(0.1~0.4MPa)的情况下具有良好的雾化性能,喷雾角大(80°),喷雾量(单只喷头流量为0.46~0.91L/min)分布均匀,便于喷头的组合使用;要求结构相对简单,加工成本低,利于普及推广。为此,选用扇形雾喷头[54],这种类型喷头采用渐缩扇形喷雾,可实现全面覆盖喷雾时均匀一致,以满足设计需求。这里具体根据参数要求,设计完成相应的喷头形状及尺寸,利用3D打印来验证实体效果,其三维模型如图3-12所示。

使用全世界最早从事3D打印技术的Stratasys公司生产的uPrint® SE型号的3D打印机,如图3-13所示,对设计出的模型进行打印。uPrint® SE采用Stratasys公司的FDM技术,能够使用3D制图文件制造出通过原型和直接数字化生产完成设计验证的精密3D部件。通过将热塑性材料加热到半液体状态并沿计算器控制的路线进行挤压逐层构造零件。FDM使用两种材料来执行打印作业,即用于构成成品的建模材料和用作支架的支撑材料。材料丝从3D打印机的材料仓送入在 X 和 Y 坐标上移动的打印头,沉积材料在基板下移至 Z 轴前完成每一层,然后开始新一层。一旦3D打印机完成构建,用户可剥除支撑材料或用特殊溶液将它溶解,然后即可获得该零件。该型号打印机使用ABSplusTM材料制作模型,零件结实耐用。ABSplus材料还可确保对模型进行钻孔、攻螺纹、磨光和上漆。

uPrint SE使用两个软件程序:Catalyst®EX和系统软件。Catalyst®EX是在Windows

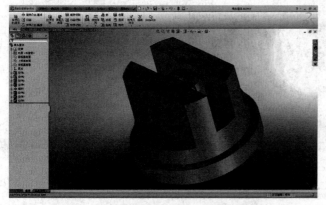

图3-12 根据要求设计的喷头三维模型图

图3-13 uPrint® SE型号的3D打印机

平台上运行的预处理软件,它安装在工作站上,用于从工作站中处理要打印的 STL (STereo Lithography)文件以及与打印机进行通信。而系统软件则是安装在打印机上的操作软件,用于控制打印机功能。CatalystEX 软件包含下列几个内容[55]:

①"常规"选项卡　用户可以选择模型填充和支撑样式以及更改 STL 单位和 STL 比例。

②"方向"标签　可让用户旋转零件和调整其大小。还可以更改视图、自动定向零件或插入暂停。

③"模型包"选项卡　显示用于打印的模型包中包含的零件。可以添加零件、更合理地摆放零件或清除模型包。

④"打印机状态"选项卡　显示剩余材料量(模型和支撑)以及制作队列中包含的零件。

⑤"打印机维护"标签　包含打印机的特定操作信息。

下面简要介绍打印步骤。

(1) 模型绘制

用三维建模软件 Solidworks 对设计的扇形喷嘴进行绘制,并另存为 STL 格式,便于导入。

(2) 校准打印机

在进行 3D 实物打印前还需要一个校准的过程,以保证打印机能够精确地工作。前期调试工作(即试运转)包括:检测每个轴的运动,测试挡块是否工作正常、进料口能否加热等,然后校准打印机。

(3) 导入文件和完成参数设置

打开 CatalystEX 软件,在"文件"菜单中,选择"打开 STL...",导航到创建的 STL 文件并将其选中。导入后的界面如图 3-14 所示。

选择层厚:可以在 uPrint SE Plus 打印机上更改层厚。更改层厚将影响表面光滑度和制作时间。如果选择较小的层厚,会提高表面光滑度,但制作时间较长。层厚度还

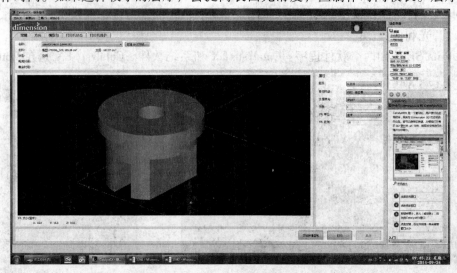

图 3-14　导入 STL 格式文件后的界面

会影响最小壁厚。最小壁厚适用于零件的水平（XY）面。

选择支撑样式：Soluble Support Material 用于在制作过程中支撑模型。在零件完成后，将会去除支撑材料。支撑样式将影响支撑强度和打印制作时间。"智能"支撑是默认支撑设置。

选择 STL 文件的比例：在为进行打印而处理零件之前，可以更改制作空间中的零件大小。在比例输入框中单击，键入所需比例。此次打印选用原始比例。

选择 STL 文件的方向："方向"标签有一个展开的预览窗口。它提供多个选项，可以查看零件、测量零件、定向零件、处理零件和查看零件的层。零件在预览窗口中的具体定向决定着打印时零件的具体定向。方向会影响制作速度、零件强度、表面光滑度和消耗的材料。

（4）将 STL 文件添加到模型包

在"常规""方向"和"模型包"标签上都可以找到"添加到模型包"按钮。单击"添加到模型包"按钮时，CatalystEX 会将当前在"常规"标签或"方向"标签的预览窗口中的文件添加到"模型包"标签的模型包预览窗口。如果预览窗口中的文件还没有为打印而进行相应处理，则会先处理该文件，然后再将其添加到模型包。如图 3-15 所示，可以定义零件在托盘中的位置。

（5）打印 STL 文件

在"常规""方向"和"模型包"标签上都可以找到"打印"按钮。CatalystEX 将处理模型包中的所有零件，然后创建一个 CMB 文件，打印将根据此文件打印零件。在打印机进行打印时，软件界面会实时显示相关参数（如支撑材料、耗用时间、分层厚度）和打印进度。

（6）移除完成的零件

在打印机完成了零件的制作后，显示屏会显示"已完成"，后跟文件名。显示屏还会显示"移除零件并更换托盘"（Remove Part and Replace Modeling Base）。

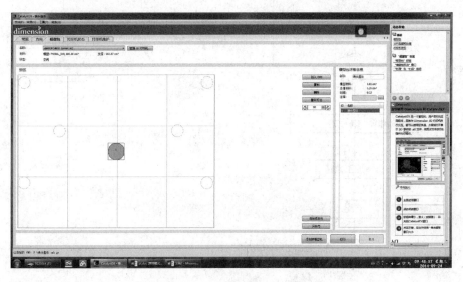

图 3-15　添加到模型包界面图

(7) 从托盘中移除零件

首先，从打印机中取出托盘后，用手平稳地来回弯曲托盘，以松开零件。其次，将零件拉离托盘，或者使用油灰刀完全移除零件即可。去除边缘毛刺和支撑材料后，将 3D 打印所得的模型与类似满足设计参数要求的 Spraying System 公司生产的 TeeJet8002EVS 扇形雾喷头实物进行对比，如图 3-16 所示。3D 打印产品基本实现了形状的复制，并满足功能要求。

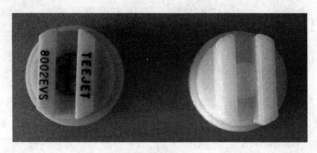

图 3-16　3D 打印模型与实物对比图

传统设计与 3D 打印定制设计的过程对比如图 3-17 所示，可以看出 3D 打印定制设计优势明显。首先，在设计流程上，3D 打印定制设计流程短，大幅缩短设计周期；其次，3D 打印定制设计无需机械加工，可避免在机械加工过程中的材料浪费；再次，3D 打印定制设计可以直接打印出组装好的产品，无需装配流程。

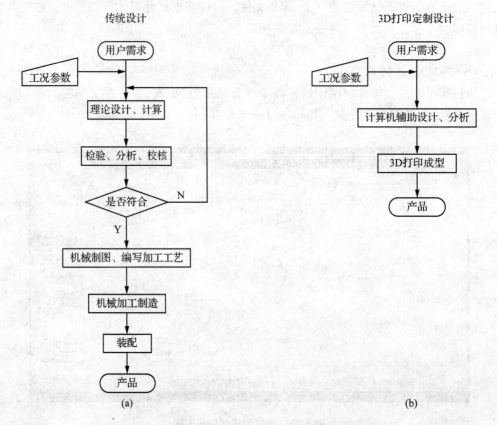

图 3-17　传统设计过程与 3D 打印定制设计过程的对比

许多林业机械零件仅仅根据设计图纸进行加工，往往存在或多或少的误差，而如果先做一个试验品，那么加工一个昂贵的仪器又会造成太大的浪费。因此，快速而且成本低廉的3D打印模型既降低了经济成本，又赢得了竞争时间。在进行3D模型设计时就可以采用优化设计，从总体上把握它的功能。成形之后可以进一步研究分析设计效果，大大降低了成品生产的误差率，提高了产品效益。对于复杂形状的图样，3D打印技术更能凸显其优势，其准确程度可以和其他数码制作或反求工程部件相媲美。

在新型喷头创新设计过程中，首先采用CAD/CAE和流体动力学模拟仿真等设计工具设计出喷头，然后由3D打印成形的喷头，再通过试验验证其设计合理性，若发现设计缺陷或尚有进一步优化的可能，可马上改进设计，并再次快速采用3D打印制出成形的喷头，如此循环，可最终获得设计合理、性能优良的新型喷头。

3D打印设计灵活、方便，满足了人们对产品的个性化需求，符合制造业大规模定制设计的发展趋势。相信随着3D打印技术的不断完善，材料局限性问题可以得到有效的解决，3D打印技术将会在现代林业机械设计中日益凸显其无可比拟的优越性。

本章小结

本章对相似理论和相似准则进行了原理性介绍，并以风机和喷头的相似设计为例介绍了林业机械相似设计方法的步骤，然后对模拟仿真设计中的基本概念（系统、模型、仿真等）进行了介绍，结合林业机械设计实例阐述模拟仿真设计方法。最后介绍了3D打印技术和定制设计方法的原理与发展。

参考文献

[1] 关立文，王立平，汪劲松，等. 机械运动方案相似设计研究[J]. 机械科学与技术，2004，23(3)：306-308.

[2] 金立兵，金伟良，王海龙，等. 多重环境时间相似理论及其应用[J]. 浙江大学学报（工学版），2010，44(4)：789-797.

[3] 李新华，曹伟魏，唐敏. 相似理论在大型复杂构件有限元分析中的应用[J]. 机械设计与研究，2013，29(5)：18-20.

[4] 仵锋锋，曹平，万琳辉. 相似理论及其在模拟试验中的应用[J]. 采矿技术，2008，7(4)：64-65.

[5] 宋彧，张贵文，党星海. 相似理论内容的扩充与分析[J]. 兰州理工大学学报，2004，30(5)：123-125.

[6] 胡冬奎，王平. 相似理论及其在机械工程中的应用[J]. 现代制造工程，2009(11)：9-12.

[7] 黄宸武. 基于相似理论风力机气动性能预测研究[D]. 北京：中国科学院研究生院（工程热物理研究所），2012.

[8] 李庆宜. 通风机[M]. 北京：机械工业出版社，1986.

[9] 郑加强，冼福生. 转笼式静电喷头雾化研究[C]. 中国力学会工业流体力学年会论文集. 北京：宇航出版社，1991.

[10] 吴旭光，杨惠珍，王新民. 计算机仿真技术[M]. 北京：化学工业出版社，2005.

[11] 刘兴堂. 仿真科学技术及工程[M]. 北京：科学出版社，2013.

[12] 肖田元，范文慧. 系统仿真导论[M]. 北京：清华大学出版社，2010.

[13] 王子才. 仿真技术发展及应用[J]. 中国工程科学，2003，5(2)：40-44.

[14] 中国科学技术协会. 仿真科学与技术学科发展报告 2009—2010[M]. 北京：中国科学技术出版社，2010.

[15] 黄柯棣，刘宝宏，黄健，等. 作战仿真技术综述[J]. 系统仿真学报，2004，16（9）：1887-1895.

[16] 李伯虎，柴旭东，朱文海，等. 复杂产品虚拟样机支撑平台的初步研究与开发[J]. 计算机仿真，2003，20(1)：4-8，133.

[17] 王达. 虚拟战场中一种基于 GPU 的大规模动态地形仿真研究[D]. 武汉：华中科技大学，2012.

[18] ZHIGANG WU, LONGFEI CHU, RUIZHI YUAN. Studies on aeroservoelasticity semi-physical simulation test for missiles[J]. Science China Technological Sciences, 2012, 55(9): 2482-2488.

[19] 李团结，朱超. 基于虚拟样机技术的球形机器人运动仿真研究[J]. 系统仿真学报，2006，18(4)：1026-1029.

[20] 沈记全，郑雪峰，涂序彦. 基于广义人工生命的信息网格管理模型研究[J]. 计算机应用，2005，25(12)：2787-2788.

[21] BASTER, BARBARA, DUDA, et al. Rule-based approach to human-like decision simulating in agent-based modeling and simulation[C]. International Conference on System Theory, Control and Computing. 2013: 739-743.

[22] 李和平，胡占义，吴毅红，等. 基于半监督学习的行为建模与异常检测[J]. 软件学报，2007，18(3)：527-537.

[23] 董淑英，周玉生. 系统仿真学科领域研究的探讨[J]. 系统仿真学报，2009，21(S2)：183-187，192.

[24] SATOSHI KANAI, TAKU MIYASHITA, TATSUMI TADA. A multi-disciplinary distributed simulation environment for mechatronic system design enabling hardware-in-the-loop simulation based on HLA[J]. International Journal on Interactive Design and Manufacturing (IJIDeM), 2007, 1(3): 175-179.

[25] 李建军. 基于 HLA 的光电场景建模技术研究[J]. 计算机仿真，2012，29(8)：369-372.

[26] 李伯虎，柴旭东，侯宝存，等. 一种新型的分布协同仿真系统—"仿真网格"[J]. 系统仿真学报，2008，20(20)：5423-5430.

[27] 姜江，杨克巍，陈英武. 基于仿真网格的 SBA 协同环境研究[J]. 计算机仿真，2007，24(4)：100-103.

[28] 李清玲，李爽. 基于 OPENGL 的三维人体运动仿真[J]. 计算机仿真，2011，28(4)：270-273，278.

[29] 冶运涛，王兴奎，赵刚，TFFU. 洞庭湖防洪预警三维虚拟仿真系统平台研究[J]. 系统仿真学报，2009，21(17)：5323-5329.

[30] 张文亮，刘壮志，王明俊，等. 智能电网的研究进展及发展趋势[J]. 电网技术，2009，33(13)：1-11.

[31] 李广政，唐远彬. 海底管道检测信息管理系统的设计与实现[J]. 油气储运，2012，31(11)：857-860.

[32] 杨明，张冰，王子才. 建模与仿真技术发展趋势分析[J]. 系统仿真学报，2004，16(9)：1901-1904.

[33] 蔡昕航. 模拟仿真技术在机械制造中的应用[J]. 中国科技投资，2014(14)：256.

[34] 孙长辉，刘正先，王斗，等. 蜗壳变型线改进离心风机性能的研究[J]. 流体机械，2007，35(4)：1-5.

[35] 易林，侯树强，王灿星. 离心式叶轮内部流动数值模拟方法的研究综述[J]. 风机技术，

2006，（2）：45-50.

[36]JASOM STAFFORD E W V E. The effect of global cross flows on the flow field and local heat transfer performance of miniature centrifugal fans[J]. International Journal of Heat and Mass Transfer, 2012, 55(7-8): 1970-1985.

[37]G. MARIAUX Y G A L. Theoretical and Experimental Investigation of the Dynamic Behaviour of Centrifugal Fans[J]. International Journal of Rotating Machinery, 2000, 6(3): 227-233.

[38]鲁渝北, 张义云, 祁大同, 等. 离心通风机蜗壳内部三维流动的测量和分析[J]. 应用力学学报, 2002, 19(3): 109-115.

[39]ZHANG Y C, CHEN Q G, ZHANG Y J, et al. Numerical Simulation and Experiment Research on Aerodynamic Characteristics of a Multi – Blade Centrifugal Fan[J]. Advanced Materials Research, 2011, 317-319: 2157-2161.

[40]蒋珉, 等. 控制系统计算机仿真[M]. 北京：电子工业出版社, 2012.

[41]陈义华, 张明明, 刘建敏. 基于地理信息系统的森林火灾自动识别[J]. 计算机应用, 2009, 29(12): 362-364, 367.

[42]CHRIS ANDERSON. 创客：新工业革命[M]. 萧潇, 译, 北京：中信出版社, 2012.

[43]ASHOK KUMAR. From mass customization to mass personalization: a strategic transformation [J]. International Journal of Flexible Manufacturing Systems, 2007, 19(4): 533-547.

[44]卢秉恒, 李涤尘. 增材制造（3D 打印）技术发展[J]. 机械制造与自动化, 2013, 42(4): 1-4.

[45]王雪莹. 3D 打印技术与产业的发展及前景分析[J]. 中国高新技术企业, 2012(26): 3-5.

[46]刘红光, 杨倩, 刘桂锋, 等. 国内外 3D 打印快速成型技术的专利情报分析[J]. 情报杂志, 2013, 32(6): 40-46.

[47]王运赣, 王宣. 三维打印技术[M]. 武汉：华中科技大学出版社, 2013.

[48]王忠宏, 李扬帆, 张曼茵. 中国 3D 打印产业的现状及发展思路 [J]. 经济纵横, 2013(1): 90-93.

[49]杨继全, 冯春梅. 3D 打印面向未来的制造技术[M]. 北京：化学工业出版社, 2014.

[50]ZOLFAGHARIFARD, ELLIE. Home makers: 3D printing has helped fuel a new generation of DIY producers[J]. Engineer, 2012, (12): 37-38.

[51]HENRY SEGERMAN. 3D Printing for Mathematical Visualisation [J]. The Mathematical Intelligencer, 2012, 34(4): 56-62.

[52]余隋怀, 苟秉宸, 李晓玲. 三维数字化定制设计技术与应用[M]. 北京：北京理工大学出版社, 2006.

[53]王德彪. 机械产品大规模定制设计技术研究[D]. 长沙：国防科学技术大学, 2008.

[54]杨学军, 严荷荣, 周海燕. 扇形雾喷嘴的试验研究[J]. 中国农机化, 2005(1): 39-42.

[55]Stratasys 公司. uPrint® SE 型号的 3D 打印机的用户使用说明书.

思考题

1. 什么是相似三定理？什么是相似准则？
2. 仿真可以分为哪几种？依据分别是什么？
3. 简述几种 3D 打印技术的工作原理、特点及应用。
4. 如何使用 3D 打印技术进行产品大规模定制和个性化设计？

推荐阅读书目

1. 计算机仿真技术. 吴旭光, 杨惠珍, 王新民. 化学工业出版社.
2. 系统仿真导论. 肖田元, 范文慧. 清华大学出版社.
3. 3D打印面向未来的制造技术. 杨继全, 冯春梅. 化学工业出版社.
4. 创客: 新工业革命 Chris Anderson. 萧潇, 译. 中信出版社.

第4章 协同设计方法

[**本章提要**] 协同设计的理论与方法内容甚广,有协同设计建模技术、协同设计过程动态建模与控制技术、过程管理技术、CAx集成技术、知识库和专家系统等关键技术及计算机网络等支撑技术。本章在介绍协同设计概念的基础上,论述协同设计发展趋势以及实现协同设计生产所需的各项关键技术,并介绍典型机电产品协同设计案例。

4.1 机电系统协同设计概述
4.2 协同设计方法及关键技术
4.3 协同设计特征建模技术
4.4 协同设计过程动态建模与控制
4.5 协同设计过程管理技术
4.6 CAD/CAM/CAE/CAPP 协同
4.7 机电产品的协同设计实例

传统的设计制造模式已经无法满足产品设计的新需求,也无法让企业拥有强有力的竞争力,因此需要开展现代设计理论和方法的深入研究。协同设计是制造业信息化与先进制造技术领域的主要研究方向,开展协同设计理论与方法的研究,并进行推广和应用,能为国民经济的发展发挥重要作用。

4.1 机电系统协同设计概述

4.1.1 协同设计产生的背景

4.1.1.1 传统设计方法的缺陷

机电产品的开发是一个复杂的过程,由图 4-1 所示的机电产品开发全生命周期可知,机电产品从诞生到报废大致要经历市场分析、设计、制造和售后服务等阶段。在市场分析阶段,主要完成市场调研、需求分析和产品策划工作;在设计阶段,主要完成概念设计、详细设计、结构分析和工艺设计工作;在制造阶段,主要完成生产准备、加工、装配、检测和包装工作;在售后服务阶段,主要完成使用维护、故障诊断和拆卸回收工作。

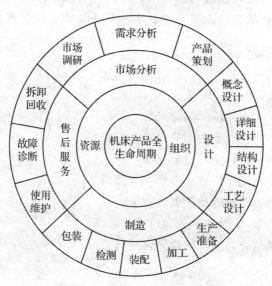

图 4-1 机电产品开发全生命周期示意

传统的开发设计过程中市场分析、设计、制造和售后服务是"串行"顺序进行的,各个阶段之间缺乏信息交流,是相互脱节的,因此常常需要对产品进行重新设计与重新制造,而影响产品上市时间。"串行模式"其实就是一种"抛墙式"的产品开发方法,如图 4-2 所示,它的主要缺陷如下:

①**设计开发过程的灵活性不够** 前一个阶段的工作完成后才可以开始下一个阶段的工作,必须顺序完成。

②**数据交换困难** 开发设计各阶段作用的系统不相同,各系统之间的数据转换较为困难。

③**时间和资金的浪费** 开发设计的各阶段之间缺少信息的交流,返工率很高,既

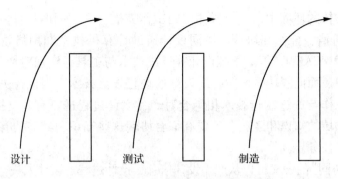

图 4-2 传统"抛墙式"的产品开发方式

浪费时间又增加开发成本。

4.1.1.2 市场竞争的需求

市场的竞争随着客户个性化要求的提高、产品复杂程度的提高,新产品的开发难度的增大而越发激烈,谁能以最快的速度、最低的成本生产出高质量和实用性的产品,谁就会成为竞争的胜利者[1],而对于资金短缺、人才匮乏、技术落后大多数中小型企业来讲,若想摆脱不乐观的生存现状,则必须研究现代生产制造技术并以此来提高其竞争力。

20世纪90年代前后出现了一系列新概念设计模式,如并行设计、面向用户设计、面向制造设计、面向装配设计、面向销售设计等,但这些产品设计模式大多停留在有限资源共享、设计物理空间限制的环境下进行,无法有效地实现分散在各地的设计资源之间的共享以及设计人员间的协同,而现代企业资源的分布性和制造业信息化的飞速发展,企业建立分布式协同设计模式显得尤为重要[2],因此协同产品设计(collaborative product design, CPD)也成为企业应对全球性竞争的最有前途的商业策略之一[3]。分布式协同设计不是简单的设计发明或创造,而是集成了现代设计中许多新方法、新技术、新思想、新模式,经过系统的抽象发展形成的,其基本思想就是面向用户、面向装配设计、面向制造和计算机集成制造系统(computer integrated manufacturing systems, CIMS)中的信息集成,最主要的目的就是在生产高质量产品的同时降低生产成本,缩短新产品的开发周期,提高个性化产品的开发能力[4]。

4.1.2 协同设计的基本概念

4.1.2.1 协同设计的定义及特点

(1) 协同设计的定义

协同设计继承发展了并行设计的基本思想,借助高速发展的计算机技术和网络技术,构成"计算机支持下的协同设计"。计算机支持下的协同设计(computer supported collaborative design, CSCD)是计算机支持协同工作(computer supported cooperative work, CSCW)的一个重要研究领域,是 CAD 和 CSCW 技术相结合的产物。CSCW 这一概念是1984年美国麻省理工学院(MIT)的依瑞·格里夫和 DEC 公司的保尔·喀什曼等人在讲述他们所组织的有关如何用计算机支持来自不同领域与学科的人们共同工作时提出的,是指在计算机支持的环境中，一个群体协同工作完成一项共同的任务。它的基本内涵是计算机支持通信、合作和协调。协同设计借助计算机技术和网络技术，利用现代PDM、CAD/CAM/CAE/CAPP、虚拟设计等集成技术与工具，实现对产品的开发设计，是一种面向用户、面向制造、面向装配设计的现代设计技术。因此，协同设计是计算机支持的协同工作与先进制造技术相结合对产品设计过程进行有效支持的研究领域，不仅需要不同领域的知识和经验，还要有综合协调这些知识和经验的有效机制来综合完成不同的设计任务。

CSCD中"协同"的含义可以从产品设计信息、设计过程、设计人员、设计环境和工作模式等方面来理解。

① **设计信息的协同** 在生产设计的各个阶段，各部门所用的系统并不相同，各系统对于同一产品的信息模型描述也可能不同。此外，即使是同一部门，也存在对产品信息的不同理解，对产品有不同的描述。因此，需要实现产品信息的协同。

② **设计过程的协同** 在完成产品的设计开发过程中，为降低任务的执行难度，会对复杂的任务进行分解，任务分解之后，各子任务之间可能会是串行、并行或交叉耦合的关系，这种关系使得设计者之间会因时序控制问题而发生过程冲突，总体应该协同完成。

③ **设计人员的协同** 复杂产品的生产设计，往往涉及多领域的知识，需要多领域的专业设计人员。为了实现共同的设计任务，多领域的专业人员要相互配合，协同工作。同一领域不同层次的设计人员之间也要相互协作，共同完成分配的子任务。另外，在大型复杂产品的设计中，一位设计人员可能承担多个工作，比如在一个任务中承担设计人员的角色，而在另一任务中承担审核人员的角色。这时，对设计人员之间的协同就更为复杂，一般的系统将会通过授予设计人员一定的角色，并通过对角色的控制，来实现设计人员之间的协同。

④ **设计环境的协同** 处于同一设计任务的不同企业、不同部门之间的设计环境和使用工具之间存在差异。例如，设计者可能会使用UG、Pro/E等不同的CAD工具软件，分析者也可能会用ANSYS、IDEAS等CAE工具软件。为了实现整个设计过程中信息的交流，需提供这些设计与分析工具的协同交互组件，不同的表达方式之间实现协调转换。

⑤ **工作模式的协同** 协同设计工作模式大致可以分为面对面同步交互、异步交互、同步分布式交互和异步分布式交互4种类型，如图4-3所示。4种类型中同步分布式交互模式组织和实现的难度最大。

a. 面对面同步交互。面对面同步交互最为简单，指设计人员在同时间、同地点对产品进行开发设计，常以会议的形式实现。同步交互为保证多个专家在访问同一设计对象的过程中所获得的数据是完整一致的，需要采用并发控制策略。

b. 异步交互。指设计人员在同地点、不同时间对产品进行开发设计，如共享公告栏、数据库等形式实现设计信息的非实时传递。

c. 同步分布式交互。指设计人员在同时间、不同地点对产品进行开发设计，如共享CAD、视频会议系统等。此交互方式不仅需要紧密集成的CAx/DFX等多种工具的支持，还需要支持实时协作的环境，随着设计过程全球化以及通信网络基础设施的不断

	相同时间	不同时间
相同地点	面对面交互	异步交互
不同地点	同步分布式交互	异步分布式交互

图 4-3　协同设计工作方式

完善，这种方式将得到越来越多的应用。

d. 异步分布式交互。指设计人员不同时间、不同地点对产品进行开发设计，如设计成员之间使用社交工具、分布式数据库等实现产品设计信息的交互。

（2）协同设计的特点

协同设计的设计过程在体现现代设计方法的同时也体现了现代管理技术，主要特点如下：

①**动态性**　在整个协同设计过程中，产品开发的速度、工作人员的任务安排、设备状况等都在发生变化，为了使协同设计能够顺利进行，产品开发人员需要方便地获取各方面的动态信息。

②**分布性**　参加协同设计的人员可能属于同一个企业，也可能属于不同的企业，同一企业内部不同的部门又在不同的地点，所以协同设计须在计算机网络的支持下分布进行。

③**协作性**　由于设计任务之间存在相互制约的关系，为了使设计的过程和结果一致，各个子任务之间须进行密切的协作。

④**冲突性**　由于协同的过程是群体参与的过程，不同的人会有不同的意见，合作过程中的冲突不可避免，因而必须进行冲突消解。

⑤**多样性**　协同设计中的活动是多种多样的，除了方案设计、详细设计、产品造型、零件工艺、数控编程等设计活动外，还有促进设计整体顺利进行的项目管理、任务规划、冲突消解等活动，协同设计就是这些活动组成的有机整体。

⑥**全域性**　在产品开发设计初期，协同设计就考虑到产品全生命周期各个环节可能遇到的问题及对策，对产品进行体系化建模，实现产品的整体优化，减少设计过程中的返工次数。

⑦**集成性**　具有分布式的组织集成、过程集成和信息集成的特征，以广义的产品为设计目标，组织多领域的专家在一个协同环境下进行分布式协作，各设计团队内部必须共享知识和设计经验，相互之间也必须共享信息，在对设计过程的有效协调下，开发出新产品。

对协同设计特点的分析有助于为建立合理的协同设计环境体系结构提供参考。除了上述多个特点外，协同设计还有产品开发人员使用的计算机软硬件的异构性、产品数据的复杂性、交互性、开放性等特点。此外，将协同设计与串行设计、并行设计的生命周期进行比较，协同设计在缩短生产周期上具有超强的优越性，如图4-4所示。

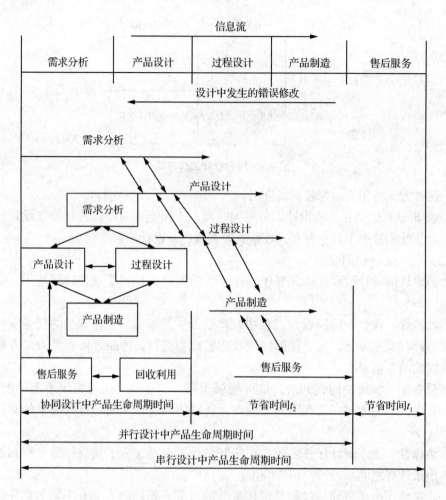

图 4-4　串行设计、并行设计和协同设计生命周期的比较

4.1.2.2　协同设计框架图

从图 4-4 也可以看出，协同设计的方式是立体的、交互的、多团队的协同合作。在整个协同设计的过程中，各阶段的任务小组可以根据上一阶段已部分完成的任务和所提供的不完备的信息，在消化理解的基础上，开始自己的任务。各阶段的工作每完成一部分，就会输出相应的结果，各相关的工作阶段之间的信息的输出是持续的，这与串行设计中一次性输出结果完全不同。各工作小组在完成本职任务的同时做好相互之间的协同。对于产品设计的操作者，应该基于 Intranet/Internet 的网络环境进行工作，通过相关数据库进行信息传递和协同。图 4-5 显示了协同设计系统框架结构的概念模式。

图 4-5　协同设计系统框架概念模式

4.1.3 协同设计的应用及发展

4.1.3.1 协同设计的应用

(1) 面向产品设计制造的协同设计

面向产品设计制造的协同设计需要实现 CAD/CAM/CAE/CAPP 的集成,并实现产品各种资源的可视化。CAD/CAM/CAE/CAPP 的集成是设计和制造系统的集成,即提供一个中性的环境,使得不同的设计人员可以对来自不同系统的产品数据模型进行共享和管理,并形成新的虚拟原型。产品数据的可视化可以使分布于异构环境上的各种资源都可以被阅读、应用。通过 CAD/CAM/CAE/CAPP 集成系统提供的中性环境,直接存取所有相关的产品信息、相关需求并通过可视化技术对产品的制造、装配过程进行模拟来验证设计的可行性,因此相关设计人员能实现对产品设计与制造的过程进行控制,从而达到协同设计的目的。

(2) 有利于项目管理的协同设计

面向项目管理的协同设计对任务和计划进行动态的管理,实现对资源和技能的优化组合,控制开发设计的进度。在开发设计初期就创建包括设计进度、产品数据等的管理信息,根据用户权限,设置共享信息。在产品的开发设计过程中,对产品从概念设计、产品开发、生产制造直到停止生产整个过程进行跟踪与控制,实现产品开发工作流程的管理。通过对任务、产品数据处理过程、工作流程的管理,实现资源和任务的优化组合、产品数据的规范性和一致性以及员工之间的分工合作和协调,从而提高工作效率。

(3) 满足客户需求的协同设计

面向客户需求的协同设计,首先要实现企业和客户的信息系统的集成,是企业能够快速地根据需求的变化,做出方案的有效调整,实现对需求快速反应的目标。通常,企业和用户之间通过 Internet 完成信息的交流,能够确保设计意图和需求相一致,从而降低产品的开发成本。

(4) 实时供应要求的协同设计

实时协同供应是库房管理、供应商关系管理(supplier relationship management, SRM)、供应链管理(supply chain management, SCM)及企业资源计划(enterprise resource planning, ERP)系统的集成应用平台[5]。供应商关系管理,是企业通过对零部件供应商信息的搜集和整理,实现供应商零部件信息的集成,并根据一定的原则,将供应商分成不同的等级,确保一级供应商的采购数量,规范采购制度,在确保供货的前提下,减少对库存资金的占用,降低成本。通过实施供应链的协同,可以根据库存的状态快速制定采购计划,对生产计划的改变做出快速响应。

(5) 基于云服务的协同设计

作为推动新一代互联网、物联网、移动互联网以及三网融合(以 Internet 为代表的数字通信网、以电话网包括移动通信网为代表的传统电信网和以有线电视为代表的广播电视网)的重要引擎,云计算实现了网络虚拟环境下资源共享和系统工作的最优化。以云服务中间件技术为主体,通过云服务中构建的领域本体和知识库所包含的语义来描述产品设计过程中的信息、资源和知识,通过共享资源和信息等达到异地设计者协同工作的目标。这样，不但使设计过程中的信息和资源得以充分共享，而且还能大大提高软硬件资源的利用效率和经验知识的重用率[6]。

4.1.3.2 协同设计的发展趋势

(1) 产品设计的网络化

协同设计最重要的基础就是网络，网络的出现推动了分布式设计技术的发展，网络已经成为分布式访问信息的最理想平台。人们对基于 Web 的分布式处理设计系统和编程环境做了大量研究，随着网络技术的快速发展，网络化必将成为机电产品设计的大趋势。

(2) 产品设计的虚拟化

新产品开发过程一般要经历产品设计、生产制造、性能测试，若测试结果不符合要求，则修改产品设计，再组织生产制造与测试，直到满意为止。一般产品的开发设计都需要经过多次的修改才能达到要求，这就大大增加产品开发的时间。虚拟产品开发技术(virtual product development，VPD)根据产品的设计，对产品进行虚拟制造、虚拟测试和分析。设计人员在计算机上对产品虚拟建模，用数字模型来代替实物模型，并对数字模型进行测试，根据分析和测试结果，对产品的设计方案做出修改。虚拟产品开发技术不仅省去了多次建造实物模型的费用，降低了成本，也大大地降低了产品开发设计所需的时间，同时也使得企业能对客户需求的变化做出快速的响应。据报道，汽车产业对 VPD 最有爱好，并且动手也最早，如美国的克莱斯勒和福特汽车公司、德国的大众汽车公司以及日本的一些汽车公司都在积极采用 VPD 技术。采用 VPD 技术后，汽车工业新车型开发的时间可由原来的 36 个月缩短到 24 个月以内，竞争优势显然得到加强，其影响不可估量。VPD 技术已在汽车、航天、航海、医疗用品、家用电器等诸多领域成功应用，对产业界产生了强大的冲击作用[5]。

(3) 产品设计的敏捷化、集成化

Internet/Intranet 技术是实现企业内部和企业间动态联盟的基础。企业内部的设计、制造和管理信息资源，通过 Internet 技术实现异地共享，通过 Intranet 技术实现过程重构，推动了产品敏捷化设计和制造的发展。

协同工作允许不同合作技术的结合，允许采用多种设计方法。为支持多领域用户更广泛的应用，需要集成多种媒体和多种设计工具，处理好异构设计制造数据，增强系统的动态柔性。CORBA、COM/DCOM、Java/RMI 等技术规范标准为协同设计中设计过程重构以及信息集成提供了技术支持，随着这些规范标准的不断完善和发展，产品设计的集成化程度将不断提高。

(4) 产品设计制造的绿色化

环境问题日益严重，人们越来越认识到环境保护的重要性。经济发展和环境保护之间的冲突由来已久，走可持续发展之路也已成共识。绿色设计和绿色制造在产品整个生命周期中，综合考虑资源效率和环境影响，实现环境影响和资源效率的最优组合，是一种可持续发展的模式。绿色设计和绿色制造已经成为机电产品设计过程中的重要方向。

(5)面向服务的云计算协同设计

协同设计作为网络化制造的关键技术之一，一直得到广泛的研究和应用。面对不断增加的复杂系统和网络应用，以及企业日益追求投资回报率的互联新生态，云制造技术的出现给协同设计的研究带来了新的挑战和机遇，同时系统创新的云架构体系能提供丰富的企业云应用和云服务，不断形成新的技术创新和价值发现[7]。因此，基于网络和云计算模式的设计服务平台概念的提出[8]，并随着面向服务架构（service-oriented architecture，SOA）理论和技术的逐渐成熟，以 SOA 理念和 Web 服务为基础的面向服务的云制造协同设计模式[9]以及云设计（即一种基于网络和云计算模式的产品设计服务平台，为用户提供网络化设计活动所需要的服务和环境[10]）都将是协同设计发展的必然趋势。

4.2 协同设计方法及关键技术

4.2.1 协同设计关键技术

一般认为，协同工作的基本要素为协作、信任、交流、折中、一致、不断提高、协调[11]。为体现这 7 个基本要素，实现协同工作，必须解决多项关键技术，对机电产品的协同设计而言，主要涉及的关键技术有：产品建模技术、过程动态建模与控制、过程管理技术、CAx 集成技术、虚拟样机技术、知识库与专家系统、过程重构技术等。

4.2.1.1 协同设计建模技术

(1)产品建模的基本概念

模型能用来表示实际或抽象的物体和现象，给出被处理对象的结构和性能，并产生图形。产品模型是对具有某种功能的产品（已生产的产品或将要生产的产品），在三维欧氏空间建立起由计算机表示的数学模型，其所表达的文件成为产品开发设计过程的许多任务要依据的产品描述文件，从而要求建立一个既能反映产品生命期中各阶段的数据要求，又能反映各阶段数据关系的统一的产品模型，因此，产品零件信息模型应强调零件功能与零件特征的关系，以及零件功能与各特征功能的关系。

包括了产品的定义信息与产品设计和制造有关的技术、管理信息等形状信息和非形状信息的产品模型是协同设计的核心。因此，产品零件信息模型应该是一个动态的数据结构，以便于设计者进行动态操作。而要建立一个共享的产品模型，则需要建立包含数据、几何和知识的产品零件信息体系，这样才能对多知识来源进行协同处理。

产品建模过程就是对一个被处理对象进行分析、计算、模拟和研究的过程。建立一个统一的产品模型来表示产品的全部信息供各设计过程应用是协同设计的一个基本要求。对于协同设计，建模可以分为产品零件建模和设计过程建模。

产品零件建模是根据产品零件的相关信息，在某一模型环境中创建模型、编辑模型，并能表达零件在加工、装配等各个方面的信息。

设计过程建模主要是对设计过程的决策、行为和活动进行建模。如：面向企业

CIMS 生命周期的建模(computer integrated manufacturing-open system architecture, CIM-OSA)方法，特点是从建模的不同层次和实施的不同阶段出发，给出过程参考模型结构。集成化的信息系统模型(architecture of integrated information system, ARIS)是一种面向对象的建模方法，特点是将过程描述成组织视图、数据视图、过程视图和资源视图，并通过控制视图来描述组织、数据、过程和资源 4 个视图之间的关系，按照企业信息系统实施的生命周期，ARIS 定义了"需求定义""设计说明"和"实施描述"3 个建模层次。

(2) 基于特征的建模技术

特征建模技术被誉为 CAD/CAM 发展的新里程碑，它的出现和发展为解决 CAD/CAM/CAE/CAPP 集成提供了理论基础和方法，使得模型编辑更加灵活，大大提高三维建模效率，并在 20 世纪 90 年代被广泛应用。基于特征的建模是将任何三维模型视为一系列特征的组合。特征建模的两个重要概念是"特征"和"组合"。所谓特征，是一种几何结构相对简单的基本几何体[7]，也是构成复杂模型的基本几何模型。CAD 系统会提供一定类型的特征供用户直接调用，用户也可以根据需要自定义特征，其中二维草图是应用最广的基础特征。所谓组合，则为特征的累积方式。常见组合方式有并、差、交布尔运算，其中"并""差"组合应用最多。由于草图是一种特征，因此由二维图形形成三维模型的扫描也可视为一种组合方式[12]。因此，特征建模具有两个优点：

① **建模效率高** 建模过程和产品的实际加工过程相似，每步操作明确，步骤清晰，十分方便。

② **模型修改方便** 每个模型都有一个完整的特征历程树，用于记录模型的生成过程，并详细记录每步操作的特征类型和参数。用户可以对特征历程树中的任意特征进行修改，更新历程树后即可得到新的三维模型。

由于特征包含丰富的工程语义，是产品开发过程中各种信息的载体，因此基于特征的建模技术将在本章的后续部分进行详细介绍。

4.2.1.2 协同设计过程动态建模与控制

产品协同设计过程建模的方法按照模型描述的形式可以分为 3 类：第 1 类为基于图形的方法，如用有向图或 Petri 网等方法对过程建模；第 2 类为基于语言的方法，如 ULYSSES 框架用 Script 语言来描述设计任务；第 3 类为基于知识的方法，如 Minerrs 采用基于知识的设计流对开发过程进行描述和管理。产品协同设计过程有别于其他设计过程，存在设计任务的并发多主体性、设计资源的内在关联性和设计过程的动态不确定性等问题，而上述几种模型和工具并未能很好地解决这些问题和满足客户的要求。因此，仍需对过程建模的方法做深入研究。从过程模型建立的方法看，目前主要包括以下几种：

(1) 关键路径法

关键路径法(critical path method, CPM)可以说明设计过程中活动定义、工作顺序等一些静态特性，也可以对项目计划和项目费用等作出评估，是系统工程学科中重要的方法之一。但用 CPM 建立过程模型也存在一些问题，一方面是不能很好地表达协同设计过程中的反复性，会将反复进行的活动视作为另外一个新的活动；另一方面是难以表达产品开发和过程管理之间的关系,且缺少对设计过程的动态特性的分析。

(2) 设计结构矩阵法

设计结构矩阵(design structure matrix,DSM)是用矩阵来描述协同设计的过程,行和列分别代表各个子任务。DSM 方法能够提供紧凑的表示方法,不受模型大小的限制,相较于传统的设计方法更为优越。并且,协同设计过程的优化可以通过对矩阵进行相关的操作来实现,同时也可以描述和分析活动的迭代性。DSM 方法最大的缺陷是难以明确地体现设计活动之间的依赖关系。

(3) 结构化分析方法

结构化分析(structured analysis,SA)方法面向的是数据流,由一套分层的数据流图、一本数据词典、一组加工逻辑说明和其他的补充材料实现对协同设计过程的描述。

(4) 集成化计算机辅助制造定义系列方法

集成化计算机辅助制造(integrated computer aided manufacturing,ICAM)定义系列方法(ICAM definition method,IDEFX)从系统不同的角度对问题进行描述。IDEF0 主要是描述整个功能和组织,IDEF1 用来建立信息模型,IDEF1X 用来建立数据模型等,IDEF3 可以用来建立设计过程模型。IDEF3 方法提供了一种去捕捉项目活动之间的约束机制,可以对系统的行为模型进行描述。但是 IDEF 系列建模方法是静态的,无法建立动态过程模型,不能很好地支持设计过程的分析与改进[5]。

(5) Petri 网建模方法

Petri 网与其他建模方法最大的区别在于其严密的数学基础、精密的语义描述和良好的过程控制结构。除传统的 Petri 网外,还有各种高级的 Petri 网,如有色 Petri 网、赋时 Petri 网等。

目前,针对协同设计过程建模的研究,主要集中在协同设计过程概念模型、基于工作流的协同设计建模、基于 Petri 网的协同设计过程建模以及基于 Web 的可视化集成建模等。在协同设计过程概念建模方面,相关的研究主要集中在对协同设计的组织、功能、产品、过程、资源和约束等管理模型的构建和描述上。在基于工作流的协同设计建模方面,主要是采用工作流技术来描述协同设计的过程模型。在基于 Petri 网的协同设计过程模型方面,传统的 Petri 网能有效地对静态工作流状态过程进行建模,但该方法缺乏对协同设计过程所具有的多主体并发特性、动态不确定性和执行过程的反复跳跃性问题进行有效地描述和控制[5],因而基于高级的 Petri 网的过程建模是实现协同设计工作流模型建立的一种有效的方法。

4.2.1.3 过程管理技术

协同设计在设计的过程中涉及多资源的共享和异地的协作,因此除了一般设计过程所具有的特点,还具有自身"协同"的特点,这就对协同设计的管理过程提出了新的要求。协同设计的过程管理主要需要解决以下几个问题:① 任务的分解与分配;② 动态联盟的快速组建,动态联盟模型的优化与分析;③ 产品开发过程的规划、协调和执行过程的监控与管理;④ 时间和空间上相互分隔的设计人员之间联系的维护。

对产品开发过程的规划、控制和管理,其主要关键技术包括:① 产品设计任务动态生成与分解机制；② 产品开发项目规划、管理技术和策略；③ 虚拟企业环境下任务分配与合作伙伴选择机制；④ 开发过程优化和动态重构；⑤ 产品开发过程管理、监控、控制、显示结果等可视化技术与方法；⑥ 基于动态联盟驱动机制的资源重组及合理调配最佳决策系统的研究与建立。

4.2.1.4　CAD/CAM/CAE/CAPP 集成技术

自 20 世纪 60 年代开始，CAD、CAM、CAE、CAPP 分别独立地发展，至 20 世纪 70 年代末，国际上已出现许多性能优良、商品化的 CAD、CAM、CAE、CAPP 系统[2]。这些系统之间是相互独立的，对模型的定义、实现手段以及数据的处理等都存在很大的差异。因此彼此之间的信息交换和资源共享就受到了约束。例如，CAD 系统建立的几何数字模型主要反映了零件的几何信息，不能很好地反映零件的精度、粗糙度和热处理等非几何信息，CAM、CAPP 等除了需要零件的几何信息外，更需要一些非几何信息来实现辅助制造。各系统的模型及数据之间的转换，会因为数据定义和处理的方式的差异而发生错误，这不仅降低了生产过程的可靠性，也影响了生产效率和产品的质量。因此，CAD、CAM、CAE、CAPP 之间的数据和信息自动传递和转换技术，即 CAD/CAM/CAE/CAPP 集成技术早在 20 世纪 70 年代就开始研究。

随着对产品数据交换的大量研究，许多相关的数据交换标准被相继提出，如产品模型数据交互规范（standard for the exchange of product model data，STEP）标准是国际标准化组织制定的描述整个产品生命周期内产品信息的标准，是一个完善中的"产品数据模型交换标准"。

根据信息的交换方式和共享程度的差异，CAD/CAM/CAE/CAPP 系统的集成主要分 4 种。

(1) 通过专用数据接口实现集成

在这种方式下，各个系统仍然独立工作，当需要实现数据交换时，需要设计一个专门的数据接口文件，将一个系统的数据格式转换为另一个系统的数据格式。这种集成方式属于最低水平的集成方式，运行效率高，但是无法实现广泛的数据共享，数据的可维护性和安全性也比较差，只适用于小范围、简单零件单独开发的 CAD/CAM/CAE/CAPP 集成系统。

(2) 通过标准接口文件实现集成

集成系统中存在着一个和各个系统无关的标准数据格式，以此建立一个和各个系统都无关的公共接口文件。通过改变系统的前置、后置处理程序，在该系统的数据发生变化时仍可以实现该数据的共享。这种通过中间文件的集成方式，能够广泛地实现数据的交换和共享，虽然非常灵活，但是由于系统和管理中间文件的数据库之间需要很多数据接口，降低了工作效率。

(3) 基于同一产品模型和数据库的集成

集成和统一产品的数据模型和工程数据库，是实现集成的基础和核心。这是一种将 CAD、CAM、CAE、CAPP 作为一个整体的高度集成和共享的方案。公共的数据库和数据管理作为各个功能模块数据交换的基础，避免了不同数据格式之间的相互转化，这使得数据在交换的过程中安全、稳定、可靠。

(4) 基于产品数据管理的系统集成

产品数据管理(product data management，PDM)技术是以产品数据管理为核心，通过计算机网络和数据库技术，把企业生产过程中所有与产品相关的信息(如开发计划、产品模型、工程图样、技术规范、工艺文件、数控代码等)、过程集成管理技术(如过程设计、加工制造、计划调度、装配、检测等)和处理程序等，通过 PDM 的系统将多种功能软件集成在一个统一平台上。它不仅能实现分布式环境中产品数据的统一管理，同时还能为人与系统的集成及协同设计的实施提供支持环境。它可以保证正确的信息在正确的时刻，传递给正确的人。

4.2.1.5 虚拟样机技术

虚拟样机技术(virtual prototyping technology，VPT)是一种全新的机械设计方法，作为一项 CAE 技术于 20 世纪 80 年代随着计算机技术的发展而出现，进入 21 世纪得到了迅速发展和广泛应用[13]。

虚拟样机技术是一种建立计算机仿真模型的数字化设计方法，涉及建模技术、仿真技术、虚拟现实技术及交互式用户界面技术等，其核心是多体系统运动学和动力学建模的实现。为实现对系统的综合管理，虚拟样机技术着眼于产品全生命周期和全系统，利用虚拟样机来代替物理样机对产品的设计、制造和服务进行测试和分析。

建立虚拟样机，设计人员首先用 CAD 等软件建立产品的各个零部件，然后在计算机上对产品进行虚拟装配，并定义各零部件之间的约束关系。利用仿真软件对虚拟样机在各种工况下的运动和受力分析与仿真。利用虚拟样机可以方便地进行多种设计方案的测试分析，也便于对设计进行修改，在得到最优的设计方案后再进行物理样机的制造。

这里介绍农林液压挖掘机工作装置的虚拟样机的建立与仿真。首先，在 PRO/E 中建立挖掘机各构件的三维实体模型；然后进行装配，得到挖掘机工作装置的实体模型。其中动臂、斗杆、挖斗和液压挖掘机工作装置装配图如图 4-6 所示[14]。

将模型导入 ADAMS 中，导入的模型很好地继承了原来 PRO/E 模型的各种属性，包括质量关系、质心位置、转动惯量和质量信息，但是模型中原有的装配关系已不存在，各零件只是按原来的位置关系独立地存在于 ADAMS 中，因此必须重新定义。

定义刚体：一方面将没有相对运动的零件合为一个构件；另一方面重新定义构件

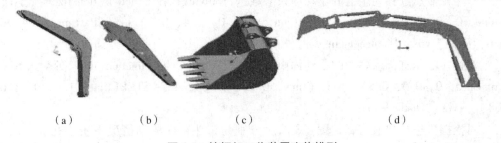

(a)　　　(b)　　　(c)　　　(d)

图 4-6　挖掘机工作装置实体模型
(a)动臂　(b)斗杆　(c)挖斗　(d)工作装配图

的材料属性等信息,具体名称见表 4-1 所列。刚体定义完成之后为工作装置添加运动副,在底座和地面之间添加固定副,各个铰接点添加转动副,油缸和活塞之间添加移动副;如图 4-7 所列,具体为在 O、A、B、E、H、I、P、Q 各点处建立一个转动铰,在 R 处建立一个圆柱铰,在 K 处建立一个球铰,在 C、F、J 处分别建立一个滑移铰,在 O 点建立一个固定铰链,在 D、G、K 处分别建立点线约束。然后对装置添加驱动,使得驱动的数目等于装置的自由度;具体为在 O 点施加一个转动驱动,在 C、F、J 处分别施加一个滑移驱动。挖掘机力学模型如图 4-7 所示。

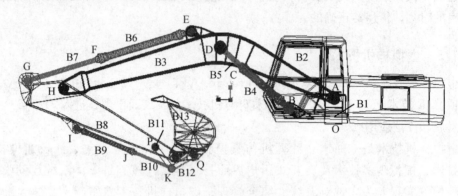

图 4-7　挖掘机力学模型示意

表 4-1　刚体名称

位置点	名　称	位置点	名　称
B1	转台	B8	斗杆
B2	机车	B9	铲斗液压缸
B3	动臂	B10	铲斗液压活塞杆
B4	动臂液压缸	B11	铲斗连杆
B5	动臂液压活塞杆	B12	铲斗摇臂
B6	斗杆液压缸	B13	铲斗
B7	斗杆液压活塞杆		

对动臂液压缸移动副上的驱动约束参数进行 Modify,在 Function(time)处输入 0.25 * sin(time),Type:Displacement;

对斗杆液压缸移动副上的驱动约束参数进行 Modify,在 Function(time)处输入 STEP(time,0,0,0.5,0.6) - STEP(time,0.9,0,1.4,0.5) + STEP(time,1.4,0,0.6,10),Type:Displacement;

对挖斗液压缸移动副上的驱动约束参数进行 Modify,在 Function(time)处输入 STEP(time,0,0,0.5,0.5) - STEP(time,0.9,0,1.4,4) + STEP(time,1.4,0,1.6,0.1),Type:Displacement。

对挖掘机进行数值仿真,图 4-8 所示分别为铲斗在此驱动情况下质心在 X、Y、Z 方向的速度分量变化曲线。

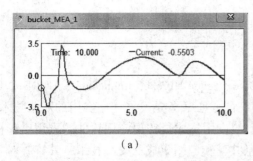
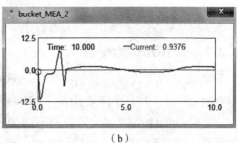
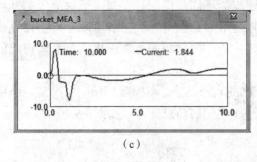

图 4-8　铲斗质心在不同方向上的速度分量变化曲线图

(a)X 方向　(b)Y 方向　(c)Z 方向

通过 ADAMS 的动力学仿真分析,节省了设计人员大量的时间和精力。在本仿真中实现了对挖掘机铲斗质心各个方向速度的记录,调整挖掘机的驱动函数可以对其各个方向的速度进行调节,从而实现对装置的平稳控制。同时也可以增加测试对象,记录铲斗机构的相关铰接点的点位变化,并进行优化,使得机构的设计更加合理。

4.2.1.6　知识库与专家系统

协同式专家系统能综合若干个相近领域或一个领域的多个方面的分专家系统互相协作,共同解决一个更广领域中的问题。

(1) 知识描述

对于产品全生命周期的设计,不仅要考虑产品生产设计制造过程中的设计原理、制造原则等,还需要考虑用户和市场的调查需求以及产品报废回收利用等多方面的知识。这些知识和设计原理、制造原理等一些规范的标准的知识不同,是不确定的、模糊的。例如,用户的需求会随着市场的变化而随时发生改变。

基于全生命周期的知识描述主要包括:用户需求知识、设计知识、制造工艺知识、使用维护知识、回收利用知识和协作机理等。这些知识在整个设计过程中起到了至关重要的作用,不同阶段的生产人员可以根据自身任务的需求,选择相适应的知识进行协同工作。

(2) 知识获取及处理方法

面向产品全生命周期的系统设计知识获取困难,传统的基于规则的专家系统又存在很多的局限性,如难以适应变化的复杂系统,不能进行继承性学习,因此,无法满足协同设计的要求。基于实例的推理(case-base reasoning,CBR)系统使用的主要知识是实例,实例的获取比规则的获取容易得多,可以弥补以规则为主的专家系统的局限性[15]。因此将 CBR 方法和基于知识的规则库集成在一起,取长补短,对协同设计过程中的知识的获取及处理有很大的帮助。

4.2.2 协同设计支撑技术

4.2.2.1 CORBA 技术

公共对象请求代理体系结构(common object request broker architecture，CORBA)是由 OMG 组织制定的一个工业规范。OMG 组织的中心任务是发展面向实用的对象技术，建立一个标准的体系结构，实现分布环境下的应用集成；实现应用软件的重用、移植和互操作。CORBA 作为分布异构环境下信息共享和应用集成的支持技术，其核心对象请求代理(object request broker，ORB)服务不仅为不同的应用程序提供了对象级的互操作环境，而且为客户提供了 CORBA 定义的通用对象服务(object service)和公共设施(common facility)。用户可以结合其特殊需要构造应用对象服务，以提供企业应用级的中间服务系统。

由于 CORBA 是面向对象技术和分布计算的紧密结合。因此 CORBA 采用了一个中介者(broker)结构来处理系统中 Client 和 Server 之间的信息交互，如图 4-9 所示。

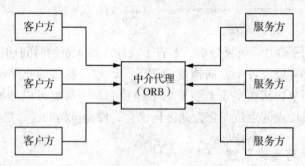

图 4-9 Client 和 Server 之间关系

传统的 Client/Server 模型中，Client 和 Server 之间有着一一对应关系。如今在它们之间插入一个 ORB，这样 Client 和 Server 之间不再有一一对应，因为 ORB 将 Client 和 Server 之间的直接通信变成了 Client 和 Server 分别和 ORB 的通信。ORB 具有一定的智能，对于来自 Client 的服务请求，ORB 将为其选择一个最适合的 Server 并代为接通二者的通信。由于有了 ORB，实现了 Client 和 Server 的分离，应用程序只要保证界面和行为语义的一致性，更换服务器或修改已有系统都不会影响已有的应用过程。因此，ORB 的介入为 CORBA 的应用提供了更加灵活的分布式协同工作技术。

4.2.2.2 Web 技术

Web 及其相关技术已成为实现异地协同的一种主流技术。在 Web 上最初的通信协议是 HTML，是目前 Internet 交换信息的主要标准。HTML 语言简单易用，提供了一种文本结构格式，使其能在浏览器上呈现给用户。HTML 是对 ASCII 文件的一种增强版本，它允许在文件中加入标签，使其可以显示各种各样的字体、图形及闪烁，还可增强结构标记等。但是 HTML 过于简单，随着 Web 文件内容的增多和形式多样化，越来越显得不适应。然而可扩展标记语言(extensible markup language，XML)、层叠样式表(cascading style sheets，CSS)和动态 HTML(dynamic HTML，DHTML)各自从不同的侧面解决 HTML 的不足。XML 侧重于组织和查找数据；CSS 侧重于 Web 页的继承性和表现；

DHTML 则侧重于 Web 内容的动态表现。

4.2.2.3 云端化技术

Google 定义"云端运算"是一种将日常信息、工具及程序放到 Internet 上的资源利用的方式，正因为所有信息都被放置到网络的虚空间里，因此称之为云端。云计算[16]的理念是由专业计算机和网络公司（即第三方服务运营商）搭建计算机存储和计算服务中心，把资源虚拟化为"云"后集中存储起来，为用户提供服务。从技术上看，云计算是虚拟化和网格计算等的延伸，但更为重要的是云计算理念本质上带来的是服务模式的转变。云计算使得计算资源成为一种专业服务，并通过信息化的方式提供出来[17]。

简单地讲，云端化技术是指云制造服务提供端各类制造资源的嵌入式云终端封装、接入、调用等技术。涉及云制造服务请求端接入云制造平台、访问和调用云制造平台中服务的技术，包括：支持参与云制造的底层终端物理设备智能嵌入式接入技术、云计算互接入技术；云终端资源服务定义封装、发布、虚拟化技术及相应工具的开发；云请求端接入和访问云制造平台技术，以及支持平台用户使用云制造服务的技术；物联网实现技术等。

目前，云制造的理念和技术已经引起学术界和产业界的关注，这必将有力地推动中国制造业信息化工作[18]。

4.3 协同设计特征建模技术

4.3.1 特征概述

4.3.1.1 广义特征

（1）广义特征的定义

特征是产品信息的集合，它不仅具有按一定拓扑关系组成的特定形状，且反映特定的工程语义，适宜在设计、分析和制造中使用，兼有形状和功能两种属性。可以将其定义为"一组具有确定的约束关系的几何实体，它同时包含某种特定的功能语义信息"。产品特征可以表达为

$$产品特征 = 形状特征 + 语义信息$$

可以看出，产品特征是具有一定信息的几何实体，其中包括特征功能、特征数据和特征之间的关系；形状特征是指几何实体确定的内部约束和描述参数；语义信息主要包含了设计过程中的一些形位公差信息、粗糙度信息、材料尺寸和刀具信息等一些非几何信息，适宜在分析、设计和制造中使用。

特征技术的目标在于设计与制造的共享，实现将实际的模型转换为制造输入的基础。产品特征所包含的语义信息，使特征不仅是几何实体的加、减、并、差的布尔运算，更是延伸为一种由特征类型、参数和建立时序三者共同决定产品形态的高级组合方式。因此，特征技术使得产品模型更好地反映设计者的意图，便于随时对产品模型进行调整。同时，用户可以对特征历程树中的任意特征进行修改，在更新历程树后即可得到新的三维模型，便于设计的及时更改。对产品模型进行修改时采用的是具有工

程型的单元特征，设计师在更改时有一定的规范性，可降低设计结果和制造之间的冲突。

(2) 广义特征建模系统的框架

协同设计中的特征建模是面向整个设计、制造过程的，不仅支持CAD系统、CAPP系统、CAM系统，还支持绘制工程图、有限元分析、数控编程、仿真模拟等多个环节。因此，必须能够完整地、全面地描述零件生产过程的各个环节的信息以及这些信息之间的关系。除了包括实体模型中已有的几何信息、拓扑信息外，还包括特征信息、精度信息、材料信息、技术要求和其他有关信息。即除静态信息外，还应支持设计、制造过程中的动态信息，如有限元的前、后处理，零件加工过程中工序图的生成，工序尺寸的计算等。

因此，特征建模是一种以实体建模为基础的，包含设计、制造过程中所需信息的一种建模方案。特征模型一般由形状特征模型、材料特征模型、精度特征模型组成，其中的核心和基础就是形状特征模型。

① **形状特征模型** 形状特征模型主要描述的是几何信息和拓扑关系，形状特征一般定义为一组几何元素按照一定拓扑关系构成的形状实体。相同的形状特征，在不同的条件下或者不同的行业内定义可以完全不同。形状特征一般通过参数描述，每个特征实现一种功能。形状特征模型以实体建模为基础，通常包含两个层次：一个是低层次的由点、线、面、环等组成的边界表示(boundary representation，B-Rep)法结构；另一个是高层次的由特征信息组成的结构[6]。

② **精度和材料特征模型** 精度特征模型用来描述产品的精度信息，例如尺寸公差、位置公差、形状公差和表面粗糙度等。材料特征则反应材料的种类、性能和热处理等要求。

特征建模的框架结构如图4-10所示。其中，形状特征、材料特征、精度特征分别从各自对应的特征库中获取特征描述信息。产品库建立在这些特征的基础上，系统和数据库之间实现双向交流，建模之后的产品信息送入产品库，并随着造型过程不断地修改，而造型过程所需的参数都可从库中查询。

(3) 广义特征建模系统的功能

根据特征建模的框架结构可以看出，特征建模系统的功能有：

① 预定义特征，建立特征库。

② 为特征附加注释，为用户列举参考特征。

③ 特征库的智能化应用，实现基于特征的零件设计。

④ 支持自定义特征以及管理、操作特征库。

⑤ 零件设计中，跟踪和提取有关几何属性。

⑥ 特征的消隐、移动。

(4) 广义特征建模的特点

广义特征建模的特点主要包括：

① 特征建模技术使得产品设计不仅实现了产品几何形状上的设计，而且也反映了产品的功能信息，同时还包含了对应的加工方法。

② 特征建模技术是一种数字化的建模技术，特征模型是一种计算机能够理解和处

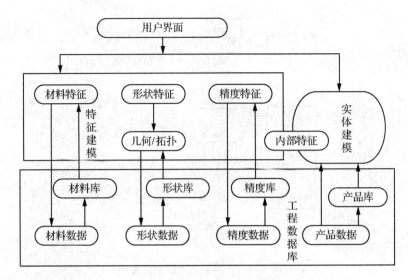

图 4-10 特征建模的框架结构

理的数字化模型。

③ 特征建模技术是一个面向整个生命周期的建模技术，特征模型包含各个生产环节所需要的数据，能够实现设计和后续各个环节之间的联系，是实现 CAD/CAM/CAE/CAPP 集成的基础，支持产品的协同设计。

④ 特征建模在产品设计过程中就考虑到加工、制造的要求，能够保证产品具有较好的工艺性和可制造性，便于降低产品的成本。

⑤ 产品库、形状库、精度库的建立，便于产品设计和制造方法的标准化、规范化和系列化。

4.3.1.2　广义特征的分类与表达

(1) 特征的分类

特征在不同的应用领域，其分类各不相同。在零件的设计制造领域中，包含零件的几何拓扑信息及设计制造等过程所需要的一些非几何信息。在产品生产过程中，依阶段不同将特征分为设计特征、制造特征、检验特征、装配特征(位置关系、配合约束关系、连接关系、运动关系)等；根据描述信息内容不同而将特征分为产品形状特征(图 4-11)、精度特征、材料特征、技术特征等。

(2) 特征信息的表达

特征的信息由几何信息和非几何信息组成。几何信息以图形为基础，以显式的方式记录了环、面、顶点等信息，便于对几何信息的直接提取。非几何信息描述的是制造过程中的工艺信息，以隐式的方式描述零件的表面粗糙度、尺寸精度和公差等信息。通过对属性的描述，记录相应的功能信息、制造信息以及特征间的相互关联，其特点是参数化、尺寸驱动、系统各特征完全关联[12]。

特征建模技术不仅可以使设计人员以一种全新的设计方法和设计思想进行产品开发，还可以根据实际的情况快速地修改产品模型，极大地提高了设计的效率；同时，特征模型面向产品设计的整个生命周期，是各个阶段信息的综合载体，为设计、制造、

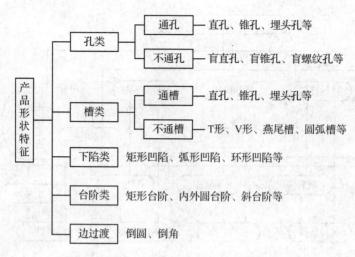

图 4-11 产品形状特征的分类

装配等各个环节提供统一的信息模型,不仅使得各阶段信息的获取更为方便,也能够保证信息的统一性和准确性。特征建模是集成系统核心,是实现 CAD/CAM/CAE/CAPP 集成化的最有效的途径。

4.3.2 特征建模

4.3.2.1 参数化设计软件中的特征

三维参数设计软件作为一个通用软件,要适应机械设计的各种不同的应用,而不同应用中的特征可能完全不同,所以这些软件中的特征均以形状特征为主,融入一些与设计功能有关的特征种类。

(1) 基于特征的三维建模

一个复杂的三维实体一般是由一系列相对简单的几何体(即狭义特征)通过合并、切割等方式组合而成,这种建立三维模型的方法即为基于特征的三维建模。三维模型是一系列的特征的组合体,可以表示为

$$\text{三维模型} = \{\text{特征}1\ \text{组合}1\ \ \text{特征}2\ \text{组合}2\ \cdots\ \text{特征}n\ \text{组合}n\}$$

在参数化设计软件中的狭义特征类型主要包括草图特征、拉伸特征、旋转特征、倒圆特征、倒角特征、拔模特征等,或者根据建模需要分为草图特征、辅助特征、基本特征、二次特征和自定义特征等。

① **草图特征** 草图是一种特殊的基本特征。它虽然不能从系统直接调用,但可以通过草图功能直接绘制,并作为拉伸、旋转、放样等特征生成的基础。由于体素类型有限,而草图又可以具有复杂的形状和灵活多变的约束,所以很多三维模型的建立都是从草图开始的,草图在基于特征的三维建模方法中起着十分重要的作用。实际上,体素也可以通过草图形成,目前 Pro/E 仅提供草图特征,而未提供体素。

② **辅助特征** 辅助特征用于建立其他特征时的定位,又称基准特征或参考特征,主要有基准面、基准轴、基准点和局部坐标系等。

③ **基本特征** 基本特征又称为体素,是参与运算的原始特征,而不是运算的结果。很多 CAD 系统中都提供了一定数量的体素,常见体素有长方体、圆柱体、球体、圆锥

体等。只要给出体素的关键尺寸(如长方体的长、宽、高),便可直接调用体素模型,而不必通过运算生成。

④ **二次特征** 二次特征又称为附加特征,是指在已有特征的基础上通过运算形成的特征。如拉伸特征是通过草图拉伸变化生成的,孔特征是在三维特征上切割圆柱体特征形成的。因此在二次特征中包括了更多的数据类型,包括定义数据、运算数据和相对位置参数。常见二次特征有倒圆、倒角、筋、孔、阵列等。

⑤ **自定义特征** 为提高特殊模型的建模效率和编辑的灵活性,用户可以将一些常用的形状定义为特征,这类特征称为自定义特征。CAD系统一般提供特征自定义功能,用户可以根据实际需要扩充系统的特征模型库。

使用上述特征建模,可以灵活调整控制模型的大小和形状的参数,图4-12描述了基于特征三维建模的过程。

(2) 特征的组合方式

如前所述,基于特征的三维建模实际上就是利用特征不断组合来形成更复杂的三维模型。这里"组合"实际上是一种数学运算,常见的组合方式为布尔运算和扫描变换。

① **扫描变换** 扫描运算用于将草图特征变换为三维特征,它利用二维草图在空间运动中形成的体积或面定义三维模型。常见扫描变换方式有拉伸和旋转两种,如图4-13(a)所示。

② **布尔并运算** 并运算是求两个三维特征的空间并集,并以并集作为新的特征,如图4-13(b)所示。并运算是两个特征的材料相加,但公共部分只取其中之一。

③ **布尔差运算** 差运算是在一个特征的定义空间中减去另一个特征的定义空间,并以差集作为新的特征,如图4-13(c)所示;倒角特征可以采用差组合方式,这时为外倒角,如支架模型(图4-12)的地座倒圆;也可以是加组合方式,这时为内倒圆,如支架模型(图4-12)的连接倒圆。

④ **布尔交运算** 交运算是利用两个特征的公共部分形成新的特征,如图4-13(d)所示。

(3) 特征的管理

在特征建模系统中,三维模型被系统记录的是特征不断组合的历程,从图4-12的支架模型中可以看出,特征建模的过程实际上就是对特征不断进行运算的过程,所有参与运算的特征按其运算的先后顺序都将保留在系统内。建模过程表示为具有树状的结构形式,因此称为特征历程树。其中树叶表示特征,树枝节点表示经过运算生成的中间过程模型,树根节点则表示最终建立的三维模型。记录支架模型生成的特征历程树如图4-14所示。

Pro/E的特征历程树称为特征模型树,它通过窗口的形式显示在三维建模主界面的左侧,如图4-15所示。该模型树的根目录表示三维模型本身,顶端是4个默认特征,即3个基准面特征和零件定义坐标系特征,随后插入的特征按生成先后依次安排在后。特征历程树不仅清楚地反映模型的构造过程,更重要的是包含了构成模型的各个特征及其相关数据。因此可以利用它对模型中的任何特征的定义方式和数据进行灵活、方便地修改,这为模型编辑提供了极大的方便。

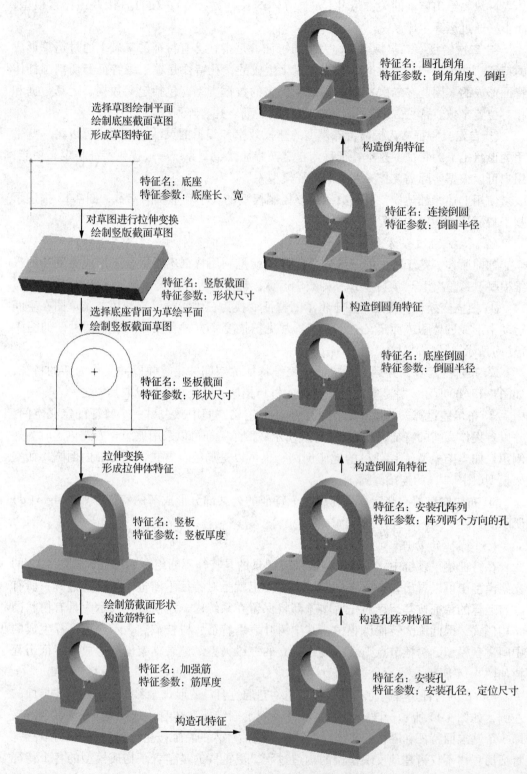

图 4-12　基于特征的支架三维建模过程

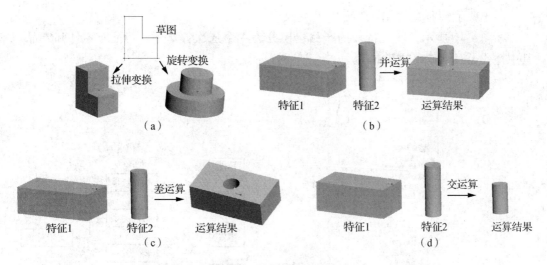

图 4-13 特征的组合方式
(a)扫描变换 (b)特征并运算 (c)特征差运算 (d)特征交运算

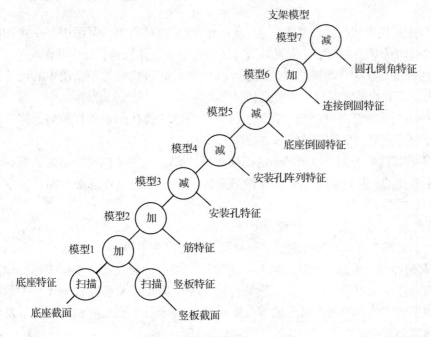

图 4-14 支架模型的特征历程树

4.3.2.2 CAD 系统中的特征

特征建模技术具有鲜明的工程性和层次性,加上参数化技术的支持,在模型控制和更改方面提供了广泛的潜力。

特征建模的优势并非在于建模的速度,而是在于能够通过特征迅速对模型作出调整。所以,在建模时必须要了解特征的时序性和层次性,合理地规划建模策略,完成三维实体模型的建立。

(1) 基于特征的 CAD 系统建模层次

如图 4-16 所示,基于特征的产品建模分为 4 个层次:草图、特征、零件和产品。其中特征是三维建模的基本单元。

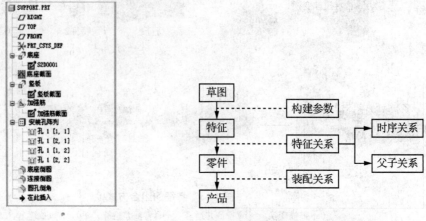

图 4-15　Pro/E 的特征模型树　　　　图 4-16　基于特征的产品造型

① 草图提供生成特征的基本信息,如拉伸特征的断面等,草图中存在着几何约束与尺寸约束。从草图生成特征需要追加特征构件参数,如拉伸特征中的深度等。

② 在特征层次中,特征之间的关系十分复杂,既包括类似于草图中的尺寸约束和几何约束,还有特征之间的父子关系和时序关系。

③ 一系列的特征经过组合、裁剪、阵列、镜像等操作形成零件模型,零件模型中需要体现设计意图,反映产品的基本特性。

④ 零件按照装配要求生成产品的整体模型,CAD 软件不仅支持静态装配,还可演示产品中零件的相互运动关系,并在产品总体层次上体现设计意图,如产品中零件的相互空间位置等。

(2) 特征关系的类别和影响

在特征之间有几何和尺寸关系、拓扑关系和时序关系等。

① **几何和尺寸关系**　特征之间的几何和尺寸关系一般在特征草图中进行设定。几何关系是指在草图中设定的实体之间的相切、等距等几何关联方式;尺寸关系是指在草图中设定的实体之间的距离角度等关联信息。当草图中的几何和尺寸关系发生变化时,三维实体也会随之发生改变,如图 4-17(a)所示。

② **拓扑关系**　拓扑关系是指几何实体在空间中的相互位置关系。在特征建模中,拓扑关系主要通过特征定义的终止条件来体现,这种拓扑关系不会因为特征草图尺寸的改变而变化,会随着指定面形状的改变而改变,如图 4-17(b)所示。例如,孔对于实体的贯穿关系、拉伸某一实体到指定面结束等,这些都是通过指定特征的终止条件决定特征之间的拓扑关系。

③ **时序关系**　时序性是特征建模技术的重要特点。对于特征建模而言,由于特征关系的问题,使得特征建立的次序成为重要因素。首先,后期的特征需要借用前面特征的有关要素,例如定义草图时借用已有特征的轮廓建立几何和尺寸关系等。其次,特征的拓扑关系是在已有的特征环境下设定的,而不会影响到其后的特征。如图 4-17(c)

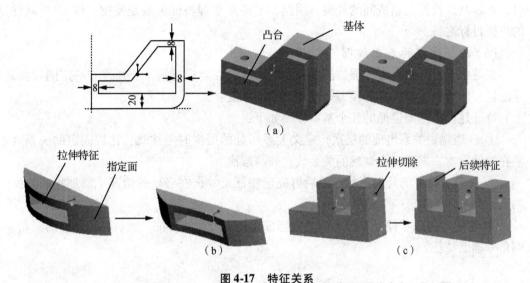

图 4-17 特征关系
(a) 几何和尺寸关系 (b) 拓扑关系 (c) 时序关系

所示,当以完全贯穿的方式生成拉伸切除时,后续特征不受影响。

(3) 特征的父子关系

如果某一特征 B 是在前一特征 A 的基础上建立起来的,那它们之间就存在父子关系,A 称为 B 的父特征,B 称为 A 的子特征。若再在特征 B 的基础上建立特征 C,则特征 B 和特征 C 之间存在父子关系,特征 B 是特征 C 的父特征,但是特征 A 和特征 C 之间不存在父子关系。若再在特征 C 的基础上建立特征 D,则特征 C 是特征 D 的父特征,如此类推即可。图 4-18 所示为模型的父子关系具体实例。

如果特征之间存在父子关系,则有如下特点:

① 在特征模型树中父、子特征的先后顺序不能改变,即必须先有父特征,才能有子特征,子特征必须排列在父特征之后。

② 对父特征的操作会影响到它的子特征。例如,如果父特征被删除,则它所有的子特征将被同时删除。

③ 如果特征之间无父子关系,则特征的操作不会相互影响。

(4) 特征建模技术的关键

三维设计在造型方法上相对于传统手工设计有了很大的改变,能提高设计的效率。在三维设计中,为了减少设计结果与制造之间的冲突,必须保持特征数据的一致性和设计信息的

图 4-18 特征的父子关系

全局化,这使得对设计控制的重要性要远远大于造型本身,因此设计的控制是产品设计中的关键问题。

特征建模时,参数化的设计和父子关系的利用能大大提高建模的效率,但是如果在特征关系上处理不当,就需要花费大量的时间去修正几何模型中的各种关系,给后续的工作带来很大麻烦。因此,必须对各种特征技术深入了解,了解其功能和引用场

合，可以减少设计与制造间的冲突。因此，了解并掌握特征关系是使用三维 CAD 软件的终极目标之一。

(5) 特征建模的基本规则

正是由于特征建模有很强的层次性和时序性，在建模过程中必须遵守一定的原则，才能提高建模的速度，降低模型修改和维护的难度。

特征建模中需要遵循的几个基本原则如下：

① 合理规划关系出现的层次，定义关系所处的层次时需注意：比较固定的关系封装在较低层次，需要经常调整的关系放在较高层次。

② 先确立特征的几何形状，然后再确定特征尺寸，在必要的情况下添加特征之间的尺寸和几何关系。

③ 先建立构成零件基本形态的主要特征和较大尺度的特征，然后再添加辅助圆角、倒角等辅助特征。

4.4 协同设计过程动态建模与控制

4.4.1 协同设计模型的基本概念

4.4.1.1 协同设计过程的机理

产品协同设计系统过程的机理是基于分布式网络环境，将地理位置分散的多学科组人员组成在一起，形成一个物理上分散、逻辑上集中的产品设计系统，并在该系统下，通过相互协作，对市场做出快速响应并制造出高质量的产品。因此，协同设计的机理具有从位置分散走向逻辑集中、从设计无序走向协同有序、从独立自治走向协同合作以及从单元支持走向集成统一等的特点。

4.4.1.2 协同设计的模型分类

(1) 协同设计的概念模型

产品协同设计的概念模型是对产品协同设计过程的抽象和概括。它描述了协同设计过程中设计对象、设计活动以及设计环境之间的依赖关系。产品协同设计概念模型的组成要素涉及协同设计的组织管理、功能管理、产品数据管理、设计活动的过程管理、资源管理以及约束管理等方面[13]。因此，协同设计概念模型可描述为

$$CSCD - CM = (M_{function}, M_{organize}, M_{production}, M_{process}, M_{resource}, M_{constrain}) \tag{4-1}$$

产品协同设计的概念模型如图 4-19 所示[1]。

过程模型 $M_{process}$ 主要是对产品设计活动中设计任务执行的进程状态进行描述。该模型把其他模型提供的各种信息归为设计目标和约束条件，并将在约束下实现设计目标的关键活动组织成适当的过程。

功能模型 $M_{function}$ 是对产品协同设计过程中功能信息的描述。产品功能模型建立能实现对设计任务功能的分解，实现设计任务各项信息的描述，以及实现对设计任务支持机制的管理。功能模型为过程模型提供产品全生命周期各个阶段的目标。

组织模型 $M_{organize}$ 主要描述设计过程中的组织结构，描述内容包含活动的分工、责

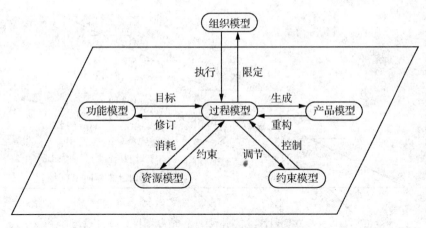

图 4-19　产品协同设计的概念模型

任的定义、权限的制定以及人员的项目、部门、群组归属等，反映了设计人员之间的联系和组织形式。组织模型为过程模型提供完成各阶段任务的角色信息。

产品模型 $M_{production}$ 是对零件信息的描述，包括产品零部件的组成结构、设计信息、设计形态等。产品模型的建立主要是基于特征的方法，为过程模型提供数据流信息。

资源模型 $M_{resource}$ 是对设计过程中所拥有的资源管理和控制信息的描述，以实现对设计资源的描述信息、状态信息、关联信息和控制信息进行管理，为过程模型提供各阶段资源的状态信息。

约束模型 $M_{constrain}$ 主要是对产品、功能、组织、资源和过程模型难以表达的约束关系进行描述。约束模型描述的是上述 5 类模型之间约束与约束间的层次关系[1]。

(2) 协同设计的层次模型

对于复杂机电产品协同设计可以描述为一个四维设计活动状态空间：层次维、对象维、周期维和约束维。产品协同设计的层次模型如图 4-20 所示。

活动状态空间是为了描述客观设计活动而建立的一种抽象的参照体系，一个 k 维活动状态空间可以定义为 $AS(k) = A_1 \times A_2 \times \cdots \times A_k$，其中 $A_i (i \in [1, k])$ 表示一个维度的活动状态空间，A_i 由 m 维向量构成，$A_i = (S_1, S_2, \cdots, S_m)$，$S_j$ 表示 A_i 的一个刻度，$j \in [1, m]$。基于活动状态空间的机电产品协同设计层次化模型可描述为[1]

$$CSCD - AS(4) = A_{layer} \times A_{objects} \times A_{lifecycle} \times A_{restriction} \tag{4-2}$$

式中：A_{layer} 为层次维；$A_{objects}$ 为对象维；$A_{lifecycle}$ 为周期维；$A_{restriction}$ 为约束维。

层次维 A_{layer} 是对产品整个系统设计进行的层次划分。一个典型的复杂机电产品系统设计一般分为执行系统、传动系统、动力系统、控制系统和辅助系统 5 个层面的设计[13]。

对象维 $A_{objects}$ 描述的是协同设计活动的基础数据信息，是产品信息模型的分类定义。复杂机电产品的协同设计对象可分为产品、部件、零件、特征和几何设计。

周期维 $A_{lifecycle}$ 是描述产品协同设计活动的不同阶段以及各阶段之间所具有的时序逻辑关系。设计活动可分为 6 个阶段，即产品设计立项、初步设计、方案设计、总体设计、结构设计和施工设计。

约束维 $A_{restriction}$ 是描述协同设计在不同层次、不同阶段和不同对象的设计活动中存

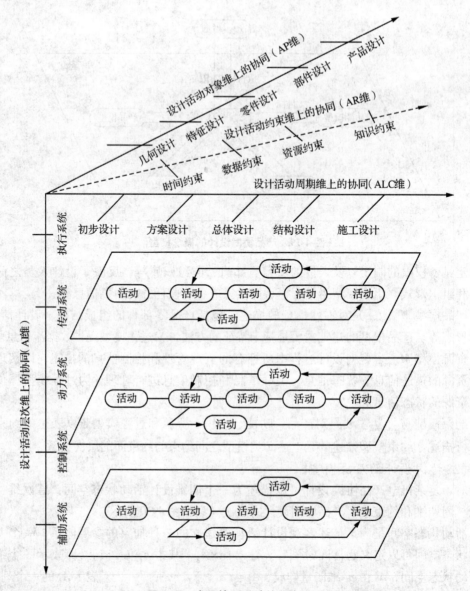

图 4-20 产品协同设计的层次模型

在的各种约束,有时间、数据、资源和知识等约束。

(3) 协同设计的过程模型

产品的协同设计过程是基于现有的设计理论和方法对设计问题进行求解的过程,是指在不确定性状态下设计人员所进行的一种实现自己或客观主体目标的决策过程[14]。从信息分析的角度看,产品协同设计的阶段包括协同设计的需求信息综合阶段和设计信息分析阶段。设计需求信息综合阶段主要是对产品市场信息、产品设计要求以及相关设计信息与数据的搜集整理,最后提出产品的设计方案。设计信息分析阶段主要是通过对产品设计过程模型进行分析、优化和评价,综合各方面的功能、性能和资源,决定产品的总体设计和结构设计方案。按照信息流的转换来看,产品的设计过程就是针对产品设计阶段的各种目标信息,通过设计者所掌握的理论和经验信息,在网络支撑环境下,创造性地转化为产品知识的过程,是一种对满足功能规范、性能评价准则

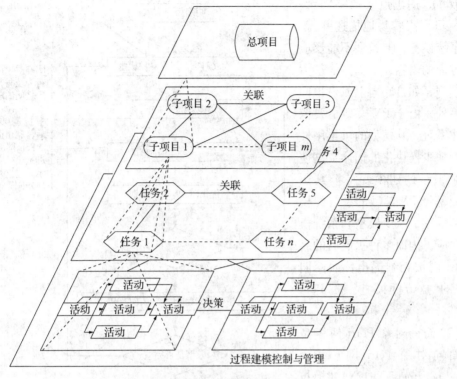

图 4-21　产品协同设计的过程模型

和资源限制的一个产品描述进行创造性的构建过程[5]。产品协同设计过程模型如图 4-21 所示。

4.4.2　基于 OOPN 元模型调用的协同设计过程动态建模

4.4.2.1　过程建模 Petri 网理论与方法

(1) 基本 Petri 网模型

Petri 网(petri net，PN)是由库所(place)、变迁(transition)、有向弧(connection)及令牌(token)等组成的一种有向图。库所用于描述可能的系统局部状态、条件和信息；变迁用于描述改变系统状态的事件；有向弧使用局部状态和局部状态的转换两种方法规定局部状态和事件之间的关系；令牌是库所中的动态对象，表示系统的不同状态，可以从一个库所移动到另外一个库所。其他 Petri 网的有关概念可参阅文献[19]。

定义　一个三元组 $PN = (P, T; F)$ 被称为 Petri 网，其中，$P = \{p_1, p_2, \cdots, p_m\}$ 为库所的集合，$T = \{t_1, t_2, \cdots, t_n\}$ 为变迁的集合；$F = (P \times T) \cup (T \times P)$ 为输入函数和输出函数集，称为流关系。$PN = (P, T; F)$ 构成网的充分必要条件是：① $P \cup T \neq \varnothing$，表示网中至少有一个元素；② $P \cap T = \varnothing$，规定了库所和变迁是两类不同的元素；③ $F = P \times T \cup T \times P$，建立了从库所到变迁、从变迁到库所的单方向联系，并且规定同类元素之间不能直接联系。

通常，在 Petri 网的图形中，库所 $p \in P$ 用圆圈"〇"表示，变迁 $t \in T$ 用直线段"｜"或"□"表示，库所与变迁间的流关系 F 用有向弧线"↓"表示。令牌表示库所中拥有的资源数量，用黑点或数字表示。Petri 网可以很容易地描述并行、分布系统模型，但模型不能反应时间方面的内容，不支持构造大规模模型，如自底向上或自顶向下。另外，由于 PN 模型主要依赖具体系统，其模型的可重用性很差，缺少模块化的描述，这使得复杂系统的建模变得极其困难。而基于 PN 模型的系统建模可理解性差，缺少模型和系统模型的对应，因而多种扩展后的高级 Petri 网被相继提出，如面向对象的 Petri 网、模糊 Petri 网等。

（2）面向对象 Petri 网模型

面向对象 Petri 网 (object oriented petri nets, OOPN) 建模技术就是将面向对象的建模技术 OOMT 与高级 Petri 网模型方法有机地结合起来，既具有面向对象建模技术的模块化、可重用的

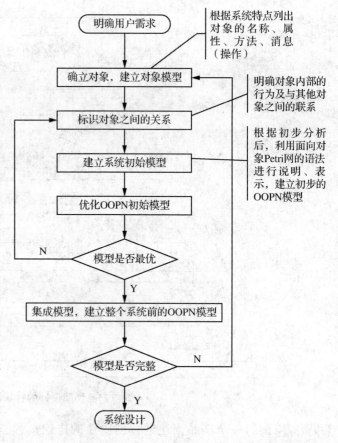

图 4-22　OOPN 建模过程

特点，又继承了 Petri 网结构化的描述复杂逻辑关系的能力。基本思想是将目标系统映射为一个相互协作的对象，并用 Petri 网来描述各个对象的行为以及对象之间的通信关系[20]，整个系统的建模过程如图 4-22 所示。

虽然 OOPN 可以解决面向对象和 Petri 网技术各自建模中的缺陷，但仍存在约束[21]，如多个节点会使模型规模成倍扩大；即使表示了多个节点，但因模型的状态空间容易爆炸，故无法进行分析。因此研究人员又提出了多种面向对象 Petri 网的扩展形式：面向对象着色 Petri 网 (object oriented colored petri nets, OOCPN)、面向对象代数 Petri 网 (object oriented algebra petri nets, OOAPN)、面向对象赋时 Petri 网 (object oriented timed petri nets, OOTPN) 等。

（3）模糊 Petri 网模型

模糊 Petri 网 (fuzzy petri nets, FPN) 是 PN 与知识表达的结合，最早被用于描述模糊生成规则。当用 FPN 进行模糊推理时，一个库所表示一个命题，一个变迁表示一条模糊推理规则，即两个命题之间的因果关系。Token 值代表命题的真实度。每个变迁有一个置信度，表示推理规则的可信度[22,23]。

①**模糊 Petri 网的定义**　FPN 的结构可定义为一个八元组：

$$FPN = (P, T, D, I, O, f, \alpha, \beta)$$

式中：$P = \{p_1, p_2, \cdots, p_n\}$ 为库所的有限集合；$T = \{t_1, t_2, \cdots, t_n\}$ 为变迁的有限集合；$D = \{d_1, d_2, \cdots, d_n\}$ 为命题的有限集合；$I(p, t): P \times T \rightarrow [0, 1]$ 为库所到变迁的输入函数；$O(t, p): T \times P \rightarrow [0, 1]$ 为变迁到库所的输出函数；$f: T \rightarrow [0, 1]$ 为变迁 T 的一个关联函数；$\alpha(P)$ 表示库所所对应的命题的可信度值；$\beta: P \rightarrow D$ 为库所的一个关联函数，$\beta(p_i) = d_i$ 表示库所 p_i 与命题 d_i 关联。

② **FPN 的使能与激发规则** 定义 λ_i 为某一变迁的阈值，$\lambda_i \in [0, 1]$。$m_1(p_i)$ 为系统标志 m_1 下库所 p_i 中的 Token 数量。若 $\forall p_i \in I(t_i): m_1(p_i) = 1$ and $\alpha(p_i) = \omega_i \geq \lambda_i$，则称 t_i 使能且可激发，激发后得到新的系统标志 m_2。

$$\forall p_i \in I(t_i): m_2(p_i) = m_1(p_i) - 1$$
$$\forall p_j \in O(t_i): m_2(p_j) = m_1(p_j) + 1 \text{ and } \alpha(p_j) = \omega_j = \omega_i \times u_i$$

③ **FPN 的可达性定义** 设任一变迁 t_i，三个库所 p_i, p_j, p_k。若 $p_i \in I(t_i)$, $p_k \in O(t_i)$，则称 p_k 为 p_i 的立即可达库所，所有从 p_i 立即可得的库所集合可表示为 IRS(p_i)。若库所 p_j 是从 p_k 立即可达，则称 p_j 为 p_i 的可达库所，其集合可表示为 RS(p_i)。若库所 p_i 与 p_m 均为变迁 t_i 的输入库所，则称 p_i 与 p_m 为关于 t_i 的相邻库所。若 $p_k \in$ IRS(p_i)，则 p_i 的相邻库所可表示为 $AP_{ik} = \{p_m\}$。

4.4.2.2 基本设计单元的 OOPN 元模型的定义

协同设计过程模型由设计任务对象、基本设计单元和设计过程控制 3 个元组组成。设计任务对象是对协同设计任务的定义和描述，包含产品零部件的组成结构和关系，产品零部件的设计信息和产品的设计形态信息以及相应的设计文档、版本管理等信息；基本设计单元是用以实现协同设计过程中某一环节的任务，由一组基本的设计活动组成。设计过程控制是对每一基本设计单元执行完毕后的结果进行评审，以决定下一步设计执行流向。设计过程控制决定了模型运行期间设计单元及其时序关系。由于机电产品设计过程的不确定性和动态性，需要在一个决策变迁控制结构下，通过调用基本设计单元的元模型，来描述协同设计的动态模型。

基本设计单元 OOPN 元模型包括：产品设计立项单元的 OOPN 元模型，产品初步设计单元的 OOPN 元模型，产品方案设计单元的 OOPN 元模型，产品总体设计单元的 OOPN 元模型。下文所述为产品方案设计单元的 OOPN 元模型。

产品方案设计主要是基于功能设计方法，通过对功能的分类、功能的分析与整理、功能的综合和评价，进行工艺原理、技术过程、功能结构和关键部件的方案设计。一般机电产品的方案设计由动力、传动、执行、控制和辅助系统 5 个子方案设计组成。每个子方案设计单元的通用元模型可定义为

$$DU_{\text{scheme}} = (P_{\text{scheme}}, T_{\text{scheme}}, IM_{\text{scheme}}, OM_{\text{scheme}}, F_{\text{scheme}}, C_{\text{scheme}}) \tag{4-3}$$

式中：$P_{\text{scheme}} = (p_1, p_2, p_3, p_4, p_5, p_6, p_7)$ 为方案设计任务状态库所；$T_{\text{scheme}} = (t_1, t_2, t_3, t_4, t_5, t_6, t_7)$ 为方案设计活动变迁；$IM_{\text{scheme}} = (im_{\text{scheme\_in}}, im_{\text{back\_in\_3}}, im_{\text{err\_in\_3}}, im_{\text{skip\_in\_3}})$ 为 DU_{scheme} 输入信息库所集合；$OM_{\text{scheme}} = (om_{\text{scheme\_out}}, om_{\text{skip\_out\_3}}, om_{\text{back\_out\_3}}, om_{\text{err\_out\_3}})$ 为 DU_{scheme} 输出信息库所集合；F_{scheme} 为库所与变迁的输入输出映射函数；C_{scheme} 为产品方案设计元模型的色彩集合。

机械产品方案设计单元 OOPN 元模型,如图 4-23 所示。其库所信息见表 4-2 所列,变迁信息见表 4-3 所列。

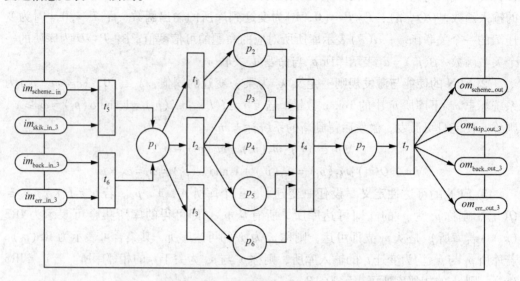

图 4-23 机电产品协同设计的方案设计单元 OOPN 元模型

表 4-2 方案设计单元 OOPN 元模型库所信息描述

库所	库所信息描述	库所	库所信息描述
p_1	初步设计方案信息	p_5	工艺原理图信息
p_2	功能设计明细信息	p_6	功能结构信息
p_3	技术过程图信息	p_7	设计方案信息
p_4	零部件方案图信息	$om_{prelimi\_out}$	方案设计单元输出信息库所
im_{scheme_in}	初步设计方案输入信息库所	$om_{skip\_out\_3}$	跳跃执行设计单元输出信息库所
$im_{back\_in\_3}$	其他设计单元返回修改输入库所	$om_{err\_out\_3}$	方案设计单元错误返回输出信息库所
$im_{err\_in\_3}$	方案设计单元返回修改输入库所	$om_{back\_out\_3}$	返回前面单元修订错误输出信息库所
$im_{skip\_in\_3}$	其他设计单元跳跃输入库所		

表 4-3 方案设计单元 OOPN 元模型变迁信息描述

变迁	变迁信息描述	变迁	变迁信息描述
t_1	功能设计要求确定	t_5	接受初步方案和其他方案输入
t_2	原理方案设计	t_6	查找错误节点
t_3	功能结构设计	t_7	输出方案设计执行
t_4	设计方案形成		

4.4.2.3 产品协同设计过程的模糊决策与控制

根据设计过程中所生成的信息,动态地控制模型的执行流向是过程控制网的核心功能之一,其主要目的就是解决协同设计过程中的动态不确定性。根据原始命题的可信度模糊推理下一步可能执行的目标命题,是一种基于规则的产品协同设计推理知识库和模糊决策推理算法。模糊 Petri 网具有很强的知识表达和逻辑推理功能,适合以这种算法构建协同设计的过程控制网。

①**基于规则的协同设计过程模糊推理知识表达** 令 $R = \{R_1, R_2, \cdots, R_n\}$ 为一个模糊生成规则集,对于第 R_i 个规则可以定义为

$$R_i: \text{IF} \quad d_j \quad \text{THEN} \quad d_k(CF = u_i), \quad i = 1, 2, \cdots, n \tag{4-4}$$

式中:d_j 和 d_k 为条件和结论命题;$u_i \in [0, 1]$ 为表征模糊规则置信程度的确定性因子。

取 $\lambda \in [0, 1]$ 为生成规则的阈值,$\omega_i \in [0, 1]$ 为命题 d_i 的可信度值。若 $\omega_j \geq \lambda$,则 R_i 可激发,结论命题 d_k 的可信度值 $\omega_k = \omega_j \cdot u_i$,反之则 R_i 不可激发。

②**基于 FPN 的协同设计过程模糊推理算法** 模糊推理就是根据条件命题的可信度,模糊地推理出目标命题的可信度,确定模糊命题中间的关系,从而判断其执行路径。基于 FPN 的模糊推理是一个不断迭代的动态搜索过程,可以从起始库所中所存放的条件命题自动地生成到达目标库所中目标命题的推理路径。根据协同设计单元的阶段性评审结果和模糊推理知识库中的条件规则,构建 FPN 模糊推理模型,然后以初始条件命题为根节点,构建协同设计执行过程的推理树,根据到达目标命题节点的推理树,自动计算每条路径的可信度值。然后根据可信度值比较,模糊地执行下一步的流向,以实现执行过程的模糊决策与控制。

若某一传动系统的协同设计过程的 FPN 模型如图 4-24 所示,则按照 FPN 模糊推理算法,生成推理树如图 4-25 所示。

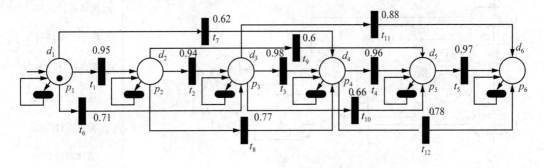

图 4-24 传动系统协同设计过程 FPN 模型

4.4.2.4 实例

以变速箱设计为实例介绍协同设计的 OOPN 模型。变速器箱体设计主要包括箱盖、箱座两个零部件的设计。通过设计最终形成变速器箱体设计图。该设计单可定义为

$$DU_{\text{Box}} = (P_{\text{Box}}, T_{\text{Box}}, IM_{\text{Box}}, OM_{\text{Box}}, F_{\text{Box}}, C_{\text{Box}}) \tag{4-5}$$

式中:$P_{\text{Box}} = (p_{25}, p_{61}, p_{62}, p_{250}, p_{610}, p_{620})$;$T_{\text{Box}} = (t_1, t_{25}, t_{61}, t_{62})$;$OM_{\text{Box}} = \{\varphi\}$;$IM_{\text{Box}} = (im_1, im_{61}, im_{62})$;$F_{\text{Box}}$ 为库所与变迁的输入输出映射函数;C_{Box} 为箱体设计元模型色彩集合,其 OOPN 模型如图 4-26 所示[1]。

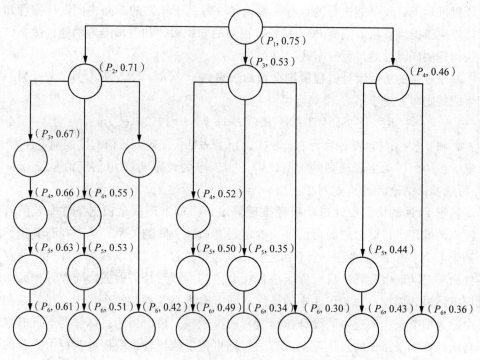

图 4-25　传动系统协同设计过程模糊推理树

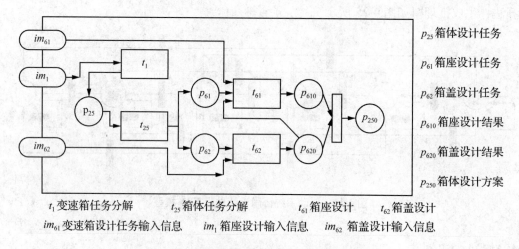

t_1 变速箱任务分解　　t_{25} 箱体任务分解　　t_{61} 箱座设计　　t_{62} 箱盖设计
im_{61} 变速箱设计任务输入信息　　im_1 箱座设计输入信息　　im_{62} 箱盖设计输入信息

图 4-26　变速器箱体设计单元的 OOPN 模型

4.5　协同设计过程管理技术

4.5.1　任务规划

4.5.1.1　任务分解

任务分解即将设计的总任务分解为若干个子任务，并且确立各个子任务之间的关系，方便在协同设计过程中进行任务进度监控和任务协调。产品协同设计的任务分解不能任意分解，需要遵循一定的分解原则，否则会降低设计效率。需要遵循的原则一般如下：

① **相对独立原则**　分解的任务相对独立，可以减少设计人员相互协调所需要的时间。

② **功能—结构层次细分原则**　机械产品的功能—结构关系很明显，层次分明，为了便于产品的设计，应当按照产品的功能—结构关系将设计任务细化到便于执行的程度，从而降低产品设计的难度。

③ **相似性原则**　该原则主要是为了便于设计人员实现知识的重用，将相似的零部件的设计划分为一组任务，可以加快整体设计速度。

④ **均衡—适度原则**　各组分配的任务多少及难易度需要与产品的设计期限和组员能力相适应，各组别之间任务应当均衡，避免一组任务的拖延造成整个任务的延期。

机械产品的任务分解几乎和产品结构一样，随着各级任务的完成，产品的结构也不断地完善。另外，相似的机械产品的任务分解是相似的。

4.5.1.2　协同工作流程监控

通过对设计过程进行监控，可以实现对机械产品设计过程的跟踪和控制。通过机械产品的流程监控，使得产品数据的设计、更改和审批规范化，可以实现设计过程的自动化。流程监控的目的在于对设计任务的完成次序、完成状态进行控制。因此，必须定义工作流程模板，设置主控制点。

协同设计过程是全局协同，局部串、并行的寻优过程，即不同零件之间的并行设计，每个零件的设计、校对、审核反复迭代的串行设计过程，以及多领域设计者之间随时交互设计信息的协同求解过程，这三种过程混合在一起，通过合理有效的管理，来缩短产品开发时间。

4.5.1.3　任务协调

针对各工作人员的能力、完成任务的情况，对任务进行协调，同时应当考虑到任务分配的合理性、均衡性。任务的协调需要综合考虑设计人员、资源和时间，以时间最短为目标进行任务的协调。

在分派任务之前，先建立如下人员—任务模型：

$$PT = \{P, C, Dr, Id, t_1, t_2, t_3, t_4\} \tag{4-6}$$

式中：P 为设计人员的工作能力；C 为设计人员的当前接受任务状态；Dr 为设计任务级别；Id 为标志号；t_1 为任务预计开始时间；t_2 为任务预计结束时间；t_3 为任务实际开始时间（默认为 t_1）；t_4 为任务实际结束时间（默认时间 t_2）。

根据任务适宜度的计算来选取适宜度最高的设计人员作为最佳人选。任务适宜度 σ 为

$$\sigma = \frac{1}{\tau} = \frac{1}{\sum_{i=1}^{n}(\mu_i \tau_i + \tau_i)} \tag{4-7}$$

式中：τ 为当前设计人员执行各个任务的总时间，可以代表设计人员已有任务的繁重程

度,其中每个任务的执行时间为 $\tau_i = t_{3i} - t_{4i}$;μ 为额外时间系数,代表为了完成当前任务所需额外的共享交互时间相对于执行时间所占的比例。

如果合适人选的任务适宜度相同,则需要判断任务相似系数 λ:

$$\lambda = \frac{\lambda_P + \lambda_C + \lambda_{Dr} + \lambda_{Id}}{4} \tag{4-8}$$

式中:λ_P,λ_C,λ_{Dr},λ_{Id} 为当前待下发任务和设计人员正在执行的 PT 中的参数(P,C,Dr,Id)的比较因子,如果是字符,经比较,相同则为 1,不同为 0。对 Id 而言,则比较其字符的主要部分,如字符"620-1"的主要部分为 620,然后计算出的任务相似系数值中的最大值的那位设计人员为最适合设计人员[24]。

4.5.2 冲突与约束管理

4.5.2.1 冲突的产生

"冲突"是指在多个相互关联的对象之间存在的一种不一致、不和谐或不稳定的对立状态,冲突是不可避免的,是协同设计本身的特点决定的。在设计对象、设计意图、产品开发过程、开发人员、多学科专家小组等多种具有一定结构及相关属性的信息实体或功能实体之间都可能存在。

冲突主要的表现形式可以分为 3 类,如图 4-27 所示。

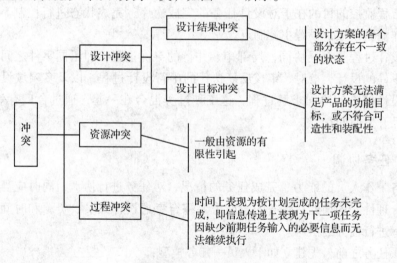

图 4-27 冲突分类

由于协同设计涉及多领域人员的协作,冲突不可避免的主要原因有:

① **设计目标不一致** 各任务小组之间的设计目标不一致,在自身领域实现设计任务的最优解,于全局而言,无法同时满足各局部目标的最优解。

② **资源的有限性** 设计人员在使用共享资源的时候会因为资源的竞争而引发冲突。

③ **过程相互制约** 当设计过程中某一阶段的设计需要用到上一阶段的输出数据,而上一阶段的任务未完成或数据缺失,就会引发设计过程之间的冲突。

④ **领域知识不同** 协同设计涉及多知识领域之间的协作,拥有不同信息背景的专家,对产品的理解和设计方案的评价不同,就会导致冲突。

⑤ **团队组织结构不合理** 任务分配不合理，某一任务的成员组成不合理，会导致工作的延误，发生冲突。

4.5.2.2 分层约束网格

在协同设计过程中，设计人员可以通过建立约束网格（可理解为边界条件），并以此来及早地发现冲突。若产品设计时在约束条件下无解，则冲突存在。

机械产品的设计需要考虑到很多因素，例如客户要求、设计标准、成本、时间、可制造性、可维护性等多种因素，这些因素对机械产品的设计都具有一定程度的约束作用。将这些约束作用关联成网状结构，就形成了产品的约束网格。因为约束所关联的对象不同，可以将约束分为：对描述产品性能、配置和维修的总体要求与约束，即为产品层约束；描述零部件之间的关联约束，特别是装配约束，即为部件层约束；零件尺寸约束等即为零件层约束；描述零件的领域约束，如静力约束、动力约束等，即为领域层约束；描述特征的类型、特征的基本方位和参数范围等即为特征层约束。

图 4-28 所示为某数控车床协同设计中部件之间的部分约束关系，在对主轴箱、进给系统、伺服系统、数控系统、床身、液压系统、刀架等部件的协同设计中，必须确定相配套的连接方式和连接尺寸，对于电机而言，一般根据需求选择市场上的标准电机，其尺寸决定了主轴箱主轴与电机的连接方式。导轨采用的形式也与进给系统尺寸有关，导轨的类型、断面形状和结构尺寸与机床施加的负载和工作条件有关，与刀架、主轴箱、尾架的质量有关。确定好这些关联参数后，将它们作为约束变量存储起来，这样就构成了一个约束网络。

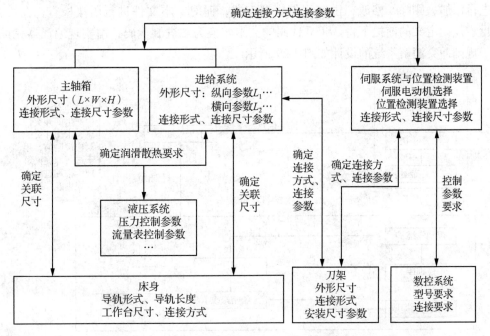

图 4-28 某数控车床协同设计中的约束网络示意图[24]

对产品的多个约束变量进行分层管理,建立约束网格,便于约束的控制。当改变局部结构的设计时,与该结构相应的约束也需要发生改变,分层管理的优势在于只需要对该结构所对应的约束层的约束条件进行修改即可;除此之外,当产品中的某个零件从整体中取出的时候,与其相对应的零件层的约束相应地被删除。

4.5.2.3 基于实例和基于规则的冲突解决

基于实例的冲突解决技术,就是根据当前的冲突特征,学习过去实践中相似实例的冲突解决办法,建立新的解决办法。首先对过去的经验进行归纳和总结,搜集实践中冲突解决的实例,建立一个相应的知识库,然后在基于实例推理工具的支持下进行冲突解决。这种技术能够避免冗长的协商过程和大量的计算步骤,适合复杂的冲突解决。基于实例的冲突解决系统的一般构成包括四大功能模块:实例匹配、冲突检测、实例优化、冲突解决。人工智能中基于实例推理的方法是以基于实例的冲突解决办法为基础的。

基于规则的冲突解决技术是根据大量实践中所得经验,并通过规则推理构造冲突解决办法。冲突解决规则是一类独特的专家知识(规则库),它由前提条件和冲突解决建议组成。前提条件是对冲突高度概括的描述,如冲突的类型、发生部位、现象或程度等。冲突解决建议则是对于前提条件中所描述的冲突的解决方法,它是领域专家在长期的实践中经常采用并被证明是有效的冲突解决方法。

规则库建立的原则是:根据不同的产品名称建立不同的规则库;在同一产品中,依据不同的冲突种类建立不同的规则文件。维护规则的有效性需要对文本式的规则文件进行添加、删除、修改,由实现编辑器完成,而对文本文件进行语法检查,在符合变量、规则定义的前提下将 ASCⅡ 代码的文本转换为二进制代码,由实现编译器完成。基于规则冲突消解系统的设计如图 4-29 所示[25,26]。

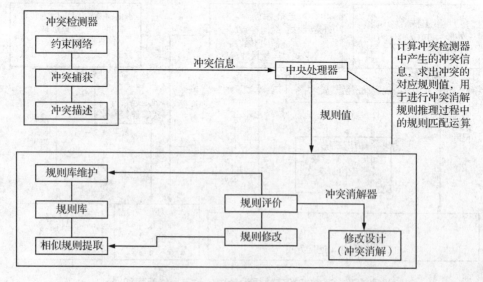

图 4-29 基于规则推理冲突消解系统

4.5.2.4 基于多目标决策的协同设计冲突消解

利用求解多目标决策问题的优化算法，构造在浅层次上进行冲突消解的算法，该方法的实质是从多个可行的方案中找到符合各方设计人员要求的唯一优化解。

第一步：确定决策矩阵并规范化。

用 $x = (x_1, x_2, \cdots, x_m)^T$ 标记可供选择的方案集，用 $Y_i = \{y_{i1}, y_{i2}, \cdots, y_{in}\}$ 标记方案 i 的各属性值的集合；用目标函数表示属性值，即

$$y_{ij} = f_j(x_i) \quad i = 1, 2, \cdots, m; j = 1, 2, \cdots, n \tag{4-9}$$

式中：y_{ij} 表示方案 i 的第 j 个属性。

则各方案的属性值矩阵为

$$\begin{bmatrix} y_{11} & y_{12} & \cdots & y_{1n} \\ y_{21} & y_{22} & \cdots & y_{2n} \\ \vdots & \vdots & & \vdots \\ y_{m1} & y_{m2} & \cdots & y_{mn} \end{bmatrix} \tag{4-10}$$

在该矩阵中，因为各属性采用的单位不同，数值可能会有较大的差异，采用如下方法将矩阵规范化

$$z_{ij} = \frac{y_{ij}}{\sqrt{\sum_{i=1}^{m} y_{ij}^2}} \tag{4-11}$$

该式把所有属性值都化为无量纲的值，且把属性值统一在 0 和 1 之间，即 $0 \leq z_{ij} \leq 1$。规范化后的矩阵小的元素具有相同的度量标准，因而可以统一处理。

第二步：确定各设计人员对属性的不同加权，并得出各设计者的规范化加权决策矩阵。

求取各个设计者对属性的加权值。权值或者已经给定，或者由下述方法求出，求解权重值的方法为

$$\sum_{i=1}^{n} \omega_i^l = 1 \tag{4-12}$$

第三步：根据各设计人员的规范化加权决策矩阵，确定各设计人员的理想解和非理想解，并求出各方案相对各设计人员理想解的接近度矩阵[27]。

第四步：对相对接近度矩阵进行设计人员权威性加权处理，并根据加权平均接近度求解结果。

该冲突消解方法的实质是针对一组已经存在的可行建议方案集的一种群选择的过程，冲突消解人员在全局优化思想的指导下群体选择出全体最满意的建议方案。该算法能够综合不同设计者的不同观点并促使相关人员达成一致。但该种消解方法属于冲突消解的最浅层次，有时候并不一定能够消解冲突，是因为没有分析冲突产生的本质原因。若设计人员对该层上的方案选择的冲突消解结果仍不满意，则必须找出设计人员之间建议方案不一致的本质原因。

4.5.2.5 基于对策论的协同设计冲突协商

采用机床主轴的协同设计实例[28]来说明基于对策论的协同设计冲突协商这一方法的具体应用。

机床主轴一般为多阶梯轴形式，其支承也一般为多支承系统。本例分析两种支承情况，同时为了便于用材料力学公式进行主轴的强度和刚度计算，将阶梯轴简化成以当量直径表示的等断面轴。机床主轴内孔常用于通过待加工棒料，其直径不是按主轴的刚度、强度要求选定的，所以通常不选主轴内径 d 作为设计变量。主轴外径 D、两支承距离 l 及外伸端长度 a（图4-30）对主轴强度、刚度影响都很大，常被选为设计变量。如果用户甲提出的要求是主轴质量最轻，则主轴质量作为优化的目标，其函数表达式作为目标函数

$$F_1(X) = \rho V = \left(\frac{\pi \rho}{4}\right)(l+a)(D^2 - d^2) \tag{4-13}$$

式中：ρ 为材料的密度；V 为主轴的体积。

因为主轴的变形对加工质量影响很大，因此对主轴性能的要求，尤其是刚度要求比较严格，所以设计者乙可能提出的设计要求为主轴外伸端 C 的挠度要尽量小。在给定外力 P 的作用下，根据材料力学中的莫尔公式可换算出主轴外伸端 C 点的挠度为

$$F_2(X) = \frac{Pa^2(l+a)}{3EI} = \frac{64Pa^2(l+a)}{3\pi E(D^4 - d^4)} \tag{4-14}$$

式中：E 为材料的弹性模量；I 为截面惯性矩，对于圆截面 $I = \frac{\pi d^4}{64}$，对于空心圆截面 $I = \frac{\pi(D^4 - d^4)}{64}$。

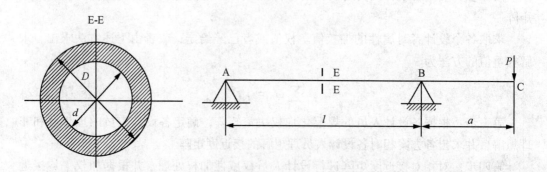

图 4-30 两支承机床主轴

为了计算方便，将设计变量 l 和 a 取为定量，令 $l=30$，$a=9$，$d=3$，仅仅设计变量 D 为未知，记 D 为 x，约束条件为 $6 \leq D \leq 14$，从而有

$$F_1(x) = \frac{39\pi\rho}{4}(x^2 - 9) \tag{4-15}$$

$$F_2(x) = \frac{64P}{3\pi E} \times \frac{39 \times 81}{x^4 - 81} \tag{4-16}$$

因为用户甲和设计者乙都希望设计目标越小越好，所以目标函数取为设计目标的

负数形式，从而建立协商模型。对于用户甲，其目标函数为

$$G_1(x) = \max(9 - x^2), \quad 6 \leqslant x \leqslant 14 \tag{4-17}$$

目标函数的极大值 $M_1 = -27$，极小值 $m_1 = -187$。

对于设计者乙，其目标函数为

$$G_2(x) = \max\left(\frac{1}{81 - x^4}\right), \quad 6 \leqslant x \leqslant 14 \tag{4-18}$$

目标函数的极大值 $M_2 = -\dfrac{1}{38335}$，极小值 $m_1 = -\dfrac{1}{1215}$。

设甲乙双方的目标满意度函数为

$$S_i(f_i, d_i, g_i) = \frac{f_i - d_i}{g_i - d_i} \tag{4-19}$$

则可求得甲乙双方的目标满意度函数分别为

$$S_1(G_1(x)) = 1.225 - \frac{x^2}{160} \tag{4-20}$$

$$S_2(G_2(x)) = 1.035 + \frac{1254.8}{81 - x^4} \tag{4-21}$$

甲乙双方面对问题

$$\begin{cases} \max\{S_i(f_{i1}(X_i, \overline{X}_i)), S_i(f_{i2}(X_i, \overline{X}_i)), \cdots, S_i(f_{ik_i}(X_i, \overline{X}_i))\} \\ X_i \in X, \quad i = 1, 2, \cdots, n \end{cases} \tag{4-22}$$

求出这个多目标规划问题的有效解（也称为 Pareto 最优解），最优解分别为

$$\begin{cases} S_1^* = 1.0 \\ x_1^* = 6 \end{cases} \tag{4-23}$$

$$\begin{cases} S_2^* = 1.0 \\ x_2^* = 14 \end{cases} \tag{4-24}$$

显然，$x_1^* \cap x_2^*$ 为空集，甲乙双方出现目标冲突，双方必须做出让步，以获得协商解。

采用前述方法进行冲突协商，所得具体满意度值及让步量见表 4-4 所列。在该实例中，令甲乙双方做出相同的牺牲，二者的让步程度相同，即二者的让步总量是相等的。

表 4-4 满意度值及让步量

让步量 R_i	甲满意度 S_0^1	甲决策变量 x_1	乙满意度 S_1^2	乙决策变量 x_2
0	1.0	6	1.0	14
0.2	0.8	[6, 8.2462]	0.8	[8.5805, 14]
0.1	0.7	[6, 9.1652]	0.7	[7.8651, 14]

从表 4-4 可以看出，第二轮协商后，得出

$$x_1 \cap x_2 = [7.8651, 9.1652] \tag{4-25}$$

这就是该问题的协商解集。即 x 取该区间中的任何一个值，都能够使甲乙双方的满意度均不低于 0.7。例如，当取 $x = 8$ 时，有

$$\begin{cases} F_1(x) = 536.25 \pi \rho \\ F_2(x) = 16.79 \dfrac{P}{\pi E} \end{cases} \tag{4-26}$$

该设计方案是甲乙双方都满意的方案。

4.5.3 数据库管理技术

数据库(database)是按照数据结构来组织、存储和管理数据的仓库。数据库技术是对数据的统一管理和控制，并确保数据的正确性、保密性、安全性，减低数据域应用程序之间的相互依赖，避免传统文件系统数据的冗余。

4.5.3.1 信息、数据和数据处理

信息是关于现实世界事物的存在方式或运动状态反映的综合。人类有意识地对信息进行采集、加工、传递，从而形成了各种消息、情报、指令、数据及信号等。表达信息的具体形式就是"数据"，数据是对事实、概念或指令的一种表达形式，可由人工或自动化装置进行处理。数据的形式可以是数字、文字、图形或声音等。数据经过解释并赋予一定的意义之后，便成为信息，因此信息与数据之间是相互依存的。

数据处理是对数据的采集、存储、检索、加工、变换和传输。其基本目的是从大量的、可能是杂乱无章的、难以理解的数据中抽取并推导出对于某些特定的人们来说是有价值、有意义的数据，作为决策的依据。

4.5.3.2 数据模型

数据模型(data model)是数据特征的抽象，是一组描述数据、数据之间的联系、数据的语义和完整性约束的概念工具的集合。数据模型所描述的内容包括 3 个部分：数据结构、数据操作和数据约束。

数据结构是目标类型的集合。目标类型是数据库的组成成分，一般可分为两类：数据类型、数据类型之间的联系。数据类型如数据库任务组(database task group, DBTG)网状模型中的记录型、数据项，关系模型中的关系、域等。联系部分有 DBTG 网状模型中的系型等。

数据操作是操作算符的集合，包括若干操作和推理规则，用以对目标类型的有效实例所组成的数据库进行操作。

数据约束条件是完整性规则的集合，用以限定符合数据模型的数据库状态，以及状态的变化。约束条件可以按不同的原则划分为数据值的约束和数据间联系的约束、静态约束和动态约束、实体约束和实体间的参照约束等。

数据模型按不同的应用层次分成 3 种类型：概念数据模型、逻辑数据模型、物理数据模型。

层次模型、网状模型和关系模型是 3 种重要的数据模型，前两种采用格式化的结构。在这类结构中实体用记录型表示，而记录型抽象为图的顶点；记录型之间的联系抽象为顶点间的连接弧；整个数据结构与图相对应。对应于树形图的数据模型为层次模型；对应于网状图的数据模型为网状模型。关系模型为非格式化的结构，用单一的二维表的结构表示实体及实体之间的联系。满足一定条件的二维表称为一个关系。表 4-5 为 3 种数据模型的优缺点。

表 4-5 数据模型的优缺点

名称	解释	优点	缺点
层次模型	将数据组织成一对多关系的结构,层次结构采用关键字来访问其中每一层次的每一部分	存取方便且速度快;结构清晰,容易理解;数据修改和数据库扩展容易实现;检索关键属性十分方便	结构呆板,缺乏灵活性;同一属性数据要存储多次,数据冗余大(如公共边);不适合于拓扑空间数据的组织
网状模型	用连接指令或指针来确定数据间的显式连接关系,是具有多对多类型的数据组织方式	能明确而方便地表示数据间的复杂关系;数据冗余小	网状结构的复杂增加了用户查询和定位的困难;需要存储数据间联系的指针,使得数据量增大;数据的修改不方便(指针必须修改)
关系模型	以记录组或数据表的形式组织数据,以便于利用各种地理实体与属性之间的关系进行存储和变换,不分层也无指针,是建立空间数据和属性数据之间关系的一种非常有效的数据组织方法	结构特别灵活,概念单一,满足所有布尔逻辑运算和数学运算规则形成的查询要求;能搜索、组合和比较不同类型的数据;增加和删除数据非常方便;具有更高的数据独立性,更好的安全保密性	数据库大时,查找满足特定关系的数据费时;对空间关系无法满足

4.5.3.3 数据库语言

结构化查询语言(structured query language,SQL)最早是 IBM 的圣约瑟研究实验室为其关系数据管理系统 SYSTEM R 开发的一种查询语言。美国国家标准局(ANSI)与国际标准化组织(ISO)已经制定了 SQL 标准,其功能包括数据查询、数据操纵、数据定义和数据控制 4 个部分。SQL 语言包括了 4 类主要程序设计语言类别的语句:数据定义语言(如 CREATE、DROP 等语句),数据操作语言(如 INSERT、UPDATE 等),数据控制语言(如 GRANT、REVOKE 等)以及事物控制语言(如 COMMIT、ROLLBACK 等)。

4.5.3.4 产品数据管理

计算机环境下的产品数据管理(PDM)是协同设计基本要求之一。PDM 技术是用来管理所有与产品相关信息(包括零件信息、配置、文档、CAD 文件、结构、权限信息等)和所有与产品相关过程(包括过程定义和管理)的技术。

PDM 系统的功能分为两类:用户功能和应用功能,如图 4-31 所示。用户功能提供了用户在使用 PDM 系统的数据存储、归档和管理功能时的使用界面。不同类型的用户使用不同的用户功能的子集。应用功能用于支持 PDM 系统的应用和前述用户功能。

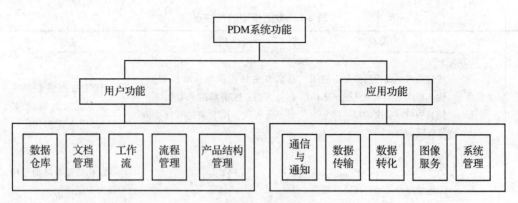

图 4-31　PDM 系统功能

4.6　CAD/CAM/CAE/CAPP 协同

4.6.1　协同设计 CAD/CAM/CAE/CAPP 集成系统概述

制造的全球化、信息化及需求个性化，都要求企业能在最短时间内推出用户最满意的产品，并快速占领市场。而采用分布式网络化组织方式，通过组建多功能工作小组实现分工协作是实现这一目标的基本手段。

在 CAD/CAM/CAE/CAPP 领域从事产品设计与制造工作的各种技术人员，在异地分布的网络环境下，并行协同地参与同一产品的设计、工艺规划和生产装配过程，可以最大限度地缩短产品的开发周期，且不断地实现技术创新和产品创新。

4.6.1.1　协同开发的工作方式

协同开发环境是一个利用现有的技术，如多媒体技术、网络与通信技术、分布式处理技术等建立的模块式协同开发环境，使其具有集成一体化多媒体模块操作系统平台，以及能支持协同开发管理、使用和创作的各种工具。

在层次化的产品设计过程中，处在不同层次、不同阶段的设计活动在时空上是分布的，而如何协调这种时空上分布的设计活动，以及信息的实时交互是缩短产品开发周期、提高产品设计质量的关键。协同设计正是针对这一需要而提出的，其含义是组织多学科人员和工作小组协同完成某一共同任务。协同设计强调了两方面的因素：首先是协同人员以群体方式工作，并发挥个体特长；其次是群体协同效益大于个体效益，在协同方式下，个体的获利应大于为协同而付出的代价，否则协同就失去意义。在协同开发环境中，协作成员之间的协同，是通过交互完成的，其 4 种交互工作方式如图 4-3 所示。

4.6.1.2　协同开发环境中 CAD/CAM/CAE/CAPP 集成的特点

面向协同开发环境中的 CAD/CAM/CAE/CAPP 集成具有一系列特点。

（1）分布性

在协同开发环境中，产品设计、制造是由异地多学科协同完成的。在产品设计、制造过程中，协同人员可能位于相同的地方，也可能位于不同的地方，为了实现相互之间的协作，产品设计、制造人员可以在网络环境支持下，分布完成产品设计、制造活动。因此，CAD/CAM/CAE/CAPP 集成，实际上是分布的 CAD、CAE、CAM、CAPP 系统的集成。

（2）并行性

在协同开发环境中，产品的设计、制造是在同一时间框架内同步进行的。在产品设计过程中，工艺人员可以对产品模型进行可制造性评价，向设计人员反馈评价结果或修改建议；在工艺设计过程中，制造人员可以通过对加工过程仿真来检验工艺路线的可行性和合理性，向工艺人员反馈仿真结果或修改意见。因此，在产品协同开发过程中，CAD、CAE、CAM、CAPP 系统是协同工作的。

（3）动态性

在协同开发过程中，产品开发进度、设计和制造人员任务分配、设备资源使用情况等都在发生动态的变化。为了保证产品开发的顺利进行，协同人员需要方便及时地了解各方面的动态信息，因此，CAD/CAM/CAE/CAPP 集成系统涉及的信息也是动态的。

（4）群体性

在产品开发过程中，涉及多领域、多学科知识的集成，整个开发过程不是一个单位（更不是一个人）所能完成的，而是多个领域的专家协同工作的结果。因此 CAD/CAM/CAE/CAPP 集成系统应支持多学科人员的群体协同工作。

（5）软硬件的异构性

在协同开发环境中，多学科人员所使用的 CAD/CAM/CAE/CAPP 软件可能是不相同的，计算机及工作平台也可能是不同的，因此，CAD/CAM/CAE/CAPP 集成系统是在异构的软件环境中运行的。

（6）数据的复杂性

集成数据的复杂性包括 3 个方面：其一是数据结构复杂；其二是数据联系复杂；其三是数据的使用和管理复杂。

CAD、CAE、CAM 及 CAPP 之间的集成，是保证分布式协同开发环境中各系统之间数据和信息自动传递和转换的关键，也是更大范围集成的重要技术基础。

4.6.2 CAD/CAM/CAE 集成总体结构

设计、分析和制造是相辅相成的，分析是设计的基础，分析和设计都服务于制造，三者集成是发展的必然趋势。设计是指确定零件的几何形状以及所选用的材料，使得零件满足技术和功能的要求。分析是指模拟、测试和分析产品的性能，以保证产品的可靠性。制造是指按照产品设计要求生产出符合功能的实物，包括工艺设计、生产调度、加工、装配等生产环节。CAD/CAM/CAE 集成系统能够实现各功能模块之间数据的传输和存储，并管理和控制各功能模块的运行。系统分 3 个层次：产品数据管理层、基本功能层、应用系统层。设计、分析和制造的集成就是 CAD、CAE 和 CAM 的集成，其体系结构如图 4-32 所示。

集成系统的硬件是指计算机及其外围设备；软件是指操作系统、数据库和应用软

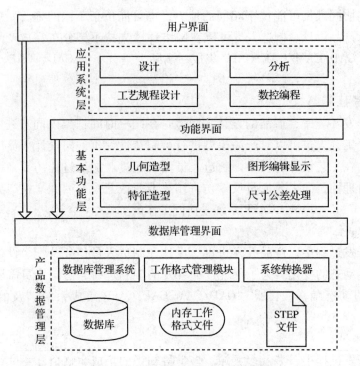

图 4-32 CAD/CAM/CAE 总体结构

件等。一个完善的 CAD/CAM/CAE 系统应具有如下功能：快速数字计算及图形处理能力；人机交互通信的功能；大量数据、知识的存储及快速检索、操作能力；输入、输出信息及图形的能力。

4.6.2.1 CAD/CAM/CAE 系统集成的基本方法

实现 CAD/CAM/CAE 集成的关键就是实现数据的共享和子系统之间的数据传递。各个子系统的应用数据、规范和标准相互衔接，就是实现集成最主要的目标。CAD/CAE 集成是通过一定的技术手段，达到数据共享的目的。

(1) 基于数据交换接口的方法

通过初始图形交换标准(initial graphics exchange specification, IGES)、STEP 数据交换接口可实现数据的共享。IGES 是美国国家标准协会(ANSI)用于 CAD/CAM 系统信息的数字化表示和交换的一种规范的标准。该数据交换接口是一种原始图形交换规范接口，所处理的数据以图形描述数据为主，只包含产品的几何信息，无法表示产品的工艺信息等非几何信息，不能完整地表达产品模型，且仅提供一个总的规范，难以确定不同领域的应用的子规范，不适应信息集成的发展，因此，IGES 交换接口交换效率相对偏低。STEP 标准是一种国际标准，用于规范计算机表达和转换的产品数据。STEP 标准包含了标准的描述方法、应用协议、一致性测试和抽象测试、集成资源、实现形式五方面内容，规定了产品整个生命周期中所有必要的信息定义和数据交换的外部描述。这为 CAD、CAE 子系统信息和数据的共享奠定了基础，使得 CAD、CAE 系统的集成成为可能。

(2) 基于特征的方法

该方法通过引入特征的概念，建立特征造型系统。建立 CAD、CAE、CAM 范围内相对统一、基于特征的产品定义模型，支持设计与制造各阶段所需的产品定义信息，并将产品描述为特征的有机集合。

基于特征的集成方法有两种，即特征识别法和特征设计法。特征识别法是直接拾取图形来定义几何特征所需的几何元素，并将精度等特征属性添加到特征模型中；基于特征设计的方法是按照特征来描述零件，应用特征进行产品设计，通过建立特征工艺知识库，实现零件设计与工艺过程设计的并行与协同。

(3) 面向协同设计的集成方法

面向协同设计的集成方法，就是使产品设计、工艺分析、制造、装配、检验、维护、质量和价格控制能够同时进行，即产品生命全周期的全部有关过程都能同步进行，且对子系统数据的修改可以改变系统的数据。设计人员在对产品进行设计时就需要考虑该设计是否符合制造条件的最优解，整个设计过程是否是一个动态的协同设计过程。特征库和工程知识库的应用在这种基于协同设计的集成中起到了重要作用。

4.6.2.2 CAD/CAM/CAE 系统集成的关键技术

(1) 信息交换技术

直接数据交换和间接数据交换是信息交换的两种重要方式。直接数据交换又被称为专用格式集成法，即明确两个子系统之间的数据结构和数据转换机制，并在此基础上建立一对一的翻译程序。直接数据交换相当于在两个系统之间实现数据通过翻译直接读取和存储，这种接口较容易实现，运行的效率也较高。若有 N 个子系统需要实现相互的信息交换，则需要 $N(N-1)/2$ 个接口来实现，系统太过于复杂。间接数据交换就是将各个系统的数据转换为一个统一的中间格式，这种方式实现的关键就是要制定一个通用性较强的通信协议，该通信协议适用于所有需要交换的数据定义。间接数据交换所建立的是一个独立于任何一个子系统的中间标准数据库，各子系统只需通过对中间数据库的读取和修改，就能实现相互之间信息的交换和共享。间接数据交换通用性强，方便易操作。

(2) 参数化技术

参数化设计是一种全新的思维方式来进行产品的创建和修改设计的方法。它采用约束来表达产品几何模型的形状特征，定义一组参数以控制设计结果，从而能够通过调整参数化来修改设计模型，并能方便地创建一系列在形状或功能上相似的设计方案。参数化设计技术以其强有力的草图设计、尺寸驱动修改图形的功能，成为初始设计、产品建模及修改、系列化设计、多种方案比较和动态设计的有效手段。

(3) 特征技术

通过特征技术来携带和传送有关设计和制造所需要的工程信息。特征定义方法有两种方式：预定义方式(pre-definition)和后定义方式(post-definition)。预定义是指先定义特征再产生几何元素，当特征参数改变，则几何元素随之修改。后定义，即选择这种特征，再通过交互方式指明组成孔的几何元素(在三维图上可以是一个圆)，最后输入特征参数，如孔的深度和精度等。

(4) 产品数据管理技术

目前已有的 CAD/CAM 系统集成，主要通过文件来实现 CAD 与 CAM 之间的数据交换，不同子系统的文件之间要通过数据接口转换，传输效率不高。为了提高数据传输效率和系统的集成化程度，保证各系统之间数据一致性、可靠性和数据共享，采用工程数据库管理系统来管理集成数据，使各系统之间直接进行信息交换，真正实现 CAD/CAM 之间信息交换与共享。因此，集成数据管理也是 CAD/CAM 集成的一项关键技术。

4.6.3 面向协同设计的 CAD/CAM/CAE/CAPP 集成系统体系结构

CAD、CAM、CAE、CAPP 等软件都是面向个人的，不能支持群体性的工作，难以满足协同设计的要求。协同设计要通过计算机技术、多媒体技术、网络技术等创建一个共享的支持环境，实现群体工作。

4.6.3.1 系统的功能模型

协同设计开发系统通过网络技术提供了一个支持协同的网络环境。该网络环境中最核心的部分就是 CAD/CAM/CAE/CAPP 集成系统。该系统集成的子系统主要分为两类：一类是应用子系统，如基于特征的 CAD 系统、CAM 系统、CAE 系统、CAPP 系统；另一类是工具和服务子系统，如约束管理系统、评价决策系统、数据库管理系统等。各子系统的数据来源是基于特征的产品信息模型，通过产品信息模型的管理系统实现信息的获取与修改，其结构框架如图 4-33 所示。

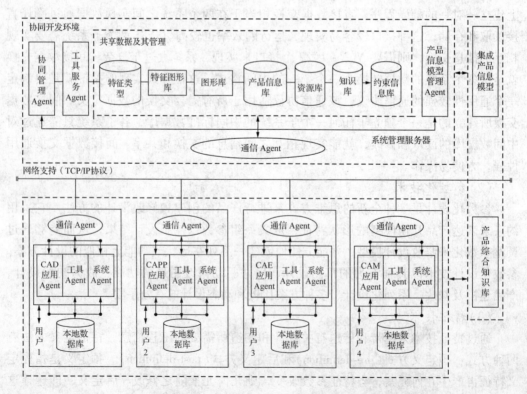

图 4-33 协同开发环境中 CAD/CAM/CAE/CAPP 集成系统框架

CAD/CAM/CAE/CAPP 集成系统中的机器分为两级,一级是系统级的系统管理服务器;另一级是用户级的用户工作站。系统管理服务器端拥有一个统一的通信 Agent,各个用户端分别拥有一个通信 Agent,系统端通信 Agent 和客户端通信 Agent 构成一个通信平台,实现系统端与客户端之间的通信,完成客户端与系统端之间的信息传输,完成各用户端之间信息的传输。系统管理服务器包含多个功能 Agent,如协同管理 Agent、工具服务 Agent、资源管理 Agent、产品信息模型管理 Agent、共享数据库及其管理Agent等。

(1) 协同管理 Agent

协同管理 Agent 是对各用户的行为协调,使协同开发有效进行,提高产品开发效率。

(2) 工具服务 Agent

工具服务提供的支持服务主要有过程监控、文件传输、约束协调、视频会议、电子邮件、共享白板等。系统的工具服务 Agent 即为整个系统的各用户端的工具 Agent 提供服务支持,实现系统工具的协同,提高开发设计的效率。

(3) 资源管理 Agent

为各个用户端提供系统内的资源,方便开发设计人员对资源的有效选择。同时对系统资源的使用情况进行实时管理,对资源的修改实现实时更新,对资源的突发状况通知相关 Agent 做出应急处理。

(4) 产品信息模型及其管理 Agent

产品信息模型同产品开发过程中所使用的各种信息的反应类似,其数据源包括数据、文件、图形、图像等。对产品信息模型的管理即实现信息模型的建立和维护等。

(5) 共享数据库及其管理 Agent

共享数据库存放集成系统的共享数据,数据管理 Agent 的主要工作是实现对数据库的管理和维护,为 CAD/CAM/CAE/CAPP 集成系统的运作提供数据支持。

各个用户端由各自的 CAx 应用 Agent、系统 Agent、工具 Agent 和本地数据库组成,系统则为各个用户端提供一个协同的支持环境。

4.6.3.2 系统的工作流程

企业在接受某一产品的开发任务后,首先需要成立一个协同开发小组。这一小组的成员一般是多知识领域的人员,根据实际情况,可以是跨行业、跨企业和多地区的。协同工作管理模块开始工作,对任务进行分解,并建立产品开发的工作流程模型,再对任务进行分配。开发设计人员根据各自的任务开始产品的设计,并综合应用有限元分析、工艺规划、NC 编程、虚拟加工、约束管理和可靠性评价等技术,实现产品的最终开发。设计完成后提交设计数据,由审批人员对设计的产品进行审批,若不合格,则可以召开协同会议,与设计人员一起对设计做出修改,直至最终完成。最终数据交由工艺人员制定产品的加工工艺,CAM 系统生成产品的加工 NC 程序。虚拟制造模块根据生成的 NC 程序对产品进行虚拟加工,检查零件的可造性和 NC 程序的可行性。最后利用数控机床对零件进行加工生产。在设计的过程中,项目管理人员需要根据任务的进展情况以及资源的使用情况,随时对产品的开发过程进行管理和协调。上述是利

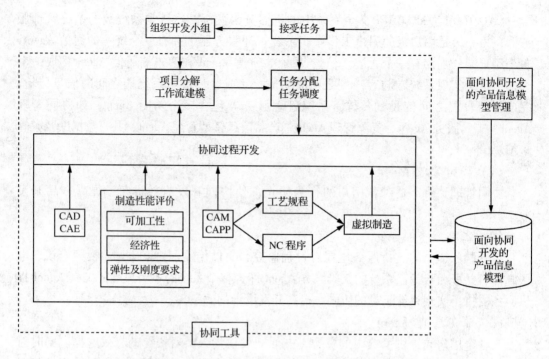

图 4-34 协同开发环境中 CAD/CAM/CAE/CAPP 集成系统的工作流程

用 CAD/CAM/CAE/CAPP 完成产品的设计制造的整个流程，如图 4-34 所示。

4.6.3.3 CAD/CAM/CAE/CAPP 集成系统的数据流

集成系统的目标就是实现从产品设计到产品制造整个过程，各个子系统和功能模块的相互衔接，使得离散的各个子系统和功能模块相互联系，解决计算机应用的"信息化孤岛"问题，在计算机中形成一个协调的、统一的信息流。用户只要通过计算机网络就可以和设计各阶段获得联系，获取产品的数据、图样和文件等信息。CAD/CAM/CAE/CAPP 集成系统是建立在数据库层次上的设计、制造信息处理系统。CAD/CAM/CAE/CAPP 集成系统的数据流如图 4-35 所示。

4.6.3.4 系统的网络体系结构

计算机网络技术的发展，为企业间的协作和信息的集成提供了一个平台环境，各用户可以利用计算机提供的基础网络平台进行信息的传输与处理，不受时空等物理空间的限制，进行任务之间的互相交互，实现异地企业之间的协同设计，即在分布式网络环境下，通过人机交互与资源共享来实现产品的设计目标。

协同开发环境中的网络体系目前有 3 种：一是传统的客户/服务器(Client/Server, C/S)体系结构；二是浏览器/服务器(Browser/Server, B/S)结构；三是 C/S 和 B/S 混合式网络体系。

C/S 架构是一种典型的两层架构，客户端包含一个或多个在用户的电脑上运行的程序，而服务器端有两种：一种是数据库服务器端，客户端通过数据库连接访问服务器端的数据；另一种是 Socket 服务器端，服务器端的程序通过 Socket 与客户端的程序

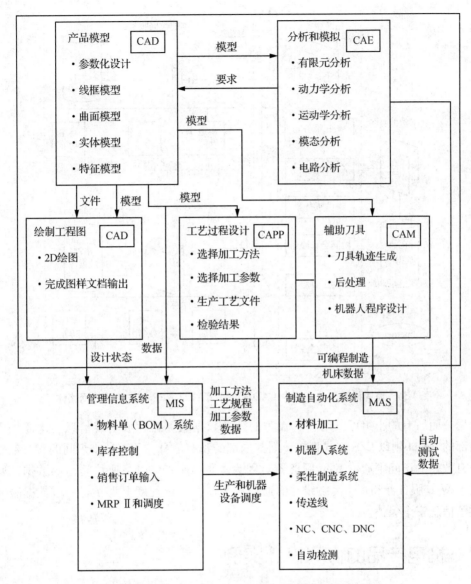

图 4-35 CAD/CAM/CAE/CAPP 集成系统的数据流

通信。C/S 体系结构虽然能便捷地对资源进行管理并拥有成熟的理论和技术支持的数据维护，但节点自治能力较弱，系统扩张性较差，多数据源的管理能力不强。

目前协同设计的网络体系基本上都是在 Internet/Intranet 广泛使用的 B/S 结构，该结构是基于中间件的三层网络结构，即 Browser 客户端、WebApp 服务器端和 DB 端。在此网络系统结构中，显示逻辑交给了 Web 浏览器，事务处理逻辑放在了 WebApp 上，所以 B/S 结构是现在网络结构的主流形式，是一种对等实体式分布系统结构。其优点是节点自治能力较强，开放性较好，便于异构系统的集成，但也难以维护系统资源的一致性和安全性。

C/S 和 B/S 混合式网络体系是指在低层次、局部地区采用 C/S 结构，而远程数据访问和管理采用 B/S 结构。其逻辑网络体系结构如图 4-36 所示。

在这种网络模式中，每个开发小组拥有自己的局域数据服务器，存放小组内的私

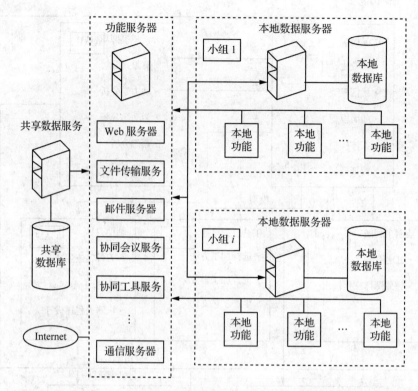

图 4-36 协同设计开发环境中 CAD/CAM/CAE/CAPP 集成系统的网络体系

有数据,而所有的小组可以用一个临时的公共数据服务器存放公有信息。这样每个小组内部的 Agent 则以 C/S 方式直接访问其内部的私有信息,而跨越小组间的私有数据以及公有数据的访问则通过 Web 服务器。因为本地 Agent 可以高速访问内部数据,所以减轻了 Web 服务器和主干网络线路的通信压力,在一定程度上为私有局域数据服务器提供了信息安全保护。

4.7 机电产品的协同设计实例

机电产品作为一种复杂的产品系统,具有技术含量高、产品批量不大、管理复杂、研发和制造过程中知识的构成复杂等特点,使得机电产品研发团队跨学科、跨部门的协作与协调成为了机电产品开发成功与否的关键因素。同时,由于机电产品的设计涉及机械、电子、工业设计、力学、材料等多学科领域的人员,因此,在机电产品协同设计过程中,团队成员间往往存在着大量任务的交叠、信息沟通、知识共享和资源分配的问题,导致机电产品研发团队的协同设计具有多主体性、目标一致性、协同性、高知识水平等特征[29]。

4.7.1 原型系统体系框架

任何一款协同设计操作系统都是一个集成开发管理系统,能继承复杂产品设计仿真中所需使用的各种专业设计分析工具,运行在基于分布式技术的网络化工作环境中,并能采用先进的建模技术、多学科分析与优化技术、数据库管理技术、项目管理技术以及协同设计技术等。从系统的功能组成主要包括三方面的内容：分布的过程协同和统一的知识管理、集成的数据管理和分布的数据存储、软件的封装和代理。系统框架如图4-37所示[30]。

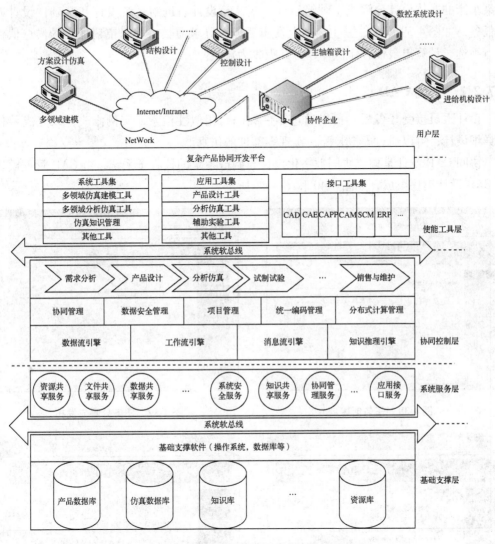

图 4-37　复杂产品协同开发平台体系框架

4.7.2　面向机床产品协同设计系统实例

根据4.5节的协同设计过程管理，可将功能模块归纳为用户需求与任务规划、协同CAD设计、协同CAE分析、协同CAPP设计、协同冲突检测、过程管理和设计文档管理等。这里介绍面向机床产品协同设计的原型系统[24]，木工机床可参考组织协同设计。

4.7.2.1　用户需求与任务规划

用户需求与任务规划是建构协同数字化设计和制造系统的基础支持模块，用户可以输入自己的要求，使设计人员了解用户对产品的功能、尺寸形状及某些特殊要求；设计盟主可以根据用户需求，进行任务规划。

任务规划是由设计盟主在分析用户需求的基础上进行任务创建，如图 4-38 所示。将某车床的本体设计分解成主轴箱设计、变速箱设计、进给系统设计和基础件设计四大任务，如图 4-39 所示，盟主在网上发布任务，寻求盟员，并对申请任务的候选伙伴进行筛选，计算出最佳合作伙伴，将其吸收为盟员。

4.7.2.2 协同 CAD 设计

设计人员接受任务后，可以通过零件编码，相似性检索，实例修改，以完成零件的详细设计；可以通过虚拟装配，实现零部件的仿真。

协同 CAD 设计是构成协同数字化设计与制造系统的核心子系统，由 CAD 管理模块和 CAD 设计模块组成，如图 4-40 和图 4-41 所示。

图 4-38　任务创建

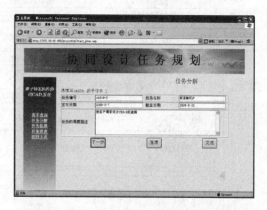

图 4-39　任务分解与发布

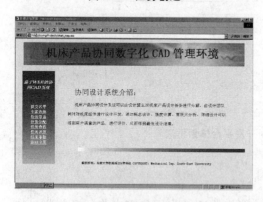

图 4-40　CAD 管理主页

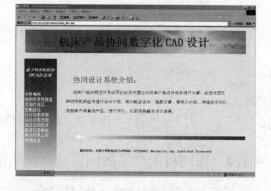

图 4-41　CAD 设计主页面

CAD 管理模块主要包括提交名单、专家选择、任务申请、任务分配、任务进度、任务查看、结果审批等功能。当用户被赋予 CAD 管理员权限之后，就有权进入该管理页面。

①提交名单功能　当 CAD 的超级管理人员申请了一项子任务，而现有的系统注册人员不能很好地满足该任务对特定人员的需求，CAD 的超级管理人员有权针对该项目提交设计人员名单，并赋予他们 CAD 设计的权限。当该任务结束时，系统会自动取消

提交人员的权限。

②**专家选择功能** 从系统的注册人员中选择出符合条件的人员组成一个专家组。

在子任务的一个部分设计结束后进行结果校对时，发现结果有很大的争议，不能立刻做出决定时，交由专家组讨论决定。

③**任务申请功能** CAD 管理员根据系统管理发布的任务信息以及自己的设计专长，有选择地申请新的任务。

④**任务分解分配功能** CAD 管理员申请的任务通过任务发布者的批准，通过任务分解把任务分成若干部分，并为每一部分选择一位最适合完成该部分的设计人员。从而做到把任务化整为零，使任务多部分并行协同设计，加速任务的进程，如图 4-42 所示。

⑤**任务进度功能** 通过该模块让 CAD 管理员可以随时掌握任务的完成情况，能及时地合理分配人力资源。

⑥**结果审批功能** 保证每一设计人员所设计的部分均符合要求，使任务能尽善尽美地完成。设计人员设计结束，经校对确认无误后交由 CAD 管理员进行最后的结果审批，如图 4-43 所示，如确认无误则可入库。

CAD 设计模块是整个设计子系统中最为核心的部分，主要包括零件编码、相似性检索、零部件设计、装配设计、提交名单、专家选择、设计结果查询、设计进度查询、设计结果校对、设计结果修改、修改结果上传等功能模块。当用于被赋予 CAD 设计者权限以及接受了 CAD 管理员所分配的任务就有权进入该页面进行后续的操作。

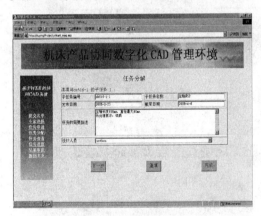

图 4-42 任务分解分配

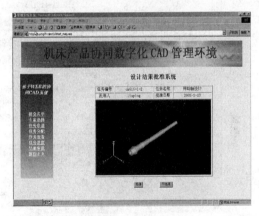

图 4-43 结果审批

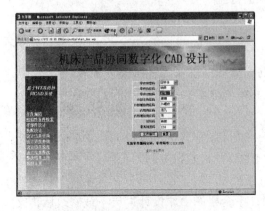

图 4-44 零件编码

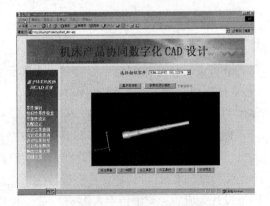

图 4-45 相似性零件检索

对设计完成的零件进行编码入库，便于以后查询调用，如图 4-44 所示。在进行设计前，通过编码进行相似性检索，调用相似度最高的零件参考，如图 4-45 所示。

⑦**零部件设计** 系统管理人员把用户的需求抽象为具体的任务并把总任务分解为每个部件，如主轴箱设计，并在系统内发布。各 CAD 管理员申请任务获批准后把任务进行再次分解和分配，如把主轴箱设计分为主轴设计、箱体设计等，并把各部分设计分配给各领域设计人员。设计人员被授予具体的任务之后就可以进入各自的设计页面，如被授予主轴设计的人员就可以进入主轴设计页面，如图 4-46 所示，页面中共有 3 个窗口，上面的窗口左侧是关于主轴设计所需的参考模型图以及设计提示信息，右侧是设计执行者、任务编号、参考模型的材料及轴类型选择、不变参数选择、可变参数设置等。选择指定的支撑轴类型、型号，设定合适的可变参数，在设计过程中通过控件调用服务器端的 Solidworks 进行设计，设计结束后在左侧的窗口显示设计结果。左下窗口是协同人员信息，包括协同人员、请求结构分析和冲突检测、优化和检测结果查询。

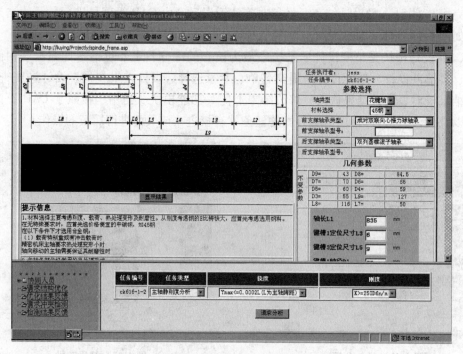

图 4-46 主轴设计页面

4.7.2.3 协同 CAE 分析

分析人员接受任务后，可以完成有限元的前处理信息输入、协同方案的确定；APDL 文件生成；CAE 应用软件启动并执行，计算结果显示和评价等功能，实现机床产品零件的静刚度分析和模态分析。

在进行 CAD 设计过程中，设计人员发布结构优化请求或冲突检测请求，由 CAE 分析人员、冲突检测人员进行协同设计，帮助设计者在设计过程中发现问题、解决问题，而不是像传统的 CAD 设计那样，在设计完了之后才发现问题。设计部分在各领域人员的协同下设计完成后，交由指定人员进行结果校对，不合格的由原设计人员下载修改后再交指定人员校对，审核合格后入库，而设计人员被授予的任务也被取消，等待新的任务，收回进入指定设计页面的权力。CAE 分析人员在收到分析请求后，对轴进行 CAE 分析，并将结果传回。CAE 分析的任务前处理页面如图 4-47 所示，计算结果如图 4-48 所示。

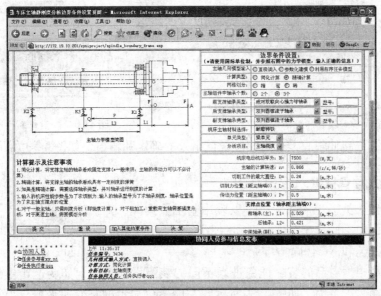

图 4-47　主轴静刚度分析的前处理

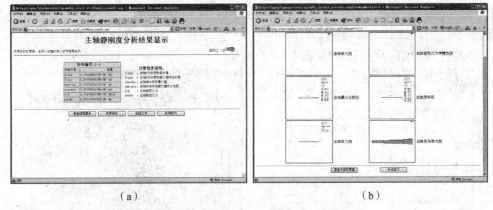

（a）　　　　　　　　　　　　　　（b）

图 4-48　计算结果显示

（a）数值显示　（b）图形显示

4.7.2.4　协同冲突检测

冲突检测人员接受检测请求后，实时读取设计者的设计参数，并通过设计参数在约束网络中的传播对协同设计过程中的数据冲突和知识冲突进行检测，根据冲突的不同类型对协同设计中的冲突进行有效和及时的消解，对基于规则和基于事例的冲突消解方法无法消解的冲突，采用协商仲裁的策略消解冲突，并将冲突消解结果及时发布给各个设计者，以保证协同设计过程中冲突的正确处理。

为避免协同设计中零件装配的冲突，设计人员请求冲突检测，若检测发现存在冲突，采用冲突管理工具进行冲突消解，如图 4-49 所示；若有人持不同态度，则组织协

图 4-49　发布冲突消解建议

图 4-50　冲突仲裁

同会议，通过协商仲裁后，进行相应设计结果的确定和输出，如图 4-50 所示。

4.7.2.5　协同 CAPP 及虚拟装配

工艺设计人员接受任务后，可以应用基于数据库、知识库的模块化、可重构组件技术，完成面向不同机床零件类型和制造资源的 RR-CAPP 快速定制，生成基于 Web 的通用化设计工艺和 NC 代码。

设计人员根据自己的装配任务进入不同的装配设计页面，如变速箱虚拟装配设计则进入变速箱装配页面。如图 4-51 所示，左侧窗口显示的是变速箱概念设计的装配示意图，右侧下方为按装配序列规划提示的装配过程信息。在装配过程中，动态地显示每一步装配结果，客户端通过该控件调用服务器进行虚拟装配，并在服务器端动态地显示装配过程，如图 4-52 所示。与此同时，工艺设计人员根据设计结果制定 CAPP 工艺，并进行 NC 编码，如图 4-53 和图 4-54 所示。

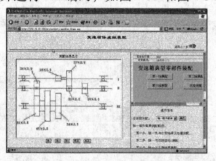
图 4-51　变速箱的虚拟装配界面

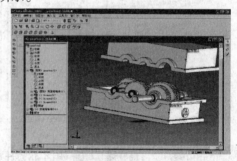
图 4-52　变速箱总装过程

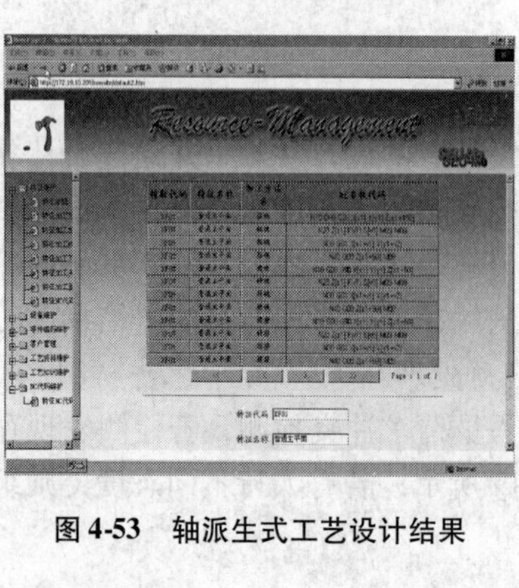

图 4-53　轴派生式工艺设计结果

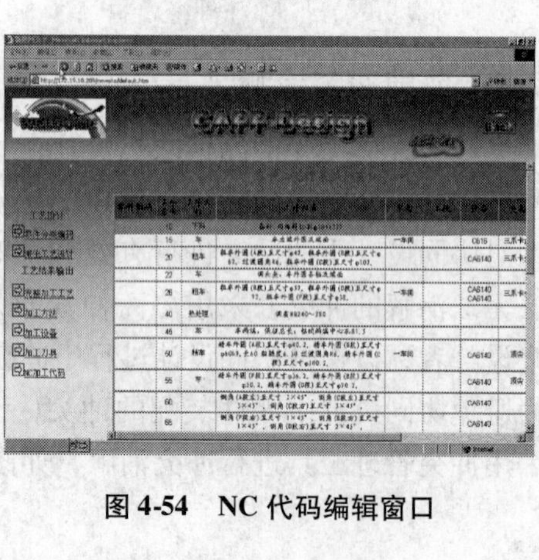

图 4-54　NC 代码编辑窗口

4.7.2.6 过程管理与任务监控

为了对 CAx 用户统一管理，必须实现用户注册、用户权限授予、操作日志查看、系统维护等管理工作。对于机床产品设计过程中产生的大量文档资料，采用产品文档管理的方式，完成产品结构树的创建、修改、删除、浏览，实现产品图形的上传，并对零部件的相关设计信息进行管理。

在协同设计过程中，为了有效、合理地调度设计资源，必须对任务的进度状况进行监控，系统采用操作日志管理和进度管理两种方法。

(1) 操作日志管理

通过操作日志，系统管理人员可以准确地了解所有使用该系统人员的具体情况。因为协同数字化设计与制造系统为多进程、多用户协同管理系统，为了使系统能有效地运行，并在出现问题时及时地处理，系统在用户使用该系统时创建操作日志，如图 4-55 所示。

(2) 任务进度管理

按指定的工作流程执行的情况，对机床产品协同设计主要过程协同进行实时监控，当某一阶段工作完成之后，工作进度图中的颜色会发生变化，如由黑色变为彩色。这样设计负责人能够及时了解设计进度，协调设计人员之间的工作速度，防止设计资源不均衡现象。协同设计任务进度状态如图 4-56 所示。

4.7.2.7 设计文档管理

产品文档管理的主要功能是对系统开发的设计文档进行归类整理。设计文档管理页面如图 4-57 所示，机床产品文档管理页面中左侧是机床产品结构树区，右侧是关联图档列表和图档信息标签页，关联图档列表显示了产品结构树中主轴组件的图档名、版本、文件名、代号、数量、材料、重量、设计、校对、审核、会签、备注和物料编码等关联信息；图档信息标签页具有图档浏览、图档下载、图档添加和图档删除等功能。

图 4-55 操作日志

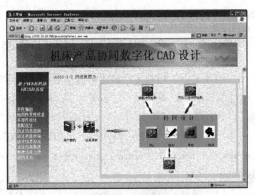
图 4-56 协同设计状态

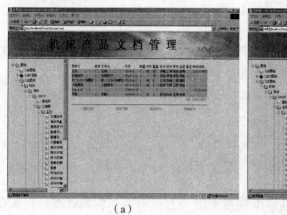
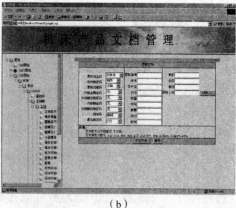

(a) (b)

图 4-57 设计文档管理
(a)产品图档管理 (b)产品设计文档管理

4.7.3 应用效果分析

通过机床产品协同设计系统在江苏某机床企业的成功实施，使企业形成了以该协同设计平台为一体化的信息管理系统，能够支持跨平台、跨地域的复杂产品开发过程多领域协同设计仿真，大幅度提高了企业产品创新开发能力，降低了产品开发成本，增强了企业的竞争力。

木工机床是现代木材加工的必备设备，数字化协同木工机床设计与制造技术同样是木工机床先进制造的核心。研究与实践表明，加强信息集成平台建设和业务模式、业务流程与管理体系的优化重组，并将它们实行紧密融合，既是信息化和工业化融合的重要组成部分，更是破解木工机床行业发展困境，提升行业整体竞争力的重要途径。

本章小结

本章对协同设计方法及其关键技术，包括特征建模技术、过程动态建模技术、过程管理技术、CAx集成技术等进行了详细分析，并以复杂机械产品（机床）作为协同设计原型系统为实例，做了详细介绍。

参考文献

[1] 郭银章. 网络化产品协同设计过程动态建模与控制[M]. 北京：科学出版社，2013.

[2] 王宗彦，虞国军，吴淑芳，等. 面向并行工程的机械产品参数化协同设计[J]. 中南大学学报（自然科学版），2013，44(2)：552-557

[3] YUH-JEN CHEN, YUH-MIN CHEN, HUI-CHUAN Chu. Enabling collaborative product design through distributed engineering knowledge management [J]. Computers in Industry, 2008, 59 (4): 395-409.

[4] 高曙明，何发智. 分布式协同设计技术综述[J]. 计算机辅助设计与图形学学报，2004，16(2)：149-157.

[5] 芮延年，刘文杰，郭旭红. 协同设计[M]. 北京：机械工业出版社，2003.

[6] 贺东京，宋晓，王琪，等. 基于云服务的复杂产品协同设计方法[J]. 计算机集成制造系统，2011，17(3)：533-539.

[7] 张亚明,刘海鸥. 协同创新驱动下的云计算行业服务框架——以设计服务云为例[J]. 科技进步与对策, 2014(6): 1-6.

[8] 李振方,苟秉宸,卢凌舍. 基于云计算的网络化工业设计系统新模式:云设计[J]. 计算机与现代化, 2013(7): 152-156.

[9] 张倩,齐德昱. 面向服务的云制造协同设计平台[J]. 华南理工大学学报(自然科学版), 2011, 12(39): 75-81.

[10] 李振方,苟秉宸,卢凌舍. 基于云计算的网络化工业设计系统新模式:云设计[J]. 计算机与现代化, 2013(7): 152-156.

[11] 百度百科. 协同设计[EB/OL]. (2014)[2014-10-22] http://baike.baidu.com/view/3224193.htm#8.

[12] 杜平安,范树迁,葛森,等. CAD/CAE/CAM 方法与技术[M]. 北京:清华大学出版社, 2010.

[13] 王侃,杨秀梅. 虚拟样机技术综述[J]. 新技术新工艺, 2008(3): 29-33.

[14] 秦贞沛,朱俊平,郑东京,等. 挖掘机工作装置的虚拟样机建立及运动学仿真——以农用液压挖掘机为例[J]. 农机化研究, 2011(4): 46-48.

[15] 王玉兴. 数字化设计[M]. 北京:机械工业出版社, 2003.

[16] RAJKUMARB, CH EE SY, SRIKUMARV, et al. Cloud computing and emerging IT platforms: vision, hype, and reality for delivering computing as the 5th utility [J]. Future Generation Computer Systems, 2009, 25(6): 599-616

[17] 李伯虎,张霖,王时龙,等. 云制造——面向服务的网络化制造新模式[J]. 计算机集成制造系统, 2010, 16(1): 1-8.

[18] 李伯虎,张霖,任磊. 再论云制造[J]. 计算机集成制造系统, 2011, 17(3): 449-457.

[19] 袁崇义. PETRI 网[M]. 南京:东南大学出版社, 1989.

[20] 舒远仲,刘炎培,彭晓红,等. 面向对象 Petri 网建模技术综述[J]. 计算机工程与设计, 2010, 31(15): 3432-3435.

[21] 彭磊,吴磊,毕亚雷,等. 基于着色解释 Petri 网的网络协议建模及协同仿真方法[J]. 计算机集成制造系统, 2009, 15(1): 82-88.

[22] SUN JING, QIN SHIYIN, SONG YONGHUA. Fault Diagnosis of elecric power systems based on fuzzy Petri Net[J]. IEEE Transactions on Power Systems, 2004, 19(4): 2053-2059.

[23] 诸静. 模糊控制理论与控制原理[M]. 北京:机械工业出版社, 2005.

[24] 刘英. 面向机床产品协同数字化设计关键技术的研究[D]. 南京:东南大学, 2006.

[25] 赵阳,刘弘. 协同设计中基于规则推理的冲突消解研究[J]. 计算机应用研究, 2006(1), 54-56.

[26] 赵阳. 协同设计中基于规则推理的冲突消解研究[J]. 科技信息(科学教研), 2008(18): 439, 442.

[27] 方卫国,周泓. 逼近群体理想点的多目标群体决策算法[J]. 管理科学学报, 1998, 1(4): 34-38.

[28] 孟秀丽. 协同设计支持环境及冲突消解理论与方法[M]. 南京:东南大学出版社, 2010.

[29] 商茹,傅再军,杨文彩,等. 机电产品研发团队协同设计及其影响因素研究[J]. 价值工程, 2011(17): 21-22.

[30] 艾辉. 复杂产品协同开发平台关键技术研究[D]. 武汉:华中科技大学, 2011.

思考题

1. 概述协同设计的发展趋势。

2. 简要概述特征建模技术的基本原理，并以 Pro/E 为例，分析说明在该软件环境下基于形状特征建模方法的特点。

3. CAD/CAM 集成系统有哪些优点？阐述 PDM 与 CAD/CAM 集成的关系。

4. 阐述过程动态建模的方法和特点以及具体应用。

5. 阐述协同过程中冲突消解的方法。

推荐阅读书目

1. Computer Supported Cooperative Work in Design III. Lecture Notes in Computer Science, Vol. 4402, 10th International Conference, CSCWD, 2006, Nanjing, China, May 3-5, 2006. Proceeding Series. Springer.

2. D. Sriram, Robert Logcher, Shuichi Fukuda. Computer-aided Cooperative Product Development: MIT-Jsme Workshop MIT, Cambridge, USA, Novermber 20-21, 1989. Proceeding Series. Springer-Verlag.

3. Luo, Yuhua (Ed.). Cooperative Design, Visualization, and Engineering. 6th International Conference, CDVE 2009, Luxembourg, Luxembourg, September 20-23, 2009. Proceedings Series: Lecture Notes in Computer Science, Vol. 5738. Springer.

第5章 机械动态分析设计法

[**本章提要**] 机械系统动态设计就是根据初步设计图纸，或对要进行改进的机械结构进行动力学建模，并分析确定其动态特性要求，进行结构修改预测，进而进行产品的再设计以及结构的重新分析，一直达到满足结构动态特性的设计要求为止。确定符合机械静、动态特性的结构形状和尺寸大小，是整个设计过程的关键环节。机械结构动态分析与设计的大致过程为：①确定在动态环境下保证工作可靠性的设计准则；②建立能够反映实际机械结构系统动态特性的数学模型；③对机械结构在载荷作用下进行响应分析和优化设计；④进行试验包括机械模态分析试验、响应试验；⑤修改结构设计。

5.1 动态分析及其软件概述
5.2 机械动态设计法
5.3 模态分析设计方法
5.4 典型林业机械模态设计

21世纪以来，机械及其产品的结构日趋复杂，性能要求越来越高，更新换代的速度日益加快，产品的使用寿命也逐年增长，要求机械电子产品实现高速、高效、精密、轻量，因此用传统静态理论和经典设计方法设计的机械产品，其机械设备动态特性、产品质量和寿命都很难满足当前使用者的要求。故在产品设计阶段，就要考虑在实际工作条件下，随机载荷及结构对机械系统的响应、结构振动产生的附加动载荷和循环交变载荷引起的机械结构的疲劳破坏等因素的影响。采用动态设计方法对产品进行动态优化设计，已是现代设计的必然趋势。动态设计方法能够精确进行机械产品动态预分析，在产品定型前，解决好动态响应问题，以最小的代价获得性能最好的产品，显著提高机械设备的设计水平，使产品更好地满足激烈的市场竞争的需要。

5.1 动态分析及其软件概述

5.1.1 动态分析概述

动态是指广义系统由一个稳态过渡到另一个稳态的过程，是由外部或内部各种输入或干扰信号引起的随时随地存在的绝对过程，严格地说，平衡状态实际上是不可能的，仅仅是相对而言。例如，龙门起重机的起升、制动过程就是实现相对的平衡状态。经典设计只考虑一个动载系数以便计入一个惯性力，实际上运动过程中随时随地都有各种信号输入，如起重机作业时吊臂与钢丝绳的长度、吊臂倾角、额定起重量等数值是经常变化的；作业条件（人、机、环境等）也是复杂多变的，因此设计时需要综合考虑吊臂、臂架、钢丝绳、回转体、驱动系、底盘等的动态特性，以便精确分析其规律，使设计更为合理。

以往对工程的分析与设计主要采取经验系数、满应力等静态的经典方法，但负载的随机谱、振动以及各种干扰信号对系统的影响，特别是产品对可靠性、高速度与自动化要求的提高，导致不能不考虑动态特性。试验表明，提高系统的静态刚度对增加机器的抗振能力是不起作用的，它与零部件的外形、尺寸特别是结构合理布局有更密切的关系，也只有考虑动态特性，才能使机器进一步减轻质量。

动态分析技术就是要研究在各种信号输入与干扰下，系统输出信号的品质。在机械行业中，它提供了产品故障分析与优化设计的基础。而机械动态优化设计主要是指将数学规划理论、机械振动理论和数值计算方法结合起来，建立一整套科学系统、可靠高效的系统参数数值优化方法。

5.1.2 动态分析的目标

动态设计的目标是在保证实现机械系统功能要求的条件下，使其具有良好的动态性能，并保证其产品经济合理、运转平稳、结构可靠。因此，必须把握机械结构的固有频率、振型和阻尼比，通过动态分析找出系统的薄弱环节来改进设计。

动态分析在机械产品中的具体设计目标归纳为以下几点：

①尽量减小机器振动幅度，防止共振。在周期性扰动下，分析元件谐振、供油脉动及外部作用力等引起的振源并降低其振动。

②尽量增加结构的各阶模态刚度，并且最好接近且相等。利用模拟试验方法确定

动态理论计算与实际动态特性的吻合程度，并取得校正装置所需的参数，改善性能，预测新系统的结构参数与组成环节。

③尽量提高结构各阶模态阻尼比。确定系统最佳响应下（或规定输出响应下）系统关键环节的影响与主要参数。

④避免零件疲劳破坏。对结构进行动态分析，通过阻尼、刚度与惯性力的考虑，提出数学模型，以求取应力分布场，求出强度设计的参数依据；对动态特性有重要影响的元件进行定量分析，确定影响程度与因次关系，必要时推导定量计算的近似公式。

⑤提高系统振动稳定性，避免失稳。在各种外扰动或内扰动的作用下，保证系统运动的稳定性，确定稳定性的临界条件及最佳稳定储备下系统应有的主要参数。

具体设计时，应根据具体机械设备的要求，给出动态设计指标。

5.1.3 动态分析设计指标

动态分析设计技术，是一门涉及计算机仿真、计算机图形学、智能技术、虚拟现实技术、多媒体技术、设计方法学、动力学理论、有限元和优化设计等多学科范畴的技术，并将随着这些技术的发展而发展[1,2]。

要使动态分析获得高质量的输出指标，取决于各种科学领域系统特性的要求。但一般地说，要考虑稳定性、准确性和快速性指标。

(1) 稳定性指标

任何一个系统不稳定等于不能工作，所以稳定性是最主要的指标，其主要性能指标是系统输出响应的波动衰减率，即输出波动相邻二波幅之差与二波中第一个幅值之比的百分率。如液压系统中换向阀突闭时油缸产生的压力冲击，但很快收敛于稳态压力，即衰减得快，系统是稳定的；反之，如产生等幅振荡（不衰减）或者产生增幅振荡（发散振荡），则变为不稳定系统，应采取措施。

(2) 准确性指标

有相当一部分系统，当输入一种信号后，需要有准确的输出响应，如液压油流量调节后，应使执行元件获得相应于新调流量的运动速度，但往往流量刚调节后，运动速度产生超过于相应流量的过冲速度，然后才逐渐稳定到所调的速度，这种输出响应的最大偏差，即超调量及稳定后的残余稳态偏差，是动态准确性的主要指标；前者指输出响应比预期输出值的动态超调过冲量，后者指稳定后输出响应与预期输出值的吻合程度。

(3) 快速性指标

一般系统输出信号对输入信号立即响应是不可能的，总有一段延时。但要求这个过渡过程时间越短越好。快速性指标主要就是指输出对输入响应在达到基本稳定时所需的过渡过程时间。但有时要求动态过程稳定，也希望时间长一些，如制动过程不要过猛等。

当然，因系统而异，还可提出一些不同的指标要求。系统动态指标往往是矛盾的，重要的是要满足主要要求，既能局部优化又能全面照顾，对于干扰信号则应尽可能不产生输出响应，即达到消除其影响的目的。

5.1.4 动态分析软件概述

在进行现代机械产品动态设计时,都需要进行结构的动力学建模,然后采用有限元法进行结构的动态分析。模态分析系统包含数据采集设备、传感器、力锤、激振器、计算机和模态分析软件。系统可以完成完整的模态试验和模态分析,在同一软硬件平台中完成数据采集和模态分析。软件功能包括三维结构模型的建立、频响函数的测量、模态分析、振型动画、相关分析、报告生成等。

目前,机械的有限元动态分析,有许多成熟的软件可供选择,这里仅介绍比较常见的通用软件。

(1) ANSYS 软件[3]

ANSYS 软件是由美国 ANSYS 开发的可用于结构分析的有限元分析软件。它能与多数 CAD 软件接口,如 Pro/Engineer, NASTRAN, Alogor, I—DEAS, AutoCAD 等,实现数据的共享和交换。

在 ANSYS 软件中,动力学分析主要包括模态分析、谐响应分析、瞬态动力学分析和谱分析。模态分析用于确定设计中的结构或机器部件的振动特性,即固有频率和振型。它也是其他更详细动力学分析的起点,如瞬态动力学分析、谐响应分析、谱分析等。谐响应分析是用于确定线性结构在承受几种频率随时间按正弦规律变化的载荷的稳态响应的一种技术,分析的目的是计算出结构在几种频率下的响应,并得到一些响应值对应频率曲线。该技术只计算结构的稳态受迫振动,可以帮助设计人员预测结构的持续动力特性,从而使设计人员能够验证其设计能否成功克服共振、疲劳和其他受迫振动所引起的有害效果。

(2) NASTRAN 软件[4]

NASTRAN 是 1966 年美国国家航空航天局(NASA)为了满足当时航空航天工业对结构分析的迫切需求,开发的大型应用有限元程序,是具有高度可靠性的结构有限元分析软件,几乎所有的 CAD/CAM 系统都竞相开发了其与 MSC. NASTRAN 的直接接口。

NASTRAN 的主要动力学分析功能包括:特征模态分析、直接复特征值分析、直接瞬态响应分析、模态瞬态响应分析、响应谱分析、模态复特征值分析、随机振动分析、直接频率响应分析、模态频率响应分析、非线性瞬态分析、模态综合、动力灵敏度分析等。

(3) ABAQUS 软件[5]

ABAQUS 是一套被认为是功能最强的、解决问题的范围从相对简单的线性分析到许多复杂的非线性问题的有限元工程模拟软件,它包括可模拟任意几何形状的单元库,同时拥有各种类型的材料模型库,其中包括金属、橡胶、高分子材料、复合材料等。ABAQUS 不但可以做单一零件的力学和多物理场的分析,同时还可以做系统级的分析和研究。ABAQUS 能解决大量结构(应力/位移)问题,以及模拟其他工程领域的许多问题,如热传导、质量扩散等。

ABAQUS 的主要动力学分析功能包括:

① **静态应力/位移分析** 包括线性,材料和几何非线性,以及结构断裂分析等。

② **动态分析黏弹性/黏塑性响应分析** 黏塑性材料结构的响应分析。

③**非线性动态应力/位移分析**　可以模拟各种随时间变化的大位移、接触分析等。
④**准静态分析**　应用显式积分方法求解静态和冲压等准静态问题。
⑤**多柔体系统动力学分析**　对多柔体系统机构的运动情况进行分析，和有限元功能结合进行结构和机械的耦合分析，并可以考虑机构运动中的接触和摩擦。
⑥**疲劳分析**　根据结构和材料的受载情况统计，进行生存力分析和疲劳寿命预估。
⑦**设计灵敏度分析**　对结构参数进行灵敏度分析并据此进行结构的优化设计。

ABAQUS 软件除具有上述常规和特殊的分析功能外，在材料模型、单元、载荷、约束及连接等方面功能也很强大。

(4) DHMA 试验模态分析系统[6]

DHMA(DongHua modal analysis)试验模态分析系统是江苏东华测试技术股份有限公司开发的模态分析软件，提供了不测力法和测力法(包括锤击激励法模态试验、激振器法模态试验)两种基本模式。可对结构进行可控的动力学激励，分析出结构固有的动力学特性。其功能包括：

①**几何建模**　读入 CAD 平面图形、ANSYS 有限元模型文件；可以直接在界面上完成部件、结点、连线的添加、删除、移动、复制、粘贴以及参数修改等；可自动生成规则模型；为了更接近实际结构，测点之间可插入非测量结点，软件自动根据周围测点数据编写非测点的约束方程；对模型可以进行平移、旋转、放大缩小、线条颜色修改、背景颜色修改、四视图单独或同时显示。

②**数据类型及显示**　涉及环境激励下的时域响应数据、频响函数数据[单入单出 SISO(single-input single-output)、单入多出 SIMO(single-input multi-output)、多入多出 MIMO(multi-input multi-output)]、接受文本文件、通用文件格式(universal file format, UFF)数据文件等；数据可以多行多列显示、重叠显示、局部放大缩小显示，可以单光标、双光标、峰光标、光标值显示等。

③**参数辨识**　频域峰值法、随机子空间法、导纳圆拟合法、正交多项式拟合法和时域复指数拟合法等。

④**模态模型验证**　稳态图、模态置信准则(modal assurance criterion, MAC)、模态相位共线性(modal phase collinearity, MPC)、相位偏移、模态指示函数、模态参与因子、模态振型的动画显示。

⑤**动画显示**　参数辨识得到的各阶模态，分别或同时显示在一个或多个模型上；可以连续动画、步进动画、三维彩色动画、等高线动画、矢量动画、四视图同步动画等，动画幅度、速度可调。

⑥**时域 ODS 动画**　将所有测点的实测数据同步动画显示在模型上，以类似快摄慢放的形式回放原始数据，进行时域工作变形分析(operational deflection shape, ODS)，生动形象地显示出试件的真实变形过程。

⑦**频域 ODS 动画**　将所有测点的频谱或频响函数数据同步动画显示在模型上，以类似闪频仪的形式、生动形象地显示出试件在某个频率激振下的变形情况。

⑧**工作模态分析**　通过测量结构在工作状态时的振动响应信号，利用工作模态分析(operational modal analysis, OMA)方法，进行模态参数辨识，辨识方法包括经典的自谱、互谱等信息辨识；高级的随机子空间法辨识。

⑨**生成报告** 几何模型、静态动画图形的拷贝、打印;动画转换成 AVI 文件;所有识别的模态参数文件(包括各阶模态的振型数据)可保存、打印,振型文件可导出为 Word 文件及文本文件。

除上述大型通用软件外,还有许多公司针对自行开发的模态分析系统而设计开发的模态分析专用软件。例如,动态设计分析方法(dynamic design analysis method, DDAM)就是一款专用于动态设计分析的软件,是美国海军广泛使用的基于冲击谱的响应分析方法。现代舰船设计时,都应该进行抗冲击试验,对于不能进行抗冲击试验的设备应进行有限元动态设计,以检验设备的抗冲击能力。DDAM 计算方法是先计算出结构的某些阶模态阵型和模态质量,将这些模态进行响应计算,得到每阶模态的响应,然后将每阶模态的响应按照某种规则进行合成,得到总的响应。

5.2 机械动态设计法

机械动态设计的目的是按照机械动态特性的要求对机械设备或构图(图形)进行审核、修改或重新设计,从而保证产品具有更好的动、静态性能。

5.2.1 机械动态设计步骤

机械动态设计一般步骤如图 5-1 所示。

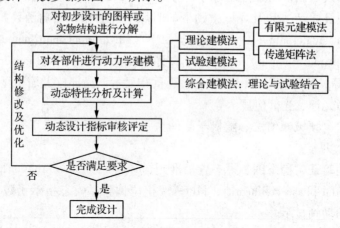

图 5-1 机械动态设计步骤

(1)初步结构分析

对产品进行初步结构设计,或分析得到实物模型,并将设计或实物总体结构分解为适当大小的部件。

(2)动力学模型建立

根据机械结构或机械系统的设计图纸,对需要改进的产品实物结构部件进行动力学建模,或应用试验模态分析技术建立结构的试验模型。

(3)动态特性分析

由各个部件求得的动态特性,考虑其连接条件,然后进行组合,得到整个结构的系统方程式,这就是组合系统分析方法,一般使用阻抗法和模态法。据此通过系统方程式的局部变化,能较容易地分析部件的设计变化对整个机械结构的动态性能所产生的影响。采用阻抗法进行局部应力的详细分析,求出作用在部件上的内力载荷作为有限元法的输入。在部件的动态分析阶段,若用模态分析法求对应于固有振动的内力模态或者应力模态,在系统响应分析后进行加权,通过内力模态和应力模态的叠加,便能计算出作用在部件上的内力载荷以及应力响应。

(4) 动态设计指标的评定

根据所设定的可靠性及稳定性指标,作出系统可靠性及稳定性评价。

(5) 结构修改和优化设计

对某些结构没有满足动态设计原则要求的指标,需要对初步计算结果和试验得到的数据,找出相应问题,对外载荷、物理参数或者动态特性进行修改,以进一步改善其动态性能,直至达到要求为止。

综上所述,机械动态设计的关键在于对图样或实物进行数学建模,由于建模方式的不同,产生了不同的动态分析方法,即理论建模与试验建模。前者按机械结构形状不同采取不同的技巧,因而有多种方法;后者是针对机械实物或模型进行模态试验、分析,建立模态模型。

5.2.2　机械动态设计理论建模方法

机械动态设计理论建模方法是按照动力学及能量守恒基本原理建立机械设备的理论(或数学)模型,理论建模方法通常包括有限元建模法、传递矩阵建模法等。

5.2.2.1　有限元建模法

有限元法是一种采用计算机求解数学物理问题的近似数值解法,在机械结构的动力学分析中,利用弹性力学有限元法建立结构的动力学模型,进而可以计算结构的固有频率、振型等模态参数以及动力学响应,在此基础上还可以根据不同需要对机械结构进行动态设计。

(1) 单元的动力学方程

建立单元动力学方程的方法主要是基于弹性力学变分原理的各种方法,如虚位移原理、瞬时最小势能原理等,按瞬时最小势能原理建立的单元动力学方程的一般表达式如下:

$$[m]\{\ddot{\delta}\}^e + [c]\{\dot{\delta}\}^e + [k]\{\delta\}^e = \{P\}^e \tag{5-1}$$

式中:$[m]$,$[c]$,$[k]$ 为单元的质量矩阵、阻尼矩阵、刚度矩阵;$\{P\}^e$ 为移置到单元结点上的等效载荷矢量(包括体力、面力和集中力);$\{\ddot{\delta}\}^e$,$\{\dot{\delta}\}^e$,$\{\delta\}^e$ 为单元结点的加速度、速度、位移矢量。

(2) 建立整体结构的动力学方程

根据所有单元在公共结点上的位移相等原理,将单元的动力学方程组集成整个结构的动力学方程。

首先建立各单元在局部坐标系下的动力学方程,因局部坐标系与整体结构的总体坐标系一般并不一致,故在组集之前必须将各单元在局部坐标系下的动力学方程,经坐标变换转变成在总体坐标系下的动力学方程。然后求和,便可得到结构在总体坐标系内的动力学方程：
$$[M]\{\ddot{\delta}\} + [C]\{\dot{\delta}\} + [K]\{\delta\} = \{P\}$$
式中：$[M]$，$[C]$，$[K]$为结构有限元模型的整体质量矩阵、阻尼矩阵、刚度矩阵；$\{\ddot{\delta}\}$，$\{\dot{\delta}\}$，$\{\delta\}$为结点加速度、速度、位移矢量；$\{P\}$为外载荷。

(3) 边界条件处理

在推导整体结构动力学方程的过程中，并未引入所谓的边界条件，因此相应的刚度矩阵是奇异的。这意味着整体结构处于自由悬浮状态。然而，在机械结构的有限元模型中，某些结点在一个或几个自由度方向上常常要受到刚性或弹性边界条件约束，以消除其刚体位移。

① **刚性边界条件处理** 刚性边界条件又称几何边界条件。设δ_i^*为结点第i个自由度δ_i的给定值，F_i为作用在该自由度方向上的结点力。在此，δ_i^*可以是零值也可以是非零值，但$\dot{\delta}_i^* = \ddot{\delta}_i^* = 0$。因给定位移的自由度方向上的刚度无穷大，故可将$[k]$中对应该自由度的对角元素乘以一个大的正整数(如取$10^{12}$)以代替无穷大，同时将对应的载荷项$F_i$代之以$\delta_i^* \times k_{ii} \times 10^{12}$，而保持结构的整体质量矩阵$[M]$和阻尼矩阵$[C]$中的对应元素不变。经上述处理后，对应第$i$个自由度的动力学方程为

$$\sum_{\substack{j=1\\j\neq i}}^{n} m_{ij}\ddot{\delta}_j + \sum_{\substack{j=1\\j\neq i}}^{n} c_{ij}\dot{\delta}_j + \sum_{\substack{j=1\\j\neq i}}^{n} k_{ij}\delta_j + k_{ii} \times \delta_i \times 10^{12} = k_{ii} \times \delta_i^* \times 10^{12}$$

因上式左边前三项相对于$k_{ii} \times \delta_i \times 10^{12}$可以忽略不计，故必有$\delta_i \approx \delta_i^*$。

② **弹性边界条件处理** 弹性边界条件又称物理边界条件，通常可在施加约束的自由度δ_i方向上引入一个刚度为给定值k的无质量边界单元，这相当于在该自由度方向上引入$-k\delta_i$的结点力。

(4) 特征值问题的求解

有限元动力学方程的特征值问题与多自由度振动系统动力学方程的特征值问题是一样的。一般来说，求解机械结构的固有频率和振型时可不计阻尼的作用。于是在无外载荷作用下，经边界约束处理后的动力学方程具有形式

$$[M]\{\ddot{\delta}\} + [K]\{\delta\} = \{0\} \tag{5-2}$$

对于形如式(5-2)的无阻尼自由振动方程，可设其具有简谐形式的解，即

$$\{\delta\} = \{\Psi\}\sin(\omega t + \alpha) \tag{5-3}$$

式中：ω为圆频率；α为初相角；$\{\Psi\}$为与时间无关的非零位移矢量。

将式(5-3)代入式(5-2)，经整理得到

$$([K] - \lambda[M])\{\Psi\} = \{0\} \tag{5-4}$$

式中：$\lambda = \omega^2$。

式(5-4)是结构动力分析中广义特征值问题。当经变换使得$[M] = [I]$时，则称该式为标准特征值问题。

对于一个经有限元离散后的具有n个自由度的机械结构来说，满足式(5-4)的一组解称为结构的一个特征对$(\lambda_i, \{\Psi\}_i)$，其中λ_i称为结构的特征值，$\omega_i = \sqrt{\lambda_i}$称为固有频率，与$\lambda_i$对应的非零位移矢量称为特征矢量$\{\Psi\}_i$，其物理意义反映了结构在按固有频率$\omega_i$作振动时的空间形态，故又称为振型矢量或模态。不难看出，结构的固有频率与

振型仅取决于其质量和刚度分布,而与外荷载无关,因此可以用来表征结构的固有动态特性。

研究结构特征值问题的核心就是求解满足式(5-4)的全部或部分特征对,以确定结构的频率和振型。求解方法可大致分两类:一类是矢量迭代法,包括逐阶矢量正迭代法、逆迭代法、同时迭代法、子空间迭代法;另一类是用矩阵变换技术求解,包括雅可比法、广义雅可比法。前一类用于求解大型稀疏矩阵的部分低阶特征值问题,后一类用于求解中、小型稠密矩阵的完全特征值问题。

求解结构在给定动载荷下的动态响应,可用数值解法将时间离散后直接进行逐步数值积分,也可用振型矩阵作为变换矩阵进行模态分解,在模态空间中原方程转化为非耦合的单自由度振动方程,求解后经叠加并返回到物理空间得到动态响应。

(5) 应用实例

图 5-2 所示为一作扭转振动的轴单元,两端面的扭转角分别为 θ_1 和 θ_2,两端面转矩分别为 T_1 和 T_2,J^* 为单位长度的转动惯量,G 和 I_0 分别为剪切弹性模量与截面极惯性矩。以 $\theta(x,t)$ 表示在截面 x 处的扭转角。

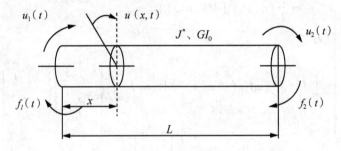

图 5-2 扭振的轴单元

在轴单元中,内截面几何参数相同。作用于单元上的外力可作为力或位移条件加在单元的结点上。

此扭转振动轴单元的运动方程为

$$[J]\{\ddot{\theta}\} + [K]\{\theta\} = \{T\} \tag{5-5}$$

根据静力方程式来建立刚度矩阵比较方便,因为刚度的大小与轴的几何形状有关,而与时间无关。

由材料力学可知

$$\left. \begin{array}{l} GI_0 \dfrac{\partial \theta(x)}{\partial x} \bigg|_{x=0} = GI_0 \dfrac{\theta_2 - \theta_1}{L} = -T_1 \\ GI_0 \dfrac{\partial \theta(x)}{\partial x} \bigg|_{x=L} = GI_0 \dfrac{\theta_2 - \theta_1}{L} = T_2 \end{array} \right\} \tag{5-6}$$

把式(5-6)写成矩阵形式

$$\left. \begin{array}{l} [K]\{\theta\} = \{T\} \\ \dfrac{GI_0}{L} \begin{bmatrix} 1 & -1 \\ -1 & 1 \end{bmatrix} \begin{Bmatrix} \theta_1 \\ \theta_2 \end{Bmatrix} = \begin{Bmatrix} T_1 \\ T_2 \end{Bmatrix} \end{array} \right\} \tag{5-7}$$

得到刚度矩阵为

$$[K] = \frac{GI_0}{L}\begin{bmatrix} 1 & -1 \\ -1 & 1 \end{bmatrix}$$

质量矩阵可利用动能公式求得。扭振单元的动能为

$$U(t) = \frac{1}{2}\int_0^L J^*(x)\left[\frac{\partial \theta(x,t)}{\partial t}\right]^2 dx \tag{5-8}$$

在无载荷作用下,经边界约束处理后,式(5-5)的无阻尼振动方程具有形式

$$[J]\{\ddot{\theta}\} + [K]\{\theta\} = 0$$

而其无阻尼振动方程,可设其解形式为

$$\theta(x,t) = \varphi_1(x)\theta_1(t) + \varphi_2(x)\theta_2(t) = \{\varphi(x)\}^T\{\theta(t)\} \tag{5-9}$$

式中:$\{\varphi(x)\} = [\varphi_1(x) \quad \varphi_2(x)]^T$;$\varphi_1(x) = 1 - \frac{x}{L}$;$\varphi_2(x) = \frac{x}{L}$;$\{\theta(t)\} = [\theta_1(t) \quad \theta_2(t)]^T$。

代入式(5-8)得

$$U(t) = \frac{1}{2}\int_0^L J^*(x)\{\dot{\theta}(t)\}^T\{\varphi(x)\}\{\varphi(x)\}^T\{\dot{\theta}(t)\}dx$$

$$= \frac{1}{2}\{\dot{\theta}(t)\}^T[M]\{\dot{\theta}(t)\}$$

质量矩阵$[M]$为

$$[M] = \int_0^L J^*(x)\{\varphi(x)\}\{\varphi(x)\}^T dx = J^*\int_0^L \begin{Bmatrix} 1-\frac{x}{L} \\ \frac{x}{L} \end{Bmatrix}\begin{Bmatrix} 1-\frac{x}{L} \\ \frac{x}{L} \end{Bmatrix}^T dx$$

$$= \frac{J^*L}{6}\begin{bmatrix} 2 & 1 \\ 1 & 2 \end{bmatrix}$$

求得刚度矩阵$[K]$和质量矩阵$[M]$之后,可利用式(5-2)和(5-4)计算出固有频率及振型。

5.2.2.2 传递矩阵建模法

在机械系统的动态分析和动态设计中,如连续梁结构、汽轮发电机轴系等,其动力学模型可简化为由一系列弹性元件与惯性元件组成的链式系统。这类系统的振动问题可以简单地利用传递矩阵法,它属于集中参数模型方法。在分析中,首先需要将整个结构分解成一系列具有简单力学特性的二端元件,把每个元件端截面上的位移、内力组成的列阵称作截面的状态变量,在单元中建立两端状态变量间的关系式,并用矩阵表示此关系,这个矩阵称为传递矩阵。因相邻元件在端面处的状态变量是相同的,故不难建立系统两端间的总传递矩阵。如代入边界条件,可求得系统的固有频率。

(1) 传递矩阵法简介

图 5-3 所示为弹簧质量系统,图中 $n-1$ 站与 n 站之间,包括一个弹簧 k_n 和一个质量 m_n。又可细分为 1,2,3 等 3 个点,它们各自的状态参量用 $\begin{Bmatrix} x \\ F \end{Bmatrix}_1$,$\begin{Bmatrix} x \\ F \end{Bmatrix}_2$,$\begin{Bmatrix} x \\ F \end{Bmatrix}_3$ 表示。

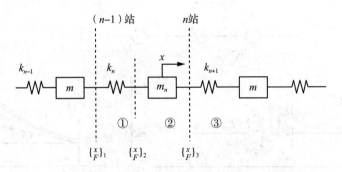

图 5-3 弹簧质量系统

根据图示关系可得

$$\left\{\begin{array}{c}x\\F\end{array}\right\}_3 = \begin{bmatrix}1 & 0\\-\omega^2 m_n & 1\end{bmatrix}\left\{\begin{array}{c}x\\F\end{array}\right\}_2 \tag{5-10}$$

式中：$\begin{bmatrix}1 & 0\\-\omega^2 m_n & 1\end{bmatrix}$ 为点阵，表示通过质量后，状态之间的传递关系。

$$\left\{\begin{array}{c}x\\F\end{array}\right\}_2 = \begin{bmatrix}1 & 1/k_n\\0 & 1\end{bmatrix}\left\{\begin{array}{c}x\\F\end{array}\right\}_1 \tag{5-11}$$

式中：$\begin{bmatrix}1 & 1/k_n\\0 & 1\end{bmatrix}$ 为场阵，表示通过弹性元件后，状态之间的传递关系。

合并式(5-10)和式(5-11)，可得

$$\left\{\begin{array}{c}x\\F\end{array}\right\}_n = \begin{bmatrix}1 & 0\\-\omega^2 m_n & 1\end{bmatrix}\begin{bmatrix}1 & 1/k_n\\0 & 1\end{bmatrix}\left\{\begin{array}{c}x\\F\end{array}\right\}_{n-1}$$

$$= \begin{bmatrix}1 & 1/k_n\\-\omega^2 m_n & 1-\omega^2 m_n/k_n\end{bmatrix}\left\{\begin{array}{c}x\\F\end{array}\right\}_{n-1}$$

$$= [H]\left\{\begin{array}{c}x\\F\end{array}\right\}_{n-1}$$

式中：$[H]$ 为传递矩阵。

(2) 用传递矩阵法分析轴的横向振动

轴或梁的横向振动是工程上常见的振动问题之一，特别是当轴工作时，由于其质心偏移，在回转时产生的离心力就成为一个激振力，当其回转角速度与轴的横向振动的固有频率一致时，就会产生共振现象，故又把引起共振的转速称为临界转速。

轴的横向振动问题与弹簧质量系统解法基本一致，但此时状态矢量将包含两个位移分量（挠度 y 与转角 θ）以及两个力分量（剪力 Q 和弯矩 M）。图 5-4(a)所示为具有集中质量的理想轴，图 5-4(b)所示为具有集中质量的理想轴上一个典型区段。

研究第 n 段，由图 5-4(b)所示分离体可得弯矩和剪力方程式为

$$M_n^L = M_n^R$$
$$Q_{n-1}^R = Q_n^L$$
$$Q_n^L = Q_n^R - \omega^2 m_n y_n, \quad M_{n-1}^R = M_n^L - Q_n^L l_n \tag{5-12}$$

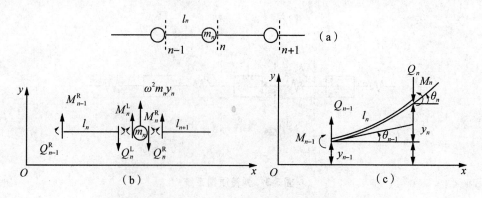

图 5-4 具有集中质量的理想轴及其第 n 区段的弹性变形
(a) 理想轴　(b) 理想轴上的一个典型区段　(c) 第 n 个区段的弹性变形

轴的第 n 个区段的弹性变形如图 5-4(c) 所示。端部的位移、转角与力的关系为

$$y_n = y_{n-1} + l_n \theta_{n-1} + M_n^L \frac{l_n^2}{2(EI)_n} - Q_n^L \frac{l_n^3}{6(EI)_n}$$

$$\theta_n = \theta_{n-1} + \frac{M_n^L l_n}{(EI)_n} - \frac{Q_n^L l_n^2}{2(EI)_n} \tag{5-13}$$

式(5-13)的影响系数是根据均匀轴段计算的。n 段轴的转角(相对于 $n-1$ 处的斜率)分别由单位弯矩引起的影响系数是 $\dfrac{l_n}{(EI)_n}$，由单位剪力引起的影响系数是 $\dfrac{l_n^2}{2(EI)_n}$。n 段轴的位移(从 $n-1$ 处作切线变量)分别由单位弯矩引起的影响系数是 $\dfrac{l_n^2}{2(EI)_n}$，由单位剪力引起的影响系数是 $\dfrac{l_n^3}{6(EI)_n}$。

式(5-13)中的 M_n，Q_n 与 M_{n-1}，Q_{n-1} 的关系式可由式(5-12)求得。于是由式(5-13)和式(5-12)可得

$$\left. \begin{array}{l} y_n = y_{n-1} + l_n \theta_{n-1} + \dfrac{M_{n-1}^R l_n^2}{2(EI)_n} + \dfrac{Q_{n-1}^R l_n^3}{6(EI)_n} \\[2mm] \theta_n = 0 + \theta_{n-1} + \dfrac{M_{n-1}^R l_n}{(EI)_n} - \dfrac{Q_{n-1}^R l_n^2}{2(EI)_n} \\[2mm] M_n^L = 0 + 0 + M_{n-1}^R + Q_{n-1}^R l_n \\[2mm] Q_n^L = 0 + 0 + 0 + Q_{n-1}^R \end{array} \right\} \tag{5-14}$$

式(5-14)用矩阵表示为

$$\begin{Bmatrix} y \\ \theta \\ M \\ Q \end{Bmatrix}_n^L = \begin{Bmatrix} 1 & l & \dfrac{l^2}{2EI} & \dfrac{l^3}{6EI} \\ 0 & 1 & \dfrac{l}{EI} & \dfrac{l^2}{2EI} \\ 0 & 0 & 1 & l \\ 0 & 0 & 0 & 1 \end{Bmatrix}_n \begin{Bmatrix} y \\ \theta \\ M \\ Q \end{Bmatrix}_{n-1}^R \tag{5-15}$$

式(5-15)表示弹性元件两边状态参量之间的关系，$\begin{Bmatrix} 1 & l & \frac{l^2}{2EI} & \frac{l^3}{6EI} \\ 0 & 1 & \frac{l}{EI} & \frac{l^2}{2EI} \\ 0 & 0 & 1 & l \\ 0 & 0 & 0 & 1 \end{Bmatrix}_n$ 表示场阵。

对质量 m_n 点，有

$$y_n^R = y_n^L \quad M_n^R = M_n^L$$
$$\theta_n^R = \theta_n^L \quad Q_n^R = Q_n^L + \omega^2 m_n y_n^L$$

于是导出点阵为

$$\begin{Bmatrix} y \\ \theta \\ M \\ Q \end{Bmatrix}_n^R = \begin{Bmatrix} 1 & 0 & 0 & 0 \\ 0 & 1 & 0 & 0 \\ 0 & 0 & 1 & 0 \\ \omega^2 m & 0 & 0 & 1 \end{Bmatrix}_n \begin{Bmatrix} y \\ \theta \\ M \\ Q \end{Bmatrix}_n^L \tag{5-16}$$

将式(5-15)代入式(5-16)，便得到联系状态矢量 n 和 $n-1$ 的公式为

$$\begin{Bmatrix} y \\ \theta \\ M \\ Q \end{Bmatrix}_n^R = \begin{Bmatrix} 1 & 0 & 0 & 0 \\ 0 & 1 & 0 & 0 \\ 0 & 0 & 1 & 0 \\ \omega^2 m & 0 & 0 & 1 \end{Bmatrix}_n \begin{bmatrix} 1 & l & \frac{l^2}{2EI} & \frac{l^3}{6EI} \\ 0 & 1 & \frac{l}{EI} & \frac{l^2}{2EI} \\ 0 & 0 & 1 & l \\ 0 & 0 & 0 & 1 \end{bmatrix}_n \begin{Bmatrix} y \\ \theta \\ M \\ Q \end{Bmatrix}_{n-1}^R$$

$$= \begin{bmatrix} 1 & l & \frac{l^2}{2EI} & \frac{l^3}{6EI} \\ 0 & 1 & \frac{l}{EI} & \frac{l^2}{2EI} \\ 0 & 0 & 1 & l \\ \omega^2 m & \omega^2 ml & \frac{\omega^2 ml}{2EI} & 1+\frac{\omega^2 ml^3}{6EI} \end{bmatrix} \begin{Bmatrix} y \\ \theta \\ M \\ Q \end{Bmatrix}_{n-1}^R \tag{5-17}$$

式(5-17)即为由 $(n-1)$ 到 n 站的状态传输关系，其中

$$\begin{bmatrix} 1 & l & \frac{l^2}{2EI} & \frac{l^3}{6EI} \\ 0 & 1 & \frac{l}{EI} & \frac{l^2}{2EI} \\ 0 & 0 & 1 & l \\ \omega^2 m & \omega^2 ml & \frac{\omega^2 ml}{2EI} & 1+\frac{\omega^2 ml^3}{6EI} \end{bmatrix}$$

为状态传递矩阵。

对于任何频率 ω，可对式(5-17)从左边的边界 0 起运算到右边的边界 n，这些线性相关的量可表示为

$$\begin{Bmatrix} y \\ \theta \\ M \\ Q \end{Bmatrix}_n = \begin{Bmatrix} h_{11} & h_{12} & h_{13} & h_{14} \\ h_{21} & h_{22} & h_{23} & h_{24} \\ h_{31} & h_{32} & h_{33} & h_{34} \\ h_{41} & h_{42} & h_{43} & h_{44} \end{Bmatrix} \begin{Bmatrix} y \\ \theta \\ M \\ Q \end{Bmatrix}_0 \tag{5-18}$$

一般情况下,轴两端的边界条件总是已知的,因此满足这些条件的频率是梁的固有频率。

(3)计算固有频率和主振型

计算系统固有频率和主振型要解系统无阻尼自由振动方程。由于轴组件两端的状态矢量满足边界条件,因此有些状态参数实际上是已知的。例如一般组件两端为自由端,因此有 $M_1 = Q_1 = 0$,$M_n = Q_n = 0$。将此边界条件代入式(5-18)中,有

$$\begin{Bmatrix} y \\ \theta \\ 0 \\ 0 \end{Bmatrix}_n = \begin{bmatrix} h_{11} & h_{12} & h_{13} & h_{14} \\ h_{21} & h_{22} & h_{23} & h_{24} \\ h_{31} & h_{32} & h_{33} & h_{34} \\ h_{41} & h_{42} & h_{43} & h_{44} \end{bmatrix} \begin{Bmatrix} y \\ \theta \\ 0 \\ 0 \end{Bmatrix}_1 \tag{5-19}$$

展开式(5-19)可得

$$y_n = h_{11} y_1 + h_{12} \theta_1 \tag{5-20a}$$
$$\theta_n = h_{21} y_1 + h_{22} \theta_1 \tag{5-20b}$$
$$0 = h_{31} y_1 + h_{32} \theta_1 \tag{5-20c}$$
$$0 = h_{41} y_1 + h_{42} \theta_1 \tag{5-20d}$$

当系统振动时,y_1 和 θ_1 不可能全为零,因此,式(5-20c)、式(5-20d)为齐次方程,它们的系数行列式等于零,即

$$f(\omega) = \begin{vmatrix} h_{31} & h_{32} \\ h_{41} & h_{42} \end{vmatrix} = 0 \tag{5-21}$$

传递矩阵元素中,除包含元件的特性参数 m,k,c,E,I 等外,还包含频率 ω。式(5-21)为系统的频率方程。

当系统的边界条件不同时,频率方程的构成元素也不相同,见表 5-1 所列。

表 5-1 边界条件与频率方程

轴端状态	边界条件	频率方程
两端自由	$M_1 = Q_1 = 0$ $M_n = Q_n = 0$	$f(\omega) = \begin{vmatrix} h_{31} & h_{32} \\ h_{41} & h_{42} \end{vmatrix} = 0$
两端铰支	$y_1 = M_1 = 0$ $y_n = M_n = 0$	$f(\omega) = \begin{vmatrix} h_{12} & h_{14} \\ h_{32} & h_{34} \end{vmatrix} = 0$
1 端铰支、n 端自由	$y_1 = M_1 = 0$ $M_n = Q_n = 0$	$f(\omega) = \begin{vmatrix} h_{32} & h_{34} \\ h_{42} & h_{44} \end{vmatrix} = 0$
1 端固定、n 端自由	$y_1 = \theta_1 = 0$ $M_n = Q_n = 0$	$f(\omega) = \begin{vmatrix} h_{33} & h_{34} \\ h_{43} & h_{44} \end{vmatrix} = 0$

由频率方程求得系统各阶固有频率后,依次把固有频率 $\omega_r (r = 1, 2, \cdots, n)$ 回代到状态传递方程式(5-20c)、式(5-20d)中,即可求得状态矢量 $\{Z\}_1$:

$$\{Z\}_1 = \begin{Bmatrix} y_1 \\ \theta_1 \\ 0 \\ 0 \end{Bmatrix}$$

由于主振型表示各点振动幅值的相对值，为使计算简便，可设 $y_1=1$，于是得

$$\theta_1 = -\frac{h_{31}}{h_{32}} = -\frac{h_{41}}{h_{42}}$$

所以 1 端的状态矢量为

$$\{Z\}_1 = \left\{\begin{array}{c} 1 \\ -\dfrac{h_{31}}{h_{32}} \\ 0 \\ 0 \end{array}\right\} = \left\{\begin{array}{c} 1 \\ -\dfrac{h_{41}}{h_{42}} \\ 0 \\ 0 \end{array}\right\}$$

然后用传递矩阵方程，可依次求出轴上其他自由度的状态矢量：

$$\{Z\}_{r+1} = [H]_r \{Z\}_1, \quad r=1, 2, \cdots, (n-1) \tag{5-22}$$

式中：$[H]_r$ 为编号 r 至 1 单元间各元件传递矩阵的连乘积。

用某个固有频率 ω_r 进行上述计算，并取出各点状态矢量中的 $y_1, y_2, \cdots, y_n$ 和 $\theta_1, \theta_2, \cdots, \theta_n$，就得到了系统按该阶固有频率振动时的线位移振动主振型 $\{A\}_{yr}$ 和角位移振动主振型 $\{A\}_{\theta r}$：

$$\{A\}_{yr} = \left\{\begin{array}{c} y_1 \\ y_2 \\ \vdots \\ y_n \end{array}\right\}_r, \quad \{A\}_{\theta r} = \left\{\begin{array}{c} \theta_1 \\ \theta_2 \\ \vdots \\ \theta_n \end{array}\right\}_r$$

对应各阶固有频率，可得到系统振动的位移和转角主振型矩阵为

$$\begin{aligned} [A]_y &= [\{A\}_{y1} \quad \{A\}_{y2} \quad \cdots \quad \{A\}_{yn}] \\ [A]_\theta &= [\{A\}_{\theta 1} \quad \{A\}_{\theta 2} \quad \cdots \quad \{A\}_{\theta n}] \end{aligned} \tag{5-23}$$

当系统的自由度较少时，可直接求解频率方程，得到系统的各阶固有频率。

5.3 模态分析设计方法

在林业机械等工程设计开发中，首先要考虑满足节省资源、保护环境等社会要求，同时要提高产品对经常变化的恶劣动态环境的适应性、产品寿命和舒适性等方面的要求。因此，在产品的设计阶段，就特别需要利用模态分析技术，对机械在实际工作状态下的振动响应和应力分布的结构情况进行分析预测，因此当今农林机械产品在进行开发时，无论是在产品的结构改进阶段还是在结构设计优化阶段，都广泛采用试验模态分析法进行，如树木移栽机铲刀模态分析、木工圆锯片模态分析、玉米根茬收集装置有限元模态分析、植物保护喷雾机喷杆有限元模态分析等。

5.3.1 模态分析概述

模态分析是研究结构动力特性的一种方法[7]。模态是机械结构的固有振动特性，每一个模态具有特定的固有频率、阻尼比和模态振型。这些模态参数可以由计算或试验分析取得，这样一个计算或试验分析过程称为模态分析。这个分析过程如果是由有限元计算的方法取得的，则称为计算模态分析；如果通过试验将采集的系统输入与输

出信号，经过参数识别获得模态参数，称为试验模态分析。通常，模态分析是指试验模态分析。

各种机械产品的实际振动是瞬息变化的，模态分析提供了研究各种实际结构振动的有效途径[8]。首先，将结构物在静止状态下进行人为激振，通过测量激振力与振动响应，然后进行双通道快速傅里叶变换（FFT）分析，就可得到任意两点之间的机械导纳函数（传递函数）。用模态分析理论，通过对试验导纳函数的曲线拟合，识别出结构物的模态参数，从而建立起结构物的模态模型。根据模态叠加原理，在已知各种载荷时间历程的情况下，就可以预测结构物的实际振动的响应历程或响应谱。

由于计算机技术、FFT 分析仪、高速数据采集系统以及振动传感器、激励器等技术的发展，试验模态分析受到机械、电力、建筑、水利、航空、航天等领域的高度重视，并有多种档次、各种原理的模态分析硬件与软件。在各种各样的模态分析方法中，大致可分为 4 个基本过程：

①**数据采集和函数分析**　动态数据的采集及频响函数或脉冲响应函数分析。

②**建立结构数学模型**　根据已知条件，建立一种描述结构状态及特性的模型，作为计算及识别参数依据。一般假定系统为线性的，由于采用的识别方法不同，也分为频域建模和时域建模；根据阻尼特性及频率耦合程度分为实模态或复模态模型等。

③**参数识别**　按识别域的不同可分为频域法、时域法和混合域法。混合域法是指在时域识别复特征值，再回到频域中识别振型，激励方式不同，相应的参数识别方法也不尽相同。并非越复杂的方法识别的结果越可靠。对于能够进行的大多数不是十分复杂的结构，只要取得了可靠的频响数据，即使用较简单的识别方法也可能获得良好的模态参数；反之，即使用最复杂的数学模型、最高级的拟合方法，如果频响测量数据不可靠，则识别的结果一定不会理想。

④**振型动画**　参数识别的结果得到结构的模态参数模型，即一组固有频率、模态阻尼以及相应各阶模态的振型。由于结构复杂，由许多自由度组成的振型也相当复杂，必须采用动画的方法，将放大的振型叠加到原始的几何形状上。

以上 4 个步骤是模态试验及分析的主要过程。而支持这个过程的除了激振拾振装置、双通道 FFT 分析仪、台式或便携式计算机等硬件外，还要有一个完善的模态分析软件包。通用的模态分析软件包必须适合各种结构物的几何特征，设置多种坐标系，划分多个子结构，具有多种拟合方法，并能将结构的模态振动在屏幕上三维实时动画显示。

5.3.2　试验模态分析法

建立一个与实际结构动力特性完全符合的数学模型是很困难的。由于实际工程问题极其复杂，结构系统往往由众多零部件装配而成，存在着各种结合面，如螺栓连接和滑动面连接，其边界条件及刚度和阻尼特性在计算时往往难以预先确定，以致建立的模型与实际状态差异甚大，故发展了试验建模方法。这一方法在结构上或模型上选择有限个试验点，在一点或多点进行激励，在所有试验点测量输出响应，得到由全部试验点组成的试验结构的传递函数（频率响应函数），经测量数据的分析和处理，得到结构的模型参数，建成代表结构动态特性的离散的数学模型。这种模型能较准确地描述实际系统,分析结果也较可靠。试验模态分析涉及众多的学科知识,如振动理论、测试技术、信号采集与处理以及特定机械结构的动力学知识等。

5.3.2.1 机械阻抗和频响函数

任何线性振动系统在确定的激励(输入)作用下,就有确定的振动响应(输出)。这种关系可用机械阻抗的概念来描述。如图5-5所示,一个稳定的、定常的线性系统,在简谐力$f(t)$的作用下,其稳态响应$x(t)$必定也是同频率的简谐振动。若$f(t) = F_0\sin(\omega t + \alpha_1)$,$x(t) = X_0\sin(\omega t + \alpha_2)$,则幅值比$F_0/X_0$和相位差$(\alpha_1 - \alpha_2)$就确定了系统的动态特性,称为机械阻抗。

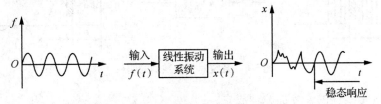

图5-5 线性振动系统在简谐力作用下的响应

机械阻抗等于简谐激振力与稳态响应的复数比,可以Z表示为

$$Z = \frac{f(t)}{x(t)} = \frac{F_0 e^{i(\omega t + \alpha_1)}}{X_0 e^{i(\omega t + \alpha_2)}} = \frac{F_0}{X_0} e^{i(\alpha_1 - \alpha_2)} \tag{5-24}$$

这里简谐函数用指数函数表示,其中幅值绝对值和相角分别为

$$|Z| = \frac{F_0}{X_0}, \quad \angle Z = \alpha_1 - \alpha_2$$

式中:$|Z|$为幅值绝对值;$\angle Z$为相角。

机械阻抗的倒数称为传递函数,即

$$H = \frac{x(t)}{f(t)} = \frac{X_0}{F_0} e^{i(\alpha_2 - \alpha_1)} \tag{5-25}$$

$$|H| = \frac{X_0}{F_0}, \quad \angle H = \alpha_2 - \alpha_1$$

式中:$|H|$为幅值绝对值;$\angle H$为相角。

若输入的激励为时间t的非周期函数,可对时间域的激励和响应分别进行拉普拉斯变换,称为广义机械阻抗:

$$Z(s) = \frac{\mathscr{L}[f(t)]}{\mathscr{L}[x(t)]} = \frac{F(s)}{X(s)} \tag{5-26}$$

其倒数为广义导纳(传递函数)

$$H(s) = \frac{X(s)}{F(s)} \tag{5-27}$$

当$s = i\omega$时,便成为傅立叶变换

$$Z(i\omega) = \frac{\mathscr{L}[f(t)]}{\mathscr{L}[x(t)]} = \frac{F(i\omega)}{X(i\omega)} \tag{5-28}$$

$$H(i\omega) = \frac{X(i\omega)}{F(i\omega)} \tag{5-29}$$

式(5-29)称为频率响应函数，为表示方便，$H(\mathrm{i}\omega)$可写成$H(\omega)$。

线性振动系统在单位脉冲力的作用下产生的瞬时响应$h(t)$称为系统的单位脉冲响应或权函数。如图5-6所示，在一般激励$f(\tau)$的作用下，系统的响应可看作一系列作用在时间间隔$\Delta\tau$内的冲量$I=f(\tau)\Delta\tau$的脉冲荷载叠加。由于$f(\tau)\Delta\tau$的作用，在时刻t ($t>\tau$)引起的响应为

$$\Delta x(t) = f(\tau)\Delta\tau h(t-\tau)$$

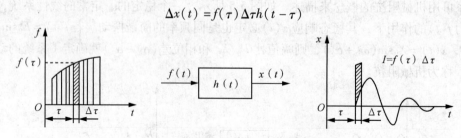

图5-6 系统对任意激励的响应

因为系统是线性的，叠加原理成立，即

$$x(t) = \sum f(\tau)\Delta\tau h(t-\tau)$$

当$\Delta\tau \to 0$时，脉冲载荷系列变为一般激振力，于是有

$$x(t) = \int_0^t f(\tau)h(t-\tau)\mathrm{d}\tau$$

令$\tau' = t - \tau$，则上式可改写为

$$x(t) = \int_0^t f(t-\tau')h(\tau')\mathrm{d}\tau'$$

或写成

$$x(t) = h(t)f(t) \tag{5-30}$$

当$f(t) = \delta(t)$时，式(5-30)中的响应$x(t)$就是该系统的权函数$h(t)$，因此相对于式(5-27)，有

$$H(s) = \frac{\mathscr{L}[h(t)]}{\mathscr{L}[\delta(t)]} = \mathscr{L}[h(t)]$$

则有

$$h(t) = \mathscr{L}^{-1}[H(s)]$$

系统的权函数、机械阻抗和广义机械阻抗(频率响应函数)在数学上是等价的，可相互转化，3种函数分别在时间域、频率域和拉普拉斯域描述了3种不同形式的输入、输出关系，它们所包含的系统有关信息如m, k, c亦相同。因此可根据具体情况，为试验模态分析提供各种可能的试验方法。

5.3.2.2 模态参数的频域识别法

实际上，用频率响应函数描述振动系统的特性较为广泛，为了直观和试验模态分析建模的方便，常用图示法表示频率响应函数。现以单自由度振动系统为例加以说明，单自由度系统的运动方程可写成

$$m\ddot{x}(t) + c\dot{x}(t) + kx(t) = f(t) \tag{5-31}$$

经拉普拉斯变换后为

$$(ms^2 + cs + k)X(s) = F(s)$$

传递函数为

$$H(s) = \frac{X(s)}{F(s)} = \frac{1}{ms^2 + cs + k} \tag{5-32}$$

用 $s = i\omega$ 代入式(5-32)，得到频响函数为

$$H(\omega) = \frac{1}{-\omega^2 m + i\omega c + k} \tag{5-33}$$

图示方法有 3 种形式。

(1) 直接读图法

将频响函数直接用其幅值和相位来表示。

由式(5-33)重新写出其绝对值

$$|H(\omega)| = \frac{1}{k} \frac{1}{\sqrt{1 - \left(\frac{\omega}{\omega_n}\right)^2 + \left(\frac{2\zeta\omega}{\omega_n}\right)^2}} \tag{5-34}$$

式中：$\zeta = \dfrac{c}{2\sqrt{mk}}$ 为阻尼比；$\omega_n^2 = \dfrac{k}{m}$。

当 $\omega = \omega_n\sqrt{1-2\zeta^2}$ 时，有最大幅值

$$|H(\omega)|_{\max} = \frac{1}{2k\zeta\sqrt{1-\zeta^2}} \tag{5-35}$$

相角表达式为

$$\alpha(\omega) = \angle H(\omega) = \arctan\frac{\omega c}{-\omega^2 m + k} = \arctan\frac{2\zeta\omega\omega_n}{\omega_n^2 - \omega^2} \tag{5-36}$$

幅频和相频特性曲线合成一组，如图 5-7 所示。

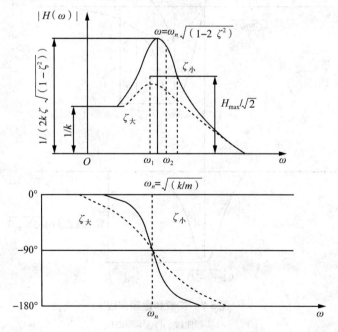

图 5-7　单自由度幅频和相频特性曲线

当频率等于 0 时，振幅为 $\frac{1}{k}$；在固有频率附近，振幅为最大；当频率远大于固有频率时，按 $\frac{1}{-m\omega^2}$ 比值减小。

（2）实频和虚频曲线

在稳态振动中，可将频率响应函数转化为频率响应函数的实部和虚部。由式(5-33)得频率响应函数的实部和虚部分别为

$$Re[H(\omega)] = \frac{-m\omega^2 + k}{(-m\omega^2 + k)^2 + (\omega c)^2} = \frac{1}{m}\frac{\omega_n^2 - \omega^2}{(\omega_n^2 - \omega^2)^2 + 4\zeta^2\omega_n^2\omega^2}$$
$$= \frac{1}{k}\frac{\omega_n^2(\omega_n^2 - \omega^2)}{(\omega_n^2 - \omega^2)^2 + 4\zeta^2\omega_n^2\omega^2} \tag{5-37}$$

$$Im[H(\omega)] = \frac{-\omega c}{(-m\omega^2 + k)^2 + (\omega c)^2} = \frac{1}{m}\frac{-2\zeta\omega_n\omega}{(\omega_n^2 - \omega^2)^2 + 4\zeta^2\omega_n^2\omega^2}$$
$$= \frac{1}{k}\frac{-2\zeta\omega_n^2\omega}{(\omega_n^2 - \omega^2)^2 + 4\zeta^2\omega_n^2\omega^2} \tag{5-38}$$

图 5-8 所示为实频和虚频曲线，图中标出了曲线的极值频率及其相应的实部和虚部幅值。在实部图上，当频率为 0 时，实部具有 $\frac{1}{k}$ 的值；在固有频率略前处，有极大值；

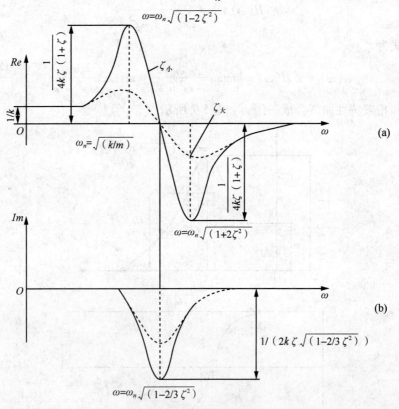

图 5-8 实频和虚频曲线
(a)实频曲线　(b)虚频曲线

在固有频率处,实部为 0;在固有频率略后处,有极小值;当频率再增大时,以 $\dfrac{1}{-m\omega^2}$ 的形式趋于 0。

至于虚部,由 0 开始,在 $\omega = \omega_n \sqrt{1 - \dfrac{2}{3}\zeta^2}$ 时,有最大值 $\dfrac{1}{2k\zeta\sqrt{1-\dfrac{2}{3}\zeta^2}}$,因此当阻尼比 ζ 很小时,其幅值为 $\dfrac{1}{2k\zeta}$。

(3) 奈奎斯特图

把图 5-7 的幅频和相频曲线或图 5-8 的实频和虚频曲线合起来,在复平面上用类似于图 5-9(a) 的幅相频率曲线表示,即奈奎斯特(Nyquist)图或矢量图。此时,以横轴为实部,纵轴为虚部,可绘出随频率变化的曲线。在频率为 0 时,从实轴 $\dfrac{1}{k}$ 处开始,随频率增大画出右旋轨迹,并在 $\omega = \omega_n \sqrt{1-2\zeta^2}$ 处,实部有极大值 $Re_{\max} = \dfrac{1}{4k\zeta(1-\zeta)}$,$Im = \dfrac{\sqrt{1-2\zeta}}{4k\zeta(1-\zeta)}$;接着在 $\omega = \omega_n \sqrt{1-\dfrac{2}{3}\zeta^2}$ 处,虚部最大,$Re = \dfrac{1}{k}\dfrac{3}{18-10\zeta^2}$,$Im_{\max} = \dfrac{1}{2k\zeta}\dfrac{1}{\sqrt{1-\dfrac{2}{3}\zeta^2}}$;在 ω_n 处,与虚轴相交;再在 $\omega = \omega_n \sqrt{1+2\zeta^2}$ 处,实部为极小值 $Re_{\min} = \dfrac{1}{4k\zeta(1+\zeta)}$,$Im = \dfrac{\sqrt{1+2\zeta}}{4k\zeta(1+\zeta)}$;当频率增大时,则收敛到原点。

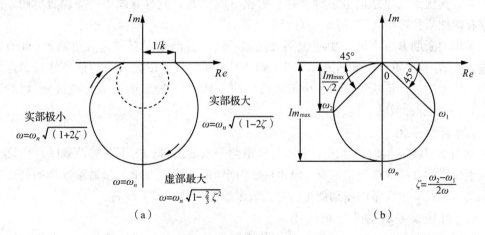

图 5-9 奈奎斯特图
(a) 奈奎斯特图 (b) 固定 ζ 的奈奎斯特图

对应于一个阻尼比 ζ,就有一条形状近似为圆的曲线,ζ 越小,曲线越接近于圆。

如图 5-9(b) 所示,当固有频率在虚轴上时,则虚轴为最大值,若利用图中的符号,则阻尼比的近似值为

$$\zeta = \dfrac{\omega_2 - \omega_1}{2\omega_n} \tag{5-39}$$

上面所介绍的是已知单自由度系统的质量 m、刚度 k 和阻尼 c，求系统的频率响应函数 $H(\omega)$，自然可以想到，当用试验的方法测量出如图5-7、图5-8、图5-9所示的曲线后，便可得到系统如式(5-34)、式(5-37)和式(5-38)所表达的数学模型。

5.3.2.3 动态数据的采集

试验模态的测量原理[9]如图5-10所示。

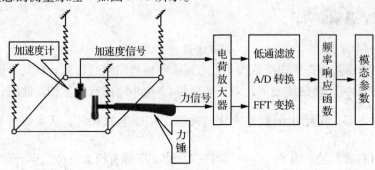

图 5-10　试验模态的测量原理

(1) 激励方法

试验模态分析是人为地对结构物施加一定动态激励，采集各点的振动响应信号及激振力信号，根据力及响应信号，用各种参数识别方法获取模态参数。

激励方法可以是力锤，它的优点是设置简单，不会影响试件动态特性，但能量集中在短时间内，容易引起过载和非线性问题，数据一致性不易保证。另外还可以使用激振器，其优点是激励信号多种多样，数据一致性好，但也有缺点，即设置麻烦，并且存在附加质量影响问题（特别是对轻型试件）。

采用的激励方法不同，相应识别方法也不同。目前主要有单输入单输出(SISO)、单输入多输出(SIMO)、多输入多输出(MIMO)3种方法。按输入力的信号特征，还可分为正弦慢扫描、正弦快扫描、稳态随机（包括白噪声、宽带噪声或伪随机）、瞬态激励（包括随机脉冲激励）等。

(2) 数据采集

SISO方法要求同时高速采集输入与输出两个点的信号，用不断移动激励点位置或响应点位置的办法取得振型数据。SIMO及MIMO的方法则要求大量通道数据的高速并行采集，因此要求大量的振动测量传感器或激振器，试验成本较高。

(3) 时域或频域信号处理

时域或频域信号处理包括谱分析、传递函数估计、脉冲响应测量以及滤波、相关分析等。

5.3.2.4 传递函数测量的模态分析

模态分析是机械和结构动力学中一种极为重要的分析方法。模态分析的基本思想是将描述机械、结构动态性能的矩阵方程解耦，从而使 N 自由度的动力学特性可以用单自由度系统来表示。模态分析的核心内容是确定用以描述结构系统动态特性的固有频率、阻尼比和振型等模态参数。

试验模态分析基于系统响应和激振力的动态测试，由系统输入（激振力）和输出（响应）数据，经信号处理和参数识别确定系统的模态参数。

机械结构上各点对外力的响应都可表示为由固有频率、振动模态等模态参数组成的各阶振动模态的叠加，所以求出系统的各阶模态参数，其数学模型就确定了。

显然，单自由度系统只有一个固有频率，不存在所谓振动模态的概念。而实际的机械结构具有多个固有频率，其振动情况比较复杂，因此在这种情况下，需要研究多自由度系统。

考虑比例阻尼的情况，多自由度振动的动力学方程为

$$[m]\{\ddot{x}\} + [c]\{\dot{x}\} + [k]\{x\} = \{f\} \tag{5-40}$$

式中：$[c] = \alpha[m] + \beta[k]$，$\alpha$，$\beta$ 为比例常数，此种形式的阻尼称为比例阻尼或称为瑞利阻尼。

通过对式(5-40)的解耦，可以得到外力与位移的关系式为

$$\{X\} = \sum_{r=1}^{n} \frac{\{\Psi\}_r \{\Psi\}_r^T \{F\}}{k_r\left[1 - \left(\frac{\omega}{\omega_r}\right)^2 + \mathrm{i}2\zeta_r\left(\frac{\omega}{\omega_r}\right)\right]} \tag{5-41}$$

式中：$\omega_r^2 = \frac{k_r}{m_r}$ 为第 r 阶模态频率，m_r 为第 r 阶模态质量；k_r 为第 r 阶模态刚度；$\{\Psi\}_r$ 为第 r 阶模态振型；$\zeta_r = \frac{c_r}{2m_r\omega_r}$ 为第 r 阶模态阻尼比。

X 是对应于机械结构上的物理点的物理坐标，即结构上各点的振动 X 可表示为各振动模态 m_r，k_r，ω_r，ζ_r 和 $\{\Psi\}_r$ 的组合，这就是模态叠加原理，这些参数称为模态参数。

把式(5-41)改写为 p 点激励、l 点测量响应的传递函数形式，就可以得到多自由度振动的频率响应函数：

$$H_{lp}(\omega) = \frac{X_l}{F_p} = \sum_{r=1}^{n} \frac{\Psi_{pr}\Psi_{lr}}{k_r\left[1 - \left(\frac{\omega}{\omega_r}\right)^2 + \mathrm{i}2\zeta_r\left(\frac{\omega}{\omega_r}\right)\right]} \tag{5-42}$$

若外力 $\{F\} = (F_1, F_2, \cdots, F_n)^T$ 激励，则对每一个 X_i（$i = 1, 2, \cdots, n$）有 $X_i = H_{ij}(\omega)F_j$，根据线性叠加原理，在 n 个外力作用下 i 点的响应[简记 $H_{ij}(\omega) = H_{ij}$]为

$$X_i = H_{i1}F_1 + H_{i2}F_2 + \cdots + H_{in}F_n = (H_{i1} \quad H_{i2} \quad \cdots \quad H_{in})\begin{Bmatrix} F_1 \\ F_2 \\ \vdots \\ F_n \end{Bmatrix} \tag{5-43}$$

于是

$$\{X\} = \begin{Bmatrix} X_1 \\ X_2 \\ \vdots \\ X_n \end{Bmatrix} = \begin{bmatrix} H_{11} & H_{12} & \cdots & H_{1n} \\ H_{21} & H_{22} & \cdots & H_{2n} \\ \vdots & \vdots & & \vdots \\ H_{n1} & H_{n2} & \cdots & H_{nn} \end{bmatrix} \begin{Bmatrix} F_1 \\ F_2 \\ \vdots \\ F_n \end{Bmatrix} \tag{5-44}$$

$$= [H]\{F\}$$

$[H]$ 为传递函数矩阵，是一对称矩阵，即 $H_{ij}=H_{ji}$。对比式(5-41)和(5-44)有

$$[H] = \sum_{r=1}^{n} \frac{\{\Psi\}_r \{\Psi\}_r^T}{k_r\left\{1-\left(\frac{\omega}{\omega_r}\right)^2+\mathrm{i}2\zeta\left(\frac{\omega}{\omega_r}\right)\right\}}$$

$$= \sum_{r=1}^{n} \frac{1}{k_r\left\{1-\left(\frac{\omega}{\omega_r}\right)^2+\mathrm{i}2\zeta\left(\frac{\omega}{\omega_r}\right)\right\}} \begin{bmatrix} \Psi_{1r} \\ \Psi_{2r} \\ \vdots \\ \Psi_{nr} \end{bmatrix} (\Psi_{1r} \quad \Psi_{2r} \quad \cdots \quad \Psi_{nr}) \quad (5\text{-}45)$$

$$= \sum_{r=1}^{n} \frac{1}{k_r\left\{1-\left(\frac{\omega}{\omega_r}\right)^2+\mathrm{i}2\zeta\left(\frac{\omega}{\omega_r}\right)\right\}} \times \begin{bmatrix} \Psi_{1r}\Psi_{1r} & \Psi_{1r}\Psi_{2r} & \cdots & \Psi_{1r}\Psi_{nr} \\ \Psi_{2r}\Psi_{1r} & \Psi_{2r}\Psi_{2r} & \cdots & \Psi_{2r}\Psi_{nr} \\ \vdots & \vdots & & \vdots \\ \Psi_{nr}\Psi_{1r} & \Psi_{nr}\Psi_{2r} & \cdots & \Psi_{nr}\Psi_{nr} \end{bmatrix}$$

式(5-45)清楚地表示出传递函数矩阵和各模态参数之间的关系。从中观察传递函数矩阵中任一列或任一行，均包含了相同的各阶模态参数。任一行传递函数的表达式为

$$(H_{i1} \quad H_{i2} \quad \cdots \quad H_{in}) = \sum_{r=1}^{n} \frac{\Psi_{ir}}{k_r\left\{1-\left(\frac{\omega}{\omega_r}\right)^2+\mathrm{i}2\zeta\left(\frac{\omega}{\omega_r}\right)\right\}} \times (\Psi_{1r} \quad \Psi_{2r} \quad \cdots \quad \Psi_{nr}) \quad (5\text{-}46)$$

由上式可见，用任一行(或任一列)传递函数均能得到全部模态参数信息。对于任一行传递函数，可在各个点激励，并在任一点测量其响应来得到；而对于任一列传递函数，可在任一点激励，分别在各点测量其响应。这就给试验带来极大方便，根据实际情况，测取任一行(或任一列)传递函数，便可求解出所需的全部模态参数。

5.3.2.5 实模态和复模态的参数识别

实模态假定结构的阻尼为零，或假定阻尼矩阵比例于质量矩阵或刚度矩阵。复模态指阻尼较大且不与质量或刚度矩阵成比例，或模态密集。在工程中选用实模态有一定的精度。

(1) 曲线拟合

用传递函数矩阵$[H]$的理论表达式去拟合试验得到的$[H]$，可以针对某单个测量进行拟合，识别其频率、阻尼等参数，也可针对全部参数进行整体拟合，后者拟合效果较好。

(2) 参数识别

直接读数法是利用图5-9，振幅最大时固有频率为ω_n，用最大振幅H_{max}的$1/\sqrt{2}$倍作频率坐标轴的平行线，令其与幅频曲线的交点为ω_1和ω_2，则由式(5-39)和式(5-35)求出ζ和k，再由ω_n和k求出m。在幅频特性曲线上，共振峰值变化比较平缓，难以精确地确定ω_n，故求出的模态参数精度较差。

5.3.2.6 传递函数的图形

基于试验的模态分析，在激振机械的同时，并测量结构响应，从而求得的随频率

而变化的传递函数。因此，在频率坐标轴上图示传递函数的数据，是进行模态分析的第一步，而且是最重要的一步。

因此这里介绍多自由度系统的机械振动分析和传递函数的性质，并研究传递函数的图形是怎样变化的。

首先，作为简单例子，对图 5-11 所示的悬臂梁进行模态分析。考察梁上的 3 个测点，假定测出图示的三阶振动模态，固定响应点 1，移动激振点至 1，2，3 处，或者把激振点固定在 1 处，将响应点移到 1，2，3 处，从而测出 3 个传递函数。

现在将这些传递函数按实部、虚部的形式绘图，则如图 5-11(a) 所示。这里假定阻尼很小，当实部为零或虚部为最大值时，可求出固有频率 ω_1，ω_2，ω_3；此外由固有频率附近的 ω_a，ω_b 值[图 5-11(b)]确定阻尼比，这可由 3 个传递函数中的 1 个求得。

其次，为了求振动模态，由基准点（此时为 1 点）的传递函数的实部极大值和极小值的幅度或者由虚部的最大值求得模态刚度，同时求得模态质量。对于其他各点测得的传递函数，根据所算得的结果，同样可求得振动模态。

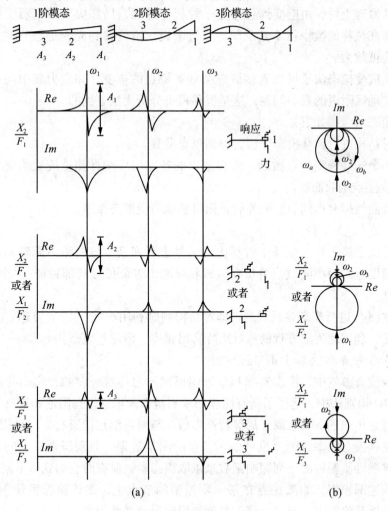

图 5-11 悬臂梁的传递函数
(a) 实部和虚部 (b) Nyquist 图

比较图 5-11(a)和(b)可知，相对于基准点具有反相位点的传递函数，在固有频率附近，实部由极小值到极大值，而虚部则上下峰值相反。此外在 Nyquist 图上，将绘出虚轴上半部分的轨迹。

5.3.2.7 试验模态分析新进展[10]

(1) 应变模态法

在复杂结构的动态设计中，分析结构在动荷载下的应力状态是进行强度设计和疲劳寿命估计的关键内容，虽然应力不能直接测量，但是用测量所得到的应变量经换算后可以容易求得。但是由加速度、速度或位移不可能得到准确的应变。

应变模态分析方法将直接通过应变来建立荷载—应变频响函数，求取与位移模态相对应的应变模态及有关模态参数，从而得到直接进行应变响应计算的"应变模态振型"。

应变模态法可免去由位移得到应变计算过程中所带来的误差，而这种误差往往很难限制。从原理上说，由应变到位移是一种积分过程，局部应变的剧烈变化往往因积分的效果而在位移函数中得不到反映；反过来说，由位移到应变是微分的过程，位移的误差将会被放大。

另外，应变模态法还可以直接研究某些关键点的应变，如应力集中问题，局部结构变动对变动区附近的影响问题，这是位移模态分析无法办到的。

应变模态法步骤如下：

① 先对结构进行位移模态分析，得到模态参数。

② 在一个选好确定的点激励，而在结构的各点用应变计测量应变响应，得到的一列 N 条应变频响函数曲线。

③ 通过曲线拟合得到留数列阵后，则可求取应变模态振型。

(2) 小波(包)分析

由于傅氏变换平均地在整个时程内对信号进行变换，该简略不简略，该细致不细致，结果精度差。而小波(包)分析在时域和频域中表征信号局部特征，"全貌与细节"都能照顾到。

用小波(包)进行模态参数识别，即对结构响应利用小波(包)变换建立测点间离散化运动方程，利用此离散方程的系数矩阵解出频率、阻尼与模态。

(3) 多参考点方法和 PolyMax 方法

在频域模态参数中，模态频率和模态阻尼属于总体特征参数，它们与测点位置无关。在 SIMO 识别法中，运用了所有测点的频响函数来识别模态阻尼和模态频率，可以认为是一种总体识别。留数属于局部特性参数，与所在测点位置有关。运用 SIMO 法识别模态阻尼和模态频率原则上也可以用各点的测量数据，分别识别各点的留数值。但是根据单点激励所测得的一列频响函数来求取模态参数时有时会遇到以下问题：

① 可能遗漏模态。如激振点在某一阶振型的节点上，则该阶振型便不能被激出；若激振点接近某阶振型的节点，该阶振型的识别误差必然很大。

② 单点激励无法识别重根。对于重根情况，其对应的模态一般是不相同的，这可能在不同列的频响函数的差别中反映出来。

③难以识别非常密集的模态。

频域多参考点模态参数辨识方法是同时利用 MIMO 的实测信号,在频响函数精确估计的基础上,根据频响函数与模态参数之间的关系,直接在频率域中辨识模态参数。由于同时利用了所有激励点及响应点的信息,不仅提高了辨识精度,而且所辨识出的各阶模态参数具有一致性,从而减少了在确定模态参数时的人为干预及判断。

PolyMax 是最小二乘复频域法(least-squares complex frequency-domain,LSCF)的变革,它应用测得的频响函数(frequency response functions,FRFs)作为最初基本数据。

PolyMAX 方法的特点如下:

①通过清晰的稳态图,大大简化了极点选择这一模态分析中公认为最难的一步,简便快捷选择极点只需要极少量的运算和整理。

②PolyMAX 产生的稳态图可以识别高度密集的模态,并且对每一个模态的频率、阻尼和振型都有极高的识别精度。

③创新的 PolyMAX 曲线拟合技术不仅可以更快速进行模态分析,并且对于那些其他的模态分析技术无法处理的问题也能得到可靠的解决。

(4) 参数识别的神经网络方法

已有的一些非线性系统的辨识方法往往需要有关系统的先验知识和各种假设,而且只针对一些特殊的非线性系统。对于一般的非线性系统难以建立能准确反映系统特性的数学模型,这给系统辨识带来很大困难。

神经网络辨识方法具有如下特点:

①神经网络辨识方法无需建立数学模型及辨识格式,甚至网络参数亦可以是未知的。

②辨识的收敛速度不依赖于待辨识系统的维数,只与网络结构及所采用的学习算法有关。

③神经网络作为实际系统的一种辨识模型是系统的一个物理实现,可用于在线控制。

④网络学习的目的是使所要求的输出误差函数达到最小,同时以网络形式反映隐含在输入—输出数据中的关系,这种关系是以网络算子的形式逼近实际系统的输入—输出特性。

(5) 环境激励下的模态测试

模态测试和分析已经在航空航天、汽车等几乎所有和结构动态分析有关的领域中广泛应用,但必须同时测得激励信号和响应数据以便求得频率响应函数,根据所得到的频率响应函数进行模态参数识别以建立模态模型。在工程应用中存在以下关键方面:

①对大型结构进行激励,费用极其昂贵。

②直接从这些结构在工作中的振动响应数据中识别的模态参数更加符合实际情况和边界条件。

③可利用实时响应数据和工作模态参数进行在线损伤监测并做出损伤程度预报。

④振动主动控制中传感器采样的信号应该在实际工作时获取,控制模型应该和系统工作时情况相符合,而利用工作中的振动响应数据中识别出的模态模型可以用于控制模型修正。

环境激励下的模态测试方法基本思想：两个响应点之间的互相关函数和脉冲响应函数有相似的表达式。求得两个响应点之间的互相关函数后，可以运用时域中的模态参数识别方法进行模态参数识别。

环境激励下模态测试和分析需要解决几个关键问题：

①如何得到质量归一化振型问题？
②提出的分析方法鲁棒性如何？如何改进或提出更好方法？
③环境激励的能量究竟有多大？
④如果在环境激励中存在周期性成分，该如何处理？
⑤计算互相关响应时参考响应点如何确定？

5.3.3 模态综合方法

对一个大型的复杂系统，由于试验和计算的方法、手段的限制，用前述办法只能进行一些定性的分析和比较。因而，在实际结构设计时仅能作一些粗略的、原则性的考虑，无法寻求出一个经济、合理并能满足预先给定要求的结构。随着科技的发展，对大型复杂系统动态分析的要求越来越高，因而对分析计算提出了一些新问题。

①因为有些大型复杂系统是由许多子系统装配而成的，而各个子系统又是在不同的部门和不同的时间设计、生产的，这样就给整个系统的计算分析和振动测试造成了很大的困难，故希望寻求一个在分别对各个子系统或部件进行动态分析的基础上，能够计算出整个结构系统的动态特性的方法。

②由于大型复杂系统是由若干个子系统组成的，这就要求能够计算出各个子系统在整个系统的动态特性中所占的比重。或者，如果当整个系统的动态特性不能满足预期的要求时，则应知道如何修改某一个子系统，并且使其只用较少的计算量就能修改整个系统的计算，这样才能为系统设计的方案论证阶段和最优化设计阶段提供方便。

③对一些大型复杂结构，需要分析其动态特性和外界激励的响应。如果用一个很精细的有限元模型来描述它，那将面临着一系列的问题：方程的阶数很高，超出了计算机的容量，使计算无法进行；或者即使计算机能够运算，但是计算所需的时间很长，费用昂贵，并延长了完成工程所需要的时间。这就提出了一个问题，即如何寻找一个分析精度高、计算时间短、计算费用低的计算方法。

自20世纪40年代以来，很多人都在致力于系统动态特性的子结构分析方法的研究，并提出了模态综合的构想。到了20世纪70年代，随着结构矩阵分析的发展以及模态坐标这一概念的提出和数字计算机的应用，使模态综合这一系统动态分析的子结构方法得到了进一步的发展和完善。

模态综合法的基本思想是：首先，按照工程观点和结构（系统）的几何特点将整体结构划分为若干个子结构；其次，建立子结构的运动方程，进行子结构的模态分析；再次，将子结构的运动方程变为模态方程，在模态坐标下将各个子结构进行模态综合，从而计算整体结构系统的模态；最后，再返回到原物理坐标，以再现整体结构的动态特性。它的主要特点是：第一，通过求解若干个小型的特征值问题来取代计算大型的特征值问题；第二，对于不同的子结构还可以采用不同的方法来进行分析，例如，有些子结构不宜采用计算的方法直接分析，则采用试验的方法测出它的动态特性。

根据子结构的不同划分原则、子结构界面参数的不同处理、模态坐标的不同选择以及进行综合的不同方法，模态综合可以分为很多种类型。目前应用比较多的是固定界面模态综合法和自由界面模态综合法[11]。

5.3.3.1 固定界面模态综合法

固定界面模态综合法首先是在 1960 年由 Hudy W. C. 提出来的，又称约束模态综合法。它是模态综合技术中最早发展的方法之一。由于它具有独持的可取之处，使其成为强有力的模态综合法之一。

(1) 划分子结构

为了便于说明问题，现在把一个结构系统简单地划分为 a，b 两个子结构，如图 5-12 所示。把 a，b 两个子结构相互连接的界面固定起来，这样就形成了两个完全独立的子结构系统。

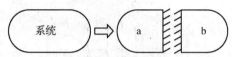

图 5-12　划分固定界面子结构

(2) 子结构的模态矩阵

子结构 a 和 b 的位移向量分别为

$$\{X_a\} = \begin{Bmatrix} X_a^B \\ X_a^I \end{Bmatrix}, \quad \{X_b\} = \begin{Bmatrix} X_b^B \\ X_b^I \end{Bmatrix} \tag{5-47}$$

式中：$\{X_a^B\}$ 和 $\{X_b^B\}$ 分别为 a，b 子结构界面的位移向量；$\{X_a^I\}$ 和 $\{X_b^I\}$ 分别为 a，b 子结构内部的位移向量。

两个子结构的特征方程分别为

$$[K_a]\{X_a\} = \omega_a^2[M_a]\{X_a\}, [K_b]\{X_b\} = \omega_b^2[M_b]\{X_b\}$$

式中：$[K_a]$ 和 $[K_b]$ 分别为子结构 a，b 的刚度矩阵；$[M_a]$ 和 $[M_b]$ 分别为子结构 a，b 的质量矩阵；ω_a 和 ω_b 分别为子结构 a，b 的固有频率。

通过子结构的特征方程可解出子结构的固有频率 ω_a，ω_b 和模态振型 $[\Phi_a^N]$ 和 $[\Phi_b^N]$。

子结构的约束模态振型 $[\Phi_a^C]$ 和 $[\Phi_b^C]$ 是子结构静变形的模态振型。它是把子结构的连接界面上被约束的某一个自由度给予一个单位位移，这时子结构的静变形就是一个约束模态向量。分别逐个地给各个被约束的界面自由度以单位位移，就可得到约束模态振型矩阵，它的列数与界面上被约束的自由度数相等。下面仅以子结构 a 为例说明约束模态振型的计算方法。根据约束模态的定义，它应满足静力方程

$$[K_a]\{\Phi_a^C\} = \{f_a^C\} \tag{5-48}$$

式中：$[f_a^C]$ 为产生约束模态；$[\Phi_a^C]$ 为在子结构上施加的外力。

式 (5-48) 可按在结构的界面自由度和内部自由度写成分块矩阵的形式

$$\begin{bmatrix} K_a^{BB} & K_a^{BI} \\ K_a^{IB} & K_a^{II} \end{bmatrix} \begin{Bmatrix} \Phi_a^{CB} \\ \Phi_a^{CI} \end{Bmatrix} = \begin{Bmatrix} f_a^{CB} \\ f_a^{CI} \end{Bmatrix} \tag{5-49}$$

式中：$[\Phi_a^{CB}]$ 为约束模态振型的界面分量；$[\Phi_a^{CI}]$ 为约束模态振型的内部分量；$[f_a^{CB}]$ 为外力的界面分量；$[f_a^{CI}]$ 为外力的内部分量。

根据约束模态振型的定义，可知

$$[\Phi^{CB}] = [I], \quad \{f_a^{CI}\} = \{0\}$$

代入式(5-49)中，可得

$$\begin{bmatrix} K_a^{BB} & K_a^{BI} \\ K_a^{IB} & K_a^{II} \end{bmatrix} \begin{Bmatrix} I \\ \Phi_a^{CI} \end{Bmatrix} = \begin{Bmatrix} f_a^{CB} \\ 0 \end{Bmatrix}$$

从上方程组的第二式可以导出

$$[K_a^{IB}] + [K_a^{II}]\{\Phi_a^{CI}\} = 0$$

所以

$$[K_a^{II}]\{\Phi_a^{CI}\} = -[K_a^{IB}]$$

可将其扩展为

$$\begin{bmatrix} I & 0 \\ 0 & K_a^{II} \end{bmatrix} \begin{Bmatrix} I \\ \vdots \\ \Phi_a^{CI} \end{Bmatrix} = \begin{Bmatrix} I \\ \vdots \\ -K_a^{IB} \end{Bmatrix}$$

即

$$[\bar{K}_a]\{\Phi_a^C\} = \{\bar{f}_a^C\} \tag{5-50}$$

式中：

$$[\bar{K}_a] = \begin{bmatrix} I & 0 \\ 0 & K_a^{II} \end{bmatrix}, \quad \{\Phi_a^C\} = \begin{Bmatrix} I \\ \vdots \\ \Phi_a^{\hat{C}I} \end{Bmatrix}, \quad \{\bar{f}_a^C\} = \begin{Bmatrix} I \\ \vdots \\ -K_a^{IB} \end{Bmatrix}$$

通过解方程式(5-50)，就可以计算出约束模态振型 $[\Phi_a^C]$（即 $[\Phi_b^C]$）。类似地可计算出子结构 b 的约束模态振型 $[\Phi_b^C]$。

把子结构的主模态振型矩阵分为高阶分量 $[\Phi_a^g]$，$[\Phi_b^g]$ 和低阶分量 $[\Phi_a^d]$，$[\Phi_b^d]$ 两部分，即

$$[\Phi_a^N] = [\Phi_a^d \quad \Phi_a^g], \quad [\Phi_b^N] = [\Phi_b^d \quad \Phi_b^g] \tag{5-51}$$

在系统中动态特性主要是由少数的一些低阶模态所决定的，只要应用这些低阶模态就可以相当精确地表达它的动态特性。因此，在主模态振型中可略去它的高阶分量，只保留其低阶分量，即令

$$[\Phi_a^N] = [\Phi_a^d], \quad [\Phi_b^N] = [\Phi_b^d] \tag{5-52}$$

把子结构的约束模态振型和主模态振型结合起来，就得到了结构的模态振型矩阵如下：

$$[\Phi_a] = [\Phi_a^C \quad \Phi_a^d], \quad [\Phi_b] = [\Phi_b^C \quad \Phi_b^d] \tag{5-53}$$

模态振型矩阵的行数等于子结构的自由度数，它的列数等于连接界面被约束的自由度数加被保留的主模态数。

(3) 子结构模态坐标变换

设用物理坐标表达的子结构运动方程为

$$[M_a]\{\ddot{X}_a\} + [C_a]\{\dot{X}_a\} + [K_a]\{X_a\} = \{f_a\}$$
$$[M_b]\{\ddot{X}_b\} + [C_b]\{\dot{X}_b\} + [K_b]\{X_b\} = \{f_b\}$$
(5-54)

式中：$[C_a]$ 和 $[C_b]$ 分别为子结构 a，b 的阻尼矩阵；$[f_a]$ 和 $[f_b]$ 分别为子结构 a，b 的外力向量。

利用模态坐标变换方法，可以得到模态坐标下的子结构运动方程为

$$[\bar{M}_a]\{\ddot{q}_a\} + [\bar{C}_a]\{\dot{q}_a\} + [\bar{K}_a]\{q_a\} = \{\bar{f}_a\}$$
$$[\bar{M}_b]\{\ddot{q}_b\} + [\bar{C}_b]\{\dot{q}_b\} + [\bar{K}_b]\{q_b\} = \{\bar{f}_b\}$$
(5-55)

式中：$[\bar{M}_a] = [\Phi_a]^T[M_a][\Phi_a]$，$[\bar{M}_b] = [\Phi_b]^T[M_b][\Phi_b]$，$[\bar{C}_a] = [\Phi_a]^T[C_a][\Phi_a]$，$[\bar{C}_b] = [\Phi_b]^T[C_b][\Phi_b]$，$[\bar{K}_a] = [\Phi_a]^T[K_a][\Phi_a]$，$[\bar{K}_b] = [\Phi_b]^T[K_b][\Phi_b]$，$\{\bar{f}_a\} = [\Phi_a]^T\{f_a\}$，$\{\bar{f}_b\} = [\Phi_b]^T\{f_b\}$

由于模态坐标变换的过程就是将子结构的物理坐标空间向其子空间投影的过程，这样就使原来维数较高的空间问题转换为维数较低的空间问题。经过这种变换，质量矩阵、阻尼矩阵、刚度矩阵分别变为模态坐标下的减缩质量矩阵、减缩阻尼矩阵和减缩刚度矩阵。

(4) 结构系统运动方程

子结构 a，b 的运动方程可以写成

$$\begin{bmatrix} \bar{M}_a & 0 \\ 0 & \bar{M}_b \end{bmatrix}\begin{Bmatrix} \ddot{q}_a \\ \ddot{q}_b \end{Bmatrix} + \begin{bmatrix} \bar{C}_a & 0 \\ 0 & \bar{C}_b \end{bmatrix}\begin{Bmatrix} \dot{q}_a \\ \dot{q}_b \end{Bmatrix} + \begin{bmatrix} \bar{K}_a & 0 \\ 0 & \bar{K}_b \end{bmatrix}\begin{Bmatrix} q_a \\ q_b \end{Bmatrix} = \begin{Bmatrix} \bar{f}_a \\ \bar{f}_b \end{Bmatrix}$$

或简写为

$$[\bar{M}]\{\ddot{q}\} + [\bar{C}]\{\dot{q}\} + [\bar{K}]\{q\} = \{\bar{f}\}$$
(5-56)

式中：

$$[\bar{M}] = \begin{bmatrix} \bar{M}_a & 0 \\ 0 & \bar{M}_b \end{bmatrix}, \quad [\bar{C}] = \begin{bmatrix} \bar{C}_a & 0 \\ 0 & \bar{C}_b \end{bmatrix}$$

$$[\bar{K}] = \begin{bmatrix} \bar{K}_a & 0 \\ 0 & \bar{K}_b \end{bmatrix}, \quad \{\bar{f}\} = \begin{Bmatrix} \bar{f}_a \\ \bar{f}_b \end{Bmatrix}, \quad \{q\} = \begin{Bmatrix} q_a \\ q_b \end{Bmatrix}$$

因为两个子结构连接界面的位移是互相有联系的，即它们应当满足位移的连续条件

$$\{X_a^B\} = \{X_b^B\}$$
(5-57)

为了找出模态坐标 $\{q_a\}$ 与 $\{q_b\}$ 之间的相容关系，先把 $\{\Phi_a\}$ 和 $\{\Phi_b\}$ 写成分块矩阵的形式，以子结构 a 为例，即得

$$\begin{Bmatrix} X_a^B \\ X_a^I \end{Bmatrix} = \begin{bmatrix} I & \Phi_a^{NB} \\ \Phi_a^{CI} & \Phi_a^{NI} \end{bmatrix}\begin{Bmatrix} q_a^B \\ q_b^I \end{Bmatrix}$$
(5-58)

由于主模态振型在界面上的分量等于零，即

$$[\Phi_a^{NB}] = [0]$$

所以可得

$$\{X_a^B\} = \{q_a^B\}$$

同理可得

因为
$$\{X_a^B\} = \{q_b^B\}$$

$$\{X_a^B\} = \{X_b^B\}$$

因此，界面位移连续条件又可写为
$$\{q_a^B\} = \{q_b^B\}$$

也就说明$\{q_a^B\}$和$\{q_b^B\}$是非独立的坐标。只有将模态坐标$\{q\}$中的这些非独立成分去掉，才能得到独立的模态坐标$\{\bar{q}\}$。$\{\bar{q}\}$与$\{q\}$的变换关系为

$$\{\bar{q}\} = [\beta]^T \{q\} \tag{5-59}$$

式中：

$$\{q\} = \begin{Bmatrix} q_a^B \\ q_a^I \\ q_b^B \\ q_b^I \end{Bmatrix}, \quad \{\bar{q}\} = \begin{Bmatrix} q_a^B \\ q_a^I \\ q_b^I \end{Bmatrix}, \quad [\beta] = \begin{bmatrix} I & 0 & 0 \\ 0 & I & 0 \\ 0 & 0 & 0 \\ 0 & 0 & I \end{bmatrix}$$

$$\{q^B\} = \{q_a^B\} = \{q_b^B\}$$

经过式(5-59)的变换，得到独立的模态坐标的$\{\bar{q}\}$。于是方程式(5-56)就可变换为结构系统的运动方程

$$[M]\{\ddot{\bar{q}}\} + [C]\{\dot{\bar{q}}\} + [K]\{\bar{q}\} = \{F\} \tag{5-60}$$

式中：$[M] = [\beta]^T[\bar{M}][\beta]$，$[C] = [\beta]^T[\bar{C}][\beta]$，$[K] = [\beta]^T[\bar{K}][\beta]$，$[F] = [\beta]^T\{f\}$

$[M]$，$[C]$，$[K]$是在独立的模态坐标下，结构系统的质量矩阵、阻尼矩阵和刚度矩阵。用式(5-60)可进行结构系统的动态分析。

如果要计算结构系统的固有频率和主模态，把式(5-60)中的阻尼矩阵和外力列阵忽略，就可得到

$$[M]\{\ddot{\bar{q}}\} + [K]\{\bar{q}\} = \{0\}$$

相应的特征方程为

$$[K]\{\bar{q}\} = \omega^2[M]\{\bar{q}\} \tag{5-61}$$

通过解方程式(5-61)，就可得到整个系统的固有频率ω和模态坐标向量$\{\bar{q}\}$。在此基础上再进行模态分析，就可以求得该系统的其他模态参数。

之后，参照式(5-59)，由$\{\bar{q}\}$可以求得$\{q\}$：

$$\{q\} = [\beta]\{\bar{q}\}$$

再参照式(5-58)，即可求出每个子结构在物理坐标下的振型。

5.3.3.2 自由界面的模态综合法

前面介绍了固定界面的模态综合法。可以看到，它的约束模态数等于连接界面的自由度数，这就限制了模态坐标数进一步减缩。因此，对于多子结构和多界面自由度的结构并不能充分缩减整体运动方程的阶数。另外，约束模态综合法很难与试验方法相结合。为了克服上述不足，人们提出了自由界面的模态综合法，它将整体结构人为地划分为几个子结构，连接界面完全释放为自由界面，这更符合当前动态测试要求，便于和试验方法、结合面参数测试等手段相结合，是解决大型复杂系统动态分析以及

优化设计的基础。

把一个结构系统分割为如图 5-13 所示的 a，b 两个子结构，并以这种简单的情况为例来进行说明。

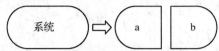

图 5-13 划分自由界面子结构

当把系统分割为两个子结构后，解除连接界面之间的全部连接约束，使界面上的自由度除了外界的约束以外，成为完全自由的。

子结构的位移向量分别为

$$\{X_a\} = \begin{Bmatrix} X_a^B \\ X_a^I \end{Bmatrix}, \quad \{X_b\} = \begin{Bmatrix} X_b^B \\ X_b^I \end{Bmatrix} \tag{5-62}$$

式中：$\{X_a^B\}$ 和 $\{X_b^B\}$ 分别为子结构 a，b 界面的位移向量；$\{X_a^I\}$ 和 $\{X_a^I\}$ 分别为子结构 a，b 内部的位移向量。

子结构的特征方程分别为

$$[K_a][X_a] = \omega_a^2 [M_a][X_a]$$
$$[K_b][X_b] = \omega_b^2 [M_b][X_b]$$

同固定界面的模态综合法一样，可以得到子结构的模态矩阵为

$$[\Phi_a] = [\Phi_a^{Nd}], \quad [\Phi_b] = [\Phi_b^{Nd}]$$

子结构的运动方程为

$$\left.\begin{array}{l} [M_a]\{\ddot{X}_a\} + [C_a]\{\dot{X}_a\} + [K_a]\{X_a\} = \{f_a\} \\ [M_b]\{\ddot{X}_b\} + [C_b]\{\dot{X}_b\} + [K_b]\{X_b\} = \{f_b\} \end{array}\right\} \tag{5-63a}$$

经过模态坐标变换，式(5-63a)可写成

$$[\bar{M}]\{\ddot{q}\} + [\bar{C}]\{\dot{q}\} + [\bar{K}]\{q\} = \{\bar{f}\} \tag{5-63b}$$

式中：

$$[\bar{M}] = \begin{bmatrix} [\Phi_a]^T[M_a][\Phi_a] & 0 \\ 0 & [\Phi_b]^T[M_b][\Phi_b] \end{bmatrix}, \quad [\bar{C}] = \begin{bmatrix} [\Phi_a]^T[C_a][\Phi_a] & 0 \\ 0 & [\Phi_b]^T[C_b][\Phi_b] \end{bmatrix},$$

$$[\bar{K}] = \begin{bmatrix} [\Phi_a]^T[K_a][\Phi_a] & 0 \\ 0 & [\Phi_b]^T[K_b][\Phi_b] \end{bmatrix}, \quad \{q\} = \begin{Bmatrix} q_a \\ q_b \end{Bmatrix}, \quad \{\bar{f}\} = \begin{Bmatrix} [\Phi_a]^T\{f_a\} \\ [\Phi_b]^T\{f_b\} \end{Bmatrix}$$

两个子结构连接界面的位移应当满足连续条件

$$\{X_a^B\} = \{X_b^B\} \tag{5-64}$$

把式(5-62)进行模态坐标变换，得

$$\begin{Bmatrix} X_a^B \\ X_a^I \end{Bmatrix} = \begin{bmatrix} \Phi_a^{BB} & \Phi_a^{BI} \\ \Phi_a^{IB} & \Phi_a^{II} \end{bmatrix} \begin{Bmatrix} q_a^B \\ q_a^I \end{Bmatrix}, \quad \begin{Bmatrix} X_b^B \\ X_b^I \end{Bmatrix} = \begin{bmatrix} \Phi_b^{BB} & \Phi_b^{BI} \\ \Phi_b^{IB} & \Phi_b^{II} \end{bmatrix} \begin{Bmatrix} q_b^B \\ q_b^I \end{Bmatrix}$$

将上面两个方程组的第一个式子代入式(5-64)，可得

$$\{q_a^B\} = -[\Phi_a^{BB}]^{-1}[\Phi_a^{BI}]\{q_a^I\} + [\Phi_a^{BB}]^{-1}[\Phi_b^{BB}]\{q_b^B\} + [\Phi_a^{BB}]^{-1}[\Phi_b^{BI}]\{q_b^I\}$$

因此，独立的模态坐标 $\{\bar{q}\}$ 与 $\{q\}$ 的关系为

$$\{\bar{q}\} = [\beta]^T \cdot \{q\} \tag{5-65}$$

式中：

$$\{q\} = \begin{Bmatrix} q_a^B \\ q_a^I \\ q_b^B \\ q_b^I \end{Bmatrix} \{\bar{q}\} = \begin{Bmatrix} q_a^I \\ q_b^B \\ q_b^I \end{Bmatrix}, \quad [\beta] = \begin{bmatrix} -[\Phi_a^{BB}]^{-1}[\Phi_a^{BI}] & [\Phi_a^{BB}]^{-1}[\Phi_b^{BB}] & [\Phi_a^{BB}]^{-1}[\Phi_b^{BI}] \\ I & 0 & 0 \\ 0 & I & 0 \\ 0 & 0 & I \end{bmatrix}$$

将式(5-63b)经过变换，即可得到综合后的结构系统运动方程

$$[M]\{\ddot{\bar{q}}\} + [C]\{\dot{\bar{q}}\} + [K]\{\bar{q}\} = [F] \tag{5-66}$$

式中：$[M] = [\beta]^T[\bar{M}][\beta]$，$[C] = [\beta]^T[\bar{C}][\beta]$，$[K] = [\beta]^T[\bar{K}][\beta]$，$[F] = [\beta]^T[\bar{f}]$

目前，自由界面模态综合法已被广泛应用于许多领域，如航天飞机、导弹、宇宙飞船、旋转机械（如多级柔性转子）、汽轮机叶片、空间框架、船舶、汽车、机床、厂房地震响应的结构动态分析中，成为大型复杂结构动态特性分析的一种行之有效的方法。图5-14所示为用FORTBAN语言编制的自由界面模态综合法的框图。在该程序中，

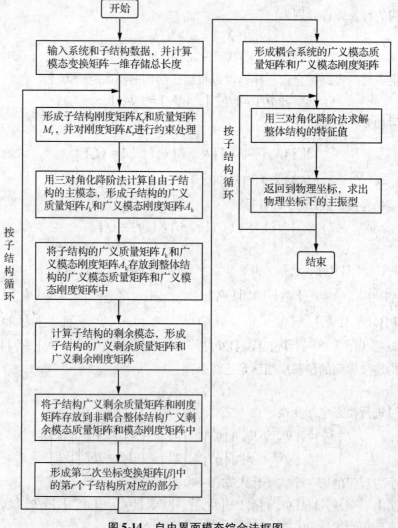

图 5-14 自由界面模态综合法框图

引入了三对角化降阶法,以提高计算速度和精度,并对整体非耦合系统的广义参数的存储作了新的改进,大大减少了存储量。

5.3.4 机械结构动力修改

通过机械结构的各种建模方法,可以得到能够反映实际结构系统动态特性的数学模型,在此基础上便可对结构进行动力修改(structure dynamic modify,SDM)。

结构动力修改有两个含义:①如果机器作了某种设计上的修改,它的动力学特性将会有何种变化?这个问题被称为 SDM 的正问题;②如果要求结构动力学参数作某种改变,应该对设计作何种修改?这是 SDM 的逆问题[12]。

上述两个问题,如果局限在有限元计算模型内解决,其正问题是比较简单的,即只要改变参数重新计算一次就可以。其逆问题就是特征值的逆问题,由于结构的复杂性和数学处理的难度较大,在理论上还不完善。只有涉及雅可比矩阵的问题得到了比较完善的解决,相应的力学模型是弹簧质量单向串联系统或杆件经过有限元或差分法离散的系统。此外,特征值逆问题的解决要求未修改系统计算的特征值及特征向量是精确的。因此,现在通常所指的 SDM 是指在试验模态分析基础上的。

不论是结构动力修改的正问题还是逆问题,都要涉及针对结构进行修改。通常遇到的许多动力学修改问题是要把结构的振动强度或动柔度限制在一定范围内,这样需要先找出结构的薄弱环节,然后修改薄弱环节的局部结构,使整机的动特性满足要求。确定结构的薄弱环节并以此为依据进行结构修改的方法,有能量平衡法和灵敏度分析法两种。

5.3.4.1 结构修改的能量平衡法

对于把结构的振动强度或动柔度限制在一定范围内,有效的修改过程是先找出结构的薄弱环节,然后对症下药,修改薄弱环节的局部结构,使整机的动态特性满足要求。

通过试验模态分析得到的传递函数为式(5-42),定义 $f_r = \dfrac{\Psi_{lr}\Psi_{pr}}{k_r}$ $(r = 1, 2, \cdots, n)$ 为在 p 点激励、在 l 点测量的结构第 r 阶模态柔度。l 点和 p 点的选择可根据机械产品和结构的特点来选定。按式(5-42),当激振频率 ω 趋于零,动柔度值等于静柔度值,因而有

$$H_{lp}(0) = f_s = \sum_{r=1}^{n} f_r \tag{5-67}$$

以及

$$\frac{\sum_{r=1}^{n} f_r}{f_s} = \frac{f_1}{f_s} + \frac{f_2}{f_s} + \cdots + \frac{f_n}{f_s} = 1 \tag{5-68}$$

式中:f_s 为在 p 点激励、在 l 点测量的静柔度;$f_r(r=1,2,\cdots,n)$ 为 r 阶模态柔度;$\dfrac{f_r}{f_s}$ 为 r 阶模态柔度在静柔度 f_s 中所占的比重,或者说对静柔度影响程度的大小。

根据式(5-68)就可以判断各阶模态间是否平衡,以及各阶柔度对于动态特性的影

响程度，只要挑选出 $\dfrac{f_t}{f_s}$ 中数值较大的几个固有模态柔度值，即可对结构进行设计修改。修改原则是使静柔度值 f_s 减小，以及各阶模态柔度值大体相等。

为了确定结构修改的部位和修改内容，由子结构的能量，可求出各子结构的能量分布率：

$$\left.\begin{array}{l} \dfrac{I_{ik}}{I_k} = \alpha_{ik}, \sum_{i=1}^{m} \alpha_{ik} = 1 \\[2mm] \dfrac{V_{ik}}{V_k} = \beta_{ik}, \sum_{i=1}^{m} \beta_{ik} = 1 \\[2mm] \dfrac{D_{ik}}{D_k} = \gamma_{ik}, \sum_{i=1}^{m} \gamma_{ik} = 1 \end{array}\right\} \tag{5-69}$$

式中：α_{ik} 为第 i 个子结构第 k 阶模态的惯性能 I_{ik} 在系统惯性能 I_k 的分布率；β_{ik} 为第 i 个子结构第 k 阶模态的弹性能 V_{ik} 在系统弹性能 V_k 的分布率；γ_{ik} 为第 i 个子结构第 k 阶模态的阻尼能 D_{ik} 在系统阻尼能 D_k 的分布率。

惯性能分布率体现了各子结构的质量分布情况，弹性能分布率体现了各子结构的刚度分配情况。对惯性能分布率高的子结构应减小其质量，弹性能分布率高的子结构应提高其刚度，使系统惯性能和弹性能分布趋于均衡，也就是使系统的质量和刚度接近最佳分配。

5.3.4.2 结构修改的灵敏度分析法

结构动力修改中的灵敏度分析技术，其目的是为了避免修改的盲目性。对一个机械系统，需要分析确定：是进行质量修改，还是进行刚度修改？质量或刚度修改时，在机械结构上何处修改才是最灵敏部位？从而保证以较少的修改量得到较大的收获[13]。

灵敏度方法是建立在结构特征灵敏度分析的基础上，运用多元函数的泰勒展开式来确定结构特性参数的改变量。

设特征值 λ_r 与特征向量 Ψ_r 均为结构参数 m_{ij}、k_{ij} 和 c_{ij} 的多元函数

$$(\lambda_r, \Psi_r) = f(m_{ij}, k_{ij}, c_{ij}) \tag{5-70}$$

式中：m_{ij}、k_{ij} 和 c_{ij} 分别为质量矩阵 M、刚度矩阵 K 和阻尼矩阵 C 中第 i 行、第 j 列元素。

将式(5-70)展开成泰勒级数，在实际计算时，当结构参数的修改量较小时，常略去二阶修正项，故此时特征值向量为

$$\Delta\lambda_r = \sum_{i=1}^{N}\sum_{j=1}^{N}\left(\dfrac{\partial \lambda_r}{\partial m_{ij}}\right)\Delta m_{ij} + \sum_{i=1}^{N}\sum_{j=1}^{N}\left(\dfrac{\partial \lambda_r}{\partial k_{ij}}\right)\Delta k_{ij} + \sum_{i=1}^{N}\sum_{j=1}^{N}\left(\dfrac{\partial \lambda_r}{\partial c_{ij}}\right)\Delta c_{ij} \tag{5-71}$$

式中的导数均对原特征值 $\bar{\lambda}_r$ 及特征向量 $\bar{\psi}_r$ 取值。

根据一阶灵敏度公式，在结构参数修改量 Δm_{ij}、Δk_{ij}、Δc_{ij} 确定后，即可由式(5-71)求出特征值的修正量，从而求得修改后结构的特征值。

同样，对特征向量亦可得类似的公式，在略去修正量后，可得

$$\Delta\psi_r = \sum_{i=1}^{N}\sum_{j=1}^{N}\left(\dfrac{\partial \psi_r}{\partial m_{ij}}\right)\Delta m_{ij} + \sum_{i=1}^{N}\sum_{j=1}^{N}\left(\dfrac{\partial \psi_r}{\partial k_{ij}}\right)\Delta k_{ij} + \sum_{i=1}^{N}\sum_{j=1}^{N}\left(\dfrac{\partial \psi_r}{\partial c_{ij}}\right)\Delta c_{ij} \tag{5-72}$$

式中的导数均对 $(\lambda_1, \lambda_2, \cdots, \lambda_N)$ 及 $(\bar{\psi}_1, \bar{\psi}_2, \cdots, \bar{\psi}_N)$ 取值。

有了式(5-71)及式(5-72)，就可以在已知灵敏度的前提下，根据结构参数的改变量 Δm_{ij}，Δk_{ij}，Δc_{ij} 求出修改后结构的特征值及特征向量的改变量 $\Delta \lambda_r$ 及 $\Delta \psi_r$。求 Δm_{ij}，Δk_{ij}，Δc_{ij} 是结构动力修改的逆问题。对各阶特征值 $\lambda_r (r=1, 2, \cdots, N)$ 都可以写出类似的公式，对各阶特征向量中每个元素 $\varphi_{ir}(i=1, 2, \cdots, N; r=1, 2, \cdots, N)$ 都可以写成类似的公式。由这些方程组便可求解结构动力修改的正问题及逆问题。

当结构参数的改变量较大时，可采取分步计算。

5.4 典型林业机械模态设计

林业机械由于作业对象的复杂，特别是需要其在环境变化大、振动干扰较为频繁的恶劣环境下工作，因此往往对林业机械产品的刚性及动态稳定性有较高的要求。为了提高产品的刚性及工作稳定性，在林业机械产品设计时，往往是以加强产品的结构尺寸来满足要求，但这势必会影响到其工作的可靠性和有效性。因此，利用动态分析的方法，对林业机械产品的关键零部件进行优化设计，已成为保证林业机械产品高效、精密、可靠工作的一种非常有效的手段。

5.4.1 树木移栽机铲刀的模态分析

树木移栽机又名树铲，主要用于移植带土球的树木，可以连续完成挖坑栽植、起树、运输、栽植等全部移植作业。

树木移栽机除动力装置以外，其机械结构主要由铲刀组、铲刀导轨、固定支架、连接架、升降支架组成，如图5-15所示。树木移栽机的铲刀是其进行挖掘工作的主要磨损部件，由于不同形状铲刀受力不同，所以对挖掘过程能量消耗也有极大影响。对树木移栽机主要受力部件的铲刀进行模态分析，可以得到其优化模型，减轻铲刀质量，同时为树木移栽机优化提供理论基础。

铲刀结构的固有频率从低到高有很多阶次，但对于树木移栽机而言，其挖掘、提升等动作都是比较慢的，工作时受到的外界激励的频率比较低，在进行分析时应当关注其低阶固有频率。因此，在进行铲刀的模态分析时，取其前6阶的频率来分析[14]。

根据铲刀的实际约束情况，铲刀通过铲刀架与液压缸的活塞杆铰接，所以将铲刀架的销轴孔作为固定约束，对铲刀进行约束模态分析，计算完成后得到铲刀的前6阶固有频率见表5-2所列，前6阶的振型如图5-16和图5-17所示。

图5-15 树木移栽机

表 5-2　铲刀前 6 阶固有频率

阶次	1	2	3	4	5	6
频率(Hz)	11.214	13.732	15.125	17.012	18.653	20.054

树木移栽机的驱动装置为拖拉机，其发动机额定转速为 2350r/min，可计算出其振动频率为 73.3Hz，有限元模态分析的结果表明铲刀的固有频率与发动机振动频率相差较大，移栽机工作时发动机的振动不会引起铲刀的共振。而在移栽机进行挖掘、提升等动作时，所受激励频率很低，远低于一阶频率，也不会引起铲刀的共振。

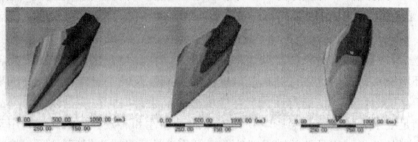

图 5-16　铲刀 1~3 阶固有频率云图

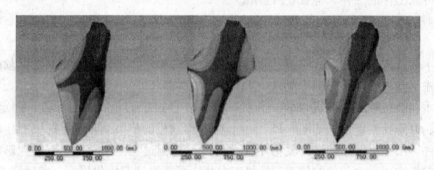

图 5-17　铲刀 4~6 阶固有频率云图

根据模态分析得到的振型图可以看出：当铲刀的 1 阶和 2 阶模态频率出现时，铲刀在水平面内出现弯曲变形；3 阶模态频率出现时，铲刀的两翼呈现严重的向内收缩变形；在 4 阶模态频率振动时，铲刀呈现向内扩张和扭转变形；在 5 阶和 6 阶模态频率出现时，在两翼的不同位置出现严重的向外鼓起变形。

通过对铲刀进行的前 6 阶模态分析，获得了前 6 阶固有频率下铲刀的振型，见表 5-3 所列。

固有频率和振型是机械结构的固有特征，而低阶固有频率，尤其是第 1 阶固有频率决定了结构的刚度，第 1 阶固有频率越高，模态刚度越好。因此，第 1 阶固有频率应尽可能地高于工作频率，避免共振的产生，提高结构的刚度，通过对树木移栽机铲刀的模态分析，可知其不会与系统振源发生共振现象，满足其刚度要求。

表 5-3　铲刀前 6 阶模态分析

阶数	振型描述
1	整体 Y 向弯曲
2	整体 X 轴扭转
3	整体 X 轴扭转
4	Y 向弯曲 + X 轴扭转
5	X 轴扭转 + Z 向弯曲
6	Y 向弯曲 + Y 向膨胀 + X 轴扭转

5.4.2 木工圆锯片模态分析

木工圆锯机是一种存在安全危害隐患的机械，圆锯片工作时处于高速旋转的危险状态，因此在设计锯机和圆锯片时，必须了解圆锯片的固有频率特性。对圆锯片振动进行控制，提高圆锯片的固有频率，提高切削稳定性。

圆锯片的振动是指圆锯片上某一点在其平衡位置偏移一定的距离或者扭转一定角度的往复运动。由于锯齿与木材的碰撞以及锯轴、圆锯片质量不平衡等原因，圆锯片的振动是不可避免的。圆锯片对这些因素的响应决定了圆锯片的振动模态。激振力有周期变化的，也可能是随机的。剧烈振动直接影响了锯切质量和圆锯片寿命，也严重影响生产安全和生产效率，同时圆锯片剧烈振动产生的噪声也严重影响现场人员的身心健康。绝大多数情况下，圆锯片的振动都是由多个单一振动模态复合而成，且各个模态都有相应的表现，因此圆锯片呈现较为复杂的振动形式，不会表现出特定的模态，难以确定其固有频率和振型。然而只有处于共振时，圆锯片才表现为单一振动模态。并且，每个单独的振动模态都有其相应的固有频率和确定节圆数、节径数的振型。因此，有针对性地进行硬质合金圆锯片的模态分析，可以为圆锯机及圆锯片的设计避免出现共振、疲劳及其他受迫振动提供技术依据，并为圆锯片的模态检测提供一种实用的方法[15]。

5.4.2.1 有限元振动分析模型

圆锯片的振动主要由沿半径方向的径向振动、沿转轴方向的横向振动以及环绕径向的扭转振动复合而成，其中横向振动最为关键，集中了圆锯片振动的主要能量，且横向振动的功率主要集中在低频范围内(<2 kHz)。因此应当着重分析圆锯片的低阶振动频率和振型。圆锯片的前后倾角会激发圆锯片的横向振动(轴向振动)。有拨料齿的圆锯片也可能会激起并增加圆锯片的横向振动，因此这里重点分析计算圆锯片的低频横向振动。

圆锯片是一个形状复杂的薄板状的结构，实际分析可忽略锯齿复杂的几何形状，将圆锯片看作是一个中间固定、外沿自由的等厚薄壁圆盘，如图 5-18 所示。D 为圆锯片的直径，d 为圆锯片夹盘的直径，h 为圆锯片厚度。

实际生产中，圆锯片由夹盘夹紧固定在锯机的转轴上，圆锯片与转轴的联结为固定约束。由于夹盘质量较大，厚度较大，具有较好的刚度，不会产生变形，最终将圆锯片的有限元振动分析模型简化成中间固支约束、外边自由的圆环板模型。

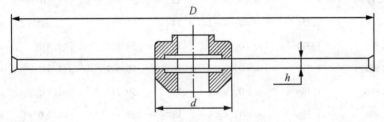

图 5-18 圆锯片的振动模型

5.4.2.2 圆锯片主要参数

所用圆锯片直径 D 为 405mm，中心孔距齿尖的距离为 202.5mm，齿高为 10mm，在计算时以 200mm 为计算半径，齿高与圆锯片直径相比很小，因此锯齿可忽略不计，其外形尺寸参数及材料参数见表 5-4。

表 5-4 圆锯片的外形尺寸参数和材料参数

直径 D(mm)	夹盘直径 d(mm)	厚度 h(mm)	弹性模量(GPa)	泊松比	密度(t·cm^{-3})
200	55	4	2.1×10^5	0.33	7.8×10^{-6}

5.4.2.3 模态分析

根据图 5-18 给出的硬质合金圆锯片的振动模型，在 ANSYS 12.0 (ANSYS parametric design language, APDL) 软件中，采用 Shell63 壳单元，建立硬质合金圆锯片有限元物理模型，得到 1830 个节点，1749 个单元。

进入 Read Results，选择第一个模态，查看对应的位移矢量和图(displacement vector sum)，如图 5-19 所示，由图中给出固有频率为 7.544Hz，位移矢量和为 1.223，振型为 $m = 0$, $n = 1$。其他各个模态的固有频率、位移矢量和及振型见表 5-5 所列。

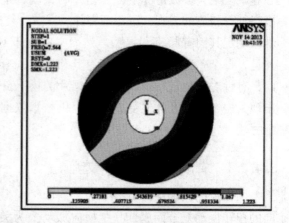

图 5-19 圆锯片的位移矢量和图

表 5-5 圆锯片的模态、频率、位移矢量和

模态	固有频率(Hz)	位移矢量和	节圆、节径数	模态	固有频率(Hz)	位移矢量和	节圆、节径数
1	7.544	1.223	$m=0$, $n=1$	10	41.252	1.462	$m=0$, $n=5$
2	7.550	1.223	$m=0$, $n=1$	11	41.255	1.461	$m=0$, $n=5$
3	7.793	0.862	$m=0$, $n=0$	12	49.345	0.860	$m=1$, $n=0$
4	9.215	1.257	$m=0$, $n=2$	13	51.842	1.210	$m=1$, $n=1$
5	9.218	1.256	$m=0$, $n=2$	14	51.911	1.208	$m=1$, $n=1$
6	15.979	1.314	$m=0$, $n=3$	15	58.391	1.528	$m=1$, $n=6$
7	15.981	1.315	$m=0$, $n=3$	16	58.399	1.531	$m=1$, $n=6$
8	26.996	1.386	$m=0$, $n=4$	17	59.911	1.198	$m=1$, $n=2$
9	26.998	1.386	$m=0$, $n=4$	18	59.925	1.200	$m=1$, $n=2$

(续)

模态	固有频率(Hz)	位移矢量和	节圆、节径数	模态	固有频率(Hz)	位移矢量和	节圆、节径数
19	74.234	1.178	$m=1$, $n=3$	28	121.31	1.163	$m=1$, $n=5$
20	74.242	1.179	$m=1$, $n=3$	29	126.32	1.692	$m=0$, $n=9$
21	78.302	1.587	$m=0$, $n=7$	30	126.33	1.692	$m=0$, $n=9$
22	78.317	1.589	$m=0$, $n=7$	31	142.57	0.950	$m=2$, $n=0$
23	94.948	1.159	$m=1$, $n=4$	32	145.47	1.309	$m=2$, $n=1$
24	94.961	1.158	$m=1$, $n=4$	33	145.68	1.292	$m=2$, $n=1$
25	100.95	1.614	$m=0$, $n=8$	34	152.23	1.198	$m=1$, $n=6$
26	106.93	0.746	$m=0$, $n=0$	35	152.26	1.178	$m=1$, $n=6$
27	121.30	1.162	$m=1$, $n=5$				

根据表 5-5 的数据可以得到固有频率和位移矢量和的关系,可绘制位移矢量和随固有频率的变化图,如图 5-20 所示。

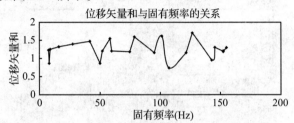

图 5-20 圆锯片的位移矢量和与固有频率的关系

5.4.2.4 检验振动的固有频率

利用 DH5922 动态信号测试分析系统和 DH1031 扫频信号发生器、DH103 压电式加速度传感器,进行谐响应分析。在 DH1031 扫频信号发生器的控制面板设置需要的信号参数:信号类型为线性扫频,起始频率为 0Hz,截止频率为 150Hz,扫速为 1Hz/s,电压 2600mV。图 5-21 所示为试验装置简图。

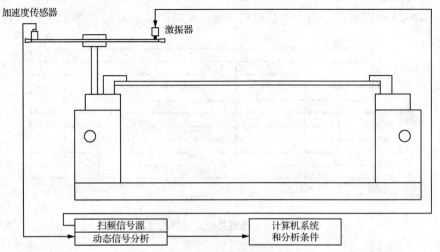

图 5-21 试验装置简图

(1) 未共振时的图像及分析

进入实验，激振器的频率从 1Hz 至 7Hz 变化时，加速度曲线如图 5-22 所示。

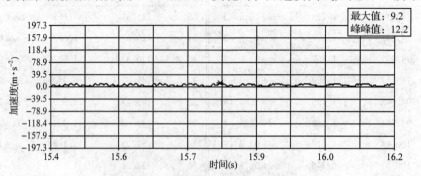

图 5-22 圆锯片未共振时的加速度

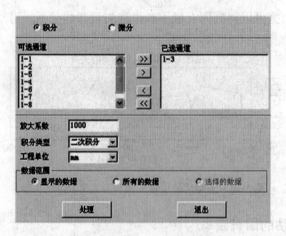

图 5-23 加速度积分成位移的设置

由图 5-22 可知，当圆锯片的固有频率未和激振频率耦合时，圆锯片的振动表现为多种振动状态，其中任意一种振动都未单独表现出来。如图 5-23 所示，利用积分/微分选项对加速度进行两次积分，得到位移图如图 5-24 所示。

由图 5-24 可以看到，由于没有出现共振，此时的位移矢量和(振幅)变化幅度较小。

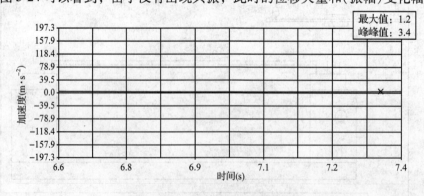

图 5-24 圆锯片未共振时的位移

(2)7Hz 共振时的图像及分析

进入第一个模态时,激振力的作用是在不破坏 $r=1$ 阶振型的情况下,克服 $r=1$ 阶阻尼来维持结构系统的 $r=1$ 阶纯模态振动。此时,圆锯片振动的加速度随着固有频率和激振频率的耦合而突然变大,此时,激振频率为7Hz,与 ANSYS 软件得到的结果相似。由图 5-25 和图 5-26 可知,此时圆锯片处于共振状态,但激振频率较低,共振并未得到大幅加强。

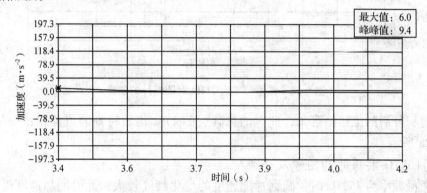

图 5-25　圆锯片第一次耦合时的加速度

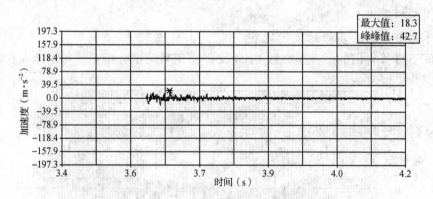

图 5-26　圆锯片第一次耦合时的位移图

(3)71Hz 共振时的图像及分析

当激振频率为 71Hz 时,圆锯片加速度的变化幅度较大,此时的加速度最大值达到 549.3m·s^{-2},并伴有明显的噪声,可以明显地判定此时处于共振状态,如图 5-27 所示。

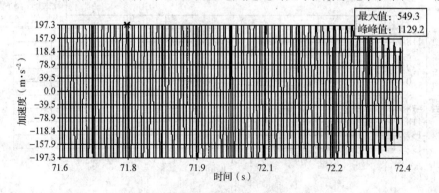

图 5-27　激振频率为 71Hz 时圆锯片的加速度

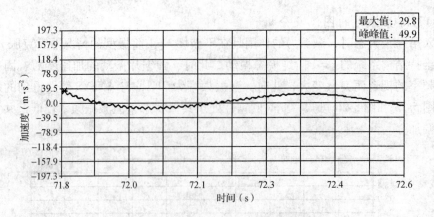

图 5-28　激振频率为 71Hz 时圆锯片的位移

通过积分后的位移图可知，此时的位移（振幅）和初始时刻的位移相比变化较大，如图 5-28 所示。

(4) 152Hz 共振时的图像及分析

当激振频率为 152Hz 时，圆锯片加速度的变化幅度较大，此时的加速度最大值达到 964.4m·s^{-2}，并伴有明显的噪声，位移变化较大，可以明显地判定此时处于共振状态，如图 5-29 和图 5-30 所示。

(5) 软件分析与实验结果的比较

ANSYS 计算得出的固有频率和 DH5922 动态信号测试分析系统得出的固有频率的

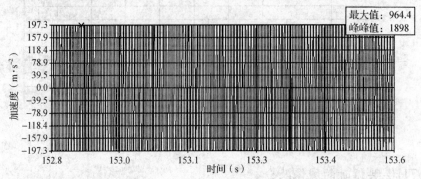

图 5-29　激振频率为 152Hz 时圆锯片的加速度

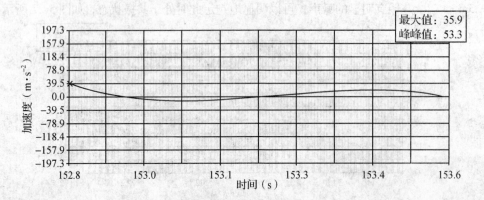

图 5-30　激振频率为 152Hz 时圆锯片的位移

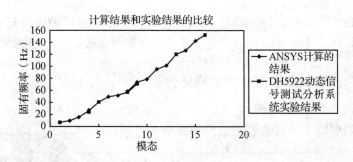

图 5-31 ANSYS 分析结果和实验对比图

比较，如图 5-31 所示。

由图可知，ANSYS 软件计算得出的结果较为密集，而通过 DH5922 动态信号测试分析系统得出的结果较为稀疏，但两者的趋势大体一致。

5.4.3 玉米根茬收集装置动态分析

玉米根茬收集装置主要由捡拾推茬机构、两级抛扔输送机构、仿生碾辊凹板脱土机构以及收集系统等关键部件组成，完成对根茬的捡拾、输送、脱土和收集等工艺流程，各零部件在工作过程中因受到外界不同的激励而响应各异，如果冲击力过强或振动频率与系统的固有频率相同而产生共振现象，就会导致某个零部件的移位或变形、疲劳损坏，有时甚至会发生断裂现象，最后导致设备的结构参数发生变化，使其无法正常工作。因此，为了进一步深入研究玉米根茬收集装置的设计理论，优化关键部件的结构参数，提高整机的可靠性以及作业性能，需要对其实施模态分析[16]。

5.4.3.1 玉米根茬收集装置的基本特性与工作原理

玉米根茬收集装置的总长度为 2.74m，宽度为 2.35m，高度为 1.25m，机架的主体选用 GB/T 6728—2002《结构用冷弯空心型钢尺寸、外形、重量及允许偏差》的矩形通用冷弯空心钢截段焊接而成，旋转部件选用 GB/T 706—2008《热轧型钢》的热轧槽

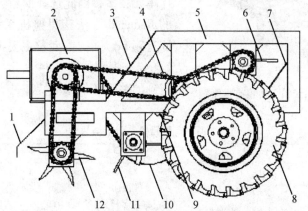

图 5-32 玉米根茬收集装置主要机构示意

1. 捡拾挡板 2. 减速器 3. 一级挡板 4. 仿生碾辊 5. 机架 6. 二级拨茬轮 7. 二级导向板
8. 承重轮 9. 楞纹凹板 10. 一级导向板 11. 一级拨茬轮 12. 捡拾推茬轮

钢；捡拾推茬轮、拨茬轮、仿生碾辊、承重轮等旋转部件通过轴承连接于机架上；轴承座、减速器箱体、支架等固定部件通过螺栓连接紧固于机架上，如图 5-32 所示。

5.4.3.2 玉米根茬收集装置有限元模态分析

(1) 有限元实体模型与网格划分

将简化处理后的玉米根茬收集装置三维实体模型导入 ANSYS-Workbench 有限元分析软件中，由于该结构系统主要部件的材料为 45 钢，只有局部的拨茬轮拨指的材料为 65Mn 弹簧钢，因此综合考虑上述因素，将结构系统主要部件的材料属性设置为弹性模量 $E=210\text{GPa}$、泊松比 $=0.28$、密度 $=7800\text{kg/m}^3$，拨茬轮拨指的材料属性设置为弹性模量 $E=750\text{GPa}$、泊松比 $=0.30$、密度 $=7850\text{kg/m}^3$。为了保证计算精度，节省计

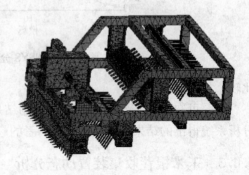

图 5-33　玉米根茬收集装置的有限元网格划分

算时间，应用 ANSYS-Workbench 软件中的网格划分命令直接对整机模型进行非均匀网格划分，对于关键部位及装配结合处，通过设置各个边上的节点数目使得网格划分比较密集，而对于机架、减速器和支架等结构比较简单的实体模型，采用相对稀疏的网格划分方式，划分网格结果如图 5-33 所示，划分产生 83634 个实体单元，共涉及 309156 个网格节点。

图 5-34　整机系统第 7 阶模态振型图

(2) 有限元模态计算与分析

整机系统经过网格划分后，应用 ANSYS-Workbench 软件对已完成网格划分的玉米根茬收集系统进行模态分析。由于整机由多个子系统组成，结构复杂，所生成的网格单元数量实体单元较多，因此选择简单方便且计算速度快的 Reduced 方法获得整机系统前 20 阶模态的固有频率、结构振型及主要振动特征，其中第 7 阶模态振型如图 5-34 所示，经过统计整理后得到的关键部件振动特征见表 5-6 所列。

表 5-6　有限元模态分析结果

模态阶数	固有频率（Hz）	主要振动部位	振动特征
1~3	9.09~13.53	机架	局部微弱弯曲振动
6~7	40.67~44.18	机架	整体弯曲扭转振动
11~12	75.38~78.94	机架	整体弯曲扭转振动
17~18	96.95~103.72	机架	局部弯曲扭转振动
4~9	38.71~59.58	捡拾推茬轮	整体弯曲振动
17~18	96.95~103.72	捡拾推茬轮	整体扭转振动

(续)

模态阶数	固有频率（Hz）	主要振动部位	振动特征
9~10	59.58~70.70	仿生碾辊	碾辊指端部弯曲振动
17~18	96.95~103.72	仿生碾辊	碾辊轴端部弯曲振动
12~16	78.94~91.37	拨茬轮	整体弯曲振动
19~20	106.35~111.73	拨茬轮	中心轴弯曲振动

5.4.3.3 玉米根茬收集装置试验模态分析

玉米根茬收集装置试验模态分析的基本测试系统主要组成包括：能够促使系统产生激励信号的激励设备，常采用锤击法激励方式；测量采用压电式力传感器和压电式加速度传感器。

选用单点激励输入信号、多通道响应输出信号的方法获取振动响应信号，通过更换钢制锤击帽、加重的锤头和加大锤击力等方法增加锤击力度，拓宽激励信号的频率范围，增强振动信号的能量，从而保证各测点均能产生有效的振动。如图 5-35 所示，将压电式力传感器紧固于激励力锤端部，与此同时，借助磁石的吸力将压电式加速度传感器分别固定于各测点之上，将各测点的激励信号与响应信号接入电荷测试分析系统，并与多通道数据采集分析系统相连接，最终将生成的数据信号记录于计算机中。

考虑到玉米根茬收集装置整机和各关键部件的结构特征，以及前面通过有限元模态分析方法获得的结果，确定了模态试验的敲击点及测试点的位置，进而对整机系统的动态特性进行研究。采用均匀分布原则，在机架的框架和横梁上设置 12 个测试点，捡拾推茬刀片端部、刀盘和定位套筒上共设置 9 个测试点，拨茬轮拨指和中间轴上设置 6 个测试点，仿生碾辊的碾辊指和碾辊体上设置 6 个测试点，楞纹凹板上设置 6 个测试点，减速器上设置 3 个测试点，共设置 42 个测试点。考虑到振源和传递的特点，以及试验的可行性，敲击点设置为：机架 4 个、捡拾推茬轮 2 个、拨茬轮 2 个、仿生碾辊

图 5-35 玉米根茬收集装置模态试验

2个、楞纹凹板2个、减速器1个,共设置13个敲击点,且每个敲击点敲击3~5次,然后取平均值。

模态参数的整体识别方法也采用单点激励输入信号、多通道响应输出信号的识别方法,将整机结构上所有测试点获取的全部实测数据集中在一起进行统一的参数识别,所得到的结果为结构整体的模态参数,即整机系统的模态参数。从理论来讲,整机结构中任意一测试点获得的实测数据所识别出来的固有频率和阻尼比都应该是相同的,由于都从属于整体模态参数,对于每阶的模态是唯一的。但由于激励、测量和估计过程中存在误差,使各测试点估计出的固有频率和阻尼比会有些出入,有时会出现漏识别现象,严重时甚至会出现错误的结果,考虑到整机结构模态参数的全局性,并能充分利用所有测试点的实测数据,进而提高参数识别的精度、适应性和一致性,整机识别方法通过整理统计出各测试点所获得的实测数据,进而识别出具有普遍意义和代表性的结构模态参数,并与应用有限元模态分析方法得到的整机系统前20阶模态固有频率的计算参考值进行对比分析,得到的数据见表5-7所列。

由表5-7可知,整机系统的1~3阶频率范围为9.09~13.53Hz,主要表现为机架局部的轻微振动,而通过试验获得的频率范围为9.13~10.28Hz,计算值与试验值相差不大。整机系统的4~16阶频率范围为38.71~91.37Hz,主要表现为捡拾推茬轮和拨

表 5-7 试验模态与计算模态的固有频率

模态阶数	计算值(Hz)	频域识别值(Hz)	时域识别值(Hz)	主要振动部位
1	9.09	9.13	5.48	
2	12.28	—	10.28	
3	13.53	—	—	机架
4	38.71	44.27	30.88	捡拾推茬轮
5	39.23	44.99	38.65	
6	40.67	—	—	机架
7	44.18	—	42.38	机架
8	44.76	—	—	
9	59.58	—	46.86	捡拾推茬轮
10	70.70	71.93	58.61	仿生碾辊
11	75.38	—	—	机架
12	78.94	—	—	机架、拨茬轮
13	85.90	—	71.05	
14	87.50	80.01	73.76	捡拾推茬轮
15	90.31	—	—	
16	91.37	—	80.66	拨茬轮
17	96.95	98.32	89.54	机架、捡拾推茬轮
18	103.72	101.28	92.09	机架、仿生碾辊
19	106.35	—	—	捡拾推茬轮
20	111.73	—	—	—

茬轮的整体弯曲振动,以及机架的整体扭转振动,并伴有工作部件局部的轻微弯曲振动,体现在捡拾推茬轮刀片端部和仿生碾辊指端部的振颤,通过试验测得的频率范围为 30.88~80.66Hz,由于整机系统结构复杂、体积大,振动信号在传递过程中逐渐减弱,且受到外界因素的干扰,所以采用频域识别法很难获得系统的模态信息,只能通过时域识别法从微弱的信号中识别其模态,同时整机系统表现出极强的密频特性,各部件的固有频率相对比较集中,所以导致一些模态信息出现漏识别的现象。整机系统的 17~20 阶频率范围为 96.95~111.73Hz,主要表现为各工作部件(捡拾轮、拨茬轮、仿生碾辊)传动轴的弯曲振动,以及机架上与传动轴连接处产生的扭转振动,通过试验测得的频率范围为 89.54~101.28Hz,由于捡拾推茬轮、两级拨茬轮和仿生碾辊的传动轴通过与轴承连接后均紧固于框架式机架之上,加上多根横梁和纵梁的加固作用,使得整机系统具有结构复杂紧凑、体积大、工序流程多的特征,导致激励响应信号在传递过程中经过多次衰减,使输入响应信号与输出响应信号的因果关系也明显减弱,且人为采用激励力锤敲击的力量有限,所以没有激发出整机系统的高阶模态信息。

通过对表 5-7 中测得的试验模态固有频率统计得到,采用频域方法识别出了整机系统的 7 阶模态信息,采用时域识别获得了系统的 12 阶模态信息。经过计算得到,采用频域方法获得的固有频率数值与计算值的平均误差为 6.1%,最大误差为 14.7%;而采用时域方法得到的固有频率数值与计算值的平均误差为 15.3%,最大误差为 39.7%。由此可得,频域方法获得的固有频率精度较高,而时域识别方法识别的范围较广。

5.4.4 植物保护喷雾机喷杆有限元模态分析

喷杆是弱阻尼的弹性体,喷杆喷雾机在不平路面作业时产生的加速度会使喷杆发生弹性变形,田间试验和仿真分析结果都表明:喷杆弹性变形是导致喷雾沉积均匀性下降的主要原因之一,即便是较小的弹性变形(<30cm)也会造成重喷及漏喷。因此,抑制喷杆作业过程中的弹性变形可以有效提高喷雾机作业时的喷雾沉积均匀性[17]。

5.4.4.1 喷杆结构

喷杆通常由不同规格的钢管焊接而成,呈对称结构,长度 $L=8m$,侧面呈"L"形。喷杆的实体结构及部件如图 5-36 所示,各部件截面形状和厚度见表 5-8 所列。

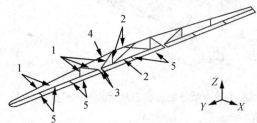

图 5-36 喷杆实体模型及各主要部件

1. 方钢管 A 2. 方钢管 B 3. 方钢管 C 4. 折叠拉杆(fold beam) 5. 圆钢管

表5-8 喷杆各部件的截面形状和壁厚

喷杆部件	截面形状	截面尺寸(mm)	壁厚(mm)
方钢管 A	□	30×30	1.5
方钢管 B	▭	40×30	3.0
方钢管 C	□	30×30	2.0
折叠拉杆	—	30×8	8.0
圆钢管	○	$\Phi25$	1.5

5.4.4.2 有限元模型参数定义与网格划分

采用有限元方法研究喷杆的弹性变形,其中,喷杆的几何模型采用 Pro/E 建立的 .igs 文件导入 ANSYS 后生成,建模过程中适当简化了一部分倒角及圆角。

喷杆材料为 Q235 钢,则定义模型的参数为:密度 $\rho = 7.85 \times 10^3 \text{kg/m}^3$,弹性模量 $E = 2.07 \times 10^5 \text{MPa}$,泊松比 $\mu = 0.3$。喷杆主要由管型材料制造而成,所以从 Pro/E 导入的实体模型类型为壳,并在 ANSYS 中也将单元类型定义为 Shell181 壳单元,尺寸为 10mm。按表 5-8 中喷杆部件的厚度定义了模型中对应部件的厚度,而后对喷杆进行自由网格划分,最终所得有限元模型单元数为 32880,节点数为 32746。

5.4.4.3 喷杆数值模态分析

由于研究喷杆的弹性变形时需用到喷杆有限元模型的模态信息,因此对喷杆有限元模型进行数值模态分析。具体为:采用分块兰索斯(BlockLanczos)法提取喷杆有限元模型的前 6 阶非刚体模态,分析时所定义的边界条件为自由状态,其目的在于保证所提取模态信息的完整性,以便后续能通过添加约束表征出喷杆工作条件下的模态。图 5-37 所示为喷杆第 1 阶非刚体模态振型。

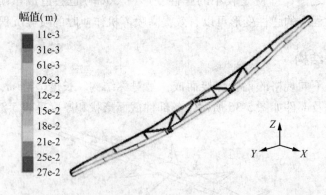

图 5-37 喷杆数值模态分析的第 1 阶模态振型

5.4.4.4 喷杆模态试验设备与方法

由于喷杆有限元模型在建立的过程中简化了一部分倒角及过渡圆角,并且模型采用了固结折叠拉杆的方式来替代实际情况中的螺栓连接,分别会造成有限元模型质量矩阵和刚度矩阵的误差,使其模态信息与真实构件之间存在偏差,所以需对其可靠性

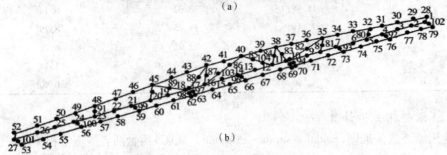

图 5-38　模态试验系统及激振点分布
(a)响应点位置及试验现场　(b)试验模态模型及激振点分布

进行检验,故对喷杆构件进行了试验模态分析。

最佳的试验边界条件应与有限元模型一样为自由状态,但实际试验中难以实现这种构件与环境不存在连接的自由状态,因此,采用弹性绳将喷杆悬吊以使构件近似自由状态。试验所采用设备为:激振力锤(秦皇岛鑫华科技有限公司,型号 LC-1)、力传感器(秦皇岛鑫华科技有限公司,型号 AD-YD305,精度 1% FS)、加速度传感器(北京远东测振系统工程技术有限公司,型号 YD-1,精度 1% FS)、电荷放大器(北京远东测振系统工程技术有限公司,型号 DHF-4)以及动态信号分析仪(美国科学亚特兰大有限公司,型号 SD380)。响应点位置及试验现场如图 5-38(a)所示。试验采用多点多方向(X,Y,Z)激励、定点定方向(X 方向)响应的方法,考虑到试验的准确性及效率,共布置 104 个激振点,激振点布置均匀并且涵盖了所有构件结构交联点,如图 5-38(b)所示为试验模态模型及激振点分布,其中数字为激振点序号。

激振力锤给出的激励信号由力传感器采集,响应信号由加速度传感器采集,利用 SD380 动态信号分析仪对采集的信号进行快速傅立叶变换(FFT)后得到频响函数。为消除信号中的随机噪声,采样过程中对每个频响函数进行了 5 次平均。最后将求得的所有频率响应函数导入上位机,在 STAR7 软件中通过多项式法拟合,求得喷杆自由状态下的结构模态参数。

5.4.4.5　喷杆模型可靠性分析

(1)频率相关性计算

为检验有限元模型的可靠性,首先应用模态频率差以衡量有限元模型和试验模态

分析模型的频率相关性:

$$\mathrm{ER}(f_i^a, f_i^x) = \frac{|f_i^a - f_i^x|}{f_i^a} \tag{5-73}$$

式中:$\mathrm{ER}(f_i^a, f_i^x)$为模态频率差,%;$f_i^a$为有限元模型的各阶模态频率,Hz;$f_i^x$为模态试验的各阶模态频率,Hz。

计算结果见表 5-9 所列。

表 5-9 试验模态和解析模态的模态频率差   单位:Hz

阶次	试验频率	解析频率	模态频率差
1	8.97	9.16	2.10
2	11.96	13.02	8.14
3	21.16	19.45	8.79
4	24.46	22.91	6.76
5	30.10	29.76	1.14
6	32.90	33.03	0.40

(2) 振型相关性计算

应用模态置信准则(modal assurance criterion,MAC)衡量两者的振型相关性:

$$\mathrm{MAC}^{a-x}(i,j) = \frac{\left|\{\varphi\}_i^{aT}\{\varphi\}_j^x\right|^2}{(\{\varphi\}_i^{aT}\{\varphi\}_j^a)(\{\varphi\}_i^{xT}\{\varphi\}_j^x)} \quad \begin{array}{l} i=1,2,\cdots,N_m^a \\ j=1,2,\cdots,N_m^x \end{array} \tag{5-74}$$

式中:$\{\varphi\}_i^a$为有限元模型模态向量;$\{\varphi\}_j^x$为试验模态向量;N_m^a为有限元模型模态阶数;N_m^x为试验模型的模态阶数。

为了简化计算过程,模态置信准则的计算过程只选择了有限元模型与试验模型模态阶数相同的振型进行相关性分析,且只取前 6 阶非刚体模态,分析结果见表 5-10 所列。

表 5-10 模态置信准则

解析模态阶数	试验模态阶数					
	1	2	3	4	5	6
1	0.87					
2		0.84				
3			0.85			
4				0.82		
5					0.89	
6						0.90

5.4.4.6 喷杆运动对弹性变形影响的分析

(1) 喷杆主要运动方式及所引起的弹性变形

喷杆的运动是造成喷杆弹性变形的主要原因,喷杆的典型运动可以概括为 3 种:偏转(yaw)、振荡(jolt)和翻滚(roll),其中偏转为喷杆绕竖直轴(Z 轴)的转动,翻滚为

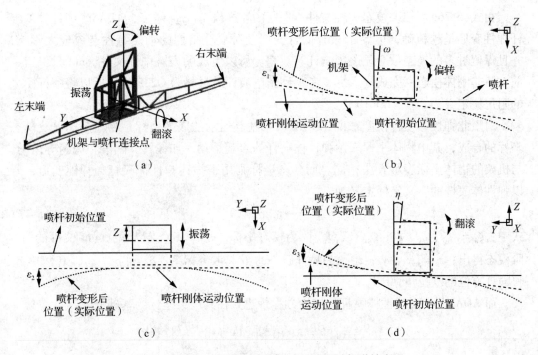

图 5-39 喷杆 3 种典型刚体运动以及所引起弹性变形

(a) 喷杆 3 种典型运动　(b) 喷杆偏转所引起弹性变形
(c) 喷杆振荡所引起弹性变形　(d) 喷杆翻滚所引起弹性变形

ω. 偏转的角度　Z. 振荡的距离　η. 翻滚的角度　ε_1. 偏转引起的喷杆末端弹性变形量
ε_2. 振荡引起的喷杆末端弹性变形量　ε_3. 翻滚引起的喷杆末端弹性变形量

喷杆绕喷雾机行进方向的水平轴(X 轴)的转动,振荡为喷杆在水平面沿喷雾机行进方向的整体往复直线运动。喷杆 3 种运动及其所引起的弹性变形情况如图 5-39 所示。

(2) 喷杆机架模型的建立

为研究喷杆运动所造成的弹性变形情况,选用 ADAMS 作为建模平台,鉴于机架与底盘在喷雾机实际作业过程中的弹性变形较喷杆来说很小,并且底盘与机架一同运动,所以建模时将底盘与机架考虑为一体,只建立刚性体机架模型。具体为:将 Pro/E 中建立的机架几何模型以 X_T 文件导入到 ADAMS 中,物理参数按实际机架结构设定。

对于此刚性体机架来说,ADAMS 描述其运动的广义坐标即为其物体坐标

$$q_f = [r_f, \delta_f]^T \tag{5-75}$$

式中:$r_f = [x_f, y_f, z_f]^T$ 为机架质心的笛卡尔坐标;$\delta_f = [\alpha_f, \beta_f, \lambda_f]^T$ 为反映机架方位的欧拉角,rad。

弹性体喷杆模型建立的具体过程为:根据喷杆数值模态分析的结果,在 ANSYS 中将有限元模型所包含的模态信息保存为模态中性文件(.mnf)后导入 ADAMS 中,考虑到 ADAMS 中对喷杆变形的计算是在模态空间中通过模态的线性叠加而得到的,即

$$[u] = \sum_{k=0}^{n} a_i [\varphi]_i \tag{5-76}$$

式中:a_i 为各阶模态的参与因子;$[\varphi]_i$ 为喷杆的各阶模态;$[u]$ 为喷杆模型的各个节点在 ADAMS 中的坐标。

由式(5-76)可知，模态中性文件所保留的喷杆模态$[\varphi]_i$越多，ADAMS中计算的喷杆弹性变形量越精确，但鉴于只有低阶振型会对喷杆结构的动态特性造成较大影响，并且保留过多的模态数会显著影响计算效率。所以生成的模态中性文件. mnf 只保留了前6阶非刚体模态。完成导入后，考虑到制造喷杆的材料为 Q235 钢，所以将喷杆模型的阻尼比定义为 $\zeta_{喷杆} = 6 \times 10^{-4}$。

对于此弹性体喷杆模型来说，ADAMS 描述其运动的广义坐标是物体坐标以及模态坐标的合成，其中物体坐标表示弹性体喷杆的宏观运动，如偏转、翻滚和振荡等运动，与机架的物体坐标表示方法相同。而模态坐标则用来描述弹性体喷杆的弹性变形，所以弹性体喷杆的广义坐标定义为

$$\zeta_b = [r_b, \delta_b, \zeta_b]^T \tag{5-77}$$

式中：$\zeta_b = [\zeta_1, \zeta_2, \zeta_3, \zeta_4, \zeta_5, \zeta_6]^T$ 为模态坐标，从 ANSYS 导出的. mnf 文件的前6阶模态得出；$r_b = [x_b, y_b, z_b]^T$ 为喷杆质心的笛卡尔坐标系；$\delta_b = [\alpha_b, \beta_b, \lambda_b]^T$ 为反映喷杆方位的欧拉角，rad。

而 ADAMS 中对弹性体喷杆的控制方程是建立在其广义坐标的基础上

$$\left. \begin{array}{l} M\dfrac{d^2\zeta_b}{dt^2} + \dfrac{\partial M}{\partial t}\dfrac{d\zeta_b}{dt} - \dfrac{1}{2}\left[\dfrac{\partial M}{\partial \zeta_b}\dfrac{d\zeta_b}{dt}\right]^T\dfrac{d\zeta_b}{dt} + \\ K\zeta_b + f_g + D\dfrac{d\zeta_b}{dt} + \left[\dfrac{\partial \psi_a}{\partial \zeta_b}\right]^T\lambda_a = Q \\ \psi_a\left(\zeta_b, \dfrac{d\zeta_b}{dt}, t\right) = 0 \, (a = 1,2,\cdots,n) \end{array} \right\} \tag{5-78}$$

式中：ζ_b 为式(5-77)中所定义的喷杆各节点的广义坐标；M 为喷杆模型的质量矩阵；K 为喷杆模型的刚度矩阵；f_g 为喷杆重力，N；D 为喷杆模型模态阻尼矩阵；$\psi_a\left(\zeta_b, \dfrac{d\zeta_b}{dt}, t\right) = 0(a=1,2,\cdots,n)$ 为所有约束方程，a 为约束方程序号；λ_a 为约束的拉格朗日乘子；Q 为投影至喷杆模型各节点所在广义坐标系的广义外力，N。

因此，利用 ADAMS 平台并依据在 ANSYS 中生成的含有喷杆模态信息的模态中性文件，可以很方便地研究由喷杆的3种主要运动所引起的弹性变形情况。最后，按实际情况将喷杆与机架进行刚性连接，连接点如图5-39(a)所示，得到了具有柔性体喷杆的喷杆机架模型，如图5-40(a)所示，喷杆式喷雾机机架实物如图5-40(b)所示。

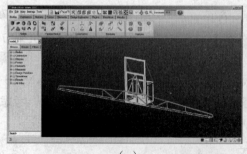

(a) (b)

图5-40 ADAMS 平台中所建立的喷杆机架模型及喷杆喷雾机

(a) ADAMS 中所建立的喷杆机架模型 (b) 喷杆式喷雾机实物

1. 机架 2. 喷杆 3. 底盘

(3) 喷杆运动仿真分析

由于行走底盘在田间作业时受到的激励一般低于10Hz，同时，由于国家标准只规定喷幅大于12m的喷杆喷雾机需安装喷杆悬挂装置，所以这里的喷幅8m的喷杆与机架采用了刚性连接方式，这会导致路面激励所引起的底盘和机架的运动直接传递给喷杆。由模态分析结果可知，该喷杆的1阶固有频率为9.16Hz，处于0~10Hz的路面激励范围内，作业时喷杆易产生较大变形，有必要对喷杆的弹性变形进行分析与进一步控制。为此，依据所建立的喷杆机架模型，对上述3种运动在0~10Hz的激励范围内所造成的喷杆弹性变形量进行谐响应分析。

考虑到喷杆的3种运动都源自机架，所以在ADAMS中将3种运动都定义为由机架产生，即机架带动喷杆运动，参数定义如下：由于喷杆翻滚和偏转的角度一般都为±5°，振荡的幅值一般小于50mm，所以仿真时定义偏转角ω的幅值为5°，翻滚角η的幅值为5°，转动中心都为机架与喷杆的连接点，而振荡距离Z的幅值为50mm。

由于喷杆与机架的连接点在喷杆中间位置，在这种情况下，喷杆作业时各处弹性变形量随着与对称平面距离的增大而增大，最大处为喷杆末端。因此这里将3种运动下喷杆末端的弹性变形量ε_1，ε_2，ε_3作为衡量喷杆动刚度的指标。

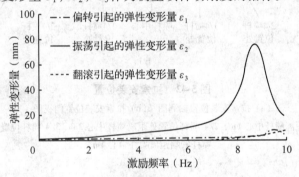

图5-41 对机架施加3种运动时喷杆末端的变形量

图5-41所示为施加偏转、振荡及翻滚3种运动时，喷杆弹性变形的谐响应分析结果。可知，在0~10Hz范围的激励内，振荡在水平面内造成的喷杆末端弹性变形量ε_2的最大值接近80mm，偏转和翻滚在水平面和垂直面内造成的喷杆弹性变形量ε_1和ε_3都未超过10mm，明显较小。所以，相对于偏转和翻滚来说，可以认为振荡是喷杆弹性变形的主要来源。造成这种情况的主要原因是喷杆的1阶振型为水平方向一阶弯曲，所以，应该抑制振荡引起的喷杆弹性变形。

5.4.4.7 喷杆拉索安装方式及位置对弹性变形的影响

(1) 喷杆拉索安装方式与模型的确立

当喷杆与机架之间采取刚性连接作业时，振荡会造成喷杆在水平方向产生幅值较大的弹性变形，这不仅会影响到喷雾效果，甚至会使喷杆受损，影响喷杆使用寿命。为了抑制喷杆弹性变形，采用在喷杆与机架之间增设拉索的方式，拉索安装位置轴测图如图5-42(a)所示。鉴于所增设的拉索主要是为了抑制振荡引起的喷杆弹性变形，所以拉索的安装位置应与喷杆长度方向在水平面上存在安装角，以使其能有效减小喷杆

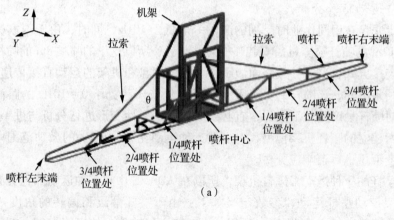

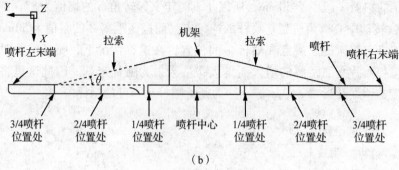

图 5-42 拉索安装位置

(a) 拉索安装位置轴测图 (b) 拉索安装位置俯视图

注：1/4 喷杆位置处距离喷杆中心 1m，2/4 喷杆位置处距离喷杆中心 2m，3/4 喷杆位置处距离喷杆中心 3m，喷杆末端距离喷杆中心 4m

水平面发生的弹性变形。图 5-42(b) 所示为拉索安装位置俯视图，所添加的拉索在 XOY 平面的投影与喷杆长度方向之间存在夹角 θ。

模型建立的具体过程为：在 ADAMS 软件所建立的喷杆机架模型中添加拉索，考虑到模型的准确性，将拉索定义为弹性体，材料为钢，截面为实心圆形，直径 $D_{拉索}$ = 12mm，阻尼比为 $\zeta_{拉索} = 6 \times 10^{-4}$。拉索的一端与机架连接，另一端与处于水平面的喷杆加强圆钢管连接。考虑到模型的自由度及准确性，连接方式都为球铰 (spherical joint)。

(2) 拉索安装位置对喷杆弹性变形的影响分析

拉索安装在不同位置时，对喷杆变形的抑制效果是不同的，一般来说，拉索的安装跨度越大，其作用效果应当越好。但为了从理论上找出合适的拉索的安装位置，需分析不同拉索安装位置对喷杆弹性变形影响的情况。

由于喷杆水平方向 4 组对称分布的加强圆管（对称分布在 1/4 喷杆位置处、2/4 喷杆位置处、3/4 喷杆位置处及喷杆末端处）最适合安装拉索，所以仿真过程共选取了 4 种安装位置，分别为 4 组加强圆管所在位置，如图 5-42 所示。每种安装位置的两个安装点与喷杆中心对称，并且以喷杆对称中心为原点向喷杆末端由近及远分布。

考虑到抑制变形的分析应以减小振荡对喷杆弹性变形量的多少为评价指标，对机架施加了频率范围为 0~10Hz、振幅 $Z_{max} = 50$mm 的振荡运动。

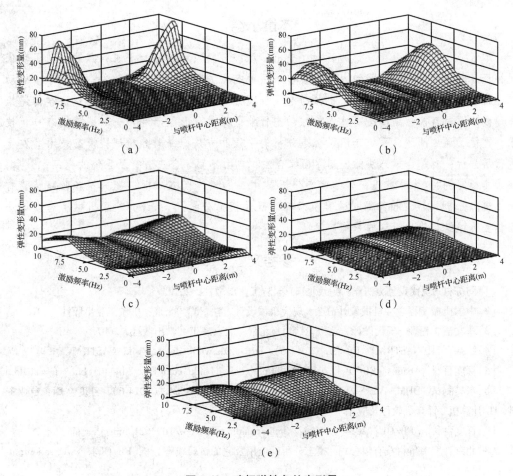

图 5-43 喷杆弹性各处变形量
(a)未安装拉索时喷杆的弹性变形 (b)拉索安装在 1/4 喷杆位置处喷杆的弹性变形
(c)拉索安装在 2/4 喷杆位置处喷杆的弹性变形 (d)拉索安装在 3/4 喷杆位置处喷杆的弹性变形
(e)拉索安装在喷杆末端处喷杆的弹性变形

未安装拉索以及拉索安装在不同位置时喷杆弹性各处变形量如图 5-43 所示。从图 5-43(b)可以发现,当将拉索安装在 1/4 喷杆位置处时,拉索的跨度最小,7.5Hz 左右的振荡激励会使喷杆末端产生较大弹性变形量,最大值为接近 60mm。虽然这种安装方式较未添加拉索时喷杆末端产生的近 80mm 弹性变形要小,但抑制效果并不理想。从图 5-43(e)可以发现,当将拉索安装在喷杆末端时,此时拉索跨度最大,但由于此时拉索长度较长,所以拉索的弯曲和在长度方向的拉伸比较明显,这也导致了喷杆最大弹性变形量超过 20mm,说明拉索的大安装跨度并不一定会产生最好的抑制喷杆变形的效果。图 5-43(c)(d)表明:当拉索安装在 2/4 喷杆位置处时,在 0 ~ 10Hz 的激励频率范围内,喷杆末端的最大弹性变形量接近 30mm;而当拉索安装在 3/4 喷杆位置处时,喷杆的末端弹性变形量都小于 10mm,较 2/4 喷杆位置处的最大变形量接近 30mm 要更小。

本章小结

本章分析了动态分析设计的目标,提出了动态分析设计的指标要求;归纳总结了现代机械产品动态设计时,用于动力学建模常采用的有限元动态分析通用软件;介绍了机械动态分析设计的步骤;系统介绍了机械动态设计理论建模方法,包括有限元建模法和传递矩阵建模法;对目前常用的提高林业机械动态性能的结构优化设计手段——试验模态分析技术,进行了详细阐述,系统介绍了模态分析的手段和方法,并对分析试验模态技术的发展进行了分析;对综合模态法的固定界面综合法和自由界面综合法进行了系统的介绍;最后,通过典型案例"树木移栽机铲刀的模态分析""木工圆锯片模态分析""玉米根茬收集装置有限元模态分析"以及"植物保护喷雾机喷杆有限元模态分析",系统介绍了机械动态设计法在林业机械结构优化设计的系统应用。

参考文献

[1] 陶栋材. 现代设计方法学[M]. 北京:国防工业出版社,2012.
[2] 中国机械工程学会机械设计分会. 现代机械设计方法[M]. 北京:机械工业出版社,2012.
[3] 覃文洁,程颖. 现代设计方法概论[M]. 北京,北京理工大学出版社,2007.
[4] 维基百科. NASTRAN[EB/OL](2014-6). http://zh.wikipedia.org/wiki/NASTRAN
[5] 百度百科. Abaqus[EB/OL](2014-6). http://baike.baidu.com/view/1144405.htm? fr = aladdin
[6] 东昊测试. DHMA-V2.5 模态分析软件入门实用教程[EB/OL](2014-6). 百度文库:专业资料,IT/计算机,计算机软件及应用
[7] 百度百科.[EB/OL](2014-6). http://baike.baidu.com/view/1003624.htm? fr = aladdin
[8] 北京森罗南华科技有限公司. 模态分析的应用及它的试验模态分析[EB/OL]. www.salientronics.cn
[9] 王攀. 实验模态分析[EB/OL](2014-6). 重庆大学机械学院汽车系. 百度文库:专业资料,工程科技,机械/仪表
[10] 姜节胜. 实验模态分析方法与应用概论[EB/OL](2014-6). 西北工业大学振动工程研究所. 百度文库:专业资料,IT/计算机,计算机软件及应用
[11] 孙靖民. 现代机械设计方法[M]. 哈尔滨:哈尔滨工业大学出版社,2003.
[12] 百度百科. 模态分析[EB/OL](2014-6). http://baike.baidu.com/view/1003624.htm? fr = aladdin
[13] Institute of Vibration Engineering,Northwestern Polytechnical University,China. 动态载荷识别、模型修正与结构动力修改[EB/OL](2014-6). 百度文库:专业资料,IT/计算机,计算机软件及应用
[14] 周杰. 树木移栽机机械结构设计与有限元分析[D]. 哈尔滨:东北林业大学,2013.
[15] 张绍群,焦广泽. 基于 ANSYS 的圆锯片模态分析和振动分析[J]. 森林工程,2014,30(2):79-83.
[16] 曾百功. 玉米根茬收集装置研制及关键机构机理分析[D]. 长春:吉林大学,2013.
[17] 何耀杰,邱白晶,杨亚飞,等. 基于有限元模型的喷雾机喷杆弹性变形分析与控制[J]. 农业工程学报,2014,30(6):28-36.

思考题

1. 简述机械动态设计的含义与主要内容。

2. 机械系统或结构的动力学特性对其工作性能有什么影响？

3. 采用传递函数分析方法求解机械系统或结构的动力学特性有什么优点？需要哪些前提条件？

4. 动力学建模的一般方法有哪些？

5. 写出有限元动力学建模的一般步骤(包括基本表达式)。

6. 何为系统的传递函数？什么是频率响应函数？

7. 什么是模态分析？其目的是什么？

8. 简述试验模态建模的主要步骤。

9. 请具体说明模态分析法和模态综合法的思路与方法，以及两者之间的区别。

10. Nyquist 图是如何画出的？

11. 什么是 Bode 图？请找出单自由度系统的对数位移幅频中的质量导纳线、刚度导纳线和阻尼导纳线。

12. 具有黏性阻尼单自由度系统的动刚度(机械阻抗)如何表示？为什么说其倒数(机械导纳)相当于系统的传递函数？

13. 如何采用分量分析法和导纳图拟合法来识别系统固有频率和阻尼比？

14. 如何对相互耦合的振动方程组进行解耦？

15. 在采用模态分析法求解机械系统或结构的动力学特性时，要处理系统在物理坐标下的动力学特性向模态坐标的转换问题。请说明其转换方法及相关的模态参数。

16. 简述模态参数的识别方法。

17. 结构动力学修改主要包括哪两方面的问题？

18. 模态分析的主要应用有哪些？

推荐阅读书目

1. 现代设计方法学. 陶栋材. 国防工业出版社.
2. 现代机械设计方法. 中国机械工程学会机械设计分会. 机械工业出版社.
3. 结构模态分析及其损伤诊断. 顾培英，邓昌，吴福生. 东南大学出版社.

第6章 摩擦学设计

[**本章提要**] 摩擦学设计是正在发展的摩擦学的一个分支,其研究对于国民经济具有重要意义。控制摩擦、减少磨损、改善润滑性能已成为节约能源和原材料、缩短维修时间的重要措施。由于国内外还没有形成通用的摩擦学设计原理、方法和设计原则,因此本章主要介绍机械系统功能与摩擦学系统过程、表面工程及摩擦学设计方法,并介绍林业集材拖拉机摩擦学设计实例。

6.1 机械系统功能与摩擦学系统过程
6.2 表面工程及摩擦学设计方法
6.3 林业集材拖拉机摩擦学设计

摩擦学是有关摩擦、磨损与润滑科学的总称，它是研究在摩擦与磨损过程中两个相对运动表面之间的相互作用、变化及其相关的理论与实践的一门学科。据统计全世界有 1/3~1/2 的能源以各种形式消耗在摩擦上，而摩擦导致的磨损是机械设备失效的主要原因，大约有 80% 的损坏零件是由于各种磨损引起的[1]。也就是说，摩擦会使接触面间能量发生转换，磨损则会导致接触面的损坏和摩擦材料的损耗。润滑是降低摩擦、减少磨损最有效措施，三者之间关系密切[2]。摩擦学设计（tribology design）就是根据摩擦学的观点，运用摩擦学的理论知识进行机械产品的设计工作，以确保与摩擦学行为有关的设备具有可靠性高、使用寿命长和维护成本低等优点。

6.1 机械系统功能与摩擦学系统过程

6.1.1 摩擦学系统过程

根据系统分析的概念，一定范围内的机械（机器）是由系统方框包围的一个系统。当然，机械是更大系统（如生产系统或社会系统）的子系统。机械本身又可划分为若干级别较低的子系统，例如单机。单机还可以再分，而且有不同的划分方法。例如按集成（部套）分，可能有转子系统、底盘系统、传动箱系统等；按功能分，可能有水循环系统、控制系统、润滑系统等；按行为特征分析方法分，可能有热力学系统、电气系统、结构系统、动力学系统以及摩擦学系统。行为特征分析方法是将机械系统予以抽象，不限于机械的哪一些部位，也不限于哪一部分功能，而是研究某特定范畴行为的结果。

从系统的角度给出摩擦学的定义：摩擦学是研究自然界系统中摩擦学元素（相对运动、相互作用的表面及参与作用的介质）的行为及结果的科学，以及有关的应用技术。如果把机械系统或其他自然界系统抽象成着重由摩擦学元素构成的系统，用以研究摩擦学元素的行为及结果，这就是一个摩擦学系统。图 6-1 给出了发动机缸套活塞环组摩擦学系统[3]。当然各种特定的抽象研究方法之间是相互联系的。动力学系统的行为可能影响摩擦学系统的行为，反之亦然。

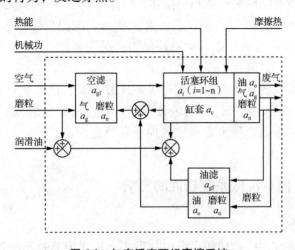

图 6-1 缸套活塞环组摩擦系统

摩擦学系统的结构由结构参数 S 描述，该参数反映了系统元素$\{A\}$、元素及元素间的固有特性$\{P\}$以及$\{R\}$，而与输入无关。采用 Czichos 的方法[3]表示，即

$$S = \{A, P, R\}$$

该表达式通常是几何、材质、结构惯性、弹性、阻尼等参数的数字表达。对于时不变系统，结构参数从系统生成起，就是定常的。

所谓时变系统，即在系统生成后其部分或全部结构参数是随时间推移而显著变化的函数，因而其摩擦学系统可表示为

$$S = S(t)$$

结构参数的显著时变特征，通常来自以下几方面原因：

①系统的行为使系统结构参数变化。如磨损使间隙加大，摩擦热引起温度变形，材料转移改变了表面材质等。

②运行参数变化使系统结构参数变化。如流体动压径向轴承油膜刚度阻尼系数随轴颈转速变化。

③环境使系统结构参数变化。如有害气氛、尘土的污染，高温导致材料老化。

④运行和维护管理使系统结构参数发生阶跃和连续的变化。这是摩擦学系统独具的特点，在系统生成后，如下两种情况会使摩擦学系统元素发生改变：一种是添加或更换润滑油；另一种是更换易损件，包括更换滤清器的滤芯，都会导致系统结构参数发生阶跃变化。系统结构参数在很大程度上依赖于系统生成后的更换情况。

摩擦学系统的状态由状态参数向量描述。由于摩擦学系统行为比较复杂，以及量化、模化程度不平衡，目前还不能精确证明哪些参数可以构成完整的状态参数，足以描述 $t \geq t_0$ 的任何时刻系统的全部行为。已有的摩擦学分析大多只涉及某一方面或几个方面的行为：流体润滑理论研究系统力学和热学方面的行为；疲劳磨损理论研究表层裂纹萌生和发展的行为；边界膜理论研究极性分子对固体表面的物理化学行为等。摩擦学系统分析当前的任务是为已研究的摩擦学系统各方面行为尽可能建立起相应的数学模型，并尽可能使较多的方面统一在一个数学模型中。应当指出，摩擦学的各个方面应用数学的程度是很不平衡的，这给较高级别系统的定量分析带来很多困难。在摩擦学学科中，原来就有一些关于状态的描述，但是它们不尽符合状态空间定义的要求。例如，关于磨损状态，有磨合状态、正常磨损状态、磨损失效状态；关于润滑状态，有流体润滑状态、边界润滑状态、干摩擦状态；关于系统行为稳定性，有稳定状态、失稳状态、界限状态、过渡状态等。

对于一个级别较高的系统，输入输出关系比较复杂，往往较难确定某个传递是否是一种功能。对于摩擦学系统，在频域分析时，只使用传递的概念；在时域分析时，由系统状态方程组的系数矩阵来联系输入向量和状态向量，并由输出方程组给出输出向量。

6.1.2 摩擦学过程对机械系统功能的影响

6.1.2.1 一般原理

各种摩擦机械系统的技术功能，可以从形式上描述为某种系统输入（如运动和功）变换为技术上有用的输出。然而，由于摩擦和磨损的有害影响，可能导致有用输入—

输出关系的失调,如摩擦引起的黏滑效应或者是功能失效。摩擦学过程对机械系统的有害影响,看起来可能大不相同,但从系统观点来看,某些特点似乎具有普遍性。作为用系统方法研究摩擦学过程对机械系统功能的主要影响的第一步,本节将首先讨论摩擦学的有害影响很小时机械系统的功能特性。

如果摩擦学过程的有害影响可以忽略不计,而且机械系统具有固定不变的结构,则有可能采用工程系统分析的网络法来描述系统的功能特性。机械系统的功能特性用工程系统分析的网络法来表征时,是从系统元素的识别和模拟开始的;其次是把系统的输入变量和输出变量加以识别并分为"跨越变量"和"通过变量",或者分为"势差变量"和"流通变量";然后画出网络图和信号流图并列出状态方程。为此,经常要用到克希霍夫的回路定律和节点定律。然后应用适当的方法,如拉普拉斯变换求解得到的方程,以便表征系统的功能特性。

图 6-2 表示一个简单的"理想"齿轮链(无摩擦损失、无磨损效应)。齿轮链包括半径为 r_1 和 r_2 的两个齿轮,其半径之比称为齿轮比 $N = r_2/r_1$,齿轮链传递着扭矩 $M_1 \to M_2$ 和角速度 $\omega_1 \to \omega_2$。因而有时称之为机械能到机械能的转换器。齿

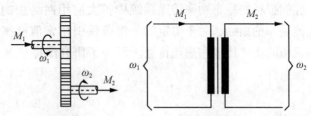

图 6-2 简单的齿轮链及其图解表示法

轮链系统的输入输出关系式,可用广义的克希霍夫定律电路模拟得到。

① 由力平衡可知,啮合轮齿相互施加的力,其力大小必定相等,即 $F_1 = F_2$。引入齿轮比 N,则输出扭矩 M_2 等于输入扭矩 M_1 乘以齿轮比 N:

$$M_2 = NM_1$$

② 由几何一致性可知,表面速度必定相等,即 $v_1 = v_2$,这就引出了输入角速度 ω_1 和输出角速度 ω_2 之间的关系:

$$\omega_2 = \frac{1}{N}\omega_1$$

输入输出扭矩和角速度的这些关系式可用矩阵加以合并表示。输入扭矩 M_1 和输入角速度 ω_1 统称为输入向量:

$$X = \begin{bmatrix} M_1 \\ \omega_1 \end{bmatrix}$$

则由变换矩阵

$$T = \begin{bmatrix} N & 0 \\ 0 & \frac{1}{N} \end{bmatrix}$$

而转换成输出向量

$$Y = \begin{bmatrix} M_2 \\ \omega_2 \end{bmatrix}$$

则有

$$\begin{bmatrix} M_2 \\ \omega_2 \end{bmatrix} = \begin{bmatrix} N & 0 \\ 0 & \dfrac{1}{N} \end{bmatrix} \begin{bmatrix} M_1 \\ \omega_1 \end{bmatrix} \tag{6-1}$$

因此理想齿轮链的功能特性，可用图 6-3 所示的表示法使之符号化。这是"二对端"系统（线性系统）典型的网络表示法。

如果有两个以上的输入和输出变量与系统有关，则把模拟技术推广就可导出 n 对端系统的一般表示法，如图 6-4 所示。

图 6-3 和图 6-4 说明的方法，只有当实际系统的输入变量和输出变量具有线性关系而且系统元素能用简单的物理元素来模拟时，才能使用。此外，网络法还有一些假设，即系统无损耗、稳定、结构不变。由于这些限制，对摩擦机械系统的功能描述来说，上述简单齿轮链实例所说明的常规网络法必须加以修正。Schlösser[4]曾提出在考虑了摩擦能损耗的稳态功率传递系统中扩大应用网络法的事例。在这一输入模型中，假定摩擦是库伦型的，对于给定的一组条件引用常值摩擦系数。用这个模型，能够描述各种机械的功率传递和损耗特性。而为了研究摩擦机械系统的动力学，必须考虑可变的摩擦条件。

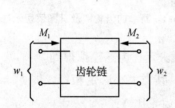

图 6-3 齿轮链系统的网络表示

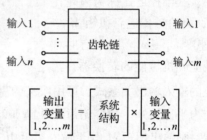

图 6-4 n 对端系统的网络表示法

6.1.2.2 运动的传递和黏滑效应

(1) 摩擦学机械系统的动力学

功能目标与传递运动有关的许多摩擦机械系统，都可用图 6-5 所示图形加以模拟。模拟系统包括质量为 m_1 的物体 1，该物体相对于质量为 m_2 的对偶件 2 而运动，对偶件 2 则通过一个弹簧常数为 C_{s2} 的弹簧和一个阻尼系数为 C_d 的阻尼器固定在墙面上。物体 1 经由弹簧 C_{s1} 驱动，而弹簧 C_{s1} 按定速 $v_0 = s/t$ 运动。

速度为 v_1、位移为 x 的物体 1，相对于速度为 v_2、位移为 z 的物体 2 的运动，受到作用于物体 1 和物体 2 之间界面上摩擦力 F_F 的影响。由简单定性研究可知，运动形式取决于 $v_{相对} = 0$ 时摩擦力的数值和摩擦力对于速度的依赖关系 $F_F = f(v)$。设图 6-5 所示系统的初始状态为弹簧 C_{s1} 及 C_{s2} 未被压缩，而且 m_1 和 m_2 是静止的。当给以速度为 v_0 的运动时，在 m_1 上的驱动力还没有大到足以克服 m_1 和 m_2 间的（静）摩擦力之前，就不会有 m_1 相对于 m_2 的运动（"黏滞"阶段）。然后，假如 m_1 相对于 m_2 开始运动

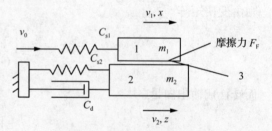

图 6-5 摩擦机械系统模型

("滑移"阶段),弹簧就减载,于是驱动力就下降一定数值。现在假如 m_1 上的驱动力降到低于(动)摩擦力,就会形成第二次"黏滞"阶段。这又引起驱动力的增加,直到第二次滑移阶段的运动开始,如此继续下去。

图 6-6 为图 6-5 系统的网络表示法示意图。网络图以表 6-1 中汇编的电气机械相似量为基础。根据速度与势差相似、力与流通相似的原理,从回路观点把速度看成电路的"电压激励器"。因此力 F 就是贯穿电路中各元素,即质量 m_1,m_2,弹簧 s_1,s_2 和阻尼器 d 的"流通"变量。图 6-6 所示的网络图相应的信号流图如图 6-7 所示。

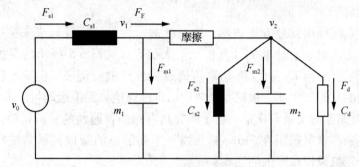

图 6-6　摩擦机械系统网络表示法

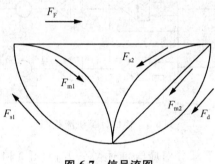

图 6-7　信号流图

表 6-1　机械系统和电气系统的相似元素

机械系统	电气系统	相似元素
质量	电容	
弹簧	电感	
阻尼器	电阻	

由网络图和信号流图,容易导出描述摩擦机械系统功能特性的方程式。应用克希霍夫节点定律,可得到

$$(\text{I}) F_{s1} = F_F + F_{m1} \quad (\text{节点 1}) \tag{6-2}$$

$$(\text{II}) F_F = F_{s2} + F_{m2} + F_d \quad (\text{节点 2}) \tag{6-3}$$

或写成

$$(\text{I}) \; C_{s1}(v_0 t - x) = F_F + m_1 \ddot{x}$$

$$(\text{II}) \; -F_F = C_{s2}z + m_2\ddot{z} + C_d \dot{z}$$

或

$$(\text{I}) \; \ddot{x} = -\frac{C_{s1}}{m_1}x + \frac{C_{s1}}{m_1}v_0 t - \frac{F_F}{m_1}$$

$$(\text{II}) \; \ddot{z} = -\frac{C_d}{m_2}\dot{z} - \frac{C_{s2}}{m_2}z - \frac{F_F}{m_2}$$

(2) 黏滑特性的模拟

如果一个系统能用微分方程表示，则系统的特性就可用计算机来模拟研究。系统的元素可以相当准确地由标准的计算机元素来代表。对图 6-5 所示的摩擦机械系统来说，弹簧和阻尼器的值 C_{s1}，C_{s2} 和 C_d 均可通过电位计进行调节，但摩擦特性的模拟却需要一个适当的功能发生器。根据黏滑效应的定性讨论，黏滑运动可以由摩擦力 F_F（或摩擦系数 f）对速度的关系来确定。为了研究具有相当普遍性的黏滑运动，对于摩擦与速度的特性关系，这里选用在 Stribeck 曲线[5]不同部分的摩擦机械系统特性为研究对象。系统的计算机模拟流程图如图 6-8 所示。

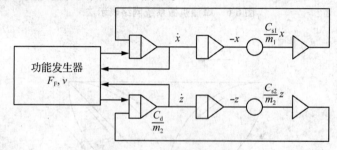

图 6-8 模拟计算机流程图

计算机流程图的上、下部分对应于前述微分方程（Ⅰ）和（Ⅱ）。通过摩擦力（或摩擦系数）进行耦合的微分方程，由图 6-8 中间的功能发生器模拟，其比例系数由图 6-5 的摩擦机械系统的设计参数决定。

对于给定的常数值 m_1，m_2，C_{s1}，C_d 来说，根据摩擦系数在 Stribeck 曲线内位置的不同，可以观察到摩擦机械系统不同的动态特性。

①对于 Stribeck 曲线最低点附近的摩擦条件来说，系统是不稳定的，由于干扰引起的运动是发散的，系统由自行激发而振动起来。

②对于在 Stribeck 曲线左面部分的摩擦条件来说，产生典型的黏滑运动。

③对于在 Stribeck 曲线右面部分的摩擦条件来说，系统是稳定的，即引入系统的振动自行减弱。

研究表明，当摩擦速度曲线的斜率为负或等于零，即 $\dfrac{df}{dv} \leq 0$ 时，在 Stribeck 曲线的左面部分可能产生黏滑效应。因此黏滑效应只是在固体摩擦、边界润滑或混合润滑的条件下才会产生，而在流体动压润滑条件下是不可能产生的。

因此，系统模拟技术和计算机模拟的联合应用，有助于得到一个给定摩擦机械系统的正确功能特性。

(3) 机械效率

机械系统把功或机械能转变成技术上有用输出的能力，通常用系统效率 η 来表示

$$\eta = \frac{W_{出}}{W_{入}}$$

式中：$W_{出}$ 为有用输出功，W；$W_{入}$ 为输入功，W。

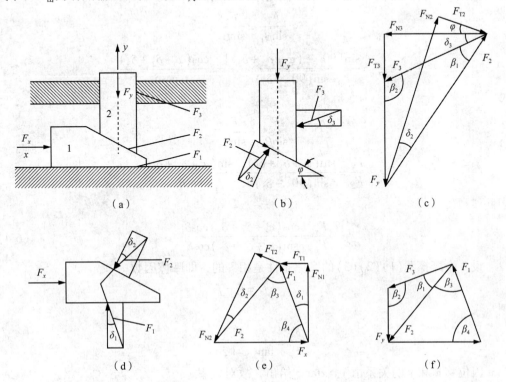

图6-9 "楔传动"系统的特点

图6-9所示为"楔传动"系统及其特点。系统包括水平移动的楔1和垂直移动的楔2，能把输入平移 x 变换成与之成直角的输出运动 y，并靠引入输入力 F_x 来举起输出端的负荷 F_y。靠"楔作用"把力和运动的输入（F_x, x）变换成技术上有用的力和运动的输出（F_y, y），这一基本原理在各种摩擦机械的机器零件中得到应用，如传动丝杠、蜗轮蜗杆及凸轮传动等机构。

图6-9所示的楔传动系统的效率，可按以下步骤进行计算：

①画出系统元素的分离体图；

②画出作用于系统元素上力的向量图；

③确定力平衡条件；

④计算效率 η，其定义为 $\eta = \dfrac{F_y y}{F_x x}$。

如图6-9所指出，将输入力 F_x 传递到输出力 F_y，受到3个摩擦源的影响：

① F_1，作用在楔1支承上的摩擦力；

② F_2，作用在楔1和楔2接触面上的摩擦力；

③ F_3，作用在楔2导孔上的摩擦力。

把这些力分解成与表面成法向和切向的分力,即能画出图6-9(c)(e)(f)所示的力向量图。在这些图中,δ代表力F和法向分力F_N之间的夹角,δ的正切等于摩擦因数,即$\tan\delta = F_T/F_N = f$。

由局部的力向量图,能够形成描述F_x,F_1,F_3,F_y各力之间平衡条件的合力向量图,如图6-9(f)所示,由此图中两个三角形的三角关系可得

$$\frac{F_y}{\sin\beta_1} = \frac{F_2}{\sin\beta_2}$$

$$\frac{F_y}{F_2} = \frac{\sin[90° - (\varphi + \delta_2 + \delta_3)]}{\sin(90° + \delta_2)} = \frac{\cos(\varphi + \delta_2 + \delta_3)}{\cos\delta_3}$$

及

$$\frac{F_x}{\sin\beta_3} = \frac{F_2}{\sin\beta_4}$$

$$\frac{F_x}{F_2} = \frac{\sin(\varphi + \delta_1 + \delta_2)}{\sin(90° - \delta_1)} = \frac{\sin(\varphi + \delta_1 + \delta_2)}{\cos\delta_1}$$

因此

$$\frac{F_y}{F_x} = \frac{\cos(\varphi + \delta_2 + \delta_3)\cos\delta_1}{\sin(\varphi + \delta_1 + \delta_2)\cos\delta_3} \tag{6-4}$$

设3个摩擦源(1)(2)(3)的摩擦条件是相等的,即摩擦因数

$$f_1 = f_2 = f_3 = f$$

则

$$\frac{F_y}{F_x} = \frac{1}{\tan(\varphi + 2\delta)}$$

因位移x和y的关系由$y = x\tan\varphi$给出,故对效率

$$\eta = \frac{F_y y}{F_x x}$$

可得

$$\eta = \frac{\tan\varphi}{\tan(\varphi + 2\delta)} \tag{6-5}$$

式(6-5)指出,对于楔角φ的某一给定值来说,效率是由图6-9所示的3个摩擦界面的摩擦因数$f = \tan\delta$决定的。对其他摩擦机械系统也可得到类似的表达式。例如传动丝杠的效率关系式为

$$\eta = \frac{\tan\varphi}{\tan(\varphi + \delta)} \tag{6-6}$$

这与楔传动系统的效率十分相似。楔角$\varphi = 30°$时,把楔传动系统的效率作为摩擦因数的函数,其图形如图6-10所示。作为摩擦系数的函数,效率的变化范围很广。

对典型的摩擦和润滑方式来说,效率的范围为:
① 干滑动摩擦:$\eta = 5\% \sim 40\%$;
② 边界润滑:$\eta = 60\% \sim 70\%$;
③ 流体动压润滑:$\eta = 90\% \sim 98\%$;
④ 滚动摩擦:$\eta = 97\% \sim 99\%$。

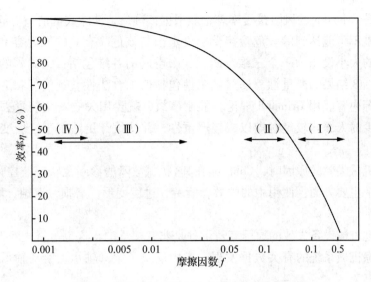

图 6-10 楔传动系统的效率与摩擦因数 f 的关系

因此，对于滑动摩擦（如干滑动摩擦、边界润滑和流体动压润滑）来说，只有用完全流体润滑才能得到大于 90% 的效率，而用滚动零件代替滑动摩擦就能实现最高效率。虽然这些数据是对特定的楔传动系统推导出来的，但却广泛地表示了在不同摩擦学条件下工作的摩擦机械系统效率范围的特点。如果需要某一给定摩擦机械系统的准确效率数据，则除了分析估计外，还应由实验来测定。

（4）功能失效

摩擦学过程决定机械系统的效率，并且也会扰乱输入—输出的关系。如果在一个给定系统的运转中，由系统的输入到技术上有用的输出这一功能变换，其所受扰乱的程度致使工作条件超过某一容许极限时，就认为发生了系统的"功能失效"。因为在任何系统中，输入是经过系统的结构转换成输出的，而功能失效现象涉及到或起因于子系统结构的明显变化。这些结构的变化，又受到系统中从输入到输出的功能变换期间发生的摩擦学过程的影响。在分析摩擦学过程在机械系统失效中的作用之前，首先要分析工程系统安全和失效的一般理论。

关于失效的发生原因及预防方法，有 3 种重要理论[6]。

第 1 种是 Heinrich 的多米诺骨牌顺序理论。该理论假定事故是由顺序发生的 5 个因素引起的。这 5 个因素是：①先天或后天的个性；②个人缺陷，即让人容易去做不安全动作（或疏忽）、让人身危险或机械危险存在的那些性格；③不安全动作（或疏忽）、人身危险或机械危险；④事故；⑤损害。每个因素就像一张直立的骨牌，当一个倒下时，就撞倒其他骨牌。为了预防事故，Heinrich 建议抽走一张骨牌，最好是那张标有"不安全动作或者人身危险或机械危险"的骨牌。

第 2 种是 Haddon 的异常能量交换理论。根据这一理论，当一个系统与其环境交换的能量超过某个容许的或正常水准时，就出现损害。"水准"可以指转移的量、质或转移率。"能量"可以属于不同的形式，如电能、机械能、声能、辐射能、热能等。应用 Haddon 理论预防失效，就要求知道将给被研究对象造成损害的、由其环境输入或往其环境输出的能量水准。

第 3 种是 Grimaldi 的风险接受率理论。根据该理论，消除或抵消一切危险的想法在现实生活中是不可能达到的。危险接受率决定于与该危险有关的风险容许率。可以把风险容许率的大小设想为一个三维空间。这个空间的各维包括：①暴露的敏感性；②出现的概率；③结果的严重性。暴露敏感性包括诸如合法性、置信度和道德上的责任或道德规范等内容。用 Grimaldi 理论去控制事故，就要用失效安全装置去减少出现的概率，使较少的人暴露较短时期以减轻严重性，并使设计更适用于社会变化着的规范以降低敏感性。

在考查机械失效的原因时，Collacot 在其《机械故障的诊断及状态监控》中，将失效分成以下几个主要方面：使用中的失效，疲劳，过度变形，磨损，腐蚀，堵塞，设计、制造和装配。

可能引起机械设备失效的原因有若干种是非摩擦学的，这也可从表 6-2 和表 6-3 所列典型的摩擦机械系统的有关数据发现。表中反映了滚动轴承、滑动轴承和机械离合器的失效特点。

表 6-2 滚动轴承和滑动轴承的失效原因

失效原因	出现率(%)	
	滚动轴承	滑动轴承
制造缺陷	14.4	10.7
设计和计算缺陷	13.8	9.1
零件材料的缺陷	1.9	3.6
运用不当、维修不当、监控仪表失灵	37.4	39.1
磨损	28.5	30.5
外因	4.0	7.0

表 6-3 机械离合器的损坏形式

形式	出现率(%)
应力过大造成的破坏	60
胶合、咬粘	18
机械性或腐蚀性表面损坏	15
裂纹	5
挠曲、变形	2

表 6-2 包括了 1406 个滚动轴承失效原因和 530 个滑动轴承失效原因的调查结果。可见对这些摩擦机械系统来说，大约有 30% 的功能失效是由于磨损过程造成的。表 6-3 列出了机械离合器主要损坏形式的百分比，由表可以看出在传递负荷的表面上出现损坏导致的系统失效，大约占总失效原因的 30%。

这些数据也表明，除了摩擦引起的失效原因外，非摩擦学原因也会引起机械设备的失效。

(5) 机械设备的可靠性

可靠性是指一种装置在预定期间内，在一定的工作条件下，完成其目标的概率。作为摩擦机械系统可靠性研究的起点，需要研究以时间变量，系统的磨损特性。对摩擦机械系统的损耗输出(磨损率)来说，可以分为 3 个不同的状态：

①自适应("磨合")；
②稳定状态；
③自加速("灾难性损坏")。

系统的这 3 种状态，在时间上可以互相衔接起来，如图 6-11 所示，其中 $Z_{极限}^M$ 代表磨损损耗的最高容许水平。在这个水平上，系统结构已经变化到系统的有用输入—输出关系受到严重干扰的程度。反复测量的结果说明，数据是随机变动的(图 6-11 中的虚线)。从磨损过程的样本函数，能够导出系统的"寿命"分布，即失效分布。

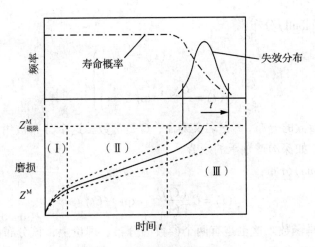

图 6-11 磨损曲线和失效分布

机械系统的可靠性,一般采用概率函数 $R(t)$ 来表示:
$$R(t) = 1 - F(t)$$
式中:$F(t)$ 为失效前时间概率分布函数。

称 $f(t) = \dfrac{\mathrm{d}F(t)}{\mathrm{d}t}$ 为密度函数,$\lambda(t) = \dfrac{f(t)}{1-F(t)}$ 为失效率[$\lambda(t)\mathrm{d}t$ 是条件概率,系统在时间 $t + \mathrm{d}t$ 时失效,而在时间 t 以前系统是安全的]。

有时,系统中元件的失效率 $\lambda(t)$ 可以从所用材料物理特性加以估计,以下是几种常见的失效率概率函数[6]。

① 指数分布:
$$\left.\begin{array}{l}\lambda(t) = 常数 = C\\ f(t) = C \cdot \exp(-Ct)\\ R(t) = \exp(-Ct)\end{array}\right\} \tag{6-7}$$

失效率是常数,意味着失效是突然发生的。即在某一应力下,使用期间零件的失效没有类似疲劳损坏的积累效应。机械系统中零件发生脆性断裂就属于这种破坏方式。

② 瑞利(Rayleigh)分布:
$$\left.\begin{array}{l}\lambda(t) = Ct\\ f(t) = Ct \cdot \exp\left(\dfrac{-Ct^2}{2}\right)\end{array}\right\} \tag{6-8}$$

在这种情况下,失效率随时间而增大。常数 C 表示元件的变质率,由加到零件上的应力水平决定。

③ 正态分布(截短的):
$$f(t) = \dfrac{1}{s\sqrt{2\pi}}\exp\left\{-\dfrac{1}{2}\left(\dfrac{t-u}{s}\right)^2\right\} \tag{6-9}$$

许多机械零件的失效都服从这种分布,特别是当失效是由磨损过程产生时。这种分布的失效率不能用简单的式子来表示。

④韦布尔(Weibull)分布：

$$\left.\begin{array}{l}\lambda(t) = \dfrac{C}{t_0}t^{c-1}\\ f(t) = \dfrac{C}{t_0}t^{c-1}\exp\left(-\dfrac{t^c}{t_0}\right)\end{array}\right\} \quad (6\text{-}10)$$

这是有两个参数的分布，t_0是名义寿命，C是常数。这个分布被用来表示许多机械系统的失效情况，如深沟球轴承的疲劳。

⑤伽马(Gamma)分布：

$$f(t) = C\dfrac{(Ct)^{x-1}}{\Gamma(x)}\exp(-Ct) \quad (6\text{-}11)$$

式中：$\Gamma(x)$为伽马函数。这也是有两个参数的分布。理论上，该分布的重要性在于方程是指数函数的x重卷积。

可见，不同失效形式和失效过程与失效分布函数的不同形式有关。进而又可从失效分布曲线的实验测定，得出关于失效机理类型的结论。对于大多数由于磨损而失效的摩擦机械系统来说，失效特性是以正态分布或韦布尔分布为特征的。如果对一给定的摩擦机械系统，其失效方式和失效分布的类型是已知的，就可利用这一特性改进系统，提高系统可靠性。

如果把失效率表示为时间的函数，可得到如图 6-12 所示的系统失效率与工作时间的关系图，通常称之为"浴盆形曲线"[7]。

在这条曲线上可区分 3 种工况：(a)早期故障区；(b)偶然故障区；(c)严重故障区。上面讨论的分布曲线没有一条具有这种浴盆形的失效曲线，但是对这 3 种工况分别选择一条合适的概率密度函数，就可得到一条近似的浴盆形曲线。工况(a)是系统的早期失效区域，这个工况的特点是失效率随时间而减小；工况(b)是常值失效率，该阶段是系统的正常运转区域；工况(c)是快速磨损阶段，该阶段的特点是失效率随时间而增加。

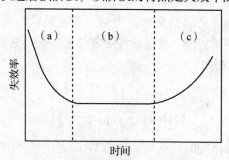

图 6-12 "浴盆形"失效率曲线

6.2 表面工程及摩擦学设计方法

6.2.1 表面工程

6.2.1.1 表面工程概述[8]

表面工程是利用各种物理、化学或机械的方法，改变材料表面的形态、成分、组织结构和应力状态，获得所需要特殊性能的系统工程。它能调整材料表面摩擦磨损特性并赋予表面需要的物理、化学等方面的特种功能，达到提高产品技术含量，满足产品高技术性能的要求。

表面工程的特点包括：

①材料的磨损、腐蚀和疲劳等失效现象都是从表面开始的，表面工程只需很少的涂层材料来进行表面强化就可以达到整体改善材料的效果，使材料"物尽其用"，显著地节约材料。

②表面工程可使材料表面层获得整体材料很难获得甚至无法得到的特殊组分和结构，如超细晶粒、非晶态、超饱和固溶体、多层结构等，其性能远非一般整体材料可比，因此表面工程是研制新材料的重要手段。

③利用各种表面工程技术不但可以制造性能优异的零部件产品，而且可以用于修复已经磨损或腐蚀失效的零部件，是再制造工业中的关键技术。

按摩擦件的作用及耐磨表面处理的特点，可将表面工程概括为：

①以提高表面硬度为主的耐磨处理，处理工艺有表面淬火、表面化学热处理、等离子喷涂或氧乙炔喷焊、熔渗处理、复合镀层及化学沉积和物理沉积等。

②以改变表面化学成分与组织为主的耐磨处理，即表面合金化处理，其中包括各种化学热处理及表面喷涂或喷焊、各种镀层和复合镀层、沉积等方法。

③以改变表面应力状态为主的耐磨处理，如表面形变强化处理。

④以加强表面润滑为主的耐磨处理，如渗硫、硫氮共渗、硅酸盐处理等。

6.2.1.2 表面改性技术

表面改性技术是在一定化学或物理条件下，向摩擦表面渗入 C，N，B，Cr，S 及 C-N，C-N-B，Ti-N-C 等单一和多元素合金元素，使表面合金化，形成各种碳化物、氮化物、硼化物、硫化物等高硬度质点和软基体，成为多相结构，使其耐磨性提高。下面对常用的表面改性技术加以介绍。

(1) 渗碳

渗碳是将低碳钢或低碳合金钢加热，在渗碳的活性介质中使活性碳原子被钢表面吸收，使其表面含碳量增加，以获得高碳渗层的一种方法。渗层中的碳浓度由表向里逐渐降低。低碳钢经渗碳、高频淬火和低温回火处理后，可使工件心部保持原有韧性，而表层具有高硬度和高强度，从而获得了优异的耐磨性。

(2) 表面氮化[9]

表面氮化是向钢表面层渗入氮原子的表面改性技术。渗入介质经加热(500~700℃)发生热分解，分解出活性氮原子被钢表面吸收并进一步向内层扩散而形成一定厚度的氮化物表层。氮化渗层硬度高($HV = 1000 \sim 1200$)、抗疲劳、耐蚀性好，主要用于滑动速度较高、温度较大及弱腐蚀介质等条件工作的零件作表面耐磨处理，如高速齿轮、转轴和曲轴颈、阀门零件、挤压机螺杆等零件，有较好的抗黏着、耐疲劳及耐腐蚀能力。

(3) 其他表面改性技术

除上述渗碳、渗氮两种表面改性技术外，还有渗硫、硫氮共渗、渗铬等多种表面改性技术。通过渗硫、硫氮共渗,可提高摩擦表面润滑性,防止摩擦副表面的黏着;渗铬可提高摩擦表面的耐蚀性、耐磨性、耐疲劳性能以及抗氧化性能。

6.2.1.3 表面处理

表面处理是不改变材质成分,只改变基质材料的组织结构及应力,以材料改善性能的工艺方法。如表面淬火、表面形变强化等。

(1) 表面淬火

表面淬火是将中碳钢的表面快速加热到相变温度以上,迅速冷却,使表层组织由奥氏体转变为马氏体,从而提高表面硬度、耐磨性和疲劳强度,而心部仍保持原有良好韧性的表面处理方法。表面淬火采用的快速加热方法有多种,如电感应、火焰、电接触、激光等,应用较广的是电感应加热法。该方法常用于机床主轴、齿轮、发动机曲轴等零件的表面处理。

(2) 表面形变强化

表面形变强化是在常温状态下,通过滚压工具(球、滚子、金刚石滚锥等)向工件的摩擦表面施加一定的压力和冲击力(喷丸),使其表面薄层产生一定的塑性形变,并产生较大的冷作硬化和宏观残余应力,从而达到提高疲劳磨损及抗磨粒磨损的能力。常用的方法有喷丸、滚压及挤压等。不同方法的强化效果也不同,它直接影响工件的表面残余压应力以及强化层的硬度和深度,见表6-4所列。

表6-4 几种表面形变方法及其效果[10]

表面形变方法	表面硬度提高(%)	表面层中残余压应力(MPa)	强化层的深度(mm)
喷丸	20~40	4~8	0.4~1.0
滚压(球)	20~50	6~8	0.3~5.0
滚压(柱)	20~50	6~8	1.0~20.0
挤压	10~15	1~2	0.05~0.1
金刚石挤压	30~60	3~7	0.01~0.2
滚筒抛光	10~15	1~2	0.05~0.3
超声波强化加工	50~90	8~10	0.1~0.9

6.2.1.4 表面涂覆

表面涂覆技术是指在材料表面涂覆一层新材料的技术,如电镀(或化学镀)、喷漆(或上涂料)、热喷涂和气相沉积等技术。

(1) 表面热喷涂与热喷焊技术

表面热喷涂是利用各种热源(乙炔氧火焰电弧等)将待喷涂的耐磨材料熔化或接近熔化状态的雾化微粒,高速喷到处理工作表面上,形成耐磨覆盖层的一种方法。喷焊则是利用喷涂工艺,使被处理的工作表面发生薄层熔化,同时使喷射材料的熔化微粒形成"焊接"形式的冶金结合层,即喷焊层。

表面热喷涂与热喷焊技术可用于制备各种抗磨损涂层,如抗磨粒磨损、抗腐蚀磨损、抗黏着磨损、抗疲劳磨损等涂层,可极大提高材料的摩擦学性能。

(2)表面电镀

①**表面电镀** 表面电镀是通过电化学方法在摩擦表面(如金属、塑料和陶瓷)镀制金属(如 Cr，Ni，Fe，Zn，Co，Pb，Au，Ag，Cu 等)或合金，以提高零件的耐磨性和耐蚀性的方法。其中常用的镀层金属有 Cr，Ni，Fe 等。

电镀的原理是电解沉积过程，镀液由准备镀出的金属化合物及其他成分(如导电盐、添加剂等)组成。将预处理后的待镀工件浸入镀液中作为阴极，准备镀出的金属作为阳极(如镀镍时用镍板作为阳极)。也有用不溶于镀液的金属或导体制作阳极的情况(如镀铬时用铅板作阳极)。在具有一定电流密度的直流电作用下，如果用的是可溶性阳极，其表层的原子经离子化后进入镀液，以补充镀液中相同的金属离子。该金属的离子不断向工件迁移并还原成原子，在工件上沉积出来形成金属镀层。如用的是不溶性阳极，其反应为阴离子放电，并析出氧，只有镀液中的金属离子在工件表面上沉积出来。

最常用的耐磨镀层是镀铬层，它可用于铁基及非铁金属的电镀。镀铬层的抗磨、抗蚀性能均较好，即使在重载条件下，镀层与其他金属之间也不易发生咬死现象，常用在干摩擦、抗黏着磨损、腐蚀磨损和磨粒磨损的场合。

②**化学复合镀层** 为综合各单一镀层优点，得到更好的耐磨镀层，常在材料表面采用复合镀层技术进行耐磨表面处理。复合镀层是在电解液中，加入一定量的微粒(直径为 $3\sim5\mu m$)金属或非金属微粒，悬浮的不溶性微细粒子向阴极面移动，通过电沉积嵌入镀层中而得多相电镀层。这种镀层无需高温处理，基材与镀层间无扩散，镀层空隙率小，耐磨性高。按镀层的作用不同，复合镀层分为：耐磨复合镀层和减磨复合镀层。

耐磨复合镀层是以提高耐磨性为主要目的，形成软基上分布硬质点的多相结构，电解过程中，在常用的金属镍基或钴基上沉积高硬度的微细碳化物(SiC，TiC，Cr_2C_3，WC 及 B_4C 等)及氧化物(TiO_2，Al_2O_3 等)。减摩复合镀层是在镍基，铜基上分散沉积微粒状固体润滑剂，如石墨、二硫化钼(MoS_2)、聚四氟乙烯(PTFE)等。它们有优良的减摩耐磨性，故也称为"自润滑"复合电镀。

6.2.1.5 表面织构

表面织构是指在摩擦副表面通过一定的加工技术加工出具有一定尺寸和排列顺序的凹坑、凹痕或凸包等图案的点阵。研究表明，不同密度和不同深度的表面织构所具有的减摩效果不同，表面织构在改善摩擦副的摩擦学性能方面能起到积极的作用[11]。

(1)表面织构图案

表面织构图案都是同尺寸均匀分布在表面上。目前所研究的表面织构图案，主要有鳞片形、凸包形、圆凹坑形和方凹坑形，以及条状凹痕形和网格状凹痕形，如图 6-13 所示。其中主要以研究凹坑形和凹痕形为主，对凸包形和鳞片形的研究较少。

(2)对摩擦学性能的主要影响

合理的表面织构能够提高材料的摩擦学性能。有研究发现，非光滑表面织构在干摩擦条件下并不能降低摩擦因数，只有在有润滑剂存在的时候非光滑表面的摩擦学性能明显优于无织构光滑表面。表面织构还能够提高承载能力，并且在小直径凹坑上再加工一部分大直径凹坑，临界承载能力显著提高，说明复杂图案提高承载能力的效果更好。

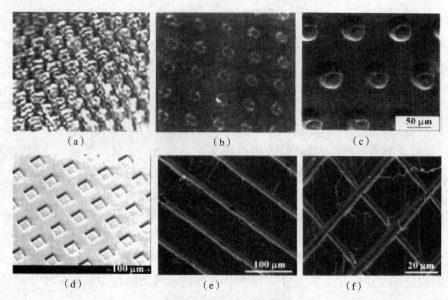

图 6-13 表面织构图案

(a)鳞片形 (b)凸包形 (c)圆凹坑形 (d)方凹坑形 (e)条状凹痕形 (f)网格状凹痕形

6.2.2 摩擦学设计

摩擦学设计主要是以机械零件为对象，考虑摩擦、磨损和润滑的失效形式的设计理论和方法。对非液体润滑的机械零件，摩擦学设计的设计准则主要通过限制压强、速度和压强与速度的乘积来防止机械零件出现磨损失效。对于液体滑动的轴承、滚动轴承、齿轮等零件的设计，则可通过雷诺方程，或加之变形方程和能量方程等完成设计计算。摩擦学设计对于提高产品质量、延长机械设备的使用寿命和增加可靠性有重要作用[12]。

6.2.2.1 摩擦状态与转化

(1)摩擦状态

摩擦状态大致可以分为干摩擦、边界润滑、混合润滑、薄膜摩擦润滑、弹性流体动压润滑(简称弹流润滑)、流体动压润滑、流体静压润滑状态等基本类型，如图 6-14 所示。表 6-5 为各种摩擦状态的基本特征。

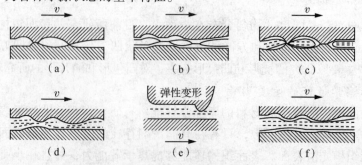

图 6-14 摩擦状态

(a)干摩擦 (b)边界润滑 (c)混合润滑 (d)薄膜润滑 (e)弹流润滑 (f)流体润滑

表 6-5　各种摩擦状态的基本特征[13]

摩擦状态	典型膜厚	润滑膜形成方式	应用
干摩擦	1~10nm	表面氧化膜、气体吸附膜等	无润滑或自润滑的摩擦副
边界润滑	1~50nm	润滑油分子与金属表面产生物理或化学作用而形成润滑膜	低速重载条件下的高精度摩擦副
薄膜润滑	1~100nm	与流体动压润滑相同	低速下的点线接触、高精度摩擦副，如精密滚动轴承等
弹性流体动压润滑	0.1~1μm	与流体动压润滑相同	中高速下点线接触摩擦副，如齿轮、滚动轴承等
流体动压润滑	1~100μm	由摩擦表面的相对运动所产生的动压效应形成流体润滑膜	中高速下的面接触摩擦副，如滑动轴承
液体静压润滑	1~100μm	通过外部压力将流体送到摩擦表面之间，强制形成润滑膜	低速或无速度下的面接触摩擦副，如滑动轴承、导轨等

（2）润滑状态转化

各种润滑状态所形成的润滑膜厚度不同，但是仅依据润滑膜的厚度还不能准确地判断润滑状态，尚须与表面粗糙度进行对比。图 6-15 列出了润滑膜厚度与粗糙度的数量级。只有当润滑膜厚度足以超过两表面的粗糙峰高度时，才有可能完全避免峰点接触而实现全膜流体润滑。对于实际机械中的摩擦副，通常可能有多种润滑状态同时存在，称为混合润滑状态。

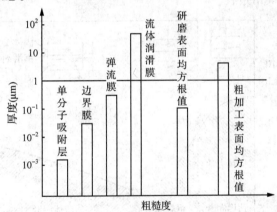

图 6-15　润滑膜厚度与粗糙度关系

用膜厚比 λ 判断摩擦状态处于哪种润滑状态的公式为

$$\lambda = \frac{h_{\min}}{\sqrt{Ra_1^2 + Ra_2^2}} \tag{6-12}$$

式中：$h_{\min}$ 为两滑动粗糙表面间的最小公称油膜厚度，μm；Ra_1，Ra_2 为两表面轮廓算术平均偏差，μm。

① 当膜厚比 λ≤1 时，为边界摩擦（润滑）状态；
② 当膜厚比 λ=1~3 时，为混合润滑状态；
③ 当膜厚比 λ>3 时，为流体摩擦（润滑）状态。

根据润滑膜厚度鉴别润滑状态的办法虽然可靠，但由于测量困难，往往不便采用。所以，可以用摩擦系数值作为判断各种润滑状态的依据，图 6-16 所示为各种润滑状态

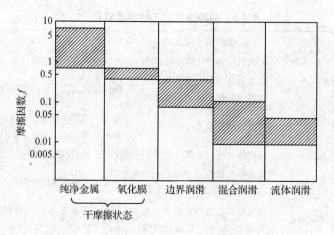

图 6-16 各种润滑状态下的典型摩擦系数数值

下的典型摩擦系数数值。

随着工况参数的改变可能引起润滑状态的转化。图 6-17 所示为典型的 Stribeck 曲线,该曲线表示滑动轴承的润滑状态转化过程,反映了摩擦系数随轴承特性数(润滑油黏度 η × 滑动速度 U/轴承单位面积载荷 p)的变化规律。轴承特性数由 10^{-9} 变化到 10^{-7},即速度 U 和黏度 η 增加或单位面积载荷 p 减少,轴承的润滑状态经历了边界润滑、混合润滑和流体润滑过程。

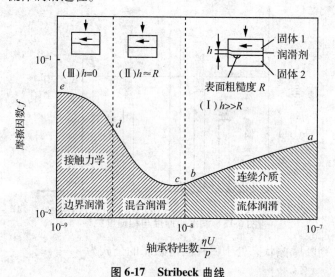

图 6-17 Stribeck 曲线

在混合润滑下,流体润滑膜明显增加,可有效地降低摩擦阻力,因此其摩擦系数要比边界润滑时小得多。但因表面间仍有轮廓峰的直接接触,所以不可避免地仍有磨损存在。流体润滑是较理想的润滑状态,表面间无接触且摩擦系数也不大。

6.2.2.2 摩擦学设计

摩擦学设计就是运用摩擦学的理论、方法、技术和数据,将摩擦和磨损减小到最低程度,从而设计出高性能、低功耗、长寿命、具有较高可靠性及经济性的新产品。设计的主要内容包括表面形貌设计、磨损设计、摩擦副材料以及润滑设计。

(1) 表面形貌设计

表面形貌通常用摩擦副的表面粗糙度来表征。粗糙度是表面的微观不平状态，即微凸体的高度及其分布的描述，它直接影响着摩擦副的实际接触面积、接触应力、接触变形类型、表面持油能力及磨粒的嵌入特性等。

表面形貌设计主要是表面粗糙度的设计，当表面过于光滑时，液体或气体润滑介质难以介入摩擦副之间，运动中导致摩擦副表面的氧化膜破裂而发生干摩擦，易于疲劳破坏或黏着拉脱；但是，当表面过于粗糙时，微凸体接触数量少，接触应力大，微凸体之间发生严重的弹塑性变形，相对滑动时，摩擦表面发生黏着磨损和表面剥离。所以，如果表面粗糙度设计得恰如其分，在摩擦副磨合后就能够得到适于工况条件的平衡粗糙度。

表面粗糙度设计的原则一般有3种：一是用加工精度与粗糙度相对应的方式设计；二是与机械工况相适应的润滑模式设计，如全膜流体动压润滑与弹流润滑的表面设计，前者对表面粗糙度的要求较低，而后者要求较高，表面粗糙度与表面的润滑状态密切相关，不同的润滑状态对应的油膜厚度不同；三是在特殊的润滑情况下粗糙度及其纹理方向应特殊设计，如设计内燃机缸套的内表面形貌时，需考虑缸套与活塞环摩擦副之间耐磨性和润滑输油问题。除对表面粗糙度有较高要求外，还要求设计有合理的珩磨纹理夹角，一般约为120°。

(2) 磨损设计

运动副之间的摩擦将导致零件表面材料的逐渐丧失或迁移，即形成磨损。磨损会影响机器的效率、降低运动的精度和工作的可靠性，甚至促使机器报废。因此，在设计时应考虑如何避免或减轻磨损，以保证机器达到设计寿命。

按磨损机理可将磨损分为黏着磨损、磨粒磨损、疲劳磨损、腐蚀磨损、气蚀磨损和微动磨损等。

①**磨损计算** 由于影响磨损的因素很多，许多磨损计算公式只能定性地说明某些因数倾向性的影响，还不可能完全用于计算机器零件的磨损和寿命。下面对磨损类型及其计算方法进行简单介绍。

黏着磨损 摩擦副相对运动时，由于黏着作用使材料由一表面转移到另一表面，便形成了黏着磨损。这种被迁移的材料，有时也会再附着到开始的表面上去，出现逆迁移，或脱离所黏附的表面而成为游离颗粒。严重的黏着磨损会造成运动副咬死。这种磨损是金属摩擦副之间最普遍的一种磨损形式。

简单的黏着磨损计算可以根据图6-18所示的模型求得，它是由Archard(1953年)提出的。

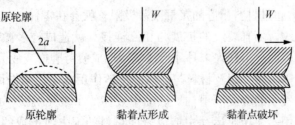

图6-18 简单的黏着磨损模型

选取摩擦副之间的黏着结点面积为半径 a 的圆,每一个黏着结点的接触面积为 πa^2,如果表面处于塑性接触状态,则每个黏结点支承的载荷为

$$W = \pi a^2 \sigma_s \tag{6-13}$$

式中:σ_s 为软材料的受压屈服极限。

假设黏结点沿球面破坏,即迁移的磨屑为半球形。于是,当滑动位移 s 为 $2a$ 时,黏着磨损体积 $V_\text{黏}$ 为 $\frac{2}{3}\pi a^3$。因此体积磨损度可写为

$$\frac{\mathrm{d}V_\text{黏}}{\mathrm{d}s} = \frac{\frac{2}{3}\pi a^3}{2a} = \frac{W}{3\sigma_s} \tag{6-14}$$

考虑到并非所有黏结点都形成半球形的磨屑,引入黏着磨损常数 k_s,则黏着磨损公式为

$$\frac{\mathrm{d}V_\text{黏}}{\mathrm{d}s} = k_s \frac{W}{3\sigma_s} \tag{6-15}$$

磨粒磨损 在摩擦过程中,因硬质颗粒或硬的突出物摩擦表面而引起材料脱落的磨损现象称为磨粒磨损。最简单的磨粒磨损计算方法是根据微观切削机理得出的,图 6-19 所示为磨粒磨损模型。

假设磨粒为形状相同的圆锥体,半角为 θ,压入深度为 h,则压入部分的投影面积为 $A = \pi h^2 \tan^2\theta$。如果被磨材料的受压屈服极限为 σ_s,每个磨粒承受的载荷为 $W = \sigma_s A = \sigma_s \pi h^2 \tan^2\theta$,则当圆锥体滑动距离为 s 时,被磨材料移去的磨粒磨损体积为 $V_\text{磨} = sh^2\tan\theta$,则磨粒磨损的体积磨损度为

$$\frac{\mathrm{d}V_\text{磨}}{\mathrm{d}s} = h^2\tan\theta = \frac{W}{\pi\sigma_s\tan\theta} \tag{6-16}$$

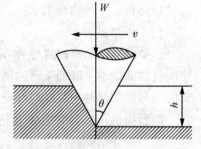

图 6-19 圆锥体磨粒磨损模型

由于受压屈服极限 σ_s 与硬度 H 有关,故有

$$\frac{\mathrm{d}V_\text{磨}}{\mathrm{d}s} = k_a \frac{W}{H} \tag{6-17}$$

式中:k_a 为磨粒磨损常数,由磨粒硬度、形状和起切削作用的磨粒数量等因素决定。

对比黏着磨损公式(6-15)与磨粒磨损公式(6-17),可以看出两者具有相同的形式。

其他磨损 包括疲劳磨损、腐蚀磨损、气蚀磨损和微动磨损。

疲劳磨损是指由于摩擦表面材料微体积在重复变形时疲劳破坏而引起的机械磨损。例如当做滚动或滚—滑运动的高副受到反复作用的接触应力(如滚动轴承运转或齿轮传动)时,如果该应力超过材料相应的接触疲劳极限,就会在零件工作表面或表面下一定深度处形成疲劳裂纹,随着裂纹的扩展与相互连接,就造成许多微粒从零件工作表面上脱落下来,致使表面上出现许多月牙形浅坑,形成疲劳磨损或疲劳点蚀。

腐蚀磨损是指由机械作用及材料与环境的化学作用或电化学作用共同引起的磨损。例如摩擦副受到空气中的酸或润滑油、燃油中残存的少量无机酸(如硫酸)及水分的化学作用或电化学作用,在相对运动中造成表面材料的损失所形成的磨损。氧化磨损是最常见的腐蚀磨损之一。

气蚀磨损是指由液流或气流形成的气泡破裂产生的冲蚀作用引起的磨损。燃气涡轮机的叶片、火箭发动机的尾喷管等常出现这类破坏。

微动磨损是一种由黏着磨损、磨粒磨损、腐蚀磨损和疲劳磨损共同形成的复合磨损形式。它发生在宏观上相对静止、微观上存在微幅相对滑动的两个紧密接触的表面上，如轴与孔的过盈配合面、滚动轴承套圈的配合面、旋合螺纹的工作面、铆钉的工作面等。微动磨损不仅会损坏配合表面的品质，而且会导致疲劳裂纹的萌生，从而急剧地降低零件的疲劳强度。

这几种磨损计算模型尚不完善，磨损计算常用黏着磨损公式(6-15)或磨粒磨损公式(6-17)来替代。对稳定的一维磨损，可以推出高度 h 的磨损率为常数，即

$$\gamma = \frac{dh}{dt} = 常数 \tag{6-18}$$

再通过对时间的积分，可以得到对应时间下的磨损高度 h。

②**磨损设计准则** 虽然，摩擦表面的失效有多种形式，但设计时的设计准则是按磨粒磨损给出的：

要求摩擦表面的平均压力(压强)不大于材料的许用压力，以避免材料过载，即

$$p \leqslant [p] \tag{6-19}$$

要求摩擦表面的相对速度不大于材料的许用值，以防止表面过度磨损，即

$$v \leqslant [v] \tag{6-20}$$

要求摩擦表面的摩擦功耗不大于材料的许用值，以防止表面温升过高产生胶合，即

$$pv \leqslant [pv] \tag{6-21}$$

(3) 摩擦副材料选择

材料的耐磨性是包含材料硬度、韧性、互溶性、耐热性、耐蚀性等特性的综合性质，是摩擦副选材的重要依据。不同类型的磨损，由于其磨损机理不同，可能侧重要求上述性质中的某一方面。现从磨损机理的角度对摩擦副材料的选择分别加以介绍。

①**磨粒磨损的摩擦副材料选配** 对于磨粒磨损，纯金属和未经热处理的钢的耐磨性与自然硬度成正比。靠热处理提高硬度时，其耐磨性提高不如同样硬度的退火钢。对淬硬钢来说，硬度相同时，含碳量高的淬硬钢耐磨性优于含碳量低的淬硬钢。

对于同样硬度的钢，含合金碳化物的比普通渗碳体耐磨，碳化物的元素原子越多就越耐磨。钢中所加合金元素若越容易形成碳化物，则其耐磨性越高，例如 Ti, Zr, Hf, V, Nb, Ta, W, Mo 等元素优于 Cr, Mn 等元素。

对于由固体颗粒的冲击所造成的颗粒磨损来说，需要正确的硬度和韧性相配。对于小冲击角(即冲击速度方向与表面接近平行)的情况，例如犁铧运输矿砂的槽板等，在硬度和韧性的配合中更偏重于高硬度，可用淬硬钢、陶瓷、铸石、碳化钨等以防止切削性磨损；对于大冲击角的情况，则应保证适当的韧性，可用橡胶、奥氏体高锰钢、塑料等，否则碰撞的动能易使材料表面产生裂纹而剥落；对于高应力冲击，可用塑性良好且在高冲击应力下能变形硬化的奥氏体高锰钢。

②**黏着磨损的摩擦副材料选配** 摩擦热常常引起材料出现再结晶、扩散加速或表面软化现象。甚至由于接触区的局部高压、高温而导致表面熔化。因此，黏着磨损与

表面材料匹配密切相关。对于材料的匹配有以下规律：

固态互溶性低的两种材料不易黏着。一般说来，晶格类型相近、晶格常数相近的材料互溶性较大，最典型的实例是相同材料很容易黏着。

塑性材料往往比脆性材料易发生黏着现象，且塑性材料形成的黏着结点强度常大于母体金属，因而撕裂常发生于此表层，产生的磨粒较大。

材料熔点再结晶温度、临界回火温度越高，或表面能越低，越不易黏着。从金相结构上看，多相结构比单相结构黏着效应低，例如珠光体就比铁素体或奥氏体黏着效应差。金属化合物比单相固溶体黏着效应低，六方晶体结构优于立方晶体结构。金属与非金属如碳化物、陶瓷、聚合物等的配对比金属与金属的配对抗黏着能力高。聚四氟乙烯(PTFE)与钢配对抗黏着能力强，而且摩擦因数低，表面温度低。耐热的热固性塑料比热塑性塑料好。

在其他条件相似的情况下，提高材料硬度则不易产生塑性变形因而表面不易黏着。对于钢来说，硬度为70HRC以上可避免黏着磨损。

③**接触疲劳磨损的摩擦副材料选配** 接触疲劳磨损是由于循环应力使表面或表层内裂纹萌生和扩展的过程。由于硬度与抗接触疲劳磨损能力大体上呈正比关系，一般说来，设法提高表面层的硬度有利于抗接触疲劳磨损。

表面硬度过高，则材料太脆，抗接触疲劳磨损能力也会下降。如图6-20所示，轴承钢硬度为62.3HRC时抗接触疲劳磨损的能力最高，如果进一步提高硬度，反而会降低其平均寿命。

对于高副接触的摩擦副，配对材料的硬度差为50~70HBW时，两表面易于磨合和服贴，有利于抗接触疲劳。

灰铸铁虽然硬度低于中碳钢，但由于石墨片不定向，而且摩擦因数低，所以有较好的抗接触疲劳性；合金铸铁、冷激铸铁抗接触疲劳能力更好；陶瓷材料通常具有高硬度和良好的抗接触疲劳能力，而且耐高温性能好，但多数不耐冲击，性脆。

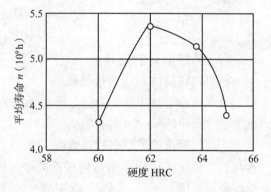

图6-20 疲劳磨损寿命与硬度的关系[14]

④**微动磨损的摩擦副材料选配** 由于微动磨损是黏着磨损、氧化磨损和磨粒磨损等的复合形式，一般说来，适用于抗黏着磨损的材料配对也适用于抗微动磨损。实际上，能在微动磨损整个过程的任何一个环节起抑制作用的材料配对都是可取的，例如，抗氧化磨损或抗磨粒磨损良好的材料都能改善抗微动磨损能力。

⑤**腐蚀磨损的摩擦副材料选配** 应选择耐腐蚀性好的材料，尤其是在表面形成的氧化膜能与基体结合牢固，氧化膜韧性好，而且是致密的材料，具有优越的抗腐蚀磨损能力。

(4) 润滑设计

①**流体润滑基本设计理论** 根据摩擦面间油膜形成的原理，可把流体润滑分为流体动压润滑及流体静压润滑。流体动压润滑是利用摩擦面间的相对运动而自动形成承

载油膜的润滑,如滑动轴承的轴颈与轴承表面的相对运动。流体静压润滑则是从外部将加压的油送入摩擦面间,强迫形成承载油膜的润滑,如精密车床导轨的悬浮。当两个共轭曲面体作相对滚动或滚—滑运动时(滚动轴承中的滚动体与套圈相接触,一对齿轮的两个轮齿相啮合等),若条件合适,也能在接触处形成承载油膜。这时接触处的弹性变形和油膜厚度都不容忽视,而且它们还彼此影响。这种润滑就是弹性流体动压润滑(弹流润滑)。现对流体动压润滑、弹流润滑基本设计理论与方法进行介绍。

流体动压润滑设计基本方程—雷诺(Reynolds)方程 流体动压润滑是两个做相对运动物体的摩擦表面,用借助于相对速度而产生的黏性流体膜将两摩擦表面完全隔开,由流体膜产生的压力来平衡外载荷。所用的黏性流体可以是液体(如润滑油),也可以是气体(如空气等),相应地称为液体动压润滑和气体动压润滑。流体动压润滑的主要优点是:摩擦力小、磨损小、可以缓和振动与冲击。

雷诺流体动压润滑方程是润滑设计的基本方程,形式为

$$\frac{\partial}{\partial x}\left(\frac{\rho h^3}{\eta} \cdot \frac{\partial p}{\partial x}\right) + \frac{\partial}{\partial y}\left(\frac{\rho h^3}{\eta} \cdot \frac{\partial p}{\partial y}\right) = 6(U_0 - U_h)\frac{\partial(\rho h)}{\partial x} + 6(V_0 - V_h)\frac{\partial(\rho h)}{\partial y} + $$

$$6\rho h\frac{\partial(U_0 - U_h)}{\partial x} + 6\rho h\frac{\partial(V_0 - V_h)}{\partial y} + 12\frac{\partial(\rho h)}{\partial t} \tag{6-22}$$

式中:U_h、U_0、V_h 和 V_0 为上下固体表面的 x 和 y 方向的速度,m/s;h 为润滑膜厚度,m;p 为表面压强,Pa;t 为时间,s;ρ 为润滑剂密度,kg/m³;η 为润滑剂黏度,Pa·s。

雷诺方程的详细推导过程可参见文献[15,16]。

若 $U = U_0 - U_h$,$V = V_0 - V_h$,$\omega = \omega_h - \omega_0 = \frac{\partial h}{\partial t}$,并认为流体密度 ρ 不随时间变化,则雷诺方程可以写成

$$\frac{\partial}{\partial x}\left(\frac{\rho h^3}{\eta} \cdot \frac{\partial p}{\partial x}\right) + \frac{\partial}{\partial y}\left(\frac{\rho h^3}{\eta} \cdot \frac{\partial p}{\partial y}\right) = 6\left[\frac{\partial}{\partial x}(U\rho h) + \frac{\partial}{\partial y}(V\rho h) + 2\rho(\omega_h - \omega_0)\right] \tag{6-23}$$

弹性流体动压润滑设计 弹性流体动压润滑理论是研究线、点接触摩擦副润滑的理论。该理论主要内容是通过把油膜压力下摩擦表面变形的弹性方程、考虑润滑剂黏度与压力间关系的黏压方程和流体动压润滑的雷诺方程联立起来,求解出油膜压力分布、润滑膜厚度等参数。

图6-21就是两个平行圆柱体在弹性流体动压润滑条件下,接触面的弹性变形、油膜厚度及油膜压力分布的示意图。依靠润滑剂与摩擦表面的黏附作用,两圆柱体相互滚动时将润滑剂带入间隙。由于接触压力较高使接触面发生局部弹性变形,接触面积扩大,在接触面间形成了一个平行的缝隙,在出油口处的接触面边缘出现了使间隙变小的突起部分(缩颈现象),并形成最小油膜厚度,出现了一个二次压力峰。

由于任何零件表面都有一定的粗糙度,所以要保证实现完全弹性流体动压润滑,其膜厚比 λ 必须 >3。当膜厚比 λ <3 时,总有少数轮廓峰直接接触的可能性,这种状态称为部分弹性流体动压润滑状态。

(a)线接触弹流膜厚公式

在滚子轴承、齿轮等线接触零件的弹流润滑设计中,一般采用 Dowson-Higginson 等人提出的最小油膜厚度计算公式[17]

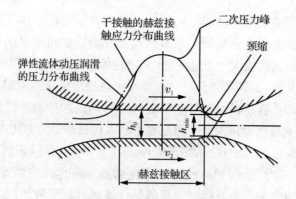

图 6-21 接触面的弹性变形、油膜厚度及油膜压力分布示意

$$h_{\min} = \frac{2.65\alpha^{0.54}(\eta_0 U)^{0.7} R^{0.43}}{E'^{0.03}(W/L)^{0.13}} \tag{6-24}$$

式中：α 为润滑油压黏系数，Pa^{-1}；η_0 为常压下油的黏度，$Pa \cdot s$；U 为两接触表面沿相对运动方向的平均速度，m/s；$R = R_1 R_2/(R_1 + R_2)$，为接触点的综合曲率半径，m；R_1，R_2 分别为两个接触体在接触点的曲率半径，m；W 为摩擦表面的法向载荷，N；L 为摩擦表面的承载宽度，m；$E' = \pi E$，为折算弹性模量；E 为当量弹性模量，Pa。

写成量纲归一化表达式为

$$H^*_{\min} = 2.65 \frac{G^{*0.54} U^{*0.7}}{W^{*0.13}} \tag{6-25}$$

式中：$H^* = \dfrac{h}{R}$，为油膜厚度参数；$G^* = \alpha E'$，为材料参数；$U^* = \dfrac{\eta_0 U}{E' R}$，为速度参数；$W^* = \dfrac{W}{E' R L}$，为载荷参数。

(b) 点（圆、椭圆）接触弹流膜厚公式

在球轴承等点接触零件的弹流润滑设计中，一般采用 Hamrock-Dowson 等人提出的最小油膜厚度计算公式，其量纲归一化形式为

$$H_{\min}^* = 3.63 \frac{G^{*0.49} U^{*0.68}}{W^{*0.073}}(1 - e^{-0.68k}) \tag{6-26}$$

$$H_c^* = 2.69 \frac{G^{*0.53} U^{*0.67}}{W^{*0.067}}(1 - 0.61 e^{-0.73k}) \tag{6-27}$$

式中：$H_{\min}^* = \dfrac{h_{\min}}{R_x}$，为最小油膜厚度参数；$H_c^* = \dfrac{h_c}{R_x}$，为中心油膜厚度参数；$G^* = \alpha E'$，为材料参数；$U^* = \dfrac{\eta_0 U}{E' R_x}$，为速度参数；$W^* = \dfrac{W}{E' R_x^2}$，为载荷参数；$k = \dfrac{a}{b}$，为椭圆率；$a$，$b$ 分别为椭圆长短轴。

式(6-26)和式(6-27)中括弧内的因子用以考虑端泄影响，它的大小与椭圆率 k 有关。椭圆率可以按下式近似计算

$$k = 1.03 \left(\frac{R_x}{R_y}\right)^{0.64} \tag{6-28}$$

对于椭圆率 $k > 5$ 的椭圆接触的弹流油膜厚度，可以近似地采用线接触膜厚公式进

②**润滑剂类型的选择** 润滑剂包括润滑油、润滑脂。

润滑油 润滑油主要有矿物油、合成油、动植物油等,其中应用最广泛的为矿物油。其黏度的大小表示了液体流动时其内摩擦阻力的大小,黏度越大,内摩擦阻力就越大,液体的流动性就越差。黏度随温度的升高而降低、随压强的升高而加大,但当压强小于20MPa时,其影响甚小,可不予考虑。

常用润滑油的性能和用途见表6-6所列。

润滑脂 润滑脂是在润滑油中加入稠化剂(如钙、钠、锂等金属皂基)而形成的脂状润滑剂,又称为黄油或干油。

润滑脂的流动性小,不易流失,所以密封简单,不需经常补充。润滑脂对载荷和速度变化不是很敏感,有较大的适应范围,但因其摩擦损耗较大,机械效率较低,故不宜用于高速传动的场合。

目前使用最多的润滑脂是钙基润滑脂,其耐水性强,但耐热性差。

表6-6 常用润滑油的性能和用途[18]　　　　　　　　　单位:℃

名称	编码符号	运动黏度(CSt) 40	100	倾点≤	闪点≥	主要用途	说明
全损耗系统用油 (GB 13443—89)	L-AN5	4.14~5.06			80	轻载、老式、普通机械的全损耗润滑系统(包括一次润滑)	用精制矿物油制得时加入少量降凝剂,AN油的技术要求很低,不能用于循环润滑系统
	L-AN7	6.12~7.48			110		
	L-AN10	9.00~11.0			130		
	L-AN15	13.5~16.5		−5			
	L-AN22	19.8~24.2			150		
	L-AN32	28.8~35.2					
	L-AN46	41.4~50.6			160		
	L-AN68	61.2~74.8					
	L-AN100	90.0~110			180		
	L-AN150	135~165					
工业齿轮油 (GB 5903—2011)	L-CKC32	28.8~35.2		−12	180	适用于煤炭、水泥、冶金工业部门大型封闭式齿轮传动装置的润滑	以矿物油为基础,加入抗氧、防锈、抗磨、极压等添加剂
	L-CKC46	41.4~50.6					
	L-CKC68	61.2~74.8					
	L-CKC100	90.0~110					
	L-CKC150	135~165					
	L-CKC220	198~242		−9			
	L-CKC320	288~352			200		
	L-CKC460	414~506					
	L-CKC680	612~748					
	L-CKC1000	900~1100		−5			
	L-CKC1500	1350~1650					

③**润滑剂的使用** 润滑剂选用的基本原则是:在低速、重载、高温、间隙大的情况下,应选用黏度较大的润滑油;而在高速、轻载、低温、间隙小的情况下应选黏度较小的润滑油。润滑脂主要用于速度低、载荷大、不需经常加油、使用要求不高或灰

尘较多的场合。气体、固体润滑剂主要用于高温、高压、防止污染等一般润滑剂不能适用的场合。

④**润滑方式的确定**[19]　摩擦副常用的润滑方式有滴油、浴油、溅油、注油和喷油等。润滑方式的选择主要依据摩擦副的运动速度，当滑动速度大于12m/s时，一般选用注油和喷油润滑方式；当滑动速度为3～12m/s时，一般选用溅油和喷油润滑方式；当滑动速度低于3m/s时，一般选用浴油和滴油润滑方式。

6.2.2.3　功能特性的设计要求

(1) 系统结构的正确设计

为了设计一个在摩擦学上处于正确状态的机械系统，首先应该解决摩擦学的基本工程任务。该任务的主要目标是在实现相对运动表面力传递的同时，使接触表面的磨损最小。为了改善摩擦机械系统的设计，应考虑以下3点：

①**改变运动表面形状**　通过弹性和热弹性过程，改善界面支承的几何形状。

②**降低所要传递的力**　通过改变几何设计，均衡力和压力的分布。

③**改善运动学特性**　不改变系统功能的情况下，通过改变界面摩擦类型(如滑动摩擦或滚动摩擦)，改善系统运动学特性。

在设计高可靠性的摩擦机械系统时，需要考虑冗余度、应用多样性以及优先失效设计原则。设备冗余度原则是系统能够在设备发生某种故障的情况下，继续保持其预定工作效能的能力。保证冗余度的一种方法是具有一个工作系统和一个备用系统。工作系统一旦失效，立即自动转换到备用的系统。另一种方法是具有两套"平行"的工作系统。图6-22所示为一个关于轴承部件冗余度设计的实例。在备用冗余度情况下，滑动轴承和滚动轴承合起来，就能在一个轴承失效时，仍可利用另一类型的轴承继续工作。在平行冗余度轴承部件中，负荷可由单个滚道承担，因而在一定条件下避免了一个滚道失效使整个系统失效的情况。

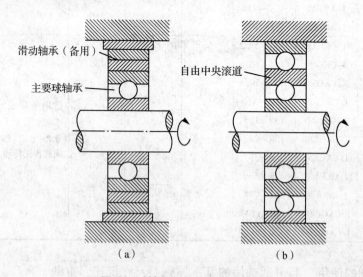

图6-22　轴承部件的冗余度设计
(a)备用冗余度　(b)平行冗余度

(2) 工作变量的正确选择

为了得到给定设计中摩擦机械系统的正确功能特性，工作条件(负荷 F_N 或压力 P，速度 v，工作温度 T，工作时间 t)就不应超过某些限度。虽然没有通用的理论来规定工作条件的限度，但对简单几何形状的机械系统来说，可用"零磨损模型"估计摩擦机械系统的工作条件限度。

当磨损的表面粗糙度与未磨损部分的原始表面粗糙度没有显著差别时，就认为系统"零磨损"。"零磨损"的限度是磨损痕迹的深度等于表面上峰到谷底粗糙度的一半。这意味着，限制接触区上作用的最大剪应力 $\tau_{最大}$，就能控制磨损。将在滑动方向上滑动的距离等于几何接触长度这样的一个过程定义为 1 次"通过"。那么，若工作条件保持以下关系，则经 2000 次"通过"后，摩擦表面为"零磨损"：

$$\tau_{最大} \leqslant \gamma_R \tau_y \tag{6-29}$$

式中：τ_y 为剪切屈服应力；γ_R 的值取决于相接触的材料和润滑程度。

对于半流体动压滑动，可假定

$$0.54 \leqslant \gamma_R \leqslant 1$$

对边界润滑、干润滑或传递灵敏度较低的系统，$\gamma_R = 0.54$；对传递灵敏度较高的系统，$\gamma_R = 0.20$。

对 $i > 2000$ 次"通过"来说，"零磨损"条件为

$$\tau_{最大} \leqslant \left[\frac{2000}{i}\right]^{\frac{1}{9}} \gamma_R \tau_y \tag{6-30}$$

对于 γ_R 和 τ_y 为已知数值的给定摩擦机械系统来说，由这个关系式可以估计许用"通过"次数(工作剪切应力 $\tau_{最大}$ 为已知时)或许用工作剪切应力(通过次数 i 为已知时)。

对于流体动压润滑径向轴承，可以用 Vogelpohl 法来表征工作变量许用限度的特性。Vogelpohl 发现了在适当的精确程度内，从完全流体膜润滑过渡到 stribeck 曲线最小值处的混合润滑条件为

$$\frac{\bar{P}}{\eta \cdot v} = \frac{3}{2} \quad (m^{-1}) \tag{6-31}$$

式中：$\bar{P}$ 为平均轴承压力，$10^5 N/m^2$；η 为黏度，$10^{-3} Pa \cdot s$；v 为表面速度，m/s。

若已知数组 $\bar{P}$，η，v 中的两值，可由这一条件估算出另一未知数的临界过渡值。

6.3 林业集材拖拉机摩擦学设计

林业机械通常指营林(包括造林、育林和护林)、木材切削和林业起重输送的机械，常用的有采种机、割灌机、挖坑机、筑床机、插条机、植树机、拖拉机等。随着科学技术的高速发展，生产过程向连续化、自动化发展，机器向高速、重载发展，以及由于高低温、高真空和特殊介质等工作条件需要，都要求不断改进林业机械零件结构的设计，采用新材料和新工艺，合理而完善地进行润滑，以提高机器的使用寿命和可靠性。这些改进均与摩擦学设计有着重要联系。集材拖拉机是实现林业机械化不可或缺的动力机械，在木材生产中被广泛地作为集材、运材等作业的运输工具之一。拖拉机是一种比较复杂的机器，其大小、形式各有不同，但基本组成包括发动机、底盘和电

气设备三大部分[12]。

①**发动机** 发动机是拖拉机的动力装置,其作用是将燃料燃烧转化为机械能,主要由曲柄连杆机构、配气机构、燃油供给系、润滑系、冷却系以及起动装置等组成。

②**底盘** 底盘是拖拉机的基础,接受发动机发出的动力,使拖拉机产生运动,并保证拖拉机能正常行驶,主要由传动系、转向系、制动系和集材装置等组成。

③**电气设备** 电气设备包括电源设备和用电设备两部分,主要供应照明安全信号和发动机起动的用电等。

由摩擦学系统的组成可以看出,对包括集材拖拉机在内的林业机械的摩擦学系统产生影响的主要因素包括:材料、润滑剂、环境等。

6.3.1 材料选择

由于磨损是集材拖拉机的一种重要失效形式,所以在选择拖拉机摩擦副材料时,要强调材料的耐磨性。考虑耐磨性并不是材料硬度越高越好,而是要综合考虑材料的硬度、韧性、互溶性、耐热性和耐蚀性等性质。

6.3.1.1 发动机气缸套的选材

拖拉机的发动机气缸套是一个易磨损件,当气缸套严重磨损后,发动机的功率下降,油耗增加。为了提高其寿命,国内外先后研制了铬钼铜铸铁、镍铬铸铁、高磷铸铁、硼铸铁和铌铸铁等材料,目的就是使气缸的耐磨性不断提高。

从磨损失效分析入手,可确定气缸磨损的主要机理是磨粒磨损和黏着磨损。磨粒磨损来自道路灰尘和燃烧产物以及缸套与活塞环磨损下来的金属碎屑。从微观上看,摩擦表面存在着两个滑动面。铸铁在磨损过程中凸出于基体组织的高硬相构成第一滑动面,基体组织为第二滑动面。金属碎片或灰尘存在两个滑动面之间,在活塞环的压力作用下,随着活塞环一起做往复滑动,缸套工作时表面温度较高,基体硬度下降,则磨粒犁削基体产生磨沟,从而产生磨粒磨损。而黏着磨损主要发生在第一滑动面上。缸套中受燃烧气体的压力冲击易造成润滑油膜中断,使摩擦副之间的金属直接接触,其接触面积比表观接触面积小得多,在燃烧热和摩擦热的共同作用下,使直接接触的金属发生焊合撕落,产生黏着磨损。因此,提高缸套耐磨性应从提高抗磨粒磨损性和抗黏着磨损性入手,材料的成分及组织均要有利于抵抗上述两种磨损。基于这些考虑,可选用硅钒铁缸套材料,它能比高磷铸铁材料的缸套在使用寿命上提高至少4倍,而且抗腐蚀性能良好[20]。

6.3.1.2 拖拉机履带板的选材

由于履带板的工作条件比较恶劣,经常在露天直接与土壤、砂石接触并受到一定的冲击、拉伸、挤压和弯曲等应力的作用,因此它是拖拉机中的易损件。由于履带板的工作条件和受力状态复杂,其连接处相互接触部位的相对运动特征及摩擦学系统特征不十分一致,因此它的磨损机理比较复杂。对履带板主要磨损部位节销、销孔、跑道的失效进行宏观和微观分析,可以确定履带板失效是多种不同类型的磨损机理综合引起的。在光学显微镜中可以观察到犁沟、凿削、刮伤、碾压、凹坑、裂纹、腐蚀点坑及龟裂纹等形貌。因此，在选材时要充分考虑这些要素。国内外采用的铸造履带材料主要是高锰钢，但是高锰钢在履带板的工作条件下不能得到充分的加工硬化，其性能不能得到充分发挥。经测定，高锰钢履带板在节销部位的硬化层深为 0.6mm，跑道表面的硬化层深达 1.2mm，而销孔硬化最差，在水田土壤中得到的硬化程度更差，所以高锰钢履带板在水田中具有很低的使用寿命。为了寻找高锰钢的代用材料，表 6-7 列出了履带材料的类型、热处理条件及组织等，图 6-23 和图 6-24 分别列出了各种履带材料室内磨损实验结果以及实际田间试验结果。从图中可以看出：在实验室条件下，高锰钢材料仍有较好的耐磨性，但值得注意的是不同单位生产的高锰钢试样的成分和性能均有较大的差别，实际试验结果的分散度大。故只能按照试验统计结果进行分析：低合金马氏体铸钢(31Mn2Si)在含碳量较高(大约 0.35%)和含碳量较低(大约 0.04%)的情形下有较好的耐磨性，球墨铸铁的中锰钢也有良好的耐磨性。特别是中锰钢由于加工硬化性能较好，在水田土壤中表现出耐磨性有所改善的趋势。这些材料的耐磨性与高锰钢材料相当或略低，但由于它们的价格比较便宜，生产比较简便，如低合金钢马氏体铸铁可以采用酸性电炉冶制并节约大量锰铁，用它代替高锰钢可获得更好的经济效益，所以可以推广使用。总之，关于履带的材料选择，在旱地中应考虑在保证良好的塑性基础上尽可能提高材料的硬度，在水田中应注意抗腐蚀磨损的材料工艺，就目前而言，低合金马氏体铸铁和中锰钢值得推广[20]。

表 6-7　常见的履带材料

材料类型	化学成分(%)					热处理方式	组织
	C	Si	Mn	P	S		
高锰钢 (ZGMn13)	1.1~1.5	0.4~1.0	11.0~15.0	<0.1	<0.05	1050℃水淬	奥氏体
低合金马氏体 铸钢(30Mn2Si)	0.27~0.35	0.6~0.8	1.2~1.6	≤0.05	≤0.05	880℃水淬， 200℃回火	回火马氏体
中锰钢(Mn7)	0.9~1.1	0.4~0.6	7.1~9.0	≤0.05	≤0.05	1050℃水淬	奥氏体+碳化物
球墨铸铁	2.30	0.47	2.92	0.059	0.016	900℃加热， 280℃等温处理	贝氏体+球墨

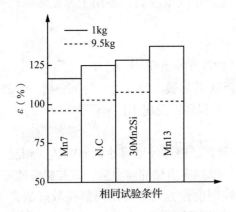

图 6-23　各种履带材料室内磨损试验结果

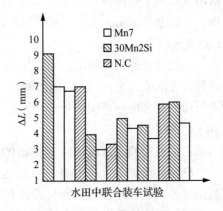

图 6-24　各种履带材料联合装车试验结果

6.3.2 表面设计

林业机械的工作环境比较恶劣,而且有的林业机械设备庞大,如采用整体材料设计,同时满足较高的强度和韧性还要有高的耐磨性是非常困难的。若采用合理的表面设计,则既能降低成本又能满足表面的抗磨性要求。

以拖拉机发动机的气缸套为例,一般发动机在1600r/min下运行时活塞组的摩擦损失占机械摩擦损失的58%,有时活塞组的摩擦损失甚至可以占到发动机机械摩擦损失的75%[21],所以气缸套的摩擦学性能在很大程度上影响着发动机整机的性能和可靠性。因此,如果活塞环与缸套的摩擦增加,则直接导致发动机功率下降及油耗增加,使发动机的动力性和经济性降低。对于改善活塞环-缸套的摩擦磨损性能,目前主要从3个方面考虑:一是采用新材料或新工艺,如缸套表面氮化、镀铬、火焰喷涂、超音速喷涂等;二是改进或采用性能更优的润滑油;三是对缸套摩擦表面微观几何形貌进行优化构造,增强储油能力,保证一定油膜厚度,改善油膜分布[22]。这里主要介绍活塞环表面处理措施。

6.3.2.1 表面涂层

(1) 电镀铬

表面镀铬是目前最常用的活塞环表面处理方法,镀铬层能显著改善活塞环的耐磨性,相比于铸铁类活塞环,其寿命可提高3~5倍,同时与基体金属的附着力及导热系数较好,镀层的显微硬度可达到1000HV,而松孔镀铬技术的应用提高了镀铬层存储润滑油的能力;此外,铬基陶瓷复合镀层也成为应用在活塞环表面处理的技术之一,镀层材料性能好、强度高,结合强度达到65MPa,陶瓷复合量为2%~6%,同时使用寿命和耐磨性是普通镀铬的5倍以上,硬质合金的3倍,耐腐蚀性更是达到了不锈钢的水平[23]。

(2) 氮化处理

由于镀铬工艺污染环境,所以氮化处理技术逐步得到人们的重视,目前主要包括气体氮化、盐浴氮化、离子氮化3种处理方式。气体氮化用于马氏体不锈钢的表面处理,盐浴氮化用于奥氏体不锈钢,离子氮化处理由于成本较高,多用于氮化活塞环的外周面,对活塞环的密封度有益处[24]。

(3) 气相沉积

为了取代镀铬的工艺技术,有人采用PVD(物理气相沉积)及CVD(化学气相沉积)进行镀膜,在活塞环表面沉积TiN、BN、CrN、SiN等薄膜,厚度通常为10μm,不需要以后进行抛光及采取生态保护措施,因此在实际中得到广泛应用。

(4) 表面喷钼

用氧乙炔喷枪喷涂硬度可以达到2900HV,等离子喷涂硬度可达到600HV,钼层与基体结合良好,孔隙率可达15%,从而使得缸套摩擦表面储油能力强,抗拉缸性能好,适应高温运转,耐蚀性、气密性与镀铬相近;在耐磨性方面,使用耐磨性较好的高磷缸套,喷钼环耐磨性优于镀铬环,使用耐磨性较差的合金铸铁缸套,喷钼环耐磨性和镀铬环相当或略低,在磨粒磨损突出时,喷钼环的磨损比镀铬环大。此外,采用等离子喷涂工艺,通过确定喷涂粉末配比与毛胚加工参数和控制喷涂工艺参数、气孔率以及涂层金相,在部分机型采用喷钼活塞环,使发动机活塞环的使用寿命平均提高了2~3倍[25]。

(5) 表面喷涂陶瓷涂层

陶瓷材料具有硬度高、耐磨损、耐高温的特点,等离子喷涂技术具有零件形变小、涂层种类多、工艺稳定等特点,因此等离子喷涂工艺制备陶瓷涂层,既不会引起活塞环的变形,又能够在活塞环表面制备出摩擦磨损性能优越的陶瓷涂层,而且涂层的厚度较厚,能够满足高载荷发动机的载荷要求,TiO_x、Cr_2O_3、WC等陶瓷涂层均得到了广泛的应用与研究。此外,还有一种喷涂工艺流程,选择复合陶瓷涂层 Al_2O_3 + 30% ZrO_2 作为工作层,NiAl为结合层,锰钢为活塞环基体,该复合陶瓷涂层活塞环与镀铬活塞环的摩擦学性能相比,陶瓷涂层活塞环具有较低的摩擦因数和较高的耐磨性和耐腐蚀性;陶瓷涂层同基体有很高的结合强度,涂层不易脱落,并使活塞环整体具有较好的韧性和弹性[11]。

6.3.2.2 表面织构

利用表面涂层可以改善活塞环的摩擦学性能,而表面织构技术也可改善活塞环摩擦学性能,提高发动机的效率。

表面织构化活塞环的理论及实验研究很早就开始了。2001年,Ronen, Etsion 等人建立了具有表面织构的活塞环与缸套间往复运动的数学模型,得知凹坑面积率对摩擦力影响较小,当面积率从5%增加到20%时,摩擦力仅变化不到7%,当最佳凹坑深径比为0.1~0.18时,减摩率可达到30%[26];2002年,Ryk 和 Kligerman Y 通过往复式摩擦磨损试验机,模拟活塞环与缸套间的往复运动,减摩率可以达到30%,在贫油润滑条件下,表面织构依然展现了较好的减摩效果,而较深的凹坑以及高黏度的润滑油条件下,织构效果减弱了许多[27];2005年,Kligerman 和 Etsion 从理论模型角度,将部分织构即"积累效应"引入到往复运动摩擦副活塞环—缸套的活塞环表面,得到最佳部分织构率依然为0.6,平均摩擦力不受凹坑直径的影响而是由凹坑面积率决定的,随着面积率的增加,平均摩擦力呈下降趋势,与外界压力、轴承参数成正比,与活塞环的宽度成反比,对窄环减摩达到30%,对于宽环具有部分织构的活塞环减摩率可以达到55%[28];2006年,Ryk, Etsion I 在往复式摩擦磨损试验机中选用了实际的活塞环及缸套片段,将优化的部分织构桶面环与传统的柱面环进行了比较,得知减摩率依然达到了25%[29];同年,Nathan W. Bolander 从实验和理论两方面研究了表面织构对活塞环—缸套的摩擦学性能的影响,建立了确定性的混合润滑模型,并使用激光成型技术先后在缸套、活塞环上加工织构,发现凹坑深度为最重要影响因素[30];2009年,Etion, Sher 在2.5L的福特柴油内燃机进行试验,从燃料消耗与废气组成中来分析装有优化部分织构桶面活塞环与传统柱面环的发动机的差别,得到了装有部分织构活塞环的发动机相对于装有传统柱面环的发动机节省燃油消耗达4%,但没有显著降低废气中的有害气体[31];郑显良于2009年建立了考虑动压效应和挤压效应的一列微单元织构的流体润滑模型,得到凹坑形状对润滑影响较小,面积比在5%~40%时随着凹坑面积比的增大,最小油膜厚度增大,面积比在40%~60%时,最小油膜厚度和无量纲摩擦力变化较小,而深度为 5μm 时，能形成较好的动压润滑效果[32]；同年，袁明超选择实际活塞环、缸套片段，采用掩膜电解的方法在活塞环表面加工不同几何参数的织构，并在充分、贫油润滑条件下进行往复运动实验，得到凹坑几何参数影响摩擦因数的主次顺序为凹坑直径、深度、面积率、角度，最优化的组合为直径 240μm、面积率 8%、深度 10μm、角度 60°[33]。

表面织构多采用激光加工，即在气缸套的精珩表面上，进一步通过激光微加工技术，有目的地优化其表面的微观结构形貌，从而明显改善环套副的润滑状况，同时利用激光加工的淬硬效应，使缸孔的硬度提高，从而提高工件的使用寿命。因此在对发动机气缸套进行表面设计时，可通过表面织构的设计，采用激光加工出规则的交叉网纹型微观形貌，从而降低发动机的油耗和磨损，提高工作效率。

6.3.3 结构设计

摩擦学的结构设计要有利于摩擦副间表面保护膜的形成和恢复、压力的均匀分布、摩擦热的散逸和磨屑的排除以及阻止外界磨粒、灰尘的进入。例如，在轴承设计中，除了要保证能形成连续稳定的油膜最佳参数（长径比、相对间隙、最小油膜厚度）外，还应考虑油槽的开设位置[14]；承受大载荷的往复滑动摩擦处的衬垫或衬套，要保证没有移动，衬垫的固定不能只靠面的紧固，还要采用嵌合方法加以支承，同时应充分控制滑动部分的间隙，以免引起由于热膨胀而咬住或因振动而损伤，为此应采用不容易产生气蚀、分解和侵蚀的结构[34]；拖拉机在起动、换挡或停止时，连接驱动轴和被驱动轴之间的离合器经常需要摩擦，因此选择采用单片结构还是多片结构的离合器就显得尤为重要。

此外，在结构设计中还可以应用置换原理和转移原理。置换原理是允许系统中一个零件磨损以保护另一个更重要的零件，例如，铸铁活塞环的使用中，允许活塞环快速磨损，以减少气缸套的磨损。转移原理是允许摩擦副中另一个零件快速磨损而保护贵重零件，例如内燃机中曲轴和轴瓦的摩擦副中，就使用比较廉价的铜铅合金制成的轴承衬套，使价格贵而又不便更换的曲轴得到保护[14]；在拖拉机发动机燃油供给系统中，采用机油滤清器也是同样的道理。

为了让大家清楚地认识不同离合器的结构对于摩擦的影响，这里介绍常见离合器的摩擦设计[13]。

(1) 单片式圆盘摩擦离合器

如图 6-25 所示，单片式圆盘摩擦离合器由两个半离合器 1，2 组成，转矩是通过两个半离合器接触面之间的摩擦力来传递的，半离合器 1 固装在主轴上，半离合器 2 利用导向平键（或花键）安装在从动轴上滑移。若该离合器能传递的最大转矩为 T_{max}，则摩擦圆盘的设计平均半径为

$$R_m \geq \frac{T_{max}}{Qf}$$

式中：R_m 为平均半径，$R_m = (D_1 + D_2)/4$，其中环形接合面的外径为 D_1，内径为 D_2；T_{max} 为最大转矩；Q 为两摩擦片之间的轴向压力；f 为摩擦系数。

(2) 多片式摩擦离合器

如图 6-26 所示，外摩擦片组 4 利用外圆上的花键与外鼓轮 2 相联（外鼓轮 2 与轴 1

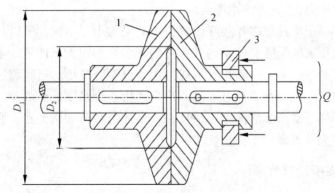

图 6-25　单片式圆盘摩擦离合器

1，2. 半离合器　3. 滑环

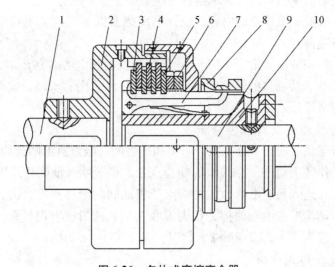

图 6-26　多片式摩擦离合器

1，9. 轴　2. 外鼓轮　3. 压板　4. 外摩擦片　5. 内摩擦片　6. 螺母　7. 曲臂压杆　8. 滑环　10. 内套

相固联），内摩擦片组 5 利用内圆上的花键与内套 10 相联（内套 10 与轴 9 相固联），当滑环 8 作轴向移动时，将拨动曲臂压杆 7，使压板 3 压紧或松开内、外摩擦片组，从而使离合器接合或分离，螺母 6 是用来调节内、外摩擦片组间隙大小的。

与单圆盘摩擦离合器的设计类似，若离合器能够传递的最大转矩为 T_{max}，则多片式摩擦离合器的平均半径公式为

$$R_m \geqslant \frac{T_{max}}{zQf}$$

式中：z 为接合摩擦面数。

(3) 摩擦离合器的磨损控制

摩擦离合器的工作过程一般可分为接合、工作和分离 3 个阶段。在接合和分离过程中，从动轴的转速总低于主动轴的转速，因而在两摩擦工作面间必将产生相对滑动从而会消耗一部分能量，并引起摩擦片的发热和磨损，为了限制发热和磨损，应使接合面上的压强 p 不超过许用压强 $[p]$，即有

$$p = \frac{4Q}{\pi(D_1^2 + D_2^2)} \leqslant [p]$$

式中：Q 为轴向压力；$[p]$ 为许用压强。

可以看出，由于单片和多片式摩擦离合器的平均半径不同，所以其摩擦的状况也不一样，因此磨损失效受整机的结构和零件的形状影响很大。此外，零件的配合间隙对零件的磨损也产生影响。一般间隙不能过大，也不能过小。当间隙过小时，不易形成液体摩擦，易产生高的摩擦热且不易散出，产生胶合磨损甚至摩擦副咬死现象；但间隙过大时，同样不易形成液体摩擦，反而产生冲击载荷加剧磨损。所以这些因素都要在设计时予以充分考虑。

6.3.4 综合分析设计实例

集材拖拉机中涉及摩擦学设计的部件有很多，这里以拖拉机传动推进装置中一级直齿锥齿轮减速器的摩擦学设计为例进行系统地综合分析说明[35]。

设计目标：按照摩擦学设计内容，设计小型柴油机驱动的 Z 型传动推进装置的一级直齿锥齿轮减速器。

设计参数：传动轴轴夹角 $\Sigma = 90°$，小型柴油机的额定功率为 $P_1 = 7.5\text{kW}$，而实际传动的功率为 7kW，柴油机的转速 $n_1 = 970\text{r/min}$，传动比 $i = 2.5$，载荷平稳，单向长期运行，按长寿命设计。

(1) 锥齿轮啮合运动与摩擦分析

锥齿轮啮合运动的端面重合系数介于 1 和 2 之间，啮合点沿啮合线移动的过程中，除节点处两齿轮作纯滚动外，在其他的啮合点处，齿轮啮合面间作滚滑运动形式兼有的复合运动，且在进入和退出啮合区的两点处齿面间的滑移速度最大，因而在锥齿的啮合面上出现滑动摩擦和滚动摩擦，且齿根和齿顶处的齿面磨损严重，使得单个轮齿出现齿顶变尖、齿根变薄的磨损后果。

(2) 齿轮失效形式分析

Z 型锥齿传动在工作过程中，齿面间存在滚动和滑动两种运动形式，因而在齿顶和齿根处，齿轮易于磨损，使得齿顶齿根变薄。在节圆附近处，由于齿轮以滚动运动为主，滑动较小，且齿面受到单向交变接触应力的周期作用，所以在赫兹应力的作用下由 Suh 理论可知，硬齿面亚表面层易于出现裂纹形核，使得齿面点蚀失效。

当齿轮传动的转矩过大或齿面热处理不当以致齿面间硬度差较小时，齿轮可能出现严重的塑性变形或轮齿折断。当齿轮扭矩大且润滑失效时，齿面可能发生胶合事故。

(3) 齿轮设计

由于是小尺寸小功率 Z 型传动装置，大、小齿轮均选用 45 号钢。按机械零件设计原理和方法，设计和校核 Z 型传动锥齿轮，其设计的结构参数为：齿轮模数 $m = 5\text{mm}$，$z_1 = 20$，$z_2 = 50$，锥距 $R = 134.629\text{mm}$，齿宽 $= 40.389 \text{ mm}$，齿轮的当量齿数 $Z_{v1} = 21.54$，$Z_{v2} = 134.63$。

(4) 加工精度和表面形貌设计

锥形齿轮选用 45 号钢经锻压加工后，用仿形加工法加工，加工精度为 8 级，对应的表面粗糙度为 $Ra = 0.63\mu\text{m}$。

(5) 热处理工艺设计

为了保证两齿轮齿面的硬度差、耐磨性和根据齿轮材料的力学性能，小齿轮用调质热处理，硬度为229~286HBS，大齿轮用正火热处理，硬度为162~217HBS。

（6）润滑油和润滑方式选择

锥齿轮的平均线速度为

$$v_1 = \pi d_1 n_1 = 5.07 (\text{m/s})$$

齿轮所受的切向力为

$$F_t = \frac{2T_1}{d_1} = 1476.8(\text{N})$$

则Stribeck滚动压力为

$$K_s = \frac{F_t}{bd_1} \cdot \frac{i+1}{i} Z_H^2 Z_E^2 = 3.28(\text{N/mm})^2$$

式中：节点区域系数 $Z_H = 2.5$；齿间重合度系数 $Z_E = 1.012$。

计算力—速度因子：

$$\xi = \frac{k_s}{v_1} = \frac{3.28}{5.07} \times 10^6 = 6.469 \times 10^5 [(\text{N} \cdot \text{s})/\text{m}^3]$$

该Z型小功率锥形齿轮传动，齿轮的齿面曲率半径较小，形成油楔困难，同时齿面接触类型属于高副线接触，运动形式有滚动和滑动，且转吸速度变化较大，因而油膜不稳定、不连续。依据齿轮的运转速度和应力状态，工况为中速低载传动，按设计准则选用一般工业齿轮润滑油，具有较好的油性，保证齿轮在边界状态下具有良好的润滑条件。根据计算得出的力—速度因子 ξ，由图6-27（经验图）[36]查得锥齿轮所需黏度，再由黏度选择牌号为N190的润滑油。又依据齿轮的线速度为3~12m/s，所以选用溅油润滑方式。

（7）最小油膜厚度计算及润滑状态判定

齿轮节圆处的曲率半径分别为

$$R_1 = \frac{d_1}{2}\sin\alpha = \frac{100}{2} \times \sin 20 = 17.101(\text{mm})$$

$$R_2 = \frac{d_2}{2}\sin\alpha = \frac{250}{2} \times \sin 20 = 42.753(\text{mm})$$

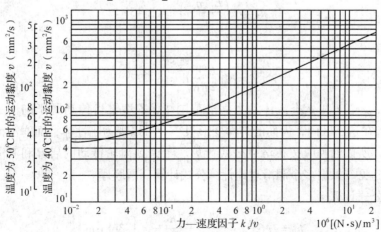

图6-27 锥齿轮所需黏度的选择

啮合点的综合曲率半径为

$$R = \frac{R_1 R_2}{R_1 + R_2} = 12.215 \text{(mm)}$$

齿轮间的卷吸速度为

$$v = v_1 \sin\alpha = 5.07 \times \sin20 = 1.734 \text{(m/s)}$$

45 号钢的弹性模量 $E = 2.06 \times 10^5 \text{MPa}$,泊松比为 $\mu = 0.3$,则齿轮的综合弹性模量可由式

$$\frac{1}{E'} = \frac{1}{2}\left(\frac{1-\mu_1^2}{E_1} + \frac{1-\mu_2^2}{E_2}\right)$$

计算,得

$$E' = \frac{E}{1-\mu^2} = 22.6 \times 10^{10} \text{(N/m}^2)$$

润滑油的动力黏度为

$$\eta_0 = \rho\gamma = 0.9 \times 10^3 \times 190 \times 10^{-6} = 0.171 \text{(Pa·s)}$$

润滑油的黏压系数取为

$$\alpha = 2.0 \times 10^{-8} \text{(m}^2/\text{N)}$$

齿轮的线分布载荷为

$$W = \frac{F_t}{b\cos\alpha} = 3.891 \times 10^4 \text{(N/m)}$$

取弹性系数

$$g_e = \frac{w}{\sqrt{\eta_0 v E' R}} = 1.360$$

取黏度系数

$$g_v = \frac{\alpha W}{R}\left(\frac{W}{\eta_0 v}\right)^{\frac{1}{2}} = 23.078$$

取速度系数

$$g_s = \alpha\left(\frac{E'^3 \eta_0 v}{\eta_0 v}\right)^{\frac{1}{4}} = 1.455$$

取载荷系数

$$g_1 = \alpha\left(\frac{E'W}{2\pi R}\right)^{\frac{1}{2}} = 6.772$$

根据 g_e, g_v, g_s 和 g_1 查流体动力润滑范围图,Z 型锥齿传动属于刚性—变黏度区($R-V$ 区),在这一区内,齿面的弹性变形很小,可以视为刚性体,而润滑油的黏压效应不可忽视,所以油膜应按布洛克公式计算。考虑到齿轮传动的启停和润滑方式,为了对比参考起见,根据多个润滑理论计算公式计算润滑膜厚。

用道森公式计算

$$h_0 = 2.65 \frac{(\eta_0 v)^{0.7} \alpha^{0.54} R^{0.43}}{W^{0.13} E'^{0.03}} = 1.368 \mu\text{m}$$

用格鲁宾公式计算

$$h_0 = 1.95\,(v\eta_0\alpha)^{\frac{8}{11}} R^{\frac{4}{11}} E'^{\frac{1}{11}} = 4.397\,\mu m$$

用布洛克公式计算

$$h_0 = 1.66\,(\eta_0 v)^{\frac{2}{3}} R^{\frac{1}{3}} \alpha^{\frac{2}{3}} = 1.252\,\mu m$$

对比可见，油膜厚度为同一数量级。按润滑状态图确定用布洛克公式计算的油膜厚度更符合齿轮的工况，其值为 $h_0 = 1.252\ \mu m$。

齿面综合粗糙度为

$$Ra = \sqrt{R_{a_1}^2 + R_{a_2}^2} = 0.891\,\mu m$$

计算膜厚比（油膜参量）为

$$\lambda = \frac{h_0}{Ra} = \frac{1.252}{0.891} = 1.405$$

由于膜厚比值介于 1 和 3 之间（$1 < \lambda < 3$），所以，设计的 Z 型锥齿传动属于流体动压润滑、流体静压润滑和弹流体动压润滑的混合润滑状态。

本章小结

本章对摩擦学设计的主要内容，包括选材、表面设计、结构设计和润滑设计等给予介绍，并以林业机械中集材拖拉机的相关零部件的摩擦学设计作为实例，进行了较为详细的分析。

参考文献

[1] 温诗铸，黄平. 摩擦学原理[M]. 3 版. 北京：清华大学出版社，2008.

[2] 覃奇贤，刘淑兰. 浅谈摩擦与磨损[J]. 电镀与精饰，2009，31(3)：33-36.

[3] 谢友柏. 摩擦学系统的系统理论研究和建模[J]. 摩擦学学报，2010，30(1)：1-8.

[4] W. M. J. Schlösser. A contribution to the study of analogies of power transmissions in machines[M]. Power drives，1974.

[5] 马晨波，朱华等. 引入特征粗糙度参数的 Stribeck 曲线试验[J]. 摩擦学学报，2010，30(5)：466-471.

[6] 契可斯(H. Czichos). 摩擦学—对摩擦、润滑和磨损科学技术的系统分析[M]. 刘钟华译. 北京：机械工业出版社，1984.

[7] 濮良贵，纪名刚，等. 机械设计[M]. 北京：高等教育出版社，2006.

[8] 王成彪，等. 摩擦学材料及表面工程[M]. 北京：国防工业出版社，2012.

[9] 张鄂. 现代设计理论与方法[M]. 2 版. 北京：科学出版社，2007.

[10] 张剑锋，周志芳. 摩擦磨损与抗磨技术[M]. 天津：天津科技翻译出版公司，1993.

[11] 熊顺源，万宇杰. 内燃机活塞环陶瓷涂层摩擦性能研究[J]. 润滑与密封，2008，33(10)：61-63.

[12] 李德本. 集材拖拉机[M]. 北京：中国林业出版社，1991.

[13] 黄平. 现代设计理论与方法[M]. 北京：清华大学出版社，2010.

[14] 侯文英. 摩擦磨损与润滑[M]. 北京：机械工业出版社，2012.

[15] 温诗铸，黄平. 摩擦学原理[M]. 2 版. 北京：清华大学出版社，2002.

[16] 黄平. 摩擦学教程[M]. 北京:高等教育出版社, 2008.
[17] 杨亚东, 余照明, 龚俊. 活塞杆滑动密封的润滑性能研究[J]. 机械制造, 2012, 50(579): 33-35.
[18] 王新华, 等. 高等机械设计[M]. 北京:化学工业出版社, 2013.
[19] 陈定方, 卢全国, 等. 现代设计理论与方法[M]. 武汉:华中科技大学出版社, 2010.
[20] 刘英杰, 成克强. 磨损失效分析[M]. 北京:机械工业出版社, 1991.
[21] 张红奎. 活塞、活塞环的摩擦以及润滑油粘度对燃料经济性的影响[J]. 润滑油与燃料, 2006, 16(4/5): 7-12.
[22] 郭俊平, 李芳波. 气缸套平台珩磨网纹参数 tp 的解析及评定[J]. 柴油机设计与制造, 2008, 15(4): 43-45.
[23] 郝放. 活塞环铬基陶瓷复合镀[J]. 内燃机与配件, 2010, 5: 22-25.
[24] 王师, 阎殿然, 李莎, 等. 活塞环表面处理技术的研究现状及发展趋势[J]. 材料保护, 2009, 42(7): 50-52.
[25] 倪向东, 蔡文青, 梅卫江. 活塞环表面等离子喷钼工艺的研究[J]. 拖拉机与农用运输车, 2007, 34(2): 87-88.
[26] RONEN A, ETSION I. Friction-reducing surface-texturing in reciprocating Automotive components[J]. Tribology Transactions, 2001, 44(3), 359-366.
[27] RYK G, KLIGERMAN Y, ETSION I. Experimental investigation of laser surface texturing for reciprocating automotive components[J]. Tribology Transactions, 2002, 45(4): 444-449.
[28] KLIGERMAN Y, ETSION I, SHINDARENKO A. Improving tribological performance of piston rings by partial surface texturing[J]. Transactions of the ASME, 2005, 127: 632-638.
[29] RYK G, ETSION I. Testing piston rings with partial laser surface texturing for friction reduction[J]. Wear, 2006, 261(7-8): 792-796.
[30] BOLANDER N. W., SADEGHI F.. Surface modification for piston ring and liner[J]. IUTAM Symposiumon Elastohydrodynamics and Micro-Elastohydrodynamics, 2006, 134: 271-283.
[31] ETSION I., Sher E.. Improving fuel efficiency with laser surface textured piston rings[J]. Tribology International, 2009, 42: 542-547.
[32] 郑显良. 表面织构化活塞环的摩擦学性能研究[D]. 北京:北京交通大学, 2010.
[33] 袁明超. 表面织构对活塞环/缸套摩擦副摩擦学性能的影响[D]. 南京航空航天大学, 2009.
[34] 于金伟. 农业机械设计中的摩擦学设计[J]. 农机化研究, 2007(6): 245-246.
[35] 朱汉华, 周劲南, 等. 摩擦学设计准则及其应用实例[J]. 武汉理工大学学报(交通科学与工程版), 2003, 27(2): 157-160.
[36] 赵日建, 强颖怀, 王凤清. 减速器齿轮润滑油的选用方法[J]. 煤矿机械, 2008, 29(9): 158-159.

思考题

1. 简述机械系统过程与摩擦学系统过程。
2. 摩擦学设计的主要内容包含哪几方面?
3. 按磨损机理可将磨损分为哪几类?
4. 如何根据润滑膜厚度鉴别润滑状态?
5. 谈谈如何根据设计准则确定摩擦学系统中所需的润滑剂。

推荐阅读书目

1. 摩擦学原理(第2版). 温诗铸,黄平. 清华大学出版社.
2. 摩擦磨损与润滑. 侯文英. 机械工业出版社.

第 7 章 林业机械优化设计

[**本章提要**] 任何一项工程或一个产品的设计都需要根据设计要求，合理选择设计方案，确定各种参数，以期达到最佳的设计目标，如质量轻、体积小、成本低、承载能力强等。优化设计一般包含将设计问题的物理模型转换为数学模型以及采用适当的最优化方法求解数学模型。优化问题的求解需要一维搜索、无约束优化方法及约束优化方法的原理和算法，而机械设计领域存在大量模糊性事件，其边界是不清晰的，因此将模糊数学理论引入而形成了机械模糊优化设计方法。本章将通过典型的机械优化设计实例，来说明如何应用优化设计方法解决林业机械设计中的问题。

7.1 优化设计及其软件概述
7.2 机械优化设计方法
7.3 机械设计的模糊优化方法
7.4 典型林业机械优化设计

优化设计(optimization design)是基于最优设计的需要于20世纪60年代初产生并发展起来的一门新学科和现代设计技术。它是一种用数学方法解决设计问题的方法，结合数学规划理论与计算机技术，按照预定的设计目标，以计算机及计算机程序作为设计手段，寻求最优设计方案的有关参数，从而获得好的技术经济效果。

7.1 优化设计及其软件概述

优化设计一般包含两部分内容：①将设计问题的物理模型转换为数学模型；②采用适当的最优化方法求解数学模型。

7.1.1 优化问题的数学描述

将工程问题用数学形式全面而准确地表达出来，建立优化设计的数学模型，是设计者在优化设计中最富创造性的工作。因此，有必要首先了解建立数学模型的3个基本要素：设计变量、目标函数和约束条件。

(1) 设计变量

机械设计中，一个设计方案常常可以用一组设计参数来表示。设计参数可以是几何参数，如长度、面积、运动学尺寸等；也可以是物理量，如质量、频率、温度、力或力矩等；还可以是一些导出量，如应力、挠度、冲击系数等。有些设计参数根据工艺、安装调试或使用等设计要求预先给定，这类参数称为设计常量；而有些参数则需要在优化设计过程中进行选择，这种待求的设计参数称为设计变量。

对于不同的设计问题，常用的符号可能不同。为使问题简化和表达统一化，设计变量一般用 $x_1, x_2, \cdots, x_n$ 表示，n 表示设计变量的个数。设计变量的全体用向量表示时，可写成

$$X = \begin{bmatrix} x_1 \\ x_2 \\ \vdots \\ x_n \end{bmatrix} = [x_1, x_2, \cdots, x_n]^T \tag{7-1}$$

例如，当设计一对圆柱齿轮传动时，设计变量可取为

$$X = [m, z_1, z_2, \alpha, \beta, x, h_a^*(c^*)]^T$$

式中：m 为模数；z_1, z_2 为齿数；α 为压力角；β 为螺旋角；x 为变位系数；h_a^* 和 c^* 为齿高系数和顶隙系数。

以 n 个设计变量为基底张成了一个 n 维的欧氏空间 $\Re^n$，这就是该设计问题所对应的设计空间。设计空间是所有设计方案的集合，包括可行的与不可行的方案。$X \in \Re^n$ 表示 X 是设计空间的一个点，是设计空间中存在的一个设计方案。

模型中设计变量越多，越容易达到较好的优化目标。然而设计变量的增加，必然给设计计算增加难度。因此，在建立优化设计的数学模型时，应尽可能地把那些对优化目标没有影响或影响不大的参数作为设计常量，而只对那些对优化目标影响显著的参数作为设计变量，以减少设计变量数目，而又尽量不影响优化效果。

(2) 目标函数

将设计所追求的目标用设计变量的可计算函数表达出来，称为目标函数。对于众多可行的设计方案，以目标函数的值作为评价设计方案优劣的标准，因此，目标函数又称作评价函数。优化设计过程，一般来说就是使目标函数值极小化或极大化的过程，即追求 $f(X) \to \min$ 或 $f(X) \to \max$。由于目标函数 $f(X)$ 极大化等价于目标函数 $-f(X)$ 极小化，为统一起见，本章中最优化均指目标函数值的极小化。

在优化设计中，由于设计指标比较多，设计者应该选择其中最重要的一种或几种指标来构成目标函数。如果目标函数中仅含一项设计指标，称为单目标优化设计问题，目标函数中含两项及以上的设计指标，称为多目标优化设计。关于多目标优化设计，目前最简便的处理方法是将各分目标组合成一个目标函数，即

$$f(X) = w_1 f_1(X) + w_2 f_2(X) + \cdots \tag{7-2}$$

式中：w_1，$w_2 \cdots$ 分别为各分目标的权系数。

权系数的引入可以调整各分目标函数值的数量级，因为各分目标的物理性质不一样，可能是设备的质量、成本、寿命或可靠性，也可能是机构的运动误差或结构的强度、刚度或承载能力等，各指标在数量级上差距太大将影响各分目标在优化过程中的实际效果；另外，权系数的大小还表明了各分目标在优化设计中所占的重要程度。

(3) 约束条件

并不是设计空间中所有的设计方案都是工程实际所能接受的，例如轴的直径小于零、等于零或过大，齿轮中心距为负值等。因此，必须对设计方案的选择加以种种限制，使得参加筛选的方案至少是可行的，这些限制称为约束条件。

在工程设计中，约束条件分为边界约束和性能约束两大类。边界约束是指根据设计要求，设计变量必须满足的几何条件以及只对设计变量的取值范围加以限制的约束。如设计某种机构时，要求各构件长度 l_i 限制在 $[l_{\min}, l_{\max}]$ 范围之内，则有边界约束 $l_{\min} \le l_i \le l_{\max}$。性能约束是根据性能要求而建立的限制条件，如零件的工作应力 σ 应小于等于许用应力 $[\sigma]$，即性能约束条件为 $\sigma \le [\sigma]$。除了上述两种主要的约束条件，还可能有经验性约束、工艺性约束等，视具体问题而定。不论属于哪一种约束条件，都是设计变量的一个可计算函数，一般表述为设计变量的等式约束或不等式约束函数。

如边界约束 $l_{\min} \le l_i \le l_{\max}$ 可写成两个不等式约束方程：$g_1(X) = l_i - l_{\min} \ge 0$，$g_2(X) = l_{\max} - l_i \ge 0$。其通用表达式可以写为

不等式约束

$$g_i(X) \ge 0 \text{ 或 } g_i(X) \le 0, \quad i = 1, 2, \cdots, m \tag{7-3}$$

等式约束

$$h_j(X) = 0, \quad j = 1, 2, \cdots, p, \, p < n \tag{7-4}$$

式中：n 为设计变量个数；m 和 p 分别为不等式约束条件数和等式约束条件数。

对于众多的设计指标和设计要求，不可能也没必要全部纳入目标函数。当主要设计指标纳入目标函数之后，其余的设计指标和设计要求，应该处理为问题的约束条件。

一个不等式约束条件 $g_i(X) \ge 0$ 将设计空间分为两个部分：一部分满足约束条件 $g_i(X) \ge 0$，称为设计可行域；一部分不满足约束条件，$g_i(X) < 0$，称为设计非可行域。设计可行域为各可行域的交集，用 Ω 表示。

显然，约束条件越多，可行域越小，可供选择的方案越少，因而设计的自由度越小，影响对最优值的逼近。另一方面，约束条件越多，计算也就越复杂。所以，确定约束条件时，应在满足设计要求的条件下，尽可能减少约束条件的数量。

(4) 数学模型

了解了设计变量、目标函数和约束条件这 3 个优化设计数学模型建立的基本要素之后，可以将机械设计问题用数学规划方法描述出来，建立优化设计的数学模型，即

极小化目标函数

$$f(\boldsymbol{X}), \quad \boldsymbol{X} \in \Re^n$$

满足约束条件

$$g_i(\boldsymbol{X}) \geqslant 0, \quad i = 1, 2, \cdots, m$$
$$h_j(\boldsymbol{X}) = 0, \quad j = 1, 2, \cdots, p, p < n$$

或简单表示为

$$\min \ f(\boldsymbol{X}), \quad \boldsymbol{X} \in \Re^n$$
$$\text{s. t. (subject to)} \quad g_i(\boldsymbol{X}) \geqslant 0, \quad i = 1, 2, \cdots, m$$
$$h_j(\boldsymbol{X}) = 0, \quad j = 1, 2, \cdots, p, p < n \tag{7-5}$$

从不同的角度出发，优化问题可以分成不同的类型：

不带约束条件的优化问题称为无约束优化问题，带有约束条件的优化问题称为约束优化问题。

①若目标函数 $f(\boldsymbol{X})$，约束函数 $g(\boldsymbol{X})$、$h(\boldsymbol{X})$ 都是设计变量的线性函数，称为线性规划问题，用线性规划的计算方法求解。

②若目标函数 $f(\boldsymbol{X})$，约束函数 $g(\boldsymbol{X})$、$h(\boldsymbol{X})$ 中有一个是非线性函数，称为非线性规划问题，用非线性规划的计算方法求解，这也是数学规划计算方法的常见内容。

③若限定设计变量 $\boldsymbol{X}$ 的各个分量 $x_1, x_2, \cdots, x_n$ 的部分或全部取离散值，或只允许取整数值时，称为离散规划或整数规划。

④若目标函数和约束函数都是正定多项式的非线性函数，则称为几何规划。

⑤若将设计问题分成若干个阶段，每一阶段使设计最优化，其优化结果将依次影响下一阶段的设计，且在以后的阶段中被采用，其最终的设计结果是各阶段最优化设计的总和，称为动态规划。

由于机械优化设计的数学模型多数属于约束非线性规划问题，本章最优化计算方法将以约束非线性规划为主。

7.1.2 优化设计问题的基本解法

在建立优化数学模型后，怎样求解该数学模型，找出其最优解，也是机械优化设计中的一个重要问题。求解优化数学模型的方法称为优化方法，一个好的优化方法应当是：计算量小、储存量小、精度高和逻辑结构简单[1]。

(1) 解析法

解析法是利用数学分析的方法，根据目标函数的导数变化规律与函数极值的关系，求目标函数的极值点。由一个 n 元函数存在极值的充要条件可知，需要求解由其目标函数的偏导数所构成的方程组或梯度，即

$$\nabla f(\boldsymbol{X}) = 0$$

并用海瑟矩阵对找到的驻点进行判断,看它是否是最优点。在目标函数比较简单时,求解上述方程组及用海瑟矩阵进行判断并不困难,但当目标函数比较复杂或为非凸函数时,应用这种数学分析的方法就会带来麻烦,有时很难求解出目标函数各项偏导数所组成的方程组,更不用说用海瑟矩阵进行判断了。在这种情况下,就不宜采用解析法,而用另一种方法,即数值计算法。

补充阅读资料:

海瑟矩阵

海瑟矩阵(Hessian Matrix,又译作海森矩阵、黑塞矩阵、海塞矩阵等)是一个多元函数的二阶偏导数构成的方阵,描述了函数的局部曲率。海瑟矩阵最早于 19 世纪由德国数学家 Ludwig Otto Hesse 提出,并以其名字命名。

对于一个实值多元函数 $f(\boldsymbol{X})$,如果函数 f 的二阶偏导数都存在,则定义 f 的海瑟矩阵为

$$H(f)_{i,j}(\boldsymbol{X}) = D_i D_j f(\boldsymbol{X})$$

式中:D_i 为对第 i 个变量的微分算子,$\boldsymbol{X} = [x_1, x_2, \cdots, x_n]^T$。

那么,f 的海瑟矩阵为

$$H(f) = \begin{bmatrix} \dfrac{\partial^2 f}{\partial x_1^2} & \dfrac{\partial^2 f}{\partial x_1 \partial x_2} & \cdots & \dfrac{\partial^2 f}{\partial x_1 \partial x_n} \\ \dfrac{\partial^2 f}{\partial x_2 \partial x_1} & \dfrac{\partial^2 f}{\partial^2 x_2^2} & \cdots & \dfrac{\partial^2 f}{\partial x_2 \partial x_n} \\ \vdots & \vdots & \ddots & \vdots \\ \dfrac{\partial^2 f}{\partial x_n \partial x_1} & \dfrac{\partial^2 f}{\partial x_n \partial x_2} & \cdots & \dfrac{\partial^2 f}{\partial x_n^2} \end{bmatrix}$$

假设 $\boldsymbol{X}^{(i)}$ 为实值多元函数 $f(\boldsymbol{X})$ 的驻点,即 $\nabla f(\boldsymbol{X}^{(i)}) = 0$。若 $H(\boldsymbol{X}^{(i)})$ 是正定矩阵,则 $\boldsymbol{X}^{(i)}$ 为一个局部的极小值;若 $\boldsymbol{X}^{(i)}$ 是负定矩阵,则 $\boldsymbol{X}^{(i)}$ 为一个局部的极大值;若 $H(\boldsymbol{X}^{(i)})$ 是不定矩阵,则 $\boldsymbol{X}^{(i)}$ 不是极值。

---

(2)数值计算法

数值计算法是一种数值近似计算方法,又称为数值方法。它是根据目标函数的变化规律,以适宜的步长沿着能使目标函数值下降的方向,逐步向目标函数的最优点进行搜索,逐步逼近目标函数的最优点或直接达到最优点。因而,数值计算法也是一种下降迭代算法,与解析法相比,更能适应计算机的工作特点。因为其迭代算法有以下特点:具有简单的逻辑结构并能进行反复的、同样的算术计算,直到达到收敛精度要求为止;最后结果是逼近精确解的近似解。

迭代法的基本思路是逐步逼近,步步下降(或步步上升),最后获得目标函数的最优点。其求优过程大致可归纳为以下步骤:

①选择一个初始点 $\boldsymbol{X}^{(0)}$,按照一定的原则寻找可行方向和初始步长,从 $\boldsymbol{X}^{(0)}$ 点出发,向前跨出一步达到 $\boldsymbol{X}^{(1)}$ 点。

②得到新点 $\boldsymbol{X}^{(1)}$ 后,再选择一个使函数迅速下降的新方向和步长,从 $\boldsymbol{X}^{(1)}$ 出发,

再跨出一步达到 $X^{(2)}$ 点。依次类推，反复进行数值计算，最终获得目标函数的最优点。其中间过程的迭代形式为

$$X^{(k+1)} = X^{(k)} + \lambda_k S^{(k)}$$

$$f(X^{(k+1)}) < f(X^{(k)}), \quad k = 1, 2, \cdots$$

式中：λ_k 为第 $k+1$ 次的搜索步长；$S^{(k)}$ 为第 $k+1$ 次的搜索方向。

此方法在最优化方法中是最基本的方法。

但迭代不能无限制地一直进行，需要在恰当的时候终止。只要在迭代过程中满足收敛准则(迭代准则或终止准则)，迭代就停止，即使没有达到理论上的最优点。收敛准则一般为某种形式的精度控制或精度要求，而迭代最后获得的解(点)就认为是最优解(点)。

常用的收敛准则有以下 3 种：

①**点距准则**　在迭代过程中，当前后迭代点 $X^{(k)}$ 和 $X^{(k+1)}$ 的距离充分小时，迭代终止。若用向量模计算它们的长度，即

$$\left\| X^{(k+1)} - X^{(k)} \right\| < \varepsilon_1 \tag{7-6}$$

或用 $X^{(k+1)}$ 和 $X^{(k)}$ 的各坐标轴分量之差表示为

$$\left| x_i^{(k+1)} - x_i^{(k)} \right| < \varepsilon_2, \quad i = 1, 2, 3, \cdots, n \tag{7-7}$$

②**函数值最小下降量准则**　在迭代过程中，当前后迭代点 $X^{(k)}$ 和 $X^{(k+1)}$ 的函数值之差充分小时，迭代终止。有绝对差值控制和相对差值控制两种方式，即

$$\left| f(X^{(K+1)}) - f(X^{(k)}) \right| < \varepsilon_3 \tag{7-8}$$

$$\frac{\left| f(X^{(k+1)}) - f(X^{(k)}) \right|}{\left| f(X^{(k)}) \right|} < \varepsilon_4 \tag{7-9}$$

③**梯度准则**　在迭代过程中，当迭代点 $X^{(k+1)}$ 的梯度充分小时，迭代终止。即

$$\left\| \nabla f(X^{(k+1)}) \right\| < \varepsilon_5 \tag{7-10}$$

式(7-6)~式(7-10)中，$\varepsilon_1 \sim \varepsilon_5$ 均称为迭代精度控制量，根据不同的优化问题取值有所差别，一般取 $10^{-7} \sim 10^{-1}$。

如果以上 3 种形式的收敛准则中的任何一个得到满足，则认为目标函数值已收敛于该函数的最小值，这样就求得了问题的最优解：$X^* = X^{(k+1)}$，$f(X^*) = f(X^{(k+1)})$，可以终止迭代，输出最优解。

可以看出，搜索方向、搜索步长和收敛准则构成了数值计算法的 3 个要素。

数值计算法不仅可以用于复杂函数的优化解，也可以用于处理没有数学解析表达式的优化设计问题。不管是解析法还是数值计算法，都分别具有针对无约束条件和有约束条件的具体方法。

7.1.3　现代机械优化设计的发展趋势

机械优化设计是在机械设计理论发展基础上产生的一种新的设计方法，在机械设计中的应用取得了良好的效果，但仍有很多问题需要解决。例如，整机优化设计模型及方法的研究，机械设计的多目标决策问题以及动态系统、模糊系统、随机模型、可靠性优化设计、智能化优化设计等一系列问题，尚需做较大的努力，才能适应现代机

械工业发展的需要。目前,现代机械优化设计的研究和发展方向包括广义优化设计技术、CAD/CAPP/CAM 集成系统中的优化技术、产品全寿命周期的优化设计技术、模糊优化设计技术、智能优化算法和交互式优化设计方法等[2-6]。

(1) 广义优化设计技术

广义优化设计技术研究从规划、建模、搜索直至评价与决策的全进程,特别强化了规划和建模、过程和结果显示、搜索过程控制、评价和决策支持等功能,是数值优化技术研究的一个重要方向,目前在离散和随机变量优化、结构优化、智能优化、优化建模和复杂系统优化方法学等领域的研究已取得较多的理论和应用成果。企业建模和规划策略技术、复杂系统优化算法、工程数据技术等均是广义优化设计技术所要研究的重要技术,但目前对向前扩展到建立模型、处理模型,向后扩展到优化结果可视化显示的全过程的研究还需深入进行。

(2) CAD/CAPP/CAM 集成系统中的优化技术

CAD/CAPP/CAM 集成系统需要进一步研究的是产品开发过程中的动、静态描述方法、图形化显示、编辑技术以及在资源约束条件下产品开发过程的优化算法,提出改进的产品开发流程;产品开发的结果能做综合性的优化处理,得出经济上最合理、技术上最先进的最优化设计方案和产品。

(3) 产品全寿命周期的优化设计技术

全寿命周期设计意味着在设计阶段就要考虑产品寿命历程的所有环节,以求产品全寿命周期的所有相关因素在设计分析阶段就能得到综合规划和优化。产品全寿命周期涉及大量的非数值知识,现有的简单的数值化方法不能很好反映非数值知识的本质,不仅造成模型的失真,更使模型不易被用户理解。解决数值和非数值混合知识的表达和进化已成为产品全过程寻优的关键。

(4) 模糊优化设计技术

模糊优化设计是将模糊理论与普通优化设计技术相结合的一种新的优化理论与方法,是普通优化设计的延伸与发展。常规的优化设计将设计中的各种因素均处理成确定的二值,忽略了事物客观存在的模糊性,使得设计变量和目标函数不能达到应有的取值范围,往往会漏掉一些真正的优化方案。事实上,不仅由于事物差异之间的中间过渡过程所带来的事物普遍存在的模糊性,而且由于研究对象的复杂化必然要涉及模糊,由于信息技术、人工智能的研究必然要考虑到模糊信息的识别与处理以及由于工程设计不仅要面向用户需求的多样化和个性化,还要以满足社会需求为目标,并依赖社会环境、条件、自然资源、政治经济政策等比较强烈的模糊性问题等,这些都必然使上述领域的优化设计涉及种种模糊因素。如何处理工程设计中客观存在的大量模糊性,这正是模糊优化设计所要解决的问题,其内容将在 7.3 节中做详细介绍。

(5) 智能优化算法

20 世纪 80 年代以来,一些新颖的优化算法,如人工神经网络、遗传算法、进化算法、模拟退火及其混合优化策略,通过模拟或揭示某些自然现象或过程而得到发展,其思想和内容涉及数学、物理学、生物进化、人工智能、统计力学和神经系统等方面,为解决复杂问题提供了新的思路和手段。由于这些算法构造的直观性和自然机理,被称为智能优化算法。智能优化算法在解决大规模组合、全局寻优等复杂问题时具有传统方法所不具备的独特优势,并且健壮性强,适于并行处理,在计算机科学、优化调度、运输问题、组合优化等领域得到了广泛研究与应用。智能优化算法的发展不仅取决于理论研究,应用实践在很大程度也影响理论研究的方向。智能优化算法的研究呈现如下趋势:智能优化算法的计算机理;智能优化算法结合具体应用领域的改进与深化;智能优化计算方法之间的相互交叉结合。

(6) 交互式优化设计方法

对于复杂机械工程系统优化设计问题,建立严格数学模型相当困难,且往往很难达到工程实用化;而人类经验知识及"灵感"(创新能力)在求解该复杂问题时具有不可替代的作用,于是用交互式优化方法来求解复杂优化设计问题成为目前研究的热点。依据人作用于优化问题侧重点的不同,交互式优化方法可分成交互式的动态修正模型法、交互式的方案评价法和多方式混合交互方法,其有各自的特点及应用范围[5]。目前,交互式优化方法的研究仍处于发展阶段,在对人机交互理论和工程优化问题本质的认识,广义的人机交互、知识工程和三维 CAD 软件集成等问题方面仍有待于深入研究和探讨。

7.1.4 优化设计的常用软件概述

(1) MATLAB 及其优化工具箱

MATLAB 是美国 MathWorks 公司在 1994 年推出的面向科学与工程计算的软件,由于其采用开放性的开发思想,不断吸收各学科领域的实用成果,形成了一套规模大、覆盖面广的专业工具箱,包括信号处理、系统识别、通信仿真、模糊控制、神经网络、优化计算、统计分析等学科内容,被广泛应用于自动控制、机械设计、流体力学和数理统计等领域。

MATLAB 以矩阵运算为基础,集通用数学运算、图形交互、程序设计和系统建模为一体,具有功能强、使用简单、容易扩展等优点。与其他计算机语言相比,MATLAB 表达方式与人们在数学、工程计算中常用的书写格式十分相似,它以解释方式工作,输入程序后就可得到结果,人机交互性好,易于调试,现已成为国际上公认的最优秀的科学计算语言和科技应用软件。

优化工具箱(optimization toolbox)是 MATLAB 中应用比较广泛、影响较大的一个工具箱。MATLAB 优化工具箱的函数可以分为方程求解函数、优化函数、最小二乘函数和优化控制函数 4 类。MATALB 优化工具箱对每种函数在每步的求解通过选择一种最佳方法来进行,可以避免由于优化方法选择不当而无法得到最优解或所求最优解不理想的情况,其主要适用范围包括:求解线性规划和二次规划、求函数的最大值和最小值、最小二乘问题、多目标规划、约束条件下的优化、求解非线性方程等。

另外,除了优化工具箱外,MATLAB 还有遗传算法工具箱和神经网络工具箱,也都可以用于优化问题的求解。

(2) LINDO/LINGO 软件

LINDO 和 LINGO 是由美国芝加哥大学 Linus Schrage 教授成立的 LINDO 系统公司开发的一套专门用于求解最优化问题的软件包。作为专业优化软件,其功能比较强,计算效果比较好,与那些包含有部分优化功能的非专业软件相比,具有明显的优势。

LINDO 用于求解线性规划和二次规划问题；LINGO 除了具有 LINDO 的全部功能外，还可以用于求解非线性规划问题，也可以用于一些线性和非线性方程（组）的求解。

LINGO 实际上还是最优化问题的一种建模语言，包括许多常用的函数可供使用者建立优化模型时调用，并提供与其他数据文件（如文本文件、Excel 电子表格文件、数据库文件等）的接口，易于方便地输入、求解和分析大规模最优化问题。由于这些特点，LINDO 系统公司的线性、非线性和整数规划求解程序已经被广泛用来进行最大化利润和最小化成本的分析，应用的范围包含生产线规划、运输、财务金融、投资分配、资本预算、混合编排、库存管理、资源配置等。

（3）iSIGHT 软件

iSIGHT 软件是由美国 Engineious 公司出品的过程集成、优化设计和稳健性设计的软件，可以将数字技术、推理技术和设计探索技术有效融合，并把大量的需要人工完成的工作由软件实现自动化处理，好似一个软件机器人在代替工程设计人员进行重复性的、易出错的数字处理和设计处理工作。iSIGHT 软件可以集成仿真代码并提供设计智能支持，从而对多个设计可选方案进行评估、研究，大大缩短了产品的设计周期，显著提高了产品的质量和产品的可靠性。iSIGHT 是一套基于 Windows NT 和 Unix 平台可整合设计流程中所使用的各软件的工具，并且能自动进行优化设计形成多学科设计优化框架的软件系统平台。iSIGHT 软件已经在航空、汽车、电子、机械和化工等领域得到了广泛的应用。

iSIGHT 主要侧重于提供多学科优化设计和不同层次优化的技术以及优化过程管理，解决多学科交叉情况下协调优化设计过程的多次迭代、数据反复输入输出时的操作自动化问题，提供相关的优化工具包，并将各种优化方法（数值迭代算法、搜索式算法、启发式算法、试验设计、响应面模型等）有效组织起来进行多学科设计优化。

另外，iSIGHT 具有在多台可能具有完全不同系统的计算机上运行设计、开发作业组件的能力。iSIGHT 提供一个方便的图形用户界面，用户可通过该界面总揽当前网络环境，并根据计算机类型或工作站特性进行任务分派。设计开发过程中的代价有时可能会因仿真软件的时间开销而变得非常高昂。然而在许多系统中，仿真软件可以独立地运行，并在许多设计开发技术中，可以对大量设计点同时进行分析。因此，如果计算机资源足够，并且具备同时协调多个仿真软件或设计点运行的能力，就可以节省大量的时间开销。iSIGHT 支持两种并行处理模式：任务并行模式和设计开发技术并行模式。iSIGHT 运行创建的应用程序通过网络被发布，并被远程用户共享。

iSIGHT 共有四大类算法：

① **试验设计**　发现关键参数，探索设计空间。

② **优化算法**　寻找满足约束条件和目标函数的最优设计方案，iSIGHT 提供了多种优化算法，包括全局搜索算法、启发式算法、数值算法、多准则权衡法等。

③ **近似方法**　用近似模型代替运行时间长的计算机模型，以快速获得解析和计算结果，为了提高近似逼近方法的性能，引入了 3 阶和 4 阶响应面模型和 Kriging 模型。

④ **质量方法**　寻找成功概率高并且对不确定因素不敏感的设计方案，最终达到稳健性和可靠性。

(4) 结构拓扑优化软件

结构拓扑设计与优化,是在一个给定的空间区域,依据已知的负载或支承等约束条件,解决材料的分布问题,从而使结构的刚度达到最大或使输出位移、应力等目标达到规定要求的一种结构设计方法,是有限元分析和优化方法有机结合的新方法。

拓扑优化的研究领域主要分为连续体拓扑优化和离散结构拓扑优化。连续体拓扑优化是把优化空间的材料离散成有限个单元(壳单元或者体单元),离散结构拓扑优化是在设计空间内建立一个由有限个梁单元组成的基结构,然后根据算法确定设计空间内单元的去留,保留下来的单元即构成最终的拓扑方案,从而实现拓扑优化。

连续体拓扑优化方法主要有均匀化方法、变密度法、渐进结构优化法(evolutionary structural optimization, ESO)及水平集方法等。离散结构拓扑优化主要是在基结构方法基础上采用不同的优化策略(算法)进行求解,如松弛方法、基于遗传算法的拓扑优化等。

连续体拓扑优化中的变密度法已经被应用到商用优化软件中。其中最著名的是美国 Altair 公司 Hyperworks 系列软件中的 Optistruct 和德国 Fe – design 公司的 Tosca 等。前者能够采用 Hypermesh 作为前处理器,在各大行业内都得到较多的应用;后者最开始只集中于优化设计,支持所有主流求解器,前后处理、操作十分简单。可以利用已熟悉的 CAE 软件来进行前处理加载,而后利用 Tosca 进行优化处理。Tosca 和 Ansa 通过联盟,开发了基于 Ansa 的前处理器,并开发了 Tosca GUI 界面以及 ANSYS Workbench 中 ACT 的插件,可以直接在 Workbench 中进行拓扑优化仿真。此外,由于 ANSYS 的命令比较丰富,也有不少研究者采用 ANSYS 自编拓扑优化程序[7]。

7.2 机械优化设计方法

通常,工程优化问题的处理过程主要包括3项内容:

① 确定搜索方向 $S^{(k)}$(可行的下降方向),则有迭代搜索式

$$X^{(k+1)} = X^{(k)} + \lambda_k S^{(k)}$$

② 确定沿搜索方向的迭代步长 λ_k,沿 $S^{(k)}$ 以步长 λ 搜索时,有

$$f(X) = f(X^{(k)} + \lambda S^{(k)}) = f(\lambda)$$

$f(X)$ 是搜索步长 λ 的函数,最优步长 λ_k 应使 $f(X)$ 在 $S^{(k)}$ 方向上取最小值:

$$\min f(\lambda) = \min f(X^{(k)} + \lambda S^{(k)}), \quad \lambda \in \Re^1$$

③ 收敛检查。优化问题的求解可归结为当搜索方向一定时,沿搜索方向的一系列一维寻优过程(即确定最优步长 λ_k),这种沿一定搜索方向求极值点的过程称为一维搜索,其实质是沿搜索方向求优化步长的问题。在一维搜索的基础上,通过不同的方法构造搜索方向,即获得求解无约束优化问题的各种方法。

机械优化问题绝大多数属于约束优化问题,即约束最优点不一定是目标函数的自然最优点。但很多约束优化方法可以通过约束条件的处理,转化为无约束优化问题,利用无约束优化方法来求解。可见,无约束优化方法又是约束优化方法的基础[8,9]。

7.2.1 一维搜索

一维搜索是最优化方法中最简单、最基本的方法,其效率和稳定性对最优化问题

整个算法的求解速度和可靠性影响较大。一维搜索的求解方法很多,但其基本解题思路都是一样的:第一步,确定函数的极值点所在的初始区间,即搜索区间;第二步,根据区间消去原理缩小区间的长度,并重复这一过程,最后得到函数极值点的近似值。因此,一维搜索主要解决两个问题:一是确定搜索区间;二是在搜索区间内寻找极小点,即确定最优步长。

7.2.1.1 进退法确定搜索区间

基本问题为从 $X^{(k)}$ 出发,沿 $S^{(k)}$ 的方向,根据单峰区间上函数值高—低—高的特点,确定一个包括该方向上 $f(X)$(即 $f(\lambda)$)极小点的单峰区间。区间的搜索用进退法进行,这是一种通过比较函数值大小来确定搜索区间的方法,其步骤如图 7-1 所示。

①对于给定的初始点 λ_1 和增量 h,计算 $f(\lambda_1)$ 和 $\lambda_2 = \lambda_1 + h$ 点的函数值 $f(\lambda_2)$。

②若 $f(\lambda_1) > f(\lambda_2)$,说明极小点在 λ_1 的右侧,将增量增加 1 倍(也可采用其他的加倍系数),取 $\lambda_3 = \lambda_2 + 2h$[图 7-1(a)];若 $f(\lambda_1) < f(\lambda_2)$,说明极小点在 λ_1 的左侧,需改变搜索方向,即将增量符号改为负,得点 $\lambda_3 = \lambda_2 - 2h$[图 7-1(b)]。

③若 $f(\lambda_3) < f(\lambda_2)$,则将增量再加大 1 倍,有 $\lambda_4 = \lambda_3 + 4h$[图 7-1(a)]或 $\lambda_4 = \lambda_3 - 4h$[图 7-1(b)],即每跨一步的增量为前一次增量的 2 倍,直到函数值增加为止。

④对于图 7-1(a),有 $f(\lambda_3) > f(\lambda_4) \leqslant f(\lambda_5)$,则单峰搜索区间为[$\lambda_3, \lambda_5$];对于图 7-1(b),有 $f(\lambda_5) > f(\lambda_4) \leqslant f(\lambda_3)$,则单峰搜索区间为[$\lambda_5, \lambda_3$]。

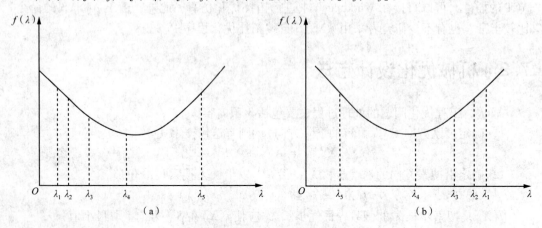

图 7-1 进退法确定搜索区间
(a)前进搜索 (b)后退搜索

利用进退法,一般总可以找到单峰区间中的 3 个点,即 2 个端点和中间某 1 个点。后面介绍的二次插值法中,要利用 3 个点的信息。

7.2.1.2 确定最优步长因子

确定搜索区间之后,可以用数值逼近的方法去搜索该区间内函数的极小值点。必须指出,找到这个极小值点,也就确定了最优步长因子 λ_k。这里介绍常用的二次插值法和黄金分割法。

(1) 二次插值法

二次插值法又叫抛物线法。已知过 3 点可以唯一地确定一条抛物线，二次插值法是用不断建立的抛物线的极小值点去逼近目标函数 $S^{(k)}$ 方向的极小值点。

二次插值法算法步骤如下：

①已知搜索区间 $[\lambda_1, \lambda_2]$，取 $\lambda_3 = (\lambda_1 + \lambda_2)/2$，过 $\lambda_1, \lambda_2, \lambda_3$ 可唯一地确定一条抛物线。

②求抛物线的极小值点 λ_4；令 $\lambda_3 < \lambda_4$（若 $\lambda_3 > \lambda_4$，交换 λ_3 和 λ_4），比较 $f(\lambda_3)$ 与 $f(\lambda_4)$。

③根据比较结果，若 $f(\lambda_3) < f(\lambda_4)$，舍去 λ_2, λ_3；若 $f(\lambda_3) > f(\lambda_4)$，舍去 λ_1，令 $\lambda_3 \Rightarrow \lambda_1$，以保证缩小后的新的搜索区间 $[\lambda_1, \lambda_2]$ 仍保持函数值高—低—高的特性。

④检验 $[\lambda_1, \lambda_2]$ 是否足够小，若是，比较 $f(\lambda_1)$ 与 $f(\lambda_2)$，取函数值小者，将相应的 λ 作为结果输出。否则从①做起，继续搜索。

根据拉格朗日插值公式，抛物线方程为

$$\varphi(\lambda) = \frac{(\lambda - \lambda_1)(\lambda - \lambda_2)}{(\lambda_3 - \lambda_1)(\lambda_3 - \lambda_2)} f(\lambda_3) + \frac{(\lambda - \lambda_2)(\lambda - \lambda_3)}{(\lambda_1 - \lambda_2)(\lambda_1 - \lambda_3)} f(\lambda_1) + \frac{(\lambda - \lambda_3)(\lambda - \lambda_1)}{(\lambda_2 - \lambda_1)(\lambda_2 - \lambda_3)} f(\lambda_2)$$

函数的极小值点对应的最优步长因子为

$$\lambda_4 = \frac{1}{2} \frac{f(\lambda_3)(\lambda_1^2 - \lambda_2^2) + f(\lambda_1)(\lambda_2^2 - \lambda_3^2) + f(\lambda_2)(\lambda_3^2 - \lambda_1^2)}{f(\lambda_3)(\lambda_1 - \lambda_2) + f(\lambda_1)(\lambda_2 - \lambda_3) + f(\lambda_2)(\lambda_3 - \lambda_1)}$$

上述公式在计算过程中不能出现分母为零的情况，否则搜索失败。

(2) 黄金分割法

黄金分割法(0.618 法)是一种直接投点的搜索方法。在已知的搜索区间 $[\lambda_1, \lambda_2]$ 内，第一次投放两点：$\lambda_3 = \lambda_1 + (1 - 0.618)(\lambda_2 - \lambda_1)$，$\lambda_4 = \lambda_1 + 0.618(\lambda_2 - \lambda_1)$，比较 $f(\lambda_3)$ 与 $f(\lambda_4)$。

若 $f(\lambda_3) > f(\lambda_4)$，极小值点在 $[\lambda_3, \lambda_2]$ 内，舍去 λ_2 点，令 $\lambda_3 \Rightarrow \lambda_2$，$\lambda_4 \Rightarrow \lambda_3$；

若 $f(\lambda_3) < f(\lambda_4)$，极小值点在 $[\lambda_1, \lambda_4]$ 内，舍去 λ_2 点，令 $\lambda_4 \Rightarrow \lambda_2$，$\lambda_3 \Rightarrow \lambda_4$；

若 $f(\lambda_3) = f(\lambda_4)$，极小值点在 $[\lambda_3, \lambda_4]$ 内，舍去 λ_1, λ_2 点，令 $\lambda_3 \Rightarrow \lambda_1$，$\lambda_4 \Rightarrow \lambda_2$。

得到新的搜索区间后，检验区间 $[\lambda_1, \lambda_2]$ 是否足够小：若是，取 $\lambda_4 = (\lambda_1 + \lambda_2)/2$ 作为结果输出；否则从头做起。注意，除了第三种情况需在新的区间 $[\lambda_1, \lambda_2]$ 内继续投放两点 λ_3 和 λ_4 进行比较外，在第一、二种情况下，仅需再投放一点就可以继续进行比较计算了。

在黄金分割法的运算中，区间以恒定的收缩率 $\delta = 0.618$ 缩小，除了第一次运算需投放两点外，以后每次运算仅需投放一点，被保留的一点仍然有效。所以，对于给定的区间精度，投放 N 个点，经 $N - 1$ 次运算之后，区间长度应该满足不等式

$$0.618^{N-1}(\lambda_2 - \lambda_1) \leq \varepsilon$$

这样，可以根据运算精度求出运算所需试点个数，即运算次数

$$N \geq \frac{\ln\left(\dfrac{\varepsilon}{\lambda_2 - \lambda_1}\right)}{\ln 0.618} + 1$$

7.2.2 无约束优化方法

一维搜索介绍了如何在搜索方向 $S^{(k)}$ 上确定最优步长 λ_k 的方法,这里将讨论如何确定搜索方向 $S^{(k)}$。一个算法的搜索方向是该优化方法的基本标志,它从根本上决定着一个算法的成败和收敛速率的快慢。因此,分析、确定搜索方向是研究优化方法的最根本任务之一。各种无约束优化方法也是在确定搜索方向上显示各自的特点。

无约束优化方法可以分为两类:一类是通过计算目标函数的一阶或二阶导数值确定搜索方向的方法,称为间接法,如最速下降法、牛顿法、变尺度法和共轭梯度法;另一类是直接利用目标函数值确定搜索方向的方法,称为直接法,如坐标轮换法、鲍威尔法和单纯形法。

(1) 最速下降法

函数的负梯度方向为函数值下降最快的方向(简称最速下降方向),因此搜索方向 $S^{(k)}$ 选为

$$S^{(k)} = -\nabla f(X^{(k)})$$

或

$$S^{(k)} = \frac{-\nabla f(X^{(k)})}{|\nabla f(X^{(k)})|}$$

但实际应用表明,负梯度方向并不是理想的搜索方向,因而梯度法也就不是一种理想的优化算法。原因在于负梯度方向仅是函数某点处的局部性质,一旦离开该点,就不能保证负梯度方向仍是最速下降方向了。梯度法在迭代初期使函数值下降很快,越到迭代后期,函数值下降越慢,梯度法的效率也就越低。因此,梯度法常与其他方法联合使用,在迭代初期使用梯度法,在中后期使用其他方法。

(2) 牛顿法或阻尼牛顿法

函数 $f(X)$ 的泰勒展开式为

$$f(X) = f(X^{(k)}) + [\nabla f(X^{(k)})]^T (X - X^{(k)}) + \frac{1}{2} [X - X^{(k)}]^T H(X^{(k)}) (X - X^{(k)})$$

对上式求导得

$$\nabla f(X) = \nabla f(X^{(k)}) + H(X^{(k)}) (X - X^{(k)})$$

令 $\nabla f(X) = 0$,得

$$\nabla f(X^{(k)}) + H(X^{(k)}) (X - X^{(k)}) = 0$$

将上式左乘 $[H(X^{(k)})]^{-1}$,得

$$X = X^{(k)} - [H(X^{(k)})]^{-1} \nabla f(X^{(k)})$$

搜索方向 $S^{(k)}$ 选为

$$S^{(k)} = -[H(X^{(k)})]^{-1} \nabla f(X^{(k)})$$

牛顿法(Newton's method)或阻尼牛顿法对于二次函数收敛很快。若函数的二次性较强或迭代点已经进入最优点的领域,收敛速度也很快。但由于在迭代过程中,始终要求海瑟矩阵可逆,同时因为求逆是效率低下的运算,所以对于工程优化而言,很少采用牛顿法或阻尼牛顿法。

(3) 共轭梯度法

共轭梯度法是依次将共轭向量组 $S^{(1)}$, $S^{(2)}$, $\cdots$, $S^{(n)}$ 中的各个向量作为搜索方向。

对于二次正定函数，若计算过程中不存在数值舍入差异，在理论上一轮(n 次)搜索后必定可得到最优点。对于其他函数，若一轮搜索得不到最优点，就再次采用新的共轭向量组 $S^{(1)}$，$S^{(2)}$，$\cdots$，$S^{(n)}$ 进行搜索，直到获得最优点。共轭向量组在迭代过程中不用一次性生成，每个迭代生成一个下一次迭代用的搜索方向 $S^{(k+1)}$ 即可。

共轭梯度法的初始搜索方向 $S^{(0)}$ 选为

$$S^{(0)} = \nabla f(X^{(0)})$$

下一次迭代用的搜索方向 $S^{(k+1)}$ 为

$$S^{(k+1)} = -\nabla f(X^{(k+1)}) + \frac{\|\nabla f(X^{(k+1)})\|^2}{\|\nabla f(X^{(k)})\|^2} S^{(k)}$$

共轭梯度法比梯度法的收敛速度快很多，具有超线性收敛速度。但该算法要求的一维搜索精度较高，且总体搜索效率不及变尺度法。

(4) 变尺度法

变尺度法又称拟牛顿法(Quasi-Newton methods)，在采纳了牛顿法基本思想的基础上，对牛顿法进行了重大改进。变尺度法是这一类相似算法的统称，其中最出色的算法是 DFP(Davidon-Fletcher-Powell) 优化算法和 BFGS(Broyden-Fletcher-Goldfarb-Shanno) 优化算法。DFP 优化算法是 1959 年由 Davidon 提出的，1963 年由 Fletcher 和 Powell 进行改进，故称 DFP 法。20 世纪 70 年代初，Broyden、Fletcher、Glodfarb 和 Shanno 又提出了另一种变尺度法，即 BFGS 法。

梯度法的搜索方向为

$$S^{(k)} = -\nabla f(X^{(k)}) = -I\nabla f(X^{(k)})$$

牛顿法的搜索方向为

$$S^{(k)} = -[H(X^{(k)})]^{-1} \nabla f(X^{(k)})$$

变尺度法的搜索方向为

$$S^{(k)} = -A^{(k)} \nabla f(X^{(k)})$$

式中：$A^{(k)}$ 为一个 $n \times n$ 的对称正定矩阵。

若 $A^{(k)} = I$，则变尺度法的搜索方向就是梯度法的搜索方向；若 $A^{(k)} = -[H(X^{(k)})]^{-1}$，变尺度法的搜索方向就是牛顿法的搜索方向。梯度法在搜索初期作用明显，牛顿法在搜索末期作用明显，变尺度法就是综合了两者的优点而形成的一类算法。

变尺度法在第一次搜索时，采用 $A^{(0)} = I$，其搜索方向就是梯度法的搜索方向，在搜索末期 $A^{(p)} \approx -[H(X^{(p)})]^{-1}$($p$ 为总的迭代次数)，其搜索方向与牛顿法的大致相同。为避免牛顿法中的求逆运算，变尺度法在迭代过程中通过生成 I，$A^{(1)}$，$A^{(2)}$，$\cdots$，$A^{(k)}$，$A^{(k+1)}$，$\cdots$，$A^{(p)}$ 这一矩阵序列不断调整搜索方向。矩阵序列 $A^{(i)}$ 从 I 开始不断逼近 $-[H(X^{(p)})]^{-1}$。因此，变尺度法的核心问题是如何构造这一矩阵序列。不同的构造方法造就了不同的变尺度法。

① **DFP 法** DFP 法是变尺度法中的一种。它通过如下公式构造矩阵序列 $A^{(i)}$。

第一次迭代

$$A^{(0)} = I$$

其后的迭代是通过对 A 矩阵的不断修正来获得新的 A 矩阵，即

$$A^{(k+1)} = A^{(k)} + \nabla A^{(k)}$$

式中：

$$\nabla A^{(k)} = \frac{\Delta X^{(k)} \Delta X^{(k)\text{T}}}{\Delta X^{(k)\text{T}} \Delta g^k} - \frac{A^{(k)} \Delta g^k \Delta g^{k\text{T}} A^{(k)}}{\Delta g^{k\text{T}} A^{(k)} \Delta g^k}$$

$$\Delta X^{(k)} = X^{(k+1)} - X^{(k)}$$

$$\Delta g^{(k)} = g^{(k+1)} - g^{(k)} = \nabla f(X^{(k+1)} - \nabla f(X^{(k)}))$$

可以证明，对于 n 维优化问题，变尺度法在一轮（n 次）优化迭代过程中生成的搜索方向 $S^{(1)}$，$S^{(2)}$，$\cdots$，$S^{(n-1)}$ 是一组关于海瑟矩阵共轭的向量，所以变尺度法本质上属于共轭方向法。

变尺度法的收敛速度介于梯度法和牛顿法之间。

为了算法的数值稳定性，DFP 法在一轮（n 次）优化迭代后，在下一轮开始时，提出将 A 矩阵重置为单位矩阵 I。

② **BFGS 法** BFGS 法也是变尺度法中的一种。相比于 DFP 法，BFGS 法的数值稳定性较好。BFGS 法的矩阵修正公式为

$$\Delta A^{(k)} = \left(1 - \frac{\Delta g^{k\text{T}} A^{(k)} \Delta g^k}{\Delta X^{(k)\text{T}} \Delta g^k}\right) \frac{\Delta X^{(k)} \Delta X^{(k)\text{T}}}{\Delta X^{(k)\text{T}} \Delta g^k} - \frac{\Delta X^{(k)} \Delta g^{k\text{T}} A^{(k)} + A^{(k)} \Delta g^k \Delta X^{(k)\text{T}}}{\Delta X^{(k)\text{T}} \Delta g^k}$$

式中：各符号的含义同 DFP 法。

对于大型无约束优化问题，BFGS 法是目前较好的数值求优算法之一。

(5) 坐标轮换法

坐标轮换法属于直接法，其思想非常简单，就是将 n 个变量的优化问题转化为一系列的一维优化问题，一个变量一个变量地优化，在优化一个变量的时候不考虑其他变量。n 个变量进行 n 次一维优化，称为一轮优化。若一轮优化没有达到收敛精度要求，就进行下一轮优化，下一轮优化的起点就是上一轮优化的终点。

坐标轮换法在每一轮优化中的搜索方向组都为 $e^{(1)}$，$e^{(2)}$，$\cdots$，$e^{(n)}$，即 n 维空间各坐标轴的单位向量方向，亦即

$$S^{(1)} = e^{(1)} = [1\ 0\ 0\ \cdots\ 0]^\text{T}$$

$$S^{(2)} = e^{(2)} = [1\ 0\ 0\ \cdots\ 0]^\text{T}$$

$$\vdots$$

$$S^{(n)} = e^{(n)} = [0\ 0\ 0\ \cdots\ 1]^\text{T}$$

坐标轮换法构思简单，但收敛速度慢、效率低下，故工程优化时不宜采用。

(6) 共轭方向法

坐标轮换法在每一轮（n 次）优化迭代中都使用相同的搜索方向组 S，共轭方向法对此作了改进。

设每一轮迭代的初始点记为 $X^{(0)}$，经过一轮（n 次）优化迭代计算后的终点为 $X^{(n)}$。

共轭方向法在第一轮（n 次）优化迭代中的搜索方向组与坐标轮换法的相同，即

$$S_{[1]} = [e_{[1]}^{(1)}\ e_{[1]}^{(2)}\ \cdots\ e_{[1]}^{(n-1)}\ e_{[1]}^{(n)}]$$

这里，为了区分轮次，式中加入了下标符号[1]，表示此为第一轮的搜索方向组，以此类推。

在一轮（n 次）优化迭代完成后，与坐标轮换法相比，共轭方向法多进行了一次一

维优化运算。即第一轮(n 次)优化迭代完成后，再在方向 $S_{[1]}^{(1)} = X^{(n)} - X^{(0)}$ 上寻优，得到一个优化点 $X^{(n+1)}$。同时，将点 $X^{(n+1)}$ 作为下一轮优化迭代计算的初始点。

第二轮(n 次)优化迭代中的搜索方向组为

$$S_{[2]} = [\, e_{[1]}^{(2)} \quad e_{[1]}^{(3)} \quad \cdots \quad e_{[1]}^{(n-1)} \quad e_{[1]}^{(n)} \quad S_{[1]}^{(1)} \,]$$

即抛弃上一轮搜索方向组中的第一个搜索方向，同时添加新生成的向量 $S_{[1]}^{(1)} = X^{(n)} - X^{(0)}$。

第三轮(n 次)优化迭代中的搜索方向组为

$$S_{[3]} = [\, e_{[1]}^{(3)} \quad e_{[1]}^{(4)} \quad \cdots \quad e_{[1]}^{(n)} \quad S_{[1]}^{(1)} \quad S_{[2]}^{(2)} \,]$$

即抛弃上一轮搜索方向组中的第一个搜索方向，同时添加新生成的向量 $S_{[2]}^{(2)} = X^{(n)} - X^{(0)}$。

第四轮(n 次)优化迭代中的搜索方向组为

$$S_{[4]} = [\, e_{[1]}^{(4)} \quad e_{[1]}^{(5)} \quad \cdots \quad S_{[1]}^{(1)} \quad S_{[2]}^{(2)} \quad S_{[3]}^{(3)} \,]$$

即抛弃上一轮搜索方向组中的第一个搜索方向，同时添加新生成的向量 $S_{[3]}^{(3)} = X^{(n)} - X^{(0)}$。

以此类推，第 $n+1$ 轮(n 次)优化迭代中的搜索方向组为

$$S_{[n+1]} = [\, S_{[1]}^{(1)} \quad S_{[2]}^{(2)} \quad \cdots \quad S_{[n-1]}^{(n-1)} \quad S_{[n]}^{(n)} \,]$$

即抛弃上一轮搜索方向组中的第一个搜索方向，同时添加新生成的向量 $S_{[n]}^{(n)} = X^{(n)} - X^{(0)}$。

以上对搜索方向组的操作过程，可以简述为"去掉第一个、余下向前推、最后添一个"，搜索过程若满足收敛精度要求，迭代停止，否则一轮一轮的迭代下去。

理论上可以证明，新生成的搜索方向关于目标函数的海瑟矩阵都是相互共轭的，也是线性无关的，这就是共轭方向法得名的由来。共轭方向法最早是由鲍威尔(Powell)提出的，故也称鲍威尔法或原始鲍威尔法。

实际数值计算表明，原本应该相互共轭的新搜索方向可能会出现线性相关或近似于线性相关的情况。一旦出现线性相关情况，以后各步搜索将在维数下降了的空间内进行，致使计算不能收敛，或者收敛到非最优点上，这种现象称为"退化"。因此，实际计算中基本不采用原始鲍威尔法，而是采用修正鲍威尔法。

(7)修正鲍威尔法

针对原始鲍威尔法可能出现的"退化"现象，鲍威尔认为原始鲍威尔法无条件地每次"去掉第一个"搜索方向是有问题的。因此，鲍威尔提出在获得每轮的新搜索方向 $S_{[k]}^{(k)} = X^{(n)} - X^{(0)}$ 后，在组成新的搜索方向组时，不能简单地去掉前一轮的第一个，而是有选择地去掉某一个(或一个都不去掉)，以保证新搜索方向组具有很好的线性无关性。

在第 k 轮的 n 次一维优化迭代中，肯定存在函数值下降最大的方向，记为搜索方向 m。对应的函数值最大下降值记为 D_m。

第 k 轮迭代的初始点为 $X^{(0)}$，其函数值记为 $f_1 = f(X^{(0)})$，经过本轮(n 次)优化迭代计算后的终点为 $X^{(n)}$，其函数值记为 $f_2 = f(X^{(n)})$。点 $X^{(0)}$ 对点 $X^{(n)}$ 的映射点为 $2X^{(n)} - X^{(0)}$，其函数值记为 $f_3 = f(2X^{(n)} - X^{(0)})$。

鲍威尔法的判断条件为

$$\begin{cases} f_3 < f_1 \\ (f_1 - 2f_2 + f_3)(f_1 - f_2 - \Delta_m)^2 < \dfrac{\Delta_m}{2}(f_1 - f_3)^2 \end{cases}$$

若两个鲍威尔法的判断条件同时成立，则在搜索方向组中用新搜索方向 $S_{[k]}^{(k)} = X^{(n)} -$

$X^{(0)}$ 替换掉搜索方向 m，否则，搜索方向组保持不变。

经过替换（或保持不变）的搜索方向组作为下一轮（第 $k+1$ 轮）的搜索方向组。

修正鲍威尔法由于避免了搜索方向的线性相关性，所产生的搜索方向又是趋向于相互共轭的，虽然不再具有二次收敛性，但其计算效果通常都会令人满意。

修正鲍威尔法是无约束优化问题直接解法中的经典算法。

7.2.3 约束优化方法

实际工程优化问题绝大多数都是约束优化问题。约束优化问题的一般模型见式(7-5)，其数值解法总体上可以分为直接法和间接法两大类。

直接法不对约束条件作处理，也不需要计算导数。其基本思想是通过一定方式将迭代点始终限制在可行域内，同时使目标函数值逐步下降，直到满足收敛条件获得最优解为止。直接法原理简单，方法众多，如约束坐标轮换法、随机方向法、复合形法等。其中以复合形法为典型算法。间接法通过对约束条件进行一定的处理，将有约束优化问题转化为无约束优化问题，进而采用无约束优化问题的相关算法求优。针对式(7-5)，间接法通常做如下转化

$$\Phi(X, r_1, r_2) = f(X) + r_1 \sum_{i=1}^{m} G(g_i(X)) + r_2 \sum_{j=1}^{p} H(h_j(X))$$

式中：$\Phi(X, r_1, r_2)$ 为转化后新的无约束优化目标函数；r_1 和 r_2 为加权因子；$G(g_i(X))$ 为第 i 个不等式约束的某种形式的复合函数或泛函数；$H(h_j(X))$ 为第 j 个等式约束的某种形式的复合函数或泛函数。

间接法由于可以采用成熟的无约束求优算法，从而在实际工程优化问题中得到了广泛应用。其中的典型算法为惩罚函数法。

7.2.3.1 复合形法

所谓复合形是指 n 维设计空间的可行域内由 k 个点构成的不规则多面体。一般 $n+1 \leq k \leq 2n$。若维数 n 较小，k 一般取大值（如 $k=2n$）；若维数 n 较大，k 一般取小值（如 $k=n+1$）。

复合形法的基本原理很简单。在可行域内，一个复合形有 k 个点，对应 k 个目标函数值，比较后，舍弃掉函数值最大的点，然后代之以能使函数值下降并且在可行域内的新点，组成新的复合形，重复以上过程，直到满足收敛精度时为止。

复合形法能够有效处理不等式约束优化问题。复合形法在优化过程中不需要求导数，也不需要一维搜索。复合形不要求为规则图形，灵活可变，同时其寻优过程始终在可行域内进行，结果可靠并具有一定的收敛精度。

复合形法有两个主要问题，一是如何生成 k 个初始点；二是在迭代过程中如何生成一个新点（即如何迭代寻优）。

有如下优化模型，即

$$\begin{aligned}
\min \quad & f(X), \quad X \in \Re^n \\
\text{s.t.} \quad & g_i(X), \quad i = 1, 2, \cdots, m \\
& a_j \leq x_j \leq b_j, \quad j = 1, 2, \cdots, p, \quad p < n
\end{aligned}$$

这里介绍通过复合形法求解上述模型的基本方法。

(1) 生成 k 个初始点

方法一：以设计者已有的 k 个设计方案作为初始复合形的 k 个顶点。若只有 p 个 ($p<k$) 设计方案，首先可以将这 p 个设计方案作为初始复合形的 p 个顶点，然后从这 p 个设计方案中选择一个设计方案，再以方法二生成其余的 $k-p$ 个顶点。

方法二：设需要生成的复合形顶点数为 $q(q<k)$，以随机方式产生 q 个点

$$x_j^i = a_j + r_j^i(b_j - a_j), \quad i = 1, 2, \cdots, q, \quad j = 1, 2, \cdots, n \tag{7-11}$$

式中：r_j^i 为一个随机产生的随机数，其值在 $[0, 1]$ 区间内。

依次验证这 q 个点是否满足式(7-11)中的约束条件。假设这 q 个点中只有 $t(t<q)$ 个点满足全部约束条件，则计算这 t 个点的中心 X_t

$$X_t = \frac{1}{t} \sum_{i=1}^{t} X_j$$

迫使第 $t+1$ 个不满足约束条件的点 X_{t+1} 不断向点 X_t 靠拢

$$X_{t+1} = X_t + \kappa(X_{t+1} - X_t)$$

式中：$0 < \kappa < 1$，κ 以倍减方式取值，第一次一般取 $\kappa = 0.5$，若验证后还不满足约束条件，第二次取 $\kappa = 0.25$，以此类推。

只要可行域为凸集，通过以上方式就可将所有不满足约束条件的点调入到可行域内。若可行域为非凸集，中心点 X_t 也可能在可行域外，这时无论 κ 多小，按以上方式都不可能将点 X_{t+1} 调入到可行域内。这时的处理方法一般是缩小式(7-11)中的 a_j 和 b_j，重新生成 $q-t$ 个点，再重复以上操作。

(2) 生成一个新点

对复合形的 k 个顶点依目标函数值的大小排序。函数值最大的点称为最坏点，记为 X_H；函数值次大的点称为次坏点，记为 X_F；函数值最小的点称为最好点，记为 X_G。

①计算除最坏点 X_H 以外的其他所有点的中心点，记为 X_D：

$$X_D = \frac{1}{k-1} \sum_{\substack{i=1 \\ i \neq H}}^{k} X_i$$

②验算 X_D 是否在可行域内。若 X_D 不在可行域内，说明可行域为非凸集，这时需要缩小式(7-11)中的 a_j 和 b_j，重新生成复合形，直到新复合形的 X_D 在可行域内为止。

③在最坏点 X_H 与中心点 X_D 的连线方向上取一个反射点 X_R：

$$X_R = X_D + \zeta(X_D - X_H)$$

式中：ζ 为反射系数，初值一般取 $\zeta = 1.3$。

验算 X_R 是否在可行域内，若 X_R 不在可行域内，ζ 以倍减方式取值后，重新计算 X_R，直到将 X_R "拉"回可行域内为止。

④计算 X_R 点的目标函数值。并与 $f(X_H)$ 比较：若 $f(X_R) < f(X_H)$，以 X_R 替换掉 X_H 构成新的复合形，转⑤；若 $f(X_R) \geq f(X_H)$，ζ 减半，重新生成反射点 X_R，转③。

在重新生成反射点 X_R 时，需要验算 ζ 是否足够小。若 ζ 足够小，反射点的函数值仍然大于等于最坏点的函数值。这说明该反射方向(从 X_R 指向 X_D 的方向)不好，需要更换反射方向。其方法是将反射方向更换为从次坏点 X_F 指向 X_D 的方向，即将次坏点 X_F 当做最坏点，转①。

⑤收敛判断。随着迭代的进行，新的复合形越来越小，逐渐向最优点逼近。收敛准则是判断复合形是否足够小，即

$$\sqrt{\frac{1}{k}\sum_{i=1}^{k}(f(\boldsymbol{X}_i) - f(\boldsymbol{X}_{\mathrm{DA}})^2)} < \varepsilon$$

式中：ε 为事先给定的一个非常小的正数；$\boldsymbol{X}_{\mathrm{DA}}$ 为所有顶点的中心点，$\boldsymbol{X}_{\mathrm{DA}} = \frac{1}{k}\sum_{i=1}^{k}\boldsymbol{X}_i$。

收敛时，以复合形上目标函数值最小的点作为最优点。

当问题维数较高时，计算量将激增，收敛速度下降，计算效率低。因此，复合形法不宜用于高维优化问题。

7.2.3.2 拉格朗日乘子法

拉格朗日乘子法是用于处理等式约束优化问题的一种经典算法。

对于如下等式约束优化问题

$$\min \ f(\boldsymbol{X}), \quad \boldsymbol{X} \in \mathfrak{R}^n$$
$$\text{s.t.} \quad h_j(\boldsymbol{X}) = 0, \quad j = 1, 2, \cdots, p, \ p < n$$

用拉格朗日乘子法将其转化为无约束优化问题

$$L(\boldsymbol{X}, \lambda) = f(\boldsymbol{X}) + \sum_{j=1}^{p} \theta_j h_j(\boldsymbol{X})$$

式中：$\theta_j(j=1, 2, \cdots, p)$ 为拉格朗日乘子。

由 $L(\boldsymbol{X}, \theta)$ 的极值条件可得

$$\begin{cases} \dfrac{\partial L}{\partial x_i} = \dfrac{\partial f(\boldsymbol{X})}{\partial x_i} + \sum_{j=1}^{p} \theta_j \dfrac{\partial h_j(\boldsymbol{X})}{\partial x_i} = 0 \\ \dfrac{\partial L}{\partial \theta_j} = h_j(\boldsymbol{X}) = 0 \end{cases} \quad (7\text{-}12)$$

联立以上 $n+p$ 个方程，从中可解得 $x_i^*(i=1, 2, \cdots, n)$ 和 $\theta_j^*(j=1, 2, \cdots, p)$ 共 $n+p$ 个未知量。

若 x_i^* 和 θ_j^* 是 $L=(\boldsymbol{X}, \theta)$ 的极值点，由式(7-12)中的第二式可知

$$h_j(\boldsymbol{X}^*) = 0, \quad j = 1, 2, \cdots, p$$

则由

$$L(\boldsymbol{X}^*, \theta^*) = f(\boldsymbol{X}^*) + \sum_{j=1}^{p} \theta_j^* h_j(\boldsymbol{X}^*) = f(\boldsymbol{X}^*)$$

可知，$\boldsymbol{X}^*$ 也是 $f(\boldsymbol{X})$ 的极值点，同时满足所有等式条件 $h_j(\boldsymbol{X}^*)=0, j=1, 2, \cdots, p$。

为了便于计算机进行数值寻优计算，一般引入

$$U(\boldsymbol{X}, \theta) = \sum_{i=1}^{n}\left(\frac{\partial L}{\partial x_i}\right)^2 + \sum_{j=1}^{p}(h_j(\boldsymbol{X}))^2$$

然后对 U 函数求极小值，即得原问题的最优解。

若优化问题还含有不等式约束条件

$$g_i(\boldsymbol{X}) \geq 0, \quad i = 1, 2, \cdots, m$$

则首先需要将不等式约束处理为等式约束才能使用拉格朗日乘子法。常用的处理方法

是在不等式约束中引入松弛变量，使不等式约束变为等式约束：

$$g_i(X) + w_i^2 = 0, \quad i = 1, 2, \cdots, m$$

式中：$w_i(i = 1, 2, \cdots, m)$ 为松弛变量，以二次方形式引入的目的是为了保证引入项非负。

将不等式约束全部处理为等式约束结束后，按前述应用拉格朗日乘子法的步骤求极值，即可得原问题的最优解。

拉格朗日乘子法的主要缺点在于不太适合于含有不等式约束的优化问题。虽然通过引入松弛变量的办法可将不等式约束变为等式约束，但引入一个松弛变量，就相当于寻优过程是在更高维空间中进行的，若引入的松弛变量太多，将极大降低寻优的效率。

由于实际工程优化问题常含有大量不等式约束条件，因此实际工程优化问题较少采用拉格朗日乘子法。

7.2.3.3 惩罚函数法

与拉格朗日乘子法对约束条件的处理方式相似，惩罚函数法也是通过对约束条件的处理，将有约束的优化问题转化为无约束的优化问题。

对于有约束的优化问题，惩罚函数法通过以下惩罚函数将其转化为无约束的优化问题：

$$\varPhi(X, r_1^{(k)}, r_2^{(k)}) = f(X) + r_1^{(k)} \sum_{i=1}^{m} G(g_i(X)) + r_2^{(k)} \sum_{j=1}^{p} H(h_j(X)) \quad (7\text{-}13)$$

式中：$r_1^{(k)}$ 和 $r_2^{(k)}$ 为惩罚因子，上标 k 表示迭代次数；后两项为惩罚项；$\varPhi$ 为惩罚函数。

惩罚函数法的基本思想是每给定一组 $r_1^{(k)}$ 和 $r_2^{(k)}$，对式(7-13)进行求优，就会得到一个 $\varPhi$ 的最优点 $X^{(*k)}(r_1^{(k)}, r_2^{(k)})$，即最优点是惩罚因子 r_1 和 r_2 的函数；重复这个过程，随着迭代计算的进行，会产生一个 $\varPhi$ 的最优点序列 P：

$$X^{(*1)}(r_1^{(1)}, r_2^{(1)}), X^{(*2)}(r_1^{(2)}, r_2^{(2)}), \cdots, X^{(*k)}(r_1^{(k)}, r_2^{(k)}), \cdots$$

在迭代过程中，通过调整 r_1 和 r_2 的大小，迫使该无约束最优点序列 P 最终逼近原问题(有约束优化问题)的最优点 $X^{(*)}$。

因此，惩罚函数法本质上是一种序列求优方法，故又被称为序列无约束极小化方法(sequential unconstrained minimization technique，SUMT)。最优点序列 P 若要收敛到 $X^{(*)}$，r_1 和 r_2 必须满足条件

$$\lim r_1^{(k)} \sum_{i=1}^{m} G(g_i(X)) = 0$$

$$\lim r_2^{(k)} \sum_{j=1}^{p} H(h_j(X)) = 0$$

从而有

$$\lim |\varPhi(X, r_1^{(k)}, r_2^{(k)}) - f(X)| = 0$$

根据迭代过程中的点序列 P 是否在可行域内，惩罚函数法可以分为内点法、外点法和混合法3种。

(1) 内点法

内点法是求解不等式约束优化问题的一种十分有效的方法,但不能处理等式约束。内点法的迭代求优过程始终在可行域内,其最优点序列 P 也在可行域内。

内点法的惩罚函数为

$$\Phi(X, r^{(k)}) = f(X) - r^{(k)} \sum_{i=1}^{m} \frac{1}{g_i(X)}$$

式中:$r^{(k)}$ 为惩罚因子,上标 k 表示迭代次数,且 $r^{(k)} > 0$。

当迭代点在可行域内时,惩罚项 $-r^{(k)} \sum_{i=1}^{m} \frac{1}{g_i(X)}$ 必为正值,当迭代点趋近可行域边界时,在 m 个不等于约束中必有一个约束 $g_i(X)$ 趋近于零,造成惩罚项 $-r^{(k)} \sum_{i=1}^{m} \frac{1}{g_i(X)}$ 趋于正无穷,$\Phi(X, r^{(k)})$ 亦趋于正无穷。此举相当于在可行域边界筑起了一道"围墙",迫使迭代点始终在可行域内。因此,内点法也称为围墙函数法或障碍函数法。

大量实际优化算例表明,有约束优化问题的最优点一般都在边界附近或边界上。因此,内点法还必须有能使迭代点靠近边界的能力。具体方法是在迭代过程中逐渐减小惩罚因子的大小,以削弱惩罚项的作用。在迭代过程中,$r^{(k)}$ 是一个趋于零的递减序列

$$r^{(1)} > r^{(2)} > \cdots > r^{(k)} > r^{(k+1)} > \cdots > 0$$

通常令 $r^{(k+1)} = cr^{(k)}$,c 称为惩罚因子的缩减系数,$0 < c < 1$。一般认为 c 的大小在迭代过程中不起决定性作用,通常取 $c = 0.1 \sim 0.7$。惩罚因子的初值 $r^{(1)}$ 可取 $1 \sim 50$,多数情况下取 1 即可。

随着 $r^{(k)}$ 的逐渐减小,$\Phi(X, r^{(k)})$ 中惩罚项的作用也越来越小,最优点序列 P 也就有可能从可行域内部趋近可行域边界。当 $k \to \infty$ 时,最优点序列 P 的极限就是原问题的最优点 $X^{(*)}$。

内点法常用的惩罚函数形式还有很多,如

$$\Phi(X, r^{(k)}) = f(X) + r^{(k)} \sum_{i=1}^{m} \frac{1}{(g_i(X))^2}$$

$$\Phi(X, r^{(k)}) = f(X) - r^{(k)} \sum_{i=1}^{m} \ln(-g_i(X))$$

现举一个简单例子说明内点法的求优过程。

【例 7-1】 目标函数为 $\min f(x) = x^2$,约束条件为 $g(x) = 1 - x \leq 0$;求其最优解。

解 用内点法构造的惩罚函数为

$$\Phi(x, r^{(k)}) = x^2 - r^{(k)} \frac{1}{1-x}$$

本应通过数值方法求 $\Phi(x, r^{(k)})$ 的极值点,为说明问题,这里直接用解析法求极值。

令

$$\nabla \Phi(x, r^{(k)}) = 2x - \frac{r^{(k)}}{(1-x)^2}$$

得

$$2x(1-x)^2 = r^{(k)}$$

解上式，可得极值点 $x^{(*k)}$，显然，极值点 $x^{(*k)}$ 满足上式，即

$$2x^{(*k)}(1-x^{(*k)})^2 = r^{(k)}$$

上式表征了无约束优化问题的极值点 $x^{(*k)}$ 与惩罚因子 $r^{(k)}$ 之间的函数关系。

若第一次迭代时 $r^{(1)} = 24$，那么第一次迭代得到的极值点为 $x^{(*1)} = 3$；

若第二次迭代时 $r^{(1)} = 24$，那么第一次迭代得到的极值点为 $x^{(*2)} = 2$；

当 $r^{(k)}$ 趋近于零时，$x^{(*k)}$ 趋近于理论最优点 $x^{(*)} = 1$。

观察以上过程，在迭代过程中形成了一个极值点序列 $x^{(*1)}$，$x^{(*2)}$，$\cdots x^{(*k)}$，$\cdots$，该极值点序列中的每一个点均在（一维）可行域内（$g(x) = 1 - x \leq 0$），当惩罚因子逐步减小至趋近于零时，极值点序列就趋近于原来有约束问题的最优点 $x^{(*)}$。

理解了这个简单例子，也就理解了内点法的核心思想。

还需指出的是，由于内点法的迭代过程始终在可行域内进行，这就要求迭代的初始点必须也在可行域内。

(2) 外点法

内点法在迭代过程中的极值点序列 P 都位于可行域内。外点法与此恰恰相反，其迭代过程中的极值点序列 P 都位于可行域外。内点法是从可行域内逼近最优点的，而外点法是从可行域外逼近最优点的。

内点法只能处理不等式约束，外点法既能处理不等式约束也能处理等式约束。

外点法的惩罚函数为

$$\Phi(\boldsymbol{X}, r_1^{(k)}, r_2^{(k)}) = f(\boldsymbol{X}) + r_1^{(k)} \sum_{i=1}^{m} (\max(0, g_i(\boldsymbol{X})))^2 + r_2^{(k)} \sum_{j=1}^{p} (h_j(\boldsymbol{X}))^2$$

(7-14)

式中：$r_1^{(k)}$ 和 $r_2^{(k)}$ 为惩罚因子，上标 k 表示迭代次数，且 $r_1^{(k)} > 0$，$r_2^{(k)} > 0$。

式（7-14）中有两项惩罚项，一项是有关不等式约束的惩罚项 $r_1^{(k)} \sum_{i=1}^{m} (\max(0, g_i(\boldsymbol{X})))^2$，另一项是有关等式约束的惩罚项 $r_2^{(k)} \sum_{j=1}^{p} (h_j(\boldsymbol{X}))^2$。

分析第一个惩罚项

$$G(g_i(\boldsymbol{X})) = (\max(0, g_i(\boldsymbol{X})))^2 = \begin{cases} 0, & g_i(\boldsymbol{X}) \leq 0, \\ (g_i(\boldsymbol{X}))^2, & g_i(\boldsymbol{X}) > 0. \end{cases}$$

可以看出，当迭代点在可行域内时，$G(g_i(\boldsymbol{X})) = 0$，惩罚项不起作用；当迭代点在可行域外时，惩罚项不为零，起作用，且惩罚因子 $r_1^{(k)}$ 越大，惩罚越重。

同理可以分析第二个惩罚项，当迭代点在可行域内（即满足等式约束）时，$(h_j(\boldsymbol{X}))^2 = 0$，惩罚项不起作用；当迭代点在可行域外时，惩罚项不为零，起作用，且惩罚因子 $r_2^{(k)}$ 越大，惩罚越重。

因此，若要求得 $\Phi(\boldsymbol{X}, r_1^{(k)}, r_2^{(k)})$ 的最小值，必须在迭代过程中迫使 $\Phi(\boldsymbol{X}, r_1^{(k)}, r_2^{(k)})$ 中的惩罚项等于零，也就是迫使迭代点向可行域移动，直到位于可行域中为止。

与内点法相反，外点法的惩罚因子 $r_1^{(k)}$ 和 $r_2^{(k)}$ 均为递增序列，即

$$0 < r^{(1)} < r^{(2)} < \cdots < r^{(k)} < r^{(k+1)} < \cdots, \lim_{k \to \infty} r^{(k)} = \infty$$

通常令 $r^{(k+1)} = c' r^{(k)}$，c' 称为惩罚因子的递增系数，$c' > 1$，通常取 $c' = 5 \sim 10$。初始惩罚因子的值可取 1。

随着 $r^{(k)}$ 的逐渐增大，$\Phi(X, r_1^{(k)}, r_2^{(k)})$ 的最优点序列 P 也就有可能从可行域内部趋近可行域边界。当 $k \to \infty$ 时，最优点序列 P 的极限就是原问题的最优点 $X^{(*)}$。

现举一个简单例子说明外点法的求优过程。

【例 7-2】 目标函数为 $\min f(X) = x_1^2 + x_2$，约束条件为 $g_1(X) = 1 - x_1 \leq 0$，$h_1(X) = x_1 + x_2 - 1 = 0$；求其最优解。

解 用外点法构造惩罚函数为

$$\Phi(X, r) = x_1^2 + x_2 + r(\max(0, 1 - x_1))^2 + r(x_1 + x_2 - 1)$$

$$= \begin{cases} x_1^2 + x_2 + r(\max(0, 1 - x_1))^2 + r(x_1 + x_2 - 1)^2, & g_1(X) = 1 - x_1 \leq 0, \\ x_1^2 + x_2 + r(1 - x_1) + r(x_1 + x_2 - 1)^2, & g_1(X) = 1 - x_1 > 0. \end{cases}$$

当 $g_1(X) = 1 - x_1 \leq 0$ 时，有

$$\frac{\partial \Phi}{\partial x_1} = 2x_1 + 2r(x_1 + x_2 - 1), \quad \frac{\partial \Phi}{\partial x_2} = 1 + 2r(x_1 + x_2 - 1)$$

当 $g_1(X) = 1 - x_1 > 0$ 时，有

$$\frac{\partial \Phi}{\partial x_1} = 2x_1 - 2r(1 - x_1) + 2r(x_1 + x_2 - 1), \quad \frac{\partial \Phi}{\partial x_2} = 1 + 2r(x_1 + x_2 - 1)$$

本应通过数值方法求 $\Phi(X, r^{(k)})$ 的极值点，为说明问题，这里直接用解析法求极值。令 $\frac{\partial \Phi}{\partial x_1} = 0$、$\frac{\partial \Phi}{\partial x_2} = 0$，解得

$$x_1 = \frac{2r+1}{2r+2}, \quad x_2 = \frac{2r-1}{2r} - \frac{2r+1}{2r+2} = -\frac{1}{2r(r+1)}$$

极值点为

$$X = \begin{bmatrix} x_1 \\ x_2 \end{bmatrix} = \begin{bmatrix} 1 - \dfrac{1}{2(r+1)} \\ -\dfrac{1}{2r(r+1)} \end{bmatrix}$$

在迭代过程中惩罚因子 r 递增变动时，得到一个极值点序列 P，可以看出，该极值点序列 P 全部位于可行域外，当迭代次数 $k \to \infty$ 时，惩罚因子 $r \to \infty$，该极值点序列 P 逼近理论最优点 $X^{(*)} = \begin{bmatrix} x_1^{(*)} \\ x_2^{(*)} \end{bmatrix} = \begin{bmatrix} 1 \\ 0 \end{bmatrix}$。

理解了这个简单例子，也就理解了外点法的核心思想。

还须指出的是，由于迭代次数有限，当达到收敛精度时，外点法得到的最终最优点严格说还是一个"外点"。在实际工程计算中，若需要严格的"内点"，可将原约束边界向可行域内平移一个 δ 的距离。δ 称为约束裕量，一般推荐 $\delta = 10^{-4} \sim 10^{-3}$，以保证得到的最优点为内点。

(3) 混合法

比较内点法和外点法可以知道：在迭代过程中，内点法的极值点序列都位于可行

域内，而外点法的都位于可行域外；内点法从可行域内逼近最优点，而外点法从可行域外逼近最优点；内点法要求初始点必须在可行域内，外点法无此要求；内点法不能处理等式约束，而外点法可以处理等式约束；内点法的迭代过程可随时停止，得到的都是可行解或最优解，外点法不可随时停止，只能在迭代正常收敛结束时才能得到最优解。

为了综合内点法和外点法的优点，在惩罚函数法中出现了所谓混合法。它是将内点法和外点法的惩罚函数形式结合在一起，用来求解不等式与等式约束的优化问题的一种方法。混合法的惩罚函数也分为两项，一项反映不等式约束，形式上以内点法来构造；另一项反映等式约束，形式上以"外"点法来构造。

混合法的惩罚函数为

$$\Phi(\boldsymbol{X}, r^{(k)}) = f(\boldsymbol{X}) - r^{(k)} \sum_{i=1}^{m} \frac{1}{g_i(\boldsymbol{X})} + \frac{1}{\sqrt{r^{(k)}}} \sum_{j=1}^{p} (h_j(\boldsymbol{X}))^2$$

在迭代过程中，$r^{(k)}$ 是一个趋于零的递减序列

$$r^{(1)} > r^{(2)} > \cdots > r^{(k)} > r^{(k+1)} > \cdots > 0, \lim_{k \to \infty} r^{(k)} = 0$$

混合法的惩罚函数形式上还有很多，如

$$\Phi(\boldsymbol{X}, r^{(k)}) = f(\boldsymbol{X}) + r^{(k)} \sum_{i=1}^{m} \frac{1}{(g_i(\boldsymbol{X}))^2} + \frac{1}{\sqrt{r^{(k)}}} \sum_{j=1}^{p} (h_j(\boldsymbol{X}))^2$$

$$\Phi(\boldsymbol{X}, r^{(k)}) = f(\boldsymbol{X}) - r^{(k)} \sum_{i=1}^{m} \ln(-g_i(\boldsymbol{X})) + \frac{1}{\sqrt{r^{(k)}}} \sum_{j=1}^{p} (h_j(\boldsymbol{X}))^2$$

混合法要求迭代初始点应严格满足所有不等式约束。

7.3 机械设计的模糊优化方法

经典集合论指出，一个元素 $\boldsymbol{X}$ 和一个集合 $\boldsymbol{A}$ 的关系，只能有两种情况，或者是 $\boldsymbol{X}$ 属于 $\boldsymbol{A}$，记作 $\boldsymbol{X} \in \boldsymbol{A}$，或者是 $\boldsymbol{X}$ 不属于 $\boldsymbol{A}$，记作 $\boldsymbol{X} \notin \boldsymbol{A}$。集合可以通过特征函数来描述，每个集合都有一个特征函数 $C_A(\boldsymbol{X})$：

$$C_A(\boldsymbol{X}) = \begin{cases} 1, & \boldsymbol{X} \in \boldsymbol{A}, \\ 0, & \boldsymbol{X} \notin \boldsymbol{A}. \end{cases}$$

常规优化设计的可行域就是这样一个二元逻辑论域，设计方案要么属于、要么不属于可行域。实际上，机械设计领域存在大量模糊性事件，其边界是不清晰的。例如，零部件的失效过程就是一个模糊事件，从"许用"到"不许用"之间的界线是模糊的。再如强度设计与校核计算中常用的许用应力法或安全系数法，作为评价指标的许用应力和许用安全系数本身就是一个模糊概念。

模糊优化设计就是指在优化设计中考虑种种模糊因素，将模糊数学理论引入机械优化设计，主要针对约束条件中包含的大量模糊因素，设计不仅追求对目标函数而言的最佳方案，还将描述设计方案对各种模糊约束的满足程度。换言之，机械优化设计中，目标和约束所起的作用是非同等的，设计方案以一定的满足度满足设计约束，在这样的前提下，寻求达到目标的最优解。模糊数学理论的引入，还将有利于设计方案的多层次优选及多目标的机械优化问题的求解[10]。

7.3.1 模糊集合的隶属函数及 λ 水平截集

若将经典集合中的二值逻辑{0,1}推广至可取[0,1]闭区间上任意值的、无穷多个的连续值逻辑,当然也须将特征函数作适当的推广,这就是隶属函数 $\mu_A(X)$,它满足 $0 \leq \mu_A(X) \leq 1$。

隶属函数定义:对于给定的论域 R,R 到[0,1]闭区间的任一映射 μ_A 都确定一个模糊子集 $\underset{\sim}{A}$,$\mu_A(X)$ 称为 $\underset{\sim}{A}$ 的隶属函数,μ_A 称为 X 对 $\underset{\sim}{A}$ 的隶属度。

隶属函数 $\mu_A(X)$ 是这样一种映射:它描述了论域 R 中的任意元素 $X \in R$ 对模糊子集 $\underset{\sim}{A}$ 的隶属度。换言之,μ_A 确定了集合 R 与集合[0,1]中元素的对应关系,不妨用 μ 表示集合[0,1],当映射 $I(\mu_A) = \mu$ 时,称 μ_A 为 R 到[0,1]上的映射,又称满映射或完全映射;当映射 $I(\mu_A) \in \mu$ 时,称 μ_A 为 R 到[0,1]内的映射,又称不满映射;当 $\mu_A(X) = \mu_A(X')$ 时,一定有 $X = X'$,称为单映射。当 μ_A 既是满映射又是单映射时,称为一一映射。

对于模糊子集 $\underset{\sim}{A} \subset R$($\underset{\sim}{A}$ 被包含于 R),它可表示成(查德表示法)

$$\underset{\sim}{A} = \frac{\mu_1}{X_1} + \frac{\mu_2}{X_2} + \cdots = \sum_{i=1}^{N} \frac{\mu_i}{X_i}$$

因此,模糊子集 $\underset{\sim}{A}$ 取决于隶属函数,当 μ_A 取区间端点值{0,1}时,$\underset{\sim}{A}$ 便退化为一个普通子集,隶属函数也退化成一个特征函数,可以说,普通集合是模糊集合的特殊情形,而模糊集合是普通集合的推广。

若取 $\lambda \in [0,1]$,则称普通集合 $A_\lambda = \{X | X \in R, \mu_A(X) \geq \lambda\}$ 为模糊子集 $\underset{\sim}{A}$ 的 λ 水平截集。实际上,取一个模糊子集 $\underset{\sim}{A}$ 的 λ 水平截集 A_λ,相当于将隶属函数转化为特征函数

$$C_A(X) = \begin{cases} 1, & \mu_A(X) \geq \lambda, \\ 0, & \mu_A(X) < \lambda. \end{cases}$$

模糊规划是指函数 $y = f(X)$ 在论域 R 中的一个由模糊约束条件给出的区域 $\underset{\sim}{A}$ 上的极值问题。取 $\lambda \in [0,1]$,得到一个 $\underset{\sim}{A}$ 的 λ 水平截集 $\underset{\sim}{A}_\lambda$,在这个普通子集 $\underset{\sim}{A}_\lambda$ 上求 $f(X)$ 的约束极值点 X^*,称为优越集。取不同的 λ,可以求得不同优越集。定义优越集

$$M_\lambda = \{X^* | f(X^*) = \min f(X), X^* \in \underset{\sim}{A}_\lambda\}$$

取这些优越集的并集,记作 $M = \cup M_\lambda$,$\lambda > 0$。

对于论域内的元素 $X \in M$,它可能属于很多个不同的 M_λ,其中一定有 $\lambda_{\max}$,取 $\lambda_{\max}$ 为该元素的隶属度,这样,就得到一个新的模糊子集 $\underset{\sim}{A}_f$,它的隶属度为

$$\mu_A(X) = \begin{cases} \lambda, & X \in M_\lambda, X \in M, \\ 0, & X \notin M. \end{cases}$$

$\underset{\sim}{A}_f$ 是 $f(X)$ 在模糊子集 $\underset{\sim}{A}$ 上的模糊优越解,也就是 $f(X)$ 的模糊极值点。也可以简单表述为

$$\underset{\sim}{A}_f = \underset{\sim}{A} \cap M$$

实际问题中,$\underset{\sim}{A}_f$ 常是一个确定的解。怎样求出这个确定解,不同专业领域在应用

模糊规划时有不同的策略与方法。机械设计中，不同类型的优化设计问题也在进行这方面的探索。

【例7-3】 设论域 R 上有模糊子集 $\underset{\sim}{A}$，其隶属函数如图7-2所示。

$$\mu_{\underset{\sim}{A}f} = \begin{cases} 1, & 0 \leq x \leq 1, \\ \dfrac{1}{1+(x-1)^2}, & x > 1. \end{cases}$$

求函数 $f(x) = \begin{cases} \dfrac{x}{5}\mathrm{e}^{1-\frac{x}{5}}, & 0 \leq x \leq 100, \\ 0, & \text{其他.} \end{cases}$

在模糊约束 $\underset{\sim}{A}$ 上的最大值。

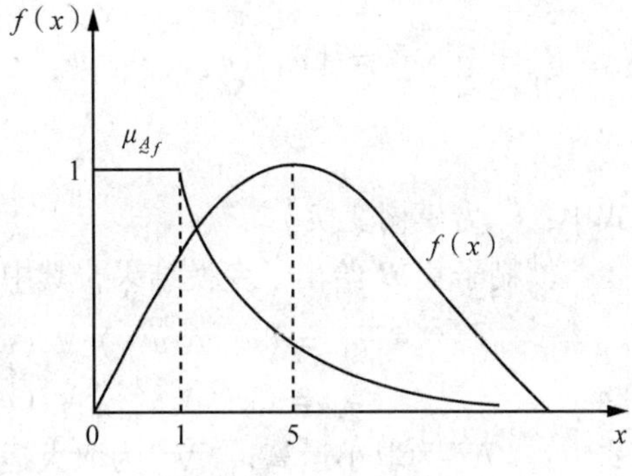

图7-2 例7-3的函数 $f(x)$ 及隶属函数

解 根据模糊条件极值的求法，其优越集的并集为 $M = \cup M_\lambda$，$\lambda > 0$，$M = [1,5]$，模糊极值点为 $\underset{\sim}{A}_f = \underset{\sim}{A} \cap M$，则有

$$\mu_{\underset{\sim}{A}f}(x) = \begin{cases} \dfrac{1}{1+(x-1)^2}, & x \in [1,5], \\ 0, & x \notin [1,5]. \end{cases}$$

当 $x = 1$ 时，其隶属度为 $\max \mu_A(X)$。因此，$f(x)$ 在模糊约束 $\underset{\sim}{A}$ 上的条件极值点为 $x = 1$，极值为 $f(1) = \dfrac{1}{5} \times \mathrm{e}^{1-\frac{1}{5}} = 0.4451$。

7.3.2 模糊综合评判

模糊综合评判的前提是建立因素集、因素权重集、因素等级集及等级权重集，并在此基础上建立隶属度矩阵，通过模糊变换，得出模糊综合评判结果。

(1) 因素集 $U = \{u_1, u_2, \cdots, u_n\}$

因素集中的各元素指机械设计中那些模糊的性能指标，以及设计水平、制造水平、材料质量、机器重要程度、使用条件、成本及维修费用等。

(2) 因素权重集 $W = [w_1, w_2, \cdots, w_n]$

因素权重集式中，w_i 为第 i 个因素的权重，可按各因素重要性大小自前至后顺序排列。

(3) 因素等级集

因素等级集又称隶属度矩阵。因素集中各因素按其性质和程度又可细分为若干等级，对于约束条件，设计方案以完全满足到完全不满足之间有一个过渡，这就是约束限制的"容许偏差"，称为容差。取容差的上、下界，并将其分为若干等级，对每个等级给予一定的评价，记作 $u_{i,z}$，该值就是第 i 因素的第 z 个等级对于该因素的隶属度，当方案落在该区间内，表示方案对约束限制的一定的满足程度，按从大到小的顺序排列，有

$$u_i = [u_{i,1}, u_{i,2}, \cdots, u_{i,m}]$$

式中：m 为因素的等级数。

(4) 模糊综合评判

$$\underset{\sim}{B} = \underset{\sim}{W} \circ U = [w_1, w_2, \cdots, w_n] \circ \begin{vmatrix} u_{1,1} & u_{1,2} & \cdots & u_{1,m} \\ u_{2,1} & \cdots & & \vdots \\ \cdots & \cdots & \cdots & \vdots \\ u_{n,1} & u_{n,2} & \cdots & u_{n,m} \end{vmatrix} = [b_1, b_2, \cdots, b_m]$$

式中：。为模糊变换。

模糊子集 $\underset{\sim}{B}$ 给出了变换结果，其中

$$b_1 = (w_1 \wedge u_{1,1}) \vee (w_2 \wedge u_{2,1}) \vee \cdots \vee (w_n \wedge u_{n,1})$$
$$b_z = (w_1 \wedge u_{1,z}) \vee (w_2 \wedge u_{2,z}) \vee \cdots \vee (w_n \wedge u_{n,z})$$

式中："$\wedge$"为取小运算；"$\vee$"为取大运算。

7.3.3 模糊优化设计方法

机械模糊优化设计一般方法是将模糊优化设计转化为常规优化设计后再求解，目前较成熟的方法是最优水平截集法。

建立机械模糊优化设计的数学模型为求

$$\min f(X), \quad X \in \Re^n$$
$$\text{s.t.} \quad X \subset \underset{\sim}{g}_j(X), \quad j = 1, 2, \cdots, n$$

各模糊约束 $\underset{\sim}{g}_j(X)$ 在设计空间划分出具有模糊边界的模糊可行域和模糊不可行域。由所有模糊约束围成的模糊可行域记为：$\underset{\sim}{\Omega} = \bigcap_{j=1}^{J} \underset{\sim}{g}_j(X)$，此式表示设计空间的模糊可行域 $\underset{\sim}{\Omega}$ 是所有模糊约束空间 $\underset{\sim}{g}_j(X)$ $(j = 1, 2, \cdots, J)$ 的交集，也就是说 $\underset{\sim}{\Omega}$ 中的每一个可行点也都是所有的 $\underset{\sim}{g}_j(X)$ 可行点，它们在满足度大于零的意义下满足所有模糊约束。

注意到对于任一点 X（X 对应于一个设计方案），可以用隶属度 $\mu_{\underset{\sim}{A}}(X)$ 作为 X 对模糊约束的 $\underset{\sim}{g}_j(X)$ "满足度"。当 $\mu_{\underset{\sim}{A}}(X) = 1$ 时，该约束得到严格的满足；当 $\mu_{\underset{\sim}{A}}(X) = 0$ 时，该约束完全未得到满足；当 $0 < \mu_{\underset{\sim}{A}}(X) < 1$ 时，该约束得到一定程度的满足。

根据集合运算的基本规则，任一设计点对模糊可行域 $\underset{\sim}{\Omega}$ 的隶属度 $\mu_{\underset{\sim}{\Omega}}(X) = \min_{1 \leq j \leq J} \mu_{\underset{\sim}{A}}(X)$，它就是 X 对所有约束的最小满足度。在规定 $\underset{\sim}{g}_j(X)$ 的上下限即容差 d 时，只要 $\mu_{\underset{\sim}{A}}(X) > 0$，$X$ 即为可行设计方案。

在模糊可行区间 $\underset{\sim}{\Omega}$ 中，隶属度 $\mu_A(X) \geq \lambda$（$\lambda \in [0, 1]$）的区间构成实数论域上的一个普通子集，即 λ 水平截集：$\underset{\sim}{g}_j(X) = \{X | \mu_{\underset{\sim}{A}}(X) \geq \lambda\}$。

显然两个不同水平的截集具有如下关系：$\lambda_1 \leq \lambda_2$ 时，$A_{\lambda_1} \supseteq A_{\lambda_2}$，$\lambda$ 值越小，A_λ 包括的范围就越大。当 $\lambda = 0$ 时，A 就是 $\underset{\sim}{A}$ 的支集，包括全部允许范围；当 $\lambda = 1$ 时，A_1 就是最严的允许范围。所以从工程的观点来看，λ 具有"设防水平"的含义，在 $[0, 1]$ 区间内取一系列不同的设防水平 λ，就可得到不同的设计方案 X_λ，其中必然存在一个最优 λ，以及与之相应的最优水平截集

$$G_{\lambda^*}(X) = \{X | \mu_{\underset{\sim}{A}_j}(X) \geq \lambda^*, \quad j = 1, 2, \cdots, J\}$$

于是普通模糊约束优化问题，就可转化为最优水平截集上的常规优化模型，求

$$\min \ f(\boldsymbol{X}), \quad \boldsymbol{X} \in \Re^n$$
$$\text{s.t.} \ \mu_{\underline{A}_j}(\boldsymbol{X}) \geq \lambda^*, \quad j = 1, 2, \cdots, J$$

其一般步骤如下：

①确定各约束条件的容许偏差范围，建立容差等级及其隶属函数。

②寻找最优水平值 λ^*。各类模糊优化问题在寻找 λ^* 时有不同的策略与方法，模糊综合评判是常用且有效的方法之一。

③作模糊约束 $\underline{g}_j(\boldsymbol{X})$ 的最优水平截集 $G_{\lambda^*}(\boldsymbol{X})$，将模糊约束转化成非模糊约束。

④按常规方法求解问题的最优解 $\boldsymbol{X}^*$。

7.4 典型林业机械优化设计

7.4.1 圆柱齿轮传动减速器的优化设计

减速器是一种由封闭在刚性壳体内的齿轮传动、蜗杆传动、齿轮 - 蜗杆传动所组成的独立部件，常用作原动件与工作机之间的减速传动装置。在原动机和工作机或执行机构之间起匹配转速和传递转矩的作用，在现代林业机械中应用极为广泛。现以单级直齿圆柱齿轮传动减速器为例，介绍惩罚函数优化设计方法的应用[11]。

已知单级直齿圆柱齿轮减速器的输入扭矩 $T_1 = 2674\text{N} \cdot \text{m}$，传动比 $i = 5$，现要求确定该减速器的结构参数，在保证承载能力条件下使减速器的质量最轻。小齿轮拟选用实心轮结构，大齿轮为四孔辐板式结构，其结构尺寸如图 7-3 所示，图中输入和输出轴端与减速器端面的距离分别为 $\Delta_1 = 280\text{mm}$，$\Delta_2 = 320\text{mm}$。

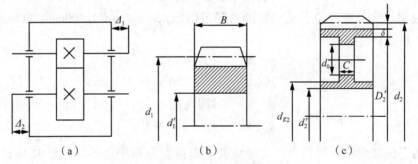

图 7-3 单级直齿圆柱齿轮减速器结构图
(a)传动图 (b)小齿轮 (c)大齿轮

(1) 齿轮几何计算公式

$$d_1 = mz_1, \ d_2 = mz_2, \ \delta = 5m, \ D_2' = Mz_2i - 10m, \ d_{g2} = 1.6d_2'$$
$$d_0 = 0.25(mz_1i - 10m - 1.6d_2'), \ C = 2B$$
$$V_1 = \pi(d_1^2 - d_1'^2)B/4, \ V_2 = \pi(d_2^2 - d_2'^2)B/4$$
$$V_3 = \pi(D_2'^2 - d_{g2}^2)(B - C)/4 + \pi(4d_0^2 C)/4$$
$$V_4 = \pi l(d_1'^2 - d_2'^2/4) + 280\pi d_1'^2/4 + 320\pi d_2'^2/4$$

于是，该减速器的齿轮与轴的体积之和为

$$V = V_1 + V_2 - V_3 + V_4$$

(2) 设计变量

从上述计算齿轮减速器体积(简化为齿轮和轴的体积)的基本公式中可知,体积 V 取决于齿轮宽度 B、小齿轮数 z_1、模数 m、轴的支承跨距 l、主动轴直径 d_1'、从动轴直径 d_2' 和传动比 i 共7个参数。其中,传动比 i 为常量,由已知条件给定。所以,该优化设计问题可取设计变量为

$$X = [x_1, x_2, x_3, x_4, x_5, x_6]^T = [B, z_1, m, l, d_1', d_2']^T$$

(3) 目标函数

以齿轮减速器的质量最轻为目标函数,而此减速器的质量可以从一对齿轮和两根轴的质量之和近似求出。因此,减速器的质量 $W = (V_1 + V_2 - V_3 + V_4)\rho$。因钢的密度 ρ 为常数,所以可取减速器的体积为目标函数。将设计变量代入减速器的体积公式,经整理后得目标函数为

$$\begin{aligned} f(X) &= V = V_1 + V_2 - V_3 + V_4 \\ &= 0.785398(4.75x_1x_2^2x_3^2 + 85x_1x_2x_3^2 - 85x_1x_3^2 + 0.92x_1x_6^2 - x_1x_5^2) + \\ &\quad 0.8x_1x_2x_3x_6 - 1.6x_1x_3x_6 + x_4x_5^2 + x_4x_6^2 + 280x_5^2 + 320x_6^2 \end{aligned}$$

(4) 确定约束条件

本齿轮减速器优化设计问题的约束条件,由有关强度条件、刚度条件、结构工艺条件和参数限制条件等组成。

① 为避免发生根切,小齿轮的齿数 z_1 不应小于最小齿数 z_{min},即 $z_1 \geq z_{min} = 17$,于是得约束条件为

$$g_1(X) = 17 - x_2 \leq 0$$

② 传递动力的齿轮,要求齿轮模数一般应大于2mm,故得

$$g_2(X) = 2 - x_3 \leq 0$$

③ 根据设计经验,主、从动轴的直径范围取 $150\text{mm} \geq d_1' \geq 100\text{mm}$, $200\text{mm} \geq d_2' \geq 130\text{mm}$,则轴直径约束条件为

$$\begin{aligned} g_3(X) &= 100 - x_5 \leq 0 \\ g_4(X) &= x_5 - 150 \leq 0 \\ g_5(X) &= 130 - x_6 \leq 0 \\ g_6(X) &= x_6 - 200 \leq 0 \end{aligned}$$

④ 为了保证齿轮承载能力,且避免荷载沿齿宽分布严重不均,要求 $16 \leq \dfrac{B}{m} \leq 35$,由此得

$$g_7(X) = \frac{x_1}{35x_3} - 1 \leq 0$$

$$g_8(X) = 1 - \frac{x_1}{16x_3} \leq 0$$

⑤ 根据工艺装备条件,要求大齿轮直径不得超过1500mm,若 $i=5$,则小齿轮直径不能超过300mm,即 $d_1 - 300 \leq 0$,写成约束条件为

$$g_9(X) = \frac{x_2 x_3}{300} - 1 \leq 0$$

⑥按齿轮的齿面接触强度条件，有

$$\sigma_H = 670\sqrt{\frac{(i+1)KT_1}{Bd_1^2 i}} \leqslant [\sigma_H]$$

取荷载系数 $K = 1.3$，$[\sigma_H] = 855.5 \text{ N/mm}^2$。将以上各参数代入上式，整理后可得接触应力约束条件为

$$g_{10}(\boldsymbol{X}) = \frac{670}{855.5}\sqrt{\frac{(i+1)KT_1}{x_1(x_2 x_3)^2 i}} - 1 \leqslant 0$$

⑦按齿轮的齿根弯曲疲劳强度条件，有

$$\sigma_F = \frac{2KT_1}{Bd_1 mY} \leqslant [\sigma_F]$$

取 $[\sigma_{F1}] = 261.7 \text{ N/mm}^2$，$[\sigma_{F2}] = 213.3 \text{ N/mm}^2$。大、小齿轮齿形系数 Y_2，Y_1 分别按下面两式计算：

$$Y_2 = 0.2824 + 0.0003539(ix_2) - 0.000001576(ix_2)^2$$
$$Y_1 = 0.619 + 0.006666 x_2 - 0.0000854 x_2^2$$

则得小齿轮的弯曲疲劳强度条件为

$$g_{11}(\boldsymbol{X}) = \frac{2KT_1}{261.7 x_1 x_2 x_3^2 y_1} - 1 \leqslant 0$$

大齿轮的弯曲疲劳强度条件为

$$g_{12}(\boldsymbol{X}) = \frac{2KT_1}{213.7 x_1 x_2 x_3^2 y_2} - 1 \leqslant 0$$

⑧轴的刚度计算公式为

$$\frac{F_n l^3}{48EJ} \leqslant 0.003 l$$

式中：$F_n = \dfrac{F_{t1}}{\cos\alpha} = \dfrac{2T_1}{x_2 x_3 \cos\alpha}$；$E = 2 \times 10^5 \text{ N/mm}^2$；$\alpha = 20°$；$J = \pi d_1'^4/64 = \pi x_5^4/64$。

由此得主动轴的刚度约束条件为

$$g_{13}(\boldsymbol{X}) = \frac{F_n x_4^2}{48 \times 0.003 EJ} - 1 \leqslant 0$$

⑨主、从动轴的弯曲强度条件为

$$\sigma_W = \frac{\sqrt{M^2 + (\alpha_1 T)^2}}{W} \leqslant [\sigma_{-1}]$$

对主动轴，其所受弯矩 $M = F_n \dfrac{l}{2} = \dfrac{T_1 l}{m z_1 \cos\alpha} = \dfrac{T_1 x_4}{x_2 x_4 \cos\alpha}$，取 $\alpha = 20°$，扭矩校正系数 $\alpha_1 = 0.58$，对实心轴 $W_1 = 0.1 d_1'^3 = 0.1 x_5^3$，$[\sigma_{-1}] = 55 \text{ N/mm}^2$。主动轴弯曲强度约束为

$$g_{14}(\boldsymbol{X}) = \frac{\sqrt{M^2 + (\alpha_1 T)^2}}{55} - 1 \leqslant 0$$

对从动轴，$W_2 = 0.1 d_2'^3 = 0.1 x_6^3$，$[\sigma_{-1}] = 55 \text{N/mm}^2$。可得从动轴弯曲强度约束为

$$g_{15}(\boldsymbol{X}) = \frac{\sqrt{M^2 + (\alpha_1 T_i)}}{55 W_2} - 1 \leqslant 0$$

⑩轴的支承跨距按结构关系和设计经验取为

$$l \geqslant B + 2\Delta_{\min} + 0.25d_2'$$

式中：$\Delta_{\min}$ 为箱体内壁到轴承中心线的距离。

现取 $\Delta_{\min} = 20$mm，则有 $B - l + 0.25d_2' + 40 \leqslant 0$，写成约束条件为

$$g_{16}(X) = \frac{x_1 - x_4 + 0.25x_6}{40} + 1 \leqslant 0$$

(5) 优化数学模型

综上所述，可得该优化问题的数学模型为

$$\min \ f(X), \quad X \in \Re^6$$
$$\text{s. t.} \quad g_u(X) \leqslant 0, \quad u = 1, 2, \cdots, 16$$

即本优化问题是一个具有 16 个不等式约束条件的 6 维约束优化问题。

(6) 选择优化方法及优化结果

选用内点罚函数法对优化问题进行求解，可构造惩罚函数为

$$\Phi(X, r^{(k)}) = f(X) + r^{(k)} \sum_{u=1}^{16} \frac{1}{g_u(X)}$$

参考同类齿轮减速器的设计参数，现取原设计方案为初始点 $X^{(0)}$，即

$$X^{(0)} = [x_1^{(0)}, x_2^{(0)}, x_3^{(0)}, x_4^{(0)}, x_5^{(0)}, x_6^{(0)}]^T = [230, 210, 8, 420, 120, 160]^T$$

则该点的目标函数值为

$$f(X^{(0)}) = 87139235.1 \text{ mm}^3$$

采用鲍威尔法求解惩罚函数 $\Phi(X, r^{(k)})$ 的极小点，取惩罚因子递减系数 $c = 0.5$，其中一维搜索选用二次插值法，收敛精度 $\varepsilon_1 = 10^{-7}$，鲍威尔法及惩罚函数法的收敛精度都取 $\varepsilon_1 = 10^{-7}$，得最优解为

$$X^* = [x_1^*, x_2^*, x_3^*, x_4^*, x_5^*, x_6^*]^T$$
$$= [130.93, 18.74, 8.18, 235.93, 100.01, 130.00]^T$$
$$f(X^*) = 35334358.3 \text{ mm}^3$$

该方案比原方案的体积(按目标函数简化计算的部分)下降了 59.4%。

上述最优解并不能直接作为减速器的设计方案，要根据几何参数的标准化进行圆整，最后得

$$B^* = 130\text{mm}, \ z_1 = 19, \ m^* = 8\text{mm}$$
$$l^* = 236\text{mm}, \ d_1^* = 100\text{mm}, \ d_2^* = 130\text{mm}$$

可以验证，圆整后的设计方案 X^* 满足所有约束条件，其最优方案较原设计方案的减速器体积下降了 53.9%。

7.4.2 伸缩臂叉车的液压缸三铰点变幅机构的优化设计

在物料装卸、搬运过程中，装载机、叉车、汽车吊等都是广泛应用的流动式装卸机械。20 世纪 80 年代，英国的 JCB、芬兰的 Valmat 公司相继推出了伸缩臂装运机，这种新式的轮式装运机械继承了传统的装载机、叉车和汽车吊的工作特点，并突破了这些机械的工作局限，具有体积小、机动性好、举伸高、可配置多种作业装置等优点，在林业生产中经常应用。

伸缩臂装运机械是一种由多项成熟技术组合设计的装备，按主要功能和结构可分为伸缩臂装载机、伸缩臂叉车和伸缩臂吊运机。该类机械主要由底盘与发动机、液压系统、伸缩臂三铰点变幅机构与取物装置等组成。这里以伸缩臂叉车的液压缸三铰点变幅机构设计为例，介绍模糊优化设计方法的应用[12,13]。

选用的伸缩臂装运机，是由 CDQ-3 型内燃平衡重式叉车底盘、移动驾驶室、居中布置一只伸缩臂及配置取物装置而成。液压缸三铰点变幅机构属于平面四杆机构，用于改变伸缩臂的仰角，和伸缩臂一起，完成物料的举升与装卸定位。

7.4.2.1 设计变量

建立机架坐标系如图 7-4 所示，其中 D 点为工作头悬挂点。机构的主要结构参数如下。

①基本臂固定铰 O 的位置坐标 (O_x, O_y)。确定了变幅机构相对整机的位置，其参数取值将影响到整机的总体布局、稳定性及承载能力。当考虑整机满载高举升的横向稳定性时，O 铰的位置应尽可能低一些；当考虑整机满载时对前轮落地点连线的纵向稳定性时，O 铰的位置应尽可能后一些。

②基本臂最大俯角 α_0。即机构态势角，它影响基本臂最大运动角、工作装置的物料装取位置。在选取其值时还要考虑基本臂结构尺寸以及基本臂运动不发生干涉。

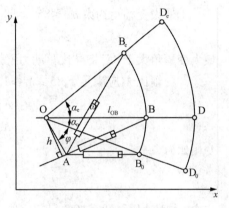

图 7-4 液压缸三铰点变幅机构简图

③基本臂最大仰角 α_e 和基本臂最大运动角 α_m。两者要满足 $\alpha_m = -\alpha_0 + \alpha_e < 90°$ 的关系，其中 α_m 是影响举升高度的关键参数。

④液压缸固定铰 A 的位置参数 (A_x, A_y)。影响机构变幅比 λ'，且总有液压缸驱动力臂最大值 $h_{max} \leq l_{OA}$，与之完全等价的一对参数是 (l_{OA}, φ)。

⑤基本臂上的两铰点距 l_{OB}。B 点是液压缸运动端与基本臂的铰点，B 铰的选取将影响机构的结构尺寸和运动所需空间。由 A，B 铰的相对位置，变幅机构又可分为前支式和后支式。

综上所述，确定一个三铰点变幅机构，就是根据工作要求确定 7 个设计参数：
$$X = [O_x, O_y, A_x, A_y, \alpha_0, \alpha_e, l_{OB}]^T$$

7.4.2.2 目标函数

伸缩臂装运机的性能主要有装卸性能、运行性能和总体性能，所有性能将分解为各项具体指标对机器进行考核。在建立优化设计的数学模型时，这些指标或者纳入目标函数，或者作为设计约束。

三铰点液压缸变幅机构优化设计的目标函数，将选取对整机性能影响较大的关键指标。为改善工作装置中各构件的受力状况，有效地提高工作性能、工作寿命和工作可靠性，同等承载条件下，机构变幅起升过程中，设计追求液压缸推力对 O 铰的驱动

力臂均值 $\overline{h}$ 最大，液压系统压力波动幅值最小，即目标函数取为

$$f(\boldsymbol{X}) = \omega_1/\overline{h} + \omega_2(F_{\max} - F_{\min})$$

式中：$F_{\max}$，$F_{\min}$ 为液压缸的最大、最小推力；ω_1，ω_2 为分目标的权因子。

在上述一级优化的基础上，以驱动力矩曲线与工作阻力矩曲线的匹配为目标，对设计方案进行二次优化。

7.4.2.3 约束条件

由于选用了 3t 叉车底盘，设计指标应参照部颁叉车设计标准 JB/T 2391—2007《500kg~10000kg 平衡重式叉车技术条件》，另增加了最大举升高和最远前伸距两项指标，引入两大类共 10 个设计约束。

(1) 几何约束

①最大变幅角约束 $\alpha_m \leq 85°$，即

$$g_1(\boldsymbol{X}) = 85° - \alpha_m \geq 0$$

最大变幅角大于 85° 将导致驱动力臂过小。

②变幅比 λ' 应满足 $1.85 \geq \lambda' \geq 1.65$，即

$$g_2(\boldsymbol{X}) = 1.85 - \lambda' \geq 0$$
$$g_3(\boldsymbol{X}) = \lambda' - 1.65 \geq 0$$

变幅比为

$$\lambda' = \frac{2s + \Delta l}{s + \Delta l}$$

式中：s 为液压缸活塞杆的行程，取 2000mm；$s + \Delta l = \overline{AB_0}$，为液压缸活塞杆全缩进时的初始尺寸；$2s + \Delta l = \overline{AB_e}$，为活塞杆全伸出时液压缸的总体尺寸。

③装载、卸载工位工作器具水平位置约束。伸缩臂高举升全伸出卸载工位，工作器具悬挂点 D 铰的位置 D_e 与初始装载位置 D_0 沿 x 方向的正负误差不超过 300mm，以利装卸，即

$$g_4(\boldsymbol{X}) = 300 - |(l_{OD} + s)\cos\alpha_1 - l_{OD}\cos\alpha_0| \geq 0$$

④变幅运动不干涉约束。由于采用已有底盘，变幅运动不得有干涉现象发生。如图 7-5 所示，基本臂下俯位置不应与机架 J 点干涉。变幅缸轴线方程为 $y = kx + c$，当基本臂位于初始位置，$x = 2460$mm 时，应有 $y \geq 900$mm，即

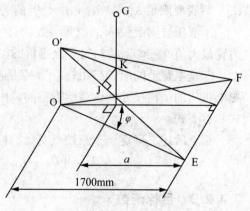

图 7-5 整机稳定性示意

$$g_5(\boldsymbol{X}) = y - 900 = 2460k + c - 900 \geq 0$$

(2) 性能约束

①**满载高举升工位整机纵向稳定性** 叉车标准要求 $\tan\theta_1 = \dfrac{a_1}{h_{g1}} \geq 0.04$，即

$$g_6(\boldsymbol{X}) = \frac{a_1}{h_{g1}} - 0.04 \geqslant 0$$

式中：a_1 为满载高举升工位、计及工作装置自重时整机综合重心离前桥距；h_{g1} 为满载高举升工位、计及工作装置自重时整机综合重心离地高。

②**满载运行时整机纵向稳定性** 叉车标准要求 $\tan\theta_2 = \frac{a_2}{h_{g2}} \geqslant 0.18$，即

$$g_7(\boldsymbol{X}) = \frac{a_2}{h_{g2}} - 0.18 \geqslant 0$$

式中：a_2 为满载运输工位、计及工作装置自重时整机综合重心离前桥距；h_{g2} 为满载运输工位、计及工作装置自重时整机综合重心离地高。

③**满载堆垛时整机横向稳定性** 叉车标准要求 $\tan\theta_3 = \frac{e_{q3}}{h_{g3}} \geqslant 0.06$，即

$$g_8(\boldsymbol{X}) = \frac{e_{q3}}{h_{g3}} - 0.06 \geqslant 0$$

式中：e_{q3} 为满载、计及工作装置自重时整机综合重心 G 的垂线至 O′E 或 O′F 线的距离，O′ 为后桥水平铰，E，F 为前轮着地点；h_{g3} 为上述意义的整机综合重心 G 至 O′EF 平面的距离。

④**空载运行整机横向稳定性** 叉车标准要求 $\tan\theta_4 = \frac{e_{q4}}{h_{g4}} \geqslant (15 + 1.1v)\% = 0.4$，即

$$g_9(\boldsymbol{X}) = \frac{e_{q4}}{h_{g4}} - 0.06 \geqslant 0$$

式中：v 为行车速度，标准规定为 21.7km/h；e_{q4} 为空载运行工位、计及工作装置自重时整机重心 G 至 O′E 或 O′F 线的距离；h_{g4} 为上述意义的整机重心 G 离 O′EF 平面的距离。

⑤**最远前伸卸载工况整机纵向稳定性** 因无标准参考，暂定为倾覆力矩不得超过稳定力矩的 70%，即

$$K = \frac{Qd}{W_0 x_{w0}} \leqslant 0.7$$

式中：d 为水平前伸工位、荷载 Q 离前桥的水平距离；x_{w0} 为空载、计及工作装置自重时整机重心离前桥距；W_0 为空载、计及工作装置自重时整机重。

由此得到

$$g_{10}(\boldsymbol{X}) = 0.7 - \frac{Qd}{W_0 x_{w0}} \geqslant 0$$

综上所述，这是一个含 7 个设计变量、10 个约束条件的优化问题，其数学模型可表达为

$$\min \ f(\boldsymbol{X}) = \omega_1/\bar{h} + \omega_2(F_{\max} - F_{\min}), \quad \boldsymbol{X} \in \Re^7$$
$$\text{s.t.} \quad g_i(\boldsymbol{X}) \geqslant 0, \quad i = 1, 2, \cdots, 10$$

式中驱动力臂均值 $\bar{h}$、液压系统最大最小压力 $F_{\max}$，$F_{\min}$ 以及各约束条件都不难用 7 个设计变量表达出来。

7.4.2.4 优化方法与结果

将数学模型中的权因子 ω_1，ω_2 归一化，即 $\omega_2 = 1 - \omega_1$，令 ω_1 作为控制变量在闭区间 $[0,1]$ 内有规律地变动，可得到一组非劣解。也就是说，当 $\omega_1 = 1$ 时，设计仅追求驱动力矩均值最大；当 $\omega_1 = 0$ 时，设计仅追求液压系统压力波动最小；当 $0 < \omega_1 < 1$ 时，目标函数从属于驱动力矩最大这个目标的隶属度是 ω_1，从属于系统压力波动幅值最小这个目标的隶属度是 $1 - \omega_1$。目标函数不完全相同时，所求得的优化解之间是不可比的，称为非劣解。如何从非劣解集中选一个合适的解，是优化设计最后、也是最关键的一步。

以驱动力矩曲线与工作阻力矩曲线的匹配为目标，采用模糊综合评判方法，对该设计进行二次优化，从非劣解集中筛选优化解。

(1) 建立评价指标论域(因素集)

从 3 个方面对设计方案的曲线匹配情况进行评价。

曲线峰值位置差 这是曲线匹配的最重要指标。驱动力矩曲线峰值和工作阻力矩曲线的峰值出现在同一点时，两条曲线具有良好的同步起伏性，将有效地提高机械效率。

初始起动力矩 变幅机构开始提升时，要克服各运动副中的静摩擦力使机构从静止到运动状态，较大的初始起动力矩更有利于机械工作。

最小力矩差 重物提升的全过程中，始终有驱动力矩大于工作阻力矩。在同等的驱动功率、承载条件下，驱动力矩与工作阻力矩的最小力矩差大一些，说明力矩曲线匹配较好，机械对于操作失误等意外原因引起的瞬时超载的承载裕量大一些。

(2) 建立评价指标隶属度矩阵(因素等级集)

对各评价指标确立容差并划分等级，以确定设计方案对于评价指标的隶属度。

对峰值位置差指标，规定容差在 $0° \sim 25°$ 之间，当峰值位置差小于 $5°$，方案对该指标的隶属度为 1，当峰值位置差大于 $25°$，方案对该指标的隶属度为 0，当峰值位置差在 $5° \sim 25°$ 之间，隶属度以每增加 $2°$ 而递减 0.1。

对于初始起动力矩，考察初始起动力臂 h_0，规定容差在 $500 \sim 750\mathrm{mm}$ 之间。当 $h_0 > 750\mathrm{mm}$，方案对该指标的隶属度为 1；当 $h_0 < 500\mathrm{mm}$，方案对该指标的隶属度为 0，隶属度以每增加 $25\mathrm{mm}$ 而递增 0.1。

对最小力矩差指标作类似处理。

(3) 建立因素权重集

根据各评价指标对于设计方案的重要程度确定各因素权重，按大小进行排列并进行归一化处理，得 $\underset{\sim}{W} = [0.6, 0.3, 0.1]^\mathrm{T}$。

对非劣解集中的所有非劣解进行模糊综合评判，选择 3 个设计方案说明模糊综合评判结果，见表 7-1 所列。

(4) 评价指标隶属度矩阵(因素等级集)

$\underset{\sim}{U} = [u_{i,j}]$，其中 $i = 1, 2, 3$，对应于峰值位置差指标、初始起动力矩指标、最小力矩差指标；$j = 1, 2, 3$，对应于方案Ⅰ、方案Ⅱ、方案Ⅲ。则可得到

表 7-1 3 个设计方案的模糊综合评判结果

参数	方案 I	方案 II	方案 III
$O_x, O_y (\text{mm})$	500, 1600	428, 1520	670, 1688
$A_x, A_y (\text{mm})$	960, 960	895, 957	994, 943.6
$\alpha_0 (°)$	−22.5	−16.9	−15
$\alpha_1 (°)$	57.5	57.9	61.5
$l_{OB} (\text{mm})$	1950	1900	1932.6
$h_0 (\text{mm})$	602.2	566.6	786.7
$\bar{h} (\text{mm})$	713.4	670.2	706
$l_{max} (\text{mm})$	2800	2850	2900
$H_{max} (\text{mm})$	5100	5000	5050
$\alpha_m (°)$	80	74.77	76.5

$$\underset{\sim}{B} = \underset{\sim}{W} \circ \underset{\sim}{U} = [0.6, 0.3, 0.1] \circ \begin{vmatrix} 0.25 & 0.125 & 0.625 \\ 0.25 & 0.125 & 0.625 \\ 0.25 & 0.25 & 0.50 \end{vmatrix} = [b_1, b_2, b_3]$$

$$b_1 = (0.6 \wedge 0.25) \vee (0.3 \wedge 0.25) \vee (0.1 \wedge 0.25) = 0.25$$
$$b_2 = (0.6 \wedge 0.125) \vee (0.3 \wedge 0.125) \vee (0.1 \wedge 0.25) = 0.25$$
$$b_3 = (0.6 \wedge 0.625) \vee (0.3 \wedge 0.625) \vee (0.1 \wedge 0.5) = 0.6$$

由模糊综合评判结果可见，方案Ⅲ是可取的。

本章小结

机械优化设计方法是解决复杂设计问题的一种有效手段。本章主要介绍了有关机械优化设计的基本概念、理论及目前常用的一些优化设计方法，以及这门技术科学在现状与发展方面的一些知识。重点对模糊优化设计方法进行了阐述，并以圆柱齿轮减速器、伸缩臂装运机为例说明了优化设计方法在林业机械中的应用。

参考文献

[1] 陈立周. 机械优化设计方法[M]. 北京：冶金工业出版社，2005.

[2] 梁尚明，殷国富. 现代机械优化设计方法[M]. 北京：化学工业出版社，2005.

[3] 王安麟，刘光军，姜涛. 广义机械优化设计[M]. 武汉：华中科技大学出版社，2008.

[4] 冯培恩，邱清盈，潘双夏，等. 机械广义优化设计的理论框架[J]. 中国机械工程，2000，11(1-2)：126-129/176.

[5] 霍军周，张旭，邓立营. 交互式优化设计方法综述[J]. 机械工程与自动化，2014(3)：215-217.

[6] 樊军庆. 机械优化设计及应用[M]. 北京：机械工业出版社，2011.

[7] 百度百科. 拓扑优化[DB/OL]. http://baike.baidu.com/view/3457438.htm.

[8] 王安麟，姜涛，刘光军. 现代设计方法[M]. 武汉：华中科技大学出版社，2010.

[9] 孙全颖，赖一楠，白清顺. 机械优化设计[M]. 沈阳：哈尔滨工业大学出版社，2007.

[10] 谢庆生. 机械工程模糊优化方法[M]. 北京：机械工业出版社，2002.

[11] 王凤岐. 现代设计方法及其应用[M]. 天津:天津大学出版社,2008.

[12] 冯谦,张建红,焦恩璋,等. 液压缸三铰点变幅机构优化设计方法[J]. 工程机械,1992(12):25-31.

[13] 冯谦,王为民,焦恩璋,等. 伸缩臂装运机变幅机构的优化设计[J]. 南京林业大学学报,1993,17(1):65-68.

思考题

1. 设计一个容积为 V 的平底、无盖圆柱形容器,要求消耗原材料最少,试建立优化设计的数学模型,并指出属于哪一类优化问题。

2. 求 $f(x)=(x+1)(x-2)^2$ 的极小点,要求:①从 $x^{(0)}=0$ 出发,以增量 $h=0.1$ 确定一个搜索区间;②用二次插值法求其极小点 x^* 及 $f(x^*)$,$\varepsilon=0.1$。

3. 试用修正鲍威尔法求解目标函数 $f(\boldsymbol{X})=x_1^2+2x_2^2-2x_1x_2-4x_1$ 的最优解,给定初始点 $\boldsymbol{X}^{(0)}=[1\ 1]^{\mathrm{T}}$(迭代两轮)。

4. 用外点函数法求解问题:$f(\boldsymbol{X})=x_1+2x_2^2$,满足约束条件 $g_1(\boldsymbol{X})=1-x_1-x_2\leqslant 0$。

5. 试分析一个必须按模糊问题进行优化设计的实例。

推荐阅读书目

1. Mechanical design optimization using advanced optimization techniques. R. Venkata Rao, Vimal J. Savsani. Springer Publishing Company.

2. 机械设计优化设计方法(第4版). 陈立周,俞必强. 冶金出版社.

第8章

林业机械可靠性设计

[**本章提要**] 可靠性设计方法已在现代机电产品设计中得到广泛应用,它对提高产品的设计水平和质量,降低产品的成本,保证产品的可靠性、安全性起着极其重要的作用。机械产品的研制、设计、制造、试验、检验、使用和维修等各个环节都有造成故障的可能性,都与可靠性有着密切的联系,都需要研究可靠性的技术问题。本章将从可靠性设计概念、机械零件可靠性设计、机械系统可靠性设计等方面阐述可靠性设计方法。可靠性设计方法已成为质量保证、安全性保证、产品责任预防等不可缺少的依据和手段,也是工程技术人员掌握现代设计方法所必须掌握的重要内容之一。本章还将介绍典型林业机械系统可靠性设计案例,并在最后介绍其他可靠性设计方法。

8.1 可靠性设计概述
8.2 机械零件可靠性设计
8.3 林业机械系统可靠性设计
8.4 其他可靠性设计方法

可靠性是衡量产品质量的一个重要指标。可靠性设计是一种很重要的现代设计方法。目前，这一方法已在现代机电产品设计中得到越来越广泛的应用，它对提高产品的设计水平和质量，降低成本，保证产品的可信性、安全性起着极其重要的作用，可靠性已成为产品市场竞争的重要指标，产品可靠性设计将直接影响企业的市场竞争力。

8.1 可靠性设计概述

8.1.1 可靠性研究

可靠性设计的系统研究始于20世纪50年代初。1957年美国国防部针对第二次世界大战期间的电子设备提出的《电子设备可靠性报告》[1] *Advisory group on reliability of electronic equipment*，该报告正式将可靠性的定义确定下来，全面总结了电子产品的失效原因并提出了比较完整的评价产品可靠性的一套理论和方法，从而为可靠性科学的发展奠定了理论基础。

自可靠性的科学定义建立以来，在世界范围内，可靠性设计的新理论、新方法与新技术不断涌现，从而大大提高了设计水平与速度，并且广泛地应用于航空、航天、冶金、石油、化工、造船、铁路、医疗、交通运输、食品加工等各个工业部门之中，其发展之迅速、应用之广泛，超过一般应用科学。1981年，美国的HENLEY和日本的KUMAMOTO指出：在过去的10年内，没有其他应用科学像安全、风险和可靠性分析那样得到惊人的发展和推广，可能只有环境科学和计算机技术例外。1984年，COPPOLA甚至认为可靠性已经更强烈地反映出历史发展的趋势。

众所周知，机械产品的安全可靠是机械设计的主要目的之一，可靠性与其他性能一样，都必须在产品研制设计过程中充分考虑，而由制造和管理来保证。有效地增强产品质量、降低产品成本、减轻整机质量、提高可靠性和作业效率是可靠性设计的主要目标。随着工业技术的发展，机械产品性能参数日益提高，结构日趋复杂，使用场所更加广泛，产品的性能和可靠性问题也就越来越突出，这种向高效率、复杂化和经济性方向发展的产品又总是对其可靠性提出更高的要求。

计算机辅助设计、优化设计和可靠性设计等的出现，对整个机械设计学科和机械设计实践都产生了十分深刻的影响，使过去许多难以解决的设计问题获得了重大突破。可以说，它们正在引导机械设计领域里的一场重大变革，正在受到人们日益广泛的重视。随着世界科学技术的迅速发展，机械可靠性设计工作也出现了崭新的局面，大大提高了设计水平与速度。特别是对于结构复杂、使用条件要求高的产品，改变了设计难度大而不能设计或设计的质量低、周期长的状况。只有发挥可靠性设计方法的特长，才能提高设计水平，加强产品质量，降低产品成本，缩减设计周期。

应该清醒地认识到：可靠性技术必须要渗透到一切产品的设计、制造、试验、安装、检验、使用和维修之中，产品性能与质量的竞争主要体现在可靠性的竞争。

8.1.2 可靠性的概念

可靠性表示产品在规定的工作条件下和规定的时间内完成规定功能的能力，包含4个基本要素：

①**研究对象** 产品即为可靠性的研究对象,一般包括系统、机器、部件等,可以是非常复杂的系统,也可以是一个零件。如果对象是一个系统,则不仅包括硬件,而且包括软件和人的判断、操作等因素在内。

②**规定的工作条件** 产品在正常运行中可能遇到的使用条件、环境条件和维修条件,如荷载、速度、温度、湿度、冲击、碰撞、润滑、维修方式等。

③**规定的时间** 时间是表达产品可靠性的基本因素,是指产品的预期寿命,"寿命"可以用时间单位来度量,也可用循环次数、里程或其他单位来度量。

④**规定的功能** 指表征产品功能的各项技术指标,如仪器仪表的精度、分辨率、线性度、重复性、量程等,是判断产品是否发生故障的依据。

8.1.3 可靠性设计的基本内容和特点

可靠性是研究产品失效规律的科学。由于影响失效的因素非常复杂,有时甚至是不可捉摸的,因此产品的寿命(即产品的失效时间)通常是随机的。对此只有用大量的实验和统计办法来探索它的统计规律,然后再根据这个规律来研究可靠性工作的各个方面。因此,应用概率论与数理统计方法对产品的可靠性进行定量计算,是可靠性理论的基础。

8.1.3.1 可靠性设计的基本内容

可靠性设计是可靠性工程的一个重要分支,因为产品的可靠性在很大程度上取决于设计的正确性。在可靠性设计中要规定可靠性和维修性的指标,并使其达到最优。目前,进行可靠性设计大致包括以下几个方面:

①根据产品的设计要求,确定所采用的可靠性指标及其度量值。

②进行可靠性预测。可靠性预测是指在设计开始时,运用以往的可靠性数据资料计算机械系统可靠性的特征量,并进行详细设计。不同阶段,系统的可靠性预测要反复进行多次。

③对可靠性指标进行合理的分配。首先,将系统可靠性指标分配到各子系统,并与各子系统能达到的指标相比较,判断是否需要改进设计。然后,再把改进设计后的可靠性指标分配到各子系统。按照同样的方法,进而把子系统的可靠性指标分配到各个零部件。

④把规定的可靠性直接设计到零件中去。

8.1.3.2 可靠性设计的基本特点

可靠性设计的基本特点包括:

①可靠性设计强调在设计阶段就把可靠度直接引进到零件中去,即由设计直接确定固有的可靠性。

②可靠性设计把设计变量视为随机变量并运用随机方法对设计变量进行描述和运算。

③在可靠性设计中,由于应力和强度都是随机变量,所以判断一个零件是否安全可靠,就以强度大于应力的概率大小来表示。

④可靠性设计是以零件的安全或失效作为研究内容，是传统设计的延伸和发展。

8.1.3.3 机械可靠性设计的特点

在机械可靠性设计中，将荷载、材料性能与强度及零部件的尺寸都视为某种概率分布的统计量，应用概率和统计理论及强度理论，求出在给定设计条件下零部件不产生破坏的概率公式，从而可以在给定可靠度条件下求出零部件的尺寸，或在给定其尺寸的情况下确定其安全寿命。这一工作主要特点如下：

①以应力和强度为随机变量作为出发点。这是由于荷载、强度、结构尺寸、工况等都具有变动性和统计本质，在数学上必须用分布函数来描述，因此要应用概率和统计方法进行分析、求解。

②强调设计主导实现实效概率和可靠度的定量化。要强调设计对产品可靠性的主导作用，能定量地回答产品的实效概率和可靠度。

③必须考虑环境的影响。温度、振动、湿度、腐蚀、磨损等环境条件对可靠性有很大影响。同一设备在实验室、野外、海上、空中等不同环境条件下的可靠性也是各不相同；同一产品在不同的贮存环境下贮存，其可靠性也各不相同。

④从整体的、系统的、人机工程的观点出发。考虑设计问题更要重视产品在寿命期间的总费用而不只是购置费用，即从设计一开始，就必须将固有可靠性和使用可靠性联系起来作为整体考虑，为了使设备或系统达到规定有效度，分析究竟是提高维修度还是提高可靠度更为合理。

8.1.4 可靠性的度量指标

可靠性的定义只是一个一般的定性定义，并没有给出任何数量的表示，而产品可靠性的设计、制造、实验和管理等多个阶段中都需要"量"的概念，因此运用可靠性的度量指标来进行可靠性设计是非常重要的。

可靠性设计中常用以下度量指标：

①可靠度(reliability)。
②失效率或故障率(failure rate)。
③平均寿命(mean time to failure)。
④维修度(maintainability)。
⑤有效度(availability)。
⑥重要度(importance)。

这些统称为"可靠性尺度"[2]。有了尺度，则在设计和生产时就可用数学方法来计算和预测，也可用实验方法来评定产品或系统的可靠性。

8.1.4.1 可靠度和失效概率密度函数

(1)可靠度

可靠度是指产品在规定的条件下和规定的时间内，完成规定功能的概率。从可靠度的定义可知，可靠度是对一定的时间而言的，因此可靠度是时间的函数，用 $R(t)$ 表示。另外，可靠度是用概率来度量的，所以 $R(t)$ 的范围是 $0 \leq R(t) \leq 1$。可靠度 $R(t)$

的对立事件是不可靠度或失效概率 $F(t)$，显然

$$R(t) + F(t) = 1 \tag{8-1}$$

式中：t 为产品的规定工作时间；$R(t)$ 为产品在 t 时间内的可靠度，或称为可靠度(累积分布)函数；$F(t)$ 为产品在 t 时间内的失效概率，或称为失效概率分布函数[25]。

从概率的定义可知，某个事件的概率可用大量实验中该事件发生的频率来估计。设产品总数为 N，在某一指定时刻时有 N_f 个失效，N_s 个仍正常工作，且 $N_f + N_s = N$，则有

$$\overline{R}(t) = \frac{N_s(t)}{N} \tag{8-2}$$

$$\overline{F}(t) = \frac{N_f(t)}{N} \tag{8-3}$$

在 R 或 F 上加一横表示频率。当 $N \to \infty$ 时，$\lim\limits_{N \to \infty} \overline{R}(t) \to R(t)$，则频率稳定于概率，即为产品在某一指定时刻 t 的可靠度。

(2) 失效概率密度函数 $f(t)$

设 N 为抽取的产品总数，ΔN_f 是时刻 t 到 $t + \Delta t$ 时间间隔内产生失效的产品数，则时间 t 至 $t + \Delta t$ 时间间隔内单位时间产品失效数与抽取的产品总数之比，表示这段时间间隔内平均单位时间的失效频率或平均失效密度，即

$$\overline{f}(t) = \frac{\Delta N_f(t)}{N \Delta t} \tag{8-4}$$

式中：$\Delta N_f(t) = N_s(t) - N_s(t + \Delta t)$。

将式(8-2)代入式(8-4)，得到

$$\overline{f}(t) = -\frac{\Delta R(t)}{\Delta t} \tag{8-5}$$

当 $N \to \infty$，$\Delta t \to 0$ 时，失效频率或平均失效密度 $\overline{f}(t)$ 就表示失效概率密度函数 $f(t)$，即

$$f(t) = -\frac{dR(t)}{dt} \tag{8-6}$$

将式(8-1)代入式(8-6)，得到

$$f(t) = \frac{dF(t)}{dt} \tag{8-7}$$

或

$$F(t) = \int_0^t f(t) dt \tag{8-8}$$

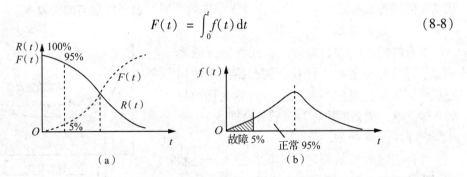

图 8-1　$f(t)$、$F(t)$ 与 $R(t)$ 之间的关系

失效概率密度函数 $f(t)$、失效概率分布函数 $F(t)$ 与可靠度函数 $R(t)$ 之间的关系如图 8-1 所示。

8.1.4.2 失效率 $\lambda(t)$

失效率又称故障率,是衡量产品在单位时间内的失效次数的数量指标,也是产品可靠性衡量的另一个重要特征量。在许多资料中,一些产品的可靠性往往只给出一个失效率。

失效率表示产品工作到某一时刻后,在单位时间内发生故障的概率,或在单位时间内发生失效数与未失效数的比值。即

$$\bar{\lambda}(t) = \frac{\Delta N_f(t)}{N_s(t)\Delta t} = \frac{\Delta N_f(t)}{\Delta t [N - N_f(t)]} = \frac{\Delta N_f(t)}{N \Delta t} \frac{1}{1 - N_f(t)/N}$$
$$= \bar{f}(t) \frac{1}{1 - \bar{F}(t)} = \frac{\bar{f}(t)}{\bar{R}(t)} \tag{8-9}$$

当 $N \to \infty$,$\Delta t \to 0$ 时,则有

$$\lambda(t) = \frac{f(t)}{R(t)} = \frac{1}{R(t)} \frac{\mathrm{d}F(t)}{\mathrm{d}t} = -\frac{1}{R(t)} \frac{\mathrm{d}R(t)}{\mathrm{d}t} = -\frac{\mathrm{d}[\ln R(t)]}{\mathrm{d}t} \tag{8-10}$$

或

$$R(t) = \exp\left[-\int_0^t \lambda(t)\mathrm{d}t\right] \tag{8-11}$$

式(8-11)表示产品可靠度 $R(t)$ 与失效率 $\lambda(t)$ 之间的关系。

综上所述,产品的可靠性指标 $R(t)$,$F(t)$,$f(t)$,$\lambda(t)$ 都是相互联系的,已知其中 1 个,便可推算出其余 3 个指标。

最后指出,$R(t)$ 和 $F(t)$ 均为无量纲值,以小数或百分数表示;而 $f(t)$ 和 $\lambda(t)$ 均为有量纲值(1/h),常用的失效率 $\lambda(t)$ 单位还有 $10^{-3}/h$,$10^{-6}/h$。例如,某型号滚动轴承的失效率 $\lambda(t) = 0.05/10^3 h = 5 \times 10^{-5}/h$,表示 10^5 个轴承中每小时有 5 个轴承失效,它反映了轴承失效的变化速度。

失效率函数 $\lambda(t)$ 的典型曲线如图 8-2 所示,实线表示电子产品的失效率 λ 与时间 t 的关系,虚线表示机械零件的失效率曲线。电子产品失效率曲线可分为 3 部分。

(1)早期失效期

当一大批相同的电子元件投入使用或实验时,由于设计、制造、贮存和运输等形成的缺陷,使某些元件一开始工作就很快失效,因而表现出很高的失效率。

(2)偶然失效期

当有缺陷的元件被剔除后,元件的失效率明显下降并趋于常数,只有个别产品由于使用过程中工作条件发生不可预测的突然变化而导致失效。这一失效期也称为有效寿命期。

(3)耗损失效期

元件经过较长的稳定工作后,进入老化状态,失效率随时间的延长而迅速增大。

机械零件的失效率曲线不同于电子元件。

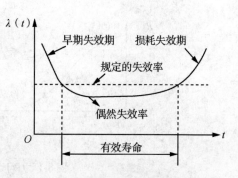

图 8-2 电子产品典型失效率函数 $\lambda(t)$

一般情况下，没有失效率 λ 等于常数的有效寿命期。因为机械零件的主要失效形式是疲劳、磨损、腐蚀和蠕变等损伤累积失效，所以随着时间的推移，失效率是递增的。

在电子产品有效寿命期，由于失效率 $\lambda(t)=\lambda$，则元件的可靠度服从简单的指数分布

$$R = \exp(-\lambda t)$$

在机械零件中，一般取零件在 $t_1 \sim t_2$ 寿命期内的平均失效率 $\bar{\lambda}$，即

$$\bar{\lambda} = \frac{1}{t_2 - t_1}\int_{t_1}^{t_2} \lambda(t)\mathrm{d}t \tag{8-12}$$

零件在 $t_1 \sim t_2$ 寿命期内的平均可靠度为

$$\bar{R}(t_1 \to t_2) = \exp\left[-\int_{t_1}^{t_2} \lambda(t)\mathrm{d}t\right] \tag{8-13}$$

将式(8-13)代入(8-12)，得到

$$\bar{R}(t_1 \to t_2) = \exp[-\bar{\lambda}(t_2 - t_1)] \tag{8-14}$$

8.1.4.3 可靠性寿命尺度

除了有关可靠性的 4 个统计指标 $R(t)$，$F(t)$，$f(t)$ 和 $\lambda(t)$ 外，有时还关心可靠性的寿命指标，包括平均寿命、可靠寿命、中位寿命和特征寿命。

(1) 平均寿命

平均寿命是寿命的平均值。对于不可修复产品是指失效前的平均时间，记为 MTTF (mean time to failure)；对于可修复产品是指相邻两次失效之间的平均工作时间，记为 MTBF (mean time between failure)。两者在数学表达上基本相同，所以有时统称为平均寿命 θ：

$$\theta = \int_0^\infty tf(t)\mathrm{d}t = \int_0^\infty R(t)\mathrm{d}t \tag{8-15}$$

子样的平均寿命为

$$\theta = \frac{1}{N}\sum_{i=1}^N t_i \tag{8-16}$$

式中：t_i 为第 i 个子样的工作寿命；N 为试验产品的总数。

① 正态分布的平均寿命

$$\theta = \int_0^\infty R(t)\mathrm{d}t = \int_0^\infty \int_t^\infty \frac{1}{\sigma\sqrt{2\pi}}\mathrm{e}^{-\frac{1}{2}\left(\frac{t-\mu}{\sigma}\right)^2}\mathrm{d}t\mathrm{d}t \tag{8-17}$$

② 指数分布的平均寿命

$$\theta = \int_0^\infty R(t)\mathrm{d}t = \int_0^\infty \mathrm{e}^{-\lambda t}\mathrm{d}t = \frac{1}{\lambda}\mathrm{e}^{-\lambda t}\Big|_0^\infty = \frac{1}{\lambda} \tag{8-18}$$

可见，当失效率为常数时，平均寿命与失效率互为倒数。

③ 布尔分布的平均寿命

$$\theta = \int_0^\infty R(t)\mathrm{d}t = \int_0^\infty tf(t)\mathrm{d}t = \mu\Gamma\left(\frac{1}{b}+1\right) \tag{8-19}$$

式中：$\Gamma\left(\dfrac{1}{b}+1\right)$ 为伽马函数。

(2) 可靠寿命

可靠寿命是可靠度等于给定值 R 时的寿命 t_R，即

$$R(t_R) = R \tag{8-20}$$

例如，对于指数分布，有

$$R(t_R) = \exp(-\lambda t_R) = R$$

$$t_R = -\ln R/\lambda$$

(3) 中位寿命

当 $R=0.5$ 时的可靠寿命称为中位寿命，记为 $t_{0.5}$。当产品工作到中位寿命时，可靠度与故障率都为 50%，即有一半产品产生故障。

(4) 特征寿命

当 $R = e^{-1}$ 时的可靠寿命称为特征寿命，记为 $t_{e^{-1}}$。

8.1.4.4 维修度

对于可修复的产品(或系统)，不但要求在单位时间内出现故障的系数要少，即平均寿命要高，而且要求当出现故障后，能迅速发现故障出现的部位并加以修复。前者要求的性质用可靠性表示，后者要求的性质则用维修性来表示。维修性表示可以维修的产品进行维修的难易程度或性质。

维修度的定义是指可修复的系统、产品在规定的条件下进行维修时，在规定的时间内完成维修的概率。维修度实际上是表征故障产品经过维修又恢复到正常功能状态的速度问题。显然，维修度也是时间的函数，记为 $M(t)$，可以理解为一批产品由故障状态 ($t=0$) 恢复到正常状态时，在维修时间以前经过维修后有百分之几的产品恢复到正常工作状态，可表示为

$$M(t) = p(t \leqslant T) = \frac{N(t)}{N}$$

式中：t 为修复时间；T 为规定时间；N 为需要维修的产品总数；$N(t)$ 为到维修时间 t 时已修复的产品。

产品每次故障后修复时间的平均值，称为平均修复时间，通常用 MTTR (mean time to resolution) 表示。一般可近似估计为

$$\text{MTTR} = \frac{总的维修时间(h)}{维修次数} = \frac{\sum_{i=1}^{C_{XF}} \Delta t_i}{C_{XF}} \tag{8-21}$$

式中：C_{XF} 为修复的次数；Δt_i 为第 i 次故障的维修时间。

8.1.4.5 有效度

可以看出，可靠度表示产品是否容易损坏的指数，而维修度表示产品故障后修复难易的指数，若将两者综合起来评价产品的利用程度时，可以用有效度来表示。有效度的定义是指可以维修的系统、整机或部件在某时刻 t 尚能维持功能的概率，记作 A

$$A = \frac{\text{MTBF}}{\text{MTBF} + \text{MTTR}} \tag{8-22}$$

从式(8-22)可以看出,要提高产品的有效度,要么增大 MTBF 值,或者减少 MTTR 值。

8.2 机械零件可靠性设计

机械产品的可靠性取决于其零部件的结构形式与尺寸、选用的材料及热处理、制造工艺、检验标准、润滑条件、维修的方便性以及各种安全保护措施等[9,10]。而这些都是在设计中决定的,设计决定了产品的可靠性水平即产品的固有可靠度,因此机械零件和系统的可靠性设计是非常必要的。在进行可靠性设计时,运用概率和数理统计及强度理论相结合的方法,推导出在给定条件下零件不产生破坏概率的设计公式,应用设计公式不仅可以在给定可靠度下确定零件的参数和结构尺寸;也可以在已知零件参数和结构尺寸时确定零件安全寿命或者可靠度。

8.2.1 可靠性设计中常用分布函数

可靠性设计中的设计变量(如应力、材料强度、疲劳寿命、几何尺寸、荷载等)都属于随机变量,要想准确地表示这些参数,必须找出其变化规律,确定它们的分布函数[3]。

(1)二项分布

在相同的条件下,某一随机事件独立地重复 m 次试验,而每次试验只有两种不同的结果(如失效和不失效、合格和不合格等)。假设在 m 次试验中,随机事件出现的次数为随机变量 X,它每次发生的概率为 p,而不发生的概率为 $q = 1 - p$,如果 m 次试验中事件出现的次数为 r,则这样的组合数将有 C_m^r,而每个组合的概率是 $p^r q^{m-r}$,所以事件发生 r 次的概率为

$$p(X = r) = C_m^r p^r q^{m-r}, \quad C_m^r = \frac{m!}{(m-r)!r!} \tag{8-23}$$

式中:C_m^r 为二项式系数。

故称该随机事件发生的概率服从二项分布。其事件发生次数不超过 k 的累积概率为

$$F(r \leqslant k) = \sum_{r=0}^{k} C_m^r p^r q^{m-r} \tag{8-24}$$

二项分布是离散型随机变量的一种分布。其均值和标准差分别为

$$\mu = mp, \quad \sigma = (mpq)^{\frac{1}{2}}$$

由于工程问题中的随机事件常包含有两种可能性情况(可靠和不可靠、合格和不合格等),因此二项分布不仅用于产品的可靠性抽样检验,还可用于可靠性试验和可靠性设计等方面。

(2)泊松分布

泊松分布是一种离散型随机变量的分布,是二次分布的近似表达式。它描述了在给定时间内事件发生的平均次数为常数时,事件发生次数的概率分布。

泊松分布的表达式(m 次试验中发生 r 次事件的概率)为

$$p(X = r) = \frac{\mu^r e^{-\mu}}{r!} \tag{8-25}$$

式中：r 为事件发生次数；μ 为该事件发生次数的均值，$\mu = mp$。

不难证明，泊松分布的均值和方差都是 μ，其累计分布函数为

$$F(r \leqslant k) = \sum_{r=0}^{k} \frac{\mu^r e^{-\mu}}{r!} \tag{8-26}$$

【例 8-1】 现有 25 个零件进行可靠性试验，已知在给定的试验时间内每个零件的失效概率为 0.02，试分别用二项分布和泊松分布求 25 次试验中恰有两个零件失效的概率。

解 由题意可知 $m = 25$，$r = 2$，$\mu = bp = 25 \times 0.02 = 0.5$，$p = 0.02$，$q = 0.98$。

由二项分布得

$$p(X = r) = C_m^r p^r q^{m-r} = C_{25}^2 \times 0.02^2 \times 0.98^{23} = 0.0754$$

由泊松分布得

$$p(X = r) = \frac{\mu^r e^{-\mu}}{r!} = \frac{0.5^2 \times e^{-0.2}}{2!} = 0.0758$$

可见两种分布计算的结果非常接近，而二项分布计算较烦琐，泊松分布计算则简单些。

(3) 指数分布

指数分布是当失效率 $\lambda(t)$ 为常数，即 $\lambda(t) = \lambda$ 时，可靠度函数 $R(t)$、失效分布函数 $F(t)$ 和失效密度函数 $f(t)$ 都呈指数分布函数形式。即

$$R(t) = e^{-\lambda t} \tag{8-27}$$

$$F(t) = 1 - e^{-\lambda t} \tag{8-28}$$

$$f(t) = \frac{dF(t)}{dt} = \lambda e^{-\lambda t} \tag{8-29}$$

式中：λ 为失效率，是指数分布的主要参数，$\lambda = \dfrac{1}{\text{MTBF}} =$ 常数。

指数分布的 $f(t)$，$F(t)$ 和 $R(t)$ 的图形如图 8-3 所示。

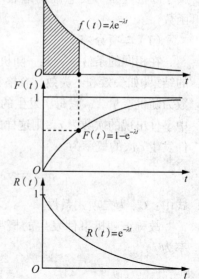

图 8-3 $f(t)$，$F(t)$ 和 $R(t)$ 的指数分布曲线

【例 8-2】 已知某设备的失效率 $\lambda = 5 \times 10^{-4}/\text{h}$，求其使用 100h，1000h 后的可靠度。

解 由式 (8-27) 可知，工作 100h 后的可靠度为

$$R(100) = e^{-5 \times 10^{-4} \times 100} = e^{-0.05} = 0.95$$

工作 1000h 后的可靠度为

$$R(1000) = e^{-5 \times 10^{-4} \times 1000} = e^{-0.5} = 0.61$$

(4) 正态分布

正态分布是应用最广的一种重要分布，很多自然现象可用正态分布来描述，在误差分析中占有极重要的位置。同样，在零部件的强度和寿命分析中也起着重要的作用。

正态分布的概率密度函数 $f(x)$ 和累计分布函数 $F(x)$ 分别为

$$f(x) = \frac{1}{\sqrt{2\pi}\sigma} e^{-\frac{(x-\mu)^2}{2\sigma^2}} \quad (-\infty < x < +\infty) \tag{8-30}$$

$$F(x) = \frac{1}{\sqrt{2\pi}\sigma} \int_{-\infty}^{x} e^{-\frac{(x-\mu)^2}{2\sigma^2}} dx \quad (-\infty < x < +\infty) \tag{8-31}$$

式中：μ 为位置参数，μ 的大小决定了曲线的位置，代表分布的中心倾向；σ 为形状参数，σ 的大小决定着正态分布的形状，表征分布的离散程度。

μ 和 σ 是正态分布的两个重要分布参数。由于正态分布的主要参数为均值 μ 和标准差 σ（或 σ^2 方差），故正态分布记为 $N(\mu, \sigma^2)$，如图 8-4 所示。

在式(8-31)中，当 $\mu = 0$，$\sigma = 1$ 时，则对应的正态分布称为标准正态分布，即 $N(0, 1^2)$，如图 8-5 所示。其概率密度函数和累计分布函数分别用 $f(Z)$，$F(Z)$ 表示：

$$f(Z) = \frac{1}{\sqrt{2\pi}} e^{-\frac{Z^2}{2}} \quad (-\infty < Z < +\infty) \tag{8-32}$$

$$F(Z) = \frac{1}{\sqrt{2\pi}} \int_{-\infty}^{Z} e^{-\frac{Z^2}{2}} dZ \quad (-\infty < Z < +\infty) \tag{8-33}$$

$F(Z)$ 值可查标准正态分布积分表获得。

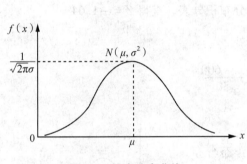

图 8-4 正态分布曲线

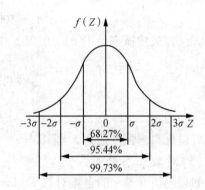

图 8-5 标准正态分布密度 $f(Z)$ 曲线

当遇到非标准的正态分布 $N(\mu, \sigma^2)$ 时，可将随机变量 x 作一变换，令 $Z = \dfrac{x-u}{\sigma}$，代入式(8-31)得

$$F(Z) = \frac{1}{\sqrt{2\pi}\sigma} \int_{-\infty}^{\frac{x-\mu}{\sigma}} e^{-\frac{Z^2}{2}} dZ = \Phi\left(\frac{x-\mu}{\sigma}\right) = \Phi(Z) \tag{8-34}$$

正态分布有如下特性：

① 正态分布具有对称性，曲线对称于 $x = \mu$ 的纵轴，并在 $x = \mu$ 处达到极大值，等于 $\dfrac{1}{\sqrt{2\pi}\sigma}$。

② 正态分布曲线与 x 轴围成的面积为 1。以 x 为中心，$\pm\sigma$ 区间的概率为 68.27%；$\pm 2\sigma$ 区间的概率为 95.45%；$\pm 3\sigma$ 区间的概率为 99.73%，如图 8-5 所示。这个概率值是很大的，这就是常说的 3σ 原则，对于可靠性设计，只需考虑 $\pm 3\sigma$ 范围的情况就可以了。

③ 标准正态分布 $N(0, 1^2)$ 对称于纵坐标轴。

【例 8-3】 有 100 个某种材料的试件进行抗拉强度试验，今测得试件材料的强度均值 $\mu = 600\text{MPa}$，标准差 $\sigma = 50\text{MPa}$。求：①试件材料的强度均值等于 600MPa 时的存活率、失效概率和失效试件数；②强度落在 (450~550)MPa 区间内的失效概率和失效试件数；

③失效概率为0.05(存活率为0.95)时材料的强度值。

解 ①令 $Z = \dfrac{x-\mu}{\sigma} = \dfrac{600-600}{50} = 0$，由正态分布积分表，查得失效概率为

$$F(Z) = 0.5$$

存活率为

$$R(x=600) = 1 - F(Z) = 1 - 0.5 = 0.5$$

失效试件数为

$$n = 100 \times 0.5 = 50$$

②相应区间 F 失效概率为

$$P(450 < x < 550) = \Phi\left(\dfrac{550-600}{50}\right) - \Phi\left(\dfrac{450-600}{50}\right)$$
$$= \Phi(-1) - \Phi(-3) = 0.1587 - 0.0013 = 0.1574$$

失效试件数为

$$n = 100 \times 0.1547 \approx 16$$

③已知失效概率为 $F(z) = 0.05$，由正态分布积分表，查得 $Z = -1.64$

由式 $Z = \dfrac{x-\mu}{\sigma}$，可得

$$-1.64 = \dfrac{x-600}{50}$$

由此解得材料的强度值为 $x = 518\text{MPa}$。

(5) 对数正态分布

如果随机变量 x 的自然对数 $y = \ln x$ 服从正态分布，则称 x 服从对数正态分布。由于随机变量 x 的取值总是大于零，以及概率密度函数 $f(x)$ 向右倾斜不对称，因此对数正态分布是描述不对称随机变量的一种常用的分布，如图8-6所示。

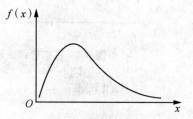

图8-6 对数正态分布曲线

对数正态分布的密度函数和累计分布函数分别为

$$f(x) = \dfrac{1}{x\sigma_y\sqrt{2\pi}} e^{-\frac{1}{2}\left(\frac{y-\mu_y}{\sigma_y}\right)^2} \tag{8-35}$$

$$f(x) = \dfrac{1}{x\sigma_y\sqrt{2\pi}} e^{-\frac{1}{2}\left(\frac{y-\mu_y}{\sigma_y}\right)^2} dx \quad (x>0) \tag{8-36}$$

式中：μ_y 和 σ_y 为随机变量 $y = \ln x$ 的均值和标准差。

对数正态分布的均值和标准差分别为

$$\mu_x = e^{(\mu_y + \sigma_y^2/2)} \tag{8-37}$$

$$\sigma_x = \mu_x (e^{\sigma_y^2} - 1)^{\frac{1}{2}} \tag{8-38}$$

由于 $y = \ln x$ 呈正态分布，所以有关正态分布的性质和计算方法都可在此使用。

在机械零部件的疲劳寿命、疲劳强度、耐磨寿命以及描述维修时间分布等研究中，大量应用对数正态分布。这是因为对数正态分布是一种偏态分布，能较好地符合一般零部件失效过程的时间分布。

(6) 威布尔分布

威布尔分布分别含有三参数和含有两参数，由于适应性强而得到广泛应用。三参数威布尔分布的密度函数和累计分布函数分别为

$$f(x) = \frac{\beta}{\eta}\left(\frac{x-\gamma}{\eta}\right)^{\beta-1}e^{-\left(\frac{x-\gamma}{\eta}\right)^{\beta}} \tag{8-39}$$

$$F(x) = 1 - e^{-\left(\frac{x-\gamma}{\eta}\right)^{\beta}} \tag{8-40}$$

式中：β 为威布尔分布的形状参数；η 为威布尔分布的尺度参数；γ 为威布尔分布的位置参数。

威布尔分布的形状参数 β 影响分布曲线的形状，图 8-7 给出了 β 对概率密度函数 $f(x)$ 的影响情况。由图可以看出，当形状参数 β 不同时，其 $f(x)$ 曲线的形状不同。当 $\beta \approx 3.5$ 时，曲线近于正态分布；当 $\beta = 1$ 时，曲线为指数分布。

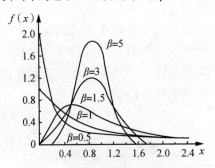

图 8-7 β 不同时对威布尔分布曲线形状的影响（$\gamma = 0$，$\eta = 1$）

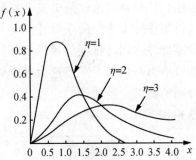

图 8-8 η 不同时对威布尔分布曲线形状的影响（$\gamma = 0$，$\beta = 2$）

威布尔分布的尺度参数 η 起缩小或放大 x 标尺的作用，但不影响分布的形状。图 8-8 给出了 β，γ 不变而 η 取不同值时的威布尔分布曲线。可以看出，各分布曲线起始位置相同（γ 不变），分布曲线形状相似（β 不变），曲线只是在横坐标轴方向上离散程度不同。

威布尔分布的位置参数 γ 只决定分布曲线的起始位置，因此又称起始参数。γ 的取值可正、可负、可为零。当 $\gamma = 0$ 时，曲线由坐标原点起始。图 8-9 给出了 η，β 不变而 γ 取不同值时的威布尔分布曲线，可见当 γ 改变时，仅曲线起点的位置改变，而曲线的形状不变。

图 8-9 γ 不同时对威布尔分布曲线形状的影响（$\eta = 1$，$\beta = 2$）

当 $\gamma = 0$ 时，即称为两参数威布尔分布，其密度函数和累计分布函数分别为

$$f(x) = \frac{\beta}{\eta}\left(\frac{x}{\eta}\right)^{\beta-1}e^{-\left(\frac{x}{\eta}\right)^{\beta}} \tag{8-41}$$

$$F(x) = 1 - e^{-\left(\frac{x}{\eta}\right)^{\beta}} \tag{8-42}$$

综上所述，许多分布都可以看做是威布尔分布的特例，由于它具有广泛的适应性，因而许多随机现象，如寿命、强度、磨损等，都可以用威布尔分布来拟合。

8.2.2 机械零件可靠性概率设计法

在常规的机械设计中,经常用安全系数 n 来判断零部件的安全性,即

$$n = \frac{c}{s} \geqslant [n] \tag{8-43}$$

式中: c 为材料的强度; s 为零件薄弱处的应力; $[n]$ 为许用安全系数。

这种安全系数设计法虽然简单、方便,并具有一定的工程实践依据等特点,但由于没有把荷载、材料的性能、零部件尺寸等数据作为分散性的随机统计量来处理,而是用安全系数 $[n]$ 来考虑数据的分散性和其他不确定因素,而这个安全系数 $[n]$ 主要由设计者经验来确定,具有较大的盲目性,所以,使得设计的零部件可能偏于危险,也可能偏于保守,采用这种设计方法无法说清它可能的破坏概率,所以一种新方法的诞生已成必然,这种新方法就是机械概率设计[13]。

所谓机械零件可靠性概率设计就是将规定的可靠度值赋予零件的设计,也就是保证设计的零部件达到可靠度的目标要求,以此确定零件材料与几何尺寸的设计。概率设计法是以应力—强度干涉理论为基础的,应力—强度干涉理论将应力和强度作为服从一定分布的随机变量处理,通过严格控制失效概率,以满足设计要求。整个设计过程可用图 8-10 表示。

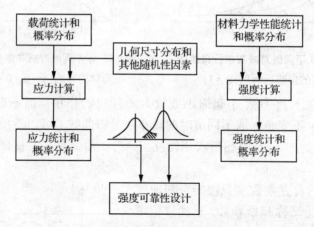

图 8-10 可靠性设计的过程

下面就应用机械零件可靠性概率设计方法应用的应力—强度分布干涉模型进行介绍,以便较精确、更接近实际地解决有关机械零件的强度计算问题。

在可靠性设计中,由于强度 c 和应力 s 都是随机变量,因此,一个零件是否安全可靠,就以强度 c 大于应力 s 的概率大小来判定。这一设计准则可表示为

$$R(t) = P(c > s) \geqslant [R] \tag{8-44}$$

式中: $[R]$ 为设计要求的可靠度。

现设应力 s 和强度 c 各服从某种分布,并以 $g(s)$ 和 $f(c)$ 分别表示应力和强度的概率密度函数。按强度条件式(8-44)设计出的属于安全的零件或构件,具有如图 8-11 所示的几种强度—应力关系。

图 8-11(a)所示为应力 s 和强度 c 两个随机变量的概率密度函数不相重叠的情况,

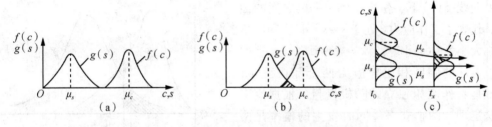

图 8-11 强度—应力关系

即最大可能的工作应力都要小于零件可能的极限强度,因此,工作应力大于零件强度是不可能事件,即工作应力大于零件强度的概率等于零

$$P(s > c) = 0$$

此时的可靠度,即强度大于应力($c>s$)的概率为 $R = P(c>s) = 1$。具有这样的应力—强度关系的机械零部件是安全的,不会发生强度方面的破坏。这种情况虽然安全可靠,但设计的机械产品必然十分庞大和笨重,价格也会很高,一般只是对于特别重要的零部件才会采用。

图 8-11(b)所示为应力和强度两个随机变量的概率密度曲线有相互重叠部分的情况,这时虽然工作应力的均值 μ_s 仍远小于零件强度的均值 μ_c,但不能绝对保证工作应力在任何情况下都不大于强度,这就是零件的工作应力和强度发生了干涉。这种情况把在使用中的失效概率限制在某一合理的、相当小的数值,这样既保证了产品价格的低廉,也能满足一定的可靠性要求。

图 8-11(c)所示情况就是在任何情况下零件的最大强度总是小于最小工作应力,而应力大于强度的失效概率(不可靠度)F 就为

$$F = P(s < c) = 1$$

即可靠度 $R = P(c>s) = 0$,这意味着产品一经使用就会失效。这种情况显然是不可取的。

综上所述,概率可靠性设计使应力、强度和可靠度三者建立了联系,而应力和强度分布之间的干涉程度,决定了零部件的可靠度。

为了确定零件的实际安全程度,应先根据试验及相应的理论分析,找出 $f(c)$ 及 $g(s)$。然后应用概率论及数理统计理论来计算零件失效的概率,从而可以求得零件不失效的概率,即零件强度的可靠度。

对于图 8-11(b)所示的应力—强度关系,当 $f(c)$ 及 $g(s)$ 已知时,可用概率密度函数联合积分法和强度差概率密度函数积分法来计算零件的失效概率。

(1) 概率密度函数联合积分法

零件失效的概率为 $P(c<s)$,即当零件的强度 c 小于零件工作应力 s 时,零件发生强度失效。

现将应力概率密度函数 $g(s)$ 和强度概率密度函数 $f(c)$ 相重叠部分放大,如图 8-12 所示。从距原点为 s 的 $a-a$ 直线开始,曲线 $f(c)$ 以下、$a-a$ 线以左(即变量 c 小于 s 时)的面积 Δ,表示零件的强度值小于 s 的概率:

$$\Delta = P(c < s) = \int_0^s f(c) \mathrm{d}c = F(s) \tag{8-45}$$

曲线 $g(s)$ 下、位于 s 到 $s+\mathrm{d}s$ 之间的面积，代表了工作应力 s 处于 $s\sim s+\mathrm{d}s$ 之间的概率，大小为 $g(s)\mathrm{d}s$。

零件的强度和工作应力两个随机变量，一般是看作互相独立的随机变量。根据概率乘法定理，两独立事件同时发生的概率是两事件单独发生的概率的乘积，即

$$P(AB) = P(A) \cdot P(B)$$

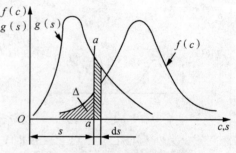

图 8-12 强度失效概率计算原理图

所以，乘积 $F(s)g(s)\mathrm{d}s$ 即为对于确定的 s 值时，零件中的工作应力刚刚大于强度值的概率。

若把应力 s 在一切可能值的范围内进行积分，即得零件的失效概率 $P(c<s)$ 的值为

$$P(c < s) = \int_0^\infty F(s)g(s)\mathrm{d}s = \int_0^\infty \left[\int_0^s f(c)\mathrm{d}c\right]g(s)\mathrm{d}s \tag{8-46}$$

式(8-46)即为在已知零件强度和应力的概率密度函数 $f(c)$ 及 $g(s)$ 后，计算零件失效概率的一般公式。

(2) 强度差概率密度函数积分法

令强度差

$$Z' = c - s \tag{8-47}$$

由于 c 和 s 均为随机变量，所以强度差 Z' 也为随机变量。零件的失效概率显然等于随机变量 Z' 小于零的概率，即 $P(Z'<0)$。

从已求得的 $f(c)$ 及 $g(s)$ 可找到 Z' 的概率密度函数 $P(Z')$，从而可求得零件的失效概率为

$$P(Z' < 0) = \int_{-\infty}^0 P(Z')\mathrm{d}Z' \tag{8-48}$$

由概率论可知，当 c 和 s 均为正态分布的随机变量时，其差 $Z' = c - s$ 也为正态分布的随机变量，其数学期望 $\mu_{Z'}$ 及均方差 $\sigma_{Z'}$ 分别为

$$\left.\begin{array}{l} \mu_Z = \mu_c - \mu_s \\ \sigma_{Z'} = \sqrt{\sigma_c^2 + \sigma_s^2} \end{array}\right\} \tag{8-49}$$

Z' 的概率密度函数 $P(Z')$ 为

$$P(Z') = \frac{1}{\sigma_{Z'}\sqrt{2\pi}}\mathrm{e}^{-\frac{1}{2}\left(\frac{Z'-\mu_{Z'}}{\sigma_{Z'}}\right)^2} \tag{8-50}$$

将式(8-50)代入式(8-48)，即可求得零件的失效概率为

$$P(Z' < 0) = \int_{-\infty}^0 \frac{1}{\sigma_{Z'}\sqrt{2\pi}}\mathrm{e}^{-\frac{1}{2}\left(\frac{Z'-\mu_{Z'}}{\sigma_{Z'}}\right)^2}\mathrm{d}Z' \tag{8-51}$$

为了便于计算，现作变量代换，令

$$t = \frac{Z' - \mu_{z'}}{\sigma_{Z'}}$$

则式(8-51)变为

$$P(Z' < 0) = P\left(t < -\frac{\mu_{Z'}}{\sigma_{Z'}}\right) = \frac{1}{\sqrt{2\pi}}\int_{-\infty}^{\frac{\mu_{Z'}}{\sigma_{Z'}}}\mathrm{e}^{-\frac{t^2}{2}}\mathrm{d}t \tag{8-52}$$

如令 $\mu_{Z'}/\sigma_{Z'} = Z_R$，由式(8-52)可得到

$$P(Z' < 0) = P(t < -Z_R) = \frac{1}{\sqrt{2\pi}}\int_{-\infty}^{-Z_R} e^{-\frac{t^2}{2}} dt \tag{8-53}$$

为了便于实现应用，将式(8-53)的积分值制成正态分布积分表，在计算时可直接查用。

8.2.3 零件强度及应力可靠性的计算

零件强度 c 的分布一般服从正态分布律 $N(\mu_c, \sigma_c)$，其概率密度函数为

$$f(c) = \frac{1}{\sqrt{2\pi}\sigma_c}\exp\left[-\frac{1}{2}\left(\frac{c-\mu_c}{\sigma}\right)^2\right] \tag{8-54}$$

考虑材料的机械特性、零件的荷载特性及制造方法对零件强度的影响，一般可通过对静强度计算和对疲劳强度计算的方法来近似确定零件强度分布参数。

(1) 对静强度计算

不随时间变化或变化缓慢的应力称为静应力。当应力循环次数小于 10^3 时也近似作为静应力处理，可应用应力—强度干涉理论。静强度不够而引起的失效形式主要是整体断裂或过大的塑性变形，前者是应力超过强度极限，后者是应力超过屈服极限所致[4,5]。

零件强度的分布为

$$\left.\begin{array}{l}\mu_c = k_1\mu_{c0}\\ \sigma_c = k_1\sigma_{c0}\end{array}\right\} \tag{8-55}$$

式中：μ_{c0} 和 σ_{c0} 分别为材料样本试件拉伸机械特性的数学期望及均方差；k_1 为计及荷载特性和制造方法的修正系数，其值为

$$k_1 = \frac{\xi_1}{\xi_2} \tag{8-56}$$

式中：ξ_1 为按拉伸获得的机械特性转为弯曲或扭转特性的转化系数（取值 1.0~1.5，与材料和断面形状有关）；ξ_2 为考虑零件锻（轧）或铸的制造质量影响系数，是考虑材料的不均匀性、内部可能的缺陷以及实际尺寸与名义尺寸的误差等的因素（对锻件和轧制件可取 $\xi_2 = 1.1$，对铸件可取 $\xi_2 = 1.3$）。

由此可得出对静强度计算时的零件强度分布参数的近似计算公式：

对塑性材料为

$$\left.\begin{array}{l}\mu_c = \dfrac{\xi_1}{\xi_2}\sigma_s\\ \sigma_c = 0.1\mu_c = 0.1\left(\dfrac{\xi_1}{\xi_2}\right)\sigma_s\end{array}\right\} \tag{8-57}$$

对脆性材料为

$$\left.\begin{array}{l}\mu_c = \dfrac{\xi_1}{\xi_2}\sigma_b\\ \sigma_c = 0.1\mu_c = 0.1\left(\dfrac{\xi_1}{\xi_2}\right)\sigma_b\end{array}\right\} \tag{8-58}$$

式中：σ_b 和 σ_s 分别为材料的强度极限及屈服极限，都服从正态分布律。

(2) 对疲劳强度计算

在实际工作中，绝大部分零部件承受的荷载是随时间变化的，对这些零件需要进行疲劳强度计算：

$$\left.\begin{aligned} \mu_c &= k_2 \mu_{(\sigma_{-1})} \\ \sigma_c &= k_2 \sigma_{(\sigma_{-1})} \end{aligned}\right\} \tag{8-59}$$

式中：$\mu_{(\sigma_{-1})}$ 和 $\sigma_{(\sigma_{-1})}$ 为材料样本试件对称循环疲劳极限的数学期望及均方差，材料的疲劳极限也可以认为是服从正态分布规律的；k_2 为疲劳极限修正系数。

在强度问题中，很多实际问题均可用正态分布来进行。因此，一般将应力的分布视为服从正态分布规律 $N(\mu_s, \sigma_s)$，则概率密度函数为

$$g(s) = \frac{1}{\sigma_s \sqrt{2\pi}} \exp\left[-\frac{1}{2}\left(\frac{s-\mu_s}{\sigma_s}\right)^2\right] \tag{8-60}$$

零件的工作应力按下列近似计算法来确定：

① 对静强度计算时

$$\left.\begin{aligned} \mu_s &= \sigma_{\mathrm{II}} \\ \sigma_s &= k\mu_s \end{aligned}\right\} \tag{8-61}$$

② 对疲劳强度计算时

$$\left.\begin{aligned} \mu_s &= \sigma_{\mathrm{I}} \\ \sigma_s &= k\mu_s \end{aligned}\right\} \tag{8-62}$$

式中：μ_s 和 σ_s 为零件危险断面上工作应力（对静强度计算为最大工作应力，对疲劳强度计算为等效工作应力）的数学期望和均方差；σ_{I} 和 σ_{II} 为根据工作状态的正常荷载（或称第 Ⅰ 类荷载）及最大荷载（或称第 Ⅱ 类荷载）[6,7]，按常规应力计算方法求得的零件危险断面上的等效工作应力和最大工作应力；k 为工作应力的变差系数，按各类专业机械提供的经验数据近似取值。

通过上述计算可以求出零件的强度分布参数 μ_c 及 σ_c，代入式(8-54)，即可求出强度的概率密度函数 $f(c)$；通过上述计算可以求出零件危险断面上工作应力的分布参数 μ_s 及 σ_s，代入式(8-60)，即可求出应力的概率密度函数 $g(s)$。

根据上述的分析与计算，在求得零件强度和零件工作应力的概率密度函数 $f(c)/g(s)$ 及其分布参数 (μ_c, σ_c)、(μ_s, σ_s) 后，从而可以计算

$$Z_R = \frac{\mu_c - n\mu_s}{\sqrt{\sigma_c^2 + \sigma_s^2}} \tag{8-63}$$

式中：n 为强度储备系数，具体数值按各类专业机械的要求选取，一般可取 $n = 1.10 \sim 1.25$。

在求得了零件强度的失效概率后，零件的强度可靠性以可靠度 R 来量度。在正态分布条件下，R 按下式计算：

$$R = 1 - P(Z' < 0) = 1 - \int_{-\infty}^{-Z_R} \frac{1}{\sqrt{2\pi}} e^{-\frac{t^2}{2}} dt = \int_{-Z_R}^{\infty} \frac{1}{\sqrt{2\pi}} e^{-\frac{t^2}{2}} dt \tag{8-64}$$

由式(8-64)可求出已考虑了零件强度储备后，零件不发生失效的强度可靠性数量指标，即强度可靠度 R 值。所求得的 R 不能小于计算零件的许用可靠度 $[R]$，即应满

足如下强度可靠性计算条件式：

$$R \geqslant [R] \tag{8-65}$$

许用可靠度[R]值的确定是一项直接影响产品质量和技术经济指标的重要工作，目前可供参考的资料甚少。选择时应根据所计算零件的重要性，计算荷载的类别，并考虑到决定荷载和应力等计算的精确程度，以及产品的经济性等方面综合评定。

【例8-4】 某专业机械中的传动齿轮轴，材料为40Cr钢，锻制，调质热处理。经荷载计算已求得危险断面上的最大弯矩 $M_{弯(\text{II})}=15\text{kN}\cdot\text{cm}$；最大扭矩 $M_{扭(\text{II})}=1350\text{kN}\cdot\text{cm}$；等效弯矩 $M_{弯(\text{I})}=800\text{kN}\cdot\text{cm}$；等效扭矩 $M_{扭(\text{I})}=700\text{kN}\cdot\text{cm}$。试按强度可靠性设计理论确定该轴的直径。

解（1）按静强度设计时

① 选定许用可靠度[R]值及安全系数 n 值。

按该专业机械的要求，选 $R=[R]=0.99$，$n=1.25$。

② 计算零件发生强度失效的概率 F。

③ 由 F 值查标准正态分布表，求 Z_R 值。

当 $F=0.01$ 时，由标准正态分布表可查得 $Z_R=2.32$。

④ 计算材料承载能力的分布参数 μ_c，σ_c。

轴材料为40Cr钢，调质热处理，由材料手册查得相应尺寸的拉伸屈服极限 $\sigma_s=539.5\text{MPa}$，对合金钢零件 $\varepsilon_1=1.0$，轴是锻件，所以 $\varepsilon_2=1.1$。因此得 $\mu_c=490\text{MPa}$，$\sigma_c=49\text{MPa}$。

⑤ 按已求得的 Z_R 值，计算 μ_s。

$$Z_R = \frac{\mu_c - n\mu_s}{\sqrt{\sigma_c^2 + \sigma_s^2}} = \frac{\mu_c - n\mu_s}{\sqrt{\sigma_c^2 + (k\mu_s)^2}} = 2.32$$

解上式得 $\mu_s=291.3\text{MPa}$。

⑥ 按已求得的 μ_s 值，计算轴的尺寸。

由

$$\mu_s = \sigma_{\text{II}} = \sqrt{\left(\frac{M_{弯(\text{II})}}{W}\right)^2 + 4\left(\alpha\frac{M_{扭(\text{II})}}{W_p}\right)^2} = \frac{\sqrt{M_{弯(\text{II})}^2 + (\alpha M_{扭(\text{II})}^2)^2}}{W}$$

可得

$$d^3 = \frac{\sqrt{M_{弯(\text{II})}^2 + (\alpha M_{扭(\text{II})})^2}}{0.1\mu_s} = 8.60(\text{cm})$$

式中：α 是轴计算应力换算系数，可查机械工程手册或直接取值，对静强度计算，材料为合金钢，$\alpha=0.83$。

（2）按疲劳强度计算时

①②③步骤的计算，同静强度设计。

④ 计算零件强度的分布参数 μ_c，σ_c。

$$\mu_c = k_2\sigma_{-1(弯)}, \quad \sigma_c = 0.08\mu_c$$

对钢质零件，可按如下近似关系来计算对循环的弯曲疲劳极限：

$$\sigma_{-1(弯)} = 0.43\sigma_{b(拉)} = 0.43 \times 735.7 = 316.4(\text{MPa})$$

式中：$\sigma_{b(拉)}$ 为拉伸强度极限，由材料手册查得 40Cr 钢调质热处理，相应尺寸的 $\sigma_{b(拉)} = 735$MPa；k_2 为疲劳极限修正系数，查设计手册得 $k_2 = 0.5$。

从而可求得零件疲劳强度的分布参数为

$$\mu_c = 0.5 \times 316.4 = 158.2 \text{MPa}$$

$$\sigma_c = 0.08 \times 158.2 = 12.7 \text{MPa}$$

⑤按已求得的 Z_R 值，计算 μ_s 值。

$$Z_R = \frac{\mu_c - n\mu_s}{\sqrt{\sigma_c^2 + \sigma_s^2}} = \frac{158.2 - 1.25\mu_s}{\sqrt{(12.7)^2 + (0.08\mu_s)^2}} = 2.32$$

解上式，得 $\mu_s = 98.8$MPa。

⑥按已求得 μ_s 的值，计算轴的尺寸。

$$\mu_s = \sigma_I = \frac{\sqrt{M_{弯(I)}^2 + (\alpha M_{扭(I)})^2}}{W}$$

所以

$$d^3 = \frac{\sqrt{M_{弯(I)}^2 + (\alpha M_{扭(I)})^2}}{0.1\mu_s} = \frac{\sqrt{(8000)^2 + (0.75 \times 7000)^2}}{0.1 \times 98.8 \times 10^6} = 96.9 \times 10^{-4} (\text{m}^3)$$

式中：$\alpha = 0.75$。

故得

$$d = \sqrt[3]{9.69 \times 10^{-4}} = 0.099 (\text{m})$$

通过上述计算可以看出，该轴应按疲劳强度设计，轴的危险断面的直径 $d = 10$cm。

8.2.4 零件疲劳强度可靠性分析

零件或构件的疲劳强度与很多因素有关，上述计算比较麻烦，因此疲劳强度设计常以验算为主。通常可先按静强度设计定出具体尺寸、结构和加工情况后，再验算可靠度或预计可靠寿命。

8.2.4.1 疲劳曲线

(1) $S - N$ 曲线

如图 8-13 所示，$S - N$ 曲线描述了某零件的平均寿命。疲劳曲线是以应力 S（或 σ）为纵坐标，以相应的应力循环次数 N（寿命）为横坐标，反映了许多试样在不同应力水平的循环荷载作用下进行试验直至失效的结果。图 8-13（b）采用了双对数坐标，图中

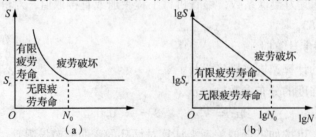

图 8-13 $S - N$ 曲线的一般形式

的 $S-N$ 曲线给出了有限疲劳寿命与无限疲劳寿命的划分范围。图中 N_0 称为疲劳循环基数或寿命基数[16],其相应的应力水平称为疲劳极限 S_r(或 σ_r),它是试件受无限次应力循环而不发生疲劳破坏的最大应力。

常规的 $S-N$ 疲劳曲线是在对称循环变应力条件下进行试验得到的。但实际上有很多零件是在非对称循环的变应力条件下工作的,这时必须考虑其应力循环特性 $r = \dfrac{S_{\min}}{S_{\max}}$ $\left(\text{或}\dfrac{\sigma_{\min}}{\sigma_{\max}}\right)$ 对疲劳失效的影响。

图 8-14 给出了不同 r 值下的 $S-N$ 曲线。工程上常用对称循环疲劳极限 σ_{-1}。按照强度理论,疲劳曲线在其有限寿命范围内(即 $S-N$ 曲线有斜率部分)的曲线方程通常为幂函数,即

$$S^m N = C \tag{8-66}$$

式中:幂指数 m 根据应力的性质及材料的不同而确定,一般为 $3 \leqslant m \leqslant 16$; C 为由已知条件确定的常数。

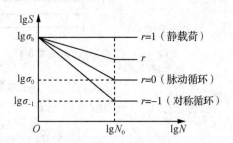

图 8-14 不同 r 值下的 $S-N$ 曲线

对式(8-66)取对数后则得直线方程,如图 8-13(b)所示。随着 m 值的改变,$S-N$ 曲线可以画成一系列不同的斜率为 m 值的直线,并分别与其相当于疲劳极限的水平线相连接。

对于斜线部分的不同应力水平,由式(8-66)可建立关系式

$$N_i = N_j \left(\frac{S_j}{S_i}\right)^m \tag{8-67}$$

式中:S_j,N_j 为 $S-N$ 曲线上某已知点的坐标值;N_i 为与已知应力水平 S_i 相对应的待求的应力循环次数。

如果 $S-N$ 曲线上有两点为已知,则由式(8-67)得斜率 m 的值为

$$m = \frac{\lg N_i - \lg N_j}{\lg S_j - \lg S_i} \tag{8-68}$$

(2)疲劳极限线图

对于非对称循环应力,则应考虑不对称系数 r 对疲劳失效的影响。为了得到不同 r 值下的疲劳极限值,需绘制疲劳极限线图,即极限应力图。

由材料力学可知,常用的疲劳极限线图有两种:第一种以平均应力 σ_m 为横坐标,最大应力 $\sigma_{\max}$ 及最小应力 $\sigma_{\min}$ 为纵坐标,画出疲劳极限线图;第二种以平均应力 σ_m 为横坐标,应力幅 σ_a 为纵坐标,画出疲劳极限线图。图 8-15 所示为 $\sigma_m - \sigma_a$ 疲劳极限线图。

用方程式来描述材料的疲劳极限线,不同的观点有不同的假设及表达式。在疲劳强度设计中,常用的有两种:

①假设疲劳极限线是经过 A 点和 B 点的直线(见图 8-15 中的 AB 直线),或称古特曼(Goodman)图线。其疲劳极限线 AB 的方程为

$$\sigma_a = \sigma_{-1}\left(1 - \frac{\sigma_m}{\sigma_b}\right) \tag{8-69}$$

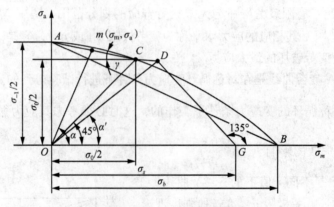

图 8-15 $\sigma_m - \sigma_a$ 疲劳极限线图

②假设疲劳极限线是用经过对称循环变应力的疲劳极限 A 点、脉动和循环变应力的疲劳极限 C 点及静强度极限 B 点的折线。其直线 AC (图 8-15) 的方程为

$$\sigma_a = \sigma_{-1} - \left(\frac{2\sigma_{-1} - \sigma_0}{\sigma_0}\right)\sigma_m \tag{8-70}$$

(3) $P-S-N$ 曲线

在研究机械零件疲劳寿命时,常常需要确定零件的疲劳破坏概率及其分布类型,这就需用 $P-S-N$ 曲线[18]。

实践表明,$S-N$ 曲线的实验数据,由于受作用荷载的性质、试件几何形状及表面精度、材料特性等多种因素的影响,存在着相当大的离散性。同一组试件,在一个固定的应力水平 S 下,即使其他条件都基本相同,它们的疲劳寿命值 N 也并不相等,但却具有一定的分布规律性,可以根据一定的概率,通常称为存活率 P (相当于可靠度 R)来确定 N 值。

图 8-16 表示多种不同应力水平下 N 的分布情况。由图可以看出,随着应力水平的降低,N 值的离散度越来越大。由此可知,疲劳寿命 N 不仅与存活率 P 有关,而且与应力水平 S 有关,即 N 为 S,P 的二元函数关系,即 $N = \varphi(S, P)$,这一函数关系形成三维空间中的一个曲面。这种以 P 作参数的 $S-N$ 曲线簇,称为 $P-S-N$ 曲线(在双对数坐标系中为直线),如图 8-17 所示。设计时按照不同的可靠度要求,选择不同的 $P-S-N$ 曲线。利用 $P-S-N$ 曲线不仅能估计出零件在一定应力水平下的疲劳寿命,而且也能给出在该应力值下的破坏概率或可靠度。

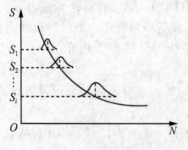

图 8-16 $S-N$ 曲线的离散型

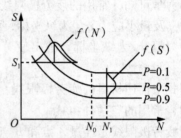

图 8-17 $P-S-N$ 曲线

8.2.4.2 等幅变应力作用下零件的疲劳寿命及可靠度

机械零件中,如轴类及其他传动零件,它们多半承受对称或不对称循环的等幅变应力的作用。根据对这些零件或试件所得到的实验数据进行统计分析,其分布函数为对数正态分布或威布尔分布。现分别讨论它们的疲劳寿命及可靠度。

(1) 疲劳寿命服从对数正态分布

对于在对称循环等幅变应力作用下的试件或零件,其疲劳寿命,即达到破坏的循环次数一般符合对数正态分布。其概率密度函数为

$$f(N) = \frac{1}{N\sigma_{N'}\sqrt{2\pi}} \exp\left[-\frac{1}{2}\left(\frac{\ln N - \mu_{N'}}{\sigma_{N'}}\right)\right] \tag{8-71}$$

式中: $N' = \ln N$。

因此,零件在使用寿命即工作循环次数达 N_1 时的失效概率为

$$P(N \le N_1) = P(N' \le N'_1) = \int_{-\infty}^{N'_1} \frac{1}{\sigma_{N'}\sqrt{2\pi}} \exp\left[-\frac{1}{2}\left(\frac{N' - \mu_{N'}}{\sigma_{N'}}\right)^2\right] dN'$$

$$= \int_{-\infty}^{Z_1} f(Z) dz = \Phi(Z_1) \tag{8-72}$$

式中: Z 为标准正态变量。

$$Z_1 = \frac{N' - \mu_{N'}}{\sigma_{N'}} = \frac{\ln N_1 - \mu \ln N}{\sigma \ln N}$$

由此可得可靠度为

$$R(N_1) = 1 - \Phi(Z_1) \tag{8-73}$$

(2) 疲劳寿命服从威布尔分布

零件的疲劳寿命用威布尔分布来拟合,将更符合实际的失效规律,特别对于受高应力的接触疲劳尤为适用。常用的是三参数威布尔分布,其概率密度函数式为

$$f(N) = \frac{b}{N_T - N_0}\left(\frac{N - N_0}{N_T - N_0}\right)^{b-1} \cdot e^{-\left(\frac{N-N_0}{N_T-N_0}\right)} \tag{8-74}$$

式中: N_0 为最小寿命(位置参数); N_T 为特征寿命($R = e^{-1} = 36.8\%$ 时的寿命); b 为形状参数。

其分布函数为

$$F(N) = \begin{cases} 1 - e^{-\left(\frac{N-N_0}{N_T-N_0}\right)^b}, & N \ge N_0, \\ 0, & N \le N_0. \end{cases} \tag{8-75}$$

式(8-75)就是零件的使用寿命,即工作循环次数达 N 时的失效概率。

因此,威布尔分布的可靠度函数为

$$R(N) = \begin{cases} e^{-\left(\frac{N-N_0}{N_T-N_0}\right)^b}, & N \ge N_0, \\ 1, & N \le N_0. \end{cases} \tag{8-76}$$

由式(8-76)可以求得零件在使用寿命即工作循环次数达 N 时的可靠度 $R(N)$ 值。

根据上述公式,可推导出求威布尔分布的平均寿命 μ_N、寿命均方差 σ_N 和可靠寿命 N_R 的计算式为

$$\mu_N = N_0 + (N_T - N_0)\Gamma\left(1 + \frac{1}{b}\right)$$

$$\sigma_N = (N_T - N_0)\left[\Gamma\left(1 + \frac{2}{b}\right) - \Gamma^2\left(1 + \frac{1}{b}\right)\right]^{\frac{1}{2}}$$

$$N_R = N_0 + (N_T - N_0)\left[\ln\frac{1}{R}\right]^{\frac{1}{b}}$$

应用式(8-75)、式(8-76)进行计算时，必须首先求出威布尔分布3个分布参数 N_0、N_T 和 b 的估计值。在工程上一般应用威布尔概率法，用图解法来估计，并可达到一定精度，满足工程计算的要求；也可以用分析法来估计，该法虽能达到较高的精确性，但其计算较复杂。

8.2.4.3 不稳定应力作用下零件的疲劳寿命

分析不稳定应力作用下零件的疲劳寿命有多种方法，这里介绍常用的迈纳(Miner)法。

当零件承受不稳定变应力时，在设计中常采用迈纳的疲劳损伤累积理论来估计零件的疲劳寿命。图8-18为损伤累积理论示意图。这是一种线性损伤累积理论，其要点是：每一荷载量都损耗试件一定的有效寿命分量；疲劳损伤与试件吸收的功成正比；这个功与应力的作用循环次数和在该应力值下达到破坏的循环次数之比成比例；试件达到破坏时的总损伤量（总功）是一个常数；低于疲劳极限 S_e 以下的应力，认为不再造成损伤；损伤与荷载的作用次序无关；各

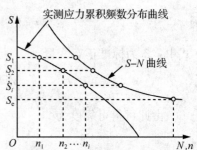

图8-18 损伤累积理论示意图

循环应力产生的所有损伤分量之和等于1时，试件就发生破坏。因此，归纳起来可得出基本关系式

$$d_1 + d_2 + \cdots + d_k = \sum_{i=1}^{k} d_i = D$$

$$\frac{d_i}{D} = \frac{n_i}{N_i} \text{ 或 } d_i = \frac{n_i}{N_i}D$$

$$\frac{n_1}{N_1}D + \frac{n_2}{N_2}D + \cdots + \frac{n_k}{N_k}D = D$$

所以

$$\sum_{i=1}^{k} \frac{n_i}{N_i} = 1 \tag{8-77}$$

式中：D 为总损伤量；d_i 为损伤分量或损耗的疲劳寿命分量；n_i 为在应力级 S_i 作用下的工作循环次数；N_i 为对应于应力级 S_i 的破坏循环次数。

式(8-77)称为迈纳定理[17]，由于上述的迈纳理论没有考虑应力级间的相互影响和低于疲劳极限 S_e 以下应力的损伤分量，因而有一定的局限性。但由于公式简单，已广泛应用于有限寿命设计中。

令 N_L 为所要估计的零件在不稳定变应力作用下的疲劳寿命，a_i 为第 i 个应力级 S_i 作用下的工作循环次数 n_i 与各级应力总循环次数之比，则

$$a_i = \frac{n_i}{\sum_{i=1}^{k} n_i} = \frac{n_i}{N_L}$$

即 $n_i = a_i N_L$，代入式(8-77)得

$$N_L = \sum_{i=1}^{k} \frac{a_i}{N_i} = 1 \tag{8-78}$$

又设 N_1 代表最大应力级 S_1 作用下的破坏循环次数，则根据材料疲劳曲线 $S-N$ 函数关系有

$$\frac{N_1}{N_i} = \left(\frac{S_i}{S_1}\right)^m \tag{8-79}$$

代入式(8-78)，得估计疲劳寿命的计算式为

$$N_L = \frac{1}{\sum_{i=1}^{k} \frac{a_i}{N_i}} = \frac{N_1}{\sum_{i=1}^{k} a_i \frac{S_i^m}{S_1}} \tag{8-80}$$

通过式(8-80)，便可求出在一定应力作用下零件的疲劳寿命。

假设某零件承受如图8-19所示的3级等幅变应力（S_a 为应力幅，S_m 为平均应力）的作用。其相应的工作循环次数为 n_1，n_2，n_3。若疲劳寿命的分布形式为对数正态分布，以 $\mu_{N_1'}$，$\mu_{N_2'}$，$\mu_{N_3'}$ 表示 3 种应力水平时的对数寿命均值（S_{a1}，S_{m1}），（S_{a2}，S_{m2}），（S_{a3}，S_{m3}），以 $\sigma_{N_1'}$，$\sigma_{N_2'}$，$\sigma_{N_3'}$ 表示其对应的对数寿命标准差，就可逐级通过标准正态变量 Z_1，Z_2，Z_3 的换算，得出 $n = n_1 + n_2 + n_3$ 工作循环时的零件可靠度。其具体分析及计算步骤如下。

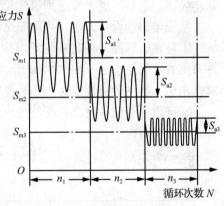

图 8-19 多级等幅应变力谱

①计算 Z_1：

$$Z_1 = \frac{\ln n_1 - \mu_{N_1'}}{\sigma_{N_1'}}$$

②计算第 1 级折合到第 2 级的当量工作循环次数 n_{1e}：

$$n_{1e} = \ln^{-1}(Z_1 \sigma_{N_2'} + \mu_{N_2'})$$

③计算 Z_2：

$$Z_2 = \frac{\ln(n_{1e} + n_2) - \mu_{N_2'}}{\sigma_{N_2'}}$$

④计算第 1，2 级折合到第 3 级的当量工作循环次数 $n_{1,2e}$：

$$n_{1,2e} = \ln^{-1}(Z_2 \sigma_{N_3'} + \mu_{N_3'})$$

⑤计算 Z_3：

$$Z_3 = \frac{\ln(n_{1,2e} + n_3) - \mu_{N_3'}}{\sigma_{N_3'}}$$

⑥ 计算可靠度 R:

$$R = \int_{Z_3}^{\infty} f(Z) \mathrm{d}Z = 1 - \int_{\infty}^{Z_3} f(Z) \mathrm{d}Z = 1 - \varphi(Z_3)$$

按所求得的 Z_3 值，经查正态分布函数表可得 $\varphi(Z_3)$ 值，进而可求得零件的可靠度 R 值。

上述方法，还可推广到应用于求任意多级等幅变应力或不稳定变应力作用时零件的可靠度。

8.3 林业机械系统可靠性设计

8.3.1 机械系统可靠性设计

系统是由若干相互独立的单元(子系统、部件、零件)有机地组合起来，可以完成规定功能的综合体。系统的可靠性不仅取决于组成系统的各单元的可靠性，同时也取决于组成单元的相互组合方式。在设计过程中，不仅要把系统设计得满足功能要求，还应使其能有效地执行功能。因而就必须对系统进行可靠性设计。

机械系统可靠性设计的目的，就是要系统满足规定的可靠性指标，同时使系统的技术性能、重量、成本等达到最优化的结果。

系统可靠性设计方法，可以归结为可靠性预测与可靠性分配两种类型。

① **可靠性预测** 按照系统的组成形式，根据已知的单元和子系统的可靠性数据计算系统的可靠性指标。如图 8-20 所示，可以按单元→子系统→系统自下而上地落实可靠性指标，是一种合成方法。

② **可靠性分配** 将已知系统的可靠性指标(允许失效概率)合理地分配到其组成的各子系统和单元上去，从而求出各单元应具有的可靠度。它比可靠性预测复杂，是按照系统→子系统→单元，自上而下地落实可靠性指标，是一种分解方法，如图 8-20 所示。

有时上述两种方法需联用。首先根据各单元的可靠度，计算或预测系统的可靠度，判断是否满足规定的系统可靠性指标；若不满足时，则还要将系统规定的可靠度指标重新分配到组成系统的各单元。

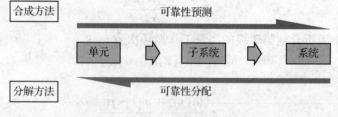

图 8-20 系统可靠性设计方法

8.3.1.1 机械系统可靠性预测

可靠性预测是在设计阶段进行的定量地估计未来产品的可靠性的方法。运用以往的工程经验、故障数据、当前的技术水平，尤其是以零件的失效率作为依据预测产品实际可能达到的可靠度。机械产品中的单元(零部件)通常是经过磨合阶段后才正常工作的,因此其失效率基本保持一定,处于偶然失效期[20]。

其可靠度函数服从指数分布,即

$$R(t) = e^{-\lambda t} = \exp(-K_F \lambda_G t) \tag{8-81}$$

式中:λ_G为单元的基本失效率,是在一定的环境条件(包括一定的实验条件、使用条件)下得出的,设计时可从手册、资料中查得;K_F为修正系数,根据不同的使用环境选取。

在可靠性工程中,常用系统图表示系统中各单元的结构装配关系,通常用系统可靠性功能逻辑框图来表达系统单元间的功能关系,指出系统为完成规定的功能,那些单元必须正常工作,那些仅作为替补件。逻辑图包含一系列方框,每个方框代表系统的一个单元,方框之间用直线联结起来表示单元功能与系统功能间的关系,所以也称可靠性方框图。逻辑图仅表达系统与单元间的功能关系,而不能表达它们之间的装配关系或物理关系。

(1) 串联系统

① **串联系统模型** 在组成系统的单元中,只要有一个单元失效就会导致系统失效,这种系统称为串联系统。其逻辑图如图8-21所示。

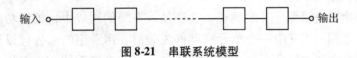

图8-21 串联系统模型

② **串联系统的可靠度** 设各单元的失效为独立事件,可靠度分别为$R_1(t)$,$R_2(t)$,…,$R_n(t)$,根据概率乘法定理,系统的可靠度为

$$R_s(t) = R_1(t)R_2(t)\cdots R_n(t) = \prod_{i=1}^{n} R_i(t) \tag{8-82}$$

由式(8-82)可知,单元的可靠度$R_i(t) \leq 1$,因此,串联系统的单元数目越多,系统可靠度就越低,且小于系统中任一单元的可靠度。可见,在满足规定功能的前提下,减少系统的零部件有助于提高串联系统可靠度。

(2) 并联系统

① **并联系统模型** 为了减少系统功能失效的概率,即提高系统的可靠度,往往采用储备法,即使用两个以上相同功能的单元来完成同一任务,当其中一个单元失效后,其余的单元仍然能完成这一功能,即系统不失效;只要还有一个单元在工作,系统功能仍可完成,一直到所有单元都失效时才会导致系统失效的系统,称为并联系统。其逻辑图如图8-22所示。

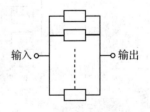

图8-22 并联系统模型

② **并联系统的可靠度** 设各单元的失效为独立事件,失效概率分别为$F_1(t)$,$F_2(t)$,…,$F_n(t)$,根据概率乘法定理,系统的可靠度为

$$R_s(t) = 1 - F_s(t) = 1 - \prod_{i=1}^{n} F_i(t) = 1 - \prod_{i=1}^{n}[1 - R_i(t)] \tag{8-83}$$

由式(8-83)可知,并联系统的单元数目越多,系统可靠度就越高,但系统的体积、

质量和成本也增加。

(3) 混联系统

①混联系统模型　混联系统是由一些串联的子系统和一些并联的子系统组合而成的。其中，串—并联系统(先串联后并联的系统)的逻辑图如图8-23(a)所示，并—串联系统(先并联后串联的系统)的逻辑图如图8-23(b)所示。

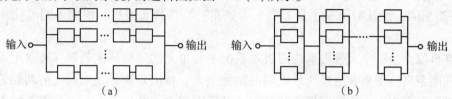

图 8-23　混联系统模型
(a)先串联后并联　(b)先并联后串联

②混联系统的可靠度　混联系统的可靠度计算可直接参照串联和并联系统的公式进行，也可以采用"等效单元"的办法进行计算，即首先把其中的串联和并联系统分别进行计算，得出"等效单元"的可靠度，然后再就等效单元组成的系统进行综合计算，从而给出系统的可靠度。

(4) 备用冗余系统

①备用冗余系统模型　一般地说，在产品或系统的构成中，把同功能单元或部件重复配置以作备用。当其中一个单元或部件失效时，用备用的来替代以继续维持其功能，这种系统称为备用冗余系统或称等待系统，又称旁联系统，也有称为并联非工作储备系统。这种系统的一个明显特点是有一些并联单元，但它们在同一时刻并不全都投入运行的。其逻辑图如图8-24所示，其中图8-24(a)是备用冗余系统，图8-24(b)是并—串联等待系统。当系统中某个正在工作的单元失效时，检测装置向转换装置发出信号，备用的等待工作单元即进入工作，系统仍继续工作。

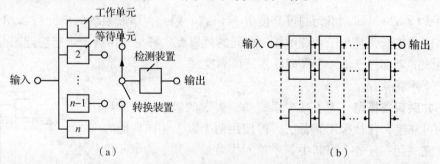

图 8-24　备用冗余系统模型
(a)一般备用冗余系统　(b)并—串联等待系统

在并—串联等待系统中，并联的那些单元在同一时刻并不全都投入运行。此外，备用冗余系统是待机工作的，而并—串联系统像并联系统一样都是同机工作的，可以把它们称为工作的冗余系统(工作储备系统)。

②**备用冗余系统的可靠度**　假定储备单元在储备期时间 t 内不发生故障，且转换开关是完全可靠的。当各单元的可靠度函数是指数分布，并且 $\lambda_1(t) = \lambda_2(t) = \cdots = \lambda_n(t)$

= λ 时，则系统的可靠度为

$$R_s(t) = e^{-\lambda t}\left[1 + \lambda t + \frac{(\lambda t)^2}{2!} + \frac{(\lambda t)^3}{3!} + \cdots + \frac{(\lambda t)^{n-1}}{(n-1)!}\right]\prod_{i=1}^{n}R_i(t) = \sum_{K=0}^{n-1}\frac{(\lambda t)^K}{K!}e^{-\lambda t} \quad (8-84)$$

(5) 表决系统

①**表决系统的表示**　如果组成系统的 K 个单元中，只要有 K' 个单元不失效，系统就不会失效，这样的系统称为 K 中取 K' 系统，简写 K'/K 系统。K 中取 K' 系统可分为两类：一类称为 K 中取 K' 好系统，此时要求组成系统的 K 个单元中有 K' 个以上是完好，系统才能正常工作，记为 $K'/K[G]$；另一类称为 K 中取 K' 坏系统，是指组成系统的 K 个单元中有 K' 个以上失效，系统就不能正常工作，记为 $K'/K[F]$。显然，串联系统是 $K/K[G]$ 系统，并联系统是 $1/K[G]$ 系统。

②**表决系统的可靠度**　在机械系统中通常只用最简单的 3 中取 2 表决系统，记作 2/3 系统。它是 3 个单元并联，要求系统中不能多于 1 个单元失效。此系统有 4 种成功的工作情况：全部单元没有失效；只有第 1 个单元失效；只有第 2 个单元失效；只有第 3 个单元失效。按概率乘法和加法定理，可求得系统的可靠度为

$$R_s = R_1R_2R_3 + (1-R_1)R_2R_3 + R_1(1-R_2)R_3 + R_1R_2(1-R_3) \quad (8-85)$$

当各单元相同，即 $R_1 = R_2 = R_3 = R$ 时，则有

$$R_s = R^3 + 3(1-R)R^2 = 3R^2 - 2R^3$$

(6) 复杂系统

①**复杂系统模型**　非串—并联系统和桥式网络系统都属于复杂系统，其逻辑图如图 8-25 所示。其中图 8-25(a) 是桥式网络系统，图 8-25(b) 是两个非串—并联系统。

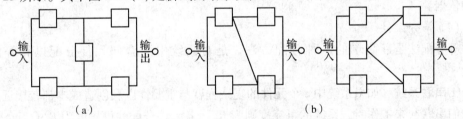

图 8-25　复杂系统模型
(a) 桥式网络系统　(b) 非串—并联系统

②**复杂系统的可靠度**　当系统可以分解为串联、并联和混联系统时，复杂系统的可靠度计算就可以按照前面所述的方法进行。但对更复杂系统，如桥式网络系统和非串、并联系统，可采用分解法、布尔真值表法或卡诺图法进行计算。

严格地说，上述 6 种系统中，除串联系统外，都可以成为冗余系统或储备系统。因为并联、混联、等待系统等，实际上也都是部分单元在工作，而另一些单元是作为备用的。

【例 8-5】 有一由表决系统与串、并联系统构成的组合系统，如图 8-26(a) 所示，由元件 1，2，3 组成的是 2/3 表决系统，若已知各元件的可靠度为 $R_1 = 0.93$，$R_2 = 0.94$，$R_3 = 0.95$，$R_4 = 0.97$，$R_5 = 0.98$，$R_6 = R_7 = 0.85$，求组合系统的可靠度。

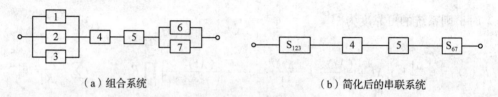

图 8-26 组合系统模型
(a)组合系统 (b)简化后的串联系统

解 ①求 2/3 表决系统的可靠度：
$$R_{s123}(t) = R_1(t)R_2(t) + R_1(t)R_3(t) + R_2(t)R_3(t) - 2R_1(t)R_2(t)R_3(t)$$
$$= 0.93 \times 0.94 + 0.93 \times 0.95 + 0.94 \times 0.95 - 2 \times 0.93 \times 0.94 \times 0.95$$
$$= 0.98972$$

②并联系统子系统的可靠度为
$$R_{s67}(t) = 1 - \prod_{i=6}^{7}(1 - R_i(t)) = 1 - (1 - 0.85)^2 = 0.9775$$

③简化后为串联系统，见图 8-26(b)，其可靠度为
$$R_s(t) = R_{s123}(t)R_4(t)R_5(t)R_{s67}(t)$$
$$= 0.98972 \times 0.97 \times 0.98 \times 0.9775$$
$$= 0.91966$$

8.3.1.2 机械系统可靠性分配

可靠性分配是把设计任务书上规定的系统可靠度指标合理地分配给组成系统的各个元件[21,22]。分配的主要目的是确定每个元件合理的可靠度指标，作为元件设计和选择的依据。

(1) 等分配法

等分配法是最简单的一种分配方法，是对系统中的全部元件分配以相等的可靠度[12]。

①**串联系统** 如果系统中 z 个元件的复杂程度与重要性以及创造成本都较接近，当把它们串联起来工作时，系统的可靠度则为 R_{sa}，各元件分配的可靠度为 R_{ia}：

$$R_{sa}(t) = \prod_{i=1}^{z} R_i(t) = R_{ia}(t)^z \tag{8-86}$$

可得串联系统各元件的可靠度为

$$R_{ia}(t) = (R_{sa}(t))^{\frac{1}{z}} \tag{8-87}$$

②**并联系统** 当系统可靠度要求很高(如 $R_{sa} > 0.99$)，而选用现有的元件又不能满足要求时，往往选用 z 个相同元件并联的系统，这时元件可靠度可能大大低于系统可靠度：

$$R_{sa}(t) = 1 - \prod_{i=1}^{z}(1 - R_i(t)) = 1 - (1 - R_{ia}(t))^z \tag{8-88}$$

并联系统各元件的可靠度为

$$R_{ia}(t) = 1 - (1 - R_{ia}(t))^{\frac{1}{z}} \tag{8-89}$$

【例 8-6】 当系统可靠度要求为 $R_{sa}=0.729$ 时，选用 3 个复杂程度相似的元件串联工作，则每个元件应该分配到的可靠度是多少？若现系统要求可靠度为 $R_{sa}=0.999$，今用 3 个相同的元件并联工作，则元件可靠度又是多少？

解 ①串联时

$$R_{1a} = R_{2a} = R_{3a} = (0.729)^{\frac{1}{3}} = 0.9$$

②并联时

$$R_{1a} = R_{2a} = R_{3a} = 1 - (1-0.999)^{\frac{1}{3}} = 0.9$$

（2）按相对失效率分配

相对失效率法是使每个元件的容许失效率正比于预计的失效率。这种方法适用于失效率为常数的串联系统，任一元件失效都会引起系统失效。同时，假定元件的工作时间等于系统的工作时间，这时元件与系统的失效率之间的关系为

$$\sum_{i=1}^{z} \lambda_{ia} = \lambda_{sa} = R_{3a} \tag{8-90}$$

元件分配时的权系数为

$$w_i = \frac{\lambda_i}{\lambda_{ap}} = \frac{\lambda_i}{\sum_{i=1}^{z}\lambda_i} \quad (i=1,2,\cdots,z) \tag{8-91}$$

具有

$$\sum_{i=1}^{z} w_i = 1$$

元件分配的失效率为

$$\lambda_{ia} = w_i \lambda_{sa} \quad (i=1,2,\cdots,z) \tag{8-92}$$

【例 8-7】 一个由 3 个元件组成的串联系统，其各自的预计失效率为 $\lambda_1=0.006/h$，$\lambda_2=0.003/h$，$\lambda_3=0.001/h$，要求工作 20h 时系统可靠度为 $R_{sa}=0.90$，试给各元件分配适当的可靠度（失效率为常数，服从指数分布）。

解 ①计算出相对失效率：

$$w_1 = \frac{\lambda_1}{\lambda_1+\lambda_2+\lambda_3} = \frac{0.006}{0.006+0.003+0.001} = 0.6$$

$$w_2 = \frac{\lambda_2}{\lambda_1+\lambda_2+\lambda_3} = \frac{0.003}{0.006+0.003+0.001} = 0.3$$

$$w_3 = \frac{\lambda_3}{\lambda_1+\lambda_2+\lambda_3} = \frac{0.001}{0.006+0.003+0.001} = 0.1$$

②计算出系统失效率：

$$R_{sa}(20) = \exp(-\lambda_{sa} \times 20) = 0.90$$

$$\lambda_{sa} = 0.005268/h$$

③计算出元件失效率：

$$\lambda_{1a} = w_1 \lambda_{sa} = 0.6 \times 0.005268/h = 0.0031608/h$$

$$\lambda_{2a} = w_2 \lambda_{sa} = 0.3 \times 0.005268/h = 0.0015804/h$$

$$\lambda_{3a} = w_3 \lambda_{sa} = 0.1 \times 0.005268/h = 0.0005268/h$$

④计算出元件可靠度：
$$R_{1a}(20) = \exp(-0.0031608 \times 20) = 0.9387406$$
$$R_{2a}(20) = \exp(-0.0015804 \times 20) = 0.9688863$$
$$R_{3a}(20) = \exp(-0.0005268 \times 20) = 0.9895193$$

⑤验算系统可靠度：
$$R_{sa}(20) = R_{1a}(20)R_{2a}(20)R_{3a}(20) = 0.90000036 > 0.90$$

得出可靠度的分配合适。

(3) 按子系统的复杂度来分配可靠度

设系统的可靠度指标为 R_{sa}，各子系统应分配到的可靠度为 R_{ia}。对于串联系统有

$$R_{sa}(t) = \prod_{i=1}^{z} R_{ia}(t) \tag{8-93}$$

$$R_{sp} = \prod_{i=1}^{z}(1 - F_i) = \prod_{i=1}^{z}(1 - v_i F_s) \tag{8-94}$$

子系统分配的累积失效率为
$$F_i \approx v_i F_s$$

相对复杂度为
$$v_i = \frac{C_i}{\sum_{i=1}^{z} C_i} \tag{8-95}$$

式中：C_i 为复杂度。

【例 8-8】 由 4 个部件组成的串联系统，系统可靠度指标为 $R_{sa} = 0.80$，由于部件 1 采用的是现成产品，故取它的复杂度为 $C_1 = 10$，而部件 2，3，4 按类比法确定其复杂度分别为 $C_2 = 25$，$C_3 = 5$，$C_4 = 40$，试按复杂度来分配可靠度。

解 ①计算相对复杂度。

由于 $\sum_{i=1}^{n} C_i = C_1 + C_2 + C_3 + C_4 = 10 + 25 + 5 + 40 = 80$，故相对复杂度为

$$v_1 = \frac{C_1}{\sum_{i=1}^{z} C_i} = \frac{10}{80} = 0.1250$$

$$v_2 = \frac{C_2}{\sum_{i=1}^{z} C_i} = \frac{25}{80} = 0.3125$$

$$v_3 = \frac{C_3}{\sum_{i=1}^{z} C_i} = \frac{5}{80} = 0.0625$$

$$v_4 = \frac{C_4}{\sum_{i=1}^{z} C_i} = \frac{40}{80} = 0.5000$$

②求出系统预计可靠度：
$$F_s = 1 - R_{sa} = 1 - 0.8 = 0.2$$

$$R_{sp} = \prod_{i=1}^{z}(1-F_i) = \prod_{i=1}^{z}(1-v_iF_s)$$
$$= (1-v_1F_s)(1-v_2F_s)(1-v_3F_s)(1-v_4F_s)$$
$$= 0.81237 > 0.80$$

③计算修正系数：

$$\left(\frac{R_{sa}}{R_{sp}}\right)^{\frac{1}{z}} = \left(\frac{0.80}{0.81237}\right)^{\frac{1}{4}} = 0.99617$$

④计算各部件分配的可靠度：

$$R_{1a} = (1-0.125\times0.2)\times0.99617 = 0.97127$$
$$R_{2a} = (1-0.3125\times0.2)\times0.99617 = 0.93391$$
$$R_{3a} = (1-0.0625\times0.2)\times0.99617 = 0.98372$$
$$R_{4a} = (1-0.5\times0.2)\times0.99617 = 0.89655$$

⑤验算系统的可靠度：

$$R_{sa} = R_{1a}R_{2a}R_{3a}R_{4a}$$
$$= 0.97127\times0.93391\times0.98372\times0.89655$$
$$= 0.800002 > 0.80$$

8.3.2 故障树分析法

8.3.2.1 概述

故障树分析法(failure tree analysis，FTA)是通过对可能造成产品故障的硬件、软件、环境、人为因素进行分析，由总体至部分按倒立树状逐级细化分析，画出逻辑框图(故障树)，从而确定产品故障的原因及其各种组合方式或发生概率的一种分析方法。它是把所研究系统的最不希望发生的故障状态作为故障分析的目标，然后寻找直接导致这一故障发生的全部因素，再找出造成下一级事件发生的全部直接因素，一直追查到那些原始的、其故障机理或概率分布是已知的，因而无须再深究的因素为止。其目的在于分析故障原因与损害方式，以便确定其可靠性框图和模型，以及其源与流的逻辑关系，当获取故障率数据后，可进行产品发生故障的概率的计算。

系统最不希望发生的事件称为顶事件，或是指定进行逻辑分析的故障事件；无需再深入研究的事件(仅作为导致其他事件发生的原因，亦即顶事件发生的根本原因)称为底事件；介于顶事件与底事件之间的一切事件(中间结果)为中间事件。

用相应的符号代表这些事件，再用适当的逻辑门把顶事件、中间事件和底事件联结成倒立树形图。这样的树形图称为故障树，用以表示系统的特定顶事件与它的子系统或各个元件故障事件之间的逻辑结构关系，表8-1为故障树常用的事件符号及其名称与含义、表8-2为故障树常用的逻辑门符号及其名称与含义、表8-3为故障树常用的转移符号及其名称与含义。故障树分析法(FTA)可以定义为以故障树为工具，分析系统发生故障的各种途径，计算各个可靠性特征量，对系统的安全性或可靠性进行评价的方法。

表 8-1　故障树常用的事件符号及其名称与含义

事件符号	名称与含义
矩形	结果事件：又分为顶事件和中间事件，是由其他事件或事件组合导致的事件。在框内注明故障定义，其下与逻辑门连接，再分解为中间事件或底事件
圆形	底事件：是基本故障事件（不能再行分解）或无须再探明的事件，但一般它的故障分布是已知的，是导致其他事件发生的原因事件，位于故障树的底端，是逻辑门的输入事件而不能作为输出
菱形	省略事件：又称为未展开事件或未探明事件。发生的概率较小，因此对此系统来说不需要进一步分析的事件；或暂时不必或暂时不可能探明其原因的底事件
房形	条件事件：是可能出现也可能不出现的故障事件，当给定条件满足时这一事件就成立，否则不成立则删去

表 8-2　故障树常用的逻辑门符号及其名称与含义

逻辑门符号	名称与含义
与门 A, B_1, B_2	与门：仅当输入事件 B_1，B_2 同时全部发生时，输出事件 A 才发生，相应的逻辑关系表达式为 $A = B_1 \cap B_2$
或门 A, B_1, B_2	或门：当输入事件 B_1，B_2 中至少有一个发生，输出事件 A 就发生，相应的逻辑关系表达式为 $A = B_1 \cup B_2$
禁门 A, B, C	禁门：仅当条件事件发生时，输入事件的发生才能导致输出事件发生；若禁止条件不成立，即使有输入事件发生，也不会有输出事件发生
表决门 $A, K_n, B_1 \cdots B_n$	表决门：n 个输入事件 B_1，B_2，$\cdots$，B_n 中任意 k 个发生，则 A 发生

表 8-3　故障树常用的转移符号及其名称与含义

转移符号	名称与含义
转入	事件的转移：将故障树的某一完整部分（子树）转移到另一处复用，以减少重复并简化故障树
转出	用转入符号（或称转此符号）、转出符号（或称转向符号）加上相应的标号，分别表示从某处转入和转到某处

FTA 分析方法能把系统故障各种可能因素联系起来，有利于提高系统的可靠性，找出系统的薄弱环节和系统的故障谱；对于大型的复杂系统，通过 FTA 可预警几个非致命的故障事件的组合导致的意外致命事件发生；通过故障树可以定量地求出复杂系统的故障概率和其他可靠性的特征量，为改进和评估系统的可靠性提供定量的数据；

对于不曾参与系统设计的管理和使用及维修人员来说，故障树为他们提供了一个形象的管理、使用和维护的"指南"或查找故障的线索表。但是故障树分析首先需要建树，建树过程复杂，需要有丰富经验的工程技术人员、操作维修人员参加，而且不同的人员所建的故障树不会完全相同；系统越复杂，建故障树越困难，耗时越长；用 FTA 法对机械产品进行设计分析时，往往缺少故障率数据和置信度差。

故障树分析的主要步骤如下：①选择和确定顶事件；②自上而下地建造失效树；③失效树的定性分析；④失效树的定量分析。其中，定性分析的目的是寻求导致与系统有关的不希望事件发生的原因和原因的组合，即寻找导致顶事件发生的所有故障模式。定量分析是根据底事件发生的概率定量地回答顶事件或任一中间事件发生的概率及其他定量指标。

图 8-27 所示供水系统，E 为水箱，F 为阀门，L_1 和 L_2 为水泵，S_1 和 S_2 为支路阀门。此系统的规定功能是向 B 侧供水，"B 侧无水"是一个不希望发生的事件，即系统的故障状态，该供水系统的故障树如图 8-28 所示。

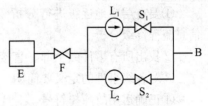

图 8-27 供水系统

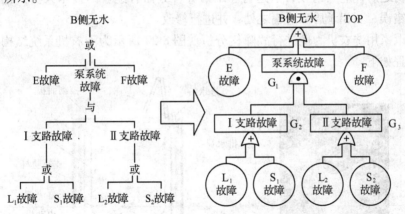

图 8-28 供水系统的故障树

8.3.2.2 故障树的构建

故障树的构造方法有：①演绎法；②合成法；③决策表法。第一种是靠人工来建树，后两种是用计算机辅助建树。

其中演绎法建树的主要步骤为：

①**熟悉系统** 在建树之前，应该对所分析的系统进行深入的了解。为此，需要广泛收集有关系统的设计、运行、流程图、设备技术规范等技术文件和资料，并进行仔细地分析研究。

②**选择和确定顶事件** 通常把最不希望发生的系统故障状态作为顶事件。它可以是借鉴其他类似系统发生过的重大故障事件，也可以是指定的事件。任何需要分析的系统故障事件都可作为顶事件。但顶事件必须有明确的含义，而且一定是可以分解的。

③**定义故障树的边界条件** 即要对系统的某些组成部分(部件、子系统)的状态、环境条件等作出合理的假设。如当分析硬件系统时，可将"软件可靠"和"人员操作可

靠"作为边界条件;分析线路时,"导线可靠"是常用的边界条件。边界条件应根据分析的需要确定。

④构造发展故障树　在顶事件和边界条件确定之后,就可以从顶事件出发展开故障树,找出导致顶事件的所有可能的直接原因,作为下一级中间事件,把它们用相应的事件符号表示出来,并用适合于它们之间逻辑关系的逻辑门符号与顶事件相连接,然后逐级向下发展,直至所有的输入事件不能分解为止(即到底事件为止),形成一棵倒置的故障树。

建树过程如下:

①要有层次地逐级进行分析。可以按系统的结构层次,也可按系统的功能流程或信息流程逐级分析。

②找出所有事件的全部、直接起因。

③对各级事件的定义要简明、确切。

④正确运用故障树符号。

⑤有中间事件都被分解为底事件时,故障树建成。

在建树之后,应当请设计、运行、维修等各方面有经验的技术人员讨论,找出故障树中的错误、互相矛盾和遗漏之处,并进行修改。

这里以家用洗衣机为例进行故障树分析。图 8-29 所示为洗衣机系统结构,其故障树构造过程如下:

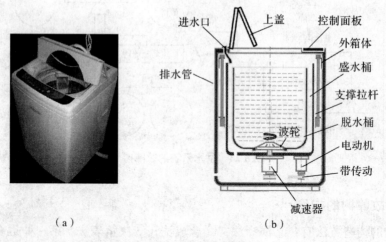

图 8-29　洗衣机系统结构

①系统情况　主要分析洗衣机主系统,主系统由电动机、传动系统和波轮等组成。

②确定顶条件　主系统不希望发生的故障有波轮不转、波轮转速过低、振动过大等,其中最严重的故障事件是波轮不转。

③确定边界条件　假设管路及其连接、导线和接头及电源均可靠。

④构造故障树　按照功能流程对顶事件逐级向下分解其故障模式及其逻辑关系,得到故障树,图 8-30 所示即为建立的洗衣机故障树。

8.3.2.3　故障树定性分析

故障树定性分析之前,首先需要了解系统逻辑图与故障树的关系。系统逻辑图的

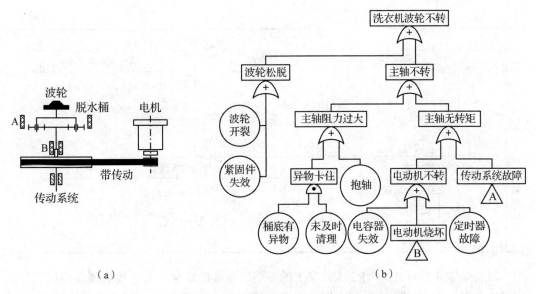

图 8-30 洗衣机的故障树

终端事件是系统的成功状态,各个基本事件是成功事件,所以在实质上,系统逻辑图(可靠性方框图)是一种"成功树"[28]。

系统逻辑图也是一种用或门和与门来反映事件之间逻辑关系的方法。对于串联系统,均为或门的逻辑关系;对于并联系统,则均为与门的逻辑关系。

表 8-4 描述了逻辑图中系统的不可靠度与故障树的系统失效概率关系。可以证明,逻辑图中系统的不可靠度与故障树的系统失效概率是完全一致的。

故障树定性分析的主要目的是为了找出导致顶事件发生的所有可能的失效模式——失效谱,或找出使系统成功的成功谱。换句话说,就是找出故障树的全部最小割集或全部最小路集。

表 8-4 逻辑图中系统的不可靠度与故障树的系统失效概率关系

	串联系统		
		系统的可靠度	系统的不可靠度
系统逻辑框图	A—B	$R = P(A \cap B) = P(A)P(B)$ $= R_A R_B$ ——"与门"	$F = P(\bar{A} \cup \bar{B})$ $= P(\bar{A}) + P(\bar{B}) - P(\bar{A})P(\bar{B})$ $= F_A + F_B - F_A F_B$ ——"或门"
		系统的失效概率	
故障树	F / $\bar{A}$ $\bar{B}$	$F = P(\bar{A} \cup \bar{B})$ $= P(\bar{A}) + P(\bar{B}) - P(\bar{A})P(\bar{B})$ $= F_A + F_B - F_A F_B$ ——"或门"	

(续)

并联系统			
系统逻辑框图	[图: A、B 并联]	系统的可靠度 $R = P(A \cup B)$ $= P(A) + P(B) - P(A)P(B)$ $= R_A + R_B - R_A R_B$ ——"或门"	系统的不可靠度 $F = P(\bar{A} \cap \bar{B}) = P(\bar{A})P(\bar{B})$ $= F_A F_B$ ——"与门"
故障树	[图: 顶事件F,下接$\bar{A}$、$\bar{B}$]	系统的失效概率 $F = P(\bar{A} \cap \bar{B}) = P(\bar{A})P(\bar{B})$ $= F_A F_B$ ——"与门"	

割集是能使顶事件(系统故障)发生的一些底事件的集合,当这些底事件同时发生,顶事件必然发生。如果割集中的任一底事件不发生时,顶事件也不发生,这就是最小割集。一个最小割集代表了系统的一种失效模式。系统的全体最小割集构成了系统的故障谱。因此,欲保证系统安全、可靠,就必须防止所有最小割集发生。反之,如果系统发生了不希望的故障事件,则必定至少有一个最小割集发生。

路集也是一些底事件的集合,当这些底事件同时不发生时,顶事件必然不发生(即系统成功),如果将路集中所有的底事件任意去掉一个就不再成为路集,这就是最小路集。一个最小路集代表了系统一种成功的模式。系统的全体最小路集构成系统的成功谱。

(1)上行法求最小割集

上行法为自下而上求顶事件与底事件的逻辑关系[23]。具体步骤如下:

①从故障树的最下一级开始,逐级写出各事件与其相邻下级事件的逻辑关系表达式。

②从最下一级开始,逐级将下一级的逻辑表达式代入其上一级事件的逻辑表达式。在每一级代入之后都要运用逻辑运算法则,将表达式整理、简化为底事件表达的逻辑积、和形式,称为积和表达式,当代换进行到顶事件时,则得到顶事件的积和表达式。

③利用逻辑运算法则的幂等律去掉各求和项中的重复事件,则表达式的每一求和项都是故障树的一个割集,但不一定是最小割集。

④再运用逻辑运算法则的吸收律去掉多余的项,则表达式的每一求和项即是故障树的一个最小割集。

(2)事件逻辑运算的基本法则

设 A,B,C 为不同的事件或事件集合,事件逻辑运算基本法则如下:

①幂等律 $AA = A$,$A + A = A$

②交换律 $AB = BA$,$A + B = B + A$

③结合律 $(A + B) + C = A + (B + C)$,$(AB)C = A(BC)$

④分配律 $A(B + C) = AB + AC$,$A + (BC) = (A + B)(A + C)$

⑤吸收律 $A + AB = A$,$A(A + B) = A$

【例 8-9】 求图 8-31 所示故障树的全部最小割集。

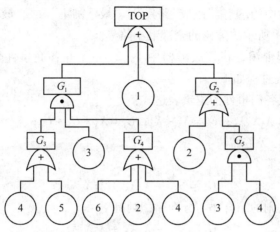

图 8-31 故障树分析

解 为了不引起混淆,将该故障树中 1, 2, …, 6 各底事件分别用 X_1, X_2, …, X_6 表示。求最小割集过程如下:

①由下而上写出各门事件的逻辑表达式

$$G_3 = X_4 + X_5; \quad G_4 = X_2 + X_4 + X_6;$$
$$G_5 = X_3 X_4; \quad G_1 = X_3 G_3 G_4;$$
$$G_2 = X_2 + G_5; \quad \text{TOP} = X_1 + G_1 + G_2$$

②逐级代换并化简

$$G_1 = X_3(X_4 + X_5)(X_2 + X_4 + X_6)$$

运用逻辑运算法则的结合律与分配律,则有

$$G_1 = [X_3(X_4 + X_5)](X_2 + X_4 + X_6)$$
$$= (X_3 X_4 + X_3 X_5)(X_2 + X_4 + X_6)$$
$$= X_2 X_3 X_4 + X_2 X_3 X_5 + X_3 X_4 X_4 + X_3 X_4 X_5 + X_3 X_4 X_6 + X_3 X_5 X_6$$

运用逻辑运算法则的幂等律化简,再运用吸收率可得

$$G_1 = X_2 X_3 X_5 + X_3 X_4 + X_3 X_5 X_6$$
$$G_2 = X_2 + X_3 X_4$$

③顶事件表达式为

$$\text{TOP} = X_1 + (X_2 X_3 X_5 + X_3 X_4 + X_3 X_5 X_6) + (X_2 + X_3 X_4)$$

去掉括号并运用幂等律去掉重复项,可得

$$\text{TOP} = X_1 + X_2 X_3 X_5 + X_3 X_4 + X_3 X_5 X_6 + X_2$$

上式右侧各相加项都是此故障树的割集。

④运用逻辑运算法则的吸收律消去上式右侧第 2 项,则顶事件积和表达式为

$$\text{TOP} = X_1 + X_2 + X_3 X_4 + X_3 X_5 X_6$$

故障树的最小割集,即上式右侧各项:

$$\{X_1\}, \{X_2\}, \{X_3, X_4\}, \{X_3, X_5, X_6\}$$

(3) 上行法求最小路集

步骤与求最小割集上行法相同,但需作如下改变:

第一：将各步骤中的"与门"改成"或门"，"或门"改成"与门"。

第二：将各步骤中的"割集"改成"路集"，"最下割集"改成"最小路集"。

【例 8-10】 求图 8-31 所示故障树的全部最小路集。

解 为了不引起混淆，将该故障树中 1，2，…，6 各底事件分别用 X_1，X_2，…，X_6 表示。求最小路集过程如下：

①由下而上写出各门事件的逻辑表达式：

$G_3 = X_4 X_5$；$G_4 = X_2 X_4 X_6$；$G_5 = X_3 + X_4$；$G_1 = X_3 + G_3 + G_4$；
$G_2 = X_2 G_5$；$\text{TOP} = X_1 G_1 G_2$

②逐级代换并化简

$$G_1 = X_3 + X_4 X_5 + X_2 X_4 X_6$$

运用逻辑运算法则的结合律与分配律，则有

$$G_1 = X_3 + X_4 X_5 + X_2 X_4 X_6$$
$$G_2 = X_2 X_3 + X_2 X_4$$

③顶事件表达式为

$$\begin{aligned}
\text{TOP} &= X_1(X_3 + X_4 X_5 + X_2 X_4 X_6)(X_2 X_3 + X_2 X_4) \\
&= (X_1 X_3 + X_1 X_4 X_5 + X_1 X_2 X_4 X_6)(X_2 X_3 + X_2 X_4) \\
&= (X_1 X_3 X_2 X_3 + X_1 X_4 X_5 X_2 X_3 + X_1 X_2 X_4 X_6 X_2 X_3) + \\
&\quad (X_1 X_3 X_2 X_4 + X_1 X_4 X_5 X_2 X_4 + X_1 X_2 X_4 X_6 X_2 X_4)
\end{aligned}$$

去掉括号并运用幂等律去掉重复项，可得

$$\text{TOP} = X_1 X_2 X_3 + X_1 X_2 X_3 X_4 X_5 + X_1 X_2 X_3 X_4 X_6 + X_1 X_2 X_3 X_4 + X_1 X_2 X_4 X_5 + X_1 X_2 X_4 X_6$$

上式右侧各相加项都是此故障树的割集。

④运用逻辑运算法则的吸收律消去上式右侧第 2 项，则顶事件积和表达式为

$$\text{TOP} = X_1 X_2 X_3 + X_1 X_2 X_4 X_5 + X_1 X_2 X_4 X_6$$

故障树的最小路集，即上式右侧各项：

$$\{X_1, X_2, X_3\}, \{X_1, X_2, X_4, X_5\}, \{X_1, X_2, X_4, X_6\}$$

8.3.2.4 故障树定量分析

故障树定量分析的任务是利用故障树这一逻辑图形作为模型，计算或估计系统顶事件发生的概率，从而对系统的可靠性、安全性及风险作出评价。

计算顶事件发生概率的方法有多种，这里只介绍最简单的一种——结构函数法。

假设故障树由若干互相独立的底事件构成，底事件和顶事件都只有两种状态，即发生或不发生，也就是说元件和系统都只有两种状态，正常或故障，则根据底事件发生的概率，按故障树的逻辑结构逐步向上运算，即可求得顶事件发生的概率。

①与门结构的输出事件发生的概率为

$$P(X) = \bigcap_{i=1}^{n} P(x_i) = \prod_{i=1}^{n} P(x_i) \tag{8-96}$$

式中：x_i 为输入事件；X 为输出事件。

② 或门结构的输出事件发生的概率为

$$P(X) = \bigcup_{i=1}^{n} P(x_i) = 1 - \prod_{i=1}^{n} [1 - P(x_i)] \qquad (8\text{-}97)$$

【例 8-11】 剪草机用内燃机的故障树分析。

解

① **系统说明** 剪草机的发动机是风冷小型内燃机，使用汽油—机油混合燃料，最大功率为 3kW。油箱在气缸上方以重力式给油，无燃料泵。可以用蓄电池供电的电动机起动，也可以用拉索起动。

② **确定顶事件** 以"内燃机不能起动"作为失效树的顶事件。

③ **确定边界条件** 这里排除内燃机机体、管路及其连接和人员操作等故障，即认为它们是可靠的。

④ **形成故障树** 首先分析不能起动的首要直接原因为"燃料不足""活塞不能压缩""火花塞无火花"，以或门将其与顶事件连接，即形成故障树第 1 级。再分别对这 3 个中间事件的发生原因进行跟踪分析，形成故障树第 2 级。如此逐一分析，最后形成如图 8-32 所示的故障树。

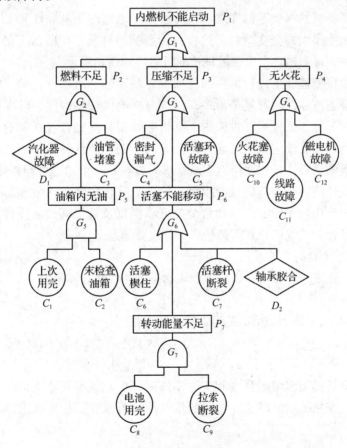

图 8-32 剪草机用内燃机的故障树分析

⑤ **定量分析** 由底事件发生的概率计算顶事件发生的概率。各底事件发生概率为

$$C_1 = 0.08, C_2 = 0.02, C_3 = 0.01, D_1 = 0.02$$

$$C_4 = C_5 = C_6 = C_7 = 0.001, D_2 = 0.001$$
$$C_8 = 0.04, C_9 = 0.03, C_{10} = 0.02, C_{11} = C_{12} = 0.01$$

计算中间事件发生的概率：

由式(8-96)得
$$P_5 = C_1 C_2 = 0.0016, \quad P_7 = C_8 C_9 = 0.0012$$

由式(8-97)得
$$P_2 = 1 - \prod_{i=1}^{n}[1 - P(x_i)] = 1 - (1 - P_5)(1 - D_1)(1 - C_3) = 0.031352$$
$$P_6 = 1 - (1 - C_6)(1 - P_7)(1 - C_7)(1 - D_2) = 0.0041934$$
$$P_3 = 1 - (1 - C_4)(1 - P_6)(1 - C_5) = 0.0061840$$

所以顶事件发生的概率为
$$P_1 = 1 - (1 - P_2)(1 - P_3)(1 - P_4) = 0.075369$$

此即为内燃机不能起动的概率，所以其可靠度为 $R_s = 1 - P_1 = 0.924631$。

8.3.3 林业机械结构的时变可靠性设计

地轮轴是播种机的重要零部件之一，由于林间地面的不平顺性和工作环境的恶劣性导致地轮轴承受很大的交变荷载，这将直接影响播种质量。所以，在对地轮轴进行设计时应融入可靠性思想，以确保播种机的可靠性和播种质量。

在静态力学模型基础上进行的可靠性研究，属于静态可靠性范畴。但由于时变可靠性问题远比静态可靠性问题复杂得多，以致对林业机械零部件的时变可靠性问题研究非常有限。对于林业机械零部件来说，其可靠性指标受到自身材料的性能、所处的环境、使用时间、荷载效应以及其他各种因素的影响，而且一般都随使用时间的增加而出现逐渐减弱的趋势，可靠性指标逐渐减弱的过程是一个动态过程，即时变过程[8]。因此，建立零部件的时变可靠性数学模型，使其更符合实际工程中零部件的真实使用情况，这对正确分析与评价零部件和系统的可靠性以及对提高产品质量，保证系统的安全运行并制定合理的维修计划等都具有十分重要的意义。

(1) 荷载随时间的变化

根据应力—强度干涉理论，以应力极限状态表示的状态方程为
$$g(X) = r - \sigma \tag{8-98}$$

式中：r 为材料强度；σ 为应力；X 为随机变量向量。

$$\left. \begin{array}{l} g(X) \leq 0：失效状态 \\ g(X) > 0：安全状态 \end{array} \right\} \tag{8-99}$$

该可靠性分析模型多用于强度和应力不随时间变化或变化不大的情况。可将强度和应力视为随机变量，根据可靠性设计的摄动法和可靠性指标定义求出时变可靠性指标 β 为

$$\beta = \frac{\mu_g}{\sigma_g} = \frac{E[g(X)]}{\sqrt{\mathrm{Var}[g(X)]}} \tag{8-100}$$

这样，一方面可利用可靠性指标直接衡量构件的可靠性，另一方面在基本随机参数向量 X 服从正态分布时，可以用失败点处状态表面的切平面近似地模拟极限状态表

面,由此可获得可靠度的一阶估计量为

$$R = \Phi(\beta) \tag{8-101}$$

对现有林业机械结构系统和零部件来说,由于外界因素和工作环境等因素的影响,强度逐渐退化且随机荷载是变化的[26],其强度和荷载是使用时间的函数,因此必须用随机过程模拟结构的强度和应力,其功能函数可表示为

$$g(X,t) = r(t) - \sigma(Y,t) \tag{8-102}$$

式中:$r(t)$ 为零部件强度退化的随机过程;$\sigma(Y,t)$ 为结构荷载作用效应随机过程;Y 为与荷载作用效应有关的随机变量向量。

通过式(8-100)和式(8-101)可知,时变可靠性指标和时变可靠度计算式则分别改变为

$$\beta(t) = \frac{\mu_{g(t)}}{\sigma_{g(t)}} = \frac{E[g(X,t)]}{\sqrt{\mathrm{Var}[g(X,t)]}} \tag{8-103}$$

$$R(t) = \Phi(\beta(t)) = P\{r(t) > \sigma(Y,t), \quad t \in [0,T]\} \tag{8-104}$$

式中:T 为零部件的设计服役期。

式(8-104)表示零部件在其设计服役期内每一时刻 t 的强度都大于荷载作用时结构能够处于可靠状态的概率。

在实际工况中,机械零部件所受到的外荷载大致可分为以下两种情况:

①当外荷载为恒定荷载且服从某一分布时,由于在各个时间段内荷载的均值和方差不变,而且都服从同一类型分布,所以在这种情况下的功能函数可表示为

$$g(X,t) = \min r(X,t) - \sigma \tag{8-105}$$

②如图 8-33 所示,当荷载随时间变化且不服从某一具体分布时,可按最大项的极值分布原理,给出连续 d 个时段(相当于设计基准期 T)荷载最大值 S_i 的分布函数为

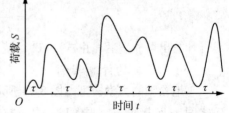

图 8-33 荷载随时间变化曲线

$$F_T(x) = P(\max S_i \le x) = P(S_1 \le x)P(S_2 \le x)\cdots P(S_d \le x)$$
$$= \prod_{i=1}^{d} P(S_i \le x) = [F_T(x)]^d \tag{8-106}$$

(2)强度随时间的变化

将荷载随机过程 $\sigma(X,t)$ 离散化为 n' 个随机变量 σ_i 的同时,将强度随机过程 $r(X,t)$ 也离散化为 n' 个随机变量 r_i,其大小取为第 i 个时段强度的均值,再结合式(8-106),得出结构的可靠度可表示为

$$P_g = P\left[\bigcap_{i=1}^{n'}(r_i > \sigma_i)\right] = \int_0^\infty\int_0^\infty\cdots\int_0^\infty\prod_{i=1}^{n'}F_{\sigma_i}(r_i')\cdot f_{r_1,r_2,\cdots,r_n}(r_1',r_2',\cdots,r_n')\mathrm{d}r_1'\mathrm{d}r_2',\cdots,\mathrm{d}r_{n'}'$$
$$\tag{8-107}$$

式中:$f_{r_1,r_2,\cdots,r_n}(r_1',r_2',\cdots,r_n')$ 为 $r_1,r_2,\cdots,r_n$ 的联合概率密度函数;$F_{\sigma_i}(r_i')$ 为 σ_i 的概率分布函数。

Schaff 提出的剩余强度模型为

$$R(n) = R(0) - [R(0) - S_p]\left(\frac{n'}{N}\right)^c \tag{8-108}$$

式中：$R(0)$ 为初始强度；S_p 为疲劳破坏时荷载峰值；$\frac{n'}{N}$ 为寿命分数；c 为材料指数。

这里要说明的是 N 为荷载总循环次数，也就是零件的寿命，可以把 N 看作寿命时间 T；n' 为荷载作用次数，可以将其看作荷载作用时间 t；这样就把剩余强度模型与时间联系起来，这在理论上也是可行的。这里将荷载在作用时间内离散为 n' 个随机荷载，故此时可把疲劳破坏时荷载峰值 S_p 看作是在时间段 $[(i-1)T, iT](i=1, 2, \cdots, n')$ 失效时荷载的最大值 $S_p(i=1, 2, \cdots, n')$。根据上述分析，随时间变化的强度函数可表示为

$$r_i = r(t_i) = r_0 - [r_0 - S_i]\left(\frac{t}{T}\right)^c \tag{8-109}$$

式中：r_0 为 $t=0$ 时零件的初始强度。

在荷载随时间变化且不服从某一具体分布的情况下，零部件的功能函数可表示为

$$g(X,t) = r(t) - \sigma(t) = -\frac{1}{a_{n'}}\ln\left\{\frac{1}{T}\sum_{i=1}^{n'}\exp\left(-a_{n'}\left[r_0 - (r_0 - S_i)\left(\frac{t}{T}\right)^c\right]\right)\right\} - \sigma \tag{8-110}$$

将式(8-110)代入式(8-103)就可以求出可靠性指标和相应的可靠度。有了可靠度计算公式，相应的失效率即可以求出。根据失效率的定义可知，其是单位时间内发生故障的概率，所以其表达式为

$$\lambda(t) = \frac{r(t)}{f(t)} = -\frac{1}{R(t)} \cdot \frac{\mathrm{d}R(t)}{\mathrm{d}t} \tag{8-111}$$

计算出可靠度后，由式(8-111)就可以得到失效率随时间变化的曲线。

(3) 地轮轴的计算实例

① 地轮轴的力学模型　图 8-34 所示为地轮结构简图，可以看出，地轮轴处于两地轮之间并连接两轮，中间通过一拉杆与播种机机身相连，其受力情况如图 8-35 所示[14,15]。

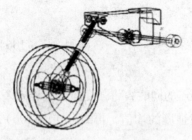

图 8-34　地轮结构简图

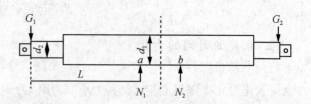

图 8-35　地轮轴受力分析图

经过对地轮轴的分析可知，地轮越靠近图中的对称线时重力产生的弯矩越大，故有

$$G_1 = G_2 = \frac{G}{2}, \quad N_1 = N_2 = \frac{G}{2}$$

$$M_{\max} = M_a = M_b = G_1 L$$

地轮轴所受的最大应力为

$$T_{\max} = \frac{G_1}{\frac{\pi d_2^2}{4}}$$

$$\sigma_{\max} = \frac{M_{\max}}{W} = \frac{G_1 L}{\frac{\pi d_1^3}{32}}$$

式中：G 为播种机的重力；L 为长度；d_1 和 d_2 分别为地轮轴阶梯部分的直径。

由第四强度理论可得

$$\delta = \sqrt{\sigma_{\max}^2 + 4T_{\max}^2}$$

根据应力—强度干涉理论，以应力极限状态表示的状态方程为

$$g(X) = r - \sqrt{\sigma_{\max}^2 + 4T_{\max}^2}$$

式中：r 为地轮轴的材料强度；$X = (r\ G\ d_1\ d_2)^T$ 为基本随机变量向量。基本随机变量向量 X 的均值 $E(X)$、方差 $\mathrm{Var}(X)$ 是已知的，可以认为基本随机变量是相互独立的随机变量，而地轮轴的两个直径则是相关的随机变量，相关系数为 ρ。

根据式(8-109)，以应力极限状态表示的状态方程为

$$g(X,t) = r(t) - \sigma(Y,t)$$

式中：$r(t)$ 为拉杆的材料强度随机过程；$X = (r_0\ Y)^T$ 为基本随机变量向量，其中 r_0 为强度初值，$Y = (G_{\max}\ d_1\ d_2)^T$。

②**数值计算** 某型播种机地轮轴阶梯部分直径的前二阶矩为 $d_1 = (10.24,\ 0.087)$ mm，$d_2 = (7.92,\ 0.06)$ mm，设相关系数为 $\rho = 0.70$，所受荷载 $G = (310.88 \times 10^3 \mathrm{N},\ 3.5 \times 10^3 \mathrm{N}) \mathrm{N} \cdot \mathrm{mm}$，材料强度初值 $r_0 = (340,\ 9)$ MPa，计算该地轮轴的可靠性指标、可靠度及失效率。

由可靠性设计的摄动法和二阶矩方法及式(8-100)、式(8-101)和式(8-111)可求出地轮轴的可靠性指标 β、可靠度 R 和失效概率。

当不考虑地轮轴强度随时间的变化时，在设计工作期内求得的可靠性指标为 $\beta = 1.8479$，可靠度 $R = 0.967694$。当考虑地轮轴强度和荷载随时间的变化时，在设计工作期内，通过式(8-104)和前面的可靠度计算公式可求出相应的可靠度值，其与时间的关系如图 8-36 所示。

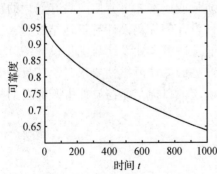

图 8-36 可靠度随时间变化曲线

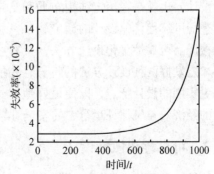

图 8-37 失效率随时间变化曲线

从图 8-36 可以看出，地轮轴的可靠度随使用时间的增加逐渐降低，且后期较为明显。时间 $t=0$ 时相当于例题中的地轮轴处于静态模型当中，其纵坐标可靠度值为 0.967694，与不考虑地轮轴强度退化时的可靠度计算结果一致。在产品中，失效率曲线具备早期失效期、偶然失效期和耗损失效期，从图 8-37 所示的失效率随时间变化曲线可以看出，地轮轴的失效率随使用时间的增加而逐渐增大，具有"浴盆"曲线的后两期特征（即具有"偶然失效期"和"耗损失效期"）。因例题中的地轮轴在初始计算时没有考虑零件本身的缺陷、工艺、质量控制和磨损等其他形式的失效，因此其不具有早期失效的因素，所以在图 8-37 中只显示出了浴盆曲线的后两期特征，当给定零件许用失效率时，便可以利用动态可靠性模型来科学地确定零件的偶然失效期和耗损失效期。

8.4　其他可靠性设计方法

除了前面几节的常用机械可靠性设计分析方法，在工程实际中，还有许多其他实用的机械可靠性设计分析手段，如可靠性优化设计、可靠性灵敏度设计、TTCP 法、平均故障率法、稳健型设计、FMECA 分析等。

8.4.1　可靠性优化设计

任何一种机械产品，从建立初始方案到实施生产制造，均必须经过一个设计过程。随着科学技术的发展，新知识、新材料、新方法、新工艺、新技术不断涌现，机械产品的更新换代周期也日益缩短，知识成为技术、技术成为产品的时间越来越短、结构越来越复杂，顾客对产品功能、性能、质量、服务要求也越来越高。这就要求加快设计过程、缩短设计周期、提升设计质量。再者，设计的完善与否，对产品的力学性能、使用价值、制造成本等都有决定性的影响，同时也必然影响使用产品企业的工作质量和经济效果。因此，如何提高设计质量、发展设计理论、改进设计技术、加快设计过程，已经成为当今机械设计必然的发展方向之一。最佳可靠性设计是根据一组预定的要求或安全需要，以一种最优的形式得到体积小、质量轻、降低材料消耗和加工工时，并具有合理可靠性的产品。可靠性优化设计，一般包含三方面的内容：质量、成本、可靠度。把产品的总体可靠度作为性能约束的优化，将会产生与合理安全性相协调的平衡设计，也就是在给定结构布局和给定产品质量或成本之下，使产品有最大的可靠度。进行可靠性优化设计的研究，必须将可靠性设计和优化设计有机地结合起来，给出机械产品可靠性优化设计方法，只有这样才能发挥可靠性设计与优化设计的巨大潜力，才能发挥两种设计方法的特长，才能达到产品的最佳可靠性要求，使其具有更先进、更实用的设计特点，以便最好地达到预先确定的目标，即在设计中既保证的机械产品的经济效益又保证运行中的安全可靠。

8.4.2　可靠性灵敏度设计

机械产品灵敏度分析在特征值问题、静态和动态响应以及机械产品参数优化设计等方面形成许多方法，如直接法、伴随变量法、有限差分法、Green 函数法和 FAST（function analysis system technique）法[24]。机械产品的可靠性灵敏度设计，是在可靠性基础上进行灵敏度设计，得到一个用以确定设计参数的改变对产品可靠性影响的评价，可以充分反映各设计参数对机械产品失效影响的不同程度，即敏感性[11]。机械产品可靠性灵敏度设计在可靠性设计和修改、可靠性优化设计、可靠性维护等方面均有重要的应用。事实上，若某因素对产品失效有较大的影响，则在设计制造过程中就要严格加以控制，使其变化较小以保证产品有足够的安全可靠性；反之，如果某因素的变异性对产品可靠性的影响不显著，则在进行可靠性设计时，就可以把它当做确定量值处理以降低分析的复杂程度。对反映这种不确定性的产品可靠性灵敏度进行分析研究，给出一种用以确定设计参数的改变对产品可靠性影响的可靠性灵敏度的计算方法是十分必要和重要的，从而为工程设计、制造、使用和评估提供了合理和必要的可靠性依据。

8.4.3 TTCP 法

由美国、英国、加拿大、澳大利亚、新西兰五国共同研究提出的 TTCP(the technological cooperation plan)法是典型模块式组合元件结构集成化设计方法，实际是一种可靠性预计方法。由于机械产品通用性差、标准化程度低，因而很难建立系统、分系统乃至设备组件级的可靠性预计模型。但若将它们分解到零件级，则有许多基础零件是通用的。TTCP 法就是基于此考虑的一种方法，其具体设计思路是：对通用零件进行故障模式及危害性分析，找出其主要故障模式及影响这些模式的主要设计、使用参数，再通过数据收集、处理及回归分析，即可建立各零件的故障率与上述参数的数学函数关系。而机械产品的故障率为组成它的各零件的故障率之和。这种方法的实质是建立各零件的基本故障率，然后用各种参数进行修正。

其优点是思路简单，对于结构复杂的机械系统，用于其产品的早期阶段，在确定了产品的结构及使用条件而又未能进行零部件的真实可靠性实验时，该法是一种可行的方法。缺点是由于机械产品"个性"差异大，通用的可靠性数据难以收集和处理；预计模型寿命的服从函数本身存在计算误差等。

8.4.4 平均累计故障率方法

平均累计故障率方法是美国罗姆航空开发中心推出的方法。机械零部件的故障率常常不是常数，而是时间的函数，对大多数可靠性评估而言，了解在工作区间$(0,t)$内发生故障的概率是至关重要的。平均累计故障率方法即是将机械零部件随时间变化的故障率转化为在预定的寿命期内的平均故障率，作为常值故障率进行处理。此种方法通常用于瞬时故障率服从威布尔分布的机械零部件。

平均累计故障率方法的优点是认为零部件的寿命服从威布尔分布，与实际统计结果基本吻合，故用来进行零部件及系统的可靠性预计比较可行（预计模型与实际相当）。平均累计故障率方法的缺点是其可靠度依赖于威布尔函数的参数精度，仍然存在数据缺乏的问题；另外由于瞬时故障率是时间的函数，因此不同的时间范围平均故障率是不同的，而利用该方法计算系统级故障率时，必须保证各组成部分具有相同的工作起始时间。

8.4.5 稳健型设计

机械产品的可靠性稳健设计是在可靠性设计、优化设计、灵敏度设计和稳健设计的基础上进行可靠性稳健设计,把可靠性灵敏度溶入优化设计模型之中,将可靠性稳健设计归结为满足可靠性要求的多目标优化设计问题。在机械产品的设计中,正确地应用可靠性稳健设计的方法,可以使产品在经受各种因素的干扰下,都能保持其可靠性的稳定,以使产品的可靠性对设计参数的变化不敏感,提高产品的安全可靠性和健壮稳健性。

稳健型设计是日本田口玄一博士提出的一种统计分析设计方法,是针对产品的稳健型设计,是使产品的性能对在制造期间的变异或使用环境的变异不敏感,并使产品在其寿命周期内,不管其参数、结构发生飘移或老化,都能持续满意地工作的一种设计方法[19]。

稳健型设计方法具有的优点是:

①**先行性** 即在产品整体设计之前,先行开发关键技术与基本系统,在产品整体设计确定之后,马上将其组合起来,形成产品。

②**通用性** 稳健性技术开发的关键技术,不仅适用于某一特定产品或工艺,而且适用于一系列具有共性的新产品和新工艺,消减了开发费用。

③**稳健性** 稳健性技术开发的产品,不仅在标准条件下性能良好且具有抵抗外干扰、内干扰、物品间干扰的能力。

稳健型设计方法存在的不足之处:稳健型设计的核心是参数设计,而参数水平的选择需要以往的经验数据借鉴,对一个全新的产品,参数设计就因为工作量太大或经济上不合适而失去其优越性;对可计算的产品,稳健设计具有无可比拟的优越性,但对不可计算的情形必须进行试验,尤其参数众多时,往往不能或很难试验;稳健型设计所用的许多统计设计和分析的方法常常不是很有效,且存在不必要的复杂性。

8.4.6 故障模式影响及危害性分析

故障模式影响及危害性分析(failure mode effect and criticality analysis,FMECA)是分析产品中每一潜在的故障模式并确定其对产品的影响[27],以及把每一潜在的故障模式按其严重程度及其发生的概率予以分类的一种分析技术。目的在于分析产品的薄弱环节,找出其潜在的弱点,并把分析的结果反馈给产品的设计、制造及使用单位,以便提高产品的可靠性。

FMECA方法的作用和优点是:系统可靠性模型的建立要与FMECA相结合,是一项原始资料;FMECA是评价设计方案优劣的一种手段,也是修改设计方案的依据;在设计评审和风险分析中,FMECA是依据和证明,也是评审的对象;FMECA在安排测试点、制造和质量控制、实验计划及其他有关工作中作为一种判别标准;FMECA的主要作用在于预防故障,但在实验、测试和使用中又是一种有效的诊断工具;FMECA是进行维修性分析、后勤保障分析及危险性分析的原始资料;与试验结果和产品故障报告一起,对可靠性验证结果进行定性评定。

FMECA方法的缺点或不足之处:对具有多功能及具有大量零部件的复杂系统,

FMECA实施起来较为困难、烦琐；FMECA是一种单因素分析法，对于多因素同时起作用，或相互起作用导致的结果的情况难以分析；FMECA的准确性依赖于各行有关专家的分析、经验的积累，以及对产品结构、功能了解的程度。

本章小结

可靠性是产品的重要质量指标。可靠性水平高的产品在使用中不但能保证其性能的实现，且因其故障发生的次数少，维修费用及因故障造成的损失少，安全性也随之提高。因此，产品的可靠性是产品性能能否在实际应用中得到充分发挥的关键，是产品质量的核心，是生产厂家和用户努力追求的目标。本章的可靠性设计内容是机电产品设计的依据和基础，与机电产品的功能设计应该同步，以提高机电产品的可靠性和质量。

参考文献

[1] 倪洪启. 现代机械设计方法[M]. 北京：化学工业出版社，2008.

[2] 孙靖民. 现代机械设计方法[M]. 哈尔滨：哈尔滨工业大学出版社，2003.

[3] 张鄂. 现代设计理论与方法[M]. 北京：科学出版社，2013.

[4] 金伟娅，张康达. 可靠性工程[M]. 北京：化学工业出版社，2005.

[5] 谢里阳，何雪浤，李佳. 机电系统可靠性与安全性设计[M]. 哈尔滨：哈尔滨工业大学出版社，2006.

[6] 孙志礼，陈良玉，等. 实用机械可靠性设计理论与方法[M]. 北京：科学出版社，2003.

[7] 何水清，王善. 结构可靠性分析与设计[M]. 北京：国防工业出版社，1993.

[8] 安伟光，等. 随机结构系统可靠性分析与优化设计[M]. 哈尔滨：哈尔滨工程大学出版社，2005.

[9] 赵国藩，金伟良，贡金鑫. 结构可靠性理论[M]. 北京：中国建筑工业出版社，2000.

[10] 董聪. 现代结构系统可靠性理论及其应用[M]. 北京：科学出版社，2001.

[11] 吕震宙，宋述芳，李洪双，等. 结构机构可靠性及可靠性灵敏度分析[M]. 北京：科学出版社，2009.

[12] 张晓桂. 串联系统可靠度分配方法的研究[J]. 林业机械与木工设备，2002，30(1)：24-25.

[13] 何周琴. 机械零部件可靠性设计之概率设计法[J]. 自动化与仪器仪表，2010，149(3)：34-35.

[14] 张洋，王新刚. 林业机械结构的动态可靠性灵敏度设计[J]. 林业机械与木工设备，2011，39(6)：41-44.

[15] 张洋，王新刚. 林业机械结构的时变可靠性设计[J]. 林业机械与木工设备，2011，39(3)：42-45.

[16] 邓兴贵，肖志信. 现代机械系统可靠性设计探讨[J]. 机械研究与应用，2002，15(1)：10-12.

[17] TAIKI MATSUMURA, RAPHAEL T. HAFTKA. Reliability Based DesignOptimization Modeling Future Redesign With Different Epistemic Uncertainty Treatments[J]. Journal of Mechanical Design, 2013, 135(7)：1-8.

[18] 张义民. 机械可靠性设计的内涵与递进[J]. 机械工程学报，2010，46(14)：167-180.

[19] 胡钧铭，魏发远，葛任伟. 机械稳健设计的研究概况及发展趋势[J]. 机械制造，2011，49(8)：1-5.

[20] 邱继伟，张瑞军，丛东升，等. 机械零件可靠性设计理论与方法研究[J]. 工程设计学报，

[21] 张义民. 机械动态与渐变可靠性理论与技术评述[J]. 机械工程学报, 2013, 49(20): 101-113.

[22] 吕春梅, 张义民, 刘宇, 等. 压缩机转子弯曲振动的可靠性灵敏度研究[J]. 力学与实践, 2013, 35(6): 65-69.

[23] 董玉革, 陆海涛, 郭彪. 基于最小割集理论的可靠性计算精度提高方法[J]. 机械工程学报, 2013, 49(20): 184-190.

[24] 王新刚, 王宝艳, 张奎晓, 等. 基于实测信息的零部件渐变可靠性灵敏度设计[J]. 农业工程学报, 2012, 28(10): 65-69.

[25] 袁修开, 吕震宙, 周长聪. 失效概率函数的可靠性度量及其求解的条件概率模拟法[J]. 机械工程学报, 2012, 48(8): 144-152.

[26] 刘巧伶, 张义民. 林业机械驱动桥壳的可靠性设计[J]. 林业科学, 1999, 35(4): 125-128.

[27] 沈政, 牛从民, 邓连喜. FMECA在工程机械系统可靠性设计中的应用[J]. 工程机械, 2012, 43(12): 38-42.

[28] 褚卫明, 易宏, 张裕芳. 基于故障树结构函数的可靠性仿真[J]. 武汉理工大学学报, 2004, 26(10): 82-90.

思考题

1. 何为产品的可靠性？何为可靠度？如何计算可靠度？
2. 何为失效率，如何计算？失效率与可靠度有何关系？
3. 零件失效在不同失效期具有哪些特点？试写出可靠性分布常用分布函数的表达式。
4. 可靠性设计与常规静强度设计有何不同？可靠性设计的出发点是什么？
5. 强度概率设计计算的基本假设有哪几点？
6. 为什么按静强度设计法为安全的零件，按可靠性分析后会出现不安全的情况？
7. 当强度为正态分布、应力为指数分布时，零件的可靠度应如何计算？
8. 零件的疲劳极限线图有何意义？
9. 机械系统的可靠性与哪些因素有关？机械系统可靠性设计的目的是什么？
10. 机械系统的逻辑图与结构图有什么区别？零件之间的逻辑关系有哪几种？
11. 试写出串联系统、并联系统、串并联系统、后备系统及表决系统的可靠度计算式。
12. 试说明等分配法和按相对失效概率分配可靠度的计算过程。
13. 计算图8-38所示单级圆柱齿轮减速器的可靠度。已知使用寿命5000h内各零件的可靠度为：轴1及轴7为$R_1=0.995$，滚动轴承2, 4, 6, 9均为$R_2=0.94$，齿轮副5为$R_3=0.99$，键3, 8均为$R_4=0.9999$。
14. 图8-39所示为2K-H型行星齿轮机构。如果太阳轮a，行星轮g及齿圈b的可靠度分别为R_a，$R_{g1}=R_{g2}=R_{g3}=R_g$及R_b，且$R_a=0.995$，$R_g=0.999$，$R_b=0.99$，求行星齿轮机构的可靠度R_s。设任一齿轮失效为独立事件（只要有一行星轮g不失效，系统就可以正常工作）。
15. 用上行法求图8-40所示系统的最小割集和最小路集。

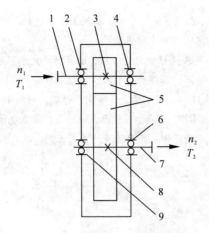

图 8-38　单级圆柱齿轮减速器

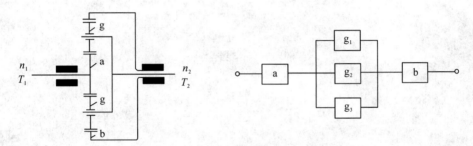

图 8-39　2K – H 型行星齿轮机构

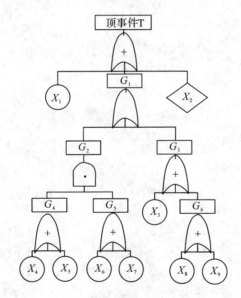

图 8-40　操作系统图

推荐阅读书目

1. 现代机械设计理论与应用．王明强．国防工业出版社．
2. Advanced engineering design. Efrén M. Benavides. Woodhead Publishing Limited.

3. 机械设计手册. 闻邦椿, 张义民, 鄂中凯. 机械工业出版社.
4. 机械可靠性设计. 刘惟信. 清华大学出版社.
5. 低周疲劳短裂纹行为和可靠性分析. 赵永翔. 西南交通大学出版社.
6. 机械设计学. 黄靖远, 高志, 陈祝林. 机械工业出版社.
7. 系统可靠性最优化. (美) F. A. 蒂尔曼. 黄清莱, 郭威, 刘烦章, 译. 国防工业出版社.
8. 实用可靠性工程. Patrick D. T. 李莉, 王胜开, 陆汝玉, 译. 电子工业出版社.
9. 机械可靠性设计与应用. 杨瑞刚. 冶金工业出版社.

第9章 反求工程设计

[**本章提要**] 反求工程是以实物、软件和影像为研究对象，消化吸收其中包含的先进技术的一系列分析方法和应用技术的组合。反求工程设计由应用、消化和创新阶段构成。实物反求是以产品实物为依据，对实物产品的设计原理、结构、材料、工艺装配、包装、使用等进行分析研究，研制开发出与原型产品相同或相似的产品；软件反求设计的目的是要破译产品的技术软件，以探求其关键技术，通过对技术软件的消化、吸收、创新，培植和发展生产技术上的自生能力；影像反求设计中，产品外形尺寸是在满足产品功能与结构特性的要求下，根据影像形成原理进行分析确定，而产品内部结构根据产品的功能、结构特性、内部结构所反映的外观特征等进行反求设计。反求工程设计过程中应尊重他人的专利权、著作权、商标权等受保护的知识产权，避免侵权的法律问题，同时也应保护自己对创新成果的知识产权。林业机械产品设计也不例外，已经有不少反求设计的案例。

9.1 反求工程技术概述
9.2 反求工程设计方法
9.3 反求工程与知识产权
9.4 林业机械反求设计

反求工程（reverse engineering）是对现有的实物、软件和影像进行消化吸收，挖掘蕴含其中的关键技术、思想与管理等方面成果的一系列分析方法、手段和技术。反求工程设计是在对产品原型进行反求工程的基础上，通过变参数设计、适应性设计或开发性设计等而形成的创新过程。任何一个国家和地区的科学技术的发展或进步，都离不开对反求工程的运用。

9.1 反求工程技术概述

9.1.1 技术引进与反求工程

9.1.1.1 反求工程简介

反求工程也称反向工程或逆向工程，这一术语起源于20世纪60年代，属于逆向设计的一种思维方式。反求工程是对消化吸收先进技术的一系列分析方法和应用技术的组合，是以先进产品设备作为研究对象，应用现代设计理论方法、生产工程学、材料学和有关专业知识进行系统深入地分析和研究，探索掌握其关键技术，进而开发出同类甚至更先进的产品。

反求工程技术是测量技术、数据处理技术、图形处理技术和加工技术相结合的一门综合性技术[1,2]。

反求对象可分为三大类：实物类，主要是指先进产品设备的实物本身；软件类，包括先进产品设备的图样、程序、技术文件等；影像类，包括先进产品设备的图片、照片或以视频影像形式出现的资料。

反求工程设计一般分为3个阶段[1]：

①应用阶段　对引进的设备等硬件技术会操作、使用、维修，在生产中发挥作用；对图纸、生产工艺等软件通过加工和生产实践的应用了解其特点及不足之处，做到"知其然"。

②消化阶段　对引进产品或设备的设计原理、结构、材料、工艺、生产管理方法等进行深入的分析研究，用科学的设计理论和测试手段对其性能进行计算测定，了解其原料配方、工艺流程、技术标准、质量控制、安全保护等技术，特别要掌握产品的关键技术，做到"知其所以然"。

③创新阶段　对引进技术消化综合，博采众家之长，与深入的科学研究相结合，通过移植、综合、改造等手段，开发具有特色的创新技术，并争取进一步实现某些技术从输入到输出的转化。

9.1.1.2 反求工程重要意义

影响一个国家经济增长的因素有很多，如资源投入、劳动力投入、储蓄率和技术水平等。20世纪90年代末以Romer和Lucas为代表的新增长理论将技术视为内生的并且认为以赢利为目的的创新活动导致技术进步，而技术进步则是经济持续增长的原动力。进入21世纪以来，随着全球经济的融合发展，世界各国高度重视本国的技术进步，纷纷将科技水平视为本国的核心竞争力。在此背景下，世界各国纷纷制定科技发展战略，千方百计提升本国的技术水平，促进本国的技术进步。

一个国家促进自身技术进步的途径有两条：一条是提升本国的科研能力同时加大科研投入力度，依靠自身的力量来提高本国的技术水平；另一条是通过引进外国的先进技术，并对其进行消化吸收，以此来提高本国的技术水平。事实上，自古以来各国就通过吸收外国的先进技术来提升本国的技术水平。在这方面，中国就是一个很好的技术输出国例子。回顾历史，中国的四大发明通过商人们的流动而输往世界各国，印刷术和造纸术极大地促进了文化和知识的传承，火药摧毁了欧洲封建主义的城堡，指南针技术为后来的地理大发现做了技术方面的准备。当今世界，科学技术飞速发展，科研投入巨大，没有哪个国家能在所有领域都领先他国。日本是依靠技术引进迅速提高技术水平，进而促进经济高速增长以及经济结构升级的典型案例。第二次世界大战后的日本，面对资源匮乏、资本积累不足、技术落后以及国内市场狭小的状况，政府和企业界确立了"贸易立国"的经济发展战略，不遗余力地引进欧美等国的先进技术，大量的技术引进促进了战后日本经济的高速增长。从 1950—1970 年，日本经济实现了 20 年的高速增长，年均经济增长率达到 9.7%。在经济起飞阶段的 1956 年，日本的国内生产总值还名列印度和加拿大之后，位于世界第 7 位，但到了 1968 年日本一跃成为世界第二大经济强国，此后日本一直位于世界经济强国之列，这与日本重视通过国际渠道吸收外国的先进技术密不可分[3]。

纵观全球，美欧日已经在科技领域形成激烈竞争、相互赶超的局面，在此局面下，各发达国家都高度重视及时地吸收竞争对手的先进技术，同时提高自身的科研能力，希望借此在全球科技竞争中立于不败之地。因此，无论是发展中国家还是发达国家都高度重视引进和吸收外国的先进技术，提高本国的科技水平，因此反求工程意义重大。

9.1.1.3 反求工程的分析内容

反求工程包括对现有产品的研究及其发展、生产制造、管理和市场等方面的问题所构成的完整系统的分析和研究。反求工程设计是从已有产品或技术进行分析研究，掌握其功能原理、参数、尺寸、材料和结构，特别是挖掘蕴含产品当中的关键技术，在此基础上进行仿制或再设计，开发出先进产品。这也称为反求设计法或二次设计法。具体可从以下方面进行分析：

①**探索产品设计的指导思想**　要分析一个产品，首先要探索并掌握其设计指导思想和技术特点，因为这是开展产品设计的前提。

②**原理方案的分析**　功能是产品设计的核心问题，由此可引出不同的原理方案。

③**结构分析**　零部件的结构是功能原理的具体体现，与加工使用及生产成本有密切关系，可从保证功能、提高性能、降低成本、提高安全可靠度等方面分析反求对象的结构特点。

④**形体尺寸**　分解机器实物，由外至内，由部件到零件，通过测量或测绘确定零部件形体尺寸。

⑤**精度分配**　科学合理地进行精度分配（即公差设计）是反求工程技术中的重要问题。

⑥**材料分析**　根据零件功能及工艺特点分析、鉴定，并选择材料与热处理方式。

⑦**工作性能分析** 针对产品的工作特点及其主要性能进行试验测定，反向计算和深入分析，掌握其设计准则和设计规范，在分析产品的运动特性、力学特性过程中，建立合理的数学模型，进行静态、动态的全面分析。

⑧**造型设计分析** 用尺度与比例、均衡与稳定、统一与变化等美学原则分析造型特点，从迎合顾客心理需要、提高商品价值的角度，分析产品的外形构型及色彩设计的优点与不足。

⑨**工艺分析** 许多引进设备的关键技术主要是先进的工艺诀窍，国外某些工厂视先进工艺为生命线，严格保密，因而对加工、装配工艺的分析，对加工精度及精度分配的反求，是重要而又细致的工作。

⑩**使用维护分析** 先进的产品必须具有良好的使用性能和维修性能。

⑪**包装技术** 产品的包装及防潮、防霉、防锈、防震等技术分析。

9.1.1.4 反求工程的设计程序

(1) 反求分析

相对于一般设计，反求设计首先应突出"求"。通过反求分析，要求对反求对象从功能、原理方案、零部件结构尺寸、材料性能、加工装配工艺等有全面深入的了解，明确其关键功能和关键技术，对设计中的特点和不足之处也应作出必要的评估。

针对反求对象的不同形式（实物、软件或影像），可采用不同的手段和方法。如机器设备等实物的反求，可利用实测手段获得所需的参数和性能，尤其是掌握各种性能、材料、尺寸及试验方法是非常关键的。对于已有的图纸则可直接分析了解有关产品的外形、零部件材料、尺寸参数和结构，但工艺和使用性能则必须通过试制才能掌握。在将图纸变为符合生产要求的图纸过程中，必须妥善处理标准及材料的转化和代用问题。如果反求对象为图片资料，则应仔细观察、分析和推理，了解其功能原理和结构特点，用透视图法与解析法求出主要尺寸间的大小相对关系，用机器与人或已知物体类比的参照法，求出几个绝对尺寸，进而推算出各部分的绝对尺寸。在影像反求中，材料的分析必须考虑到零件的功能和加工工艺，并通过试验试制来解决。

在各种反求对象分析中，功能及原理方案是关键；而通过试验了解其工作性能，通过试制分析工艺与成本等都是必须完成的步骤。

(2) 反求设计

在反求分析的基础上，反求设计可分为几种类型：①某些产品在反求分析的基础上进行测绘仿制，因没有创新，故不能称为设计，只能称为测绘仿制；②在原有产品原理方案及结构方案基础上，仅改变尺寸和性能参数以满足不同工作需要的称为变参数设计；③在原有产品的原理方案基础上，改变部分参数、结构或零部件，克服原有产品的缺点或适应新的使用要求，称为适应型设计；④针对反求对象的功能，提出新的原理方案，完成从方案设计、技术设计到施工设计的全过程，称为开发型设计。

一般产品反求设计的过程为明确设计要求及反求分析、原理方案设计、技术设计和施工设计四个阶段。首先要明确设计要求及反求分析；方案设计阶段要确定产品的原理方案；技术设计阶段应完成结构、材料、尺寸参数的设计及外形设计；施工设计主要完成零件图、部件装配图、总装图及所有的技术文件，最后进行试制、投产。

9.1.1.5 反求工程的应用领域

反求工程有着非常广泛的应用领域,其应用领域涉及汽车、飞机、家用电器、模具、玩具、鞋业、艺术品的电子化复制及保存、文物的数字化再现及修复等行业。随着生物、材料技术的发展,反求工程技术也开始应用在人工生物骨骼、美容等医学领域,其应用领域相当广泛[2]。

(1)工业设计领域中的应用

在工业设计领域中小到玩具大到飞机等,反求设计都有其应用的案例。在飞机制造业中,反求设计除了用于对现有飞机在缺少原始设计资料的情况下,对其外形壳体进行扫描反求,补充有关设计数据及文档资料外,更主要的是对已有飞机进行扫描反求,由点云模型重建 CAD 模型后进行有关的技术分析,并为快速成形提供数据资料,以便进行原型系统制造与分析。在汽车制造行业中,反求技术主要用于对现有汽车外形设计的改进及基于油泥模型的数字化反求设计中。

(2)模具设计与制造及工业产品质量分析的应用

模具是工业生产中使用极为广泛的基础装备,模具工业是国民经济的基础工业。在汽车、电视、仪表、电器、电子、通信、家电等行业中,60%~80%的零件都要依靠模具成形,并且随着这些行业的迅速发展,对模具的要求越来越高,结构更加复杂。用模具生产制品所表现出来的高精度、高复杂性、高一致性、高生产效率和低消耗,是其他加工方法所不能比拟的。模具生产技术水平的高低,已成为衡量一个国家产品制造水平高低的重要标志,在很大程度上决定着产品的质量、效益和新产品的开发能力。随着 CAD 技术及反求工程技术的发展,反求工程技术在模具设计与制造中,尤其是复杂模具的设计中有着良好的应用前景。比较成熟的应用是对生产的制品在没有原始数据的情况下进行反求,得到其 CAD 模型,再由此模型利用正向 CAD 设计技术设计出用于制造产品的模具。反求工程技术还将向模具设计领域其他方面扩展,如制造误差的检测及对产品加工质量的量化评估等方面,以及对复杂模具的整体反求。

目前在模具设计制造领域,针对塑料制品质量的分析与评价是一难点。如对注塑制品而言,如何评价和检测制造误差,如何对收缩翘曲等变形误差进行检测和定量分析评价等均是难点问题。利用反求方法可对用模具加工的产品的制造误差进行检测,可采用不同的色块或灰度直观显示制造误差,还能根据客户需求给出不同部位的具体误差数值。检测的方法是将注塑产品进行扫描测量,得到其点云模型,再将其导入有关软件中,与产品的 CAD 设计模型进行比对,就能以各种不同的直观显示方式给出产品的制造误差。或根据点云模型重建出 CAD 表面模型,再利用有关 CAE 分析软件进行收缩翘曲等变形误差分析。

(3)汽车发展与反求工程

1885 年德国工程师卡尔·本茨(Karl Friedrich Benz)研制了世界上第一辆三轮车并于 1886 年 1 月 29 日(被认为是汽车诞生日)申请并获得了发明专利;几乎同时,德国工程师戈特利布·戴姆勒(Gottlieb Daimler)也成功研制一辆以内燃机为动力的四轮汽车。德国发明了汽车,而众所周知是美国把汽车行业发扬光大。发展至今,汽车正在不断改变我们的生活,但汽车的开发需要大量资金的积累、技术的积累和人才的积累,世界各国的汽车的发展是在互相借鉴和反求过程中不断改进的。美国走过这样的路，韩国、日本也走这样的路，但他们不是简单地把别人的车拿来装配，而是真正地消化、吸收和学习，缩短与先进技术水平的差距，逐步培养起自主开发能力，成为汽车产业的世界强国。多年来，中国汽车业发展思路，往往从零开始完全自主开发或者按"拿来主义"简单地用市场换技术。但由于没有大规模的技术与管理积累和资金支持，完全自主开发难以成功；而图省事的"拿来主义"，技术掌握在别人手里，无法形成自主开发能力，也是受制于人。因此我们必须采取站在巨人的肩膀上，通过反求工程等技术吸收汽车先进技术，迅速解决提升汽车的研发水平，通过消化、吸收、改进和创新，走出一条适合中国汽车产业发展的道路。

(4) 破损零件或文物等修复中的应用

在工业产品中，有些零件由于磨损等多种原因不能继续使用，但由于某种原因没有与该零件相关的原始设计数据，此时就可利用反求工程技术对现有零件进行反求，并数字化修补其缺损的部分，从而加工制造出相同的零件来替代破损的零件。反求工程技术在破损文物、艺术品的修复方面也有很好的应用，甚至在对高大文物的数字化修复及数字化保存方面也有较好的应用前景。

9.1.2 反求工程分析技术

9.1.2.1 功能分析与方案设计

工程设计的目的是保证功能，建立性能好、成本低、价值优的技术系统。功能分析是工程设计中的一种重要手段，只有用功能的观点来观察和认识机器才能抓住其本质，使思维从现有的结构形式中超脱出来，探索更多更新的原理方案，不断推进技术的发展。

(1) 功能分析

从系统工程的观点出发，可将功能系统分为总功能和分功能。较复杂的总功能可分解为分功能、二级分功能……功能元。功能元是能直接求解的、组成功能的最小功能元素。在反求设计中功能分析过程一般是：功能载体→分功能→总功能。

在分析功能的过程中明确机器各部分的作用和设计原理，对原设计有较深入的理解。此时即使仿制也知其所以然，若在此基础上修改设计或重新探讨原理解法，就有可能开发出更合理更先进的产品。

例如，新型割草机的开发，现有拔草、剪草、割草(金属刀切割)等多种形式的割草机，它的总功能是将草与根基分离，由此可以摆脱现有的各种割草方式，更广泛地探索分离方法。联想到杂技演员用鞭子"切"纸或布的情景，启发人们研究用高速度的软物体切断草的可能性，从而设计出采用小型汽油机通过软轴带动圆盘高速度转动的背负式草坪割草机，圆盘上两根直径约为 2mm 的尼龙绳即可实现高效率地剪草。

(2) 功能设计法

功能设计法以系统工程为基础，从功能分析着手，具体步骤如图 9-1 所示。

由反求对象的功能载体来反求总功能，或由设计对象已知的输入输出条件来探求系统总功能。一般工程系统都比较复杂，难以直接求得满足总功能的原理解，可将总功能分解为相对独立的功能组成部分，即分功能、二级分功能……功能元。找出对应

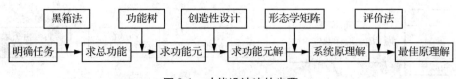

图 9-1 功能设计法的步骤

原理解的分功能,再通过功能元求解组合即得总系统的原理解。由于将各功能元组合时,可得到多个系统原理解,因此还需进行筛选,对每个解进行科学的定量评价,最终确定最佳原理方案。

9.1.2.2 反求对象材料的分析

材料是产品的基础,材料及其工艺选择是否合理,是产品性能和质量能否获得保证的关键条件之一。材料的性能不仅与材料的成分有关,而且与产品的工艺过程有关。在材料技术的反求分析中,工艺分析比材料分析更加困难,甚至有些工艺因素是很难分析出来的,因此在分析基础上尚需进行消化吸收研究。

(1) 材料选择的原则

①材料性能应满足设计要求。根据产品总功能和工作条件,选择使用性能、力学性能、物理性能、化学性能与之相适应的材料,以满足产品的寿命、尺寸及质量限制的要求。

②材料工艺性应满足结构设计的技术要求。所选材料的工艺性能(成形工艺、热处理工艺、切削加工性能)应与产品的结构设计相适应,以保证产品毛坯和成品的质量。

③要求材料成本和产品制造成本低。

(2) 材料的分析技术

一般来说材料的性能是由其成分确定的。但材料经过不同的工艺处理,会使材料的最终性能有较大的变化,这是由于工艺处理后,材料内部的组织结构发生了变化引起的。因此在材料分析工作中,应对材料的成分、组织、结构和性能进行分析。

材料成分可由钢种火花鉴别法、听音鉴别法、原子发射光谱分析法、红外光谱分析法、化学分析法及微探针分析技术等来进行定量或定性确定。材料组织结构的分析可通过分析试样的选取、粗视分析、显微分析、结构分析等方法来确定。对于结构材料一般测量其硬度,对于功能材料除进行硬度测量外,还需进行磁、电、光、热等物理性能的测定。

(3) 反求对象材料分析程序

①**明确分析目的及要求** 由于满足一个产品要求的材料和工艺不止一种,而每一种材料每一种工艺又都有不同的分析要求和分析方法,对于缺少技术资料的产品材料进行分析,需要分析的内容涉及范围很广,分析工程量相当大,为了简化分析工作,明确分析目的及要求是一项十分重要的工作。

②**材料的具体分析流程** 材料的成分、组织、结构和性能是材料分析的主要内容,其具体分析过程如图 9-2 所示。

③**反求对象材料和工艺的确定** 根据上述综合分析结果,查阅有关手册和资料,确定反求对象的材料和工艺。

图9-2 反求对象材料的具体分析过程

④ **试制** 根据上述分析，对反求产品进行试制，并通过分析和试验的考核，最后投入生产。

9.1.2.3 系列产品的分析与设计

系列化是标准化的高级形式，产品系列化是使某一类产品系统的结构优化、功能最佳的标准化形式，是通过对同一类产品发展规律的分析研究，经过全面的技术经济比较，对产品的主要参数、形式、尺寸、基本结构等做出合理的安排与计划，以协调同类产品和配套产品之间的关系。系列化产品的基础件通用性好，既能最大限度地节约设计力量，又能满足市场的不同层次需要，因此企业应按照产品系列化的要求进行设计。

(1) *产品的系列型谱分析*

① **系列产品类型** 在基型产品的基础上进行变型产品的扩展，可形成各种变型产品。变型产品的系列一般分为纵系列、横系列和跨系列3类。

纵系列产品 由一组功能、解法原理相同，结构相同或相近，而尺寸、性能参数不同的产品组成。在综合考虑使用要求和技术经济原则的前提下，纵系列产品具有由小到大的尺寸及由低到高的性能参数。若其主要尺寸或性能参数按一定比例形成相似关系，则称为相似系列产品。

横系列产品 在基型产品基础上扩展功能的同类型产品。

跨系列产品 具有相近动力参数的不同类型产品，它们采用相同的主要基础或通用部件。

在这3种系列产品类型中，生产中应用较多的为纵系列产品，尤其是相似系列产品。

② **系列化与模块化** 为了获得产品系列更好的适应性和经济性，模块化产品系列得到很大发展。模块化产品系列是采用少量模块（零件或部件）通过排列组合得到多种类型或同类型不同性能的变型产品，形成产品系列。在纵系列模块系统中，随参数变化对系列产品划分合理区段，同一区段内模块可以通用。横系列产品中通过更换或添加模块，在基型产品基础上得到扩展功能的同类型产品。跨系列产品的模块化方式有两种：一种是在基本相同的基础件结构上选用不同模块组成不同功能产品，另一种为在不同类型产品中选用相同的功能模块。

③ **优先数** 根据GB/T 321—2005《优先数和优先数系》规定，在确定产品的参数或参数系列时应按照该标准规定的基本系列值选用。优先数系（series of preferred numbers）是公比为 $\sqrt[5]{10}$, $\sqrt[10]{10}$, $\sqrt[20]{10}$, $\sqrt[40]{10}$ 和 $\sqrt[80]{10}$，且项值中含有10的整数幂的几何级数的常用圆整数。优先数是符合R5，R10，R20，R40和R80系列的圆整数。

(2) 相似系列产品的分析与设计

系统相似、尺寸性能参数成一定比例关系的纵系列产品为相似系列产品。在基型产品的基础上，用相似理论的量纲齐次性原理和相似比关系可进行某个相似产品或相似产品系列的设计。在反求某一产品的基础上，也可用相似设计法得到与其尺寸、性能相似的多种产品。

在相似系列产品的设计中，首先需对基型产品进行分析，即对已有产品进行全面分析，必要时对参数进行优化处理，对结构作适当改进，选择合适的材料、尺寸，尽量采用优先数，力求对基型设计合理、优化。其次需确定级差公比。相似产品尺寸之间或参数之间的相似比称为级差公比，其选择原则：①在一定范围内系列产品级差公比小，则种类多，使用者的选择余地大。而生产单位一般希望级差公比大，减少系列产品的种类，以降低加工成本。在选择级差公比时，必须兼顾使用和生产两方面的要求。②设计时尽量选用标准公比作为级差公比，根据需要，整个系列中的级差公比可为定值或不同数值。

(3) 模块化产品的分析与设计

模块化产品是由一组特定的模块，在一定范围内组成多种不同功能或同功能不同性能的产品。模块是具有一定功能的零件、组件或部件，为保证组合的互换性和精确度，模块上具有特定的结合表面和结合要素。模块化产品一般都形成系列，在发展变型产品、缩短新产品开发周期、降低成本及加强市场竞争能力等方面的综合经济效果都十分显著。

从引进的先进设备及新产品设计中，有很多模块化产品，它们具有以下特点：

①从功能出发建立模块。各种产品都围绕总功能针对其分功能，将功能载体建立为模块，进行变型组合。

②参数选择便于建立模块。模块化产品在确定系列型谱和参数时，要尽量便于建立模块，提高模块的通用性。

③根据功能及加工要求，模块可以是部件、组件或零件。

模块化产品设计的出发点是"以少变应多变"，用少量模块组成多种产品，最经济地满足各种工作需要。

9.1.2.4 产品造型分析与设计

产品造型设计是产品设计与艺术设计相结合的综合性技术。从造型设计的角度看，产品的质量指标包含内在质量、外观质量和舒适方便程度3个方面。内在质量体现产品的物质功能，而外观质量和舒适方便程度则体现产品的精神功能。为发挥产品的物质功能和精神功能，在产品造型设计时必须遵循下列基本原则：

①**"实用、经济、美观"原则** 产品造型设计必须同时考虑功能、结构、工艺、安全性和经济性，以实现内在质量和外观质量的统一。

②**产品造型设计要与使用条件相结合** 造型设计时要对工作性质、工作场合条件、使用地区气候、风俗习惯、使用者的审美要求等进行综合考虑，从"人—机—环境"的整体效果出发进行造型设计。

③**产品造型设计必须具有时代感和独创性** 产品造型设计的关键是创新，创新是

产品造型设计的灵魂。

④**"形态、色彩、质感"效果** 产品造型设计时还需依据尺度与比例、对称与均衡、稳定与轻巧、节奏与韵律、统一与变化等美学法则，以及从色彩上依据色彩的感情及色彩的对比与调和的关系进行合理设计，使工业产品具有形态、色彩、质感的美学效果。

9.1.2.5 精度设计与分析

精度是衡量许多产品最重要的性能指标之一，也是评价产品质量的主要技术参数。对于精度要求高的反求产品，更应重视其精度分析与计算，用最经济的手段达到产品的精度要求。

精度的高低是用误差来衡量的。误差大，精度低；误差小，精度高。精度可分为：

①**准确度** 反映系统误差的影响程度。

②**精密度** 反映偶然误差的影响程度。

③**精确度** 反映系统误差和偶然误差综合影响的程度。

(1) 精度的评定与分析

在设计阶段评定一台精密机械设备的精度时，需在精度分析基础上进行定量计算，然后与给定的精度指标进行比较，以确定该设备的精度是否符合要求。

进行总体精度分析的前提是：①必须明确精密机械设备的用途，有几种用途就有几套精度分析；②必须明确精密机械设备的工作方程式，一个用途对应一组工作方程式；③必须明确精密机械设备不可缺少的最少组成部分；④必须明确精密机械设备每个组成部分的精度。

影响精密机械设备精度的因素，有原理误差（包括方案误差、机构原理误差、零件原理误差、光路原理误差和电气原理误差）、制造误差及使用误差。

(2) 精度设计（精度分配）

精度分配与误差的综合刚好相反，在已确定产品的允许总误差后，须进一步制定有关零部件的公差和技术条件，使产品精度能达到要求的指标。精度分配的步骤如下：

①明确研制产品的精度指标。

②在形成产品工作原理和总体方案时，主要考虑理论误差和方案误差。

③安排总体布局，设计机械结构、光学及电气系统时应考虑它们的原理误差。

④综合各项原理误差，一般不得超过允许总误差的1/3，否则须设置补偿措施或更改方案。

⑤完成总体结构图纸及机械、光学、电气等系统设计图纸后，进行总的精度计算，即找出全部误差源，制定零部件的公差及有关技术条件。

⑥将所定公差及技术条件标注到零部件的工程图上。

⑦编写技术设计说明书，完成精度计算及分配定稿。

9.1.2.6 工艺与装配

在反求设计时，要考虑到设计对象的结构工艺性、可制造加工性、可装配性和可维修性等。同时，为保证与引进的原型产品具有相似的良好技术性能经济指标，要对零部件加工提出一系列技术要求，如加工精度、配合性质、表面粗糙度、表面处理、毛坯制造、形位公差、装配等方面的要求。

(1) 生产设计与制造方法的选择

生产设计是在反求设计之后进行的，主要是研究采用最简单的制造方法进行零件的加工。生产设计必须考虑生产数量的多少，当产品数量很少时，部分试制品或产品的试生产有时也可作为正式产品；在设计大批量生产的产品时，应仔细研究已经生产的同类产品，并进行比较，使反求产品优于原型产品，提高竞争力。为了有效地进行生产设计，在反求设计中，应力求产品结构、零件的标准化、简单化或模块化，以稳定产品质量、提高互换性、降低成本和提高生产率。

当制造零件时，确定材料和加工方法特别重要。材料的选择如前分析，应就其强度、加工性能、原料尺寸等选择最合适的材料。零件的加工工艺过程对材料性能有很大影响。材料的原始性能，由实际加工工艺及加工条件决定材料最终的综合性能。根据材料与工艺过程的不同，加工过程可能影响材料的一种或几种性能：物理化学性能（抗腐蚀性、抗氧化性）、力学性能（强度、硬度、韧性）以及工艺性能（可成形性、可切削性和可焊性），有些性能的变化是有利的，而有些性能的变化是不利的。为了保证机械制造达到优质、高效、低成本，在设计过程中应该研究、审查产品零部件的结构工艺性，包括机械和零件的结构是否便于加工、装配和维修。评定结构工艺性的主要依据是产品的加工量、生产成本及材料消耗等方面指标。因此应根据加工质量与精度、加工难度、时间及费用等进行比较，选出最合适的加工方法。

(2) 反求工程中工艺问题的处理

反求设计与反求工艺相互联系，缺一不可。在某些情况下，反求工程中工艺问题比设计问题更难处理，这是因为：①缺乏制造原型产品的先进设备与先进工艺方法；②引进技术中某些关键技术不易破译与未能掌握等。为此，必须重视反求工程中工艺问题的处理。

目前，传统的工艺编制方法是从毛坯、粗加工、半精加工、精加工依序安排，但这不适合反求工艺。在反求工艺中，可采用反判法编制工艺规程。所谓反判法，是以零件的技术要求为依据，查明设计基准，分析关键工艺，优选加工工艺方案并依次由后向前递推加工工序，编制工艺规程。

通过分析论证，如果对引进技术的反求设计能达到性能要求，保证功能相似，具有先进水平，而在工艺上存在困难，则可通过改进工艺方案保证引进技术的原设计要求。

材料对加工方法的选择起决定性的作用。进口零部件与国产同类产品比较，往往在耐用性、耐磨性、耐腐蚀性、弹性、美观等方面均有较大优势。然而在反求制造中，在无其他措施以资弥补的情况下，只能使材料国产化，因而有时尚需局部改进原型结构，以适应目前的工艺水平。

(3) 保证产品装配精度的方法

任何机器都是经过从零件→组件→部件→整机的装配过程。装配完成的机器，必须满足规定的装配精度，即必须选择正确的装配方法，并进行尺寸链分析、计算。保证产品装配精度的方法包括：完全互换法、大数互换法、分组互换法、修配法、调整法。

为保证装配精度，一般来说，不论何种生产类型，首先应考虑采用完全互换法；对于生产批量较大，可采用大数互换法；对于封闭环精度要求较高时，可采用选配法；在上述方法均不能采用时，才考虑采用修配法或调整法。

9.1.2.7 反求工程中的测试问题

任何一门学科都离不开实验，反求工程更是如此。为了消化先进技术，进而研制出同类的先进产品，必须对反求对象进行深入研究，而研究的起步工作就是对反求对象进行各种实验，通过一定的测试手段，以获取对象的各种性能数据，为正确地进行理论分析和计算奠定基础。只有这样，才能对研究对象从感性认识上升到理性认识，才能从本质上认识对象的先进性。

在反求工程中，测试技术主要承担以下任务：

①对研究对象进行测试，以获取整机和各运动机构的运动特性和动力传递特性；获得各种工作状态下的整机、部件及主要零件的力学性能数据，为研究人员进行理论分析和设计人员进行设计提供依据。

②对用反求工程研制出的产品进行测试，以检验所研制产品的各种性能指标，检验各部件及主要零件的力学性能和运动规律，以确定所研制的产品是否达到设计要求，也可为进一步改进产品设计提供依据。

(1) 反求工程中的参数测试

①总体性能测试　为了了解反求对象，则应掌握其总体技术性能。有的引进产品所给出的技术性能指标不一定十分真实；有的产品由于引进的途径不同，给出的技术性能指标很不完整或基本上没有给出。因此必须首先对总体技术性能进行测试，才能全面深入地了解反求对象的各种技术性能，同时还可找出实际技术指标与给出的一致程度。在测得总体技术性能的基础上，可以根据需要进行各种参数的测试。

②力学参数的测试　包括如下几方面的测试。

应力应变测量　应力、应变是反映机械构件力学性能的一项主要指标，是剖析主要零部件的各部位受力情况、强度如何、安全系数有多大、结构设计是否合理先进的依据。

力(拉压力、重力、力矩)测量　力的测量是用对应力的测力传感器。

压力(主要指流体状态下)测量　测量这类系统的传感器种类较多，应根据工作条件、压力范围、压力性质、精度要求等进行合理选择并组成相应的测试系统。

温度测量　机械构件或部件在高温条件下工作，其强度会受到影响，过热时会产生严重烧伤，使寿命缩短，温度测量的方法有热电偶、热电阻、光学高温计、辐射高温计等。

③运动学参数的测试　运动学参数包括运动部件的直线位移、速度、加速度及相应的振动位移、速度和加速度，以及旋转构件的角位移、角速度、角加速度和转速。通过这些参数的测量，可以了解运动部件是如何工作的，各构件在不同时刻运动有些什么变化，具有什么功能等。

④表面粗糙度测量　表面粗糙度是反求设计图上不可缺少的标注项目，同时也直

接影响零件的性能和机器的使用质量。测量表面粗糙度的方法很多,有标准样板比较法、光学仪器测量法或电测法等。

(2) 数据的获取与标定

测试的目的是为了获取所需的数据。被测参量经传感器和相应的测量电路之后,转换成与其变化规律相对应的电信号,电信号需通过标定,才能得到测试结果。标定的基本方法是利用一种标准设备产生已知的非电量(如标准力、压力、位移、温度等)作为输入量,加到待标定系统的传感器上,系统就得到相应的输出量,从而得到系统输出量与已知非电量之间的定量关系,或者得到标定曲线。根据标定曲线可以确定测量结果的数值大小。

9.2 反求工程设计方法

9.2.1 实物反求

9.2.1.1 实物反求设计的一般过程

实物反求是以产品实物为依据,对实物产品的设计原理、结构、材料、工艺装配、包装、使用等进行分析研究,研制开发出与原型产品相同或相似的产品。因此,这是一个认识产品、再现产品或创造性地开发产品的过程。

在进行实物反求时,应全面地分析大量同类产品,才能取长补短,进行综合,才能迸发出各种创造性的新的设计思想。反求工程不仅要研究同行的先进技术,而且要了解竞争对手的水平和动向。

通常实物反求的对象大多是比较先进的设备与产品,包括由国外引进的先进设备与产品及国内的先进产品。

实物反求设计的特点如下:

①具有直观、形象的实物;
②对产品功能、性能、材料等可进行直接测试及分析,获得详细的设计参数;
③对机器设备能进行直接测量,获得尺寸参数;
④仿制产品起点高,设计周期可大大缩短;
⑤引进的样品就是新产品的检验标准,为新产品开发确定了明确的赶超目标。

实物反求虽直观、形象,但引进产品时费用较大,因此要充分调研,确保引进项目的先进性与合理性。

传统的产品开发过程按照正向设计的思维进行,是从收集市场需求信息入手,如图9-3(a)所示,为从未知到已知、从抽象到具体的过程。而反求设计则是按照产品引进、消化、吸收与创新的思路,其基本步骤如图9-3(b)所示,其中最主要的任务是将原始实物转化为工程设计或产品数字化模型,一方面为提高工程设计的质量和效率提供充足的信息;另一方面为充分利用CAD/CAE/CAM技术对已有的产品进行再创新设计服务。正向设计与反求工程两者比较,区别在于:正向设计是从抽象的概念到产品数字化模型的建立,是一个计算机辅助的产品"物化"过程;反求工程是对一个"物化"产品的再设计,强调产品数字化模型建立的快捷性和高效率,以满足产品更新换代和

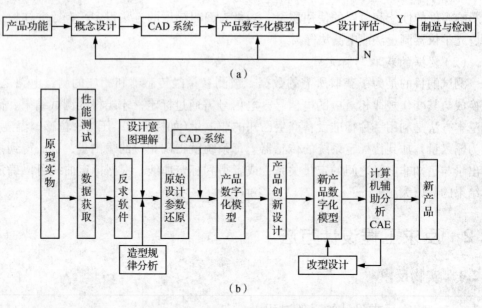

图 9-3　正向设计与反求设计的一般过程
(a)正向设计　(b)反求设计

快速响应市场的要求[4]。

9.2.1.2　实物反求 CAD 建模

基于原型实物进行产品创新设计需要经过数据获取、建模方案制定、数据预处理、特征参数抽取、CAD 建模、创新设计及产品制造等步骤，如图 9-4 所示。设计人员需在对原型实物进行反求工程 CAD 建模目的、产品表面组成及重构方法、重建精度、重建过程充分理解的基础上，根据提取的特征设计参数，按照正向设计的方法完成产品数字化模型重建[4]。

(1) 数据获取

数据获取是反求工程 CAD 建模的首要环节，根据测量方式不同，可分为接触式测量和非接触式测量两类。接触式测量通过传感器探头与实物的接触而记录实物表面点的坐标信息。非接触式测量主要是基于光学、声学、磁学等基本原理，将一定的物理模拟量通过适当的算法转换为实物表面的坐标点值。使用不同测量方法及测量软件，得到的测量数据组织方式不同。按照测量数据的组织方式可将测量数据分为 4 类：

①散乱数据　测量点没有明显的几何分布特征，呈散乱无序状态。
②扫描线数据　测量数据由一组扫描线组成，扫描线上点在扫描平面内有序排列。
③网格化数据　点云中所有点都与参数域中一个网格的顶点对应。
④多边形数据　测量点分布在一系列平行平面内，用小线段将同一平面内距离最小的若干相邻点依次连接，可形成一组有关联的平面多边形。

(2) 建模方案制订

为了提高反求工程重建产品数字化模型的再设计能力，以便对其进行变参数或适应性设计，就需要在反求工程 CAD 建模时分析、理解原型实物模型的设计意图及造型方法，并基于测量数据进行原始设计参数还原。在反求工程领域，模型的参数主要有 3

种：设计参数、实物参数、重构参数。设计参数是指零件在图样或者产品数字化模型上标注的尺寸，是设计、制造的依据；实物参数是指零件实物本身所固有的参数，是设计参数在实物上的体现；重构参数是基于测量数据处理得到的，体现在重构的产品数字化模型上。原始设计参数还原也就是要求重构参数与原始设计参数尽可能达到一致，它是反求工程达到更高阶段的关键所在，其直接目的是解决实物反求的去伪存真问题，即剔除可能包含在产品中的制造、装配、磨损、测量、计算等误差，防止误差累积，还原其设计参数，其根本目的是从本质上理解设计，找出正确的设计思想及设计结果，以提高自主设计能力。

众所周知，产品正向设计过程一般首先进行功能分解，即将总功能分解成一系列的分功能，并通过设计计算确定每个分功能参数；其次进行结构设计，即根据总功能及各个分功能要求，设计出总体结构并确定各个子结构之间的位置关系、连接关系、配合关系。对各个子结构功能进行功能分析，分析装配性、工艺性等，修改不满意之处，直至总体结构综合指标最优。然后分别对每个子结构进行功能分解和结构设计，直至分

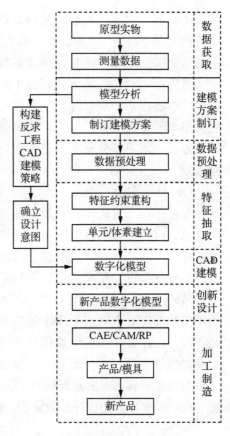

图 9-4　反求工程的基本步骤

解至零件。由以上分析可知，原始设计参数是产品结构与功能在具体零件设计中的体现。但在反求工程 CAD 建模的初始阶段，产品的结构参数与功能参数是未知的，因此，只有进行了正确的原始设计参数还原，才可以正确再现产品参数与功能参数。

原始设计参数还原是测量数据到产品数字化模型的推理过程，要在反求工程 CAD 建模过程中再现设计参数及设计过程，首先须基于实物原型或测量数据对反求工程 CAD 建模目的、设计意图及造型方法、产品表面几何元素组成及功能要求、几何元素设计参数及设计方法、设计过程及设计历史等全面进行综合分析，如图 9-5 所示。在分析的基础上确定实物原型的技术指标、几何元素组成及它们之间的拓扑关系、几何元素的设计方法及模型的设计过程等，进而确定在产品反求工程 CAD 建模过程中应该采用何种手段、需要哪些数据、经过哪些步骤才能够完成零件的三维产品数字化模型重建，也就是确定反求工程 CAD 建模的整体求解策略。

(3) 测量数据预处理

测量数据预处理是反求工程 CAD 建模的关键环节，其结果将直接影响后期重建模型的质量。此过程包括多视拼合、噪声处理与数据精简等多个方面。多视拼合的任务就是将多次移位装夹测量获得的数据融合到统一坐标系中。目前，多视拼合主要有点位法、固定球法以及平面法[5-7]。由于实际测量过程中受到各种因素影响，使得测量结果中包含噪声。为了降低或消除噪声对后续建模质量的影响，有必要对测量点云进

行平滑滤波，数据平滑通常采用高斯、平均或中值滤波方法。对于高密度点云，由于存在着大量冗余数据，有时需要按一定要求减少测量点的数量。不同类型的点云可采用不同的精简方式。对于散乱点云可采用随机采样的方法来精简；对于扫描线点云和多边形点云可采用等间距、倍率、等量、弦偏差等方法缩减；网格化点云可采用等分布密度和最小包围区域法进行数据缩减。

(4) 特征抽取

在产品设计过程中，一般以零件的机械性能、力学性能、流体动力学性能或美观性要求作为设计的评价指标，产品几何形状、造型方法及设计参数的确定必须满足这些设计要求。在反求工程CAD建模过程中应尽量还原产品原始设计参数以满足这些设计要求。而不同的性能要求对产品反求精度和造型方法的要求也不同。在注重外观设计效果的零件反求工程中一般以美观性为主要目标，因此，该类曲面的反求设计主

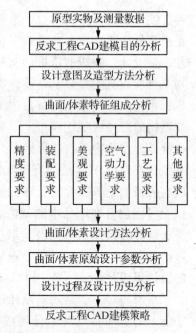

图9-5 反求工程建模方案制订过程

要以曲面逼近和追求曲面光顺品质为主要内容；对有装配、流体动力学性能要求的曲面，则一般要对原始参数分析，再现其设计过程及设计参数。

9.2.1.3 零件技术条件的反求

(1) 形状及位置公差的选择

零件的几何形状及位置精确度对机械性能有很大的影响，一般零件都要求在零件图上标注出形位公差。因此，形位公差的选择是必须解决的问题。

什么情况下需要在零件图上注出形位公差？标注哪些形位公差？解决原则如下：

①要求不高的零件，对形位公差没有特殊要求，或虽有一定要求，完全可由一般的尺寸公差所控制，由一般的机床设备所保证，此时图上可以不标注形位公差。

②一般零件应在图纸中按 GB/T 1182—2008《产品几何技术规范(GPS) 几何公差 形状、方向、位置和跳动公差标注》的要求标出形状公差和位置公差。在选择加工方法及设备时，加以保证并进行必要的检验。

③对于要求特别低的形位公差也应标出，以免混同于未注形位公差的情况，导致不必要的精度提高。

在标注形位公差时，应从以下几个方面考虑：

①保证设计性能和使用要求。

②必须对各种加工方法出现的误差范围有一个大概的了解，这将便于根据零件加工及装夹情况，提出不同的形位公差要求。如对轴套类零件，采用车削、镗削或磨削，不同加工方法其圆度误差是不一样的。

③参照验证过的实例，采用与现场生产的同类型产品图纸或测绘样图进行对比的方法，选择形位公差。

形位公差的选用和确定可参考 GB/T 1184—1996《形状和位置公差　未注公差值》，它规定了标准的公差值和系数，为形位公差值的选用和确定提供了条件。

为了确定零件的形位公差，需要进行大量的测量工作。为使测量准确符合国标，可参阅 GB/T 1958—2004《产品几何量技术规范(GPS)　形状和位置公差　检测规定》标准。

(2) 表面粗糙度的确定

①根据实测数值确定。测绘中可用轮廓仪测量表面粗糙度参数 R_a 值，用光学仪器测量 R_z 值，用有关电动仪器、气动仪器、光学仪器等测量其他参数，测出的实际数据按国家标准所列数值予以圆整确定。

②根据类比法，参照已知的表面粗糙度的确定原则进行确定。

③参照表面的尺寸精度及表面形状公差值确定。

(3) 热处理、表面处理等技术要求

①**选择材料**　材质的反求参见"9.1.2.2 反求对象材料的分析"中有关内容。

②**热处理、表面处理等技术要求的提出**　在标注零件热处理等技术要求时，一般应设法对实物有关的原始技术条件(如硬度等)进行识别测定，该过程可与材料鉴别同时进行。在获得实测资料的基础上再在零件图上合理标注，要点如下：

a. 零件热处理的技术要求是与零件材料密切相关的。

b. 零件测绘或测量图纸上是否需要提出热处理要求，主要考虑零件的作用和对零件的设计要求。

c. 对零件是否提出化学热处理和表面热处理的要求，主要根据零件的功用和使用条件等而定，如渗碳、镀铬等。

9.2.1.4　实物的功能分析和性能测试

(1) 实物的功能分析

掌握反求对象的功能、相应的功能载体及工作原理是反求设计的重要一步，也是后续一系列工作的基础。

对实物的功能分析，可采用"9.1.2.1 功能分析与方案设计"中所论述的功能分析法来进行。通过功能结构示意图找出相应功能载体和工作原理。在实际反求过程中，通常有3种情况：

①收集到的资料齐全，特别是当收集到维修或维护手册时，就可根据这些资料并参照实物画出结构示意图，进而可分析其功能及功能载体。

②占有的资料不充分，或者样机设计较为新颖，不可能完全掌握样机的结构原理时，应充分利用功能分析中求解功能元的方法，列出功能元件，然后在实物分解过程中注意该功能载体的结构，特别是功能面的结构，确定其功能载体的工作原理。

③对样机的结构及工作原理掌握甚少，此时功能分析应和实物分解过程结合起来，边分析，边研究，画出示意图，分析出各功能结构及其功能载体。

(2) 实物的性能测试

在对样机分解前，须对实物进行详细的性能测试，通常有运转性能、整机性能、寿命、可靠性等，项目可视具体情况而定。一般来说，在进行性能测试时，最好把实际测试与理论计算结合起来。即除进行实际测试外，对关键零部件从理论上进行分析计算，为自行设计积累资料。

机械产品的动态性能对工作精度、稳定性、动态响应、动强度以及自激振动产生的条件和振动控制等都有很大影响。

为获取综合反映结构系统全部动特性信息，一般要进行模态实验，也叫激振实验。利用模态实验数据可识别结构系统的模态参数，进而对该系统进行动力响应、稳定性、荷载及结构灵敏度等动态设计分析，使反求出的产品在动态性能方面达到或超过原实物。

原型实物性能反求的一般过程如图9-6所示。

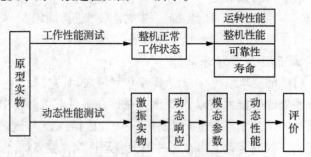

图9-6 性能反求的一般过程

动态和模态实验的基本过程为：

①合理安装或固定被测结构系统。

②在选定的坐标和频段上对被测结构系统施加一定类型和量级的激振力，保证激发出结构系统所需研究的振动模态。

③对激振力信号和运动响应信号进行采集和数字信号处理，排除模态实验过程中各种噪声和干扰的影响，得到可靠的模态实验数据。

④实验数据的记录、输出、分析及评价。

9.2.2 软件反求

产品的技术软件是相对于硬件而言，硬件一般泛指产品实物、成套设备或成套生产线；技术软件则泛指产品样本资料、产品标准、产品规范，以及与设计、研制、生产制造有关的技术资料和技术文件，如产品图纸、制造验收技术条件、产品设计说明书、计算书、使用说明书和产品设计标准、工具工装设计标准、工艺守则、操作规范、管理规范、质量保证手册等。

软件反求设计的目的就是要破译产品的技术软件以探求其关键技术，通过对技术软件的消化、吸收、创新，培植和发展生产技术上的自生能力。

9.2.2.1 软件反求设计的特点

(1) 软件反求设计的抽象性

由于技术软件不是实物性产品，可见性差，因此软件反求设计过程主要是处理抽象的信息过程。

(2)软件反求设计的科学性

软件反求设计过程是从技术软件信息载体中提取信号,经过科学的转换、分析与反求,去伪存真,由低级到高级,一步步破译出反求设计对象的关键技术,从而获取接近客观的真值。

(3)软件反求设计的智力性

软件反求设计过程主要是人的逻辑思维过程,要靠人的脑力劳动。软件反求设计主要是从现有的技术资料,经过复杂的逻辑思维产生完整的、系统的新的技术资料的双向信息转移,绝大部分工作要由人工完成,因此软件反求设计具有高度的智力性。

(4)软件反求设计的综合性

软件反求设计是建立在系统工程、创造工程的基础上,综合运用优化理论、相似理论、模糊理论、可靠性、有限元等自然科学理论及价值工程、决策理论、预测理论等社会科学理论,同时采用集合、矩阵、图论等数学工具和计算机技术,反求产品设计规律,从而提供设计、研制与生产产品的技术软件资料与解决设计、研制、生产过程中技术问题的途径。

(5)软件反求设计的创造性

软件反求设计是在技术软件基础上的产品反设计,但又不是原产品设计过程的重复,而是一种创造、创新过程。

9.2.2.2 软件反求设计程序

(1)软件反求设计类型

软件反求设计程序与产品设计程序大体相当,不同的设计类型具有不同的反求设计程序。软件反求设计一般可分为3种类型:

①**开发型软件反求设计** 这类软件是针对新任务,引进全新的产品设计资料,其软件反求设计内容应包括从产品规划到生产设计的全过程。

②**适应型软件反求设计** 它是在产品原有设计基础上的变型设计,其产品设计的基本原理方案已定,引进的技术软件只在产品构形及尺寸等方面有所变化,软件反求设计主要针对变化部分进行论证及验证。

③**变参数型软件反求设计** 这类设计的产品功能、原理、方案、结构形式基本确定,引进的技术软件只是根据不同需要改变了参数尺寸规格,软件反求设计内容主要是核算,验证其尺寸规格变化对其产品功能的影响。

(2)软件反求设计工作过程

软件反求设计的工作阶段一般可分为产品规划反求、原理方案反求、结构方案反求、产品施工设计反求等阶段。

软件反求设计程序主要是根据拥有的技术软件资料,合理地进行逻辑思维过程,其反求设计的主要步骤为:分析要求—综合求解—评价决策。产品软件反求设计的总体程序如下:

①明确反求设计要求。

②功能与结构分析。

③分析验证性能参数。

④调研国内外同类机械产品。

⑤消化拥有的软件图纸或图样资料，进行规范化、标准化处理，撰写总体反求设计论证书。

9.2.2.3 软件反求设计的产品规划

软件反求设计的第一步就是要进行产品规划，明确反求产品对象，进行需求分析和可行性论证，并从分析技术软件资料探求其设计要求。

(1) 反求对象的确定

确定技术软件的反求产品对象，应具有实用性、先进性及适用性。

实用性即实用价值。拟反求的产品对象是否具有实用价值，首先要从收集到的产品样本中去获取产品信息。

先进性可用下列方法判断：

①分析经济效果 如果是先进的产品，采用之后要能够提高产量、增加品种、改进质量、降低成本、提高劳动生产率及改善劳动条件，反之则不是先进产品。

②分析发展水平 判断某项产品是否先进，可把它与原有水平进行对比，看有无新的改进、新的发展，是否采用了新技术、新发明、新设计结构，或者是否有新的应用范围。

③进行水平对比 对不同国家、不同厂商的同类产品进行水平对比，就可以判断某一产品以哪个国家、哪个厂商的最为先进。

④根据产品样本上的著录项目判断 国外产品样本一般不注明印刷时间和产品的出厂年代，但也有少数产品样本注明印刷时间，这就可以判断产品是新的还是旧的。

⑤网络搜索对比 利用 Internet 全球信息共享平台，检索国内外同类产品并比较各自技术指标的先进性程度。

适应性主要表现在要适合国情和未来发展的需要。先进的产品是人类科研成果的结晶，原则上各个国家都能使用，但先进产品是在一定条件下产生和发展的，它的使用与一个国家和地区的经济条件、配套能力、原材料和动力供应、消化能力、文化传统等有着密切的关系。只有采用与之适应的产品，才能立即见效。因此，在分析反求产品对象先进性的同时，必须考虑是否适合国家和地区的具体条件。

(2) 需求分析

在确定技术软件的产品对象，开展技术软件反求设计之前，要对拟反求的产品对象进行需求分析。

需求一般有两种：一种为"显性需求"，即最直观的，满足人们第一层次需要的需求；另一种为"隐性需求"，即人们还没有意识到的，但客观存在的那些需求。今天的许多显性需求，可能在昨天还是隐性需求。因此在引进技术软件的产品对象时，不仅要注意那些满足人们显性需求的产品，更重要的是要去分析开发那些满足人们隐性需求的产品。只有对市场需求、同类产品现状、人们对该产品的反映和要求、产品发展动态以及本企业的技术水平、设备条件、原材料、元器件及组件的供应情况等做全面调查，进行分析和反求，才能为产品反求决策提供可靠的依据，使企业减小风险。

(3) 可行性论证

技术软件的产品对象能否研制生产反求，必须从所获取的技术资料中进行市场需求、技术、经济、社会、政策和法律等各方面条件的详细分析和充分论证。开展软件反求设计不仅只是做具体的图纸资料处理，而必须从产品开发的高度，从基础的论证工作开始反求。

可行性论证报告，主要包括如下内容：

①技术软件产品的必要性，包括市场需求及预测情况。
②有关产品的国内外水平和发展趋势。
③从技术上预期所能达到的水平，能取得的技术优势，对经济效益、社会效益的分析。
④从产品设计反求、工艺反求方面估计需要解决的关键问题。
⑤投资费用及时间进度。
⑥现有条件下开发的可能性及准备采取的措施。

(4) 技术软件产品反求对象设计要求

在进行软件反求设计时，应该通过对引进技术软件的消化吸收，充分论证其设计要求。产品的设计要求贯穿于产品设计的全过程，体现为产品的社会需求，是以量化的设计参数或其他制约条件的形式，向产品的原理方案和结构方案转化。通过对引进技术软件资料的具体分析和反求，将反映产品基本功能、性能的要求，列为产品软件反求设计的基本要求；而将制约条件分为产品软件反求设计的必须达到的要求和希望达到的要求。希望达到的要求按其重要性不同分为重要的、中等的和次要的。

9.2.2.4 原理方案反求

(1) 产品设计的策略思想反求

原理方案反求时，首先应探求拟反求技术软件产品设计的策略思想。什么是产品设计的策略思想？这可从产品的价值、功能及成本之间的关系式来加以说明，即

$$V = \frac{F}{C}$$

式中：V 为产品的价值；F 为产品的功能；C 为实现该功能所花费的总成本。

为了提高设计产品的价值，一般有 5 种策略思想：

①增加功能，成本不变。
②功能不变，降低成本。
③增加一些成本以换取更多的功能。
④减少一些功能使成本更多地降低。
⑤增加功能，降低成本，追求生产高质量产品的最少成本。

前 4 种策略在产品设计中较普遍地应用，最后一种策略是最理想的，也是最困难的，它必须依赖于新技术、新工艺、新材料等方面的突破。除了以上涉及产品的价值、功能及成本之间关系的 5 种策略思想，还应考虑其他的一些设计策略思想，如携带方便、使用灵活、可持续发展、节能、环保、绿色设计、人性化等现代设计理念。抓住了产品的设计思想，才能掌握原设计的根本，有利于寻求关键技术。在此基础上，才

能确立自己的创新设计思想。

(2) 产品的设计原则反求

产品在设计过程中必须遵循一些工作原则和法规,在对技术软件资料进行消化吸收时,探求其设计原则,可充分了解其设计质量及其设计的成熟程度。产品设计中一般遵循的设计原则有需求、创新、系统、优化、继承、效益和逐步逼近等原则。

① **需求原则** 没有需求,就没有功能要求,也就没有设计所要解决的问题和约束条件,设计也就失去了意义。因此,一切设计均是为了满足客观的需求,这是设计中最基本的出发点。客观需求是随着时间、地点的不同而不断变化的,显性需求导致产品的不断改进、升级、更新、换代;而隐性需求则导致创造发明。可依此对拟反求产品的技术软件设计资料究竟是处于客观需求的哪一个层次作出评价。

② **创新原则** 原理方案构思阶段是实现创新和发生质的跃变的关键阶段。通过对拟反求产品技术软件资料的消化吸收,可分析其具有哪些独创性、突变性、求异性、多向性、发散性、联动性、跨越性等创新特征,从而了解掌握本产品设计在哪些方面有突破性的发展。

③ **系统原则** 任何一个工程设计,都可以视为一个待定的技术系统。系统传递为物质流、能量流和信息流,输入量如何转化成所需要的输出量,即待定系统的功能。此外,整个系统还应满足各种约束条件。

④ **优化原则** 优化应泛指广义优化,包括方案择优、设计参数优化、总体方案简化,尽量提高零部件、产品的价值及人机系统的效率等。通过对拟反求产品技术软件的消化吸收,应探求产品的技术软件设计在哪些方面获得了最满意的优化效果。

⑤ **继承原则** 任何一项产品设计均具有一定的继承性,都是在原有产品设计基础上的改进或创新设计。因此,在消化吸收产品技术软件资料时,应分析哪些是原有的、成熟的继承设计部分,哪些是创新设计部分,从而在软件反求设计中,集中精力去解决创新设计部分中的主要问题。

⑥ **效益原则** 任何一项产品设计都必须关注效益,包括技术经济效益和社会效益。在进行软件反求设计时,应把拟反求产品技术软件设计与预期的效益密切联系起来,进行综合评价。

⑦ **逐步逼近原则** 同一般产品设计过程类似,软件反求设计过程也是要经过不断反复,呈螺旋式上升,由不完善逐渐向完善逼近。

9.2.2.5 结构方案反求

技术系统的功能原理方案,是通过技术设计阶段确定的功能载体——各零部件的结构、材料及尺寸而具体化体现。因此,通过对拟反求产品技术软件资料的消化分析,进行结构方案反求,是软件反求的主要内容之一。

(1) 结构要素的变型

深入分析结构方案的形式规律并进行一些抽象,就可以发现任何一个零部件或机器的结构方案都是由基本的结构要素,如形状、数量、位置、尺寸和连接形式构成的。掌握这些结构要素及其变化规律,就可以在一种结构方案的基础上衍生出许多方案来。对产品的结构方案进行设计反求时,就可以消化吸收所反求产品的技术优势,开发出相似类型的多种新产品。

①**功能面的结构变型** 零件中完成功能的主要表面称为功能面，如剪刀的刀刃面、齿轮的齿轮面等。功能面的构形是确定零件结构的主要因素，从其主要参数如形状、大小、数量、位置、顺序进行变型，可综合得到多种构形方案。从拥有的产品图纸中，对确定的零部件构形方案反求其功能面的主要参数，并判断其是否为优化的最佳组合，即可深入了解与掌握反求产品的结构特征。

②**"连接"的变型** "连接"的广义作用是对功能载体或零件间的相对位置和相对运动进行约束，并在其间进行力的传递。相对静止元件间的连接变型可从锁合形式和拆卸特点两方面进行分析反求，锁合形式分为形锁合、力锁合及材料锁合，拆卸形式分为可拆和不可拆两类。传动变型可按传动原理、运动形式、运动性质等进行分析反求及变型创新。支承的变型按两相对运动面之间进行力的传递时所遵循的支承原理、相对运动形式和摩擦形式的不同进行分析反求及变型创新。

③**尺寸变换** 零件或表面由于尺寸的变化而引起的形态变化就是尺寸变换。例如，在滚动轴承中，改变滚动柱体的直径尺寸，可以形成滚子和滚针。

④**材料的变型** 根据需要选用的各种金属、非金属材料将形成不同的结构，如铸铁的铸造结构、塑料的注塑结构等。

综上所述，通过对技术软件资料的分析研究，可反求其功能面变型、"连接"变型和材料变型的各种相关因素，并评价由各种相关因素综合作用所产生的结构设计方案是否为最佳的结构方案。

(2) 结构设计原理反求

产品结构设计的最佳方案，应遵循其内在的规律和一般原理。以技术软件资料为依据，反求其结构设计的这些固有原理，则可深入掌握拟反求产品结构设计方案的由来，及其设计的关键技术。

产品结构设计应遵循如下原理：

①**等强度原理** 所谓等强度就是要使零件的各部位同等寿命。为了达到或接近等强度，除选择合适材料和零件形状外，还常常采取一些结构措施来降低高应力区应力。通过反求设计验证且符合等强度原理的结构，可使材料得到充分的利用。

②**合理力流原理** 如同水流中存在水流线、磁场中存在磁力线一样，力的传递轨迹也会形成力线，这些力线汇聚在一起就是力流。力流不会在连续物体上突然中断，它所到之处会连续穿过，也可以封闭起来。力流固有的特性是倾向于沿最短路线传递，在同一断面上各处力流密度不同，在最短路线的附近力流密集，形成高应力区。没有力流穿过的部位不受力，该部位所消耗的材料是"多余的"。因此，应该尽可能沿力流最短路线来设计零件的结构形式，使材料得到最有效的利用。同时也应考虑到力流路线的延长可增大构件的变形和弹性。

③**变形协调原理** 在外荷载作用下，两个相邻零件的连接处由于各自受力不同，变形亦不同，在两零件间会产生相对变形。这种相对变形会引起力流密集形成应力集中。所谓变形协调，就是使连接的相邻零件在外荷载作用下的变形方向相同，并且尽可能减小相对变形。

④**力平衡原理** 在机器中为实现总功能，需要传递力和力矩，然而与此同时常会

伴随产生一些无用力,如斜齿轮的轴向力、惯性力等。这些力使得轴及轴承等零件负荷增大,且造成附加的摩擦损失,降低机器的传动效率。将这些无用力在其产生处平衡掉,不让它传递到其他地方,这就是力平衡原理。可采用平衡元件或采取对称布置以获得力平衡结构。

⑤**任务分配原理** 根据分功能要求选择载体进行任务分配时,应从质量、尺寸、可靠性、经济性等方面进行分析,应优先考虑采用一个零件担负多种功能。例如:向心推力轴承可同时承受径向力和轴向力,还可以定心。然而把多种功能集中到一个零件上也受到一定的限制,如:零件的一种或多种功能已达到极限状态,不能再承担其他功能;受到优化设计的某个重要边界条件的约束;结构过于复杂、难以加工和装配等。在这种情况下,就要考虑一种零件单独担负一种功能,甚至几个零件共同分担一种功能。

⑥**自补偿原理** 通过巧妙地选择系统元件及其在系统中的配置来实现加强功能或避免失效的相互支持作用,称为自补偿。自补偿概念在正常情况(额定荷载)下有加强功能、减载和平衡的含义,而在紧急情况(超载)下有保护和救援的含义。

⑦**稳定性原理** 在力学中物体的平衡状态有 3 种形式:稳定平衡、随遇平衡和不稳定平衡。所谓物体平衡是指物体受到干扰偏离原位后,当干扰去除能自动复位。因此在进行机械系统结构设计时,必须考虑稳定性问题。

9.2.3 影像反求

根据产品照片、图片、说明书、广告介绍、参观印象、影视画面等为参考资料,进行产品反求设计的方法称为影像反求设计法。

9.2.3.1 影像反求设计的特点

可供影像反求设计参考的原始设计资料面广、量大,易获得。生产厂家为了进行市场竞争,尽量向外界散发产品广告等资料。其中还特意显示出所推销产品的技术和性能的先进性,这样的资料经济实惠。因此,影像反求设计具有原始资料面广、量大的特点,为设计人员提供了从较多方案中筛选出较好方案的可能性。另外,产品广告的图片、资料等仅是简单的外形、性能的概括及使用维修的注意事项,正因为这样,才能更好地促进反求设计人员结合实际需求进行创新设计。

影像反求设计中,产品的外形尺寸在满足产品功能与结构特性的要求下,主要是根据影像形成原理进行分析确定。而产品内部结构只有根据产品的功能、结构特性、内部结构所反映的外观特征等进行反求设计。

9.2.3.2 影像反求设计的原理和分析方法

照片、图片都是依照中心投影规律形成的透视图。在此以透视图为例讨论影像反求设计的原理和分析方法。

(1) 透视变换与透视投影[8-10]

线性变换的数学形式用矩阵表示。如将空间一点 $P(x\ y\ z)$ 进行 T 矩阵的线性变换,成为 $P'(x'\ y'\ z')$。用齐次坐标可将这个变换写成

$$[x'\ y'\ z'\ 1] = [x\ y\ z\ 1]\begin{bmatrix} T_{11} & T_{12} & T_{13} & T_{14} \\ T_{21} & T_{22} & T_{23} & T_{24} \\ T_{31} & T_{32} & T_{33} & T_{34} \\ T_{41} & T_{42} & T_{43} & T_{44} \end{bmatrix}$$

$$= [x_1\ x_2\ x_3\ x_4]$$

$$\Rightarrow \left[\frac{x_1}{x_4}\ \frac{x_2}{x_4}\ \frac{x_3}{x_4}\ 1\right] \tag{9-1}$$

即

$$x' = \frac{x_1}{x_4} \quad y' = \frac{x_2}{x_4} \quad z' = \frac{x_3}{x_4}$$

式中：$T_p = \begin{bmatrix} T_{11} & T_{12} & T_{13} & T_{14} \\ T_{21} & T_{22} & T_{23} & T_{24} \\ T_{31} & T_{32} & T_{33} & T_{34} \\ T_{41} & T_{42} & T_{43} & T_{44} \end{bmatrix}$ 为变换矩阵。

当 $T_{14} = T_{24} = T_{34} = 0$，$T_{44} = 1$ 时，式(9-1)为仿射变换。当 T_{14}，T_{24}，T_{34} 中有一项不为零时，式(9-1)称为透视变换。最简单的透视变换为

$$[x'\ y'\ z'\ 1] = [x\ y\ z\ 1]\begin{bmatrix} 1 & 0 & 0 & 0 \\ 0 & 1 & 0 & 0 \\ 0 & 0 & 1 & r \\ 0 & 0 & 0 & 1 \end{bmatrix}$$

$$= [x\ y\ z\ rz+1]$$

$$\Rightarrow \left[\frac{x}{rz+1}\ \frac{y}{rz+1}\ \frac{z}{rz+1}\ 1\right] \tag{9-2}$$

如果将坐标系原点 [0 0 0 1] 代入式(9-2)，则变换后点的位置不变。若将 z 轴上的无穷远点 [0 0 1 0] 代入式(9-2)，则变换后的点为 [0 0 $1/r$ 1]，即无穷远点经透视变换后成为非无穷远点，称为透视变换的灭点。现讨论同一方向上相互平行直线上的无穷远点，经透视变换后其灭点分布的情况。设在 xOy 坐标面上，选取一点 $Q(x_q\ y_q\ 0)$，过 Q 点引与方向 [$X\ Y\ 1$] 平行的射线，射线方程为 [$x\ y\ z$] = [$x_q + Xt\ y_q + Yt\ z_q + Zt$]。

经过式(9-2)的透视变换，射线上点的坐标为

$$[x'\ y'\ z'] = \left[\frac{x_q + Xt}{rt+1}\ \frac{y_q + Yt}{rt+1}\ \frac{t}{rt+1}\right]$$

当 t 趋于无穷大时，该变换即表示射线上无穷远点的灭点位置。设灭点为 V，则 V 点坐标为

$$[x_v\ y_v\ z_v] = \left[\frac{X}{r}\ \frac{Y}{r}\ \frac{1}{r}\right] \tag{9-3}$$

从式(9-3)可看出灭点的坐标仅与射线的方向及透视变换参数 r 有关，与射线的出发位置点 Q 无关。于是得到结论：平行的直线有着相同的透视灭点。且灭点的位置随着射线方向的改变而改变，但它们都分布在 $z = 1/r$ 的平面上。xOy 坐标面上的点，即 $z = 0$

的点,经式(9-2)的变换仍是自身。这意味着整个正值($0 \leqslant z \leqslant \infty$)半个区域经过透视变换被压缩在($0 \leqslant z \leqslant 1/r$)有限区间内。

透视变换的几何意义可用图9-7说明。点$A(x_1 \quad y_1 \quad z_1)$与点$B(x_2 \quad y_2 \quad z_2)$连成直线$AB$与$z$轴平行,经透视变换后变成$A'B'$,它处于通过$AB$的延长线和画面$xOy$面的交点$G$及点$S(0 \quad 0 \quad -1/r)$的直线上。直线$A'B'$在画面上的正投影$A''B''$就是直线$AB$在画面上的透视投影,且保留了深度方向的对应关系。其中点$S(0 \quad 0 \quad -1/r)$为透视中心。灭点$V(0 \quad 0 \quad 1/r)$与S点对称。V点是所有铅垂线的灭点。

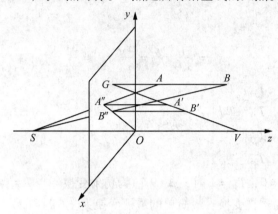

图9-7 点的透视变换及透视投影

透视变换为空间点到空间点的变换,而透视投影是透视变换的结果再向投影面进行一次垂直投影,如图9-7中点A'',B''即为空间点A,B的透视变换点A',B'向投影面xOy的垂直投影。如点A的透视投影用矩阵表示即为

$$[x_1'' \quad y_1'' \quad z_1'' \quad 1] = [x_1 \quad y_1 \quad z_1 \quad 1] \cdot T_1 \cdot T_2$$

$$= [x_1 \quad y_1 \quad z_1 \quad 1] \begin{bmatrix} 1 & 0 & 0 & 0 \\ 0 & 1 & 0 & 0 \\ 0 & 0 & 1 & r \\ 0 & 0 & 0 & 1 \end{bmatrix} \begin{bmatrix} 1 & 0 & 0 & 0 \\ 0 & 1 & 0 & 0 \\ 0 & 0 & 0 & 0 \\ 0 & 0 & 0 & 1 \end{bmatrix}$$

$$= [x_1 \quad y_1 \quad 0 \quad rz_1+1] \Rightarrow \left[\frac{x_1}{rz_1+1} \quad \frac{y_1}{rz_1+1} \quad 0 \quad 1 \right]$$

式中:T_1为透视变换矩阵;T_2为投影变换矩阵。

用几何作图法,透视投影可这样定义:空间点和视点的连线与投影面的交点,为空间点在投影面上的投影。图9-7中空间点A的透视投影点A''可由连线SA与投影面xOy的交点得到。

透视投影具有如下属性:

①点在直线上,其对应的点投影在直线的投影上。

②当视点与投影面的相对位置固定以后,物体与投影中心的距离越近,其投影越大,反之亦然。即物体投影的大小与物体距视点的距离符合"近大远小"的原则。

③一组平行线的透视投影,延长后交于一点,即共灭点。

(2)透视图的形成原理[5]

空间立体的透视投影,可将立体看成是点的集合,先将这些点逐个地做透视变换,紧接着把它们投影到投影面上,在得到了这些点的透视投影后,依次地连接起来,就得到了立体透视投影。

为了获得日常生活中"不失真"的透视图形,需要将空间物体在进行透视投影之前进行矩阵变换,即旋转、平移,使得投影面正如绘画家绘画时的画面,在画面上得到的透视投影称为透视图。透视图的数学表达式为

$$[x'\ y'\ z'\ 1] = [x\ y\ z\ 1] \cdot T_1 \cdot T_2 \cdot T_3 \cdot T_4$$

$$= [x\ y\ z\ 1] \begin{bmatrix} \cos\theta_y & 0 & -\sin\theta_y & 0 \\ 0 & 1 & 0 & 0 \\ \sin\theta_y & 0 & \cos\theta_y & 0 \\ 0 & 0 & 0 & 1 \end{bmatrix} \begin{bmatrix} 1 & 0 & 0 & 0 \\ 0 & \cos\theta_x & \sin\theta_x & 0 \\ 0 & -\sin\theta_x & \cos\theta_x & 0 \\ 0 & 0 & 0 & 1 \end{bmatrix}$$

$$\begin{bmatrix} 1 & 0 & 0 & 0 \\ 0 & 1 & 0 & 0 \\ 0 & 0 & 1 & 0 \\ l & m & n & 1 \end{bmatrix} \begin{bmatrix} 1 & 0 & 0 & 0 \\ 0 & 1 & 0 & 0 \\ 0 & 0 & 0 & r \\ 0 & 0 & 0 & 1 \end{bmatrix}$$

$$= [x\ y\ z\ 1] \begin{bmatrix} \cos\theta_y & \sin\theta_x\sin\theta_y & 0 & -r\cos\theta_x\sin\theta_y \\ 0 & \cos\theta_x & 0 & r\sin\theta_x \\ \sin\theta_y & -\sin\theta_x\cos\theta_y & 0 & r\cos\theta_x\cos\theta_y \\ l & m & 0 & 1+rn \end{bmatrix} \quad (9\text{-}4)$$

式中:T_1 为物体绕 y 轴旋转 θ_y 角的变换矩阵;T_2 为物体绕 x 轴旋转 θ_x 角的变换矩阵;T_3 为物体沿 x,y,z 方向分别平移 l,m,n 单位距离的变换矩阵;T_4 为物体经过旋转、平移后向 xOy 画面投影的变换矩阵,即透视投影。

当 $\theta_x = 0$,$\theta_y = 0$ 时,得一点透视图,如图 9-8(a)所示;当 $\theta_x = 0$,$\theta_y \neq 0$ 时,得二点透视图,如图 9-8(b)(c)所示;当 $\theta_x \neq 0$,$\theta_y \neq 0$ 时,得三点透视图,如图 9-8(d)所示。

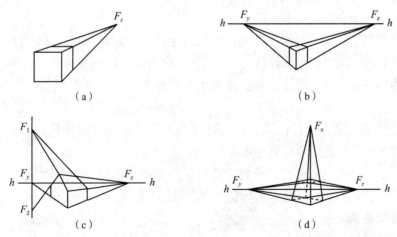

图 9-8 透视图
(a)一点透视 (b)(c)二点透视 (d)三点透视

从三点透视图 9-8(d)中可看出，水平线的灭点落在视平线 hh 上。与水平面倾斜直线的灭点，落在视平线的上方或下方。

9.2.3.3 方案分析和结构分析

(1) 方案分析

方案分析是反求设计的关键步骤，其重点是技术分析与经济分析。技术分析步骤如下：

①先从不同的方案比较中选出性能好、技术先进的方案。

②从产品的名称、说明书、图片中工作部件的外形了解产品的作用、工作原理等。同样完成一项加工任务，工作原理不同对加工性能、技术指标有直接的影响。

③在方案分析过程中，要注意收集新的资料。对于外国的资料、宣传品要辨明其过时与不实部分。

④在分析资料时，要吸收有经验的技术人员与工人参加，这样才能集思广益，保证反求产品具有较强的生命力。

⑤大力收集国内外同类产品的性能、结构等方面资料，丰富专业知识，提高对方案技术分析的综合能力。

经济分析即经济可行性研究，就是设法用尽量少的投入，创造出尽可能多的效益。方案的经济分析可概括为以下几个方面：

①**工程条件的分析**　对各种原材料的来源、厂址选择、气象、水文、地质、自然条件、能源、"三废"处理等进行综合性技术经济分析。

②**采用工艺技术的分析**　拟采用何种技术及相应的设备，在采用新技术研究中，考虑哪些环节用本企业的成熟技术，哪些技术需从外企业引进，如何迅速消化与掌握引进技术等。

③**产品的寿命周期成本分析**　进行产品成本比较时，要考虑设计、制造、装配、维修、使用等几个方面的成本。

④**生产规模的分析**　对同一产品，不同的生产线与设计方案，适应的生产规模不同。开始设计时，应对此进行评估。

⑤**价格和投资分析**　产品销售价格和生产产品的投资是评价产品设计可行性的两个重要因素。首先要确定目标成本，并在设计过程中通过价值分析控制成本，以确定该设计方案经济上是否可行；其次是投资效益，若产品寿命周期长，收益率可低些，反之则应高些。最后还应考虑资金来源和偿还能力等。

企业对于产品的经济可行性分析，重点是要对产品的生命力和市场销售情况、产品质量、采用工艺和成本条件、市场竞争能力等进行评估。

(2) 结构分析

①**结构的组成**　在方案分析的基础上，进一步分析产品的组成部分。至于各组成部分的具体结构又因产品不同而可能区别很大。另外，还要善于观察和注意区分事物外部特征。

②**材料的确定**　材料的确定相对困难一些。对图片进行观察根据色彩可分辨出橡

胶、塑料、有机玻璃、皮革等非金属材料，也可根据色彩和外形分辨出是焊件还是铸件，是钢板还是型材，是钢管还是圆钢，还可分辨出铜、铝、金、银等有色金属。

③**强度问题** 在尺寸、结构、材质已定的情况下，就可进行强度计算。

④**配套问题** 配套问题指除产品主要加工零部件外还需外购的附件、配件、仪表和其他零部件等。只解决主要加工零部件而忽视配套问题会使反求设计失败，正确的解决途径应是尽量使配套件国产化。

⑤**传动分析** 从原动机到工作机构间的运动和能量传递称为传动。传动分为机械传动、液压传动、气压传动、电传动和手动等。在仔细观察产品图片的基础上，尽快准确地确定其具体的传动形式。

9.2.3.4 基于专利文献的影像反求[11]

专利文献是专利权人向专利局申请专利时所提交的文件，包括说明书、摘要、附图、权利要求书等。通过专利文献，能够较全面地了解产品的内部结构，进而在此基础上，进行创新设计。反求设计应有效地利用专利文献，既可以利用现有技术资源，又可以避开专利技术，防止侵犯他人专利权。

在进行影像反求设计时，由于研究对象主要是产品的外观图片、画面或影像等，很难甚至无法了解到产品的内部结构，这时只能根据产品的功能、结构特点和由内部结构所反映出的产品外部结构特征来进行分析及设计。而利用专利文献的公开性，可以准确了解产品的内部结构、工作原理。发达国家90%~95%的新产品，都会申请专利以求保护。当技术仅仅是一种技术知识时，别人可以学习及掌握，当它成为一种权利时，是不可逾越的，并将给技术权利人即专利权人带来巨大的利益。这就是发达国家强调知识产权保护的原因所在，以求保持此技术上的优势和经济上的垄断。

专利法对申请人提交说明书的要求是：能够清楚、完整地说明发明创造的技术方案，以同技术领域中的普通技术人员能够实施为准。因此，可以说专利文献是非常详尽、清晰可用的技术资料。而且专利文献的公开时间，往往早于其他科技刊物1~6年。由于专利文献的充分公开，可以大大压缩创新成本。据联合国的一项统计，利用专利文献，可缩短60%的研究时间和40%的研究费用。

专利文献中的权利要求书，要求说明发明创造的保护范围。在反求设计时，可以根据权利要求书，了解产品的权利要求和保护范围，规避专利保护范围，以避免"侵权"。

9.3 反求工程与知识产权

目前，经济全球化使得各国技术信息交流日益紧密，据统计，各国一半以上的技术信息源于国外，实施反求工程获取技术信息可使产品研发周期至少减少一半，极大地加速科学技术进步、缩短科学技术差距。保护知识产权是国际性的共同行为规范，任何一项新技术、新产品都应该受到有关保护法的法律保护。反求工程的基础是仿制，但不等同于仿制，其着眼点在于对原有实物、软件和影像等进行修改和再设计后制造出新的产品。从事反求设计时,一定要懂得知识产权,尊重别人的专利权、著作权、商标权等受保护的知识产权,避免侵权的法律问题,同时也应保护自己对创新成果的知识产权。

9.3.1 反求工程的合法性争议[12]

一般来说,在有法律明文规定的前提下,合法行为与非法行为有着明确而清晰的界限,但针对反求工程行为,由于现实立法存在着明显的缺陷,很难通过现有立法进行明确判断反求工程行为的法律性质。

最高人民法院于2007年公布的《关于审理不正当竞争民事案件应用法律若干问题的解释》第十二条规定:"通过自行开发研制或者反向工程等方式获得的商业秘密,不认定为反不正当竞争法第十条第(一)、(二)项规定的侵犯商业秘密行为。前款所称'反向工程',是指通过技术手段对从公开渠道取得的产品进行拆卸、测绘、分析等而获得该产品的有关技术信息。当事人以不正当手段知悉了他人的商业秘密之后,又以反向工程为由主张获取行为合法的,不予支持。"中国以司法解释的方式确定了实施反求工程行为不属于反不正当竞争法规定的侵犯商业秘密的行为,但是,该司法解释并未就"不正当手段"进行准确清晰的认定,因此,关于反求工程的合法性界定问题成为法学界争论不休的问题。主要反映为合法和侵权违法两种观点。

(1) 正当合法说

一些相关领域的技术专家及法学专家认为,反求工程是合法的,不构成对技术秘密或者源程序著作权的侵犯,并且不属于非法获得商业秘密的行为。理由如下:

①反求工程行为是一种技术行为或技术手段,科学技术的进步需要这样的探究手段,且通过反求工程可降低社会创新成本,促进科学技术的传播和发展,提升科技进步给全社会带来的经济效益。

②实施反求工程能够增强社会竞争,降低行业进入壁垒,防止产生垄断。当应用反求工程开发出类似产品后,在市场上形成的竞争格局对产品价格的下降有积极的作用,这样不仅可以保护消费者权益,而且赋予其更广泛的产品选择权。

③反求工程需要投资,在实施过程中需要耗费大量的人力、物力和时间,并且需要投入相当的技术力量,这种实施过程使早先发明者已经能够具有相当长时间的技术领先优势,并且可以充分地收回投资成本以及获取可观的经济利益。

(2) 侵权违法说

某些法学专家认为反求工程是一种侵权行为,反求工程构成对权利人相关商业秘密或著作权等知识产权的侵犯。根据过错归责原则,构成的侵权责任包括4个要件,即主观过错、违法行为、损害事实以及违法行为与损害事实之间的因果关系。理由如下:

①反求工程实施目的一般表现为希望节省研发时间及经费的投入,可快速获取所需的技术信息等商业秘密,分享产品原创者的市场份额,获取更多的经济利益,其主观心理状态的正当性受到质疑。

②反求工程在实施过程中往往需要对产品进行拆卸、测绘或者对源程序进行反汇编、反编译,这往往是产品原创者或者相关权利人在出售该产品时的合约中所明确禁

止的，购买方接受合约条件就应当受此约束，否则其实施行为就会涉嫌违约。

③损害事实在反求工程中主要表现为相关权利人丧失技术竞争优势、产品销售额下降、服务客户群减少以及市场占有份额降低、丧失可以期待的经济利益等。

9.3.2 反求工程中的模仿与仿制[13]

由于反求工程是以获取他人产品的关键技术作为目标，虽然企业凭借自身的技术实力进行技术秘密的破解，但仍是基于他人技术基础之上的"模仿"行为。因此人们常常将模仿与仿制混为一谈。

(1) 模仿与仿制的区别与混淆

反求工程的技术模仿不等同于仿制，它与仿制有着本质的区别，但在某些细节上又存在极易混淆的地方。从反求对象方面看，反求工程的着眼点在于取得原有产品中的关键技术，进而对原有产品进行改进和再设计后制造出新的产品，或者对所获得的技术进行改进和创新以获得新的关键技术与核心技术；仿制不局限于先进产品，甚至不选择先进技术，而是着眼于制造出与原有产品相同的产品，是最低级、最原始的模仿。

按照创新效益、技术难度和技术含量的高低，反求工程的成果应用分为3个层次：模仿产品、创新产品和创新技术。模仿产品的技术层次较低，是在原有产品的基础上，进行适当的改变和调整；创新产品的技术层次较高，是以原有产品及其生产技术为基础，进行显著改进或者研发全新产品，可以赶超原型产品的质量和性能；创新技术的技术层次最高，是将原有产品的相关技术原理进行再创造，或者将其融入到企业的创造性研发过程中。然而，仿制的成果是毫无创新地全盘照搬竞争对手的原始产品或技术，使仿制品与被仿品之间在外观、功能和操作方式等方面几乎没有区别，仿制者完全未投入自己的创新劳动，而是直接利用或盗用竞争对手的创造。且仿制成果的应用就是将这种仿制品大量投放市场，甚至廉价销售，从而阻碍竞争对手开展正常的经营活动，甚至挤垮竞争对手。

可以看出，虽然反求工程是基于自身技术需求、不蓄意破坏竞争对手利益，而仿制明显带有恶意的、不正当竞争的成分，但是在某些方面反求工程的技术模仿与仿制的界限表现得很模糊，如反求工程的成果基于模仿产品，只是对原有产品进行了适当的改变和调整，这种情况很接近于仿制的效果，模仿者无论是蓄意的还是无意的，都可能会影响到被模仿企业的利益。由于模仿与仿制之间的模糊界限容易使两者混淆，致使反求工程受到知识产权保护的质疑。

(2) 模仿的法律界限

反求工程除了可能面临混淆模仿与仿制的危险，还可能时常濒临合法与违法的边界。由于反求工程锁定的目标是关键技术与先进技术，通常都受到了专利权或软件著作权保护，导致反求工程的技术模仿与知识产权中的各类专利权或软件著作权有可能发生冲突。也就是说，模仿是有法律界限的。

通常情况下，法律界限着重规定模仿的目的应该是为了获得实现独创性研究所必需的信息和技术，并且在满足一些条件的基础上才可以实施模仿活动，对于模仿成果的应用也有一些范围限制。如欧盟的相关法律中规定了软件"反求工程"的合法性，同时对实施目的、实施条件和应用范围进行了严格的界定；中国的《关于审理不正当竞争民事案件应用法律若干问题的解释》第十二条针对反求工程进行了相应规定。但当反求工程的技术模仿超出了法律许可的边界，企业将可能面临承担侵权责任的风险，甚至由于侵权赔偿造成难以弥补的经济损失。可见，反求工程跨越模仿的法律界限，可能会置身于知识产权保护的纠纷之中。

然而，模仿的法律界限在什么尺度上才是合乎社会发展的需要？如果知识产权保护不利，将影响企业进行创新的积极性，或导致不正当的竞争，可能直接影响技术创造者的经济利益；另外，从国家层面上看，如果知识产权保护不健全可能会导致缺乏自主创新，陷入不断模仿的技术依赖中，难以实现对先进国家的技术赶超。然而，如果过分地强调知识产权保护，又可能将模仿与仿制归为一类而予以扼杀，对于社会而言，可能严重制约技术扩散，造成重复研发等资源浪费，不仅限制发明，甚至遏制创新；对于落后企业而言，可能无法有效跨越技术瓶颈，难以展开竞争；对于发展中或不发达国家和地区而言，可能陷于单纯的设备和技术引进的技术依赖中，阻碍自身的技术进步，甚至影响国家和地区经济的快速发展。

9.3.3 计算机软件反求工程合法性分析[14,15]

计算机软件反求工程通常是指人们通过对原有软件进行逆向创作的过程，由用户手册及目标代码开始，进行反编译，取得源程序（源代码），通过逆推整个设计步骤，了解该软件的设计思想、步骤、结构等。由于反求工程可以有效地推动软件产业的创新、竞争和发展，从而增进社会效益，因此许多发达国家是允许在一定限制条件下对软件进行反求工程的。但是许多软件著作权人通过软件许可协议限制软件反求工程，尤其在发达国家这种现象更为常见，因此产生了很多纠纷。

计算机软件反求工程的合法性，一直是计算机软件知识产权保护中争议较大的问题。从国际版权保护的基本原则来讲，只有计算机软件思想、概念的表达形式受著作权法的保护，而不是思想、概念本身。从他人的计算机软件产品中还原出的思想、概念，再以该思想、概念为基础进行新的表达，原则上应当不构成对他人计算机软件著作权的侵犯。问题在于这两种表达之间往往存在不同程度的相同或相似。事实上，反求工程较难做到只利用原软件的思想和概念，而不利用思想和概念的表达，这就是导致争议的关键所在。

目前所有国家都采用了版权法保护计算机软件，但其中有些国家已经明确表示，用版权法保护软件只是一种应急措施。对于计算机软件反求工程合法性问题的研究明显落后于对工业产品设计上的反求工程的研究。

中国法律本身并没有对软件反求工程做出清晰的界定，也没有在合同法等相关法律中对涉及软件反求工程的条款进行规定。但事实上，无论是在中国进口的还是国内的软件最终用户许可协议中，禁止最终用户进行反求工程条款是一个很普遍的现象，因此这一条款的法律效力值得研究。

在《计算机软件保护条例》第 17 条规定了计算机软件的合理使用，认为可以为研究软件的设计思想而使用软件，这种使用，可以认为包括对软件的反求工程。中国规范知识产权许可合同中限制性条款的法律主要有《合同法》第 329 条、第 334 条，《最高人民法院关于审理技术合同纠纷案件适用法律若干问题的解释》第10条，以及《中华人民共和国技术进出口合同管理条例》。从这些法律、法规对限制性条款的规定可以看出，技术合同中关于限制技术受让方对原有技术进行改进的条款是属于限制性条款，应当无效。从限制技术进步的角度来考察计算机软件许可协议中禁止软件反求工程的条款，在实际应用中面临的最大难题是如何判断合同条款是否属于限制技术进步，也就是说，确立一个限制性条款判断的标准是处理此问题的一个前提。

9.3.4 反求工程与知识产权保护的协调平衡[12,15]

反求工程在某些情况下可能会损害原创知识产权人的利益，同时反求工程又有利于激发对现有技术的开发与创新。随着全球信息流的快速发展及高度融合，加速了反求工程技术在各个领域的应用，从而推动了科学技术的高速发展。当今社会的发展离不开法律的保护，既要保护原创人的合法权利，又要从法律上明确支持反求工程，使已有的先进技术尽量发挥最大的社会作用，创造最多的社会财富，获得最高的社会效益。

美国、欧盟等发达国家明确承认了反求工程的地位，并且建立了相对比较完善的法律制度。中国绝大部分行业现处于发展阶段，更加需要应用反求工程。目前，中国的法律虽然对反求工程问题有一定的涉及，但是仍然存在很多不完善的地方，需要立法进行完善，建立适合中国发展需要的规则。

可以考虑从以下几方面进行立法完善：

(1) 一定条件下实施反求工程合法

一般情况下认定为非商业目的实施反求工程合法，即为学习研究产品中的原理构造对其进行解析测试等反求工程无需经权利人同意，另外在一定条件下为商业目的实施反求工程合法。

(2) 对实施反求工程的主体进行合理限制

凡是对该权利人负有某种义务的人员，如基于保密关系而接触过该商业秘密的内部人员、技术人员，特别是"跳槽"的人员以及因信赖关系而知悉该商业秘密的仲裁员、审判人员、企业法律顾问、政府工作人员等，均不得实施反求工程。

(3) 对实施反求工程的对象进行严格限制

产品必须是通过合法渠道取得并且应当同时取得所有权，反求工程实施者不得侵犯他人在先的权利。实际上，"从合法渠道获得产品"包含两层意思：①所谓"合法渠道"即要求产品的受众须为不特定的人，而公开市场无疑是主要来源；②必须用正当且诚实的手段取得。"合法渠道"是对实施对象获取途径的界定，而"正当诚实"则是对实施对象获取手段的要求，两者共同保证了反求工程实施对象获取应当通过合法渠道，并且一般情况下不允许对未取得所有权的产品实施反求工程。

(4) 从技术角度对反求工程的具体实施过程进行限制

严格规定可以使用的技术方法以及禁止使用的技术方法，对通过实施反求工程后生产的新产品进行技术鉴定，确保其符合有关创新性的要求。另外，对反求工程的实施过程进行严格、详细地记录，促使反求工程的实施过程更加规范合理。

> **补充阅读资料：**
>
> ### 反向工程能否成为保护知识产权良药？
>
> 记得 2012 年底苹果 iPhone 5 上市的时候，不少苹果粉丝为了能在第一时间抢到这部期待已久的手机，不惜通宵达旦彻夜抢购，并再次在全球掀起了新一轮"苹果"热潮。然而，在苹果 iPhone 5 问世几天后，却有一家公司站出来，给持续升温的"苹果热"泼了一盆"冷水"。它就是全球著名的芯片分析及反向工程公司 TechInsights。
>
> TechInsights 公司不仅对外公布了苹果 iPhone 5 主要零部件清单和拆解图，还通过对手机的深度拆解和对芯片内部进行分析，初步估计苹果 iPhone 5 的生产成本仅为 168 美元。
>
> 此消息一出，令业界一片哗然，在业内也出现了两种不同的声音。反对者认为，TechInsights 的做法严重损害了手机生产厂商的利益，通过反向工程拆解别人的产品，有侵犯对方商业秘密的嫌疑；而持赞成观点的多为消费者，他们认为，公布产品的实际成本，能够敦促手机生产厂商降低产品价格，并形成良性的竞争机制，最终使得消费者能够从中获益。
>
> 不久前，TechInsights 公司在参加深圳的一场知识产权国际论坛时通过反向工程现场为观众拆解了苹果、三星、HTC、黑莓等时下众多热门手机，并提出某些产品设计"近似"的玄机，受到了国内观众的高度关注，也在国内集成电路设计行业掀起了不小的波澜。
>
> 尽管目前反向工程在国外已被广泛应用在计算机软件、集成电路芯片等领域对侵权行为的证据搜集，但对于国内企业而言，要想真正接受并运用反向工程来进行知识产权维权，不仅需要一段时间去了解和接受，更为重要的是如何破解和消除外界持续不断的负面争议。
>
> http://www.iprchn.com/Index_NewsContent.aspx? NewsId = 60637

9.3.5 知识产权国际公约[16]

世界知识产权国际公约主要指世界性的、知识产权领域国家或者政府间多边协定。

19 世纪末缔结了《保护工业产权巴黎公约》及《保护文学艺术作品伯尔尼公约》。1967 年，在斯德哥尔摩修订了这两个公约，签订了《建立世界知识产权组织公约》，并于 1970 年生效。1974 年，世界知识产权组织成为联合国系统的一个专门机构。中国于 1980 年批准参加《建立世界知识产权组织公约》，成为该组织的成员国，这是中国参加的第一个知识产权国际公约。

1994 年之前，世界知识产权组织是唯一一个在知识产权国际保护方面对各国影响较大的国际组织，它所管理的国际条约，也构成知识产权多边国际保护的主要内容。但从 1994 年乌拉圭回合谈判结束之后，产生了世界贸易组织，形成的《与贸易有关的知识产权协定》（简称 TRIPS 协定）成为又一个于 1995 年生效的知识产权领域起主要作用的公约。中国 2001 年加入世界贸易组织，同时也加入了 TRIPS 协定。

在知识产权的国际保护领域，还有一些公约并不是由世界知识产权组织管理，也不由其参加管理，这些公约主要是地区性的。例如，1962 年缔结的《比（利时）荷（兰）卢（森堡）商标公约》，1966 年缔结的《比荷卢外观设计公约》，1953 年西欧与亚非几个国家缔结的《专利申请形式要求欧洲公约》，1963 年西欧部分国家缔结的《统一发明专利实体法公约》，1995 年缔结的适用原苏联解体后的"独联体"国家的《欧亚专利公约》等。

当然，也有个别非地区性的知识产权领域国际公约不是由世界知识产权组织管理的。例如，《世界版权公约》即由联合国教科文组织管理，这个公约1952年在巴黎缔结，中国于1992年参加。

我们知道，知识产权是体现竞争力的利器，因此随经济全球化的态势，国际专利诉讼等知识产权案件呈爆炸性增长，如何协调反求工程与知识产权保护的协调平衡，需要引起知识产权组织机构的高度重视。中国参加了《建立世界知识产权组织公约》和加入了TRIPS协定，需要完善立法并建立适合中国发展需要的反求工程规则。

9.4 林业机械反求设计

9.4.1 ZLM30B装载机方案反求设计[17]

9.4.1.1 反求对象的技术背景

ZLM30B型3t级装载机的设计是当时针对国内外装载机加速发展的情况，为进一步提高产品质量水平、适合用户要求、提高竞争能力、为工厂新的系列化打下基础的更新换代设计。为提高设计质量，在准备阶段广泛收集国内外同类产品的设计、使用、技术等方面的资料予以分析对比，根据现实条件借用一台日本小松公司生产的WA180-1装载机作为设计的实物依据。

9.4.1.2 反求的关键技术

(1) 性能试验及功能原理分析

① 对WA180-1的双变系统进行性能试验。

② 对WA180-1的变矩器作部分原始特性试验。

③ 根据试验数据反求WA180-1所用TCA30-4B型变矩器的负荷抛物线，如图9-9所示。

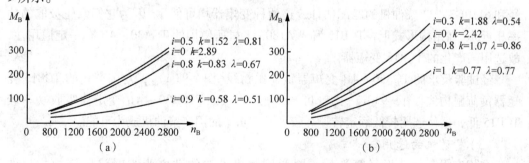

图9-9 变矩器负荷抛物线

(a) TCA30-4B(WA180用)　(b) TCB15(WA300用)

④ 根据实物反求WA180-1的传动速比为

变速箱 $\begin{cases} \text{前进一挡} \quad 4.349, \quad \text{倒退一挡} \quad 4.231 \\ \text{前进二挡} \quad 2.079, \quad \text{倒退二挡} \quad 2.022 \\ \text{前进三挡} \quad 0.716, \quad \text{倒退三挡} \quad 0.697 \end{cases}$ 　桥 $\begin{cases} \text{主动动} \quad 2.615 \\ \\ \text{终传动} \quad 5.6 \end{cases}$

(2) 反求其设计思想

按反求所得变矩器性能、速比参数及从有关资料查出行驶速度、整机使用质量，并结合 WA180-1 所用 S6D95L 发动机的有关数据，分析出其值得学习的设计思想。即整机追求小巧、实用，采用高转速高扭矩储备的 S6D95L 发动机，配之以泵变矩系数较小的变矩器，保证了装载机铲掘联合工况下发动机的稳定性，并具有合理的功率利用。虽然驱动功率偏低，但由于较轻的使用质量和合理速比的安排，仍能使牵引能力与附着能力对应。

9.4.1.3 解决问题的理论、方法和技术

根据 WA180-1 的设计思想，结合当时国内和企业的具体条件，得出如下结论：

① 国内缺少类似于 S6D95L 这样相应功率的高额定转速、高扭矩储备的发动机。

② 照搬 WA180-1 使用的变矩器，不仅增加测绘困难，延长试制周期，且难以选得合适匹配的功力。

根据以上两点结论可知，没有照搬 WA180-1，而是参照其实物吸取其设计思想，提出新的开发性方案设计。

(1) 开发性方案的设计原则和依据

① 满足"轮胎式装载机基本参数"国家标准和工厂所订系列型谱。

② 参照 WA180-1 成功的双变系统结构形式及其设计思想，保留工厂批量生产的 ZLM30 装载机的优点进行 ZLM30B 装载机传动系统的开发性方案设计，并通过匹配和传动比的选择，协调整车牵引性能。

③ 从保证变矩器效率的发挥和发动机功率的充分利用出发，尽可能扩大装载机的牵引能力和掘起力，以扩大其使用范围。

(2) 变矩器的确定

WA180-1 样机的双变系统及相应的液压控制与工厂系列型谱相近。工厂可选变矩器有 ZLM30 装载机上使用的变矩器和用于 WA300-1 装载机的国产化 TCB15 变矩器。经和 6110G3-22 柴油机的匹配估计，这两种变矩器均可使用（因为它们泵轮吸取的功率相近）。在结构形式上，TCB15 和 WA180-1 机所使用的 TCA30-4B 有一定通用性，故选用国产化的 TCB15 变矩器。

经试验反求的 TCA30-4B 变矩器负荷抛物线[图 9-9(a)]，与国产化的 TCB15 变矩器负荷抛物线[图 9-9(b)]比较可知，相同转数下 TCA30-4B 变矩器吸收功率较 TCB15 低，这使选用较低额定转速、较大额定功率的国产柴油机成为可能。

(3) 发动机的选用

在相应限制条件下经筛选后，国产发动机可选的动力为当时洛阳拖拉机厂的 LR6105（标定转速 2200r/min，标定功率 80kW，最大扭矩 400N·m）和南昌柴油机厂的 6110G3-22（标定转速 2200r/min，标定功率 88.2kW，最大扭矩 410N·m），虽然 LR6105 和 WA180-1 所用的 S6D95L 的功率相近，但考虑整机使用质量的增加及液压系统功率的增加，经匹配计算，选用 6110G3-22 较为合适。

(4) 速比分配

保留了工厂原用桥主传动的优势，确定了保证牵引能力与附着特征相对应的速比

方案：

$$变速箱\begin{cases}前进一挡\ 4.458, \\ 前进二挡\ 2.282, \\ 前进三挡\ 0.786,\end{cases} \begin{matrix}后退一挡\ 4.170 \\ 后退二挡\ 2.135 \\ 后退三挡\ 0.736\end{matrix} \quad 桥\begin{cases}主传动\ 3.889 \\ \\ 终传动\ 4.9412\end{cases}$$

综上所述，ZLM30B 设计方案虽与 WA180-1 有较大差异，但由于增加的速比和功率与装载机增加的使用质量相对应，因此牵引能力与附着特征相对应的思想同样得到体现，牵引力和掘起力有所增加，故其作业性能比 WA180-1 具有更好的适应性。

9.4.1.4 装载机的发展现状

中国装载机在对日本 WA180-1 装载机应用反求技术研发成 ZLM30B 装载机的基础上，不断吸收国外先进技术，通过引进瑞典 VOLVO 公司变矩器技术及德国 ZF 公司变矩器技术等其他先进技术，经过 20 年发展，中国装载机变矩器得到了快速发展，目前中国装载机液力变速器产品主要有：双涡轮液力变矩器与二进一退行星式变速器组合式，单涡轮液力变矩器与四进三退定轴式变速器组合式，单涡轮液力变矩器与四进四退、四进二退或三进三退液压机械半动力换挡变速器组合式，以适应不同类型装载机的需求[18,19]。

9.4.2 车载式稳态燃烧烟雾机的反求设计

(1) 反求对象的技术背景

热烟雾载药技术是针对高大林木病虫害防治工作中最有效的方法之一。通过热烟雾发生装置，将油溶剂农药即"热雾剂"热力裂化蒸发成细小油性烟雾，大量非常细小的烟雾团通过升腾、弥漫、扩散，可长时间悬浮且充满防治区域的整个空间内，通过触杀和熏蒸作用消灭林木病虫害。中国从 20 世纪 90 年代通过对美国及德国的脉冲式热烟雾机进行反求设计，成功创新研发了 6HYC-25 手提侧背式烟雾机、6HYB-25 背负式烟雾机，并广泛应用于林业、农业、卫生等系统的病虫害防治，发挥了巨大作用。

因脉冲式热烟雾机采人工手提或背负方式，操作者劳动强度较大，而对于山高、坡陡的山区森林病虫害防治，迫切需要更高效率的机载的大型烟雾机。国外只有美国的 Curtis Dyna-Fog Ltd 和 Tifa Ltd 拥有以稳态燃烧器为动力的大型车载烟雾机，如图 9-10 所示，可应用于大面积林区病虫害防治和环境消毒。每小时最大喷烟量达 400L，可快速进行病虫害防治。

(2) 反求设计的关键技术

大型车载式烟雾机的关键技术为供给热雾剂热动力的结构设计，现有的可用于烟雾载药技术的热动力有电热式、脉冲发动机式、活塞式、发动机尾气加热式及稳态燃烧器式，而稳态燃烧器热动力最适合于大喷量的烟雾机。因此，反求设计的关键技术即为稳态燃烧器的结构设计。

稳态燃烧烟雾机的工作原理如图 9-11 所示，以稳态燃烧器作为热动力源，当空气和燃油进入稳态燃烧器的燃烧室内形成的可燃混合气燃烧后，产生的热气流从燃烧器排气口排出，燃烧器排气口连接着喷管，位于喷管上的药喷嘴将油溶剂药液喷入喷管内，利用喷管内热气流的热能和动能将农药进行热力破碎、裂化、蒸发，形成非常细

(a) Dyna-fog 1200 型   (b) Tifa 100E 型

图 9-10 国外现有的车载式烟雾机

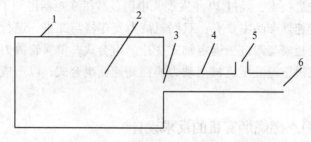

图 9-11 稳态燃烧烟雾机热力雾化工作原理

1. 稳态燃烧器 2. 燃烧室 3. 燃烧器排气口 4. 喷管 5. 药喷嘴 6. 喷管喷口

小的油雾滴,最后从喷管喷口排入空气中冷凝成可视的烟雾。因此以最大喷药量 400L/h 为指标,设计成能将农药完全热力烟化所配套的最优的稳态燃烧器。

(3) 解决问题的理论、方法和技术

针对国外只有美国的 Curtis Dyna-Fog Ltd 和 Tifa Ltd 两家公司生产大型车载烟雾机。因此,该反求设计的基础理论及方法基于这两家公司申请的产品专利。

通过查阅美国专利局公开的 Dyna-fog 1200 稳态燃烧烟雾机的美国专利 U.S. 3239960,即 Apparatus for dispersing liquids in a spray or fog[20],专利公开的稳态燃烧器结构图如图 9-12(a)所示,采用卧式结构,燃烧室内横隔着多个长短不一的气流通道隔板,使气流绕道行走,目的是增加气流的紊流性,即增加油气的充分混合程度,使燃油能够充分燃烧;Tifa 100E 多功能烟雾机的美国专利 U.S. 4606721,即 Combustion chamber noise suppressor[21],专利公开的燃烧器结构如图 9-12(b)所示,采用立式结构,进气口位于燃烧器的下部侧面,燃烧室采用外壁和内壁两层壁面结构形式,燃烧室内壁沿不同垂直高度上开有许多狭长的不同进气方向的二次入风口,这样不仅可使新鲜空气不断补充到燃烧区,而且可增加空气与燃烧区火焰的紊流性,使可燃混合物尽快获得充分燃烧。同时,当新鲜空气从燃烧室底部逐步流向顶部到达点火区域时,因燃烧室内壁温度较高,空气被不断加热,使进入到点火区的空气温度快速上升,有利于可燃混合气的点火燃烧。

通过以上对美国 Curtis Dyna-Fog Ltd 和 Tifa Ltd 两家公司所申请专利中的烟雾机结构分析,反求出稳态燃烧器的工作原理及结构特征,同时为避免简单的仿制及涉及专

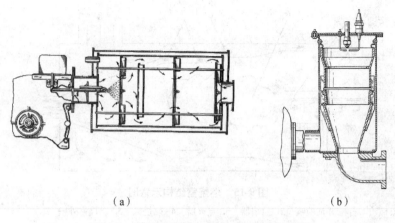

图 9-12 车载式烟雾机的稳态燃烧器结构图
(a) Dyna-fog 1200 型 (b) Tifa 100E 型

利侵权问题，并结合轻油燃烧器燃油锅炉[22]以及航空涡轮发动机燃烧室的基本结构[23]，如图 9-13、图 9-14 所示。轻油燃烧器燃油锅炉（图 9-13）由离心风机吹进大量高速气流进入燃烧室内，与油喷嘴喷入的油雾混合并着火燃烧，为避免中心区风速过大，不易点火燃烧，在燃烧室入口处安装稳焰器以合理配置风量及风速，使得中心区域进入的少量低速空气与油喷嘴喷出的油雾充分混合并开始燃烧，同时外围进入的空气不断补充至燃烧区进行进一步混合燃烧。为使燃料完全燃烧并释放出全部热量，需要设置较长的行程，因此这种形式的燃烧室尺寸较大。航空涡轮发动机燃烧室（图 9-14）的燃油由连接着进油管的喷油嘴喷入燃烧室内形成油雾，并与一次风混合点火开始燃烧，二次风从补气道通过燃烧室内壁上的许多缝隙进入燃烧室，与未燃尽的燃料混合进一步燃烧，新鲜空气获得不断补充，燃料很容易完全燃烧，燃气达到较高焓值。

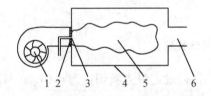 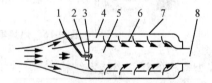

图 9-13 轻油燃烧器燃油锅炉的基本构造	图 9-14 涡流发动机燃烧室的基本构造
1. 离心风机 2. 稳焰器 3. 油喷嘴	1. 进油管 2. 涡流器 3. 导流罩 4. 补气道
4. 燃烧室 5. 燃烧火焰团 6. 排气口	5. 燃烧室 6. 燃烧室内壁 7. 燃烧室外壁 8. 排气口

根据以上所述各燃烧器的结构特点，作为热烟雾机的燃烧室，如采用轻油燃烧器燃油锅炉结构形式，虽然结构简单，燃烧基本完全、排放好，但体积较大，且火焰较长，容易使喷管内药液燃烧；如采用涡轮发动机燃烧室结构形式，虽然气流混合燃烧比较好，但结构较复杂，对一次风和二次风的合理分配要求较高；如采用美国 Dyna-Fog 烟雾机燃烧室结构形式，虽能得到充分的燃烧特性，但排入喷管内的热气流的动能受到一定的影响；如采用 Tifa 100E 烟雾机燃烧室结构形式，可充分发挥稳态燃烧器的燃烧效率，因燃烧室为立式结构，而热力烟化喷管须设置成水平方向，因此使热气流会损失一部分动能。综合这些结构形式，以 Tifa 100E 烟雾机燃烧室结构为基型，进行改进及创新设计，并对燃烧室内燃气燃烧特性进行仿真与模拟设计，获得了适用于稳

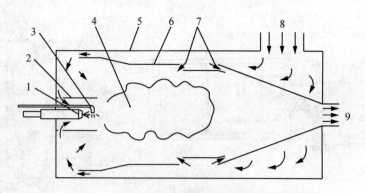

图 9-15　燃烧室结构示意图

1. 油喷嘴　2. 稳焰器　3. 点火器　4. 燃烧区　5. 燃烧室外壁
6. 燃烧室内壁　7. 二次入风口　8. 进气口　9. 排气口

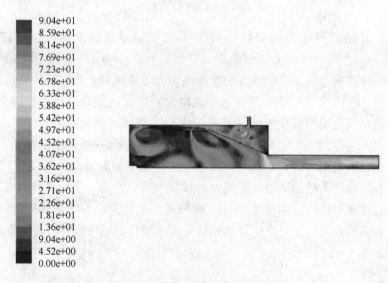

图 9-16　燃烧室内气流速度分布图

态燃烧烟雾机的新型燃烧室结构[24-28],如图9-15。根据设定最大喷烟量为400L/h,计算确定燃烧室尺寸,并应用FLUENT流体分析软件对图9-15所设计的燃烧室进行内部气流速度模拟,并对结构尺寸进行不断的修改与完善,形成最终模拟效果如图9-16所示,使得位于燃烧室中心、稳焰器入风口处和燃烧室内壁上两个二次入风口之间形成了三个较强的紊流区。燃烧室中心紊流区可以确保:刚点火燃烧的火焰外围由稳焰器入风口处不能进入稳焰器内的富氧空气不断补充进入到较浓的油雾区,有利于燃烧进一步扩展,而由燃烧室内壁二次入风口处进入的富氧空气可增强燃烧区气流的紊流性,使得气流混合更加强烈,燃烧更加充分[24,25]。

(4) 车载式稳态燃烧烟雾机及其应用

通过反求工程研发的6HYZ-400及6HYZ-180车载式稳态燃烧烟雾机与美国Curtis Dyna-Fog Ltd 和 Tifa Ltd 两家公司的同类产品的主要技术参数进行对比,见表9-1所列,6HYZ-400与美国Dyna-fog 1200喷药量相当,6HYZ-180[图9-17(a)]与美国Tifa 100E喷药量相当,其防治效率和烟雾粒径均达到美国同类产品指标,但反求的两个产品通过对稳态燃烧器的燃烧特性研究及结构优化设计,功率消耗明显低于美国产品。这两种新型烟雾机产品的开发,将有效解决中国高大林木的高效快速控制林业病虫害问题,具有防治效率高、防治成本低、用药量少、劳动强度轻、操作方便安全等特点,如图9-17(b)所示[29]。

表9-1 国内外车载式稳态燃烧烟雾机主要技术参数

产品	产地	发动机功率 (kW)	喷药量 ($L \cdot h^{-1}$)	防治效率 ($hm^2 \cdot h^{-1}$)	外形尺寸(长×宽×高) (mm)	烟雾粒径范围 (μm)
6HYZ-400	中国	6.0	350~500	50	1650×800×940	1~100
6HYZ-180	中国	4.5	0~180	20	1040×890×900	1~100
Dyna-fog 1200	美国	7.1	57~454	50	2010×400×810	10~100
Tifa 100E	美国	8.2	0~208	25	890×840×990	1~100

(a)

(b)

图9-17 6HYZ-180车载式稳态燃烧烟雾机产品及应用
(a)烟雾机产品 (b)对杨树林施放烟雾进行病虫害防治现场

本章小结

本章介绍了反求工程、反求工程技术、反求工程的分析内容及设计程序的概念及内容;从功能分析、方案设计、反求对象材料分析、系列产品分析与设计、产品造型、精度设计、工艺与装配以及反求工程中的测试等方面阐述了反求工程分析技术;着重介绍了针对实物、软件及影像的反求工程设计方法,实物反求包括实物反求CAD建模、零件技术条件反求以及实物的功能分析和性能测试等内容,软件反求包括软件反求设计程序、产品规划、原理方案及结构方案反求等内容,影像反求包括基于透视变换与透视投影的影像反求设计的原理和分析方法、方案与结构分析以及基于专利文献的影像反求设计等内容;针对反求工程与知识产权,从反求工程的合法性争议、反求工程中的模仿与仿制、计算机软件反求工程合法性分析、反求工程与知识产权保护的协调平衡等方面进行了论述;最后介绍了两个典型的林业机械反求设计的案例。

参考文献

[1] 刘之生,黄纯颖. 反求工程设计[M]. 北京:机械工业出版社,1992.
[2] 康兰. 反求工程技术及应用[M]. 北京:中国水利水电出版社,2012.
[3] 张嘉. 日本技术进步的国际渠道研究[D]. 沈阳:辽宁大学,2013.

[4] 柯映林. 反求工程CAD建模理论、方法和系统[M]. 北京：机械工业出版社，2014.

[5] 吴敏，周来水，王占东，等. 测量点云数据的多视拼合技术研究[J]. 南京航空航天大学学报，2003，35(5)：552-557.

[6] ANDRÉ M., PHILIPPE M. Segmentation of 3D triangulated data points using edges constructed with a C1 discontinuous surface fitting[J]. Computer-Aided Design, 2004, 36(13): 1327-1336.

[7] MARIN P, MEYER A, GUIGUE V. Partition along characteristic edges of a digitized point cloud[J]. IEEE Transaction on Pattern Analysis and Machine Intelligence, 2001, 23(4): 326-334.

[8] 何援军. 透视和透视投影变换——论图形变换和投影的若干问题之三[J]. 计算机辅助设计与图形学学报，2005，17(4)：734-739.

[9] 马晓丽，张桂华，章文兵. 影像反求设计中透视图反求图解法研究[J]. 机械设计与研究，2002，18(1)：50-51，66.

[10] 聂冬金. 基于照片反求产品原型的研究[D]. 上海：华东理工大学，2013.

[11] 赵家文. 基于专利文献的影像反求设计[J]. 机械制造，2008，46(523)：20-22.

[12] 朱斌. 反向工程合法性及其法律保护机制[D]. 济南：山东大学，2012.

[13] 和金生，王雪利. 论反向工程、技术创新与知识产权保护的协同发展[J]. 软科学，2006，20(3)：101-104.

[14] 张敏，韩文蕾. 计算机软件许可合同中禁止逆向工程条款的法律研究[J]. 科学管理研究，2011，29(5)：61-64.

[15] 朱瑞东. 计算机软件反向工程法律问题研究[D]. 上海：华东政法大学，2010.

[16] 郑成思. 知识产权–应用法学与基本理论[M]. 北京：人民出版社，2005.

[17] 夏经纶. 反求工程在ZLM30B装载机方案设计中的应用[J]. 林业机械，1994(6)：8-9.

[18] 吴强，姚俊，付亮，等. 装载机液力变速器及其操控技术发展[J]. 机械传动，2011，35(4)：69-73.

[19] 刘明增. 装载机液力变速器主要性能及综合性能评价研究[D]. 济南：山东大学，2014.

[20] ROBERT E. STEVENS. Apparatus for dispersing liquids in a spray or fog. US: 3239960[D]. [1966-03-15].

[21] ARNOLD M. LIVINGSTON. Combustion chamber noise suppressor. US: 4606721[D]. [1986-08-19].

[22] 赵钦新，惠世恩. 燃油燃气锅炉[M]. 西安：西安交通大学出版社，2000.

[23] 宁晃，高歌. 燃烧室气动力学基础[M]. 北京：科学出版社，1987.

[24] 周宏平，许林云，赵束裕. 车载式稳态燃烧烟雾机的燃烧室设计[J]. 北京林业大学学报，2013，35(6)：103-107.

[25] 赵束裕. 稳态燃烧烟雾机燃烧室设计研究[D]. 南京：南京林业大学，2008.

[26] 周宏平，赵束裕，郑加强，等. 大型稳态燃烧烟雾机燃烧模拟及尾气成分分析[J]. 农业工程学报，2010，26(6)：146-151.

[27] 高绍岩. 稳态燃烧烟雾机药液雾化研究[D]. 南京：南京林业大学，2008.

[28] 许林云，周宏平，高绍岩. 稳态烟雾机烟化管结构参数对烟化效果的影响[J]. 农业工程学报，2014，30(1)：40-46.

[29] 周宏平，许林云，崔业民. 新型车载式稳态燃烧烟雾机的开发[J]. 林业科技开发，2013，27(6)：108-111.

思考题

1. 简述反求工程对科技发展与进步的重要意义。

2. 对于一个先进的原型实物进行反求设计时，应包括哪些分析内容？

3. 根据你的理解，对一个对象进行反求时，最难解决的问题是什么？为什么？

4. 当你对某一对象应用反求工程技术，并准备开发出同一类型的产品时，你如何考虑知识产权问题？

5. 根据目前你所学专业或研究方向，有哪些技术需从国外引进并应用反求工程技术来促进和提升中国对应的科技水平？试简要进行论述。

推荐阅读书目

1. 反求工程设计．刘之生，黄纯颖．机械工业出版社．
2. 反求工程 CAD 建模理论、方法和系统．柯映林．机械工业出版社．
3. 反求工程与建模．蔡勇．科学出版社．

第10章 林业机械自动化与智能化技术

[**本章提要**] "智能化+电子化+自动化+环保化"的林业机械已成为热点,而传感器与机器视觉技术、3S技术、智能决策支持系统、大数据与数据挖掘技术和物联网技术等为林业机械自动化与智能化的实现提供了强大的技术支撑。采用任何一种设计方法进行林业机械创新设计时,都必须融合适宜的自动化和智能化技术,这些高技术在林业机械上的应用体现在:用各种传感器和机器视觉技术进行信息采集,遥感、地理信息系统和全球定位系统等定量获取影响树木长势情况的因素及最终生成空间差异性信息,智能决策支持系统形成对林木生长管理的控制策略,数据挖掘快速获得有价值的信息,物联网促进信息传递的实时性和整个系统的监控调度。

10.1 传感器与机器视觉技术
10.2 3S技术概述
10.3 林业智能决策支持系统
10.4 林业系统大数据与数据挖掘技术
10.5 林业物联网技术

现代信息技术、生物技术、工程技术发展迅猛，林业正在进入以知识高度密集为主要特点的知识林业发展阶段，林业机械正在经历着重要的转变，用户对质量、成本、效率以及安全的要求在不断提高，可以预见的是这些转变将推动自动化和智能化技术的应用进入新的发展阶段。自动化和智能化既是林业机械的技术热点，也是用户对设计人员和生产厂家的要求。自动化能提高效率，提高林业生产质量，降低成本，缩短时间，满足环境保护的需求；智能化则解决了用户对林业机械宜人性的需求。采用任何一种设计方法进行林业机械创新设计时，都必须融合适宜的自动化和智能化技术，确保林业生产优质、快速、低耗、清洁、高效地完成。目前，林业机械的自动化与智能化主要体现在以下方面：

①**提高机械性能**　利用各种传感器并进行传感器融合处理，配合机器视觉技术进行信息采集，提高林业机械的作业性能。

②**实现变量作业**　利用遥感、地理信息系统和全球定位系统，定量获取影响树木长势情况的因素及最终生成的空间差异性信息，实施林间导航巡轨、定位变量作业等。

③**改善作业条件**　利用智能决策支持系统形成对林木生长管理的控制策略，生产作业过程精确操作，改善操作条件。

④**促进智能程度**　利用数据挖掘技术从各种各样类型的海量数据中，快速获得有价值的信息，提高林业生产作业的智能化、自动化水平。

⑤**扩展生产空间**　利用物联网技术的互联互通特点，促进林业机械作业全程信息传递的实时性和整个系统的监控及调度。

10.1　传感器与机器视觉技术

10.1.1　传感器的工作原理和分类

传感器是能感受规定的被测量并按照一定的规律转换成可用信号的器件或装置，通常由敏感元件和转换元件组成，敏感元件是传感器中能直接感受（或响应）被测信息（非电量）的元件，转换元件则是指传感器中能将敏感元件的感受（或响应）信息转换为电信号的部分。因此，传感器是一种检测装置，能感受到被测量的信息，并能将检测感受到的信息，按一定规律变换成为电信号或其他所需形式的信息输出，以满足信息的传输、处理、存储、显示、记录和控制等要求[1]。

传感器的共性就是利用物理定律或物质的物理、化学、生物等特性，将非电量转换成电量，它的功能是检测和转换。对传感器分类，可按照其转换原理（传感器工作的基本物理或化学效应）、用途、输出信号类型以及制作的材料和工艺等进行。

根据传感器工作原理，可分为物理传感器和化学传感器[2]；根据传感器用途，可分为压力敏和力敏传感器、位置传感器、液面传感器、能耗传感器、速度传感器、热敏传感器、加速度传感器、射线辐射传感器、振动传感器、湿敏传感器、磁敏传感器、气敏传感器、真空度传感器、生物传感器等；根据传感器所应用的材料，可分为金属、聚合物、陶瓷、混合物、导体、绝缘体、半导体、磁性材料等；根据传感器制造工艺，可分为集成传感器、薄膜传感器、厚膜传感器、陶瓷传感器等。

10.1.2 传感器在林业上的应用

林业物种繁多、类型多样、分布地域广阔、生长周期长,传感器林业应用在时间上要求同步、持续性,在空间上要求范围广、测点多,还要求维持较低的人力和设备成本。而林学已有的技术和方法难以满足上述条件,例如,对于"森林固化二氧化碳"的固碳效应,定性分析比较容易,但定量分析不依靠传感器技术很难准确进行。传感器的低功耗、智能化自组织、大规模持续同步监测、低成本等诸多特点,是有效解决林业应用中精确描述系统结构与功能的可行方案。

例如,基于无线传感器网络的森林环境监测系统,采用星—簇首—路由的拓扑结构,延长了网络生命周期,保证了数据传输效率。系统能够实时监测大气相对湿度、温度、光照、二氧化碳浓度等数据,并能通过检测烟雾浓度实现火灾预警[3],采集的信息为森林监测、森林观测和研究、火灾风险评估、野外救援等多种应用提供支持。在该系统中,主要运用了温湿度传感器、光照传感器、二氧化碳浓度传感器和烟雾传感器等。传感器节点由数据采集模块、数据处理模块、无线通信模块和电源模块组成[4]。传感器节点之间分工协作,可实时感知、监测和采集林区内监测对象或周围环境的信息。

10.1.3 多传感器信息融合

林业生产系统往往需要设置多个传感器采集不同的信息,这时就需要多传感器信息融合,也称为信息融合。信息融合是针对使用多个和(或)多类传感器的一个系统的特定问题而开展的一种信息处理的新方法,也可大致概括为:利用计算机技术对按时序获得的若干传感器的观测信息在一定的准则下加以自动分析、优化综合以完成所需的决策和估计任务而进行的信息处理过程。按照这一定义,各种传感器是信息融合的基础,多源信息是信息融合的加工对象,协调优化和综合处理是信息融合的核心[6]。

传感器信息融合的基本原理就像人脑综合处理信息的过程一样,通过对各种传感器及其观测信息的合理支配与使用,综合利用各种传感器在空间上和时间上的互补与冗余信息并依据某种优化准则组合起来,产生对观测环境的一致性描述和解释,提高信息的确定性和可靠性以及低可观性目标的探测和识别能力,促进决策的实时性和准确性,并降低系统的成本。

多传感器信息融合已经运用到林木采育联合作业机中。中国的人工林是以速生丰产林为基础发展起来的,传统的人工抚育和采伐技术已经不能满足现代林业生产需要。而且,人工林的抚育也具有季节性和应急性的特点,在最佳的季节完成除草、间伐、整枝、运输和突发性病虫害防治,必须通过机械化提高效率,对于抚育间伐材搬运和大中径材整枝抚育作业,需要机械化装备以实现安全高效地作业。图10-1所示即为多功能林木采育联合作业机外形效果图[7],将多传感器信息融合技术运用到集约化抚育、采伐多功能联合作业技术装备中。

多功能林木采育联合作业机与多传感器信息融合技术结合,获得更为精确、更为全面的作业目标对象,实现大面积速生丰产林的机械化、集约化生产作业。

图 10-1　多功能林木采育联合作业机外形效果图

（1）作业装备的半自主导航

为了适应作业环境的变化，多功能林木采育联合作业机配置适合缓坡地人工林的小转弯半径轮式车辆底盘，以及适合陡坡地人工林的可伸缩仿生式履带车辆底盘，同时利用分布式多传感器系统及其信息融合技术，辅助驾驶员实现半自主导航。该装备可以利用自身的测距装置，如超声波和远红外传感器等，测量其与预先设定的目标之间的距离，利用摄像头获取周边环境及边界信息，同时结合地理信息系统和全球定位系统，通过信息融合技术对多个传感器反馈信息进行综合决策，形成对环境某一方面特征的综合描述，推算出自身的位姿，完成行走机构的半自主导航。

（2）目标的识别与定位

根据人工林作业环境的特殊性和复杂性，为了获取从摄像机到目标之间的距离、目标的大小和形状、各目标之间的关系等三维视觉信息，该装备主要采用关节型机械臂作为本体结构，获取对象的位姿，经过运动规划和运动学反解，求出关节空间的运动解来控制关节电机的运动。因此，对于机械臂的视觉系统而言，不仅要探测到目标的存在，还要计算出目标的空间坐标。利用多传感器融合技术由视觉系统获取原始平面图像，计算其形心坐标，再利用结构光法测量目标的深度信息，就能够实现更精确的路径规划和自主避障。

（3）执行机构的柔顺控制

根据不同作业对象的物理特性，应采取不同的抓持专用机构。这些机构主要包括判断模块、状态识别模块、控制模块和反馈控制模块。在判断模块和状态识别模块中，目标定位主要依据分布式视觉传感器和接近觉传感器的信息融合；抓取状态的判断是通过将分布式触觉传感器、节力矩传感器和关节角度传感器的输出融合起来，得到腕部力矩的变化量、抓取力的变化量、滑动量和抓取位置的变化量，从而实现对目标的稳定抓取。

（4）故障检测

作业装备中应用了许多液压控制子系统，由于液压设备运行工况复杂，同时受外界环境的干扰以及传感器老化等因素的影响，需要克服传统的基于单参数的故障诊断结果不能准确确定设备是否有故障的问题，利用多传感器信息融合技术，从各个不同的角度获得有关系统运行状态的特征参量，如压力、振动、污染度等，并将这些信息进行有效的集成和融合，以便比较准确地完成液压设备的故障分类与识别。

10.1.4 机器视觉技术的概念和发展

人类在征服自然、改造自然和推动社会进步的过程中，面临着自身能力、能量的局限性，因而发明和创造了许多机器来辅助或代替人类完成任务。智能机器（包括智能机器人）是指这样一种系统，它能模拟人类的功能，能感知外部世界并有效地解决人所不能解决的问题。人类感知外部世界主要是通过视觉、触觉、听觉和嗅觉等感觉器官，其中约80%的信息是由视觉获取的。因此，对于智能机器来说，赋予机器以人类视觉功能对发展智能机器是极其重要的，也即机器视觉（也称计算机视觉或图像分析与理解等）。机器视觉的发展不仅大大推动智能系统的发展，也拓宽了计算机与各种智能机器的研究范围和应用领域。

机器视觉指用计算机实现人的视觉功能，对客观世界三维场景的感知、识别和理解，是一门涉及人工智能、神经生物学、心理物理学、计算机科学、图像处理、模式识别等多个领域的交叉学科。机器视觉就是用各种成像系统代替视觉器官作为输入敏感手段，由计算机来代替大脑完成处理和解释，其最终目标就是使计算机能像人那样通过视觉观察和理解世界，具有自主适应环境的能力，要经过长期的努力才能达到的目标。因此，在实现最终目标以前，努力的中期目标是建立一种视觉系统，这个系统能依据视觉敏感和反馈的某种程度的智能来完成一定的任务。机器视觉是在20世纪50年代从统计模式识别开始的，当时的工作主要集中在二维图像分析和识别上，如光学字符识别、工件表面、显微图片和航空图片的分析和解释等。20世纪60年代，Roberts通过计算机程序从数字图像中提取出诸如立方体、楔形体、棱柱体等多面体的三维结构，并对物体形状及物体的空间关系进行描述。到了20世纪70年代，已经出现了一些视觉应用系统。20世纪70年代中期，麻省理工学院(MIT)人工智能(AI)实验室正式开设"机器视觉"(machine vision)课程，同时吸引了国际上许多知名学者参与机器视觉的理论、算法、系统设计的研究。可以说，对机器视觉的全球性研究热潮是从20世纪80年代开始的，到了20世纪80年代中期，机器视觉获得了蓬勃发展，新概念、新方法、新理论不断涌现，比如，基于感知特征群的物体识别理论框架、主动视觉理论框架、视觉集成理论框架等[8]。

随着计算机技术尤其是多媒体技术和数字图像处理及分析理论的成熟，以及大规模集成电路的迅速发展，机器视觉技术得到了快速发展，目前已在医疗诊断、自动检测与控制、智能机器人、军事、工业、农林等方面得到了广泛应用，并取得了巨大的经济效益和社会效益。机器视觉在农林生产领域的研究与应用始于20世纪70年代末，当时研究主要集中在对农产品（如苹果、西红柿、黄瓜）进行品质检测和分级等方面。由于受到当时计算机发展水平的影响，检测速度达不到实时的要求，处于实验研究阶段。随着电子技术、计算机软硬件技术、图像处理技术及与人类视觉相关的生理技术研究的突飞猛进，机器视觉技术本身在理论和实践上都取得了重大突破，在农林业上的研究与应用也有了较大的进展。

10.1.5 机器视觉的特点及组成

机器视觉是通过光学装置和非接触的传感器自动地接收和处理一个真实物体的图

像，以获得所需信息或用于控制机器人动作的装置。机器视觉借助于计算机软件对图像进行定量分析，其处理的速度与被处理图像的复杂程度有关。它具有快速、可靠、一致性高的优点，对于大批量生产具有很好的经济效益。

目前所建立的各种视觉系统绝大多数是只适用于某一特定环境或应用场合的专用系统，而要建立一个可与人类的视觉系统相比拟的通用视觉系统是非常困难的，主要原因如下[9]：

①**图像对景物的约束不充分**　首先是图像本身不能提供足够的信息来恢复景物，其次是当把三维景物投影成二维图像时丧失了深度信息。因此，需要附加的约束才能解决从图像恢复景物时的多义性。

②**多种因素在图像中相互混淆**　物体的外表受材料的性质、空气条件、光源角度、背景光照、摄像机角度和特性等因素的影响，所有这些因素都归结到一个单一的测量，即像素的灰度，而要确定各种因素对像素灰度的作用大小是很困难的。

③**理解自然景物要求大量知识**　例如，要用到阴影、纹理、立体视觉、物体大小的知识；需要关于物体的专门知识或通用知识，可能还需要关于物体间关系的知识等。由于所需的知识量极大，难以简单地用人工进行输入，可能要求通过自动知识获取方法来建立。

④**机器视觉的主观能力不足**　人类虽然自己就是视觉的专家，但计算机视觉不同于人的问题求解过程，难以通过人类描述自己是如何看见事物的，从而给计算机视觉的研究提供直接的指导。

机器视觉与人类视觉的对比见表 10-1 所列。

表 10-1　机器视觉与人类视觉的能力比较

能　力	机器视觉	人的视觉
测　距	能力非常局限	定量估计
定方向	定量计算	定量估计
运动分析	定量分析，但受限制	定量分析
检测边界区域	对噪声比较敏感	定量、定性分析
图像形状	受分割、噪声制约	高度发达
图像机构	需要专用软件，能力有限	高度发达
阴　影	初级水平	高度发达
二维解释	对分割完善的目标能较好解释	高度发达
三维解释	非常低级	高度发达
总的能力	最适合于结构环境的定量测量	最适合于复杂的、非结构化环境的定量解释

人类视觉具有分辨率高、识别能力强、推理灵活等优点，但相对于机器视觉也还有一些弱点[10]：

①**主观性**　人类在大脑处理图像过程中难免带有主观片面性。例如，因个人经验不足没有发现苹果上的病斑。随着时间、场合的变化，对相同的图像可能得到不同的观察结果。

②**局限性**　人的视觉系统有它的局限性。例如，人眼只能看到物体表面，不能看到物体内部的结构。

③**缺乏持久性** 人只能每天 8 小时工作，而且需要休息，长时间、连续进行相同的视觉处理，人们就会感到单调、疲劳、厌倦，甚至遗忘，以至效率降低或判别错误。

④**模糊性** 人的视觉系统的图像处理是一种模糊处理，对处理结果很少能进行定量描述。

从建立通用的机器视觉系统的角度来看，关键不是机械地模仿人类视觉系统，而是通过对人类视觉系统的研究，发现是什么因素使人类具有优秀的视觉系统性能，并且把它结合到机器视觉系统中去。

典型的机器视觉系统由图像采集部件、图像信息处理器（计算机）、信息输出（机机接口和人机接口）三大部分组成[11,12]。

(1) 图像采集部件

原始的图像数据是通过图像采集部件进入计算机的，因而图像采集部件的作用是采集原始的模拟图像数据，并将模拟信号转换成数字信号，然后存入计算机内存区。常用的图像采集部件有成像雷达、CCD 摄像机及其图像采集卡、图像扫描仪、数码摄像机等。

(2) 图像信息处理器

图像的处理工作通常由计算机完成，经过采集卡由模拟信号转换为数字信号后，图像信息在计算机中实现预处理、特征抽取（图像分析）、模式识别、重构、描述、判断、决策等一系列的处理。

(3) 信息输出

识别信息的输出（机机接口和人机接口）是图像处理的最终目的。信息的输出形式可分为两种：一种是根据识别的结果作出判断，通常以符号信息的形式输出；另一种是图像即为输出。

图 10-2 为比较典型的机器视觉系统示意图。

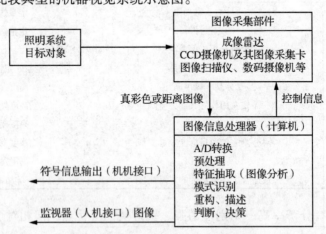

图 10-2 典型机器视觉系统示意

10.1.6 机器视觉在林业机械上的应用

目前，机器视觉技术在林业机械上的研究和应用，主要集中在林业机械自动导航、树木生长信息检测、变量控制等方面。

10.1.6.1 林业机械自动导航

林业机械装备作为实施林业生产的技术载体，应该具备定位导航、实时监测、自动变量调节等功能。林业机械自动导航是现代林业机械装备的重要组成部分之一，广泛地应用在农药、肥料等的自动喷洒以及收割作业、采伐运输等许多方面。

(1) 机器视觉导航与 GPS 互补

机器视觉导航和 GPS 互相融合可在各种复杂环境下完成导航任务。1998 年 N. Noguchi 提出了机器视觉、RTK-GPS 以及 CDS 结合的自动导航系统[13]；Chang-Hyun Choi 提出的基于 DGPS 和机器视觉的自动导航的联合收割机，可以按照预先制定的路线收割，其中，DGPS 主要起到定位收割机的位置，而机器视觉用于检测区分收获和未收获的区域[14]；Francisco Rovira-Más 提出将 GPS 和机器视觉在林业机械导航系统融合成一个框架，使两者能够进行优势互补[15]。

(2) 基于机器视觉的林业机械自动导航关键问题

基于机器视觉的林业机械自动导航系统中较为关键的问题集中在导航算法、图像识别算法等方面。S. Han 等提出了一个能够有效获取车辆自动导航系统中的导航路线的程序[16]；2001 年，日本 DM Bulanon 提出的利用机器视觉系统为水果采摘机器手自动导航，分析采集的苹果树图像，确定不同的阈值以分割图像识别水果[17]；而 Rovira-Ms 等则研究了林业机械自动导航中植物行的检测问题，提出了基于 Hough 转换和 blob 分析的算法，该算法能够有效解决图像噪声问题[18]。

利用机器视觉技术对林业机械进行自动导航，通常实时性和导航精度较好，且不需要预定导航路线图。利用机器视觉获得的林间图像信号丰富完整，提供导航信息和田间信息，有助于精确作业的实现。但是由于机器视觉本身的局限性，如受到光照等成像条件的影响，其动态范围、分辨率、漂移以及噪声等都存在问题。因此，机器视觉与 GPS 两种方法相互融合，可较好地完成复杂环境下的导航任务。

10.1.6.2 树木生长信息检测

作为实施精确林业生产的重要基础，需要准确、有效地检测树木生长信息。树木生长信息主要包括：提供树木生长状态的树木形态、营养、水分、温度等相关信息。由于机器视觉技术无损测量的特点，基于机器视觉的树木生长信息检测可以根据树木生长状态图像识别出树木营养状况等，应用前景广阔。

但由于树木品种繁多，生长环境变化大，对于树木生长信息检测大部分是针对具体问题和具体对象的，还没有一种适合于所有树木通用的、标准的识别方法。

10.1.6.3 变量控制

由于在同一地块中，土壤肥力、墒情等往往存在很大的差异，病虫草害的发生及其分布也是不均匀的。变量控制就是根据林田实际情况进行变量控制投入(肥、水、药等)，从而达到以最低代价获得最佳效果。目前，变量控制主要集中在变量施肥、变量施药、按需滴灌等方面。机器视觉技术用于变量控制，主要集中在对林间信息的识别、变量控制系统构建以及智能精确对靶施药等。

(1) 识别林间杂草

正确有效地识别林间信息是进行变量控制的基础。林间信息种类繁多，其中由于林间杂草与树木争光、水、肥、空间，导致树木品质受损及产量下降，并且妨碍收获作业，增加生产成本，会给林业生产造成巨大危害。因此，如何有效地识别林间杂草成为精确喷洒除草剂的重要前提。

由于树木和杂草在形状、纹理、颜色等方面存在着较大的差异性，根据模式识别理论对林间杂草的识别算法也有多种：形状识别、纹理识别、颜色识别等。Guyer 等利用叶片的形状特征参数识别不同植物[19]；Woebbecke 等人利用整株植物冠层的形状特征参数识别两种单子叶杂草和 8 种双子叶杂草[20]；Tang 等利用 Gabor 小波变换提取植物的纹理特征，识别禾本和阔叶植物[21]；Zhang 等对 38 种主要杂草进行观察，发现其中 28 种有淡红的茎，因此利用颜色特征识别杂草[22]。不同识别算法各有优缺点：形状识别对于植物叶片的遮挡较难处理；纹理识别由于计算量大而造成识别速度低；颜色识别虽然对遮挡、摄像机聚焦和风等影响不敏感，但是要求树木与杂草必须有颜色上的不同。由于杂草的多样性，对于不同的杂草应采用不同的识别算法，有时还应综合利用多种信息，以便更准确、快捷地识别杂草。

(2) 构建变量控制系统

Felton[23] 等建立一套喷雾系统，该系统能够检测到视野内是否有杂草，并利用图像传感器检测到有绿色(杂草)的目标，然后进行变量喷雾。但这种图像传感器不能正确识别不同种类的杂草，因此该系统不适合树木出苗后来控制喷洒除草剂。

Lei Tian 提出基于机器视觉的可变速率的除草剂使用系统，由摄像头采集田间的图像，经过处理识别后控制各喷头，如图 10-3 所示。该实时机器视觉控制喷嘴设备以高精度进行针对性喷药，能够在户外变光线条件下工作，利用多个视觉传感器以覆盖整个目标区域，单独控制每一个喷嘴，显著提高了喷洒精度[24]。

(3) 智能精确对靶施药

南京林业大学开发了面向林木病虫害防治的基于机器视觉的林木病虫害防治农药

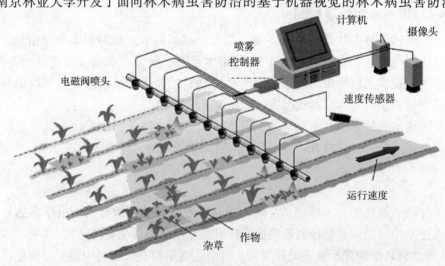

图 10-3　基于机器视觉的可变速率除草剂使用系统

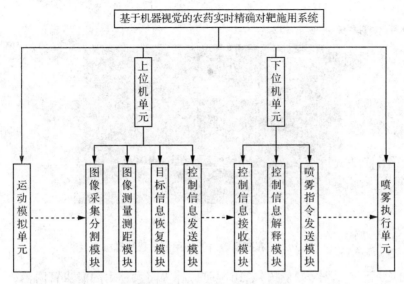

图10-4　林木病虫害防治农药实时精确对靶施用系统结构图

实时精确对靶施用系统,实现"有树喷雾,无树不喷"的智能精确对靶施药[25]。整个系统分为若干个子单元,每个单元又包括若干个模块,每个模块实现特定的功能或任务,而所有模块通过特定的硬件和软件接口连接起来,组成一个完整的系统[26],图10-4所示为系统结构图。

对采集得到的连续树木视频图像中首先提取单帧图像,进行预处理后,将图像的颜色数据由RGB(R代表红色,G代表绿色,B代表蓝色)转换为色度表示。再用色彩因子G和$2 \times G/(R+B)$全局阈值图像分割、边缘提取、区域标记、特征提取和识别后,输出识别结果。根据绿色植物的全波段反射光谱(reflectance spectrum),在可见光范围内,绿色植物在绿色波段(波长为550μm左右)会有一个反射峰值(green peak)。这是由于健康的绿色植物进行光合作用(叶绿素在光合作用过程中吸收可见光谱中的红色波段)引起的。因此,对于绿色植物的数字图像,绿色分量相对于红色和蓝色分量大。这个特性是健康绿色植物所固有的,不会随环境因素而改变,在实验室可控光条件下及室外自然光条件下拍摄大量绿色树木的图像并进行RGB各分量的分析后,也证实了这一点,因此可以利用图像RGB分量之间的相对关系分割绿色树木图像。这里引入$2 \times G/(R+B)$色彩因子,在全面考虑像素RGB分量的同时突出了G分量在像素中的比重和利用比值关系抑制环境因素(如光强)的影响。同时引入$(R+B+G)/3$因子阈值的设定来去除图像中的暗噪声或相对暗区。

图10-5所示为南通广益机电有限公司生产的基于机器视觉的车载、高效、低量6HW-50高射程车载分离式风送机动喷雾机。喷雾机自身有完整的发配电系统、雾化系统、风送系统、风筒转向系统等装置。喷雾机直接装载在皮卡车内,在行驶过程中进行喷雾施药。根据试验测试表明,基于机器视觉的高射程喷雾机的软件分割树木目标和背景的运算速度为0.2s/帧,行驶速度为8~10km/h,雾谱范围为50~150μm,射程达到垂直20~25m,水平38~45m,喷雾量为40~460L/h,喷口转角为-15°~+85°。当林木的栽植株距较大和缺株现象严重时,和传统均匀施药方法相比,该系统可大大节省用药量,甚至可达80%左右。同时,系统自动化、智能化程度高,不需要专人操

图 10-5　农药精确对靶施用高射程喷雾机

作使用。可应用于经济林(如杨树)、田网防护林等高大林木的病虫害防治,还可用于农业大田作物病虫害和大面积蝗灾的防治,特别适用于公路两旁绿化树及城市行道树的病虫害防治工作,能减轻劳动强度、降低防治成本、提高经济效益和保护生态环境。

10.1.6.4　林果采摘机器人

在果树产业集中地区实现机械化采摘,能节约农村劳动力。普通机械化采摘设备存在噪声过大、采摘过程需要人工监督、采摘效果不明显等问题。而智能化林果采摘设备利用机器视觉技术,能提高林果采摘设备速度并进一步实现无人操作。中南林业科技大学针对南方经济林研制了林果采摘视觉系统[27],图 10-6 为林果采摘机器人结构示意图。

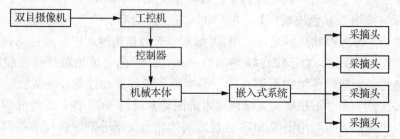

图 10-6　基于机器视觉的林果采摘机器人结构系统

该林果采摘设备包括智能识别、智能采摘等特性,整套系统包括工控机、智能摄像头、机械本体等,具备自动判别目标物体、自动采摘、保护花等易损对象、避免采摘头碰触较大树枝等功能。

10.1.6.5　林果质量检测与分级

应用机器视觉技术,可一次性完成果梗完整性、果形、林果尺寸、果面损伤和缺陷等的识别,可以获取定量指标,如林果大小、颜色、果形以及果面上的缺陷和损伤状况等特征参数的具体数值并据此进行水果的自动分级,计算机视觉技术应用在果品自动检测识别上的优点有精度高、重复性好、可长期工作、检测能力强、速度快、客观性强、成本低、适应性强、灵活性和可重组性强。

浙江大学综合研制的一套适用于水果品质自动检测的机器视觉系统，能进行水果图像的背景分割和边缘检测，利用机器视觉技术精确检测水果尺寸和表面缺陷面积[28]。系统能完成动态水果群体图像信息实时提取和分析处理以及进行水果品质智能化实时检测，这条自动化生产线每小时能检测和分级 3~6t 水果，装备有机器视觉系统，能精确地按国家标准同时完成果品大小、形状、色泽、果面缺陷和损伤等全部外观品质指标的检测，已经用于柑橘、胡柚、苹果、西红柿和土豆等多种水果及农产品的检测分级。

由于林业作业对象以及机器视觉系统的特点，使得机器视觉技术在林业机械的应用中还存在着若干问题，主要表现在以下方面：

①**林业对象缺乏规律性**　同一林业对象当时间、地点或环境发生变化，都会引起对象发生较大改变。因此，识别对象的算法具有一定的局限性，一般只适用于特定条件下的林业对象，鲁棒性较差[29]。

②**林间环境存在信息复杂性**　首先存在图像背景复杂、多变、叶片树枝遮挡等问题，农业生产主要在田间开展，作物生长的背景较为简单（通常仅为土壤、裸地或杂草），而进行林业生产时，背景往往复杂（如行道树边上可能有河流、广告牌、大楼、汽车、行人等），增加了应用实时传感技术时图像分割和识别的难度，因此如何有效分割背景和目标对象成为研究难点和热点；其次由于林间光照变化大，成像条件不理想，难以获得优质图像，与在特定光源下、环境较好的机器视觉工业应用相比，林间存在光照条件差、机械振动等许多实际因素，还有很多问题需要解决；另外，其他行业生产上一般假设目标是二维的，目标到视觉系统的距离也是不变的，而进行林业生产作业时，林木成行成列种植是很普遍的，对于天然林则更为复杂，目标都是三维的，因此必须考虑目标到视觉系统的距离（也就是深度信息）以保证精确对靶等林业作业控制的准确性。

③**实时动态树木图像处理难度大**　在林业机械的应用中经常需要实时处理，即要求能够实时处理动态图像，对识别算法实时性提出较高的要求，而由于图像处理的计算量很大，如何快速地识别目标对象也成为限制机器视觉技术在林业机械中实际应用的难点之一。

10.2　3S 技术概述

3S 通常是指全球定位系统（global positioning system，GPS）、地理信息系统（geographic information system，GIS）和遥感（remote sensing，RS）。

10.2.1　全球定位系统

全球定位系统 GPS 是美国国防部于 20 世纪 70 年代，在"子午仪卫星导航定位"技术上发展起来的、可供全球享用的空间信息资源，一系列卫星 24h 提供高精度的世界范围的定位和导航信息，只要持有能够接收、跟踪和测量 GPS 信号的接收机，就可以进行全球性、全天候、高精度、连续、实时的导航和测量，具有用途多、可靠性好、覆盖范围广、定位速度快、抗干扰性强和自动化程度高等特点[30]。全球定位系统的24颗卫星不停地发送回精确的时间和它们的位置，GPS接收器同时接收3~12颗卫星的信号，利用这些信号确定卫星在太空中的位置，并根据无线电波传送的时间来计算它们间的距离。再计算出至少3~4颗卫星的相对位置后，GPS接收器就可以用三角学来算出自己的位置、移动速度和方向等。利用GPS可以直接获取地理信息，从而成为空间信息集成系统的重要组成部分。

全球定位系统主要由三部分组成，即空间部分——GPS卫星星座，控制部分——地面监控系统，用户设备部分——GPS信号接收机[31]。三者有各自独立的功能和作用，但又是有机地配合而缺一不可的整体系统。

GPS的空间部分和地面控制部分，是用户应用GPS定位的基础，而用户只有通过用户设备，才能实现用GPS定位的目的。用户设备的主要任务是接收GPS卫星发射的无线电信号，获得必要的定位信息及观测量，并经数据处理完成定位工作。用户设备主要由GPS接收机硬件和数据处理软件，以及微处理机及其终端设备组成。GPS接收机的硬件一般包括主机、天线和电源[32]。

10.2.1.1 GPS绝对定位法

全球定位系统的定位原理比较复杂，一般包括绝对定位法与相对定位法。绝对定位也称为单点定位，通常是指在协议地球坐标系中，直接确定观测站相对于坐标系原点（地球质心）绝对坐标的一种定位方法。"绝对"一词主要是为了区别于相对定位法。绝对定位与相对定位在观测方式、数据处理、定位精度以及应用范围等方面均有原则区别。

应用GPS进行绝对定位，根据用户接收机天线所处的状态，又可分为动态绝对定位和静态绝对定位。目前，无论是动态绝对定位或静态绝对定位，所依据的观测量都是所测卫星至观测站的伪距，所以，相应的定位方法通常也称为伪距法。

10.2.1.2 GPS相对定位法

GPS相对定位是目前GPS测量中精度最高的一种定位方法，它广泛地应用于大地测量、精密工程测量和地球动力学的研究。相对定位的最基本情况是用两台接收机分别安置在基线的两端，并同步观测相同的GPS卫星，以确定基线端点在协议地球坐标系中的相对位置或基线向量。

根据用户接收机在测量过程中所处的状态不同，相对定位有静态和动态之分。静态相对定位，即设置在基线端点的接收机天线是固定不动的，这样便可以通过连续观测，取得充分的多余观测数据，以改善定位的精度；动态相对定位，是用一台接收机安设在基准站上固定不动，另一台接收机安设在运动的载体上，两台接收机同步观测相同的卫星，以确定运动点相对基准站的实时位置。

10.2.1.3 差分GPS（DGPS）定位

根据差分GPS基准站发送的信息方式可将差分GPS定位分为：位置差分、伪距差分、相位平滑伪距差分和相位差分。这四类差分方式的工作原理是相同的，即都是由基准站发送改正数,由用户站接收并对其测量结果进行改正,以获得精确的定位结果。所不同的是,发送改正数的具体内容不一样,其差分定位精度也不同。

10.2.1.4 GPS 测量误差

GPS 测量中出现的各种误差按其来源大致可分为 3 类:
① 与 GPS 卫星有关的误差。
② 与信号传播有关的误差。
③ 与接收设备有关的误差。
如果根据误差的性质,上述误差可分为系统误差与偶然误差两类。
上述各项误差对测距的影响可达数十米,有时甚至可超过百米,比观测器噪声大几个数量级。因此必须设法加以消除和削弱,否则将会对定位精度造成极大的损害。消除或大幅度削弱这些误差所造成的影响主要方法有:
① 建立误差改正模型。
② 利用求差法。
③ 选择较好的硬件和较好的观测条件。
上述方法也可结合使用,例如采用大气传播延迟改正模型进行改正,再用求差法来消除无法用模型改正却具有相关性的残余误差。

10.2.1.5 北斗卫星导航系统

目前,导航卫星包括美国全球定位系统(GPS)、俄罗斯格洛纳斯全球定位系统(GLONASS)、欧洲伽利略卫星导航系统(GALILEO)和中国北斗卫星导航系统(BDS)。

北斗卫星导航系统是中国正在实施的自主发展、独立运行的全球卫星导航系统,致力于向全球用户提供高质量的定位、导航、授时服务,并能向有更高要求的授权用户提供进一步服务,军用与民用兼具。中国在 2003 年完成了具有区域导航功能的北斗卫星导航试验系统,之后开始构建服务全球的北斗卫星导航系统,于 2012 年起向亚太大部分地区正式提供服务,并至 2020 年完成全球系统的构建[33]。北斗卫星导航系统由空间段、地面段、用户段组成。

(1) 空间段

北斗卫星导航系统空间段计划由 35 颗卫星组成,包括 5 颗静止轨道卫星、27 颗中地球轨道卫星、3 颗倾斜同步轨道卫星。5 颗静止轨道卫星定点位置为东经 58.75°、80°、110.5°、140°、160°,地球轨道卫星运行在 3 个轨道面上,轨道面之间为相隔 120°均匀分布。至 2012 年底北斗亚太区域导航正式开通时,已为正式系统发射了 16 颗卫星,其中 14 颗组网并提供服务,分别为 5 颗静止轨道卫星、5 颗倾斜地球同步轨道卫星(均在倾角 55°的轨道面上)、4 颗中地球轨道卫星(均在倾角 55°的轨道面上)。

(2) 地面段

系统的地面段由主控站、注入站、监测站组成。主控站用于系统运行管理与控制等。主控站从监测站接收数据并进行处理,生成卫星导航电文和差分完好性信息,而后交由注入站执行信息的发送。注入站用于向卫星发送信号,对卫星进行控制管理,在接受主控站的调度后,将卫星导航电文和差分完好性信息向卫星发送。监测站用于接收卫星的信号,并发送给主控站,可实现对卫星的监测,以确定卫星轨道,并为时间同步提供观测资料。

(3) 用户段

用户段即用户的终端,即可以是专用于北斗卫星导航系统的信号接收机,也可以是同时兼容其他卫星导航系统的接收机[34]。接收机需要捕获并跟踪卫星的信号,根据数据按一定的方式进行定位计算,最终得到用户的经纬度、高度、速度、时间等信息。北斗导航系统是覆盖中国本土的区域导航系统,覆盖范围为东经70°~140°,北纬5°~55°。目前,北斗卫星系统已经对东南亚实现全覆盖。北斗卫星导航系统提供定位、导航、授时服务,分为开放服务和授权服务两种方式。开放服务是指任何拥有终端设备的全球用户可免费获得此服务,定位精度平面10m、高程10m,测速精度0.2m/s,授时精度单向50ns,开放服务不提供双向高精度授时。需要获得授权方可使用的授权服务又分成不同等级,区分军用和民用。截至2012年年底,中国有约4万艘渔船安装了北斗卫星导航系统的终端,终端向手机发送短信,高峰时每月发送70万条。同时,中国有10万辆车已安装北斗的导航设备。

10.2.1.6　GPS 应用

GPS 已经广泛地应用到了各行各业,例如船舶远洋导航和进港引水、飞机航路引导和进场降落、汽车自主导航、地面车辆跟踪和城市智能交通管理、紧急救生、个人旅游及野外探险、道路和各种线路放样、水下地形测量、地壳形变测量、大坝和大型建筑物变形监测、GIS 应用、农林生产等。

英国 Messey Ferguson 公司生产的 MF40 型联合收割机,采用 DGPS 系统动态定位精度优于 5m,其谷物流量传感器为 γ 射线式,计量精度达 ±0.5%,软件系统为该公司开发的"农田之星"(Field-Star),作业监控系统为 DataVision[35]。收获过程中,采用 GPS132 进行精确导航,其输出为产量分布图。

美国 Micro-Trak 公司生产的 MT-3405 变量喷药机根据处方图和 DGPS 定位,调节药量和雾滴大小[36]。例如,当驾驶喷雾机在田间喷施农药时,驾驶室中安装的监视器显示喷药处方图和喷雾机所在的位置。驾驶员监视行走轨迹的同时,数据处理器根据处方图上的喷药量,自动向喷药机下达命令,控制喷洒。

上海精确农业基地与上海交通大学机器人研究所合作研制了联合收割机智能测产系统,以国产农机为载体,由 GPS、产量传感系统、湿度传感系统、速度传感系统和软件控制部分等组成[37]。

10.2.2　地理信息系统

地理信息系统 GIS 是为地理研究和地理决策服务的空间信息系统,是融合了信息科学、计算机科学、现代地理学、测绘遥感学、空间科学、环境科学和管理科学而形成的一门新兴边缘学科[38]。GIS 以地理空间数据库为基础,在计算机硬件、软件系统的支持下,采集、存储、管理、运算、分析、显示和描述整个或部分地球表面(包括大气层在内)与空间和地理分布有关的数据。GIS 管理的对象是多种地理空间实体数据及其关系,包括空间定位数据、图形数据、属性数据等,根据用户的需要将空间信息及属性信息准确真实、图文并茂地输出。GIS 具有信息查询、绘制电子地图、空间分析、预测预报和模拟分析等功能，改变了以往利用地形图及相关图件管理地籍费时、费力、速度慢的局面，实现了实时、准确、可靠地对获取的环境现状和动态变化数据进行组织和管理。

GIS 由一些计算机程序和各种地学信息数据组成现实空间信息模型（即将地学信息抽象后，组成便于计算机中表达的空间信息模型）。通过这些模型，可以用可视化的方式对各种空间现象进行定性和定量的模拟与分析。例如，可通过计算机程序的运行和各类数据的变换，对各类信息的变化进行仿真；在 GIS 支持下提取现实空间中不同侧面不同层次的空间、属性和时间特征，对其进行分析；并能快速地模拟自然过程的演变，对其演变的结果进行预测，从而选择最优的对策方案等。

地理信息包括空间数据和属性数据两大类，如图 10-7 所示。

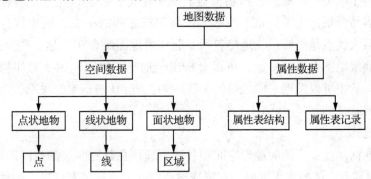

图 10-7　地理信息结构组成

GIS 所要采集、管理、处理和更新的是空间信息，与其他信息系统相比，GIS 具有以下三方面特征：

①具有采集、管理、分析和输出多种地理空间信息的能力；

②以地理模型方法为手段，具有空间分析、多要素综合分析和动态预测的能力；

③计算机系统支持进行空间地理数据管理，使其能够快速、精确、综合地对复杂的地理系统进行空间定位和动态分析。

GIS 可以分为专题 GIS、区域 GIS 和 GIS 工具软件，主要由硬件系统、软件系统、地理空间数据库及系统组织管理人员等组成。GIS 的基本功能就是通过对地学信息和有关社会经济信息的采集、编辑、数据管理、查询、分析和输出等工作，来实现对地学信息的计算机化管理过程。GIS 作为一个空间信息系统要求至少具备数据输入、图形与文本编辑、数据存储与管理、空间查询与空间分析、数据输出与表达等基本功能。

目前开发的商品化 GIS 软件就多达数百种，如 Arc Info、Arc View、Map Info 等软件已经广泛应用于各个行业，这些软件除了具有 GIS 软件的一般特性之外，还具有各自不同的特点，例如，有的长于遥感影像处理，有的长于地理测量，还有的长于地理资源分析等。用户可以根据自己的应用特点，选用合适的 GIS 软件。

GIS 软件的投入使用，为用户提供了地理信息采集、处理、存储、管理、查询和分析的有力手段，大大提高了处理与地理相关事务的效率[39]。借助这些通用 GIS 软件平台，不同领域的用户已经开发了为数众多的专业 GIS 软件，在农林生产中的应用也日益普遍，并逐步地显示出重要的作用。

(1)绘制作物产量分布图

安装 GPS 导航仪的新型联合收割机，在田间收割农作物时，每隔 1 ~2s 记录下联合收割机的位置，同时产量计量系统随时自动称出农作物的重量，置于粮仓中的计量仪器能测出农作物流入储存仓的速度及已经流出的总量，这些结果随时在驾驶室内的显示荧屏上显示出来，并被记录在地理数据库中。利用这些数据，在地理信息系统支持下可以制作农作物产量分布图。在产量分布图上描绘出每个地块在空间的分布轮廓和单位土地面积上的农作物产量。

(2)农林专题地图分析

通过 GIS 提供的复合叠加功能，将不同农业专题数据组合在一起，形成新的数据集。例如，将土壤类型、地形、作物覆盖数据采用复合叠加，建立三者在空间上的联系，可以很容易分析出土壤类型、地形、作物覆盖之间的关系。地理信息系统与传统地图相比，最大优点是能够很快地将各种专题要素地图组合在一起，产生出新的地图。将不同专题要素地图叠加在一起，可以分析出土地上各种限制因子对作物的相互作用与相互影响，从中可以发现它们之间的关系，如土壤 pH 与产量的关系，这对于指导农林生产是很有意义的。

(3)其他

由于林业活动涉及广阔的地理空间和各种管理信息都有明显的空间随机分布特征，GIS 在林业中具有广泛的应用价值。在形成林业空间信息地理图形时，采样密度、采样成本与信息处理的方法如何能更准确反映参数的空间分布，仍然是尚待深入研究的课题。由于商用 GIS 系统的功能一般都照顾到各种类型用户的需要，针对林业资源信息

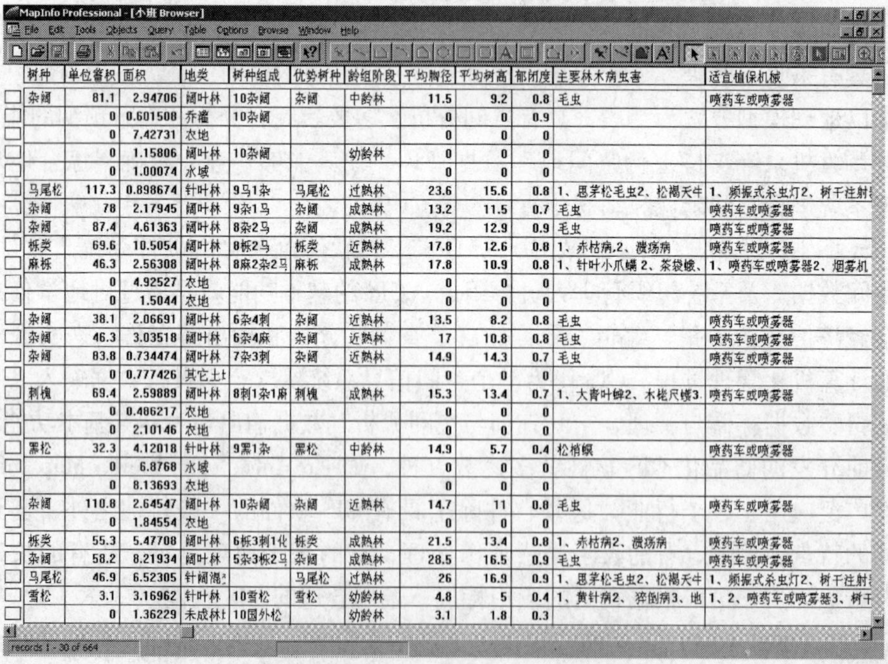

MapInfo Professional - [小班 Browser]

File Edit Tools Objects Query Table Options Browse Window Help

树种	单位蓄积	面积	地类	树种组成	优势树种	龄组阶段	平均胸径	平均树高	郁闭度	主要林木病虫害	适宜植保机械
杂阔	81.1	2.94706	阔叶林	10杂阔	杂阔	中龄林	11.5	9.2	0.8	毛虫	喷药车或喷雾器
	0	0.601508	乔灌	10杂阔			0	0	0.9		
	0	7.42731	农地				0	0	0		
	0	1.15806	阔叶林	10杂阔		幼龄林	0	0	0		
	0	1.00074	水域				0	0	0		
马尾松	117.3	0.898674	针叶林	9马1杂	马尾松	过熟林	23.6	15.6	0.8	1、思茅松毛虫2、松褐天牛	1、频振式杀虫灯2、树干注射
杂阔	78	2.17945	阔叶林	9杂1马	杂阔	成熟林	13.2	11.5	0.7	毛虫	喷药车或喷雾器
杂阔	87.4	4.61363	阔叶林	8杂2马	杂阔	成熟林	19.2	12.9	0.9	毛虫	喷药车或喷雾器
栎类	69.6	10.5054	阔叶林	8栎2马	栎类	近熟林	17.8	12.6	0.8	1、赤枯病,2、溃疡病	喷药车或喷雾器
麻栎	46.3	2.56308	阔叶林	8麻2杂2马	麻栎	成熟林	17.8	10.9	0.8	1、针叶小爪螨 2、茶袋蛾、	1、喷药车或喷雾器2、烟雾机
	0	4.92527	农地				0	0	0		
	0	1.5044	农地				0	0	0		
杂阔	38.1	2.06691	阔叶林	6杂4刺	杂阔	近熟林	13.5	8.2	0.8	毛虫	喷药车或喷雾器
杂阔	46.3	3.03518	阔叶林	6杂4麻	杂阔	近熟林	17	10.8	0.8	毛虫	喷药车或喷雾器
杂阔	83.8	0.734474	阔叶林	7杂3刺	杂阔	近熟林	14.9	14.3	0.7	毛虫	喷药车或喷雾器
	0	0.777426	其它土				0	0	0		
刺槐	69.4	2.59889	阔叶林	8刺1杂1麻	刺槐	成熟林	15.3	13.4	0.7	1、大青叶蝉2、木橇尺蠖3.	喷药车或喷雾器
	0	0.486217	农地				0	0	0		
	0	2.10146	农地				0	0	0		
黑松	32.3	4.12018	针叶林	9黑1杂	黑松	中龄林	14.9	5.7	0.4	松梢螟	喷药车或喷雾器
	0	6.8768	水域				0	0	0		
	0	8.13693	农地				0	0	0		
杂阔	110.8	2.64547	阔叶林	10杂阔	杂阔	近熟林	14.7	11	0.8	毛虫	喷药车或喷雾器
	0	1.84554	农地				0	0	0		
栎类	55.3	5.47708	阔叶林	6栎3刺1化	栎类	成熟林	21.5	13.4	0.8	1、赤枯病2、溃疡病	喷药车或喷雾器
杂阔	58.2	8.21934	阔叶林	5杂3栎2马	杂阔	成熟林	28.5	16.5	0.9	毛虫	喷药车或喷雾器
马尾松	46.9	6.52305	针阔混		马尾松	过熟林	26	16.9	0.9	1、思茅松毛虫2、松褐天牛	1、频振式杀虫灯2、树干注射
雪松	3.1	3.16962	针叶林	10雪松	雪松	幼龄林	4.8	5	0.4	1、黄针病2、猝倒病3、地	1、2、喷药车或喷雾器3、树干
	0	1.36229	未成林	10国外松		幼龄林	3.1	1.8	0.3		

records 1 - 30 of 664

图 10-8 林业植保机械的 GIS 属性表

管理和精确林业实践的需要和林业生产者的特点，开发基于 GIS 设计规范的简单实用、易于向推广、界面友好的林间 GIS，已引起学术界和 GIS 开发商的注意。

图 10-8 所示为利用 Map Info 软件开发的针对林业植保机械的 GIS 属性表。在设计属性表时，考虑到林班、小班自身情况和影响林木生长的环境因素实际存在的时空差异性，因此属性表包含了林木基本信息（林班号、小班号、树种组成、优势树种、树种、单位蓄积、林种、郁密度、平均胸径、平均树高、年龄、龄组阶段、龄级）、自然条件（如地类、面积、周长、美学评价、单位产量、作业区、经营类型、权属等）、历史数据（如主要林木病虫害、病虫害发生区、病虫害等级、枯倒树种、枯倒蓄积）、经验数据（如防治方法、适宜植保机械）等信息[40]。

10.2.3 遥感技术

遥感是一种多平台、多波段、高分辨率和全天候的对地观测技术，主要利用遥感器获取地球表面（层）自然界目标的波谱特征信息（如电场、磁场、电磁波、地震波等信息），根据不同物体对波谱产生不同响应的原理，从而达到识别地面上各类物体的属性及其分布等特征的目的。也就是利用远离地面的不同工作平台（如高塔、气球、飞机、火箭、人造地球卫星、宇宙飞船、航天飞机等）上的遥感器收集地面数据资料，对地球表面的电磁波（辐射）信息进行探测，经记录、传送、分析和判读来对地球的资源与环境进行探测和监测。它以动态监测为显著特点，回答了观测目标是什么（定性）、分布在何处（定位）、有多少（定量）的问题。

按照反射或发射电磁波的不同，遥感技术可分为可见光、红外、微波等；按照感测目标的能源作用可分为主动式遥感技术和被动式遥感技术[41]；按照记录信息的表现形式可分为图像方式和非图像方式；按照遥感器使用的平台可分为航天遥感技术、航空遥感技术和地面遥感技术。

遥感技术的优势是适时准确地获取目标信息数据，具体如下：

①覆盖面大，获取数据资料范围大，宏观性强。

②扩大波谱视域，多波段获取地物信息，获取信息的手段多，信息量大，信息丰富多样。

③获取信息受条件限制少，获取地物信息具有多时相性，速度快，周期短，有利于动态监测。

④卫星遥感与航空遥感相比成本低，能达到信息实时性。

遥感技术上述优点正是解决林业生产问题所需要的，而采用常规技术是难以做到。在林业生产管理中，应用遥感技术最早和最广泛的是森林资源调查工作[42]。林业遥感技术主要通过不同传感器测得林业目标物体的信息数据，通过一定的数据处理和分析判读来探测、识别林业目标物体及其现象，主要应用于资源清查与监测、火灾监测预报、病虫害监测、火灾评估等方面。遥感获得的时间序列图像，可显示出土壤和林木特性的空间反射光谱变异性，提供林木生长的时空变异性的信息。遥感技术在林业生产中已经得到广泛的应用。

（1）遥感监测与估算林木种植面积

卫星和飞机通过林地时，传感器可以监测并记录下林木作物覆盖面积数据，通过这些数据可以对林木作物分类，在此基础上可以估算每种林木的种植面积。目前商业销售的遥感图像已经达到1m的空间分辨率，在这种高分辨率图像中可以进行精确的林木种植面积的估算。

(2) 遥感监测林木长势及估产

林木长势监测是一个动态过程，利用遥感技术在林木生长不同阶段进行观察，获得不同时间序列的图像，林业管理者可以通过遥感提供的信息，及时发现林木生长中出现的问题，采取针对措施进行林间管理。同时，管理者可以根据不同时间序列的遥感图像，了解不同生长阶段林木的长势，提前预测林木产量。

(3) 监测林木生态环境

利用遥感多时相的影像信息，结合相关资料，判读解译遥感影像信息，对土壤侵蚀、土壤盐碱化等分布区域及其变化趋势进行监测，也可以对土壤、水和其他生态环境进行监测，分析作物生长过程中自身的态势和生长环境的变化，这些信息有助于林业管理者采取相应措施。同时，也可运用遥感技术监测分析不同酸沉降条件下森林的保土、保水、生长固碳、土壤盐基等生态功能及保持效益[43]。

(4) 监测林木病虫害发生情况

林木病虫害信息的获取，也属于遥感技术应用领域。对于林木病虫害发生情况的监测，传统地面抽样调查方法费时费力，已经不能满足林业生产实际需要，而遥感技术具有大面积覆盖且实时探测的优点，具有技术上的可行性与经济上的节约性。利用遥感影像多光谱数据，分析林木病虫害影像的光谱变化与纹理变化，通过光谱指标的选取、纹理特征的分析等，从多方面对影像虫害信息进行提取，从而监测森林病虫害的发生[44]。

(5) 灾害损失评估

借助于遥感技术的动态监测优势功能，利用GIS技术，建成各类灾害预警信息系统，可以有效地应用于如洪涝灾害、旱灾、林业面源和林木病虫害等林业灾害的灾前预测预报、灾中灾情演变趋势模拟和灾情变化动态监测、组织救灾和灾后灾情损失估算等，为防灾、抗灾、救灾的预警及应急措施及时提供准确的决策信息。气候异常对林木生长有一定影响，利用遥感技术可以监测与定量评估林木受灾程度，然后针对具体受灾情况，进行补种、浇水、喷药、采伐等措施。例如，对林木病虫害的防治，遥感技术可以对林木内在因素及环境因素的正常和异常状况加以区别，根据这些因素的变化，就有可能预测病虫害的发生；遥感技术可以追踪害虫的群集密集、飞行状况、生活习性及迁移方向等，借助于对历史资料的空间分析处理，就有可能预测出病虫害的蔓延趋势等。

10.2.4 林业生产3S信息流集成

3S的一体化集成和应用，使林木长势信息的收集、提取、定位、传输、存储、管理、分析和应用及空间数据可视化成为一个整体的信息网络，使得林业机械可以根据林间信息的变化，更加快速、准确、高效地调整灌溉、施肥、喷药、采伐等管理措施，实现林业生产的自动化、精准化、集约化。林业生产需要多种传感器的集成运用，系统各要素之间关系密切，其信息具有多源性、异构性、层次性和复杂性等特征[45]。

(1) 多源性

多源性是指林业生产的信息种类繁多与来源广泛,包括:

①**数字化地图** 地学数据可通过数字化地图或扫描实现空间数据的提取。

②**观测数据** 通过野外实地测量获取的数据,如气象数据、土壤数据。

③**试验数据** 模拟真实世界中地物与过程特征产生的数据,如林业机械作业效果数据。

④**RS 与 GPS 数据** RS 数据提高了影像解译、分类、提取等操作的自动化程度和质量,GPS 准确获取林业生产目标物或林业机械的空间位置,并已成为其他地学数据源的订正、校准手段。

⑤**理论推测与估算数据** 不能直接获取数据时用理论推测得到,如树种的分布和变迁等数据;短期内需要,但不能直接测量获取的数据用估算方法,如病虫害或林火损失林木面积及损失财产等数据。

⑥**历史数据** 历史文献中记录的信息,如历年林木病虫害始见期、始盛期、病情指数等数据。

⑦**统计普查数据** 统计数据与空间位置关联转化为地学数据,如刺蛾发生率、诱灯诱蛾量。

(2) 异构性

异构性是指林业生产信息的结构迥异以及分布分散,包括:

①**信息的表现形式不同** 定量信息,如林木棵数、林业机械运行速度、林业生产投入量等;定性信息,如林木病虫害暴发、蔓延水平;存在性信息,如有无树木;多媒体信息,如电子地图、图像等。

②**信息的确定性不同** 既有树种等确定性信息,也有气候变化等不确定信息。

③**信息的标准格式不同** 信息来自不同的应用系统或平台,接口标准不统一及存储格式各异。

(3) 层次性

依据喷雾系统数据抽象的层次(层次性),信息分为:

①**基础数据层** 从各类信息源获取的基本数据,包括 RS 采集的图像和 GPS 的定位信息。

②**特征属性层** 林业生产目标和树木生长状态的各类模式及其统计数据,侧重于识别判断。

③**状态描述层** 各种病虫害发生的描述模式及其统计数据,侧重于分析和预测。

④**决策控制层** 根据分析结果决定进行各类林业生产的数据,侧重于执行和实施。

后 3 种分别对应"是林业生产目标吗(定性)?""怎样分布的(定位)?""需要多少农药、水、化肥等的投入(定量)?"。

(4) 复杂性

林业机械作业时需要的信息复杂(复杂性),包含林业生产目标(树木)信息、作业车辆信息、气候信息、林业生产地理区域的信息和林业机械的政策法规信息等。

正是因为林业生产信息存在多源性、异构性、层次性以及复杂性等特征,迫切需要智能化的方法进行自动处理和辅助决策,对复杂环境因素中不同性质的信息进行集成、汇集、处理和综合存储。林业生产3S信息流集成以RS、GIS和GPS为基础，集信息获取、信息处理、信息应用于一体，突出表现在信息获取与信息处理的高速、实时以及信息应用的高精度、可定量化方面[46]。在3S信息流集成中，GPS主要被应用于实时、快速地提供目标，包括各种传感器和运载平台的空间位置；RS用于实时地或准实时地提供目标及其环境的语义和非语义信息，及时地对GIS进行数据更新；GIS则是对多种来源的时空数据进行综合处理，在专家系统及各种专业模型支持下，进行动态仿真、模拟，进行最优化决策，作为3S技术集成的基础平台。

林业生产3S信息流集成系统的工作过程为：将RS、GPS、GIS在线地安装在林业机械上，随着林业机械的行驶，所有系统均在同一时钟脉冲控制下进行实时工作，把GPS精确定位数据和RS获取的图像数据通过处理随时送入GIS中，通过GIS绘制林木长势情况分布电子地图，分析获得林区内树木长势的差异程度，在GIS平台上有效集成时空数据、属性数据、历史数据等信息，根据林木长势情况和培育专家经验知识，进行林木长势统计趋势模型和技术经济分析，建立专家系统，并根据实时数据分析、图像处理、作业目标特征和林业生产效果阈值，由智能决策支持系统生成林木管理处方图，根据处方图控制可变量系统自动执行精确变量施药、施肥、灌溉和采伐等作业。

10.3　林业智能决策支持系统

10.3.1　决策支持系统

决策支持系统(decision support system，DSS)是为计划、规划、管理、决策等各种具体的决策问题提供辅助决策的计算机程序系统，它通过提供背景材料、协助明确问题、修改完善模型、列举可能方案、进行分析比较等方式，为管理者做出正确决策提供必要支持，并允许用户与计算机进行灵活方便的交流[47]。

决策支持系统结构形式包括对话部件、数据部件和模型部件。

① **对话部件**　是决策支持系统与用户的交互界面，用户通过"人机交互系统"控制实际决策支持系统的运行。

② **数据部件**　包括数据库和数据库管理系统。

③ **模型部件**　包括模型库和模型库管理系统。

10.3.2　智能决策支持系统

智能决策支持系统(intelligent decision support system，IDSS)是一般决策支持系统的智能化产物。智能决策支持系统综合了数据库、方法库、模型库(如作物生长模拟、投入产出分析等模型)以及知识库，图10-9所示为智能决策支持系统的四库模型体系结构[48]。其中数据库存放基础数据、决策信息和事实性知识；方法库将专家决策的一般过程、思维方式、推理方法、知识经验等经过抽象概括，以一定的知识规则和推理机制来表示，并通过方法库管理引导系统；模型库用来存放各种决策、预测及分析模型，提供分析模型、评价模型、集成模型、规划模型等，能对相应数据进行分析和评价处理，提供决策信息给知识库，支持专家决策；知识库用来存放各种规则集、专家知识经验及其因果关系。多库协同器从知识、数据、模型、方法等各个方面为决策服务，

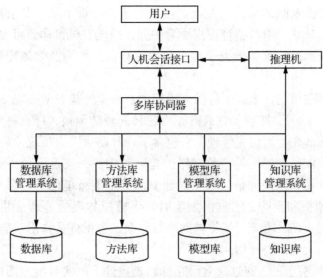

图 10-9　IDSS 体系结构

协调各部分之间的关系，为管理决策提供多方面、多层次的支持和服务。

10.3.3　林业智能决策支持系统

林业智能决策支持系统是林业机械自动化与智能化技术体系中实施方案的主体，运用人工智能和计算机技术，总结和汇集林业生产中的新技术、新成果、新经验，形成专家智能软件，对系统集成的数据进行分析、推理和评价，形成对林木进行管理的控制策略，其核心部件为知识库和推理机。在林业机械自动化与智能化技术中，它主要实现根据专家在长期生产中积累的知识，建立树木长势模型、统计病虫害的发生趋势分析与预测模型、空间分析与技术经济分析模型，通过选择最优模型，输入模型的参数，获得仿真运算结果，从而为各林班施肥、喷药、采伐等决策提供辅助支持[49]。

国内外已经在林业资源环境监测、防护林体系建设、森林防火、森林病虫草害防治、变量施肥等领域建立智能决策支持系统。

美国 W. C. Schou 等人[50]开发了航空喷雾决策支持系统 SSM(spray safe manager)，普遍用于森林杂草防除的除草剂脱靶喷雾沉积和飘移问题的处理。SSM 的特点就是将喷雾沉降和飘移的预测与生物反应模型融合在一起。该系统包含了一系列除草剂—杂草和除草剂—敏感植物雾滴反应模型及产量模型。第二代 SSM(SSM2)将喷雾沉积和地理信息系统融合在一起，增加了斜坡沉积修正模型和飞行路线确定模型，从而实现在真实的空间背景下区分喷雾区边界和敏感区域。由于使用者能够即时、直观地"看到"喷雾区地图上的图像及数据，这使得 SSM2 的模拟更加真实。

芬兰 Hongcheng Zeng 等人[51]建立了基于 GIS 的决策支持系统以评估风害对森林短期和长期影响；葡萄牙 Falcao A O 等人[52]建立了森林生态管理系统，综合考虑生态、经济、社会等影响因素，对森林的发展变化进行可视化的动态仿真，为林业的可持续发展提供决策。

北京林业大学研制了区域生态经济型防护林体系建设模式智能决策支持系统。该系统由 4 个子系统构成：数据及数据库管理、图形及图形库管理、模型及模型管理库、专家系统，并以数据及图形系统为基础，模型系统为分析手段，专家系统为智能决策核心，各模块相对独立，以数据管理模块为中介，组成有机整体，可实现统计、预测、区域生态经济系统诊断、土地分类及生态评价、林种的水平及立体配置、区域经济结构优化等功能。

东北林业大学与黑龙江大兴安岭防火指挥中心开发的基于 Web 与 3S 技术的森林防火智能决策支持系统[53]，实现了林火数据库、林火预防预报、林火蔓延模型、扑火指挥决策等方面的智能化、网络化管理。它包含了森林防火灭火系统中的地形图的建立、防火机构、历史火灾和各种代码等数据库的建立与维护，火点定位、火场蔓延、派兵扑火、清理看守火场和损失评估等模型的建立，与上下级单位的数据交换。在火灾发生前可做出林火预报和预防；当林火发生时，可模拟林火的蔓延，并提供火场定位、派兵、扑火、清理火场、看守火场等辅助决策方案，为指挥员作出正确决策提供参考；火灾发生后可做出火灾损失评估。

南京林业大学赵茂程[54]通过探索研究自然光条件下的实时树木图像采集处理，编制适应环境变化的树木图像的分割及树形识别算法，基于分形理论对树木图像进行分割，建立基于分形理论、神经网络的树形识别系统。树木图像包含大量的信息，所包含的纹理特征的种类也较多。因此该系统采用人工神经网络有效地将树木目标从复杂的背景中分离出来。图 10-10 所示为对样本识别后的一个界面，左上角是分割后的图像，中间的对话框是树形识别结果，其中对话框左边是识别出的样本的树木类型，对话框右边是输出的特征值及相关参数（归一化后的数字）。图中的特征 1~8 是对应树冠高度方向 8 等分处所对应的 8 个冠幅，特征 9 为树冠的高度，特征 10 为树冠轮廓分维数，特征 11 为树木图像整体灰度图像的分维数，特征 12~15 分别代表了树冠的 4 个有向分维数，系统同时输出了该图像分割和识别的时间、周长、面积、树冠高及最大冠幅等参数。

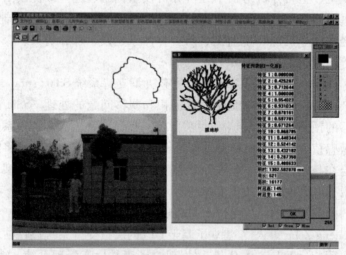

图 10-10 采用人工神经网络识别树木图像的结果

南京林业大学孙松平[55]开发了农药精确施用机械智能决策支持系统，图 10-11 所示为农药精确施用机械施药决策流程。结合智能决策支持系统体系结构，设计农药精确施用机械智能决策支持系统总体框架结构，分析农药施用的影响因子，构建农药施

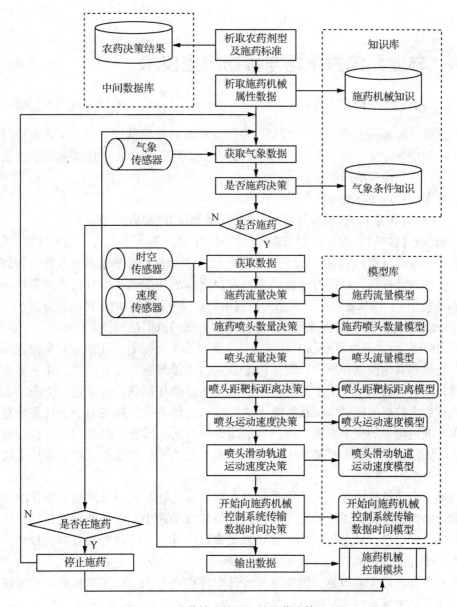

图 10-11 农药精确施用机械施药决策流程

用知识库、数据库,根据农药施用领域知识的特点,基于规则和基于事例的集成推理机制,根据病虫害防治的历史成功事例,对农药精确施用目标事例进行推理,产生目标事例的防治策略,利用决策树、神经网络对农药精确施用历史数据进行挖掘,形成新的规则或知识,实现农药精确施用机械智能决策支持系统的自我学习,集成农药精确施用机械模型库、农药精确施用知识库、农药精确施用数据库、专家系统、决策支持系统等,设计开发农药精确施用机械智能决策支持系统软件。农药精确施用机械在行走过程中,实时获取由气象传感器、时空传感器以及施药机械载运工具速度传感器传送的数据,农药精确施用机械智能决策支持系统根据气象条件知识及所建立的模型进行推理或决策,产生农药精确施用机械施药参数,并实时将施药参数传送农药精确施用机械控制模块,控制模块编写命令并对施药机械施药进行控制,从而实现精确施药。

10.4 林业系统大数据与数据挖掘技术

10.4.1 大数据的概念和特点

大数据(big data)，或称巨量数据，是指所涉及的数据量规模巨大到无法通过常规软件工具和传统方法，在合理时间内达到撷取、管理、处理并整理成为帮助决策和机电产品设计更积极目的的信息。

大数据的特点简称为4个"V"，具体为：

①volume(大量)　数据体量巨大，从TB级别跃升到PB级别。

②variety(多样)　数据类型繁多，包括网络日志、视频、图片、地理位置信息等。

③veracity(真实)　数据的来源，直接导致分析结果的准确性和真实性，若数据来源是完整的并且真实，最终的分析结果以及决定将更加准确；也有较多的文献采用的是Value(价值)，即从各种各样类型的数据中，快速获得有价值信息的能力。

④velocity(高速)　处理速度快，这也是和传统的数据挖掘技术有着本质的不同。

在2000年时，全世界全部的存储信息中还只有1/4是数字化的，其余的都保存在纸张、胶片和其他模拟介质上。但是由于数字数据量的增长十分迅速，几乎每3年就翻一番，使这种情形很快发生了逆转，出现了数据爆炸现象。鉴于这一事态，人们免不了在理解大数据的时候仅仅从数量上进行考虑。然而大数据的另一个特征是它能够用数据来表现世界的众多层面，而这些层面以往从来都没有被量化过，这种特征可以被称为"数据化"。例如，位置信息的数据化最早是由于经纬度的发明，而后来又有了GPS、北斗等定位系统。

借助于电计算机内存、高性能处理器、智能算法和软件以及从基本统计学中借鉴来的数学知识，使数据正在被应用于难以置信的新用途中。这种新方法是要向计算机输入足够多的信息，从而使它们能够推断概率。以这种方式对大量数据加以利用，使人类在3个方面彻底改变了对数据的态度：

①收集和使用大量数据，而不是像统计学家们在过去100多年里所做的那样，只满足于少量的数据或样本。

②抛弃对有条理和纯净的数据的偏爱，转而接受杂乱无章的巨量数据，因为在越来越多的情形下，少许的不精确是可以容忍的。

③在许多场合，放弃对事情原委的追究，而代之以对相关性的接纳。利用大数据，而不是试图弄懂发动机故障或药物副作用消失的确切原因，可以收集和分析大量有关此类事件的信息及一切相关素材，找出可能有助于预测未来事件发生的规律。大数据有助于回答"是什么"而不是"为什么"的问题。

互联网重塑了人类交流的方式，大数据则标志着社会处理信息方式的变化。随着时间的推移，大数据可能会改变人类思考世界的方式。随着人类利用越来越多的数据来理解事情和做出决定，很可能会发现生活的许多层面是随机的，而非确定的。

看待数据方式的两个变化，即从局部变为全部以及从纯净变为凌乱，催生了第三个变化，即从因果关系到相关性。这代表着告别总是试图了解世界运转方式背后深层原因的态度,而走向仅仅需要弄清现象之间的联系以及利用这些信息来解决问题。大数据是一种资源和工具。它的目的是告知,而非解释;意在促进理解,当然仍然会导致误解,关键在于人们对它的掌握程度。

大数据分析是商业智能的演进。传感器、GPS系统、快速反应码(quick response,QR)、社交网络等创建的数据流都可以得到发掘,正是这种真正广度和深度的信息在创造不胜枚举的机会。要使大数据言之有物,以便让不同企业都能通过更加贴近客户的方式取得竞争优势,数据集成和管理是核心所在[56]。

要系统认知大数据,需要从理论、技术和实践3个层面上展开,如图10-12所示[57]。

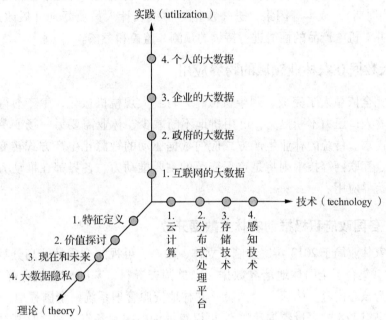

图10-12 大数据的3个层面

第一层面是理论。理论是认知的必经途径,应从大数据的特征定义理解行业对大数据的整体描绘和定性,从对大数据价值的探讨深入解析大数据的价值等。

第二层面是技术。技术是大数据价值体现的手段和前进的基石,需要分别从云计算、分布式处理技术、存储技术和感知技术的发展来建立大数据从采集、处理、存储到形成结果的整个过程。

第三层面是实践。实践是大数据的最终价值体现。

10.4.2 大数据在机电产品上的应用

机电产品设计以"大数据"为基础,能够构建智慧应用,发掘有价值的信息,为科学的机电产品结构设计提供保障,实现机电产品设计全生命周期良性互动的业务闭环[58]。机电产品设计涉及的数据包括以下种类:

①每个配件的类型、品牌、型号、数量、金额、采购时间等具体初始化属性参数。

②配件的使用上下文所关联的内容参数,如前置设备、后置设备、可替换设备等。

③配件生产厂家的类型(如进口或国产)、生产规模、供货周期等动态属性参数。

④机电产品的生命周期状态参数,如采购、库存、在用、维修、返回、报废等状态。

⑤机电产品的维护时间、地点、内容、维护人员、巡检、保养记录等行为参数。

机电产品设计人员需要对数据进行采集,并对数据进行质量管理(如规范数据格式以及统一数据入口等),同时对数据的生命周期进行科学的规划和严格的限制。依靠智能分析引擎,实现关联搜索,运用优化数据的展现方式(如大量的图例、智能数据激活跳转、完整的资料流等),为设计生产部门提供有价值的决策支持分析报告,帮助设计人员将支离破碎的产品信息整理到一起,用先进的分析工具和报告有针对性地监测分析产品设计及生产状况,有利于快速制定设计方案、确定生产计划、故障原因、维修周期(或采购周期)、成本等因素,进一步指导一线设计人员更好地开展改进、排障、维护作业,并对机电产品的性能进行持续的预测、监控和考核。

10.4.3　大数据在农林业领域的跨界应用

林业从完全依靠人工完成,到半机械化,再到大规模机械化,生产力得到了飞速提升。但随着人口压力不断提高,可用耕地不断减少,林业需要另一场变革,来满足人类的生产需求。传统的林业生产方式应向数据驱动的智慧化生产方式转变。而云计算、大数据、互联网等技术则将是这场变革的主要推动力。各界都在推动大数据在农林业领域的跨界应用。

10.4.3.1　各国政府积极推动农林业数据开放

中国国家林业局于2013年底绘制了立体、动态、可视的全国林地高分辨率遥感影像"一张图",集合了全国林地落界数据、二类调查资料、基础地理信息等多源数据,以林地界线为核心内容,构建了全国统一的林地资源管理系统,全国林地"一张图"相当于国家图书馆1/8的海量数据流[59],可以查询到中国及各省、地、县甚至到山头地块的林地以及森林资源的分布情况。它是大数据时代林业信息管理的经典力作,颠覆了林地管理的传统方式,不断升级后在林业更广泛领域的应用,或将引领林业管理整体的升级。

网站"http://www.data.gov/"是美国总统奥巴马实现"开放政府"承诺的一部分,目的是使私人领域的开发者能够利用那些政府采集但未经梳理的各类信息,开发应用后用于提供公共服务或者进行盈利。这样一来,很多的公司就可以利用"http://www.data.gov/"上的气象信息来提供服务[60],还有一些公司则基于该网站上的地理位置信息来提供基于位置的服务并从中盈利。

10.4.3.2　企业瞄准农林业大数据机遇

(1) 天气意外保险

天气意外保险公司(The Climate Corporation)为农作物种植者提供名为 Total Weather Insurance (TWI)、涵盖全年各季节的天气保险项目。项目利用公司特有的数据采集与分析平台,每天从250万个采集点获取天气数据,并结合大量的天气模拟、海量的植物根部构造和土质分析等信息对意外天气风险做出综合判断,以向用户提供作物保险。

公司声称该保险的特点是：当损失发生并需要赔付时，只依据天气数据库，而不需要烦琐的纸面工作和恼人的等待。

（2）农场云端管理服务

2011年11月创建于克罗地亚的Farmeron在多个国家建立了农业管理平台，旨在为全世界的农民提供数据跟踪和分析服务。农民可在其网站上利用这款软件，记录和跟踪自己饲养畜牧的情况（饲料库存、消耗和花费，畜禽的出生、死亡、产奶等信息，还有农场的收支信息）。Farmeron帮助农场主将支离破碎的农业生产记录整理到一起，用先进的分析工具和报告有针对性地监测分析农场及生产状况，有利于农场主科学地制定农业生产计划。

（3）土壤抽样分析服务

2009年成立于美国硅谷的土壤抽样分析服务商Solum致力于提供精细化农业服务，目标是帮助农民提高产出、降低成本。其开发的软、硬件系统能够实现高效、精准的土壤抽样分析，以帮助种植者在正确的时间、正确的地点进行精确施肥。用户既可以通过公司开发的No Wait Nitrate系统在田间地头进行分析，即时获取数据；也可以把土壤样本寄给该公司的实验室，帮助进行分析。

10.4.3.3 数据驱动的农林实践案例

（1）日本"都城"市利用云技术和大数据进行农业生产

日本宫崎县西南部的"都城"市利用云技术和大数据进行农业生产。通过传感器、摄像头等各种终端和应用收集和采集农产品的各项指标，并将数据汇聚到云端进行实时监测、分析和管理。富士通和新福青果合作进行卷心菜的生产改革，两家公司在农田里安装了内置摄像头的传感器，把每天的气温、湿度、雨量、农田的图像储存到云端。还向农民发放智能手机和平板电脑，让大家将随时记录的工作成果和现场注意到的问题，也都保存到云端。这些措施使卷心菜增产3成，光合作用也实现了IT管理。

（2）自动挤奶设备

在英国，大部分农场已告别了手工挤奶，自动挤奶设备普及率达90%以上。挤奶机器人的作用不仅仅是挤奶，还要在挤奶过程中对奶质进行检测，检测内容包括蛋白质、脂肪、含糖量、温度、颜色、电解质等，对不符合质量要求的牛奶，自动传输到废奶存储器；对合格的牛奶，机器人也要把每次最初挤出的一小部分奶弃掉，以确保品质和卫生。英国大多数养牛和养猪、养鱼场都实现了从饲料配制、分发、饲喂到粪便清理、圈舍等不同程度的智能化、自动化管理。

在美国，挤奶同样变得简单。明尼苏达州Astronaut A4的挤奶机，不仅可以代替农场主喂牛，还会使用无线电或红外线来扫描牛的项圈，辨识牛的身份，在挤奶时对牛的多项数据进行跟踪：牛的重量和产奶量，以及挤奶所需的时间、需要喂多少饲料，甚至牛反刍需要多长时间等。机器也会从牛产的奶中收集数据。每一个乳头里挤出的奶都需要查验颜色、脂肪和蛋白质含量、温度、传导率（用于判断是否存在感染的指标），以及体细胞读数。每头牛身上收集到的数据汇总后形成一份报告，一旦A4检测到问题，奶农的手机上会得到通知。

10.4.4 数据挖掘及其分类与过程

数据挖掘(data mining)有两种内涵不同的定义。一般的数据挖掘指从大型数据库或数据仓库中提取隐含的、未知的、非平凡的及有潜在应用价值的信息或模式。这种定义把数据挖掘的对象定义为数据库或数据仓库。更广义的说法是：数据挖掘意味着在一些事实或观察数据的集合中寻找模式的决策支持过程，数据挖掘的对象不仅是数据库或数据仓库，也可以是文件系统，或其他任何组织在一起的数据集合。

数据仓库(data warehouse)技术是与数据挖掘密切相关的另一项热点技术，被定义为"面向主题的、集成的、随时间而变的、持久的数据组合，用于支持管理中的决策过程"[61]。一般数据库中存储的数据对于决策过于详细，而数据仓库能将数据加以概括和聚集存储起来。数据仓库利用多维分类机制组织大量的运作数据和历史数据，常采用数据立方体(data cube)技术，在此基础上所做的各种数据操作如细剖、统览、切分等被称为在线分析处理(on line analytical processing, OLAP)。OLAP 是数据仓库的主要数据处理和分析技术。数据挖掘所用的技术手段则比 OLAP 更为丰富，因此在数据仓库中，OLAP 是数据挖掘的基础，而数据挖掘是 OLAP 的深化。

由于数据仓库中的数据经过了选择、清理和集成，为数据挖掘提供了良好的数据基础，因此在数据仓库中发掘知识比在原始的数据库中更有效。但从原则上说，数据挖掘既可用于数据库，也可用于数据仓库，只是实现的细节和效率有所不同。

从数据库中发现的知识有多种表示方法，常用的方法有：关系表表示法、一阶谓词逻辑表示法、产生式规则表示法、框架表示法、语义网络表示法、过程表示法、面向对象表示法、可视化表示法等，各种表示方法之间可以相互转化。

按照所能发现的知识规则，数据挖掘任务可分为以下几种：特征规则挖掘、辨识规则挖掘、互联规则挖掘、分类规则挖掘、数据聚类、预测和趋势性规则挖掘等。数据挖掘有多种分类的方法，可以根据所挖掘的数据库种类、发现知识的抽象层次、采用的技术等多种标准进行分类。其中，根据挖掘的数据库类型可分为事务数据库、多媒体数据库、分布式数据库、空间数据库等；根据发现知识的抽象层次，可以将数据挖掘分为通用知识、初级知识和多层知识等；根据采用的技术分类有规则归纳、决策树方法、人工神经网络、遗传算法、模糊技术、粗糙集(Rough)方法、可视化技术等。

数据挖掘是一个循环的多步骤的机器学习过程，这个过程可以抽象为一个五元组 $\{T, D, C, L, K\}$，各元含义如下：

T 表示某种学习任务；

D 表示数据库中的大量数据；

C 表示一组有助于发现特定知识的基本概念和背景知识；

L 是指用来形成各种发现的语言；

K 是通过学习后发现的知识。

在知识发现的一个过程中，一般包含以下 3 个要素：①与挖掘任务相关的数据；②学习要求(包括要学习的知识类型、所需的参数阈值、知识的表达方式等)；③专业背景知识(以概念树的形式给出)。

数据挖掘的过程可概括成 3 个处理阶段：数据准备、数据挖掘、结果的评价与表达,如图 10-13 所示。在整个数据挖掘和知识发现过程中,人的作用贯穿始终,如挖掘出的规则和模式带有某些置信度、兴趣度等测度,也可以通过演义推理等进行验证,但这些规则和模式是否有价值,最终取决于人的判断,若不满意则返回前面步骤。因此,数据挖掘是一个人引导机器、机器帮助人的交互理解数据的过程。

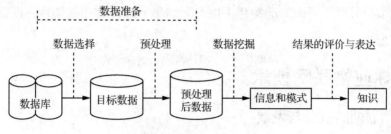

图 10-13 数据挖掘的过程示意

10.4.5 数据挖掘在林业上的应用

数据挖掘技术已经在林业生产中得到较广泛的应用。

(1) 提高林业地理信息系统的智能化分析能力

林业 GIS 一般具有强大的森林资源数据管理、林业专题制图、信息查询和空间分析的功能,但缺乏或没有对林业领域知识的表达和获取方法与机制。将数据挖掘技术与林业 GIS 相结合,从大量的数据中发现隐含的、更加概括的各种林业领域的知识规则,如森林在二维或三维地表的分布规律、森林与公路、河流等其他地理要素的关联规律等知识,能为森林资源管理、林业合理规划以及林业发展辅助决策等提供有力的科学依据,从而提高林业资源管理和决策的智能化水平,发展林业决策支持系统[62]。

(2) 提高森林资源遥感影像自动解译的精度

在森林资源遥感影像自动解译或目标识别中,存在的同谱异物、同物异谱现象比较严重。把 GIS 数据作为辅助数据用于遥感影像分类,或者从 GIS 数据中获取知识来支持影像分类,从而提高解译精度和自动化程度。将 GIS 数据作为辅助数据的方法,在分类器要求数据必须具备一定的统计特性时并不适合。因此,可从已有的林业 GIS 数据(库)中发现有用的森林分类规则来提高分类精度。

(3) 为林业机械设计提供最优化配置方案

林业机械设计过程存在待处理数据量大、数据种类复杂等特点,针对这个问题,通过数据挖掘系统收集分析,对设计经验数据进行分析,生成决策树,评价林业机械设计方案。

例如林业生产中使用的平地机,主要由发动机、传动及行走系统、制动系统、电器系统等组成,运用数据挖掘技术可以对平地机主要系统选型分析[63]。选取能够反映全部数据规律的特征数据作为训练样本。设数据结构为:动力系统=(风冷发动机、水冷发动机);传动系统=(机械传动、液力传动、液压传动);行走系统=[(四轮驱动、二轮转向、三轴)、(四轮驱动、四轮转向、二轴)、(六轮驱动、二轮转向、三轴)⋯]。以适合沙漠等恶劣环境、结构简单、作业阻力变化大、前桥负荷约为全部负荷 30%~50%为标准对集合进行分类,评价分 5 类(好、较好、较差、差和很差),相应有评价得分。设计时,先计算训练样本集的熵值,然后分别计算问题集中各个属性的信息增益,即按各属性划分，最终对照决策树，运用数据挖掘技术即可对设计方案进行评价。如按照上述评价标准，风冷发动机、液压传动、六轮驱动、二轮转向的设计对应为决策树中的一个分支，评价为"较好"，可判定其适应性好。因此，通过由训练集计算出各属性信息增益值的数据挖掘技术，可得出其对设计的相对影响程度大小。训练集灵活多变，可根据需要针对不同的情况构建不同的训练集，降低设计复杂性，以提高设计方案的可靠性。

10.5 林业物联网技术

10.5.1 物联网的概念与发展

物联网（internet of things，IOT），是指将各种信息传感设备如射频识别（radio frequency identification，RFID）装置、红外感应器、全球定位系统、激光扫描器等装置与互联网结合而形成一个巨大网络，并在此基础上，利用全球统一标识系统编码技术给每一个实体对象以一个唯一的代码，构造一个实现全球物品信息实时共享的实物性的互联网，简称物联网[64]。简言之，物联网就是"物物相连的互联网"，这有两层意思：第一，物联网的核心和基础仍然是互联网，是在互联网基础上延伸和扩展的网络；第二，其用户端延伸和扩展到了任何物品与物品之间，进行信息交换和通信[65]。

物联网打破了传统思维，旧思路一直是将物理基础设施和IT基础设施分开，一方面是建筑物、公路、机场等；另一方面则是个人电脑、宽带、数据中心等。在物联网时代，钢筋混凝土、电缆将与芯片、宽带整合为统一的基础设施。如在林业系统中，使每一棵树木均有特定的统一标识，与林业机械及其信息通信设施等构成完整的林业物联网系统。这种意义上的基础设施更像是一块新的地球工地，经济管理、社会管理、生产运行以及个人生活都在上面运转。物联网以智能化和泛在化为特征的双向融合带来了巨大的创新价值和市场空间。

物联网用途广泛，遍及环境监测、物流零售、公共安全、智能交通、家居生活、医疗护理、航空航天、农林业等多行业多领域[66]，覆盖了地球的万事万物，将有形和无形整合起来，使世界真正变成地球村，可极大地促进全球化的发展。美国权威咨询机构Forrester预测，到2020年，世界上物物互联的业务，跟人与人通信的业务相比，将达到30:1。随着物联网应用的开展，物联网的影响将不仅仅局限在技术领域，它将成为新世纪的一场信息革命，全面改变我们的生活。

自从物联网这个词汇被提出以来，物联网的概念一直在不断地发展和扩充。物联网的概念早在1995年由比尔·盖茨在《未来之路》中首次提出，但由于受限于当时无线网络、硬件及传感器的发展，并没有引起太多关注。1999年，美国麻省理工学院Auto-ID中心给物联网的定义是：在互联网的基础上，利用RFID、无线数据通信等技术，给每一个物品都贴一个电子标签，然后通过后台信息系统、借助于Internet让所有物品都能互相联系起来，构造一个覆盖世界上万事万物的网络，以实现物品的自动识别和信息的互联共享。但这也没有引起太多人关注，物联网真正受到关注是当2005年ITU（国际电信联盟）重新定义了其概念之后。2005年11月，在突尼斯举行的信息社会世界峰会上，国际电信联盟发布的《ITU互联网报告2005：物联网》指出：无所不在的"物联网"通信时代即将来临，世界上所有的物体从轮胎到牙刷、从房屋到纸巾都可以通过因特网来主动进行信息交换。为此射频识别技术、传感器技术、纳米技术、智能嵌入技术等将得到更加广泛的应用。

2008年11月IBM公司从商业角度提出所谓"智慧的地球"（smarter planet），具体含义是将新一代IT技术充分运用在各行各业中，把传感器嵌入到电网、铁路、桥梁等各种物体中，并且普遍连接，形成物联网；通过超级计算机和云计算，将已有的"物联网"进行整合；通过这些技术使得人类能够以更加精细和动态的方式来管理生产和生活，从而达到"智慧"的状态。这个概念得到了美国政府的积极回应，引发全美工商界的高度关注，并认为"智慧的地球"有望成为又一个"信息高速公路"计划，从而在世界范围内引起轰动，引发了全球物联网的关注热潮。

物联网的发展从信息应用的角度来看，可以分为3个阶段：信息汇聚阶段、信息处理阶段和采用多种传感技术聚合处理信息的阶段[67]。

在早期的信息汇聚阶段，物联网是在传感网的基础上发展起来的，其技术应用主要是使用射频识别技术对物体进行感知，然后采用因特网来实现物物相连。

处于信息处理阶段的物联网，主要由传感网、通信网和各种应用系统构成。传感技术的快速发展使得可以实现更多的对物体的感知；信息处理也不再局限于单纯的互联网，各种通信网络被人们用来进行物联网的信息沟通；不同行业的各种应用系统开发都为物联网的发展带来应用实践。

理想的物联网应该是由带IP的任何物体和因特网构成的。每一种物体都会被分配一个IP，形成唯一对应的关系。数以万亿计的带IP的物体在Internet技术支持下将会形成一个巨大的物联网。未来的物联网将会规模更大，更有利于人类对这个世界的智能化管理。

目前，全球物联网的总体状况还是停留在概念和试验阶段，还存在一些共性问题有待解决。要真正达到物物互联，实现物联网的全球应用，还有很长一段时间。

物联网最初的研发方向主要是条形码、射频识别等技术在零售商业和物流领域的应用。随着射频识别技术、传感器技术、计算机技术等的发展，物联网的研发与应用已经拓展到环境监测、智能基础设施和生物医疗等领域。

10.5.2 物联网的技术体系

物联网技术体系中每个层面都有很多技术支撑，并且随着科技的发展不断出现新技术。在每个层面都有其相应的关键技术，掌握这些关键技术能够更快地促进物联网的发展。从层次的维度，物联网是一个层次化的网络，其技术体系框架[68,69]包括感知层技术、网络层技术、应用层技术和公共技术[70]，图10-14所示为物联网技术体系框架。从层次上看，物联网可以认为是包含了感知互动层、网络传输层和应用服务层等三种层次的网络，并以此实现感知、互联、智能三重功能的智能信息系统。

感知互动层是让物品"说话"的先决条件，主要用于采集物理世界中发生的物理事件和数据，包括各类物理量、身份标识、位置信息、音频、视频数据等。物联网的数据采集涉及传感器、RFID、多媒体信息、二维码和实时定位等采集技术。感知层又分为数据采集与执行、短距离无线通信两个部分。数据采集与执行主要是运用智能传感

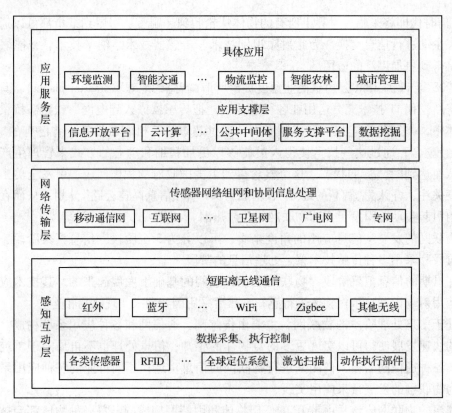

图 10-14　物联网技术体系框架

器技术、身份识别以及其他信息采集技术，对物品进行基础信息采集，同时接收上层网络送来的控制信息，完成相应执行动作。这相当于给物品赋予了嘴巴、耳朵和手等的功能，既能向网络表达自己的各种信息，又能接收网络的控制命令，完成相应动作。短距离无线通信能完成小范围内的多个物品的信息集中与互通功能，相当于物品的脚。

感知互动层有五大关键感知技术。

①**各类传感器**　利用传感器实现对物体状态的把握，传感技术与射频识别技术的结合使用，能够实现对物体完整信息的采集。

②**射频识别技术**　RFID 实现对物体的标识，在感知互动层四大感知技术中，射频识别技术居于首位，是物联网的核心技术之一。

③**全球定位系统**　物联网要实现任何时间、任何地点、任何事物直接的连接必须有定位技术的支持。

④**激光扫描技术**　当激光光束对被测物体进行扫描时，在光学系统给定的有效扫描区域内，被测物体对扫描光束的遮挡起到光强调制的作用。目前，广泛应用的激光扫描技术是条码技术。当扫描器对被测物体进行高速扫描时，会产生一个光强调制信号，这个光强调制信号携带了被测物体的有关特征信息，接收器通过光电变换将光调制信号变成电信号，再经过电路系统和计算机系统的实时处理，就可以得到测量结果。采用激光扫描技术对物体进行识别时，必须有激光扫描发射器和半导体激光电源，因此整个激光扫描系统的成本较高。

⑤**动作执行部件** 具体的动作执行部件。

网络传输层完成大范围的信息沟通,主要借助于已有的广域网通信系统(如移动通信网、互联网、卫星网、广电网、专网等),把感知层感知到的信息快速、可靠、安全地传送到各个目的地,使物品能够进行远距离、大范围的通信,以实现在地球范围内的通信。这相当于人借助火车、飞机等公众交通系统在地球范围内的交流。当然,现有的公众网络是针对人的应用而设计的,当物联网大规模发展之后,能否完全满足物联网数据通信的要求还有待验证。而随着太空技术的应用与发展,与地球外空间的信息通信也将逐步显示其前景,那将是更大范围的物联网系统。

网络传输层关键技术包括有线通信和无线通信技术。

①**有线通信技术** 利用有线通信网络的物理特性和相继推出的有线技术,不仅使数据传输速率得到进一步的提高,而且使其信息传送过程更加安全可靠。

②**无线通信技术** 无线网络是计算机技术与无线通信技术相结合的产物,提供了使用无线地址信道的一种有效方法来支持计算机之间的通信,为通信的移动化、个人化和多媒体化应用提供了潜在的手段。

应用服务层相当于物联网的控制层、决策层。物联网的根本还是为人服务,应用层完成物品与人的最终交互,前面两层将物品的信息大范围地收集起来,汇总在应用层进行统一分析、决策,用于支撑跨行业、跨应用、跨系统之间的信息协同、共享、互通,提高信息的综合利用度,最大程度地为人类服务。其具体的应用服务又回归到前面提到的各个行业应用,如环境监测、智能交通、物流监控、智能农林、城市管理、智能医疗、智能家居等。

应用服务层关键技术包括智能控制、软件设计及系统集成技术。

①**智能控制技术** 智能控制技术能够在无人干预的情况下自主地驱动机器实现对目标的自动控制。

②**软件设计技术** 软件设计用于产生运行在计算机上的程序所需的所有文档。

软件具体开发过程如下:

分析 包括用户需求分析,需求规格说明书文档编写,软件系统体系结构构建,软件概要设计、详细设计说明书编写,数据库、数据结构设计说明书编写,软件测试规划等。

设计 首先进行概要设计,给出软件的模块结构,然后进行详细设计,设计出模块的程序流程、算法和数据结构。

编码 在充分了解软件开发语言、工具的特性和编程风格的基础上,就可以用某一程序设计语言把软件设计转换成计算机可以接受的程序,编制出源程序清单。

测试 设计测试用例,尽可能发现程序中的错误。

维护 根据软件运行情况对软件进行适当的修改,以适应新的要求或纠正运行中发现的错误,编写软件问题报告、软件修改报告。

③**系统集成技术** 系统集成就是最优化的综合统筹设计。在系统工程科学方法的指导下,根据用户需求,通过结构化的综合布线系统和计算机网络技术,将各个分离的设备、功能和信息等子系统集成到相互关联的、统一和协调的系统中,能彼此协调工作,使资源达到充分共享,实现集中、高效、便利的管理。

现在以大型木材加工企业的木材干燥物联网为例来具体说明物联网技术的体系框架[71]。根据木材干燥工艺及物联网分层原理，也将木材干燥物联网系统划分为感知互动层、网络传输层、应用服务层3个部分。在这种分层的网络结构中，同一层提供相似或相关的服务，并为上一层提供技术支撑。图10-15为木材干燥物联网系统的示意图。

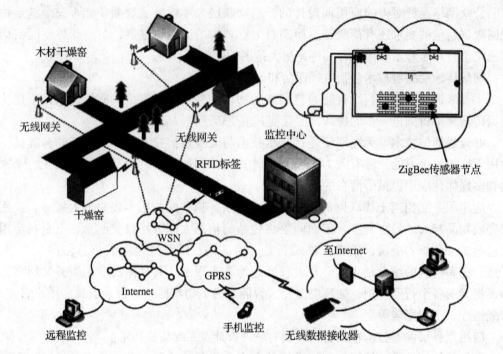

图 10-15　木材干燥物联网

感知互动层主要负责两类信息的采集：木材干燥窑环境信息和木材储运信息。干燥窑环境信息包括窑内温湿度、木材含水率、控制设备状态等，通过在窑内布置微型传感器节点来获取。木材储运信息包括入窑、出窑、仓储、运输等各个生产环节的木材状态信息。通常在固定地点如干燥窑或仓库的门口设立识读器，当木材经过时，识读器会自动扫描附着在木材上的RFID电子标签，获取木材的信息。

网络传输层的主要功能是通过现有的移动通信网络（如GPRS/GSM/3G/4G/WiFi等）将感知层信息汇总到监控中心。由于感知层信息量大，干燥窑分布范围广，需要采用无线组网技术将各窑传感器节点连通组成一个完整的无线传感器网络（wireless sensor network，WSN）。感知信息经多跳无线传输到达基站，由基站统一转发至GPRS网络，再由后者存档于控制中心的数据库服务器。基站作为WSN网络和GPRS网络的桥梁，内置有ZigBee无线通信模块和GPRS芯片。采用基于GPRS的接入技术，有利于信息传递的实时性和整个系统的实时监控及调度。监控中心的服务器联通Internet，将整个网内的信息整合成一个可以互联互通的大型智能网络平台。现场用户可以利用PDA设备直接访问网络，而身处异地的木材干燥专家也能够通过Internet远程访问木材干燥物联网，及时了解干燥进度，在线会诊干燥过程中所出现的问题。

应用服务层作为木材干燥物联网系统的顶层，面向用户提供干燥监测的实际应用，具有友好的人机交互界面、窑内实时监测、木材含水率分析预测、干燥专家系统等丰富功能。在该系统中，应用层功能主要通过信息处理子系统来实现。

信息处理子系统是木材干燥物联网的重要组成部分，进一步细化了物联网应用层的功能，主要由四部分功能模块组成：信息采集模块、数据存储模块、数据处理模块、决策模块。信息采集模块负责感知层采集节点的基本系统设置，如根据木材种类及厚度等来合理设置传感器节点的工作模式、节点采样时间间隔、干燥基准。数据存储模块主体上是监控中心的一台数据库服务器，负责存储原始采集数据、备份系统日志文件、响应系统查询等。数据处理模块主要负责对所接收的原始数据进行智能化处理，如数据融合、带外噪声滤波、空时相关性分析、木材含水率预测等，从而产生能准确反映窑内环境的信息，以供辅助决策模块评估。决策模块通过综合分析和评估各类数据，供操作员随时了解干燥生产状况，并按照木材干燥专家系统的要求对窑内各种电气设备下达控制指令，如控制加热阀、喷蒸管来调节窑内温湿度、木材含水率等。

10.5.3 智能林业物联网

2012年1月9日，中国智能林业物联网、中国林业云、国家林业局内外网等级保护、国家卫星林业遥感数据应用平台项目等林业信息化重大项目正式启动，主要建设内容是基于下一代互联网、智能传感、宽带无线、卫星导航等领域的先进技术和产品，构造天网、地网、人网和林网一体化感知体系，对接智慧森林平台，形成国际领先、性价比高，具有重大实用价值的"感知生态、智慧森林"大系统，实现对森林火灾、乱砍滥伐和不合理开发利用等的全面、实时和系统监控，提高森林资源安全监管与开发利用整体水平。目前，物联网技术已在林业生产发挥着作用。

（1）物联网在森林防火中的应用

物联网在森林防火中的作用主要体现在林火监控与林火扑救方面。物联网能构建面向应急联动系统的临时性、突发性基础信息采集环境，通过无线传感器网络对复杂环境和突发事件的精确信息感知能力，提高基于无线传感器网络的信息采集、分析和预警能力。

在林火监控方面，可以实现对突发森林火警的精确监测。传统的森林火灾监控系统主要使用前端摄像系统采集林火信息，并由视频采集模块不间断接收摄像系统的视频数据并存入服务器中，视频解码模块利用视频采集模块采集的视频信息，通过视频解码算法把视频信息转换成预定格式的图像，以便进行火警图像的识别。火警图像识别子模块根据火焰烟雾的行为特征，运用图像处理技术和识别算法，对视频解码模块生成的图像进行智能分析，判断图像上是否有疑似火点。这种监控方式的缺点是显而易见的，即信息量传输时需占用大量带宽；视频解码与火警图像识别的效率较低；对雾、热气等干扰的分辨率差；林火预警的自动化和智能化程度低；不能大面积应用等。而利用物联网技术，可在监测区域遍布感烟、感温等传感器，传感器将周围信息通过无线网络反馈到监控中心，监控中心根据接收的信息判断是否出现火警，并通过各种方式(如手机)通知到监控人员。从上述过程可知，相比传统林火监控系统，物联网技术监测区域要大得多、传输的数据量小、火警识别更加精确快捷。

在林火扑救方面，可利用网络中具有GPS定位和移动通信模块的移动信息采集终端，提供全网节点定位和林火扑救人员的实时定位跟踪；同时，还可以结合 GIS，将现场动态信息与应急联动综合数据库和模型库的各类信息融合，依据现场环境及林火蔓延模型，形成较为完备的事件态势图，对林火蔓延方向、蔓延速率、危险区域、发展趋势等进行动态预测，进而为辅助决策提供科学依据，提高应急联动系统的保障能力，最大程度地预防和减少森林火灾及其造成的损害，因此，新型森林消防车的设计可利用物联技术提高其智能化和自动化。

(2) 物联网在获取土壤和植物信息上的应用

非接触快速测量传感器和智能化传感器的开发，为田间土壤和植物信息的采集提供精细量化的技术手段，为测量土壤容重、坚实度、含水量、pH 值、肥力（N，P，K含量）、大气温湿度、风速、太阳辐射、植物生长情况与产量等重要信息提供有力的技术支持[72]。

利用无线传感器网络技术设计的作物水分状况监测系统，实现了信息采集节点的自动部署、数据自组织传输，可以精确获取作物需水信息，温度、湿度、土壤温度、土壤湿度等环境信息，以及水分亏缺时作物水分生理指标微变化信息等，可应用于农田、温室、苗圃等区域[73]。

利用电容式传感器的土壤电导率监测系统，能监测作物在不同滴灌水量条件下土壤电导率、含水率和温度动态变化[74]。

(3) 物联网在古树名木管理电子标签上的应用

古树名木有重要的科学价值、历史价值和生态价值。经济的高速发展，伴随而来的是城市规模的急剧扩张，古树名木的生长环境受到了不同程度的破坏。传统的古树名木保护与养护模式越来越不能适应现代城市发展与规划的需要。利用物联网技术，古树名木管理人员可以把带有识别信息（ID 号码）和相关属性、养护等信息的电子标签植入到植物特定位置。通过阅读器可以将标签中的信息识别出来，并将数据传输到古树名木管理信息系统。借此可实现对古树名木的生存全程追踪，及时发现异样状况，及早处理。同时，它还将帮助护理人员进行古树名木的防虫、防盗、防火等，避免古树名木遭受伤害。例如，某株古树一旦生病，专家足不出户，便可完成以下工作：在电脑上对树木的外部形态进行一次全方位的观察，查阅其过往资料，如何时浇的水、施过什么肥、生过什么病、是否"搬"过"家"等，最后给出诊断结果和治疗方案。当遭到人为破坏时，依托物联网技术的"电子园丁"不但能立即报警，还能不动声色地记录下肇事者的蛛丝马迹。

与单一的人工维护相比，"电子园丁"的更新更加及时，浇水、施肥的同时，档案就会自动更新；记录更精准，维护时间、施肥类型绝无"笔误"[75]。

(4) 物联网在珍稀野生动物保护电子标签上的应用

欧盟早在 1998 年就开始动物的电子身份证的研究。中国也于 2006 年 10 月颁布了 GB/T 20563—2006《动物射频识别代码结构》。目前，用于动物识别的电子标签形式主要有耳钉式、项圈式、植入式和药丸式，各有特点和适用范围。电子标签的芯片寿命一般超过 30 年，每个动物芯片又都有一个全球唯一识别码，可作为动物终生的电子身份识别码。通过对每一野生动物个体进行电子标识，建立电子谱系档案，有利于加强对野生动物的谱系管理，明晰其家族史，避免野生动物的近亲繁殖，促进野生动物的物种优化。同时，通过物联网可以清楚地记录野生动物当前的生存状况，例如，体貌状态记录、食料记录、交配记录、生育记录、交换记录、疫病状况等，详尽了解相关记录有利于进行科学保护与喂养，便于适时掌握野生动物的生存状态，有效地实施濒危物种保护措施[76,77]。

(5) 物联网在木材追踪管理中的应用

马来西亚政府为了确保原木的合法砍伐，采用了一套木材追踪系统，来提高木材供应链的透明性和可追溯性。以前，当地林管部门主要通过肉眼读取树身标识上的识别码，手工清点树木。然而，手工系统不但操作复杂，而且很难追溯每一块加工后的木材，尤其是无法在整个供应链中保持完整的书面记录，确保所有税款的交付及原木的合法砍伐。为此，马来西亚政府引入物联网技术，开发了木材追踪管理系统。通过该系统，可迅速查找到产品的历史，高速识别圆木；可自动生成RFID报表，如库存、堆场报告等；这套系统还支持森林库存和管理活动如种植计划、木材加工、运输和出口等的信息；另外，系统还具有支持警报功能，并能自动计算和收集税款，从而提高账面透明性，打击非法砍伐活动[78]。

(6) 物联网在苗木花卉栽培中的应用

通过实时传感采集和历史数据存储，能够摸索出植物生长对温、湿、光、土壤的需求规律，提供精准的实验数据；通过智能分析与联动控制功能，能够及时精确地满足植物生长对环境各项指标要求，达到大幅增产的目的；通过光照和温度的智能分析与精确干预，能够使植物完全遵循人工调节而产生高效、实用的农业生产效果。

在荷兰，WPS HortiSystems 公司与 TAGSYS、Zetes 公司联手向花卉培育经营者提供RFID解决方案，以此来提高植物从播种到销售期间的质量和产量。WPS的植物生长控制系统(plant order system)可以实现复杂环境下的温室植物单品追踪管理，包括从播种到生长、成熟以及储存、运输全过程[79]。

在台湾，物联网技术被用于蝴蝶兰培养体系，物联网全程控管温室栽培过程与资料追溯，有效地提高了供应链资讯的透明度，增加了资料收集的速度与正确性，利用物联网现场即时收集的资料，作为立即改善作业流程的依据，提升管理效率与附加价值，极大地提高了台湾蝴蝶兰的国际竞争力。

(7) 物联网在森林资源管理方面的应用

物联网在森林资源调查监测、采伐限额及林权登记发证、征占用林地检查等都已得到了应用[80]。借助RFID、传感器、全球定位系统等物联网技术，将苗木产地、苗木种植企业或苗木种植户、销售商、管理部门以及苗木运输等相关元素通过互联网络连接起来，在苗木生产供应链上的各个环节进行苗木信息标识、采集和传递，建立智能化的管理应用平台，实现覆盖生产、加工、流通的全过程精确管理和质量追溯，保障林木种苗质量安全。

除了上述几方面的研究应用外，物联网在精确灌溉、林木病虫害防治等方面的应用也有报道。如适用于林区监测的、基于链式分簇的无线传感器网络的布设方案以及基于ZigBee网络协议的方案实现途径，实现病虫害、野生动植物监测和木材采伐运输管理的智能化、网络化。

随着林业产业结构调整的进一步深化，相关林业领域的集约化程度会越来越高，会不可避免地产生各种各样的问题，如生产效率不高、林产品安全和环境污染严重等。物联网集现代智能、计算机软硬件、网络技术、机电工程于一体，能够为林业领域提供定点、定时、定量的感知与控制技术以及实施现代化林业机械操作技术与管理方案，毫无疑问将会给林业经济带来更高的技术含量，对林产品产量、质量以及其经济效益的提高产生积极影响。

然而，物联网作为一种新兴事物，应用于林业的技术推广尚面临诸多的难题，主要体现在以下方面：

①**标准问题**　目前物联网的标准尚在起草中，物联网产品不兼容问题已成为制约物联网发展的首要因素。

②**成本问题**　建设物联网系统的成本太高，应用压力大，而成本压得太低，制造业利润低。

③**安全问题**　主要包括感知节点的本地安全问题、网络的传输与信息安全问题、业务的安全问题等。

④**技术问题**　实现物联网具体应用系统的技术难度大。

⑤**人才问题**　物联网系统牵涉众多学科知识，综合性跨界的专业人才缺乏。

⑥**机制问题**　物联网系统需要运行维护，示范容易，持续投入运维等的长效运行机制尚未健全。

无论如何，社会发展的强烈需求使得物联网飞速发展，任何事物都可以随时随地进行信息共享和智能互动，这对人类健康与安全来说有着非常重大的现实和社会意义。

本章小结

本章介绍了传感器与机器视觉技术的概念和发展，归纳了机器视觉的特点及组成，分析了机器视觉在林业机械上的应用；概述了全球定位系统、地理信息系统和遥感技术等3S技术，分析了林业生产3S信息流集成；介绍了决策支持系统、智能决策支持系统和林业智能决策支持系统的概念、组成和应用；介绍了大数据的概念和特点，分析了大数据在机电产品设计上的应用，简述了数据挖掘的定义、分类与过程，总结了大数据和数据挖掘技术在林业上的应用；简述了物联网技术的概念、发展和技术体系，并分析了智能林业物联网的应用前景。

参考文献

[1] 黄贤武，郑筱霞. 传感器原理与应用[M]. 成都：电子科技大学出版社，1999.

[2] 何希才. 传感器及其应用电路[M]. 北京：电子工业出版社，2000.

[3] 狄飞，张莉君. 基于ZigBee无线传感器网络的森林环境监测系统[J]. 福建农林大学学报(自然科学版)，2011，40(4)：435-438.

[4] 任晓莉. 基于ZigBee的森林火灾监测设计[J]. 电子设计工程，2012，20(22)：114-116.

[5] 绿野千传. 感知林业. http://www.iotworld.com.cn/html/RFIDArticle/c3805f18233a55e2.shtml

[6] 王国宏，陆大金，彭应宁. 多传感器信息融合及应用[M]. 北京：电子工业出版社，2000.

[7] 段梅，刘晋浩. 多传感器信息融合及其在林业中的应用[J]. 自动化博览，2008(10)：28.

[8] 贾云得. 机器视觉[M]. 北京：科学出版社，2000.

[9] 章毓晋. 图像理解与计算机视觉[M]. 北京：清华大学出版社，2000.

[10] 方如明,蔡健荣,许俐. 计算机图像处理技术及其在农业工程中的应用[M]. 北京:清华大学出版社,1999.

[11] 刘曙光,刘明远. 机器视觉及应用[J]. 机械设计与制造工程,2000(7):20-23.

[12] 戴君,赵海洋,冯心海. 机器视觉[J]. 机械设计与制造工程,1998(4):52-53.

[13] NOGUCHI N, REID J F, BENSON E R, et al. Vehicle automation system based on multisensor integration[R]. Proceedings of the ASAE Annual International Meeting, Orlando, Florida, USA, 1998.

[14] CHANG-HYUN CHOI. Automatic Guidance System For Combine Using DGPS And Machine Vision[R]. Wisconsin: Proceedings of the ASAE Annual International Meeting, 2000.

[15] ROVIRA FRANCISCO, HAN SHUFENG, WEI JIANTAO, et al. Fuzzy logic model for sensor fusion of machine vision and GPS in autonomous navigation[R]. Tampa: Proceedings of the ASAE Annual International Meeting, 2005.

[16] HAN S, DICKSON M A, Ni B, et al. A robust procedure to obtain a guidance directrix for vision-Based vehicle guidance systems[J]. Computers and Electronics in Agriculture, 2004, 43(3): 179-195.

[17] BULANON D M, KATAOKA T, ZHANG S, et al. Optimal Thresholding for the Automatic Recognition of Apple Fruits[R]. Sacramento: Proceedings of the ASAE Annual International Meeting, 2001.

[18] FRANCISCO R M, ZAHNG Q, REID J F, et al. Machine vision row crop detection using blob analysis and the hough transform[R]. Illinois: Proceedings of the Conference in Automation Technology for Off-Road Equipment, 2002.

[19] GUYER DE, GE. MILES, M M SCHREIBER, et al. Machine vision and image processing for plant identification[J]. Trans of the ASAE, 1986, 29(6): 1500-1507.

[20] WOEBBECKE DM, GE. MEYER, K. VON BARGEN, et al. Shape features for identifying young weeds using image analysis[J]. Transactions of the ASAE, 1995, 38(1): 271-281.

[21] Tang L, L. F. TIAN, B. L. STEWARD, et al. Texture-based weed classification using Gabor wavelets and neural network for real-time selective herbicide applications[R]. Toronto: Proceedings of the ASAE Annual International Meeting, 1999.

[22] WL FELTON, AF DOSS, PG NASH. A Microprocessor Controlled Technology to Selectively Spot Spray Weeds[R]. ASAE. Joseph: Automated Agriculture for the 21st Century, 1991.

[23] GILES DK, DC. SLAUGHTER. Precision band spraying with machine-vision guidance and adjustable yaw nozzles[J]. Transactions of the ASAE, 1997, 40(1): 29-36.

[24] Tian, L, JF REID, JW HUMMEL. Development of precision sprayer for site-specific weed management[J]. Trans. of ASAE, 1999, 42(4): 893-900.

[25] 向海涛. 基于机器视觉的树木图像实时采集与识别系统[D]. 南京:南京林业大学,2001.

[26] 葛玉峰. 基于机器视觉的室内模拟农药精确对靶施用系统研究[D]. 南京:南京林业大学,2003.

[27] 李昕. 林业采摘图像识别算法的研究[D]. 衡阳:南华大学,2011.

[28] 应义斌. 水果尺寸和面积的机器视觉检测方法研究[J]. 浙江大学学报,2000,26(3):229-232.

[29] 冀荣华,祁力钧,傅泽田. 机器视觉技术在精细农业中的研究进展[J]. 农机化研究,2007(11):1-5.

[30] STAFFORD J V. Implementing precision agriculture in the 21st century[J]. Agric. Engng. Res., 2000, 76(3): 267-275.

[31] 张征. 基于GPS和GIS的田间车辆监控及信息管理系统的开发[D]. 西安:西北农林科技大学,2003.

[32] 武红敢,蒋丽雅. 提升 GPS 林业应用精度与水平的方法[J]. 林业资源管理,2006(2):46-50.

[33] 杨元喜. 北斗卫星导航系统的进展、贡献与挑战[J]. 测绘学报,2010,39(1):1-6.

[34] 谭述森. 北斗卫星导航系统的发展与思考[J]. 宇航学报,2008,29(2):391-396.

[35] 伍芳. 变量投入技术 VRT 与智能农机[J]. 南方农机,2009(2):17.

[36] 徐琳. 基于 GPS 的变量喷药机的研制[D]. 长春:吉林大学,2008.

[37] 何勇,赵春江. 精细农业[M]. 杭州:浙江大学出版社,2010.

[38] 刘南,刘仁义. 地理信息系统[M]. 北京:高等教育出版社,2002.

[39] 舒江. 地理信息系统(GIS)在我国林业上的应用[J]. 内蒙古林业调查设计,2014,37(3):137-138.

[40] 张慧春. 基于信息流集成技术的智能化植保机械研究[D]. 南京:南京林业大学,2007.

[41] 高美蓉. 基于多源遥感数据的厦门城市森林景观格局研究[D]. 北京:中国林业科学研究院,2013.

[42] 王雪军. 基于多源数据源的森林资源年度动态监测研究[D]. 北京:北京林业大学,2013.

[43] 白晓辉,张晶,杨胜天,等. 酸沉降对森林生长固碳和土壤盐基保持功能的影响[J]. 环境科学学报,2010,30(1):44-51.

[44] 亓兴兰. SPOT-5 遥感影像马尾松毛虫害信息提取技术研究[D]. 福州:福建农林大学,2011.

[45] 张慧春,郑加强,周宏平,等. 农药精确施用系统信息流集成关键技术研究[J]. 农业工程学报,2007,23(5):130-136.

[46] 白降丽,庚晓红,彭道黎. "3S"集成技术在林业中的应用现状及发展趋势[J]. 中南林业调查规划,2004,23(4):52-55.

[47] 陈文伟. 决策支持系统教程[M]. 北京:清华大学出版社,2004.

[48] 张荣梅. 智能决策支持系统研究开发及应用[M]. 北京:冶金工业出版社,2003.

[49] 孙松平. 农药精确施用机械智能决策支持系统研究[D]. 南京:南京林业大学,2009.

[50] W. C. SCHOU, B. RICHARDSON, M. E. TESKE, et al. Spray Safe Manager 2 – Integration Of GIS With An Aerial Herbicide Application Decision Support System[Z]. 2001 ASAE Annual International Meeting, Sacramento, California, USA, July 30 – August 1.

[51] HONGCHENG ZENG, ARI TALKKARI, HELI PELTOLA, et al. A GIS-based decision support system for risk assessment of wind damage in forest management[J]. Environmental Modelling & Software, 22(9):2007, 1240-1249.

[52] FALCAO A O, SANTOS M P DOS, BORGES, J G. A real-time visualization tool for forest ecosystem management decision support[J]. Computers and Electronics in Agriculture, 2006, 53(1):3-12.

[53] 陆守一. 区域生态经济型防护林体系建设模式智能决策支持系统的研制开发[J]. 生态学报,1996,16(6):602-606.

[54] 赵茂程,郑加强,林小静,等. 基于分形理论的树木图像分割方法[J]. 农业机械学报,2004,35(2):72-75.

[55] 孙松平,郑加强,周宏平. 农药精确喷雾智能决策支持系统的设计[J]. 南京林业大学学报:自然科学版,2006,30(5):25-28.

[56] 百度百科. 大数据[EB/OL]. http://baike.baidu.com/subview/6954399/13647476.htm#8

[57] 中国大数据. 大数据究竟是什么?一篇文章让你认识并读懂大数据[EB/OL]. 中文互联网数据资讯中心,http://www.thebigdata.cn/YeJieDongTai/7180.html

[58] 王洋,张雷,钟由彬. 大数据时代的高速公路机电设备运维管理[J]. 中南林业调查规划,

2004, 23(4): 52-55.

[59] 全国林地"一张图". 大数据时代的经典力作[EB/OL]. http://www.hnly.gov.cn/xinxiang/lylm/xxjs/webinfo/2013/10/1381200501737700.htm

[60] 世界迎来大数据时代[EB/OL]. http://www.forestry.gov.cn/main/72/content-599753.html

[61] 王占刚, 庄大方, 邱冬生, 等. 林业数据挖掘与可视化的应用分析[J]. 地球信息科学, 2007, 9(4): 19-22.

[62] 孙建国. 空间数据挖掘技术在林业中的应用[D]. 兰州: 西北师范大学, 2003.

[63] 白爱民, 沈江, 徐曼, 等. 数据挖掘在工程机械产品设计评价中的应用[J]. 工程机械, 2006, 9(37): 1-5.

[64] SANJAY SARMA, DAVID L. BROCK, et al. MⅡ Auto ID WH – 001: The Networked Physical World[R]. Massachusetts: MIT Auto – ID Center, 2000.

[65] HARALD SUNDMAEKER, PATRICK GUILLEMIN, PETER FFIESS. Vision and Challenges for Realising the Internet of Things[M]. Luxembourg: Publications Office of the European Union, 2010.

[66] LAISHEN XIAO, ZHENGXIA WANG. Interact of Things a New Application for Intelligent Traffic Monitoring System[J]. Journal of Networks, 2011, 6(6): 887-894.

[67] 吴长青. 基于物联网的食品安全智能检测车系统构建[D]. 杭州: 浙江大学, 2013.

[68] HUANSHENG NING, SHA HU. Technology classification, industry, and education for Future Internet of Things[J]. Int. J. Commun. Syst., 2012, 25(9): 1230-1241.

[69] LEI CHEN, MITCHELL TSENG, XIANG LIAN. Development of foundation models for Internet of Things[J]. Frontiers of Computer Science in China, 2010, 4(3): 376-385.

[70] 张捍东, 朱林. 物联网中的 RHD 技术及物联网的构建[J]. 计算机技术与发展, 2011(5): 56-59.

[71] 卢书海, 刘帅, 李建军, 等, 物联网关键技术及其在林业中的应用中[J]. 中南林业科技大学学报, 2012, 32(11): 182-185.

[72] 王颖, 周铁军, 李阳. 物联网技术在林业信息化中的应用前景[J]. 湖北农业科学, 2010, 49(10): 2602-2604.

[73] 高峰, 俞立, 张文安, 等. 基于无线传感器网络的作物水分状况监测系统研究与设计[J]. 农业工程学报, 2009, 25(2): 107-111.

[74] 张航, 李久生, 粟岩峰, 等. 利用电容式传感器连续监测土壤硝态氮质量分数的试验研究[J]. 灌溉排水学报, 2012(1): 23-28.

[75] 陆研, 张绍文. 基于 RFID 技术的名木古树管理系统初探[J]. 山东林业科技, 2008(2): 91-94.

[76] 范国连, 何东健. 基于电子标识的动物身份识别与跟踪系统[J]. 农机化研究, 2008(6): 97-99, 102.

[77] 陈雷, 鲁刚, 余锐萍. 编码定义标准对 RFID 技术在动物身份识别上应用的影响[J]. 中国兽医杂志, 2007, 43(10): 64-65.

[78] RFID 世界网. 马来西亚林业部采用 RFID 追踪木材和管理森林[EB/OL]. http://success.rfidworld.com.cn/2009_11/20091131240143135.html

[79] 中国花卉网. 荷兰温室花卉栽培应用 RFID 实现自动化管理[EB/OL]. http://news.china-flower.com/news/newsinfo.asp?n_id=121587

[80] 李春勇. 物联网及其在林业中的应用[J]. 北京农业, 2013(6): 84.

思考题

1. 林业机械的自动化与智能化主要体现在哪些方面?

2. 机器视觉与人类视觉相比具有哪些优点？

3. 利用人工对水果进行分选，存在哪些缺点？如何设计一个系统能够自动识别樱桃、苹果、柠檬？

4. 以精确变量喷药机为例，分析智能化林业机械的组成部分和工作原理。

5. 在"3S"信息流集成中，全球定位系统（GPS）、地理信息系统（GIS）和遥感（RS）的作用分别是什么？

6. 请描述智能决策支持系统的四库模型体系结构。

7. 设计一个林业机械管理决策支持系统，该系统由哪些部分组成？

8. 分析大数据技术在机电产品设计时的定位服务客户、优化设计流程和改善设备性能方面的应用。

9. 简述物联网的技术体系框架。

推荐阅读书目

1. 农业信息化技术导论. 马新明. 中国农业科学技术出版社.
2. 农业机械数字化设计技术. 陈志，杨方飞. 科学出版社.

第11章 林业机器人设计

[**本章提要**]　机器人替代人工可谓历史趋势,因此机器人发展迅速,其智能化上升趋势明显。相对于人工,机器人(包括农林机器人)需要具备感知、决策和控制等功能。本章将介绍林业移动机器人的轮式和足式行走机构,分析机器人组合导航等关键技术及控制系统等。为了促进林业机器人的推广应用,本章还将列举目前国内外已经应用或研发的典型林业机器人实例。

11.1　机器人系统分析
11.2　林业机器人行走机构
11.3　机器人关键技术及控制系统
11.4　典型林业机器人设计实例

机器人可替代人工解决三类问题，即完成人干不了、人干不好、人不想干的工作。人干不了的需要特种机器人；人干不好的需要诸如汽车拖拉机、装载机等装备机器人；人不想干的重复单调的工作需要工业机器人。由于林业生产环境的复杂性，林业机器人可能不会在短期内获得大范围应用，但随着林业机械的自动化程度不断提高，林业机器人也会逐步走向实用。

11.1 机器人系统分析

11.1.1 机器人及其分类

从古至今，人们都在不断地探索自动化装置。代表机器人的 Robot 一词是由捷克斯洛伐克作家 Karel Capek 于 1921 年首先提出的。第一台具备复杂性能的电子控制机器人由英国的 William Grey Walter 于 1949 年研制出来，第一台数字控制、可编程的机器人由美国的 George Devol 于 1954 年研制出来，第一台堆垛机器人由 Fuji Yusoki Kogyo Company 于 1963 年研制出来。1973 年，德国库卡机器人公司获得了六轴机器人专利。1976 年，美国 Victor Scheinman 发明了可编程通用机械臂。

不过机器人尚无普遍接受的定义。不同的领域对机器人有不同的理解。从机器人学角度，可认为机器人是一个具有移动、感知、操作能力的智能机器，能够帮助人类在复杂、不确定的环境下自主或半自主地完成相应作业；从互联网角度，可认为机器人是由大系统输入输出数据控制的执行器，是一个智能终端；从行业应用角度，可认为机器人包含了嵌入行业产品的智能技术与模块、无人开采装备、信息家电、自主吸尘器、高效无人割草机、无人飞机、无人汽车等。

根据 ISO 8373—2012《机器人和机器人设备——词汇》*Robots and robotic devices—Vocabulary*，机器人是一种可编程的受控机械装置，在工作环境中移动，完成被分配的任务，具备两个或者更多的轴(自由度)。一般认为，机器人应该具备感知、决策和控制等功能。从大类来分，机器人可以分为工业机器人和服务机器人。

工业机器人应用在工业环境中，可以是固定的，也可以是移动的。目前工业机器人已被广泛应用于生产线，从事生产加工、检验、包装和装配等工作。工业机器人核心技术包括：RV 减速机、谐波减速器、伺服电机与驱动、机器人控制器。

工业机器人之外的其他机器人是服务机器人。服务机器人为人们日常生活或特殊环境提供服务，因此又可分为个人服务机器人和专业服务机器人。其中个人服务机器人用于非商业目的，通常由非专业人士使用，例如家政服务机器人、自动化轮椅、移动助力机器人、宠物锻炼机器人等；专业服务机器人则用于商业目的，由接受过专门训练的人操作使用，例如公共场所清洁机器人、办公室或者医院的派送投递机器人、消防机器人、医院的康复及手术机器人等。林业机器人应该属于专业服务机器人(特种机器人)。

11.1.2 机器人技术的发展与应用

从发展历程来看，现代机器人大致经历了 3 个发展阶段。第 1 代为简单个体机器人；第 2 代为群体劳动机器人；第 3 代为类人智能机器人，不仅具有感觉能力，而且还具有独立判断和行动能力。

随着科学技术突飞猛进的发展，新的科技浪潮不断涌现，特别是移动互联网与可穿戴式设备、大数据服务与物联网、新能源材料与电动汽车、智能制造与机器人的发展。机器人技术的发展出现了新的动态，包括智能机器人在内的各种机器人层出不穷。

Google 公司继 2012 年推出可穿戴式智能设备 Google 眼镜之后，继续加速互联网与真实世界的联合。2013 年，该公司收购了多家机器人公司（Schaft、Industrial Perception、Redwood Robotics、Bot & Dolly、Meka Robotics、Boston Dynamics、Holomni、DeepMind）等，机器人技术将可能让 Google 公司成为人机交互领域的行业佼佼者。

可穿戴式智能设备是针对人们日常穿戴而开发出的可以穿戴的智能设备，例如智能眼镜、智能手表、虚拟现实头盔显示器、智能手套、智能鼓点 T 恤（electronic drum machine T-shirt）、卫星导航鞋、太阳能比基尼（solar bikini）、智能手环、节拍手套、社交牛仔裤（Social Denim）等。在 Google、苹果等行业巨头的推动下，可穿戴式智能设备以惊人的速度从"概念"过渡到产品、实现商业化。不少过去在科幻电影中看到的场景，已逐步成为现实。2013 年被许多人士视为可穿戴式智能设备的"元年"，越来越多的厂商认为，可穿戴式智能设备将成为互联网时代新的掘金点。

外骨骼机器人可在人的控制下负重行走。人提供思维、判断、决策和控制能力；外骨骼发挥其强劲的承载能力，人机合一，协调动作。外骨骼机器人技术在军事、医疗等领域已经获得应用。2014 年巴西世界杯足球赛开幕式中，一名截瘫青年借助外骨骼开出该届世界杯的第一球。因此，"钢铁侠"士兵也可能将陆续问世。

2013 年，美国 Boston Dynamics 公司为美军研制的世界最先进人形机器人"阿特拉斯（Atlas）"亮相。"阿特拉斯"身躯由头部、躯干和四肢组成，身高 1.9m、体重 150kg，能像人类一样用双腿直立行走，能在实时遥控下穿越比较复杂的地形。美国国会 2013 年规定，2015 年之前，1/3 的地面战斗将使用机器人士兵。另外，Boston Dynamics 还为美军研制大狗机器人（big dog）。这种机器狗的体型与大型犬相当，能够在战场上发挥非常重要的作用：在交通不便的地区为士兵运送弹药、食物和其他物品，它不但能够行走和奔跑，而且还可跨越一定高度的障碍物。该大狗机器人的动力来自一部带有液压系统的汽油发动机。

无人飞机是采用自动控制、具有自动导航和执行特殊任务的无人飞行器，也可以称为飞行机器人。无人飞机具有全天候、大纵深、长时间、快速运动的能力。2013 年，美国亚马逊公司已经采用无人飞机运送快递货物。

2013 年，中国"玉兔"号月球车成功登上月球开展科学考察，成为中国探月工程中里程碑的事件。

2014 全球移动互联网大会（global mobile internet conference，GMIC）上，日本大阪大学智能机器人研究所石黑浩所长展示了被誉为最性感的新款智能机器人 Actroid-F，该人形机器人已经能与人进行点头、眨眼等"无障碍沟通"的交流活动。

2014 年，自主式水下航行器"蓝鳍金枪鱼-21"（Bluefin-21）被用于搜索马航失联客机 MH370。

机器人从形态上也不局限于一种自动化的机械装置，也可以是一种软件。2014 年，美联社宣布正式采用机器人（一种新闻书写软件）来撰写公司的财经报道（150～300

字)。该软件由 Automated Insights 公司研发。

服务机器人与互联网的融合,又出现了网络机器人。网络机器人包括虚拟机器人和实体网络机器人。用户通过智能软件与虚拟机器人进行对话交流,如客服机器人、聊天机器人等;实体网络机器人基于远程操作技术发展起来,包括远程手术机器人、远程护理机器人、远程健康监护机器人等。

11.1.3 机器人系统构成

机器人是机械、电子、检测、控制和计算机技术的综合应用,尽管机器人的种类很多,但通常机器人由执行机构、驱动装置、检测装置和控制系统等组成。

对于多关节机械臂,执行机构就是机器人本体,其臂部一般采用空间开链连杆机构,其中的运动副(转动副或移动副)常称为关节,关节个数通常即为机器人的自由度数。根据关节配置形式和运动坐标形式的不同,机器人执行机构可分为直角坐标式、圆柱坐标式、极坐标式和关节坐标式等类型。出于拟人化的考虑,常将机器人本体的有关部位分别称为基座、腰部、臂部、腕部、手部[夹持器或末端执行器(end effector)]和行走部(对于移动机器人)等。

驱动装置是驱使执行机构运动的机构,按照控制系统发出的指令信号,借助于动力元件使机器人进行动作,输入的是电信号,输出的是线、角位移量等。机器人使用的驱动装置主要是电力驱动装置,如步进电机、伺服电机等,也有采用液压、气动等驱动装置。如利用各种电动机产生的力矩和力,直接或间接地驱动机器人本体以获得机器人的各种运动,电动机从获得指令信号到完成指令所要求的工作状态的时间应该较短。对工业机器人关节驱动的电动机,要求有最大功率质量比和扭矩惯量比、高起动转矩、低惯量和较宽广平滑的调速范围。对于机器人末端执行器,应采用体积、质量尽可能小的电动机,尤其是需要快速响应时,伺服电动机必须具有较高的可靠性和稳定性,并且具有较大的短时过载能力。

检测装置的作用是实时检测机器人的运动及工作情况,根据需要反馈给控制系统,与设定信息进行比较后,对执行机构进行调整,以保证机器人的动作符合预定的要求。作为检测装置的传感器大致可以分为两类:一类是内部信息传感器,用于检测机器人各部分的内部状况,如各关节的位置、速度、加速度等,并将所测得的信息作为反馈信号送至控制系统,形成闭环控制;另一类是外部信息传感器,用于获取有关机器人的作业对象及外界环境等方面的信息,以使机器人的动作能适应外界情况的变化,使之达到更高层次的自动化,甚至使机器人具有某种"感觉",向智能化发展,例如视觉、声觉等外部传感器给出工作对象、工作环境的有关信息,利用这些信息构成一个大的反馈回路,从而提高机器人的工作精度。

控制系统有两种方式:一种是集中式控制,即机器人的全部控制由一台计算机完成;另一种是分散(级)式控制,即采用多台计算机来分担机器人的控制。如当采用上、下两级计算机共同完成机器人的控制时,主机常用于负责系统的管理、通信、运动学和动力学计算,并向下级计算机发送指令信息;作为下级从机,各关节分别对应一个 CPU,进行插补运算和伺服控制处理,实现给定的运动,并向主机反馈信息。根据作业任务要求的不同,机器人的控制方式还可分为点位控制、连续轨迹控制和力(力矩)控制。

11.2 林业机器人行走机构

与工业机器人、农业机器人等相比，林业机器人在国内外的研究与应用较少，这与林业机器人所处特殊工作环境有很大关系。林业生产通常需要工作在山区天然林地，复杂的自然环境对机器人的性能提出很大的挑战。与其他在未知或不确定环境下作业的机器人类似，感知、决策、行动、交互等是林业机器人的关键技术。

大部分林业机器人为移动机器人，主要由移动平台(行走机构)、执行机构及相关驱动动力、信息感知与控制系统等构成。其中，移动机器人行走机构是林业机器人的关键部件之一，可以分为轮式(包括履带式)和足式(腿式)等形式。

目前，移动式林业机械设备大都采用轮式移动方式。只要斜坡不是太陡峭，就可以通过主动控制技术保证林业机械在林区使用。国内外广泛开展了主动控制技术的相关研究，以提高车辆在崎岖地面的稳定性。

11.2.1 轮式行走机构

在平坦、坚实的地面，轮式运动比腿式运动效率高，而且结构简单、运动灵活。一般性的移动机器人通常采用轮式运动机构。通常轮式行走机构有 2 轮、3 轮、4 轮和 6 轮等布局，轮式移动结构特点见表 11-1 所列[1]。全方位轮式机构能实现定位和定向功能，可以在弯道区域灵活转弯，实现原地零半径旋转。

表 11-1 滚动交通工具的轮子结构

轮子数目	结构装配	描述
2		前端一个操纵轮，后端一个牵引轮
2		两轮差动驱动，质心(COM)在转轴下面
3		带有第 3 个接触点的，两轮居中的差动驱动
3		在后/前端有 2 个独立驱动轮，在前/后端有 1 个全向的无动力轮
3		后端有 2 个相连的牵引轮(差动)，前端有一个可操纵的自由轮
3		后端有 2 个自由轮，前端有 1 个可操纵的牵引轮

(续)

轮子数目	结构装配	描 述
3		3 个动力瑞典轮或球形轮排列成三角形,可以全向运动
3		有 3 个同步的动力和可操纵轮,方向是不可控的
4		后端有 2 个动力轮,前端有 2 个可操纵轮;两轮操纵必须不同,避免滑动/打滑
4		前端有 2 个可操纵的动力轮,后端有 2 个自由轮;两轮操纵必须不同,避免滑动/打滑
4		4 个可操纵的动力轮
4		后/前端有 2 个牵引轮(差动),前/后端有 2 个全动轮
4		有 4 个全向轮
4		具有附加接触点的两轮差动驱动
4		有 4 个带动力和可操纵的小脚轮
6		排列在中央的为 2 个带动力、可操纵轮,四角各有 1 个全向轮
6		中央有 2 个牵引轮(差动),四角各有 1 个全向轮

注:"○"表示非动力全向轮(球形,回旋,瑞典),"▨"表示动力瑞典轮(斯坦福轮),"▭"表示非动力标准轮。

11.2.2 腿式行走机构

腿式运动适宜于粗糙和非结构化地形,机构自由度多,控制复杂。腿式运动以一系列机器人和地面之间的点接触为特征,其主要优点为在粗糙地形上有良好的自适应性和机动性。因为只需要一组点接触,所以只要机器人能够保持适当的地面步距,这些点之间的地面质量是无关紧要的。另外,只要行走机器人的步距大于洞穴的宽度,就能跨越洞穴或者裂口。腿式运动的最主要缺点为动力和机械的高度复杂性[1]。

六足行走机构的静态稳定性较高，控制复杂性相对较低。图 11-1 为六足行走机构示意图，可以看出在行走过程中，3 条腿形成的三脚架一直存在，因而稳定性较高。

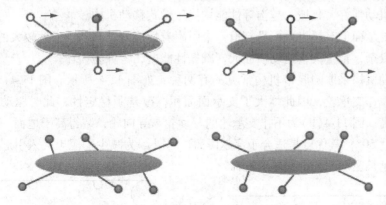

图 11-1　足行走机构的静态行走示意图

美国 John Deere 和 Plustech Oy 公司研制了六足木材采伐机械(six-legged lumberjack robotic vehicle)样机，如图 11-2 所示[2]，适用于森林崎岖地面。

11.2.3　轮腿复合式行走机构

轮腿复合式行走机构兼备轮式行走机构的高机动性和腿式行走机构的高通过性。瑞士苏黎世理工学院机器人研究所研发了将轮式和腿式混合使用的移动平台，如图11-3所示[3]。总长度为4m，总重量为5t。

图 11-2　六足木材采伐机械

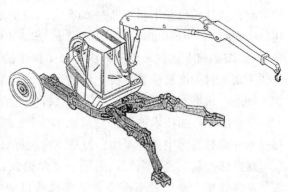

图 11-3　轮腿复合式移动平台

11.2.4　履带式行走机构

履带式行走机构更有利于林业机器人适应林区崎岖地面。履带式移动机器人适合在未修建加工的天然路面上行走，它是轮式移动机构的拓展，履带本身起着给车轮连续铺路的作用。履带式移动机构和轮式移动机构相比，具有如下特点[4]：

①支承面积大，接地比压小，适合于松软或泥泞场地作业，下陷度小，滚动阻力小，通过性能较好。

②越野机动性好，爬坡、越沟等性能均优于轮式移动机构。

③履带支承面上有履齿，不易打滑，牵引附着性能好，有利于发挥较大的牵引力。

④结构复杂，重量大，运动惯性大，减振性能差，零件易损坏。

履带移动机构采取的履带机构常见的有两种，如图11-4所示。图11-4(a)为驱动轮及导向轮兼作支承轮，因此增大了支承面面积，改善了稳定性，此时驱动轮和导向轮只微量抬高；图11-4(b)为不作支承轮的驱动轮与导向轮，装得高于地面，链条引入引出时角度达50°，其优点是适合于穿越障碍，另外因为减少了泥土夹入引起的磨损和失效，可以延长驱动轮与导向轮的寿命。

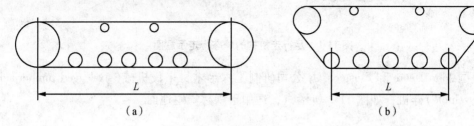

图 11-4　两种常见的履带形状

11.3　机器人关键技术及控制系统

目前，大型移动式林业机械装备主要基于 CAN 总线控制系统，由人工驾驶操作。这些机械需要具备感知系统，能够定位自身所处位置，并感知周围环境。通过获取立木信息，从而实施相关采伐作业，以及车辆转向、驾驶等动作。但是，由于树木冠层的影响，森林环境并不利于通过 GPS 实现精确定位。这时，就需要同步定位与地图构建(simultaneous localization and mapping，SLAM)算法。待采伐树木的数字信息(种类、位置)地图提前下载到采伐机械中。每个树木的直径、体积等参数会在采伐中被测量。采伐下来木材的堆放位置将被上传到运输管理系统，以便调度车辆将这些木材运输到加工场地。每堆木材位置、品质等信息将传送给物流系统的卡车，以便优化收集工作。

二维激光扫描技术被用于测量原木参数，以及对树木进行建模。机载激光三维扫描技术在森林遥感中获得应用。但是，树冠将对从空中的测量造成不利影响。

遥操作控制安全、高效，适用于林业机械。在平坦的地面，遥操作控制的优点主要是提高效率。操作者不需要乘坐在林业机械中，就可以控制多台设备。而在山区，安全问题尤为重要，遥操作控制可以不让操作者冒险乘坐在林业机械中就可以操控设备。不过，在森林中，无线遥控的距离不能太长。

机器人是一个多学科高度交叉的产物，其涉及的测试与控制技术发展迅速，需要多种核心技术。

11.3.1 机器人导航

移动机器人可以分为自主机器人和遥操作机器人。

自主机器人(autonomous robot)是一种全自主式的机器人,它能自主感知周围环境信息,在无人操控下自主移动、自主工作,而不对环境和自身造成伤害,具备对环境的自适应性。自主维护和自主导航是移动机器人采用全自主控制方式所需要考虑的问题。

由于受到机构、控制、人工智能和传感技术水平的限制,发展能在未知或复杂环境下工作的全自主式智能机器人是目前尚难以达到的目标。工作在人与机器人交互方式下的遥控操作机器人(tele-robot)受到人们的广泛关注和研究[5]。交互技术包括人与机器人的交互以及机器人与环境的交互。前者的意义在于由人去实现机器人在未知环境中难以做到的规划和决策,后者的意义在于由机器人去实现人所不能到达的环境中的作业任务。

临场感(telepresence)技术是人机交互的核心。临场感是指将远地机器人和远地环境的相互作用信息(视觉、力觉、触觉等信息)实时地反馈给本地操作者,生成关于远地环境映射的虚拟现实,使操作者产生身临其境的感受,从而有效地控制机器人完成复杂的作业任务。临场感遥操作机器人的实现,将极大地改善机器人的作业能力,人们可以将自己的智慧同机器人的适应能力相结合而完成有害环境或远距离环境中的作业任务,如空间探索、海洋开发、核能利用、远程医疗、远程实验、军事战场、反恐安保等领域,当然包括复杂林区作业。通信延时和数据传输带宽是机器人采用遥操作控制所需要考虑的问题。

机器人导航技术有惯性导航(inertial navigation system,INS)、GPS 导航、机器视觉导航、基于地图的导航以及组合导航等。

由于惯性是所有质量体的基本属性,所以建立在惯性原理基础上的惯性导航系统不需要任何外来的信息,也不会向外辐射任何信息,仅靠惯性导航系统本身就能在全天候条件下,在全球范围内和任何介质环境里自由地、隐蔽地进行连续的三维定位和三维定向。这种同时具备自主性、隐蔽性和能获取载体完备运动信息的独特优点是诸如无线电导航、卫星导航和天文导航等其他导航系统无法比拟的[6]。惯性导航是一门综合了机电、光学、数学、力学、控制及计算机等学科的尖端技术。惯性导航系统发展依靠三方面科学技术的支撑:新概念测量原理和新型惯性器件、先进制造工艺、计算机技术。惯性器件包括陀螺仪和加速度计。惯性导航系统是以陀螺仪和加速度计为敏感器件的导航参数解算系统,该系统根据陀螺仪的输出建立导航坐标系,根据加速度计输出解算运载体的速度和位置。

全球定位系统 GPS 利用导航卫星进行测时和测距,是一种空基无线电导航系统,不仅具有全球性、全天候和连接的精密三维定位能力,而且能实时地对运载体的速度、姿态进行测定以及精确授时[7]。但是,GPS 的载体在做高动态的运动时,常使 GPS 接收机不易捕获和跟踪卫星载波信号。另外,GPS 接收机的信号输出频率较低(一般为 1~2Hz),有时不能满足载体飞行控制对导航信号更新频率的要求。

机器视觉导航(machine vision navigation,image-based navigation)是基于机器视觉与

数字图像处理技术的实时导航方式。

基于地图的导航(map-based navigation)是利用预先绘制并存储好的电子地图进行移动导航。

不同的导航方式各有优势，也各有局限性。为了提高移动机器人导航的可靠性，可以将多种单一的导航方式结合起来而形成组合导航。

11.3.2 同步定位与地图构建

同步定位与地图构建 SLAM 是自主机器人导航中必须解决的两大关键问题。机器人定位是指"Where am I?"的问题，指机器人运动过程中，如何通过传感器自主感知、确定自身的位置和姿态角。机器人地图构建是指"What does the world look like?"的问题，指如何感知环境，完成识别目标及检测障碍物等任务[8]。

（1）地图构建

创建地图的目的是为移动机器人的运动和规划提供必要的信息，因此地图的表示不仅要便于理解，还要便于计算，而且随着新环境信息的观测，还要能够简单方便地将其加入到地图中，进行地图的更新[9]。移动机器人常用的环境地图分类如图11-5所示。

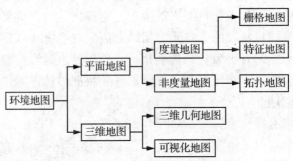

图 11-5　移动机器人常用环境地图分类

栅格地图以更形象的方法表述环境空间信息以及不确定性，但它受限于环境的规模；几何地图用一个更简洁的方法表示环境，但对于非常复杂的环境就难以表示；拓扑地图不需要尺度信息，只依赖于环境中特定地点，但地图构建过程复杂。

（2）自主定位

对于一个自主机器人系统，精确的位置估计是实现自主导航的必要内容。位置信息是许多导航和控制决策的基础。没有精确的位置信息，机器人就没有"Where am I?"和"Where am I going?"的概念，很多移动机器人自主系统都需要位置信息来完成规定的任务[10]。移动机器人的自主定位包括两个子问题：

①**全局定位(global localization)**　全局定位是在全部不确定的情况下进行定位，用以解决"lost robot problem"或者"kidnapping robot problem"的问题。机器人没有任何关于位置的先验知识，在所有可能的位置空间中确定它最有可能的位置。

②**位置追踪(position tracking)**　位置追踪基于一定的初始位置信息，对机器人的位姿(机器人的位置和方向)进行跟踪估计[11]。

(3) SLAM 技术

精确的定位是以环境地图为基础的,而创建环境地图,必须知道机器人在各个观测点的精确位置。所以,当机器人在一个未知的环境中导航时,就面临着一个两难的问题：为了构建环境地图,机器人需要知道各时刻自身的位置,而为了定位,机器人需要知道确切的环境地图。SLAM 的问题是指系统运动模型已知、初始位姿未知的移动机器人,在具有若干路标特征的二维环境中运动时,利用自身携带的传感器感知到的机器人信息和环境信息,确定环境路标特征的二维的位置坐标和自身三维的位姿向量[12]。

11.3.3 多机器人系统简介

随着机器人技术的发展,单个机器人的能力、健壮性、可靠性、效率等都有很大的提升。但面对一些复杂的、需要高效率的、并行完成的任务时,单个机器人则难以胜任。为了解决这类问题,机器人学的研究一方面进一步开发智能更高、能力更强、柔性更好的机器人;另一方面在现有机器人基础上,通过多个机器人之间的协调工作来完成复杂的任务,即多机器人系统(multi-robot systems)。

多机器人系统是指多个机器人根据任务需要通过合作与协调来完成的系统。显然,有效合作与协调一致是多机器人系统的关键。多机器人合作的重点是实现系统快速组织与重构的柔性控制机制;多机器人协调则是机器人之间合作关系确定后实现具体的运动控制[13]。

多机器人系统具有空间上的分布性、行动上的并行性、运行环境上的适应性和任务执行上的容错性等优点。目前,多机器人系统研究的主要内容包括：群体体系结构、任务分配、感知、通信、学习、协调协作机制。如多机器人任务分配(multi robot task allocation,MRTA)要解决系统中哪些机器人到哪个子任务的对应关系问题,即要决定分配机器人 X 去执行子任务 Y,以及确定分配给子任务的机器人 X 的数量。

典型的多机器人系统包括：群智能机器人系统、自重构机器人系统、协作机器人系统、机器人足球赛等。

对于农林生产中的重体力劳动、危险作业及单调重复工作,如喷洒农药或森林灭火等作业,可能由包括移动机器人及与之配套的喷药或灭火机器人的多机器人系统完成。

11.4 典型林业机器人设计实例

林业机器人设计需要充分考虑林业生产的以下特点：①林业生产一般是边作业边移动,甚至需要爬上树干进行作业,因此需要大量的移动机器人;②林业机械的行走一般不是运输车辆从起点到终点的最短距离,而是可能工作在崎岖狭窄的道路及遍及整个林区,因此林业机器人需要具有覆盖林区的空间作业能力;③通常林区环境恶劣,使用条件变化较大,如存在气候、土壤、污染等的影响甚至发生林火时的高温环境,需要林业机器人能适应这些粗放剧烈的环境变化;④林业机器人的使用者一般不具备专业知识,因此林业机器人的操作应该简单可靠;⑤林业机器人以林场和个体经营为主,成本不能太高。

11.4.1　杂草控制机器人

农业机器人用于农业生产,如耕耘机器人、施肥机器人、除草机器人、施药机器人、蔬菜嫁接机器人、收割机器人、蔬菜水果采摘机器人、果实分拣机器人、剪羊毛机器人、挤牛奶机器人、无人驾驶拖拉机和喷雾机等。

农业机器人工作在自然复杂环境中,而且其动作的重复性不及工业机器人。因此,农业机器人的发展滞后于工业机器人。目前,只有个别农业机器人获得广泛的应用,例如挤牛奶机器人等,其他基本处于研究开发或实验室样机研制阶段。

丹麦、美国、中国等开展了杂草控制机器人(除草机器人、锄草机器人)的研究。机器人基于机器视觉来识别杂草,再通过机械方法锄草或以化学方法施药。图 11-6 所示分别为丹麦、美国、德国、瑞士、中国、日本等国的杂草控制机器人原理样机[14-18]。

(a) 丹麦除草机器人

(b) 丹麦除草机器人

(c) 德国除草机器人

(d) 德国除草机器人

(e) 瑞士除草机器人

(f) 挪威除草机器人

图 11-6　世界各国研制的除草机器人

(g) 苏州博田锄草机器人

(h) 南京林业大学除草机器人

(i) 美国除草机器人

(j) 日本稻田除草机器人

图 11-6　世界各国研制的除草机器人(续)

南京林业大学机械电子工程学院对除草机器人开展了十多年的研究，并开发了多个原理样机。图 11-7 所示为一台能够同时防除行内杂草(也称为"株间杂草"，intra-row weed)与行间杂草(inter-row weed)的除草机器人。

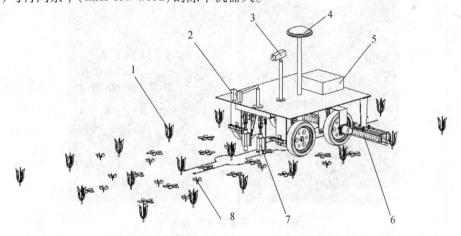

图 11-7　同时防除行内与行间杂草的除草机器人

1. 玉米植株　2. 行内杂草识别双目视觉摄像机　3. 自动导航摄像机　4. GPS 接收器
5. 机器人控制器　6. 行间直接施药装置　7. 行内机械除草执行器　8. 杂草

机器人本体为四轮小车，配备行内杂草识别摄像机和自动导航摄像机、GPS 接收器、机器人控制器等。行内机械除草执行器沿着农作物行的移动轨迹，如图 11-7 中的地面箭头所示。假设这对执行器初始间距较小(称为稳态间距),在两个作物植株之间,保持稳态间距。当它们随着机器人水平移动到接近作物植株时,两个除草执行器分别左右分开,间距扩大,以避让作物植株(称为瞬态间距)。绕过植株后,间距又恢复为稳态间距;再次接近植株时又变成瞬态间距,如此反复,就达到避让作物植株的目的。执行器移动中,遇到杂草时就迅速向下运动以铲除杂草。执行器随着机器人前进,既避让作物植株,也可以铲除行内杂草。

行间直接施药装置由一对滚筒构成,而且在机器人后方的两侧分别安装一对滚筒。滚筒位于两个作物行之间,滚筒长度稍小于行间距。机器人行驶时,两对滚筒贴近地面掠过行间距上方。如果行间没有杂草,滚筒就不会触及杂草;如果行间有杂草,滚筒就会切割杂草并涂抹除草剂。这样,无需识别杂草就实现精确除草。

11.4.2 爬树机器人

在机器人研究中,攀爬机器人一直是一个热点。通常,攀爬机器人都被设计用来攀爬建筑物,如墙壁和玻璃窗。在林业领域,攀爬机器人则被设计用来攀爬像树这样的结构。由于树不同于人造建筑,它的表面不平坦,有的树皮比较柔软,容易脱落,而且树干一般不是垂直的,它有角度、有分叉,大多数的攀爬机器人无法进行树的攀爬。目前,世界各地正在研究各种各样的爬树机器人。

11.4.2.1 日本爬树机器人

日本早稻田大学研究出一种起名为"Woody"的爬树机器人。如图 11-8 所示,该爬树机器人由爬树机构与执行机构组成。执行机构可以更换,以便实现在崎岖林地修剪树枝和执行其他林业管理作业等不同的动作[19]。

图 11-8 日本爬树机器人

11.4.2.2 美国爬树机器人

美国 University of Pennsylvania 的研究人员推出了 Rise 系列机器人中的 Rise v3。Rise v3 四足机器人[20]由 Boston Dynamics 公司研制,其设计构思使用了狗作为参照的仿生设计,除了能够在地面上奔跑以外,能够爬树是 Rise v3 的一大绝技,如图 11-9(a) (b)(c)所示；Rise v3 由碳纤维外骨架、身体关节、电力电子系统、控制电子系统、锂电池、髋部机构、腿部机构、足部工作空间、尾巴等部分组成，如图 11-9(d) 所示。Rise v3 拥有 4 只强有力的脚，每只脚配备两个制动器，在其足部位置使用配备外科手术针的爪状机构插入树木表面而抓住复杂地形的树干等垂直物体，并可以在垂直物体上迅速移动。在攀爬过程中，机器人的行为步态通过机械设计来驱动机器人身体向前运动并保持航向、俯仰和侧倾稳定性。根据介绍，Rise v3 质量 5.4kg，长度 70cm（不包括 28cm 长的尾巴），每秒能够爬高 21cm。

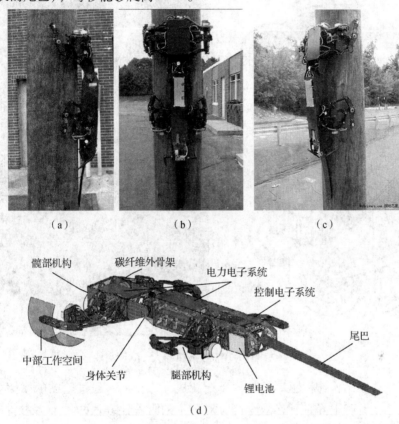

图 11-9 美国爬树机器人

11.4.2.3 螺旋升降式立木整枝机

整枝作业是去除植物上影响其生长、美观、产量和品质的部分枝叶的操作。立木整枝是切除正常生长树木树干上不利于生长的侧枝的操作。传统的整枝作业方式主要有两种：第一种是人工手工整枝，利用专用的剪刀和手锯进行作业；第二种是采用人工机械设备整枝，主要是动力高枝锯和高枝剪。但这两种作业方式都需人在树下作业，具有一定的危险性。北京林业大学通过对常见林木树种树形的调查分析，设计了兼具爬树功能的螺旋升降立木整枝机。螺旋升降式立木整枝机是一种将整枝机抱在树干上的轮式遥控立木机械结构。通过遥控操作整枝机沿螺旋线的方向上升或下降。然后通过链锯式的切削机构进行树枝的修理。一般林区条件不允许大型的设备进行作业，而大量的树木整枝又需要大量的劳动力与成本，同时整枝作业又存在一定危险，所以自动立木整枝机可以很大程度地减少劳动强度与危险，也提高了整枝的生产效率。

螺旋升降立木整枝机的结构组成主要分为5个部分，即行走机构、切削机构、动力机构、传动机构以及整枝机的固定与操作机构，如图11-10所示[21]。螺旋升降立木整枝机采用了螺旋式行走机构、链式切削系统和纯机械式传动机构的设计方案。整枝机的动力选择小型内燃机以适应林区野外作业需要，同时采用弹性夹紧方案以适应树木直径变化的需要。

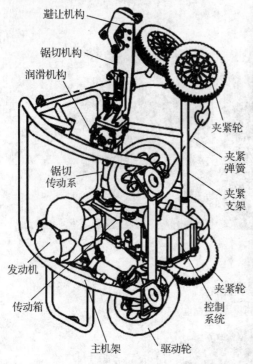

图 11-10 整枝机器人

轮胎式的驱动结构，将驱动轮与树干配置成一定角度，通过轮胎的摩擦力驱动整枝机沿螺旋式上升和下降，工作效率高，对树木的附着性好，并且不会对树木造成损害。链锯式的切削机构可以切削面比较宽、直径比较大的树枝，链导板可以设计得比较窄，以适应圆弧面的锯切方式。小型二冲程汽油机可以直接安装在整枝机上，具有功率质量比大的特点，比蓄电池供电实用。考虑到整枝机上各种各样的传动方式间的转速差别，采用一组蜗轮蜗杆传动和若干组齿轮传动使得机构紧凑、重量轻、结构简单。由于整枝机工作时，其轮胎必须有向树干的作用力，否则将不能起到驱动轮的作用，所以采用夹紧轮的设计，夹紧轮通过上下两根弹簧与主机架相连，通过轮胎与树干的摩擦力使整枝机附着在树干上。

11.4.2.4 香港爬树机器人

香港中文大学从昆虫、鸟类等动物中得到启发，研发出一种用于巡视树木健康状况的爬树机器人[22]。该爬树机器人由金属、塑料等制成，质量600g。主体由3个具备伸缩功能的连接杆组成，机械爪配备触觉传感器，头部配备摄像头，尾部配备通信模块、控制模块以及供电模块。爬树机器人的机械结构如图11-11(a)所示。

该爬树机器人的触感机械爪部分是参考尺蠖触觉在树上行走的仿生学设计的机械结构。通过两个机械爪交替地配合，以及 3 个伸缩杆控制前进的方向与距离，爬树机器人能够灵活快速地到达树木的指定枝干，并且通过摄像头方便工作人员直接获取树木枝干的图像数据。爬树机器人的动作流程如图 11-11(b) 所示。

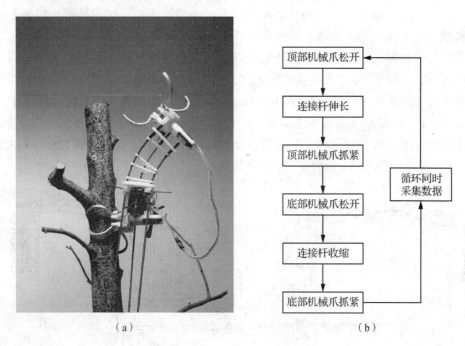

图 11-11　爬树机器人及其动作流程

连接爬树机器人主体的 3 个具有伸缩功能的连接杆可使得爬树机器人像毛虫一样蠕动，机械爪上配备的触觉传感器可以使机器人选择最合适的爬行线路。头部的摄像头可以将树表面的图像通过尾部的通信模块实时地回传给地面进行处理分析，也可以方便地上的工作人员看到树上的动态图像，方便工作人员对其远程遥控。图 11-12 所示为其运动定格，未来在一片林区内数十棵树上各放置一个爬树机器人，就可以同时对这些树进行远程监控，方便快捷地监测了解树木的健康状况。

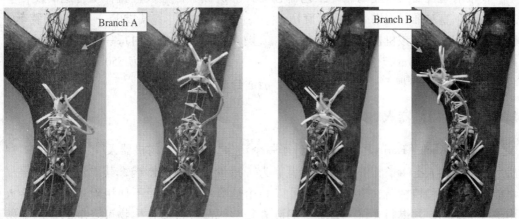

图 11-12　爬树机器人运动定格

11.4.3 伐根清理机器人

在森林采伐剩余物中，伐根比重很大，而且用途很广，可用于硫酸盐纸浆生产、微生物工业和制造木塑料等。但由于伐根采掘相当困难，除人力挖掘或挖掘机挖掘外，大都任其留在采伐地中自然腐朽，造成了极大的浪费。为此，国内外都积极研制伐根清理机械。东北林业大学研制了一种多功能伐根清理机器人[23]。

伐根清理机器人是由一个六连杆机构组成的六自由度机器人。机器人手臂有3个自由度来确定其位置，3个自由度来确定其方向。总体结构由行走机构、伐根清理机械手、单片机控制系统等组成。在图11-13(a)所示伐根清理机器人的机构原理图中，l_1、l_2、l_3、l_4、l_5、l_6 分别为各臂臂长，θ_1、θ_2、θ_3、θ_4、θ_5、θ_6 分别为各关节轴的转角；在图11-13(b)所示结构简图中，1为回转盘，2为大臂油缸，3为小臂油缸，4为腕部油缸，5为旋切液压马达，6为旋筒，7为夹爪。

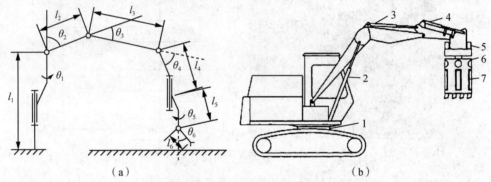

图 11-13 伐根清理机器人
(a)机构原理图 (b)结构简图

旋切头为筒式结构，由两个液压马达经齿轮传动结构(图中未画出)驱动下端有锯齿式万能刨旋齿刀具的旋筒对伐根进行切削作业。侧根切断后，由旋切头内的夹紧油缸及其杆系传动机构(图中未画出)驱动装在筒壁上的4个均匀分布的夹爪将伐根夹紧，在大小臂的联合作用下将伐根拔出，并堆放到指定位置。

伐根清理机器人作业的循环工艺流程为：①机械手由停放位置伸至合适高度；②旋筒中心垂直对准伐根中心并进行旋切；③夹爪夹住伐根并将其拔出；④归堆或装车。

据介绍，利用该机器人清理伐根，一人操作，在伐区迹地内每一个停留位置可清理机器人周边 4~8m 范围内的全部伐根，最大可清理伐根径级为 550mm，平均每 3~4min 可清理一个伐根，且对地表破坏小，能适当避免水土流失。

11.4.4 植树机器人

瑞典的 Anna-Karin Bergkvist 设计了一个环保概念的"植树机器人"[24]。如图 11-14 所示，该机器人有 4 条腿和 1 个机械臂。为了减少对环境的影响，其质量被设计得尽可能小。除了种植树苗，该机器人还可以利用热蒸汽除草，而不使用除草剂。机器人由蒸汽机驱动，其燃料来自于森林中的废弃物。树苗被包裹在生物可降解的聚乙烯塑料苗钵中而免受松树象鼻虫(pine weevil)侵害。该植树机器人采用同步定位与地图构建

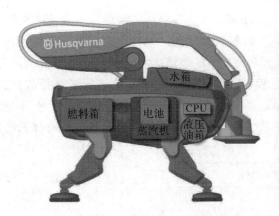

图 11-14　植树机器人

SLAM 定位和导航，而植树机械臂能 360 度旋转，实现最小运动到达想去的位置，最大可达 2m。

11.4.5　果园机器人

澳大利亚悉尼大学研制出"Mantis"和"Shrimp"（螳螂与虾）果园机器人，如图 11-15 所示[25]，可以判断水果是否成熟以及土壤是否缺水、缺肥等。

11.4.6　消防机器人

由克罗地亚、希腊、西班牙和英国组成的国际合作团队研制了一种消防机器人。如图 11-16 所示[26]，该机器人的喷水射程大于 55m，可以携带 1800L 水和 600L 泡沫。其外表高温防护层可以在 700℃中坚持 15min，400℃中坚持 30min。基于模式识别的图像处理软件可以让安装在水枪上面的高分辨率摄像头判断出周围是否有人存在。另外 5 个防水摄像头可以让机器人观察到其周围情况，视野可达 2km。机器人采用遥操作控制，GPS 和惯性导航相结合，精度在 2m 之内。

图 11-15　果园机器人　　　　　　　图 11-16　消防机器人

11.4.7　森林巡防机器人

图 11-17 所示为轮履复合式森林巡防机器人，主要由机身、行走机构、升降机构组成[27]。机身由轻质铝骨架和碳纤维外壳组成。在降低机身重量的同时，保持良好的抗冲击、防火能力。基于 ARM 的中央处理器管理通信模块、电动机驱动控制器、图像处

理模块、传感器(超声波、CCD、倾角、GPS等)和电源模块。为使机器人能在地形复杂的森林环境中完成巡防工作,轮履复式机器人兼顾了机动性、通过性、灵敏性和人机性。林区内小路崎岖,因此机器人必须具备良好的越障能力。

基于传感器对环境的感知,中央处理器计算出最适合机器人的行走路径与方式,通过驱动器控制机器人的运动。升降系统由伺服电机控制,可以自由升降,使得CCD相机可以采集不同角度的森林现场的图像,图像处理模块处理后,将数据通过无线网络回传给上位机供监控人员观察。图11-18所示为控制系统的结构示意图。

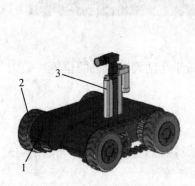

图 11-17 机械系统三维模型图
1. 机身 2. 行走机构 3. 升降机构

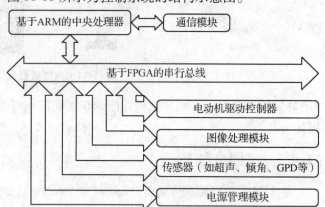

图 11-18 控制系统结构示意

这是一种针对林业安全生产需求的轮履复合式森林巡防机器人,适合林区崎岖路面的行驶,其外形结构和控制系统的设计可以确保机器人的机动性、通过性和灵敏性。CCD配合图像处理模块可以很好地识别出森林的环境状况,GPS可以使上位机精确地定位机器人的实时位置,从而实现对森林的全天候检测的目标。

11.4.8 智能化采茶机器人

制作名优绿茶对鲜叶有较高要求,一般为单芽、一芽一叶或一芽二叶,而且要求叶片完整。传统的采茶机都是基于切割式原理工作,具有很高的采摘效率,但是对茶树新梢没有选择性,而且芽叶破碎率高,只能用于制作大宗茶。为了制作名优绿茶,国内外都依赖人工采摘。以西湖龙井和金坛雀舌为例,4万个单芽鲜叶只有0.5kg。通常需要2.5~3.0kg鲜叶才能制作出0.5kg成品茶叶。茶叶中劳动力成本占50%,其中采茶成本占80%,而农村劳动力逐渐短缺,采茶"人工荒"现象经常出现。名优绿茶采摘难以成为茶产业可持续发展的瓶颈。

为了解决名优绿茶机采问题,茶园正在采用先采摘后分选的方法:精心修剪、培育茶蓬,由熟练的采茶工利用单人或双人采茶机采集茶蓬顶部新梢,再利用机械振动筛进行后期分选。该方法效率高,但是叶片破损率高。南京林业大学机械电子工程学院探索了一种分选和采摘同时进行的智能化采摘方法[28-30],并研发了对茶树新梢能够实现有选择性采摘的并联采茶机器人。

(1) 并联采茶机器人

如图11-19所示,整个采茶机器人系统由主动机器视觉系统(包括CCD摄像机、数字投影机)、并联机械臂、末端采摘执行器、机器人移动小车等构成。

名优绿茶并联采摘机器人的具体采摘工作流程如图 11-20 所示,分为 4 步:

图 11-19 并联采茶机器人

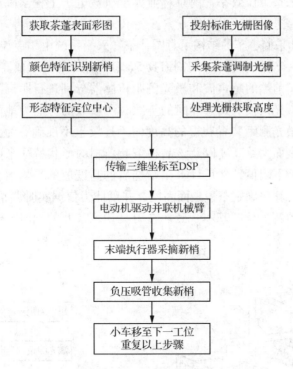

图 11-20 采茶机器人工作流程

①利用 CCD 摄像机从茶树的正上方捕获茶蓬表面图像,由千兆网卡送入计算机,计算机中图像处理软件基于颜色特征将茶树新梢与复杂的自然背景分割开来,并基于形态特征识别定位新梢的中心。由此确定新梢中心在茶树蓬面中 x、y 坐标。

②通过由摄像机与投影机构成的主动机器视觉系统基于光栅投影三维测量方法获取新梢在茶树蓬面的高度信息,进而确定新梢中心的 z 坐标。再结合第①步中得到的新梢中心平面坐标,进而确定出新梢相对于采茶机器人末端执行器的空间三维坐标参数。

③计算机将该工位下拍摄面内所有新梢中心三维坐标参数发送给数字信号处理

(digital signal process，DSP)芯片，由 DSP 控制伺服电机驱动并联机械臂精确定位及实现末端执行器采摘新梢嫩叶，同时利用负压吸管收集采摘下来的新梢传输至收集篓中。

④机械手逐个采摘新梢并收集，在该工位下拍摄区域内的新梢采摘完毕后，机器人小车移动至下一个工位，并重复上述工作，最终实现名优茶新梢的选择性高效自动化采摘。

该方案的优点是针对名优茶鲜叶原料采摘不及时和不足的制约，可以对新梢进行有选择性地采摘，充分发挥了并联机械臂所具有的刚度大、承载能力强、速度快、精度高及误差小等优点，免去了后期分选环节，能够很好地满足名优茶快速精准采摘的要求。

(2) 高度自适应仿形采茶机

一些品种的茶树在经过人工培育以及高质量的修剪后，会在原有老枝的基础上发出大量新梢布满茶蓬表面，也就是茶蓬表面上新梢分布非常密集，甚至新梢铺满整个茶蓬表面，这时，采用有选择性的摘取收集无疑会降低采摘效率。针对这样的茶树品种采摘，为了提高采茶工作效率，南京林业大学机械电子工程学院还探索研制了针对新梢分布密集的茶蓬进行茶叶采摘的方案。

图 11-21 为茶叶采摘小车的结构示意图，茶叶采摘系统由超声波传感器 1、激光传感器 2、移动轨道 3、送风装置 4、切割刀具 5、移动小车 6 等组成。

固定在移动小车前端的超声波和激光测距传感器分别进行距离测量。由于茶蓬面型是不连续的，当激光束投射到茶叶间的空隙时所获取的可能为地面与激光测距装置间的距离，这使得激光测距装置获得的高度值不连续也不准确。为此，通过超声波测距装置获取的茶蓬表面大致高度以及该品种茶叶新梢的形状特征来确定筛选激光测距装置所获高度值的上下阈值，然后计算出筛选后的高度值的平均值，嵌入式控制器通过多传感器信息融合算法确定茶蓬表面高度，并以此为依据实时调整修剪刀具的高度，从而确保采摘下来的新梢长度基本一致。在刀具切割茶叶的同时，通过风机将切割得到的新梢收集于布袋中。

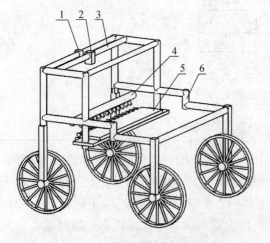

图 11-21 高度自适应仿形采茶机

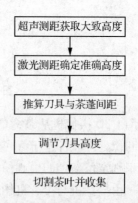

图 11-22 高度自适应仿形采茶机工作流程

在采摘小车前进的过程中，不断通过激光测距装置获取茶蓬表面与切割刀具的距离，并针对性地调整小车的高度，使测量、切割和收集的工作能够连续进行，从而保证茶叶采摘的效率，并确保新梢的采摘质量。其具体的工作流程如图11-22所示。

该茶叶采摘方案适用于茶蓬表面新梢分布相当密集的茶树，需要对茶树进行精心培育和修剪。与现有的采茶机相比，仿形采茶机可以自主适应茶蓬表面的高度起伏变化，不仅采摘效率高，而且提高了采摘质量。

本章小结

本章介绍了机器人系统的基本知识和当今机器人技术最新成果，介绍了农业机器人（尤其是农田除草机器人）的国内外研究现状，分析了林业机器人多种行走机构的特点，介绍了虚拟现实临场感技术、机器人组合导航、同步定位与地图构建、多机器人系统等关键技术及其控制系统。最后给出了几个典型林业机器人研究实例，包括爬树机器人、果园机器人、树木伐根机器人、植树机器人、消防机器人、森林巡防机器人、智能采茶机器人等。

参考文献

[1] R. Siegwart. 自主移动机器人导论[M]. 李人厚, 译, 西安: 西安交通大学出版社, 2013.

[2] Technovelgy LLC. 2014. Six-Legged Lumberjack Robotic Vehicle [EB/OL]. http://technovelgy.com/ct/Science-Fiction-News.asp? NewsNum=1675

[3] Martin Zimmermann, Rolf Truninger, Gerhard Schweitzer. Design of a Sensor-supported Mobile Working Platform for Rough Terrain [C]. Proceeding of the 8th International Symposium on Advanced Robot Technology, Stuttgart, Germany, 1991.

[4] 罗军, 谢少荣, 翟宇毅. 特种机器人[M]. 北京: 化学工业出版社, 2006.

[5] 宋爱国. 力觉临场感遥操作机器人技术研究进展[J]. 机械制造与自动化, 2012, 41(1): 1-5, 22.

[6] 秦永元. 惯性导航[M]. 北京: 科学出版社, 2006.

[7] 王惠南. GPS导航原理与应用[M]. 北京: 科学出版社, 2003.

[8] 武二永. 基于视觉的机器人同时定位与地图构建[D]. 杭州: 浙江大学, 2007.

[9] 刘利枚. 机器人同时定位与建图方法研究[D]. 长沙: 中南大学, 2011.

[10] 徐则中. 移动机器人的同时定位和地图构建[D]. 杭州: 浙江大学, 2004.

[11] 殷波. 移动机器人同时定位与地图创建方法研究[D]. 青岛: 中国海洋大学, 2006.

[12] 曲丽萍. 移动机器人同步定位与地图构建关键技术的研究[D]. 哈尔滨: 哈尔滨工程大学, 2013.

[13] 谭民, 王硕, 曹志强. 多机器人系统[M]. 北京: 清华大学出版社, 2005.

[14] Andreas Michaels, Amos Albert, Matthias Baumann, et al. Approach Towards Robotics Mechanical Weed Regulation in Organic Farming [A]. Autonomous Mobile System [M]. Springer Berlin Heidelberg, 2012.

[15] T. W. Berge, S. Goldberg, K. Kaspersen, J. Netland. Towards machine vision based site-specific weed management in cereals [J]. Computers and Electronics in Agriculture. 2012, 81: 79-86.

[16] 苏州博田自动化技术有限公司. 智能锄草机[EB/OL]. http://www.szbotian.com/cpzs/product/41641e81d3d74ef4bc04db2a128c6b49.html

[17] R. P. Haff, D. C. SLAUGHTER, E. S. JACKSON. X-Ray Based Stem Detection in an Automatic

Tomato Weeding System [J]. Applied Engineering in Agriculture. 2011, 27(5): 803-810.

[18] TERUAKI MITSUI, TAKAHIRO KOBAYASHI. Verification of a Weeding Robot "AIGAMO-ROBOT" for Paddy Fields [J]. Journal of Robotics and Mechatronics. 2008, 20(2): 228-229.

[19] SUGANO LAB. WOODY: "Robot Assisting Forestry Work" [EB/OL]. http://www.sugano.mech.waseda.ac.jp/project/forest/index.html

[20] HAYNES, G. C., KHRIPIN, A., LYNCH, G. Rapid pole climbing with a quadrupedal robot [C]. Robotics and Automation, 2009 IEEE International Conference on Robotics and Automation, Kobe, Japan, May 12-17, 2009.

[21] 霍光青, 王乃康, 李文彬. 立木整枝机设计方法与主要参数的研究 [J]. 北京林业大学学报, 2007, 29(4): 27-32.

[22] TIN LUN LAM, YANGSHENG XU. A Flexible Tree Climbing Robot: Treebot-Design and Implementation [C]. 2011 IEEE International Conference on Robotics and Automation, May 9-13, Shanghai, China, 2011.

[23] 刘晋浩, 陆怀民. 伐根清理机器人研制 [J]. 林业科学, 2003, 39(4): 113-117

[24] Anna-Karin Bergkvist. Conceptual tree planting machine [EB/OL]. http://www.overkillinterstellar.com/blog/#home

[25] Fairfax New Zealand Limited. Australia eyes high-tech farm help [EB/OL]. http://www.stuff.co.nz/technology/gadgets/8721966/Australia-eyes-high-tech-farm-help

[26] DOK-ING. Multifunctional, remotely controlled, firefighting robotic vehicle for hazardous environments [EB/OL]. http://dok-ing.hr/products/firefighting/mvf_5

[27] 孙鹏, 陆怀民, 郭秀丽. 一种轮履复合式森林巡防机器人 [J]. 森林工程, 2010, 26(1): 29-32.

[28] 陈勇. 茶叶摘采机器人 [P]. 中国发明专利: ZL2011103803978. 2013.

[29] XIAOJUN JIN, YONG CHEN, HAO ZHANG. High-quality Tea Flushes Detection under Natural Conditions Using Computer Vision. JDCTA: International Journal of Digital Content Technology and its Applications. 2012, 6(8): 600-606.

[30] 张浩, 陈勇. 基于主动计算机视觉的茶叶采摘定位技术 [J]. 农业机械学报, 2014, 45(9): 61-65.

思考题

1. 分析机器人的关键技术。
2. 分析林业机器人区别于工业机器人的特点。
3. 分析目前研发与推广林业机器人面临的困境及应对措施。

推荐阅读书目

1. 第四次飞跃: 机器人革命改变世界. 王文峰. 华文出版社.
2. 自主移动机器人导论. R. Siegwart 著, 李人厚译. 西安交通大学出版社.
3. 未知环境中移动机器人自定位技术. 于金霞, 王璐, 蔡自兴. 电子工业出版社.